地震预警与烈度速报
——理论与实践

金　星　著

科学出版社
北　京

内 容 简 介

本书以作者及其科技团队在地震预警与烈度速报领域开展的相关研究工作为主线，结合作者作为总设计师、投资近20亿元的“国家地震烈度速报与预警工程”项目建议书及可行性研究报告的编写，理论结合实际，以理论分析和大量的实例介绍，系统讲述了台网设计、数据处理、运维监控、地震预警与烈度速报相关关键技术、地震速报、系统集成等内容。

本书可作为地震部门特别是各省地震局从事地震预警与烈度速报领域工作的科技人员的培训教材，也可作为高等院校从事地震预警、烈度速报、地震信号处理等相关研究的科技人员及研究生的参考用书。

审图号：GS(2021)第5415号

图书在版编目(CIP)数据

地震预警与烈度速报：理论与实践/金星著. —北京：科学出版社，2021. 11

ISBN 978-7-03-069917-6

Ⅰ. ①地… Ⅱ. ①金… Ⅲ. ①地震灾害-预警系统-研究②地震预报-研究 Ⅳ. ①P315. 75

中国版本图书馆CIP数据核字（2021）第197103号

责任编辑：焦 健 柴良木／责任校对：王 瑞

责任印制：赵 博／封面设计：无极书装

科学出版社 出版

北京东黄城根北街16号

邮政编码：100717

http://www.sciencep.com

北京建宏印刷有限公司印刷

科学出版社发行 各地新华书店经销

*

2021年11月第 一 版 开本：787×1092 1/16

2024年 8 月第二次印刷 印张：23 1/2

字数：557 000

定价：318.00 元

（如有印装质量问题，我社负责调换）

作 者 介 绍

金星，曾任福建省地震局局长，二级研究员，从事地震预警和烈度速报相关领域研究20多年，1993年享受国务院政府特殊津贴，1998年被评为国家人事部有突出贡献的中青年专家，2000年入选百千万人才工程；获中国地震局防震减灾优秀成果奖一等奖一次，二等奖三次，培养博士、硕士研究生40余名；是首批中国地震局地震预警团队负责人和“国家地震烈度速报与预警工程”总设计师。

前　言

1998 年在中国地震局工程力学研究所工作期间，受 Kanamori 教授一篇文章的启发，我与马强研究员（当时是我的研究生）一起，开始从事地震预警中一项关键技术即强地面运动实时仿真技术研究，至今已 20 余年。这 20 余年来无论工作单位如何变动，我自己的研究工作从未中断，所带的研究生也多数选择此领域的研究。我作为一名从事地震预警与烈度速报研究的科技工作者和最早负责国家科技支撑计划项目"地震预警与烈度速报系统的研究与示范应用"，以及编写"国家地震烈度速报与预警工程"项目建议书、可研报告的牵头人、项目总设计师，在由衷感叹伟大祖国这 20 余年来取得辉煌成就的同时，也亲身经历见证了我国地震科学技术在这一领域取得的历史性进步，在接近花甲之年萌生了写本书的意愿，其动机有三。

一是投资约 18 亿，站点总数约 1.5 万个的"国家地震烈度速报与预警工程"即将于 2021 年在四川、云南，以及首都圈等省市提前完成，总项目将于 2022 年全部建成。目前新旧台网和技术系统进入交替期，新技术系统正在一些地区进行在线测试和示范应用。科技人才也进入重要的新老交替期，地震部门特别是各省地震局从事这一领域的科技人员，普遍缺乏对地震预警与烈度速报新技术的了解，亟待集中培训，希望本书作为培训教程能帮助他们掌握新知识新技术，以迎接新的挑战。对从事这一领域的研究生来讲，希望他们通过学习领悟，能从中受到启发，对找准科研方向选好课题有所帮助。在国家支持下，我所领导的地震预警与烈度速报研究团队已开展了多年的相关研究，希望有一个系统全面的总结，给这段时期一个交代，给后继者以启迪，期盼他们续写新的篇章。二是目前我国还没有一本地震预警和烈度速报比较专业的书籍，希望通过本书系统全面的介绍、准确科学的解读、实事求是的分析，读者能对地震预警与烈度速报的优缺点有全面的了解。从本质上讲地震预警与烈度速报系统就是依托于实时观测数据和现代先进技术，把科学家掌握的地震学和地震工程学知识转化为预定的物理规则和技术标准，以实时计算、分析、研判的在线处理方式把地震信息服务产品加工出来、显示清楚、发布出去，服务于公众和各行业。因此，这种随着触发台站由少到多，获得地震信息的可靠性逐步增高的在线处理过程，与传统自动速报和人工速报的处理方式有较大的区别。这种高时效、高可靠、全自动、智能化的要求贯穿于新技术系统的全过程。同时，通过专业讲解科学原理和技术思路，制作更加大众化的宣传产品，积极引导公众和各行业把握好地震预警和烈度速报信息，共同应对难以避免的大震灾害也是科技工作者的责任。三是 2008 年"5・12"汶川大地震造成数万同胞不幸遇难，这是我们这一代地震工作者永远的伤痛，只要有 1% 的希望，就要做出 100% 的努力。汶川地震后，中国地震局就组织开展了地震预警相关技术的攻关研究。在推进"国家地震烈度速报与预警工程"项目进程中，从编制项目建议书、可研报告、初步设计方案以及工程实施等各个阶段，都受到中国地震局党组的高度重视。陈建民、郑国光、闵宜仁先后三任局长，刘玉辰、修济刚、赵和平、阴朝民、牛之俊先后五位副局长都曾专门听取汇报，共同探讨地震预警与烈度速报遇到的重要难题，并对工作进行了多次具体指导；监测预报司、规划财务司、科技与国际合作司、震害防御司的李克、孙建中、宋彦云、余书明、武守春、胡春峰、孙福梁等司领导以及工程力学研究所孙柏涛所长、中国地震台网中心王海涛主任等也给予了极大帮助和支持；编写组的专家杨大克、李山有、高景春、马强、王恩虎、关晶波、彭汉书、王松、韩磊、单新建、吕金水、吕志勇、李丽以及其他许多同事与我一起工作，团结协作，努力奋斗，使梦想成真。编写本书也是对这段经历的回顾与总结，以此纪念大家一起同甘共苦、风雨同舟、再见彩虹的难忘岁月。

本书以我自己和所带领的科技团队在地震预警与烈度速报领域开展的相关科研工作为主线，理论结合实际，以理论分析和大量的实例介绍所取得的一些科技成果，系统讲述了技术系统与台网设计、台网运维监控、观测数据的实时仿真、地震信号识别、预警连续定位、预警震级测定、预警信息发布与更新、大震破裂实时分析、远场大震预警、仪器烈度速报、地震参数自动速报以及技术系统集成与仿真模拟等内容。特别是近几年取得的一些重要进展，如实时分析大震破裂过程、远场大震预警和高铁预警等在书中也做了详细介绍。

全书共分 16 章，前后章节之间有一定的逻辑关系，并相对独立。第 1 ~ 第 6 章主要阐述地震预警与烈度速报技术系统的基础理论知识和实用技术，第 7 ~ 第 14 章主要按照在线处理的时间进程，介绍地震预警与烈度速报等关键处理方法和技术。在了解地震预警与烈度速报相关技术后，第 15 章主要介绍技术系统集成与仿真模拟，升华对第 2 章的认识。第 16 章主要是对试运行期间面临的重要问题进行研究总结并展望未来的发展。全书主要的内容简述如下。

第 1 章，主要介绍地震预警与烈度速报国内外经验总结，包括技术特色和可借鉴的经验；第 2 章，以“国家地震烈度速报与预警工程”为蓝本，介绍我国地震预警与烈度速报的总体目标、设计思路和技术系统总体方案，对中外技术方案进行了对比分析；第 3 章，重点介绍了我国新一代地震观测台网设计思路，针对实现地震监测预警与烈度速报功能的站点空间布局、传感器的选型等问题，提出了相应的能力评价体系，对中日两国台网设计方案做了比较分析；第 4 章，主要介绍地震观测数据的实时仿真技术，利用这一技术得以实现速度计、加速度计、烈度计等多种观测资源的融合，加工产出多种服务产品，在地震监测、地震预警、地震工程等领域都有广泛应用；第 5 章，主要介绍利用台站噪声、气枪震源、人工智能等新方法、新技术加强对台网运维中异常台站的实时识别、异常诊断以及观测数据质量评估；第 6 章，主要介绍通过走时和偏振识别 P 波和 S 波以及 P 波组和 S 波组的方法和技术，重点介绍了利用人工智能技术可大幅提升对 S 波识别的准确率；第 7 章，主要介绍利用单台、双台、三台、四台触发 P 波到时信息以及未触发台站的信息，连续定位，逐步减少震中区域最终得到定位结果的方法和技术，讨论了信息不完备和台网布局等对定位结果的影响；第 8 章，主要介绍实时测定地震预警震级的方法和技术，强调了要充分利用多网融合的近场观测优势，实时计算里氏震级 M_L 和烈度震级，说明了地区性量规函数和台站校正值对于尽量测准震级的重要性；第 9 章，主要介绍了地震预警信息发布的判定流程、发布标准、发布内容及更新机制，重点讨论了如何计算预警时间和预测城市烈度，以及相关信息的更新技术；第 10 章，主要讨论如何根据震中附近强地面运动的实时观测波形，利用近场地震波能量时空分布特征和大震多普勒效应，通过寻找地下断层破裂在地表的投影区域，在震后 20 ~ 60s 内实时测定大震破裂方向、破裂方式和破裂长度，以便为预警系统修正烈度预测和烈度速报系统提供震源模型；第 11 章，讨论了近场强震预警系统和远场大震预警系统的差别，分析了远场大震会造成城市高楼产生强烈震感的原因，以预测城市高楼震感和预警时间为目标，介绍了远场大震预警的技术思路和关键环节；第 12 章，主要介绍了美日两国有关仪器烈度的研究进展和相关技术标准，重点讨论了借鉴美日两国的思路我国所制订的两套仪器烈度技术标准和计算方法，讨论了如何根据场地校正技术计算插值烈度等问题，探索如何根据中小地震的仪器烈度衰减关系和大震破裂模型构建大震仪器烈度的衰减模型；第 13 章，主要讨论了 1min 以上地震参数自动速报如何科学、准确、规范地测定地震震级，探讨了测定震级的科学基础以及如何对外发布震级的问题，提出了自动速报震级的技术方案；第 14 章，主要探讨了如何建立我国高铁地震预警系统的问题，从高铁安全运行的地震风险评估，国家地震预警与高铁预警系统的衔接以及关键技术环节，提出了构建新一代高铁预警技术系统的技术架构，对台湾海峡 6.2 级地震对福建沿海高铁的影响进行分析评估；第 15 章，重点讨论了整个技术系统的集成和仿真模拟问题，这对于保障技术系统的数据互联互通、信息资源共享、高效可靠的运转以及上线软件的质量都是十分重要的；第 16 章，重点总结了地震预警和烈度速报技术系统在试运行期间应关注的 10 个主要问题并从 5 个方面展望了未来的发展方向。

金　星

2021 年 4 月于福州

目　　录

第 1 章　国内外经验总结

进入 21 世纪仅 20 多年，人类就已多次遭受大地震灾难的考验。2004 年 12 月 26 日，印度尼西亚苏门答腊 9.0 级大地震及其引发的巨大海啸夺去约 29 万人的生命（赵旭等，2017）；2008 年 5 月 12 日，我国四川省汶川 8.0 级地震，截至 2008 年 9 月 25 日，造成 69227 人死亡，17923 人失踪，374643 人受伤（汶川特大地震四川抗震救灾志编纂委员会，2017）；2011 年 3 月 11 日，东日本海 9.0 级特大地震及其引发的海啸造成近 2 万人的死亡（朱守彪，2020）。尤其是汶川 8.0 级地震，带给我们难以磨灭的惨痛记忆，促使我国地震工作者在认真总结反思过去工作的基础上，学习借鉴国际先进的技术和成功经验，加强地震研究的科技创新，为有效减轻地震造成的损失、降低地震风险而积极探索实践。地震预警与烈度速报作为我国应对大震巨灾的新型科技手段就是在此背景下应运而生并登上历史舞台的。

1.1　应对大震巨灾挑战

1.1.1　我国面临的地震挑战

我国陆地面积仅占全球的十五分之一，而 20 世纪全球三分之一的内陆破坏性地震发生在我国。图 1.1 为公元前 780 年～公元 2020 年 8 月我国发生的 5.0 级以上地震分布图。1949 年以来，我国因地震死亡人数占全部自然灾害死亡人数的 52%，地震灾害已成为我国自然灾害的群灾之首。21 世纪以来，我国及周边地区进入地震相对活跃期，破坏性地震数量明显增多。2000 年以来我国已发生两次 8.0 级以上地震，特别是 2008 年 5 月 12 日四川汶川 8.0 级地震，造成了巨大的人员伤亡和经济损失。2013 年以来，又相继发生四川芦山 7.0 级、甘肃岷县漳县 6.6 级、云南鲁甸 6.5 级、新疆皮山 6.5 级等一系列破坏性地震。大震巨灾给国家经济和社会稳定造成了强大冲击和深远影响，汶川地震后，灾难现场应急救援的实况转播让人常常难以忘怀，全国大力支援灾后恢复重建的火热情景仍历历在目。面对复杂严峻的震情灾情形势，如何加强防震减灾工作，有效地减轻人员伤亡和经济损失，是我国迫切需要解决的重要问题，也是地震工作者义不容辞的责任。

1.1.2　历史经验的启示

地震预报无疑是地震工作者梦寐以求的目标之一，他们期盼在强震来临之前数小时、数天乃至数月告知民众，提前转移人员和财产，进而实现最大限度减少人员伤亡和财产损

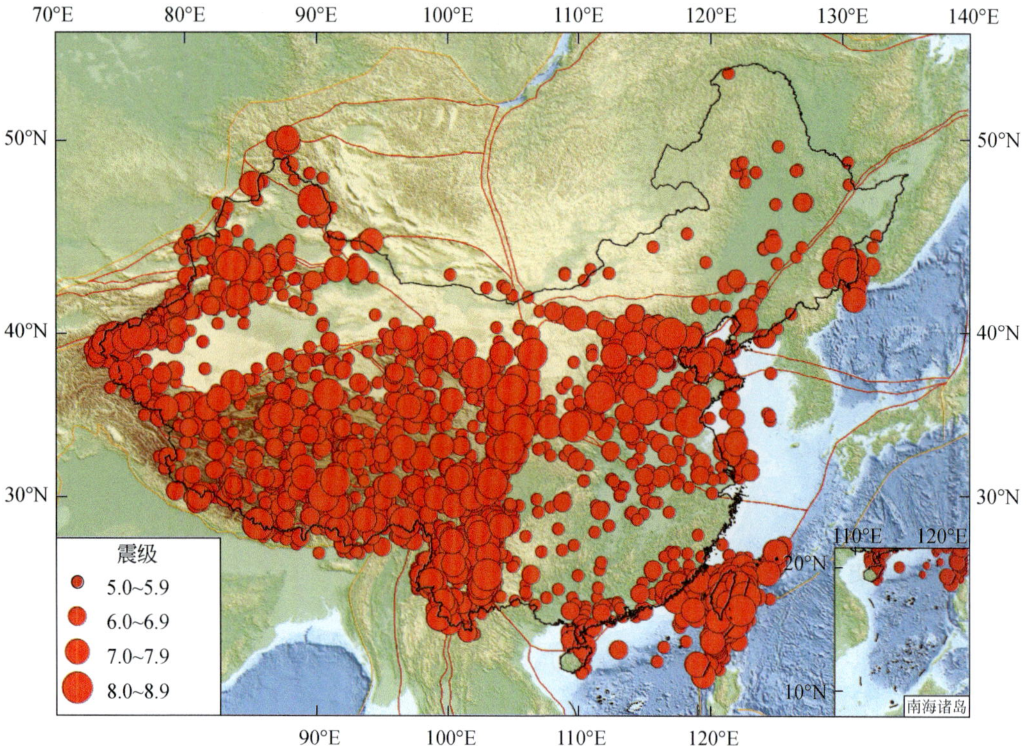

图 1.1　我国 5.0 级以上历史地震分布图（公元前 780 年 ~ 公元 2020 年 8 月）

失的目标。自 1966 年邢台 6.8 级地震至今，科学家始终不懈努力，尽管对少数特定地区的地震做出过有减灾实效的预报，但总体上看，离科学准确预报地震的目标仍然很遥远。究其原因，主要困难有三。一是入地难，人类对埋藏于地下的活动构造，特别是能够造成大震巨灾的深大地震的活动规律知之甚少，目前，连地下介质的精细三维图像都没有被完全搞清楚。二是大地震孕育周期通常有数十年乃至数百年之久，从孕育、发展，直至破裂，能量积累的过程很长，而人类开展的地表观测（目前开展的深井观测多数在数十米至数百米，极少数达到数公里）的历史只有百余年（前期只有极少数的台站），地表前兆观测的历史则只有几十年，这也导致地震孕育过程与地表前兆观测台网及其观测量之间的内在物理关系不甚清楚，无法做到有的放矢。即通过地表前兆观测台网的资料分析无法精确识别出地下十余公里（我国地震的震源深度一般在 10 ~ 30km）处大震临震破裂的物理量以及两者的物理逻辑关系，更何况这些观测资料受人类活动影响较大，干扰排除也日益艰难。三是地震预报至今还停留在以地震活动性为基础的经验预报阶段，尚未形成能取得实效的物理预报的思路和技术途径。即使大震之后通过总结分析，发现了一些异常现象，地震学家也不可能像临床医生一样对地球进行解析来确认真正的“病源”，只能根据经验教训开出“处方”，更不敢保证对下一次地震就管用。真是“上天易、入地难”！因此我们既要坚定地震预报的信心，积极探索、有所作为，同时更要清醒地认识到，近期要解决地震预报难题，无疑是非常困难的。

提高工程结构的抗震设防水平以及采取相关的减隔震措施无疑是目前减轻地震灾害最有效的途径之一。除了地震引起的海啸、滑坡、泥石流、火灾等次生灾害外，地震中的人员伤亡和财产损失主要是建（构）筑物损坏、倒塌引起的。抗震设防的标准是国家根据经济社会发展的水平及可能遭受的地震风险，在结构使用寿命内，可以接受地震造成损失的最低设防要求。各个地区抗震设防标准不尽相同，但这是国家抗震设计要求的强制性标准，同时也是最低要求。这种设防要求，会随着经济社会的发展不断提高。改革开放以来，我国经济社会发展的速度超过预期，社会财富快速积累，人的价值观念发生了深刻变化，以人为本的理念深入人心，按照现在的观点，地震造成的损失和连带的经济影响远超过社会可接受程度，这往往造成现行抗震设防要求滞后于经济社会的发展。例如，某城市按现行设计标准，房屋本体造价约3000元/m^2，如果在现行设防标准上提高1度，建设成本投入增加约10%，即300元/m^2，相对于动辄数万元的实际房屋价格来说，几乎可以忽略，这在二十年前是无法想象的。因此在本体造价占房屋价格比重很小的情况下，应着力提高抗震设防标准，让房屋盖得更结实，这将是未来的发展方向。已颁布实施的第五代中国地震动参数区划图，对城市的设防提出了最低6度的要求，彻底改变了以往我国部分城市不设防的历史，与过去相比有很大进步，但从未来经济社会发展的角度看仍偏低，特别是我国20世纪90年代以前城市建设的大量老旧房屋，广大农村的许多民居设防能力很低或者根本没设防，要把其改造完需很长的时间。因此，抗震设防的薄弱环节仍然很多，一旦强震来临，设防不够的历史“欠账”仍然要偿还。目前党和国家已经采取许多措施，积极改造危房旧房，建设新农村新民居，但仍面临巨大挑战。未来要单独对城市民用住房提出新的设防政策，最好将城市最低设防标准提高到7度，经济发达地区可适度提高，彻底改变设防要求滞后于经济社会发展的状况，使城市民居和学校医院一样，都有较可靠的地震安全保障。

地震灾害既然无法避免，人类就要有备无患积极应对。地震预警与烈度速报是减轻地震灾害的有效措施之一，在应对大震巨灾方面能发挥重要作用。日本的经验告诉我们，地震预警可以为民众逃生避险争取几秒至几十秒的时间，也可为高铁等行业及时采取措施减少损失赢得时间。烈度速报可为政府应急响应、明确救援重点、在“黄金72小时”救援期内拯救更多生命，提供重要的科技支撑。

1.1.3　科技减灾的有效手段

大震巨灾对国家公共安全构成严峻挑战，也给经济社会发展带来严重威胁。地震预警是减轻地震灾害的有效手段之一。地震烈度速报是灾情判断和应急救援决策的科学依据。政府在组织抗震救灾时，首先要了解灾情严重程度和分布情况，才可能科学高效开展应急救援。应该汲取汶川地震后，由于交通中断、信息不畅，几天还没有搞清楚哪些城市的灾情比较重、严重到什么程度的深刻教训，为应对未来的大震巨灾早做准备。

党和国家历来对防震减灾工作十分重视。汶川地震后，中国地震局高度关注，在实施地震速报自动化的基础上，积极推进地震预警和烈度速报工作的试点建设。在福建省人民政府的大力支持下，福建省完善地震监测预警台网和技术系统建设，制订地方法规和技术标准，进一步推动预警体系建设，科学发布预警，正确引导舆论，有针对性地做好防震减灾应急准备。“国家地震烈度速报与预警工程”是国务院批复立项的重大工程，是我国地震预警体系建设的重要组成部分。项目建设是落实国家防震减灾工作，提升我国地震安全水平和防震减灾基础能力的需要；是弥补我国地震应急救援体系短板，有效应对我国大震巨灾的需要；是维护国家安全和社会稳定，最大限度地保护人民生命财产安全的需要；是加快社会事业协调发展，落实国家经济社会可持续发展战略的需要；是为人民群众应对大震巨灾提供最宝贵的逃生避险预警时间、提升各行业地震安全水平的需要。

可以预期，随着国家地震预警与烈度速报技术系统的建成，将全面提升国家地震应急能力并最大限度减轻地震灾害，提高我国在地震科学和防震减灾领域的国际科技竞争力，为我国地震科技创新和人才培养等提供丰富的观测信息资源和完善的创新实践平台，也是我国地震科技事业向世界强国迈进的标志性事件。

1.2 地震预警发展概况

世界上已有多个国家和地区建成或正在建设地震预警系统，充分借鉴和吸取他人的经验教训，对我们来讲是十分重要的。目前，美国、日本、墨西哥、意大利等国家和中国台湾地区均开展了地震预警实践或测试等工作（图 1.2），本节重点介绍几个典型国家和地区的发展概况。

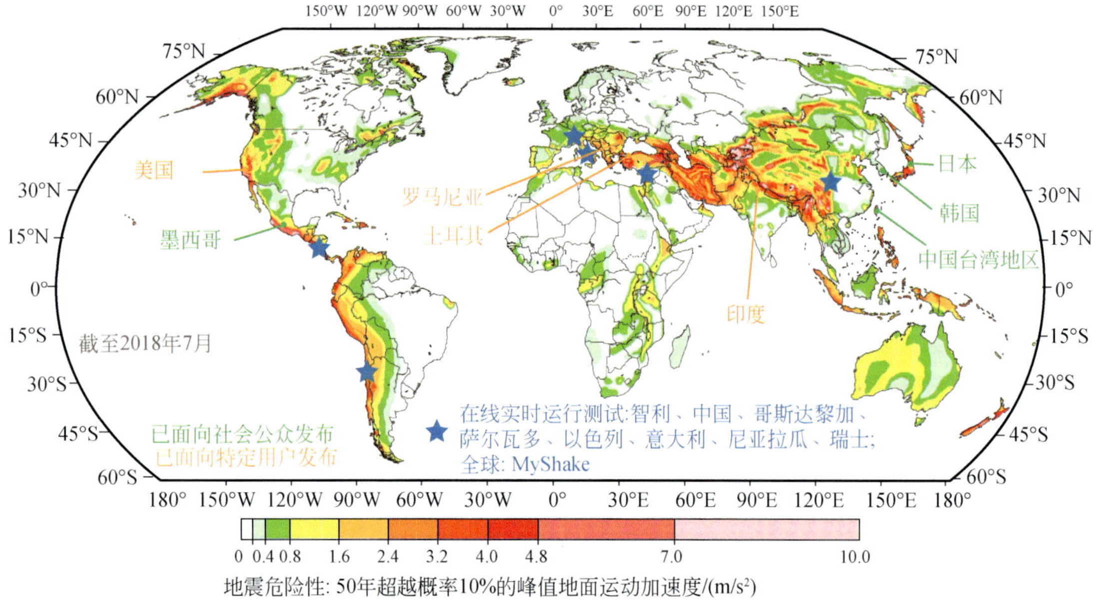

图 1.2 多个国家和地区开展地震预警实践

MyShake 为手机应用软件，由美国加利福尼亚大学与德意志电信股份有限公司合作开发，利用智能手机内置的加速度计感知地震，并发出警报

1.2.1　日本地震预警系统

日本经济发达、人口密集，同时又是地震多发国家，长期遭受地震严重威胁。在 37.8 万 km^2的国土面积上，居住 1.3 亿人口（截至 2019 年），探测查明活动断层有三百多条，发生的 7 级以上地震约占全球的 11%。日本是世界上最早建立地震预警系统的国家，也是目前地震预警应用最广泛、明显取得减灾实效的国家。在 20 世纪 50 年代后期即开始有关研究和系统建设，60 ~ 70 年代主要在日本铁路行业应用，为列车安全运行提供保障（UrEDAS）。日本在认真吸取 1995 年阪神大地震的经验教训后，认为要提高地震预报和地震科学研究水平必须首先提高从小震至大震的监测能力，为此开始了大规模的台网建设，在不到十年的时间内建成了 864 个高灵敏度测震台站（Hi-net）、688 个井下强震动台站（KiK-net）、1028 个地表强震台站（K-net）、83 个宽频带地震台站（F-net）以及 205 个 JMA 地震台。这种台网规模在当时世界范围内都是史无前例的。为强化台网资料的产出，更好地服务于民众，大力推进新技术系统的研发，从 2003 年开始，日本利用约 800 个 Hi-net和日本气象厅（JMA）200 余个台站（图 1.3）着手研究建设全国性地震预警系统，即紧急地震速报系统。该系统自 2004 年 2 月起开始在线测试运行，并于 2006 年 8 月开始向特定用户团体（如煤气公司等）提供预警服务，2007 年 10 月 1 日起向普通国民提供预

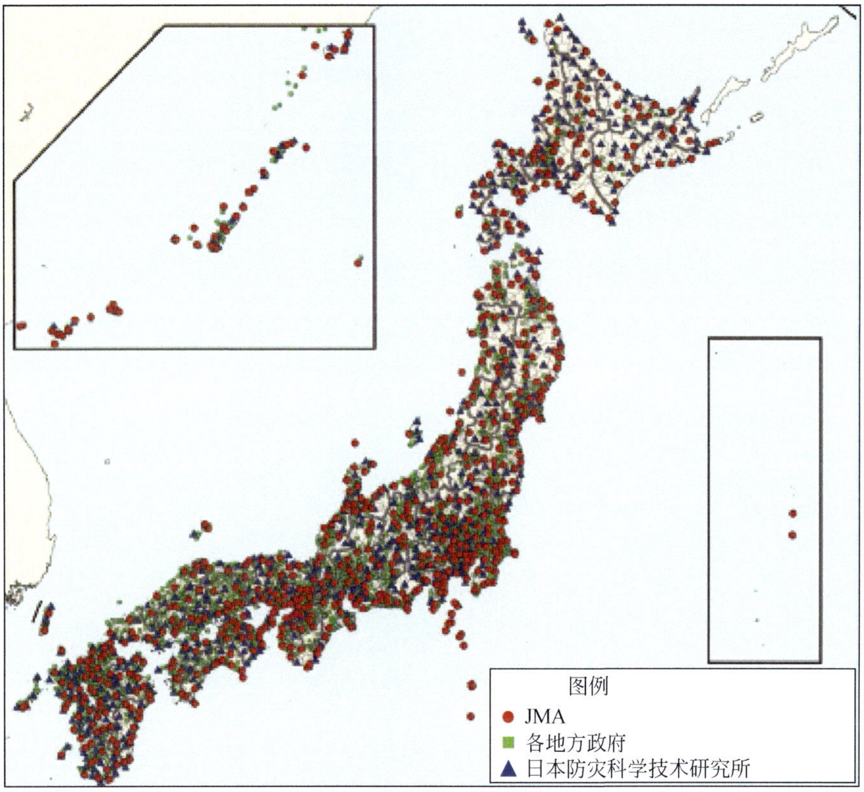

图 1.3　日本地震预警台网

警信息。日本地震预警系统发展历程如表1.1所示。日本公共预警发送方式多种多样，包括通过电视台、广播电台、专用接收器、公众扩音系统等，但所有信息的发布均需获得日本气象厅的授权。除了公共预警外，大量单位用户安装预警终端并将信息引入自动控制与应急反应系统中。部分铁路公司、工厂、建筑工地、大型公寓、学校、商场、医院等均能获得预警信息。从阪神地震后台网建设到预警正式开展服务日本用了近十年的时间。2011年，日本“3·11”特大地震发生后，紧急地震速报系统运行良好，震中离台网最近的站点约110km，系统在首台触发后，连续产出多报的地震参数，震级逐渐提高，在预测陆地城市烈度达到5度时，发出预警警报，此时“预警盲区”均在海上，也就是在地震发生后且破坏性地震波尚未传播到陆地时及时发出了警报信息。由于紧急地震速报系统产出的最终震级饱和于8.1，显著低于真实震级（9.0），造成警报发布区域较为有限。在随后1周的密集余震序列中，紧急地震速报系统共发布70次，但地震、海啸等导致部分台站无法正常运转以及受系统算法本身影响，其中约63%的警报信息属于“误报”。尽管如此，一项针对紧急地震速报系统有用性的调查中，日本全国约82%的民众给出肯定答案，而在极震区福岛、岩手和宫城等县，这一比例更是高达90%（Hoshiba，2014）。综上可见，日本地震预警系统是至今为止经过实践检验，技术比较成熟，在世界上有广泛影响，比较成功的范例。

表1.1　日本地震预警：紧急地震速报系统发展历程

时间	紧急地震速报系统进展
20世纪60年代	铁路沿线、海岸线前端阈值报警
20世纪80年代	UrEDAS系统，现地预警+P波预警
2003年	开始研发紧急地震速报系统
2006年	向特定用户提供预警信息
2007年	实现全民预警并修订相关法规
2008年	第一次向公众正式发布

日本气象厅（JMA）210个台站均位于地表，同台基布设速度计与加速度计；日本防灾科学技术研究所建设Hi-net台网，由817台组成，采用高灵敏短周期速度计，设备均布设在井下；JMA和Hi-net台网的观测数据均实时传输至处理中心。

1.2.2　美国区域地震预警系统

美国是地震多发国家，国土面积达937万km^2，人口约为3.32亿（截至2020年9月）。美国的地震活动十分不均匀，绝大多数地震都发生在美国的西部地区，特别是加利福尼亚州地区。为此，美国首先在大震多发、人口密集的加利福尼亚州地区实现区域地震预警，并计划逐步扩展到整个西部地区。2000年，美国实施了“先进的国家地震系统”（ANSS）建设项目，建设了1000个地震台站和3000个强震动台站。依托ANSS强震动台网以及各州政府建设的强震动台站，实现了在中强地震发生后3～5min内可以给出仪器烈度分布图（ShakeMap）、峰值地震动等值线分布图、不同周期反应谱等值线图等，并通过网络向公众发布。

2009 年 8 月，美国地质调查局（USGS）完成了为期三年的地震预警系统研究项目，随后基于现有的加利福尼亚州综合地震台网（CISN）的 382 个宽频台和强震台提供的实时波形数据流开始建设地震预警系统，即 ShakeAlert 系统。加利福尼亚州地震台网的 382 个台站一共包含了共 585 个宽频带地震计与强震传感器，分别由加利福尼亚大学伯克利分校、加利福尼亚理工学院和美国地质调查局 MenloPark 管理，台站的位置见图 1.4。其中南加利福尼亚州地震预警系统的台站数按规划将更新或扩建至 400 台，平均台间距为 12km 左右，台站在潜在震源区即主要断层带附近布设较密。ShakeAlert 系统汇整多种算法

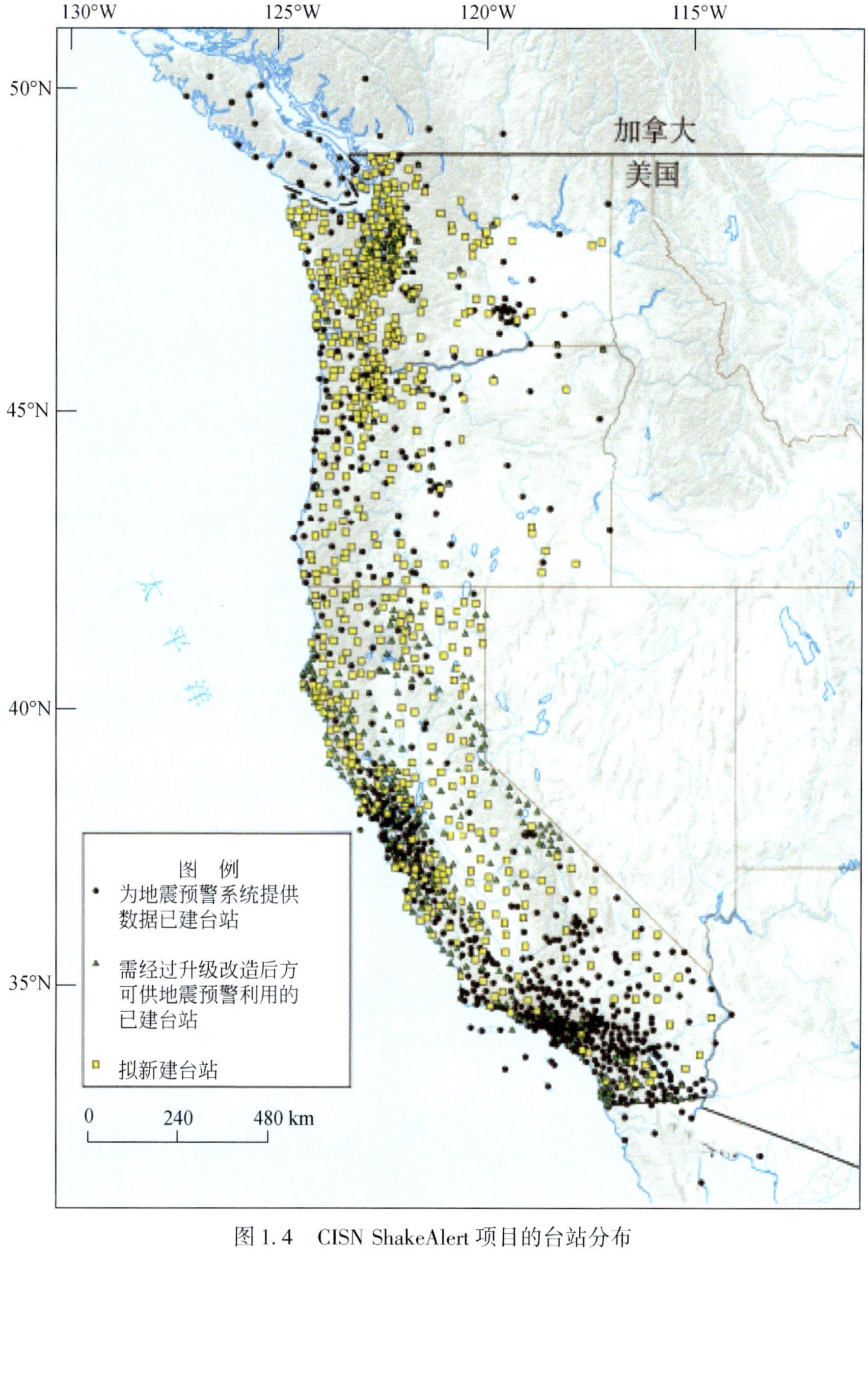

图 1.4　CISN ShakeAlert 项目的台站分布

的在线实时处理结果（如基于点源模型的ElarmS-3，基于有限断层模型的FinDer等），产出综合地震预警信息。2012年2月起，系统开始向试验用户推送预警信息。2018年起开始为部分行业用户提供警报信息，如使列车减速、面向学校发布警报、与供水管网自动处置系统对接等。基于该系统，洛杉矶市政府自2019年开始面向市民提供地震紧急信息服务。

此外，利用智能手机网络，加利福尼亚大学伯克利分校开发出新一代地震预警系统MyShake，该系统应用大数据分析算法产出地震预警信息并实时推送给相关用户，目前累积下载量超过30万人次。

2011年，美国国家科学委员会发布“国家地震可恢复性”计划，提出在未来十年加密或改造西部地区加利福尼亚州、俄勒冈州及华盛顿州的原有地震台站（增加至约1500台）和数据处理中心，实现整个西海岸地区的地震预警，目前各项工作也正在有序推进中。另外台网设计在不同的台站配置不同的仪器，充分将宽频带测震、强震化、高频GPS台站和廉价传感器（如简易烈度计）融合为一个大的地震预警台网，通过搭建有效的处理系统实时分析地震事件，解算地震破裂过程，并通过电视、手机、计算机等发布强震的地震预警信息（图1.5）。目前这套预警系统还在建设完善之中。

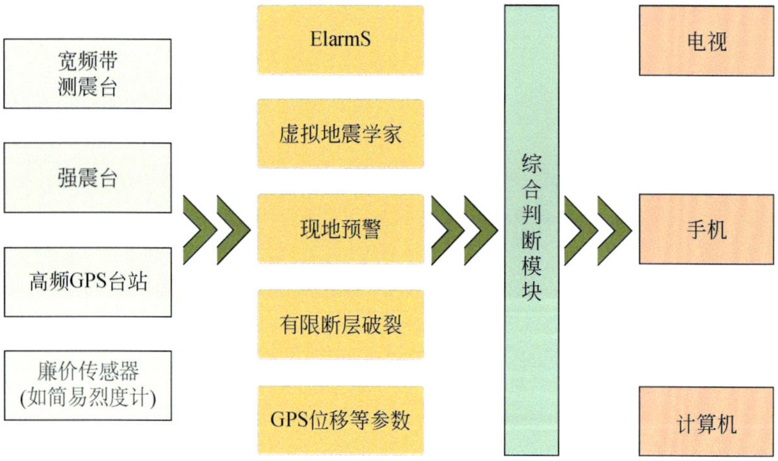

图1.5　美国地震预警系统

多网融合，多套处理

1.2.3　墨西哥远场大震预警系统

墨西哥是北美地区地震多发的国家，其首都墨西哥城是世界上少有的特大城市，城市人口达2000多万，城市坐落于大型盆地上，1985年远离墨西哥城400多公里的西南太平洋8.1级地震造成墨西哥城2000多人伤亡。由于影响墨西哥的大震主要发生在西部沿岸太平洋中，为此，墨西哥在沿岸建设有专用地震台网，为远离震中的墨西哥市提供远场大震预警。

墨西哥市政府于1987年起在整个城市范围内安装加速度计，并与墨西哥地震仪表与数据中心（CIRES）联合开发了墨西哥城的地震警报系统（SAS），该系统于 1991 年开始使用布设于太平洋沿岸的 12 个强震仪，并自 1993 年开始为公众服务。1999 年瓦哈卡州 7.5 级地震发生后，CIRES 被邀请为瓦哈卡州开发类似的系统。从 2000 年开始，CIRES 和该州政府共同开发了预警系统 SASO，该系统于 2003 年投入使用。2005 年，这两个地震预警系统合并组成 SASMEX。目前，SASMEX 系统已覆盖了墨西哥中部和南部多个州和城市，可向墨西哥城、阿卡普尔科、奇尔潘辛戈、莫雷利亚、普埃布拉、瓦哈卡州和托卢卡等大中城市提供最多 60s 的地震预警时间，还通过社交网络提供各种常规信息，如地震报告、地震演习等。

1.2.4 中国台湾地区地震预警系统

中国台湾地区的地震预警实验始于 1994 年，2001 年完成了台湾全岛地震预警的效能测试。依托遍布全岛的 150 多个实时数据传输地震台，地震预警系统可为距震中 70km 外的地区提供平均 20s 左右的应急反应时间。2015 年，启动地震预警信息发布工作，气象局直接向政府部门、公共设施与学校发布预警信息，通过防灾协力机构、电信部门、大众媒体分别向定制化应用单位、个人用户和一般民众发布预警信息。目前，3600 所中小学申请接收预警信息，截至 2016 年 2 月，236 所中小学完成接收设备安装，台站分布见图 1.6（a）。此外，基于全岛 581 个中小学校中布设的 MEMS 加速度计，台湾大学（吴逸民，2006）研发了一套应用 P 波现地预警模式的地震警报系统，并通过手机 App 实现预警信息的实时推送，台站分布如图 1.6（b）。台湾地震工程研究中心同样研发推出一套采用现地

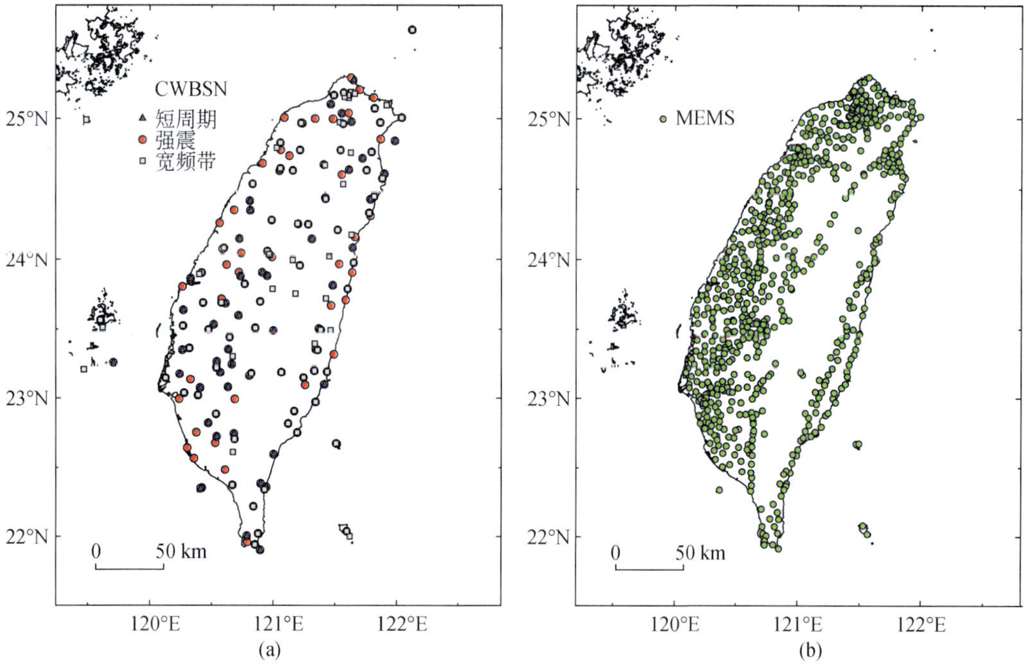

图 1.6 中国台湾岛地震预警台站分布图

预警模式的预警信息产出系统。该系统从初始P波段中提取6个特征参数，应用支持向量机（SVM）算法进行信息产出，目前该系统正利用全岛30余个站点（大都位于中小学校）数据进行测试。

1.2.5 地震预警系统的主要特点

尽管各个国家和地区面临的强震威胁不尽相同，地震预警系统建设的目标也各有差异，但一些主要特点是一致的，概括起来它们均包括观测系统、处理系统、发布系统、通信系统和保障系统。观测系统主要针对本国和地区的地震活动性特点，加强对主要潜在地震的监测，以便提高捕捉地震信号的能力，及时发出警报。例如，日本全国地震活动水平均很高，台网布局基本按20km的台间距均匀布设；墨西哥的威胁主要来自海洋，其台网主要布设在太平洋沿岸。其他行业台网如高铁基本上沿铁路线按20～30km间隔建设，核电站区域是在周边建设面状、小尺度的台阵，这些企业建设的小尺度台阵和线性台阵，一般主要用于报警和评估地震的烈度或峰值地面加速度（PGA）水平，以确认是否对重要工程产生影响。

数据处理系统重点解决快速定位和快速计算震级问题。例如，日本就有日本气象厅和日本防灾科学技术研究所独立研制的两套系统，由日本气象厅综合两套处理结果对外发布。定位方面，日本学者用“B-Δ”“着未着”（触发与未触发）等方法开展了许多研究；震级方面，利用P波和S波峰值两套计算震级的公式，期望计算结果与日本的标准震级M_{JMA}一致。其他国家如美国、意大利等在定位技术和震级测定都做了许多有益的探索，如震级普遍采用位移、速度、加速度等前几秒的实时峰值或者周期特征来估计。

发布系统就是根据地震参数的处理结果判断为强震并符合发布标准时，通过各个国家建设的各种发布网络，将预警信息发送到指定用户和社会公众。例如日本，根据法律的相关规定，如果预测烈度达到5度弱以上时，就正式发布预警信息。中国台湾地区则要求至少有6个台站触发才能发布。墨西哥预警系统规定如果两个以上台站检测出震级大于6级时就发布预警信息。尽管各个国家和地区要求不尽一致，但总体上只要确认有可能造成人员和经济损失的强震事件，就会发布预警信息。

通信系统和保障系统大同小异，前者既要将台站的实时观测数据传输到处理中心，又要将相关信息发送到指定单位和社会公众，后者就要承担各大系统的运维安全保障，在此不再一一说明。

1.3 烈度速报发展现状

目前真正建成烈度速报系统的国家还不多，以日本和美国两个国家最具代表性。日本比较强调以实际观测烈度（仪器烈度）为基础的烈度速报，烈度台网的密度很高，台间距达到10km左右。美国则主张在尽量挖掘现有台网资料基础上，通过科学判断发震机制确定断层破裂方向，总结大量观测数据经验衰减关系，给出观测点和预测点的综合烈度空间分布，这对于观测台站较少的地区来说比较有用。

1.3.1　日本地震烈度速报

日本从 20 世纪 90 年代初着手建设基于地震动观测数据的地震烈度速报系统，已经建成了由烈度观测站组成的全国地震烈度速报台网（图 1.7），并于 1996 年开始全部实现计测烈度。观测站点的设备采用价格约为强震仪三分之一的谱烈度仪，但该烈度仪并不是目前经常提到的造价、性能相对更低的 MEMS 烈度仪。依托烈度速报台网，日本可以在中强地震发生后 2 ~ 3min 给出日本各地的仪器烈度和地震动峰值等，并通过网络、电视、广播等向政府有关部门和公众发布。日本地震烈度观测站点的平均间距为 10km，即使不进行理论插值也能给出比较详细的烈度分布。日本“3・11”特大地震发生后 2min，日本气象厅即在其网站上发布了仪器烈度速报图，并在 7min、15min 时给出了更详细的烈度分布，使政府在第一时间内快速地把握了灾情分布和重灾区位置，为政府应急救援决策和行动实施提供了重要的科学依据。

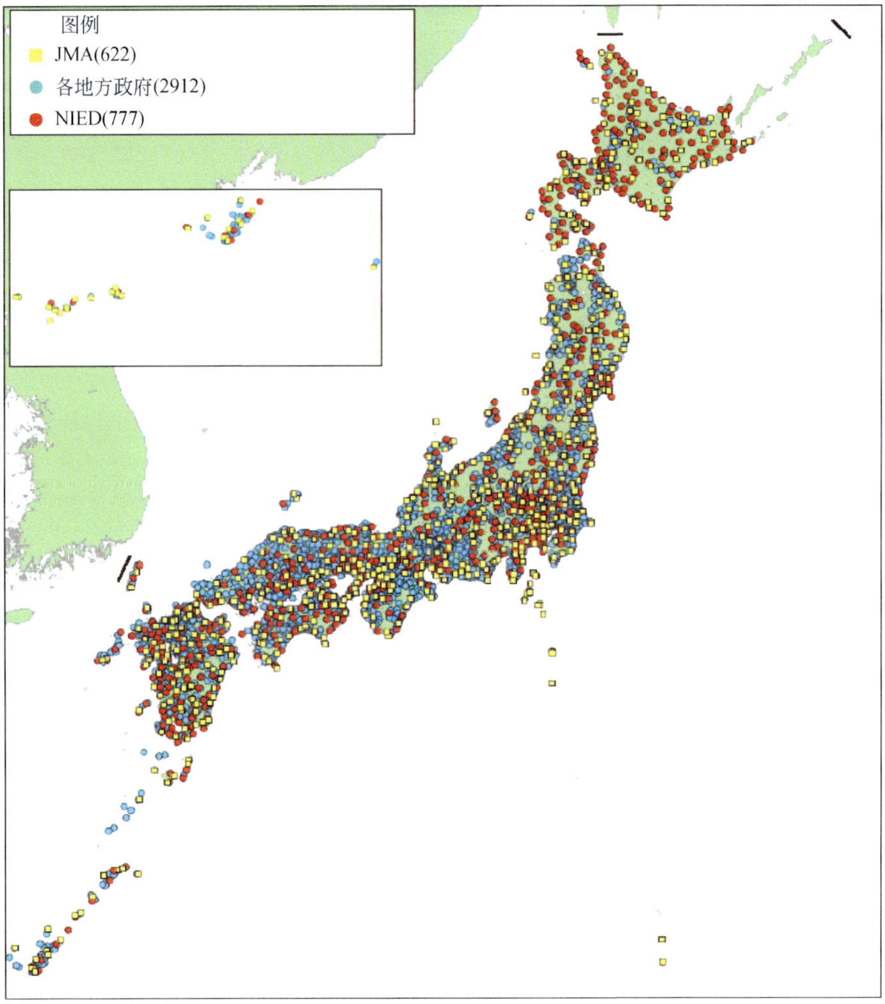

图 1.7　日本地震烈度速报台站分布图

1.3.2　美国地震烈度速报系统 ShakeMap

美国是目前地震科学研究最发达的国家，利用美国西部丰富的地震资料，对地震动衰减关系和场地修正技术等做了系统的研究，其目标就是实现全球强震速报烈度分布。其核心是以理论研究成果为基础，配合当地的观测资料分析，预测烈度分布。

经多次修正后，美国地震烈度速报系统 ShakeMap 实现实用化，该系统应用实际观测与理论插值相结合的方法，实现了在中强地震发生后 3 ~ 5min 内可以给出仪器烈度分布图、峰值地震动等值线分布图、不同周期反应谱等值线图等，并通过网络向公众发布。由于美国强震动观测数据相对丰富，其地震烈度速报理论插值所依据的地震动衰减关系比较符合美国实际，所以给出的地震动影响场也合理可用。除了直接采用观测台站数据绘制相关图件外，ShakeMap 系统还根据民众通过 DYFI 系统上报的相关数据对系统产出的烈度图进行修正，并按照不同的数据来源（如台站直接观测数据、民众报告数据、通过衰减插值推测数据等）进行加权计算，从而使烈度分布图更能真实地反映民众的实际感受。此外，美国地质调查局利用 ShakeMap 系统还对全球重大破坏性地震及时发布预测地震动图，如在我国汶川地震发生 2 小时 15 分钟后他们即发布了第一版预测地震动图（由于缺乏地震动实测控制点，预测结果与真实情况有一定偏差）。

1.4　国内创新示范应用

1.4.1　国家科技支撑计划项目

2010 年开始，在国家科技支撑计划项目“地震预警与烈度速报系统的研究与示范应用”及后续项目的支持下，我国科技人员历经六年，完成了地震数据实时处理、地震事件检测、地震预警定位、预警震级测定、预警烈度预测等地震预警关键技术和实用方法研究；完成了基于足量信息的地震基本参数自动测定方法研究；完成了考虑场地影响、插值计算和考虑大震震源破裂特征的烈度速报等关键技术及实用方法研究。依托这些理论研究方法，开发完成了地震预警系统软件（地震预警软件）、基于足量信息的地震基本参数自动测定软件（地震速报软件）、烈度速报系统软件（烈度速报软件）、大震破裂特征快速测定与大震烈度速报系统软件（大震烈度软件）等四个系统；建设完成了实时数据流共享与台站监控平台、地震预警与烈度速报信息发布平台和模拟在线运行环境的系统测试平台等三个平台；构架完成地震预警与烈度速报系统的集成建设（图 1.8）。建设了福建和首都圈两个地震预警与烈度速报示范区，完成了福建及首都圈地区地震预警与烈度速报能力评估，建设完成福建地区场地类别及地震动场地放大因子数据库，分析整理了首都圈地区场地影响放大因子数据资料，针对预警和烈度速报需求完成了对福建及首都圈地区部分台站设备的升级改造。数据处理软件在离线测试环境下，利用世界上许多台网的大小地震观测数据进行了测试，验证了其性能，并在一些省局在线运行，为后续开展的重大工程项目进行了技术储备。

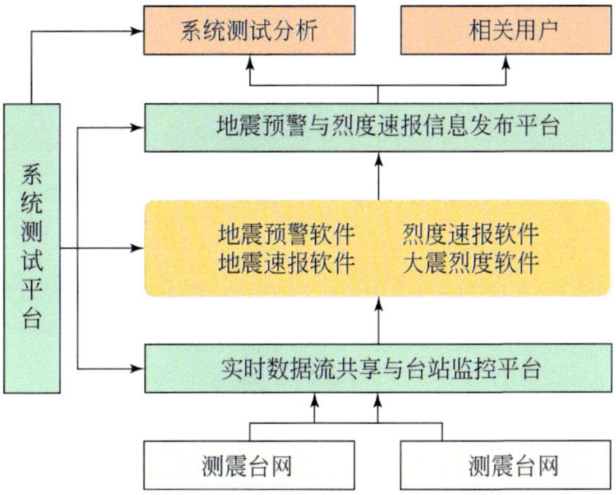

图 1.8　地震预警与烈度速报系统研发的四大软件与三大平台架构图

1.4.2　国家地震烈度速报与预警工程

在完成国家科技支撑计划项目的同时，在中国地震局的支持下，国家科技支撑计划项目组成员会同中国地震局系统各单位的科技专家，开始编制“国家地震烈度速报与预警工程”项目申请书、可研报告和初设方案，前后历时 8 年，在充分借鉴国际先进技术和经验的基础上，开展了大量的方案论证和比对分析，进行试验示范，完成大量的仿真模拟和测试，充分验证了国家地震预警和烈度速报的总体构架和技术方案是切实可行的。通过实施该项目，在全国重点地区形成完善的地震预警能力和乡镇级实测精度的地震烈度速报能力，在重点地区以外的其他地区形成远场大震预警能力和县级实测精度的地震烈度速报能力，为震时社会公众的紧急逃生避险、各类工程的紧急处置、政府抗震救灾决策等提供重要、及时、可靠的信息服务，将会产生巨大的减灾效益和显著的社会效益。此外，项目实施还将为我国地震科技创新和人才培养等提供丰富的观测信息资源和完善的创新实践平台。

1.4.3　技术系统示范应用

近年来，中国地震局积极开展地震烈度速报与预警关键技术研究、核心软件开发、系统集成设计和标准规范建设，在福建、首都圈、河北唐山等地建设地震预警试验示范系统，取得显著成效。

1）福建地震预警与烈度速报示范系统

2011 年，建成了由 128 个台站组成的地震监测台网，其中 54 台配置双传感器（地震计、强震仪），与台湾地区交换 16 台，平均台间距 31km，观测数据全部实时传输汇聚到省台网中心。由科技支撑计划项目资助研发的地震预警与烈度速报系统实现在线运行，系统运行以来，成功处理了福建省内3.0级以上地震、台湾地区及周边海域5.0级以上地震20余次，如2012年6月10日台湾海域6.6级地震、2016年2月6日台湾高雄6.7级地震（图1.9）等。系统的地震烈度速报与地震预警效能良好，取得了预期成效。2015年在中国地震局的支持下，在福建省晋江市开展地震预警接收终端的示范建设，打通信息发布“最后一公里”。2017年全面推广晋江预警发布示范建设经验，福建省政府决定在2020年建成全省18400个接收终端，并作为自然灾害发布“一张网”的重要组成部分，目前，接收终端在2019年底已建成超万个，涵盖了学校、社区、商场、事业等各个单位，为全国发布系统的建设提供了样板。另外福建省为规范地震信息的发布，制订了《地震仪器烈度标准》和《地震预警信息发布》两个地方技术标准，福建省人大常委会修订了《福建省防震减灾条例》，增加了地震预警发布的相关内容，明确了主管部门，与此配套福建省人民政府制订了《福建省地震预警管理办法》等规章，并于2018年5月12日开始向社会提供预警服务。

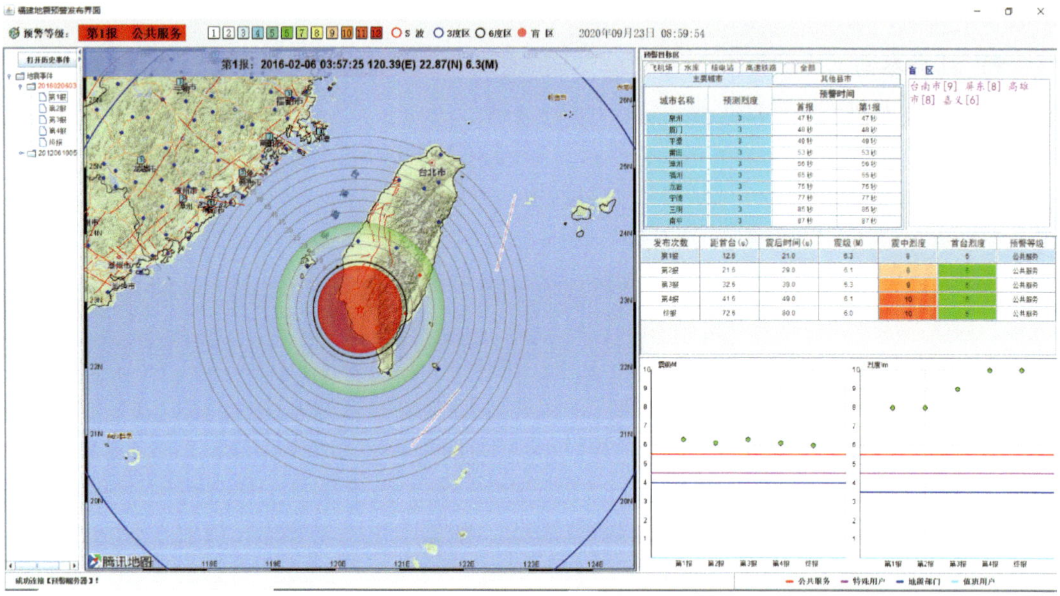

图1.9　福建示范系统预警处理结果（2016年台湾高雄6.7级地震）

2）河北唐山地震烈度速报和预警试验系统

2013年建成的“唐山地震烈度速报和预警试验系统”，按照“三网融合”的要求，开展技术创新，利用测震台、强震台、烈度仪台组网开展地震烈度速报与预警试验。系统设计在震后5～10s内生成地震预警信息，震后5～10min产出烈度分布。2015年9月14日昌黎4.2级地震实测表明，震后5s可以生成较为准确的地震预警信息，震后5min可以产出地震烈度分布图。这一结果验证了测震台、强震台、烈度仪“三网融合”技术的实用性和可靠性。

3）地震烈度仪区域示范与技术测试

2015年，中国地震局在京津冀地区、川滇交界地区和福建沿海地区组织开展地震烈度速报和预警示范区建设，新建790个烈度仪观测点，进一步搭建和完善“三网融合”技术平台，积极开展地震预警信息发布及应急处置试验。示范系统建设极大促进了地震预警专业观测设备产业发展。中国地震局于2014年12月和2015年7月对8家厂商10余种设备分别进行了设备摸底测试和项目招标测试，于2016年1月、3月组织了设备供货抽检测试。测试结果表明，市场上大多数烈度仪产品经过完善改进，能够在核心技术指标、功能设计及仪器传输协议等方面满足“三网融合”及地震预警系统建设需求。

4）技术标准建设

为规范我国地震烈度速报与地震预警系统建设，2014年中国地震局组织制定了《仪器地震烈度计算暂行规程》，2015年中国地震局制定颁布了地震行业标准《地震台站建设规范 地震烈度速报与预警台站》（DB/T 60—2015），明确了各类台站的建设要求，为系统建设制订了基础性标准。为规范市场的技术标准，中国地震局发布了行业标准《地震观测仪器进网技术要求 地震烈度仪》（DB/T 59—2015），并向全社会公开发布了烈度仪设备测试的技术要求，规范了我国烈度仪产品的技术要求。

5）社会参与力度不断加大

在推进技术研发与试验示范的同时，中国地震局也一直鼓励支持国内高校、科研院所、社会企业等开展烈度速报与预警领域的技术创新。近几年，中国高铁地震预警系统得到了较大的发展。成都高新减灾研究所、厦门帝嘉科技有限公司、珠海市泰德企业有限公司、青岛科信安全技术有限公司等民营企业也为地震预警与烈度速报的发展做出了一定的贡献。

1.4.4 中国台湾地区的烈度速报

中国台湾地区自1992年起实施“强地震动观测计划”（TSMIP），目前已建成由650个强震动台组成的强地震动速报台网（平均台间距为7km），并研发了相关数据处理软件，形成了完整的地震信息快速发布系统（RTD）。地震发生后数分钟内，该系统就能自动触发且生成烈度分布图、地震动峰值分布图等图件，并及时发布。该系统在1999年集集地震中发挥了作用。此外，在吴逸民（2006）等推进下，台湾在学校等单位也建设了400个以上的烈度计观测点。

1.5 本章小结

由于我国所处的历史地理环境特殊，地震是我国长期面对的主要自然灾害，一旦大震巨灾来临，将对国家的政治经济和社会稳定带来严重影响。本章通过防震减灾历史经验的总结与启示，简要分析了地震预报、抗震设防和应急救援存在的主要问题和面临的困难及其薄弱环节，说明地震预警和烈度速报是减轻地震灾害的有效手段之一，是应急救灾的重要科技支撑。

本章概括总结了美国、日本等国家和地区在地震预警与烈度速报技术系统建设的进展和主要经验，并对我国开展的地震预警与烈度速报支撑项目所取得的科技成果、现已开工建设的重大项目“国家地震烈度速报与预警工程”以及在一些地区开展的示范应用、法规标准建设等做了介绍，这些示范应用和实践探索为建设全国性的地震预警与烈度速报技术系统积累了工程经验，做好了技术储备，奠定了工程建设基础。

第2章　地震预警与烈度速报技术系统

地震预警与烈度速报是新技术系统的两大功能，其设计思路和目标任务不尽相同，前者希望在潜在震源附近加密台网，更早捕捉地震信号，以便及时发布预警警报，减轻地震灾害；后者则是评估地震对城市乡镇带来的影响，估计可能的损失，以便在震后尽快确定重点搜救区域，开展救援减少损失。因此，从台网设计上前者是围绕着“地震活动”来进行台网布局，后者则是围绕着人口众多的“城市和乡镇”来进行空间布局。本章以“国家地震烈度速报与预警工程”项目可研报告为蓝本，系统介绍地震预警与烈度速报系统的总体目标和设计思路、重点区域划分、建设目标与性能指标、系统构架、中外技术方案分析研究等，以便对地震预警和烈度速报有全面、系统、总体的了解，台网设计中具体的技术细节将留在后续章节中介绍。

2.1　总体目标和设计思路

日本2007年地震预警系统已正式建成，而我国2010年才开始编制项目申请书，开启新一代技术系统的总体设计，全部建成试运行预计要到2022年底。从建成时间点计算要晚于日本15年左右。这15年也是科学技术迅猛发展的15年，要紧紧抓住后发优势，在总结国内外经验的基础上，设计出投资更小、功能更强、效益更明显的技术系统，就是我们面临的一大挑战。

2.1.1　总体规划

我国地震预警与烈度速报技术系统的建设已经从1998～2009年的全面学习、跟踪研究，2010～2016年创新设计、技术示范发展到2017～2021年全面建设、形成能力的阶段，目前即将建成世界上规模最大的地震观测台网，技术系统全面更新换代，跨入世界先进行列。可以预计2021～2025年将进入全面开放、产生效益的阶段。在修改国家相关法律和形成技术标准的基础上，开展大规模的科普宣传，让民众和各行业充分了解地震预警和烈度速报的有关知识，掌握逃生避险的技能，强化与高铁等行业的技术对接，为全社会、各行业共同应对大震巨灾提供有力的地震科技支撑。同时，对各省市的台网和技术系统运行状态进行严格考核考评，对相关技术人员进行强化培训，对达到要求的省市分批次对外开放服务，形成为国家、行业、社会服务的能力。通过制定标准和政策，引导社会力量积极参与，逐步形成技术装备、软件研发、技术标准等知识产权和相关产业链，服务于国家“一带一路”倡议。

2.1.2　总体目标

新一代技术系统充分依托已有基础和科技创新成果，尽快形成地震预警与烈度速报能力，实现我国地震预警体系建设由“强基础”向“重实效”的战略转变。立足国情震情和经济建设与社会减灾需求，充分借鉴国际经验，按照突出重点、分区设计、节约投资、创新发展的原则设计建设目标。围绕建设目标，在对比分析的基础上，科学确定系统架构、比对优选技术方案、明确服务产品指标、建设规模和投资估算。突出应用服务的顶层设计，由点及面，实现面向政府、公众、行业、企业的多元化信息服务。按照构建国家地震预警体系的战略部署，以实现功能、行业应用、社会发布为宗旨，建设国际先进的地震预警与烈度速报技术系统。

我国经过十几年不懈的努力，以地震预警与烈度速报为代表的新一代技术系统将于2021年前后完成，它的面世标志着我国在地震预警与烈度速报领域跨入世界先进行列，建成世界上规模最大的地震观测台网，服务国家和社会的能力明显增强，总体水平赶上日本，部分性能要优于日本的水平。

2.1.3　设计思路和要求

（1）坚持服务国家，服务社会。项目设计从国家经济发展大局出发，构筑完善国家地震安全和应急救援体系，立足于未来我国严峻复杂的震情形势和经济社会建设进入中高速发展的新常态，服务国家“一带一路”倡议；服务国家区域经济发展规划，特别是服务于特大城市和城市群的发展；服务行业发展规划和总体布局，为高铁、核电等生命线系统和社会公众提供有效的地震安全保障。

（2）一体化总体设计，新增两大功能。在传统地震监测功能的基础上新增地震预警和烈度速报两大功能，将涉及的台站观测系统、数据处理系统、信息发布系统、通信网络系统、运维保障与监控系统进行一体化设计，强化系统集成、软件设计、装备配置、产品产出。

（3）突出重点目标，兼顾其他需求。我国幅员辽阔，7 级以上大震发生的空间分布极不均匀，人口和县级以上城市的分布也极不均匀。因此，要集中财力突出建设重点，在一些地震灾害频繁的地区建成站点较密的台网，同时也要兼顾其他地区，同步实现技术进步，又为未来发展留有空间。

（4）技术要确保“三高”，做到“三低”。地震预警与烈度速报技术系统与传统的地震监测技术系统最大的差别就在于“三高”“三低”的特征，即必须具备高时效性、低延迟，高可靠性、低风险，高运行率、低故障的特点，这种新的技术要求，要贯穿于设备配置与采购、台网运维与监控、数据处理与产品加工、网络通信与安全、信息发布准则等各个环节。如果从技术上达不到这些要求，技术系统迟早要出问题，容易产生“误报”“漏报”，其技术系统的可靠性、稳定性就会受到质疑。

（5）切实落实“多网”融合，一网多用。认真总结以往项目设计的经验启示，切实体现一体化设计思想，既要考虑测震台网、强震台网、烈度计网“三网”在台站布局、传感器配置、技术系统等方面的融合，做到“三网”都参与地震预警，“三网”都服务烈度速报，又要为未来与 GNSS 观测台网的融合留有空间并做好技术储备和系统对接。在数据处理和服务产品的加工上充分融合“三网”观测数据，最大限度地利用、开发、应用三类观测资源，产出多元化的服务产品，既满足国家、社会、行业对地震预警、烈度速报等方面的迫切需求，又为各行业提供地震日常监测和地球物理观测数据产品等服务夯实基础。

(6) 信息发布要既准又快，稳定可靠。地震预警与烈度速报信息服务产品，关乎民众避险、行业处置、政府救灾、社会稳定，是高度敏感的公共安全信息，必须做到准确可靠。这就需要建设高质量的技术系统，确保系统运行稳定，数据处理算法先进成熟，服务产品加工与发布既准又快，最大限度减少误报漏报等可能产生负面影响的技术失误，在国家应急体系中发挥重要作用。

(7) 方案要先进实用，示范验证。由于地震预警和烈度速报在我国属于新技术和减灾新手段，中国地震局在推进项目立项的同时，选择福建、首都圈、甘肃兰州等地区先期开展示范应用。通过实施国家科技支撑计划项目，使我国全面掌握地震预警与烈度速报技术。在项目立项、可研、初设阶段，项目建设涉及的一些新方案、新技术、新设备，要选择条件基础较好的地区继续进行示范应用，使项目建设的技术方案和关键环节经过深入的实践检验，为项目的全面建设打牢技术和人才基础。

(8) 坚持统筹规划，节约资源。根据国家发展战略要求，制订国家地震预警和烈度速报工作规划，确定系统建设、法规修订、标准完善、科普宣传等工作的路线图和时间表。注重与项目建设关系密切的行业规划和各省市防震减灾规划的衔接，强调项目台站观测系统、通信网络系统和紧急地震信息服务系统建设充分利用社会资源和行业资源，最大限度节约建设投入。

(9) 坚持引领发展，推动创新。项目建设是国家应急救援体系建设中的重大工程，要着眼于引领国家相关行业应急体系和社会应急救援体系的发展；同时项目建设又是防震减灾事业发展的重要基础工程，它将使我国地震台网跨进世界先进前列，是我国防震减灾事业发展的新起点。因此要在引进、吸收、消化、再创新上狠下功夫，推动防震减灾事业持续发展，实现地震科技创新和管理创新，产出更有影响力和代表性的科技成果，更好地支撑和引领防震减灾事业的发展。

2.2　重点区域划分

我国的经济发展、人口分布与地震灾害的空间分布不均匀。总体上，东部地震弱，频次低，人口多，经济比较发达，中强以上地震就会对社会产生重大影响；西部地震强，频次高，人口少，经济相对落后。基于有限的财政投入，应立足我国国情，突出重点，针对不同地区的实际特点设计地震预警与烈度速报的目标任务。我国按照下列原则，划定为地震预警和烈度速报重点区域：

(1) 历史上发生过强震并造成严重人员伤亡和经济损失、未来发生强震尤其是 7 级以上大震的可能性较大的地区（图 2.1，图 2.2）；

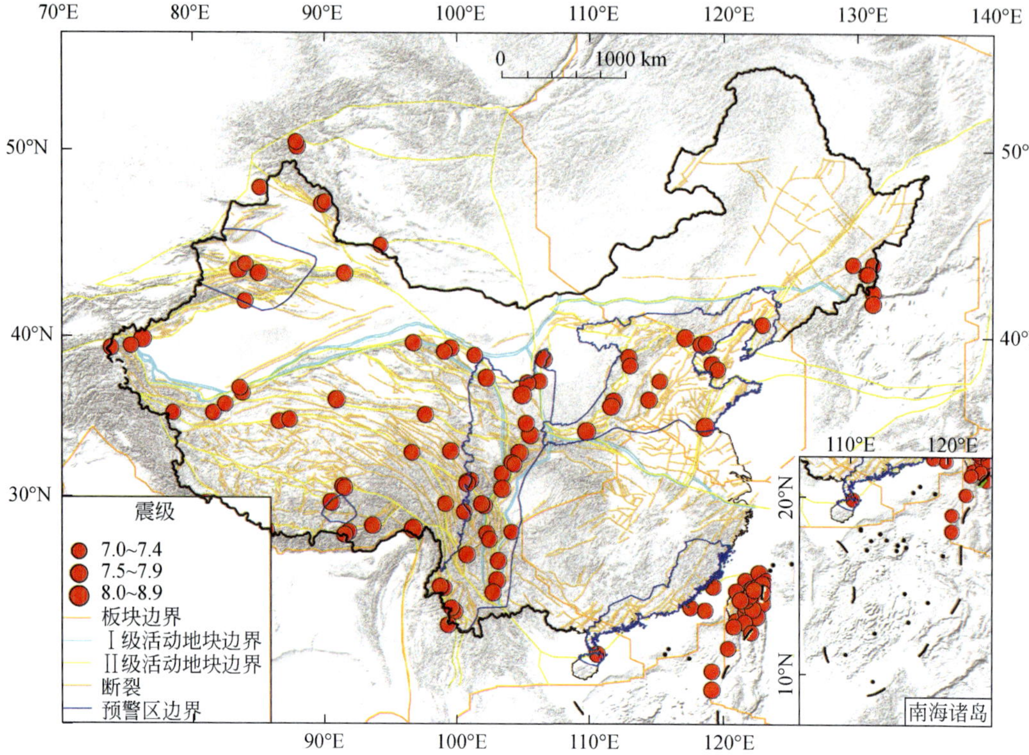

图 2.1　全国 7.0 级以上地震分布

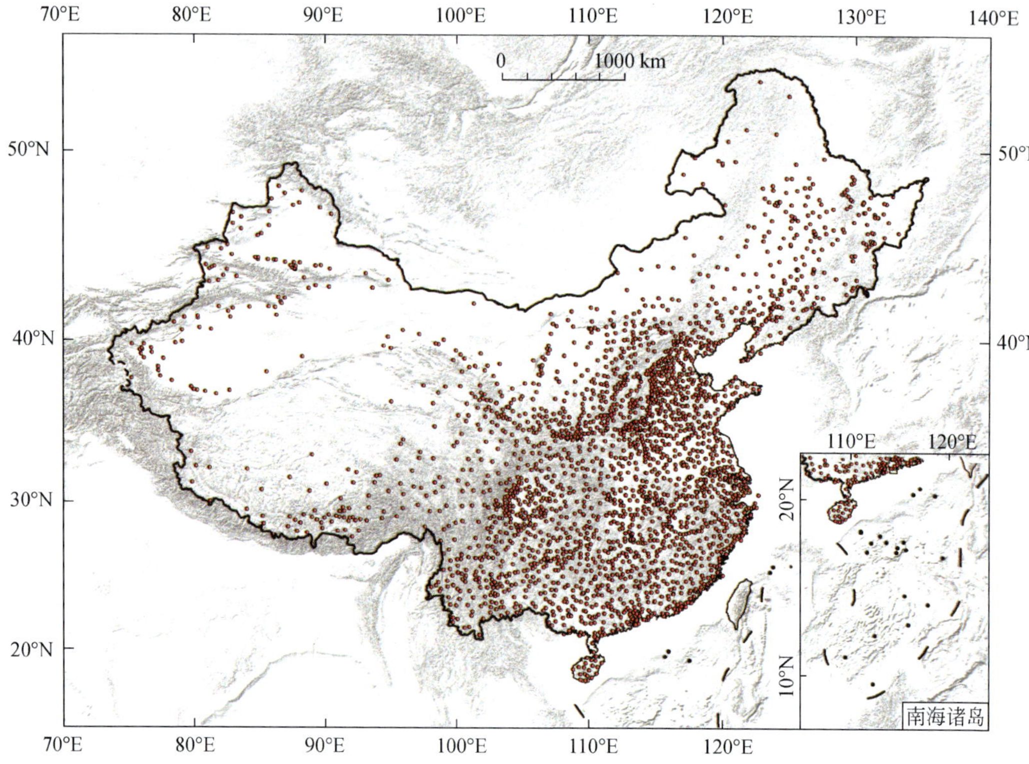

图 2.2　我国地震危险区与地震预警重点区分布图

（2）历史上发生过 6 级左右地震，经济发达、城乡密布、人口相对密集的地区（图 2.3～图 2.5）；

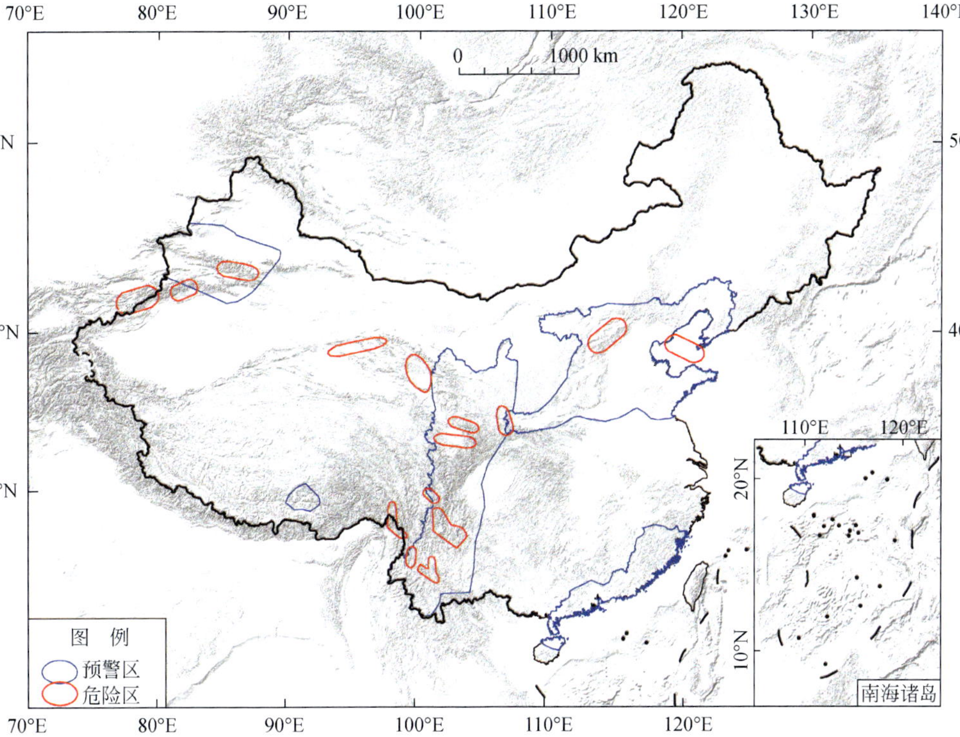

图 2.3　我国预警区与危险区分布

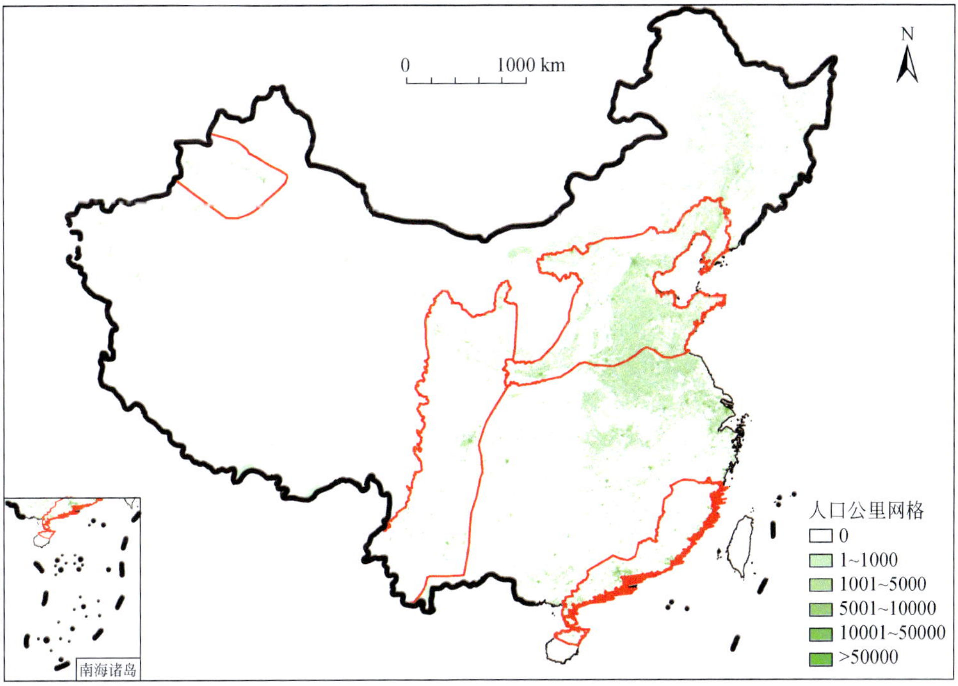

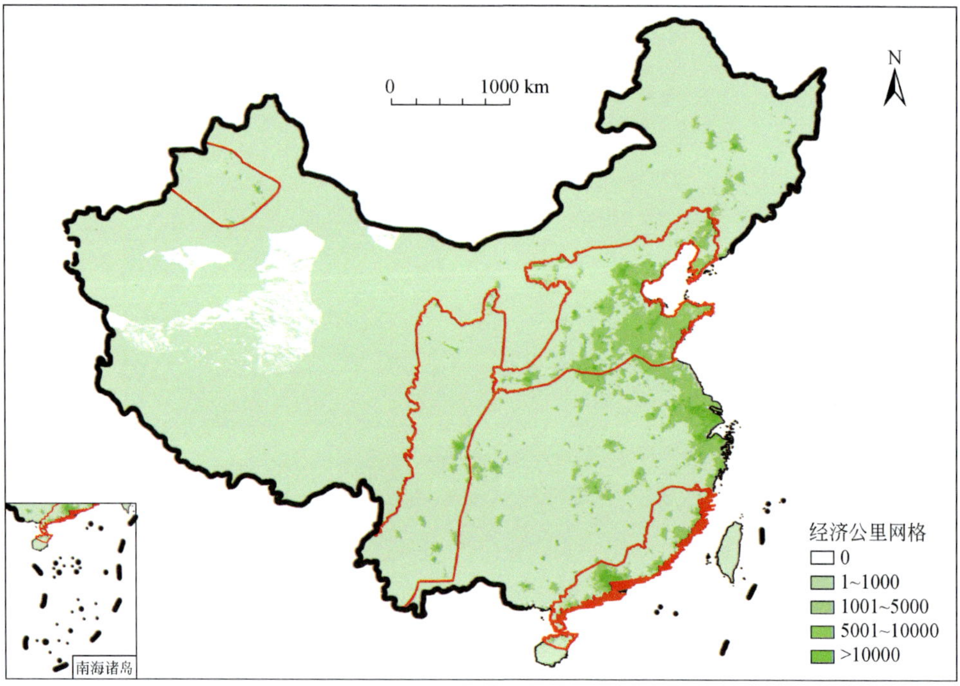

图 2.4　人口、经济公里网格图

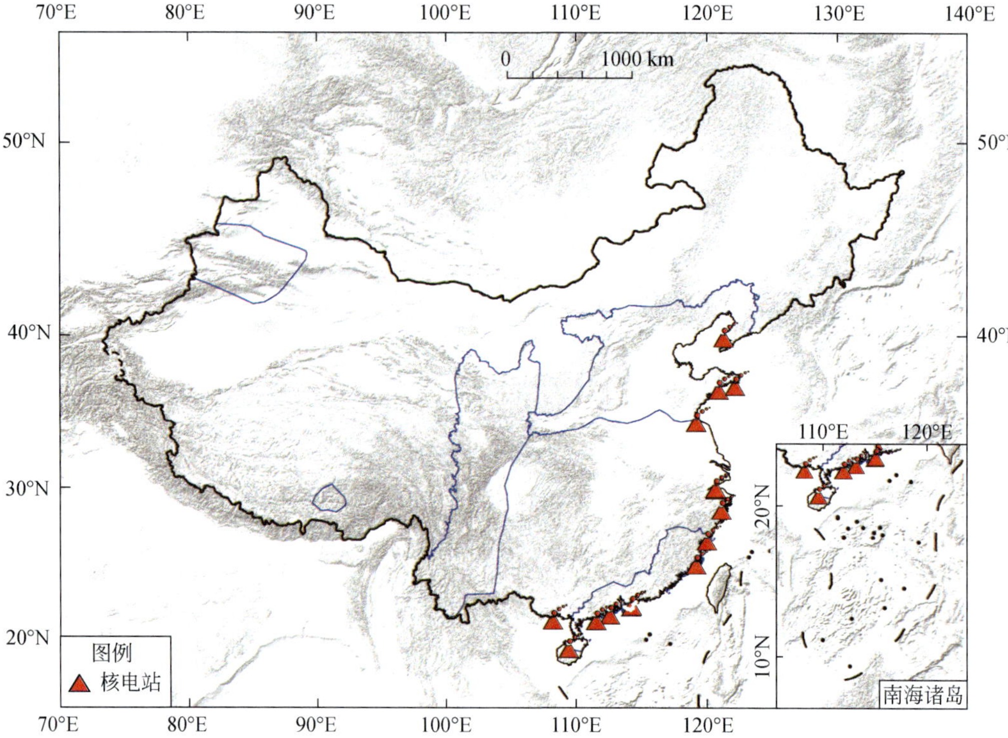

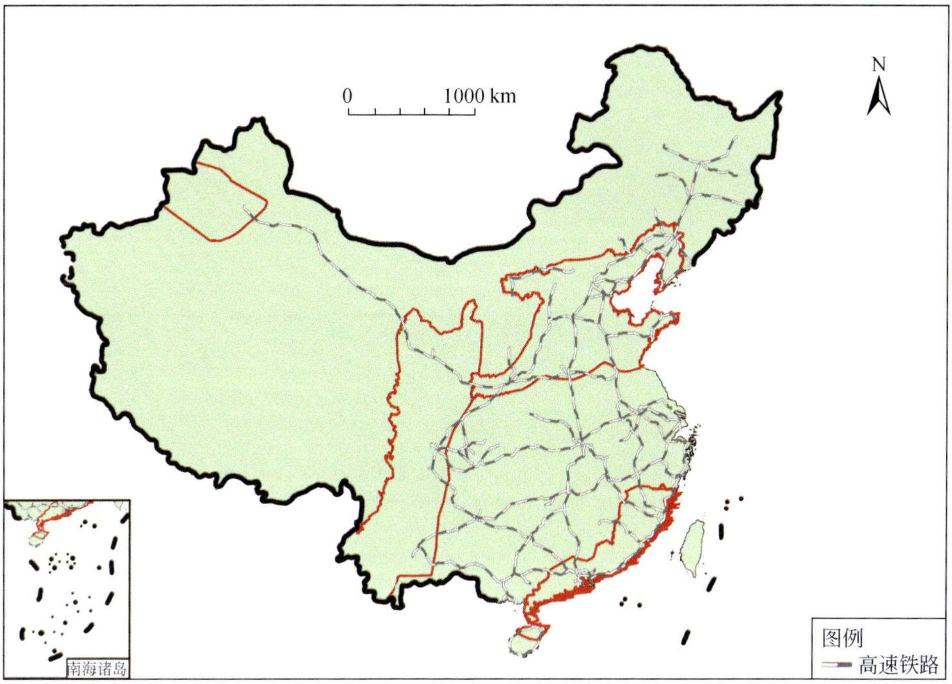

图 2.5　重点区及核电站和高速铁路分布图

（3）对国家政治、经济、安全和稳定有重要影响的地区。

重点区的地震危险性较高，对社会经济发展影响较大，应设置高标准的项目目标和指标，实现原地报警、行业预警、公共预警、远场大震预警以及高精度的烈度速报。其他区域的地震危险性相对较低，或者地震灾害造成的损失较小，可适度降低目标指标要求，首先实现远场大震预警和较高精度的城市烈度速报，以后再争取逐步完善。

2.2.1　重点区

根据上述原则，选择我国华北、南北地震带、东南沿海、天山中段 4 个地区作为重点区。如图 2.1 ~ 图 2.5、表 2.1、表 2.2 所示，重点区涉及 18 个省（区市），总面积为 200.8 万 km^2，覆盖人口约 5.42 亿人，约占全国的 40.48%。重点区生产总值（2014 年统计数据）约为 27.79 万亿元，约占全国的 43.7%。历史地震人员死亡约占全国的 96.46%。

表 2.1　历史地震造成人员伤亡与经济损失

类别	华北	南北地震带	东南沿海	天山中段	一般区	重点区
人员死亡/人（占比/%）	1776177（77.29）	439135（19.11）	1059（0.04）	376（0.02）	81426（3.54）	2216747（96.46）
经济损失/亿元（占比/%）	101（0.36）	27493（99.26）	4.5（0.02）	3.5（0.01）	97.1（0.35）	27602（99.65）

表 2.2　人口经济分布

类别	全国	南北地震带	华北	东南沿海	天山中段	预警区合计
面积/万 km^2	960	84.3	71.6	23.8	21.1	200.8
人口/亿（占比/%）	13.39	1.09（8.14）	3.16（23.60）	1.08（8.07）	0.09（0.67）	5.42（40.48）
生产总值/万亿（占比/%）	63.65	5.15（8.09）	13.05（20.50）	8.12（12.76）	0.47（0.74）	26.79（42.09）

注：预警区面积为预警工程项目可研时数据，后续实际实施时略有变动，但不大。人口及生产总值数据为 2014 年统计数据。

（1）华北地区。主要涉及北京、天津、河北、山西、内蒙古、辽宁、山东、河南、陕西等省（区、市），历史上多次发生 7 级以上大震（如 1976 年唐山 7.8 级地震）并造成严重人员伤亡和经济损失，未来仍有发生 7 级以上大震的可能。华北地区是国家政治、经济、文化中心，涉及北京、天津两个超大城市，以及京津冀、山西中部、呼包鄂榆、辽中南、山东半岛、中原地区、关中平原等城市群。

（2）南北地震带地区。主要涉及云南、四川、甘肃、宁夏、青海等省区，历史上曾发生多次 7 级乃至 8 级以上大震（如 2008 年汶川 8.0 级地震）并造成严重的人员伤亡和经济损失，未来仍有发生 7 级以上乃至 8 级大震的可能。南北地震带地区是我国西部大开发重点区域，也是我国经济的重要增长点，涉及成都、昆明等特大城市，以及成渝地区、滇中、兰州-西宁、宁夏沿黄等城市群。

（3）东南沿海地区。主要涉及福建、广东、海南等省份，历史上中国大陆曾发生多次 6 级以上强震，台湾海峡和台湾地区曾发生 8 级大震，未来仍有发生 7 级以上乃至 8 级大震的可能。东南沿海地区是我国经济发达区域，涉及广州、深圳 2 个超大城市，以及海峡西岸、珠三角、北部湾等城市群。

（4）天山中段地区。历史上曾发生多次 7～8 级大震。尽管人口密度不高，但涉及国家安全和边疆稳定，是国家“一带一路”的重要窗口，涉及乌鲁木齐市和天山北坡城市群。

需要说明的是在项目初设阶段，根据有关意见，又增加西藏拉萨地区作为重点区域。但本章介绍仍维持四个重点区域，以便前后一致。

2.2.2　其他区域

在其他区域实现远场大震预警。预警服务对象主要是一般区内经济发达、人口密集的特大城市、大中城市，主要包括上海、重庆两个直辖市，哈尔滨、武汉、杭州、南京、长春、长沙、南宁、合肥、南昌、贵阳、拉萨、宁波等 18 个城市，计划单列市及人口 800 万以上城市，以及长三角、哈长、长江中游、黔中等城市群。对这些城市和城市群可能产生影响的远场大震，除发生在重点区内的，还包括新疆北部、甘肃西北部、川西、滇缅边境、渤海湾、台湾等地震区的 7 级以上大地震。此外，南黄海地区历史上曾多次发生 6～7 级地震，特别是 1996 年 11 月 9 日的 6.1 级地震，对上海造成较大影响。考虑到该地区经济发达、人口稠密，在上海、长三角城市群实现对南黄海 6 级以上强震的远场大震预警十分必要。

2.3　建设目标与性能指标

根据地震预警与烈度速报的重点区划分，两类区划的目标与指标（图 2.6）如下。

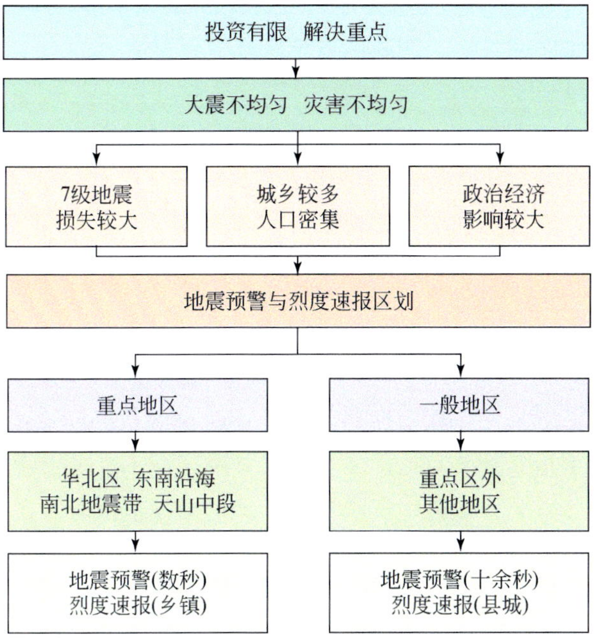

图 2.6　设计思路与建设重点

2.3.1　重点区建设目标与指标

在华北、南北地震带、东南沿海、天山中段四个重点区建设由基准站、基本站和一般站构成的、台间距在 10～15km 的高密度综合地震观测网络，部署地震预警与烈度速报技术系统，形成完善的地震预警能力和基于乡镇实测值的烈度速报能力，强化地震参数与地震动参数速报能力。

1）地震预警指标

原地报警：地震发生后，首台触发 3s 内，若实测地震烈度或峰值加速度超过阈值则生成报警信息，并向可能遭受地震影响的特定用户发布。

灾害性地震预警：地震发生后，首台触发 4～6s 生成地震预警第一报信息，持续更新预警信息，并根据发布规则向预测烈度 8 度及以上地区的公众和特定用户发布紧急避险信息，向预测烈度 6 度以上地区的公众和特定用户发布避险信息。

警戒性地震预警：地震发生后，首台触发 4～6s 生成地震预警第一报信息，持续更新预警信息，并根据发布规则向预测烈度 3 ~ 5 度地区的公众和特定用户发布告知信息。

远场大震预警：地震发生后，首台触发 5 ~ 10s 生成地震预警第一报信息，持续更新预警信息，当预测震级大于 7 级或实测震中烈度大于 9 度时，向距震中 300km 以外可能遭受严重影响的特大城市、大中城市和特定用户发布远场大震预警信息。远场大震尽管地面烈度低，但对周期较长的城市高层建筑和长大工程结构影响更大。

2）地震参数速报

地震发生后，地震速报与地震预警接力进行，1min 左右生成地震基本参数自动终报信息。震级越大，速报时间越长，参数测定精度显著提升。

3）地震烈度速报

4 级以上地震发生后，3min 内生成乡镇级行政区划单位实测地震烈度速报信息，10min 内生成精细化地震烈度分布图。5 级以上地震发生后，10min 内生成峰值加速度和峰值速度的空间分布图、加速度和速度的动态震动图、地表地震波累积能量时空分布图、多个周期点的加速度反应谱和速度反应谱空间分布图。

2.3.2　其他区域的建设目标和指标

在其他区域建设由基准站、基本站和一般站构成的、台间距 40 ~ 60km 的较高密度综合地震观测网络，部署地震预警与烈度速报技术系统，形成远场大震预警能力和基于县级城市实测值的烈度速报能力，提升地震参数与地震动参数速报能力。

1）远场大震预警

一般区内或我国周边 300km 内发生大地震后，首台触发 10 ~ 30s 生成地震预警第一报信息，持续更新预警信息，当预测震级大于 7 级且预测震中烈度大于 9 度时，向可能遭受影响的特大城市、大中城市和特定用户发布远场大震预警信息。

2）地震参数速报

地震发生后，基于地震预警技术，20 ~ 30s 生成地震基本参数自动初报信息；基于自动速报技术，1min 左右生成地震基本参数自动终报信息。

3）地震烈度速报

4 级以上地震发生后，3min 内生成县级行政区划单位的实测地震烈度速报信息，10min 内生成经插值的地震烈度分布图。

4）强地震动参数速报

破坏性地震发生后，10min 内生成峰值加速度和峰值速度的空间分布图、加速度和速度的动态震动图、地表地震波累积能量时空分布图、多个周期点的加速度反应谱和速度反应谱空间分布图。

2.3.3　实现示范用户的紧急地震信息应用

地震预警信息的发布应尽量利用各种发布渠道的社会公共资源，在项目设计中主要考虑了示范用户。

（1）向 320 个国家和省级抗震救灾相关单位发布地震参数速报、地震烈度速报、地震动参数速报等信息，服务政府应急救援决策。

（2）向中央电视台、中央人民广播电台、省市县级电视台、有影响力的新媒体企业等有针对性地发布原地报警、地震预警、地震参数速报、地震烈度速报等信息并由其向社会公众传播，服务公众地震应急行动。

（3）向重点区内 1500 所中小学校发布地震预警信息，服务学校师生的地震逃生避险。

（4）向铁路部门发布原地报警、地震预警、远场大震预警、地震参数速报、地震烈度速报、地震动参数等定制化紧急地震信息，服务高速铁路的地震紧急处置。

（5）向核电、水利、燃气、化工、医疗卫生、商业等行业的 1 ~ 2 个示范企业发布定制化紧急地震信息，服务有关企业的地震紧急处置。

2.3.4　提供日常服务产品

（1）地震观测数据。向相关研究机构提供地震观测噪声数据和地震事件波形数据，为地震预报方法研究、震源机理研究以及反演地下结构、探测地下资源、寻找油气提供基础资料。重大地震事件发生后，在 24h 内开放数据提供服务，也可为特定机构提供定时定点定制化服务。

（2）强震动观测数据。为全国抗震设计单位提供不同城市各种场地条件下的抗震验算和抗震试验加速度时程，为全国科研机构提供研究震源机制、地震动特征和工程地震破坏机理的近场加速度记录，改进各地区强地震动衰减规律，提高地震动参数区划图的编图质量，提升房屋结构抗震设防水平。重大地震发生后，在 24h 内开放数据提供服务。

（3）科技创新平台。向我国地震科学研究机构和科研团队提供台网实时观测数据服务，为研究和检验地震科技新技术、新手段、新方法提供创新平台。

（4）加强国际交流与合作。经相关部门审查批准，为国外特定研究机构开放部分观测数据，加强国际交流与合作，共同研究应对地震威胁的手段与方法。

2.4　系统构架

2.4.1　系统构成

整个技术系统由五部分组成（图 2.7），其中，台站观测系统是整个技术系统的基础，是感知地震的“哨兵”；数据处理系统是整个技术系统的核心，是判定地震的“大脑”；信息服务系统是整个技术系统的价值体现，是加工产品取得效益的集中体现；通信网络系统是整个技术系统传输数据、发布信息的关键；支持保障系统监控整个技术系统运行状态，是确保正常运行的有力支撑。

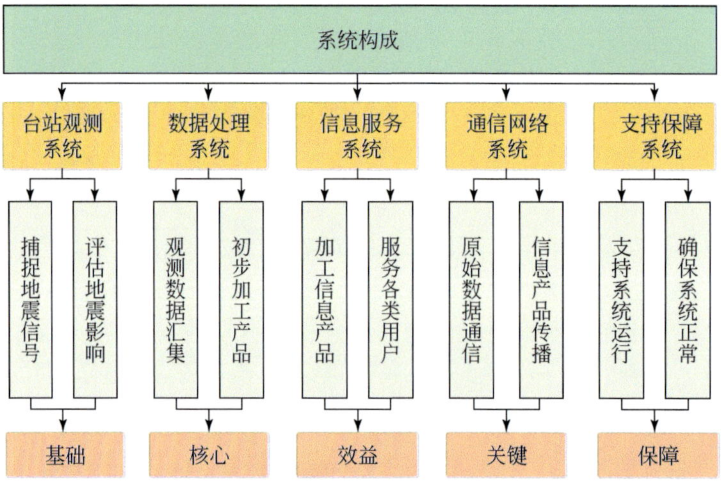

图 2.7　技术系统构成

2.4.2　系统层级

按照一个台网，二级处理，三级发布，四级服务构建整个系统的层级（图 2.8）。整个台站观测系统按照地震活动性和活动断层及对社会的影响，统筹空间布局；二级处理是按照国家级、省级二级中心分别对数据进行处理，也互为备份；三级发布是根据国家突发事件应对办法和省市地方法律法规，国家、省级和市级按照统一处理结果对外发布；四级服务是中央、省、市、县按照相关规定为所在辖区相同层级的各行各业和社会提供服务。

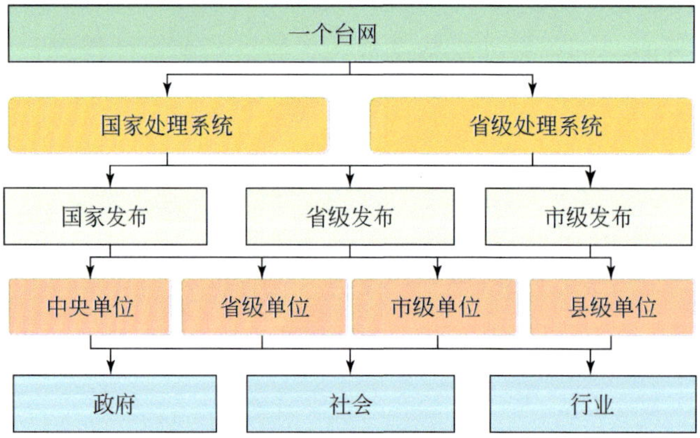

图 2.8　系统层级图

2.4.3　数据流与信息流

如图 2.9 所示，台站观测数据通过数据通信网络传至处理中心，没有经过处理的实时波形数据都定义为数据流；进入处理中心的数据流经数据处理系统的处理和发布系统的深度产品加工，并经过信息通信网络向政府、行业和社会公众进行信息发布都定义为信息流。由此构建和划分整个系统的安全密级，信息流的安全等级要远高于数据流，以确保系统安全。

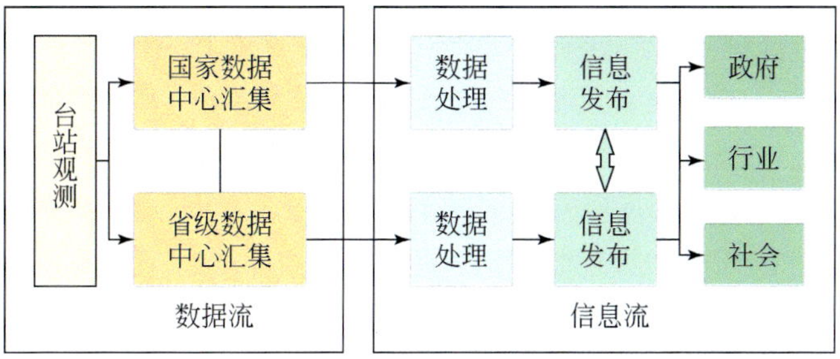

图 2.9　数据流与信息流的界定

2.4.4　台站观测系统

台站观测系统布局与地震预警、烈度速报能力之间有非常直接的量化关系。地震预警能力的主要评价指标是“快”和“准”。“快”可以用震后第一报时间或预警盲区半径 2 个指标说明。“准”可以用定位准确性和预警震级准确性说明。烈度速报能力的评价指标是勾画烈度空间分布图的精度，它与实测烈度台间距直接相关。本次布局设计，以预警能力的理论计算为基础，再结合烈度速报需求予以完善。

2.4.5　数据处理系统

数据处理系统为项目的核心，负责分析、判断、加工实时观测数据，及时产出地震预警、烈度速报等服务产品信息。数据处理系统的核心是提出地震预警和烈度速报信息的分析处理算法，其优劣标准是否高效可靠。

（1）地震预警。在预警震级的基础上，引入烈度参数强化地震预警级别的判别。用震级和实测烈度两个指标判定地震成灾规模和影响，并用震级和烈度双参数作为预警信息发布条件，以提高地震影响判断的可靠性，降低漏报、误报的风险。强化可靠度设计。从地震定位和震级计算两方面考虑预警信息可靠度，并作为信息发布的前提和判定条件，确保发布信息的可靠性。引入实测震中烈度，根据网内和网外不同情形应用震中烈度、震级和衰减关系共同预测城市烈度。

（2）烈度速报。在重点区域，通过覆盖城市和乡镇的台站观测数据实现地震烈度速报；在一般地区，实现以县级行政单位为单元的实测烈度速报，以乡镇级区划为单元的推测烈度速报。丰富烈度速报产品种类。项目有针对性地设计了动态震动图（加速度和速度）、地震波能量地表释放图等产品，能有效判别破裂方向方式、重点破坏区域等，辅助确定灾情规模、搜救重点。

2.4.6 信息发布系统

我国幅员辽阔、人口众多，紧急地震信息发布需求量大、应用范围广、需求多样。

（1）分级推送。按照我国应急管理体制机制，重点区采用国家、省级、市级三级推送架构，其他地区采用国家、省级两级推送架构。

（2）多种手段。利用国家突发事件预警信息发布系统、移动通信（手机 App）、互联网（网站、微博等）和新媒体平台推送信息，推进电视、广播等传统媒体信息推送应用，政府部门、学校和企业用户可采用专用终端接收信息。

（3）多元服务。以需求为导向，针对不同类型用户，采用不同的发布与服务策略，政府机构通过抗震救灾专网，社会公众采用公共网络，行业用户和人群密集场所用接收终端，企业用户按特殊需求处置。

2.4.7 通信网络系统

通信网络系统的功能是满足地震预警和烈度数据信息的传输、汇集、交换、服务以及系统监控的需求。通信网络系统包括地震预警与烈度速报通信网络、紧急地震信息发布网络、网络授时系统、网络安全系统、网络管理与运维系统。

（1）地震预警与烈度速报通信网络。包括 31 个省级（区域）通信网络和 1 个国家级骨干通信网络。涵盖 3 个国家级中心节点（国家中心、备份中心、保障中心）、34 个省级节点（含工力所、地球所、地质所）、196 个汇聚节点，以及 15301 个台站节点。其中，34 个省级节点包括 9 个Ⅰ类、9 个Ⅱ类和 16 个Ⅲ类省级中心。

（2）紧急地震信息发布网络。在国家中心、备份中心和四个预警区内省级中心，建立面向政府、公众、高铁、核电以及中小学校的紧急地震信息服务的通信渠道，实现地震预警与烈度速报通信网络与发布网络系统互联。

（3）网络授时系统。在国家中心、国家备份中心和 31 个省级中心，建立网络授时系统，为预警系统内部的地震观测仪器、服务器和各业务应用系统提供网络授时服务。

（4）网络安全系统。按照国家等级保护三级要求，从通信链路、访问控制、数据交换、运行管理等方面，建设预警通信安全保障系统。

（5）网络管理与运维系统。基于 ITIL 技术架构，建设网络资源管理、入网认证及监测、网络流量及协议分析、网络故障运维等综合管理与维护系统，动态监测系统的运行状态、系统可用性，及时发现与排查系统运行隐患，确保通信系统安全运行。

2.4.8 技术支持与保障系统

技术支持与保障系统的功能是支撑国家地震预警与烈度速报系统的运行维护，保障观测设备检测和维修，监测系统运行状态，评估系统运行质量。技术支持与保障系统包括 1 个国家技术支持与保障中心、1 个国家数据处理中心和运行监控中心、31 个省级技术保障中心以及 1 个野外地震试验站，并配置相应的运行监控系统，编制系统建设与运行规程，建设地震烈度速报与预警数字科普教育系统。

2.5　中外技术方案分析研究

为了对新一代技术系统有更深的了解，我们从台站观测系统、数据处理技术方案、信息发布方式三个方面对中外技术方案进行对比分析。

2.5.1　台站观测系统的比较

(1) 日本观测方案。日本经济发达、人口密度高、城市密集，全国普遍遭受强震影响，其地震预警和烈度速报台站覆盖全国。预警台站 1020 个，台站平均密度 27 个/万 km^2；烈度台站 4384 个，主要由地方政府投资，台站平均密度 108 个/万 km^2。其功能目标和布局特点如下。一是高密度、全覆盖、均匀化，预警台网平均台间距 18.7km，配置仪器主要是专业地震仪和强震仪；烈度速报台网平均台间距 10km，观测站点覆盖至町，配置仪器主要是品质较高的谱烈度仪。二是两个台网、两种功能，预警台网的观测数据实时传输，烈度台网的烈度信息准实时传输。烈度台网的观测数据不参与地震预警，两种台网资源融合利用不够。

(2) 美国观测方案。美国的地震主要分布在西部地区及其近海，全国地震台站总体分布较为稀疏，但在加利福尼亚州等西部地区建设了密集的地震台网，以此为基础实现地震预警和烈度速报。加利福尼亚州地区预警台网包括约 400 个测震台站和强震动台站，配置仪器主要是专业地震仪和强震仪，平均台间距为 14.7km，分布很不均匀（西密东疏，一半地区的台间距在 50km 以上）。加利福尼亚州地区没有单独建设地震烈度速报台网，城市和乡镇的烈度速报主要利用原有强震动台站（通常远离人口聚集区）观测资料经过插值和场地校正技术来实现。这是一种推测烈度而非基于实际观测的真实烈度，与日本以城市和乡镇站点观测为基础的烈度速报有本质差别。美国观测方案的特点：一是充分利用原有的多网资源如测震、强震、烈度计和 GPS 台站，希望统筹使用，形成综合观测网；二是根据地震不均匀特点，首先在加利福尼亚州实现预警；三是充分利用研究成果，提出实用化场地校正技术，提高推测烈度的精度。

(3) 我国观测方案。在不考虑经济性和运行管理能力的前提下，台站布设越密集，观测仪器配置越高端，地震预警与烈度速报效能越好。通过研究日本、美国的台站布局方案，统筹考虑功能目标、可靠性、经济性等因素，确定本项目的台站观测系统布局方案。具体方案详见第 3 章更细致的分析讨论。

(4) 比较的标准。为了客观反映不同观测方案的差别，我们用震后第一报时间和盲区半径、预警震级的准确性和可靠度、烈度速报能力和空间分布图的精度来进行分析比较。

第一，震后第一报时间和盲区。

震后第一报时间是指地震发生后系统生成预警第一报时刻与发震时刻的时间差。震后第一报时间越短，预警能力越强，服务时效性越好。以重点区内的 1 次地震为例，为保守起见，按照首台触发后 4s 系统确定震级、4 个台站确定位置的条件测算，不同深度（H）的地震震后第一报时间与台间距的关系曲线如图 2.10（a）所示，图中关系曲线表明，台间距越小，震后第一报时间越短。如果按首台触发起算，这相当于震后第一报时间减去 P 波从震源传至首台的时间。

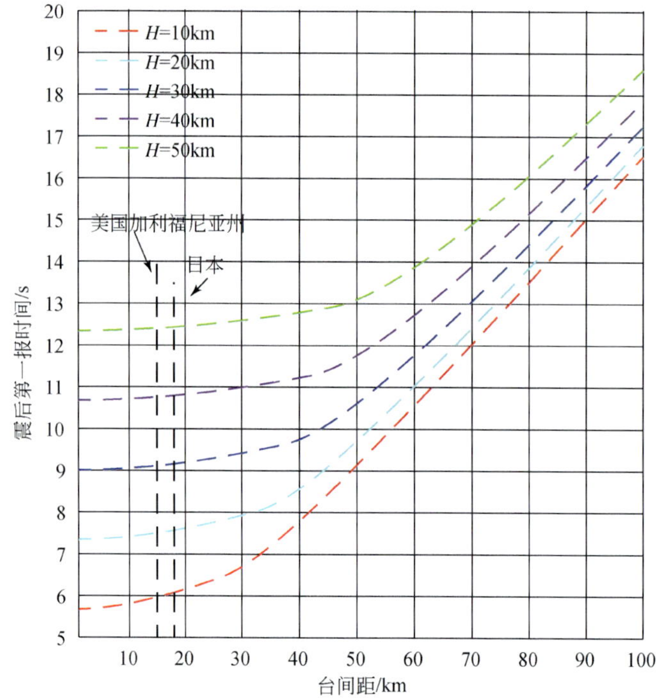

(a)

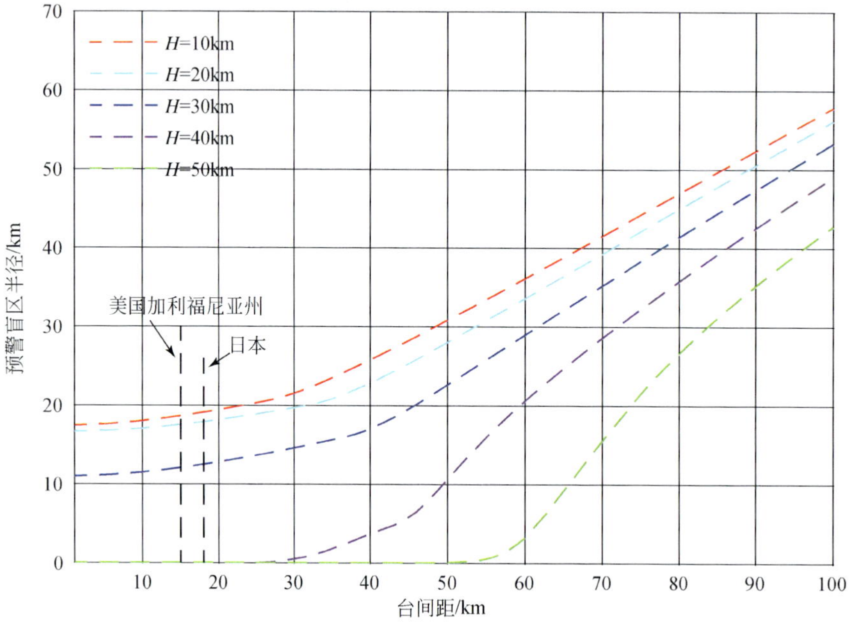

(b)

图 2.10　震后第一报时间及预警盲区半径与台间距的关系曲线

预警盲区指系统生成震后预警第一报时，破坏性地震S波已经到达的区域，是预警无效的区域。不同深度（H）地震的预警盲区半径与台间距的关系曲线如图2.10（b）所示，图中关系曲线表明，台间距越小，预警盲区就越小。

图2.10关系曲线表明，当台间距在10～20km时，震后第一报时间、预警盲区半径与台间距的变化梯度已较小，进一步缩小台间距，震后第一报时间和预警盲区半径的缩小幅度不大，故台间距18km左右能最大限度控制台网规模，效益比较好。

第二，预警震级准确性和可靠性。

台站配置的仪器观测灵敏度越高、观测数据质量越高，据此计算出的预警震级越准确。在2009～2011年的项目立项建议书编制阶段，中国地震局就观测仪器配置开展了大量调研。调研结果表明，美国、日本在地震预警中均只使用了专业地震仪和强震仪，未使用烈度仪。中国地震局据此制定了立项建议书中的配置方案。

在立项建议书编制工作的同期，中国地震局努力开展烈度仪的应用实验示范，在数据处理技术上取得了突破创新。同时随着近年来烈度仪仪器质量的大幅提升，凭借“三网融合”技术，使用地震仪、强震仪和烈度仪共同开展地震烈度速报和地震预警，已具备了较强的可行性。各类台站和观测仪器的有关情况详见表2.3、表2.4。

表2.3 三类观测仪器情况

仪器名称	仪器用途	仪器主要特点	仪器成本
地震仪	观测地面运动速度	仪器噪声低、灵敏度高，适于观测微小震动	高
强震仪	观测地面运动加速度	仪器噪声较低、灵敏度一般，适于观测强烈震动	中
烈度仪	观测测点运动加速度	仪器噪声高、灵敏度低，适于观测强烈震动	低

表2.4 三类台站情况

台站类别	观测仪器配置	台站功能定位	台站布设位置	建设成本
基准站	地震仪、强震仪	地震预警核心台站	覆盖地震活动性较强的主要断裂带	高
基本站	强震仪	地震烈度速报核心台站地震预警骨干台站	县级以上城市等人口密集地区	较低
一般站	烈度仪	地震烈度速报骨干台站地震预警辅助台站	乡镇的人口密集地区	低

在台站总数确定的前提下，基准站和基本站的占比与预警震级准确性成正比，与经济性成反比；一般站的占比与预警震级准确性成反比，与经济性成正比。应科学设计三类台站的分布和比例，在控制成本的前提下，最大限度提升预警震级准确性。实现地震预警第一报的最低条件，需要三个台站触发、首台P波观测数据时长超过3s。为了提升预警震级的准确性，在三个触发台站中，应尽量有1个质量性能较好的基准站或基本站。按此计算并考虑实际建设条件，预警区内一般站与基准站和基本站总量的数量配比为2∶1左右。

第三，烈度速报空间分布图的精度。

破坏性地震发生后，其烈度空间分布通常为近似椭圆，图2.11为根据地震烈度衰减关系计算出的$M=5.0$、$M=6.0$、$M=7.0$和$M=8.0$四个震级地震的烈度衰减曲线，从图中可见，烈度相差1度，长轴最小差18km，短轴最小差9km。台间距越小，控制烈度空间分布的总体趋势越好。若台间距大于18km，就可能观测不到极震区烈度，损失烈度速报中最关键的信息。需要说明的是烈度随震级和震中距变化的烈度衰减关系，在不同国家和地区略有不同，每1度变化沿短轴相差9～12km，长轴变化1度相差18～24km，在分析中使用了最短距离的变化，以便勾画烈度空间分布图时有更高的精度控制。

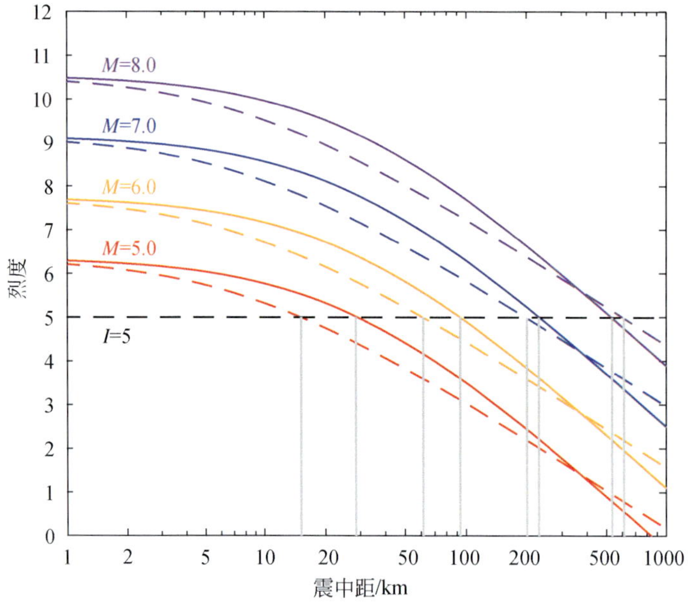

图 2.11　不同震级 M 下烈度 I 分布椭球长短轴关系

城市、县城、乡镇等人口经济密集区域是烈度速报服务的重点目标。项目设计的4个重点区内，乡镇的平均间距为12km左右，以此为台间距参考值，则能实现对乡镇烈度的实测和速报。

第四，综合分析。

综合地震预警第一报时间、预警盲区半径、预警震级准确性、烈度速报精度等方面的测算分析结果，本着兼顾烈度速报和预警效能以及经济性的原则，重点区台站布局可以设定为台间距12km左右，一般站与基准站和基本站总量的数量配比为2∶1左右。按预警区内基准站沿潜在发震断层带布设、基本站覆盖县级以上城市、一般站覆盖乡镇的要求，基准站的平均台间距为38km左右，基准站和基本站合计的平均台间距为24km左右，基准站、基本站、一般站合计的平均台间距应为12km左右。对于破坏性地震较少的全国其他地区，按照仅实现烈度速报的目标，负责烈度速报的基本站或一般站覆盖至县级以上城市，各类站点综合后的平均台间距达到60km左右。

按此设计，我国预警区内12km左右的台间距比日本的18.7km要小，感知强震的能力更强。理论上，从发震时刻起算发布预警第一报的时间应比日本系统早1～2s，预警性能优于日本。烈度速报能力总体达到日本水平，均能速报城市和乡镇烈度，速报时间都在3min内，日本烈度图的精度为5km，我国为6km左右（台间距的一半）。理论计算得出的系统预警第一报生成时间和地震烈度速报精度如图2.12、图2.13所示。

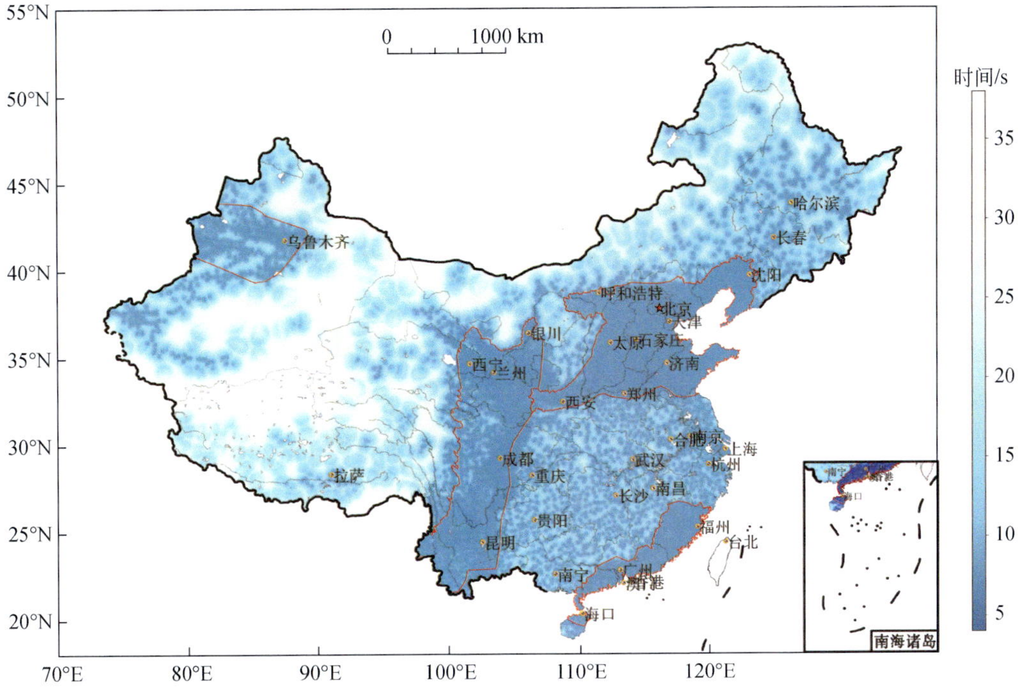

图 2.12　中国地震预警第一报生成时间分布

香港、澳门特别行政区和台湾地区资料暂缺

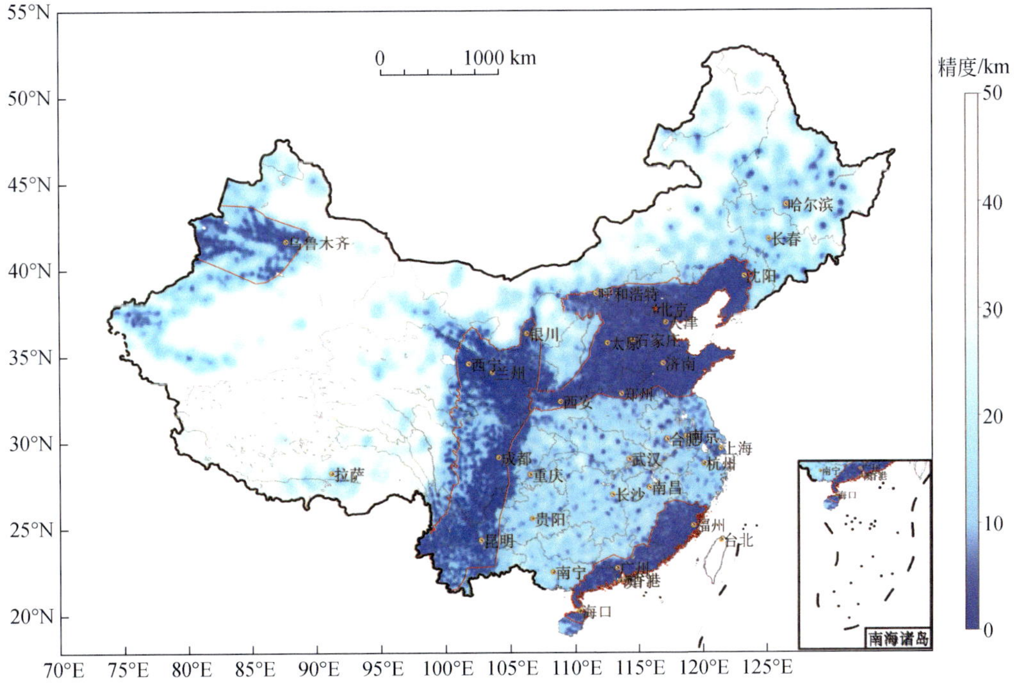

图 2.13　中国地震烈度速报精度分布

香港、澳门特别行政区和台湾地区资料暂缺

2.5.2　数据处理技术方案的比较

1）日本地震预警和烈度速报方案

为缩短地震预警定位用时和提高定位结果的准确度，日本紧急地震速报系统中综合采取了多种预警定位方法，如“B–Δ”方法、“着未着”方法，其震级的计算则采用 P/S 波段经验统计关系，并随着波形信息和触发台站的增多进行实时更新。系统最终提供各地区的地震烈度分布估计及破坏性地震动到时估计等信息，并根据既定准则对外进行发布。为提高系统处理的可靠性，由日本气象厅和日本防灾科学技术研究所各研制一套预警处理软件，发布时综合两套处理结果。

中国地震预警功能优于日本。如图 2.14 所示，日本地震预警系统主要为行业和公众服务，具有公共预警和行业预警功能。我国地震预警与日本相比增加了原地报警功能和远场大震预警功能。原地报警能够在地震动参数超过阈值后，直接为仪器所在地提供紧急警报。我国部分发达地区，远离主要地震带，但这些城市财富集中、人口密集、高楼云集，一旦发生强震和大震，会对城市高楼和长周期重大工程造成影响。远场大震预警功能服务于远离震源区的较大城市。我国及周边 300km 内发生大地震后，预警系统向可能遭受影响的特大城市、大中城市和特定用户发布远场大震预警信息。因此，我国地震预警系统因地制宜，在实现日本主要功能前提下，增加了原地报警和远场大震预警功能。

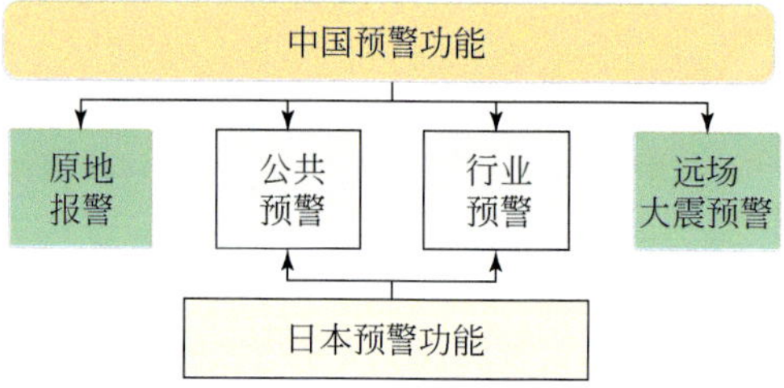

图 2.14　中日预警功能对比

同时，中国预警可靠性优于日本。在发布方面，日本地震预警系统使用震级单一参数作为发布条件；我国地震预警系统在参数计算方面充分考虑信息可靠性问题，在事件识别时引入事件判定准则；在定位与震级测定时引入定位可靠度与震级可靠度；在地震预警信息发布上，使用震级与震中烈度双参数作为发布准则。因此，从预警可靠性看，中国在处理阶段引入 3 种可靠度，发布采用双参数准则，确保发生的地震事件是一个对社会有影响的强震事件，降低了误报的风险。

日本烈度速报系统接收到地震信息后采用中心触发模式，专线回传并计算观测点的计测烈度，在震后 2min 左右即开始产出仪器地震烈度（日本标准）Ⅲ度以上的烈度速报产品，各级政府机构依据烈度等级启动相应的应急预案。地震烈度的算法采用日本于 1996 年发布的仪器地震烈度表，该烈度表不仅考虑了幅值因素，也考虑了频率与持时的因素，同时还考虑了与原地震烈度表的一致性。日本烈度速报台网及烈度信息不参与地震预警信息的判断与发布。

就支撑救灾能力而言，中国方案与日本总体相当，部分优于日本。如图 2.15 所示，日本的地震预警与烈度速报系统在支撑救灾方面可以提供县乡烈度速报和烈度分布图产品；我国的地震预警与烈度速报系统除提供县乡烈度速报和烈度分布图外，还提供累积能量分布图、反应谱分布图、震源机制解等产品，诸多产品综合确定救灾重点。原地报警功能同时还可直接为现场救灾人员服务。

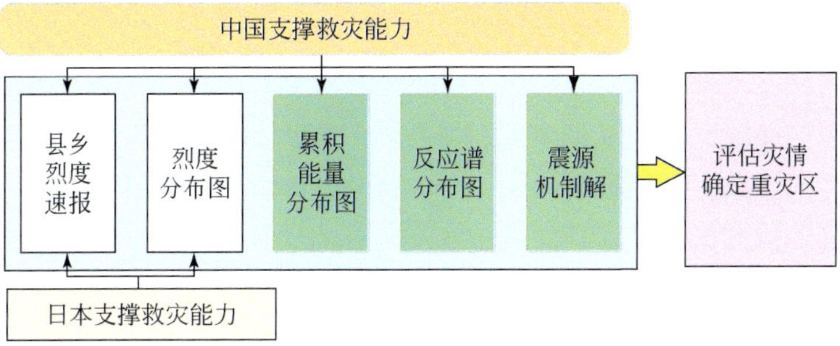

图 2.15　中日支撑救灾能力对比

2）美国地震预警和烈度速报方案

美国目前有三套试验性地震预警数据处理系统，分别为 ElarmS 系统、虚拟地震学家系统和 PreSEIS 现地预警系统。三套系统采用不同的算法，并行处理，综合产出 ShakeAlert（震动警报）产品。系统除了利用常规的地震监测台网进行地震预警实践外，还将实时传输的高采样率 GPS 观测台网数据应用到了地震预警中。

依托各州政府建设的强震动台站，美国地质调查局应用实际观测与理论插值相结合的方法，于 1996 年实现了地震烈度速报系统 ShakeMap。仪器地震烈度算法以有限台网观测的地震动峰值加速度 PGA 和峰值速度 PGV 为基础，结合震源机制解、区域地震动衰减规律和网络上收集的民众震感信息经综合处理，结合场地信息校正，持续更新产出地震烈度空间分布图及相关产品。美国地震烈度速报系统的特点主要依赖于先验的衰减模型和场地校正技术，只要已知震级、震中以及断层方向（震源机制解），即便没有实测的观测结果也可进行烈度速报，可用于全球地震烈度速报。但从本质上讲这种烈度速报只能算是经验预测，预测的烈度分布与实际的烈度分布仍可能有较大的差异。

3）本项目的数据处理技术方案

通过分析研究国内外地震预警数据处理方案的优劣，特别是借鉴了日本的先进经验和做法，本项目拟采用以下措施：

第一，引入烈度参数强化地震预警级别的判别。日本地震预警系统主要用震级来控制发布条件，只要预测烈度（由震级按烈度衰减规律计算得出）达到 5 度弱时就向公众发布预警，可能高估或低估地震的影响。在本项目设计中，用震级和实测烈度两个指标判定地震成灾规模和影响，并用震级和烈度双参数作为预警信息发布条件，以提高地震影响判断的可靠性，降低漏报、误报的风险。

第二，强化可靠度设计。在系统总结我国目前广泛使用的地震参数自动速报系统以及国内外预警系统遇到的一些关键问题的基础上，从地震定位和强度估算两方面定义预警信息可靠度，设置台网运行正常数据可靠、地震事件触发、震级和震中烈度达到要求三道门槛，并作为信息发布的判定条件，确保了发布信息的可靠性。

第三，引入实测震中烈度预测城市烈度。本项目设计中，应用震中烈度、震级和衰减关系共同预测城市烈度，优于日本的震级推测城市烈度方法。

第四，融合日、美两国地震烈度速报思路。在重点区采用日本模式，通过覆盖城市和乡镇的台站观测数据实现地震烈度速报；在一般地区采用美国模式，以县级行政单位的实测烈度为基础，推测乡镇级区划单元的烈度。

第五，丰富烈度速报产品种类。日、美两国的烈度速报产品，本项目均能产出。同时有针对性地设计了动态震动图（加速度和速度）、地震波能量地表释放图等产品，能有效帮助判别破裂方向方式、重点破坏区域等，辅助确定灾情规模、搜救重点。

本项目烈度速报数据处理方案与日、美方案对比见表 2.5。以上技术要点和相关技术将在后续各章节中陆续介绍。

表 2.5　本项目烈度速报数据处理方案与日、美方案对比

系统比对		本项目烈度速报系统	日本烈度速报系统	美国烈度速报系统
处理中心	层级	多级（国家、省级）	多单位（台站处理，JMA 汇集）	多级
	烈度信息是否参与综合研判	是	是	是
	结果数	1	1	1
软件系统	插值方式	重点区，台站数据为主、经验预测为辅；一般地区，经验预测为主、台站数据为辅	台站数据为主、经验预测为辅	经验预测为主、台站数据为辅
	是否进行场地校正	是	是	是
	结果更新机制	随着触发台站数量的增加，产出结果逐步更新	随着触发台站数量的增加，产出结果逐步更新	利用不同的信息，逐步完善
	部署方式	统一部署（与地震预警相结合）	单独部署	单独部署

2.5.3　信息发布方式的比较

1）日美等国家和地区

目前，日本、美国、墨西哥等国家，欧盟以及我国台湾地区都开展地震预警和烈度速报等紧急地震信息的发布与应用，为政府应急决策、公众防灾避险、企业紧急处置提供服务。地震预警信息发布的实时性要求较高（秒级大面积信息覆盖），目前主要通过电视、广播、手机、专用接收终端等向政府、公众和行业、企业等用户发布。此外，日本气象厅还通过 J-Alert 报警系统等发布地震预警信息。

烈度速报信息发布主要通过网站、专用服务系统向政府、公众、企业用户提供服务，如 USGS 的 ShakeCast 系统等。

2）我国信息发布方式

借鉴国际先进经验并结合我国实际，按照我国应急管理体制机制，重点区采用国家、省级、市级三级推送架构，其他地区采用国家、省级两级推送架构。利用国家突发事件预警信息发布系统、移动通信（手机 App）、互联网（网站、微博等）和新媒体平台推送信息，推进电视、广播等传统媒体信息推送应用，政府部门、学校和企业用户可采用专用终端接收信息。以需求为导向，针对不同类型用户，采用不同的发布与服务策略及方式，即政府机构——抗震救灾决策用，社会公众——媒体覆盖人人用，行业用户——人群密集场所用，企业用户——特殊需求处置用。

2.5.4 综合结论

综合台站观测系统布局、数据处理技术、信息发布方式等关键环节的对比分析结果，得出以下结论：

依托“三网融合”技术，使得基准站、基本站、一般站共同支撑烈度速报与预警业务。通过优化台站布局和仪器配置、完善数据处理技术和信息发布方式，使得重点区地震预警效能高于日本水平、烈度速报效能与日本水平相当，一般地区烈度速报效能与美国水平相当，地震速报水平大幅提升、地震信息公共服务能力显著增强。同时，项目建设成本得到了有效控制，经济性较强。

2.6 本章小结

本章在总结国内外实践经验的基础上，以“国家地震烈度速报与预警工程”项目为蓝本，简述我国建设地震预警和烈度速报的总体规划和“国家地震烈度速报与预警工程”项目的总体目标、设计思路和技术要求。进而按照震情灾情轻重、人口密度分布、政治经济影响等三条基本原则划分地震预警和烈度速报重点区及其他区域（一般区），分别提出两类不同区域技术系统的性能指标，这种重点区和一般区划分，着眼于现阶段集中财力在强震危险性高、人口较密集、政治经济影响大的地区优先实现地震预警和烈度速报，也为未来的发展留有空间。在此基础上重点讨论了系统的技术构架、技术层级以及数据流与信息流的界定和安全要求等问题，分别介绍了组成整个技术系统的站点、处理、发布、通信、运维等五个子系统构成及承担的任务，最后对我国与日本、美国的技术方案做了重点分析和研究，通过借鉴国外先进经验并结合我国在一些地区的创新实践说明了我国技术方案的先进性和可行性。

第3章　地震观测台网的设计与能力评估

随着时代的发展，地震观测台网由过去只承担地震监测的单一功能，逐步拓展为地震监测、地震预警、烈度速报三大功能，未来如果在重要结构上安装实时传输的传感器，其还将承担工程健康监测与损伤评估的功能。因此本章在以后的讨论中，新一代地震观测台网是指具有三大功能的台网，它将主要由四类传感器构成：第一类是传统的速度型传感器，主要用于监测近场中小地震活动性和远场大震活动的测震台网；第二类是传统加速度型传感器，主要用于监测近场强震活动以及工程应用的实时传输强震动台网；第三类是烈度计（频带较窄、价格较低的加速度计），主要用于评估地震对城市和乡镇社会影响的实时传输烈度计网，观测台网的“三网融合”指的是上述三类站点共同组成的台网，它打破过去传统的界限，将地震学和地震工程学关注的观测资源，在一套技术系统和软件支持下，统一运维管理并根据用途分别使用；第四类是实时传输的高频全球导航卫星系统（Global Navigation Satellite System，GNSS）台网，主要用于监测近场大震位移场，特别是位错产生的永久位移。“四网融合”是指在前三类站点的基础上，加上高频 GNSS 站点。按惯例 GNSS 台网属于地球物理观测台网范畴，在此不做重点讨论。在本章中，重点研究地震观测台网（速度计、加速度计、烈度计）的设计问题以及地震预警和烈度速报能力的评估问题。

3.1　传感器的选择

众所周知，传感器主要性能指标有两个，一是频带宽度，二是动态范围。

3.1.1　传感器频带宽度

从工程结构的角度讲，通常工程领域感兴趣的频带为 0.1 ~ 25Hz，对于低矮结构（1 ~ 3层）的房屋其自振频率为数赫兹至十余赫兹，高层建筑的自振周期为 1s 至数秒（高层建筑的自振周期可估计为 $T=0.075n$，n 为高层建筑的层数），超高层建筑和长大管线的自振周期可能更长，但一般不超过 10s。由于结构工程抗震设计时主要考虑其惯性力的影响，工程上多用加速度传感器。有鉴于此，乡镇的房屋一般不高，可选频带为 0.1 ~ 10Hz 的烈度计。城市布设的加速度计以及与速度计放置在同一台基上的加速度计，除了具有烈度速报功能以外，其观测数据还应为科学研究和所在城市工程抗震设计提供基础数据，同时还承担着 6 级以上地震速度计限幅时测定震级的任务。因此应配置较好的加速度计，频带为 DC ~ 100Hz。

对于速度型地震计的频带选择，主要依据地震学遇到的各种地震波谱的问题，从小震到大震，近震到远震，地震波的频率从几十赫兹至上百秒。从各种震级标度对带宽的要求以及经济性来看，以 60s 和 120s 的宽频带地震计为主较为适宜，极少数台站配置 360s 的超宽频带地震计，用于测定全球 8 级以上大震震级。从噪声成像技术对地震计频带的要求来看，根据研究，要利用两台宽频带噪声记录提取面波对地壳介质成像，地震波成像穿透的地壳深度约为所选低频周期的 2/3，即周期 30s，穿透厚度约为 20km。西部的地壳厚度如青藏高原可达 60 ~ 80km，主要选 120s 地震计，东部地壳厚度达 30 ~ 40km，主要选 60s 地震计。目前，世界上宽频带速度型传感器的最长周期可达 360s，但要测量 9 级以上的大震地震参数仍有困难，此时可配合选用不受低频限制的高频 GNSS 来计算。地震传感器的高频特性主要受采样率控制，如果采样间隔为 0. 01s，则高频截止频率为 50Hz。当然，一般接近高频截止频率时，信号会有失真，实践中要取得比其小。

3. 1. 2　传感器动态范围

假设传感器能观测到的最大值为 $V_{\max}$，最小值为 $V_{\min}$，则传感器的动态范围 D 一般定义为

$$D = 20 \cdot \lg \frac{V_{\max}}{V_{\min}} \tag{3.1}$$

单位为 dB。假定有一种传感器，在相同的震中距上，它可测定最小的微地震为 -1. 0 级，也可测定最大地震震级（目前约为 9. 5 级），约相当于位移为 $1\times10^{-9} \sim 1\times10^{2}$m，则此传感器的动态范围约为

$$D = 20 \cdot \lg \frac{(U_{\mathrm{m}})_{\max}}{(U_{\mathrm{m}})_{\min}} = 220\mathrm{dB} \tag{3.2}$$

式中，U_{m} 为输入位移。

目前，动态范围达到 220dB 的速度型传感器暂时是没有的，国际上有关设备制造商正在研制动态范围可达 200dB 的地震计，但目前技术尚未成熟，更没有达到实用化的程度，这要有赖于未来传感器在设计、制造、工艺与技术上的突破。当前常用速度型传感器的动态范围为 140 ~ 160dB（7 ~ 8 个数量级），加速度型传感器的动态也大致为 140dB，最大量程 $2g \sim 4g$，因此要承担从 -1. 0 级小震至 9. 5 级大震的监测预警任务，单独靠一个 140dB 的速度计或是加速度计都是无法完成的。现在的做法是在同一台站同时使用两个类型的传感器，让速度传感器承担监测中小地震任务（从 -1 ~ 6 级，共 7 个数量级），让加速度传感器监测中大地震（2. 5 ~ 8. 5 级地震），中强地震两者互有交集。这种双传感器配置的一个优势，就是增强首台触发的可靠度、避免误触发，另外也可避免一个传感器出现故障就完全丧失其应有的功能。

烈度计的动态按下式估计：

$$D = 20 \cdot \lg\left(\frac{a_{\max}}{a_{\min}}\right) \tag{3.3}$$

其中最大加速度 $a_{\max}$ 可取 $1g \sim 2g$。2011 年东日本海“3 · 11”大地震，已记录到最大 PGA 达到近 $3g$，目前估计 $a_{\max}$ 可能达 $3g \sim 4g$。1 ~ 2 度为最小加速度 $a_{\min} 10^{-4}g \sim 10^{-5}g$，其动态应为 $D \approx 80 \sim 100$dB，即一般应大于 80dB。

目前地震仪器的监测能力见表3.1。另外从传感器的噪声水平看，加速度传感器的噪声水平高于速度型传感器约1个数量级，烈度计的噪声水平至少高于速度型传感器1～2个数量级。需要说明的是目前速度型传感器在震中附近不到6级（位移大约为1cm）就可能会限幅，从传感器的动态估计它至少能观测到-150～-140dB的微小振动，但如果台基不好，噪声较大，是无法观测到这么小的微地震的，因此速度型传感器的台基选择十分重要，要选噪声水平在Ⅰ～Ⅱ标准的场地，否则就浪费了传感器的资源。

表3.1　目前地震仪器监测能力

序号	台网	仪器	监测能力
1	测震	速度计	-1～6级
2	强震	加速度计	2.5～8.5级
3	烈度计	烈度计	3～8级

3.2　地震观测台网的空间布局

第2章已对空间布局的重点区和一般区讨论过，也初步分析了台网布局对预警时效性的影响，本节再换个思路做更详细的讨论。由于地震观测台网是多功能的台网，其空间布局要突出地震预警时效性、震源深度测定的控制性和监测微震能力、勾画烈度空间分布图等主要目标。

3.2.1　监测预警对台间距的要求

地震监测预警台网的空间布局首先要考虑一个地区的活动构造和地震活动性的空间分布。从对中小地震活动性的监测来讲，要注意到中小地震作为一个地区的本底地震，在空间上的发生具有一定的随机性，因而台站在空间布局上要有一定的均匀性，从而在空间尺度上可以有效监测中小地震。但对于强震和大震，其发生主要受活动断裂所控制，未来的强震潜在震源必然发生在活动断层构造带上或者历史强震的分布区域内。因此，台网设计的思路就是在主要活动断层附近进行加密观测，使台站尽可能靠近潜在震中，以便提高首台截获强震信息的能力，提高地震定位与快速测定震级精度，提高预警效率。

研究表明，利用首个触发台站在P波到后的3s（至少3s）信息所测定的震级具有较高的可靠性，可将其定义为测定震级的最短时间Δt_m。利用前四个触发台站的P波到时信息能够较准确确定震源位置，定位所用的时间为Δt_L；只要震中位置准确，通过量取位移3s（包括3s）以后的峰值，就可以测定出地震三要素。因此，一个科学、合理的台网要实现监测预警功能，最优化台网的空间布局设计应该满足：

$$\Delta t_m=\Delta t_L \tag{3.4}$$

即台网测定震级的用时和定位的用时相等，这是比较容易理解的。一个密度较高的台网，定位用时很短，主要等待测定M的用时；一个密度较稀的台网，测定首台P波峰值到后3s的用时很短，主要等待定位的用时。假定P波波速$V_P=6$km/s，首台P波到后3s

至少有另一个台站触发，则监测预警台网的最优台间距 d 可估计为

$$d = V_P \Delta t_L \approx 18 \sim 20\text{km} \tag{3.5}$$

这与日本预警台网约 20km 的台间距基本是一致的。根据地震预警连续定位方法（参看第 7 章），如果首台触发的 P 波到时为 T_{P1}，等待第二台触发的到时为 T_{P2}，两台之间的台间距为 d，则等待第二台触发时间为 h，则 Δt_{21} 满足下式：

$$\Delta t_{21} \leqslant d/V_P \tag{3.6}$$

即首台 3s 后至少第二台已触发。当然，当震中在首台和第二台之间时，在首台触发 3s 后，至少有 2 台触发，可以确保定位的精确性和测定震级的可靠性。

我国地震的震源深度在 10～30km 之间，水库地震震源深度在 5km 左右，离震中最近的台站在 10km 左右（即台间距约为 20km）能准确测定 10km 以上震源深度，其原理如下，假设离震中最近台站的震中距为 Δ，震源深度为 h，如果首台能测到 S 波和 P 波的到时差为 $\Delta t_{S\text{-}P}$，则震源距 R 为

$$R = (\Delta^2 + h^2)^{1/2} = V_\varphi \Delta t_{S\text{-}P} \tag{3.7}$$

由 R 和 Δ 测定的震源深度 h 为

$$h = (R^2 - \Delta^2)^{1/2} \tag{3.8}$$

其中，V_φ 为虚波速度，约为 8.3km/s，利用式（3.8）计算 h 的前提为 R 要明显大于 Δ，当 $\Delta \geqslant h$ 时，R 逐渐接近于 $R=\Delta$ 临界线，我国地震深度 h 为 10～30km，由于 P 波和 S 波的震相拾取误差在 0.1～0.3s，P 波和 S 波速度估计的虚波速度也有一定误差，深度测定误差估计为 2km 左右。当 $\Delta = 10\text{km}$（相当于台间距一半），对 $h \geqslant 10\text{km}$ 以上的震源深度都有较好的测定精度，误差估计在 2km 左右。如果 P 波和 S 波速度较精准，且 S 波震相拾取精度控制在 0.1s 以内，则深度测定精度将在 1km 左右。当 $\Delta \leqslant 10\text{km}$ 时，对水库地震的震源深度也有一定的控制能力。但对于爆破等近地表的非天然事件测定震源深度的能力仍明显不够，要用其他方法帮助确定爆破等事件。如图 3.1 所示。为突出 Δ 对 h 的影响，取 $r=R-\Delta$，计算 r、$\Delta t_{S\text{-}P}$ 随 Δ 的变化曲线。要真正提高测定 h 的精度，必须按速度模型计算 $\Delta t_{S\text{-}P}$，并提高震相识别的精度。如果对于较大的强震，烈度计台可以参与定位，则台间距缩短到 12km 左右，这时测定地震深度的能力大大增强，精度也大大提高。

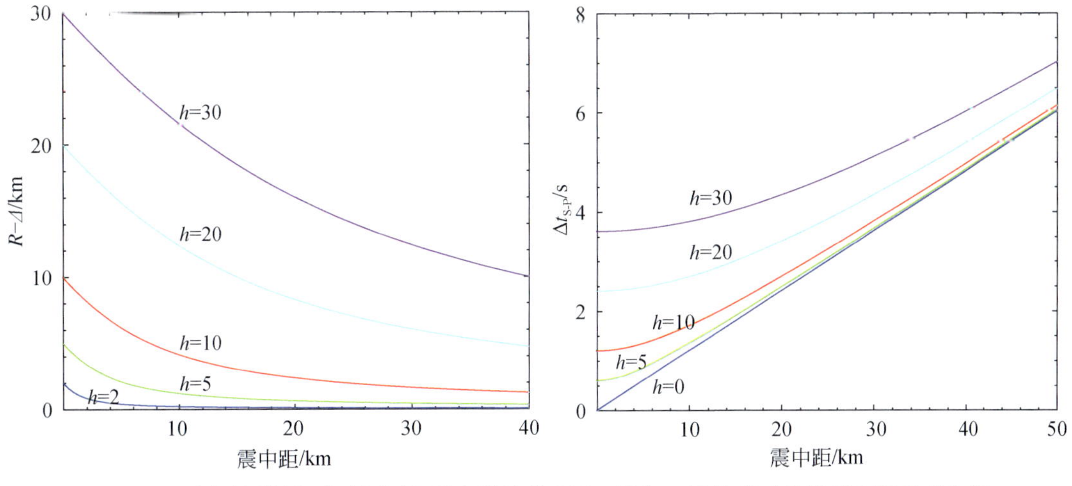

图 3.1　不同震源深度时震源距与震中距的差以及 S 波与 P 波的到时差随震中距的变化图

按此台网设计，能否测定-1.0级地震呢？根据M_L的公式估计，如果台间距为20km，则至少有一个台在10km之内，取$\Delta=10$km，取$R(\Delta)=2.5$，则估计测量-1.0级的位移幅值约为$10^{-6.5}$cm。

小地震的峰值卓越频率为数赫兹，其与位移幅值相对应的速度峰值应大于-130dB。根据《地震台站观测环境技术要求 第1部分：测震》（GB/T 19531.1—2004），Ⅲ级噪声水平为-140～-130dB，换句话说，在Ⅰ～Ⅲ级噪声水平-150～-130dB，都可监测到-1.0级小震，但噪声较大的场地如Ⅳ～Ⅴ级噪声环境，由于信噪比不够，则难以监测到微震。但如果要确定地震事件的三要素，则必须有3～4个台，则速报地震事件最小震级可能为0级左右。

3.2.2 烈度速报台网的空间布局

烈度计网的设计思路完全不同于地震监测预警，它主要是沿着人口密集区布设的，主要用于评估强震对城市和乡镇的影响，确定烈度较高的重灾区，明确救灾重点，尽可能抢救被埋人员，减少伤亡和经济损失。因此，按照每一个乡镇设置一个烈度计点，县城配置强震仪的思路按县、乡镇的行政区划布设重点区烈度速报网。同时，还应考虑制作烈度空间分布图对台站控制点的要求，一般震中区烈度衰减1度的空间距离为12～24km（长短轴衰减不一致），因此烈度计网的空间台间距尽量在12km左右，以便通过烈度速报网台站烈度计算，勾画出烈度空间分布图以及不同烈度之间的清晰边界。

当然，地震监测预警台网主要沿断层带布设，大部分可在无人区，建台标准较高；烈度速报网是沿有人活动的区域布设，烈度速报网具有实时传输功能后，可作为地震预警的重要补充，参与大震预警。

3.2.3 三类台站组成台网

新一代地震观测台站可分为三类。

国家基准站：站点分布如图3.2所示，以承担地震监测和地震预警功能为主，参与烈度速报，主要沿断层带和强震活动区域布设，配置宽频带速度计和加速度计（双传感器配置），选台参照测震台站的标准，一般建在野外，建站等级最高，对近场的微震、中小地震至强震都有较强的监测能力。

国家基本站：站点分布如图3.3所示，以承担城市烈度速报为主，参与地震预警，主要布设在县级及其以上城市具有典型场地的地表，配置标准的加速度计，即强震化。对近场2.5级以上的地震都有监测能力。

国家一般站：站点分布如图3.4所示，以承担乡镇烈度速报为主，参与地震预警，主要布设在乡镇级密集人口地区或政府所在地，具有良好的通信条件，可安装在典型场地或者低矮房屋一层的室内。烈度计由于自噪声水平较高，对3.5级以下的小震几乎没有监测能力，对4.5级以上的地震有较强的监测能力。

这三类台站融合以后（图3.5），可以统计其总台站的密度，并根据不同目标任务再

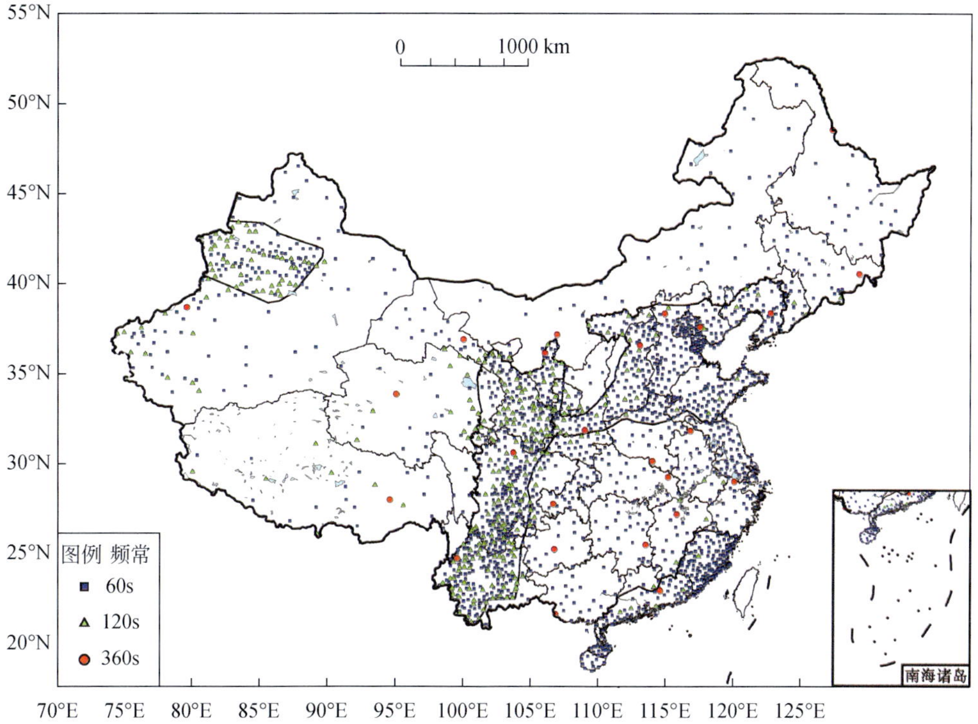

图 3.2　国家基准站分布图

香港、澳门特别行政区和台湾地区资料暂缺

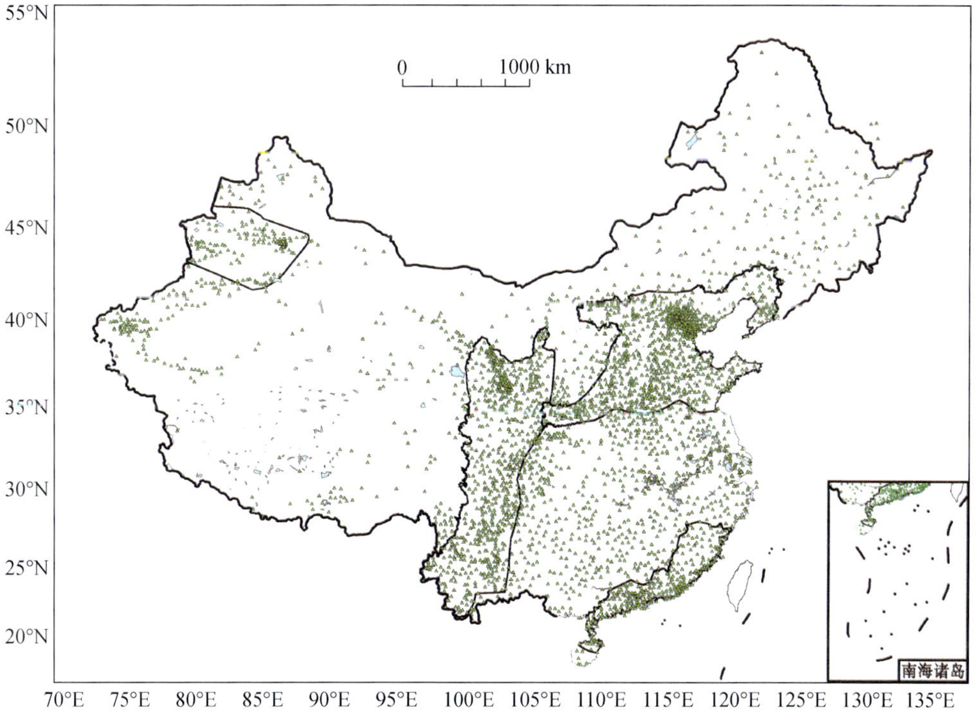

图 3.3　国家基本站分布图

香港、澳门特别行政区和台湾地区资料暂缺

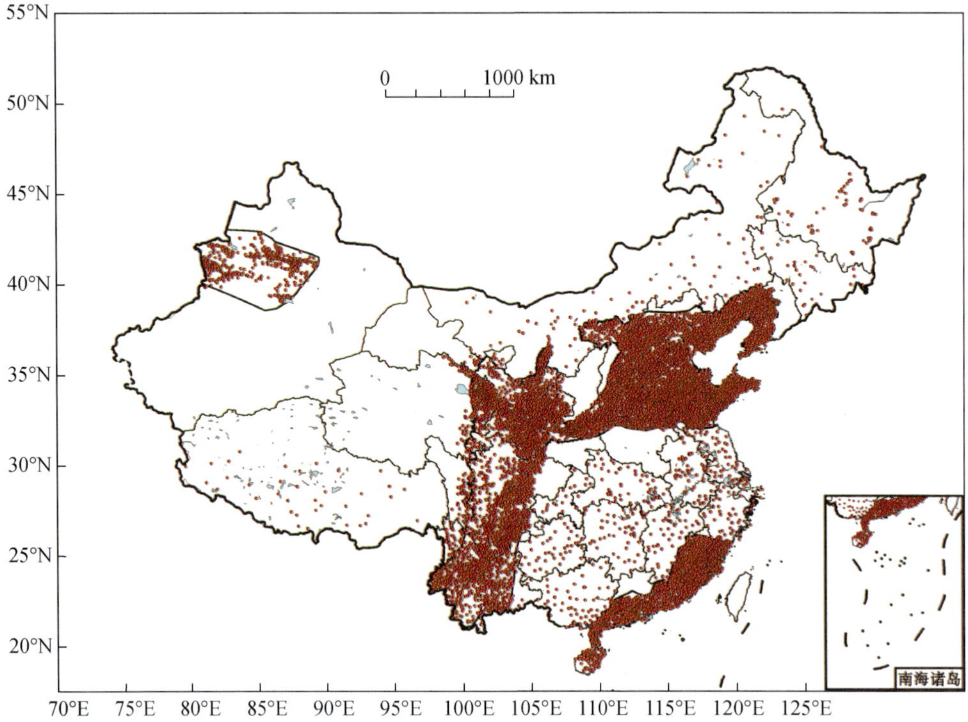

图 3.4　国家一般站分布图

香港、澳门特别行政区和台湾地区资料暂缺

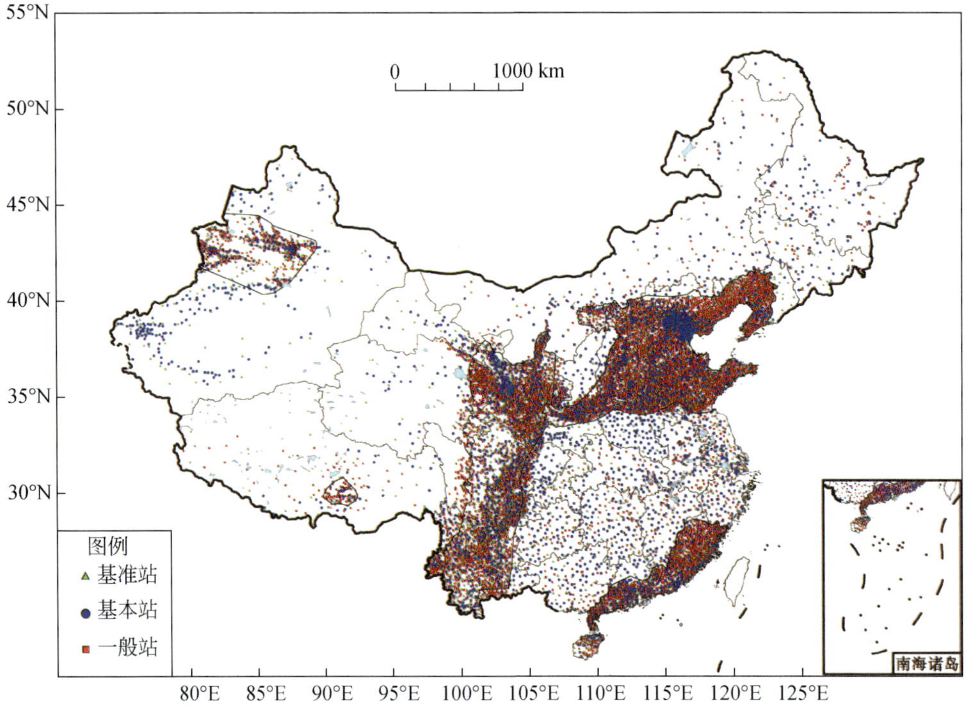

图 3.5　国家三类站点分布图

香港、澳门特别行政区和台湾地区资料暂缺

组成各种用途的“虚拟台网”。例如，要监测小震活动和工业爆炸、矿震等可以组建“速度计网”；要用于评估地震对城市和乡镇建筑物的破坏程度，构建灾害情景或者研究近场大震破裂过程就构建“加速度计网”；要用面波反演地壳介质或者监测地壳介质的动态变化，就可组建“宽频带速度计网”等。当然，这些“虚拟台网”都是根据用途，由三类站点综合演化而来。这里要强调的是，一旦项目建成，要根据每一个站点的仪器观测噪声水平，对地震计网、强震仪即加速度网、烈度计网的实际监测能力进行评估。确定三类站点的监测能力空间分布图，以便科学构造各种用途的虚拟台网。

3.2.4　高频GNSS台站

实时传输的高频GNSS台站，传统上属于地球物理台站的范畴，主要利用空间对地观测技术实现监测大地形变，其应用十分广泛。从地面运动观测的角度上讲，高频GNSS台站就是实时传输的位移传感器，其频带可达到DC～10Hz，根据其解算精度，主要用于监测6级以上（位移超过1cm）大震破裂位错产生的永久位移。这一点十分重要，因为速度型、加速度型传感器都不能正确记录大震引起的永久位移。因此，高频GNSS台站是对前三类台站的重要补充，在解算8级以上大震的矩张量时，有得天独厚的优势，理应作为地震观测台网的一分子。近几年，在福建陆海联测中，用气枪浮台上的三台高频GNSS监控浮台三维运动，按照卫星预报星历实时解算浮台三维运动，其精度达到水平0.5cm，垂直1cm，时间延迟1～2s，取得了很好效果，这为四类台站融合奠定了基础。但在“国家地震烈度速报与预警工程”中不涉及此类台站，对其就不再做详细介绍。

3.3　观测台网预警能力的评估

在项目可研阶段，对拟选定的台站是否满足设计指标进行评估，是一项十分重要的工作。按照观测台网的空间布局要求和相关传感器的配置，新一代台网由三类站点组成，三类站点都参与地震预警和烈度速报。根据地震预警信息可靠度的要求，规定发布第一报地震预警信息时必须满足触发地震事件和较准确测定地震参数的要求，并以发布第一报预警信息的时间作为预警能力评估的指标。

3.3.1　地震事件的触发条件

为确保定位的可靠性和准确性，地震发生后，地震观测台网至少有三个台站触发，且触发台站中至少有一个基准站或者基本站，则可判定发生地震事件。在此我们将基准站和基本站称为高品质站点。从图3.6中可看出，四个重点预警区由于烈度计网的加入，触发台站数增长快速，首台触发3s，触发台站将达到9个以上，而且触发一个高品质台的概率很高，达95%，说明该台网可以准确定位和判定事件触发。

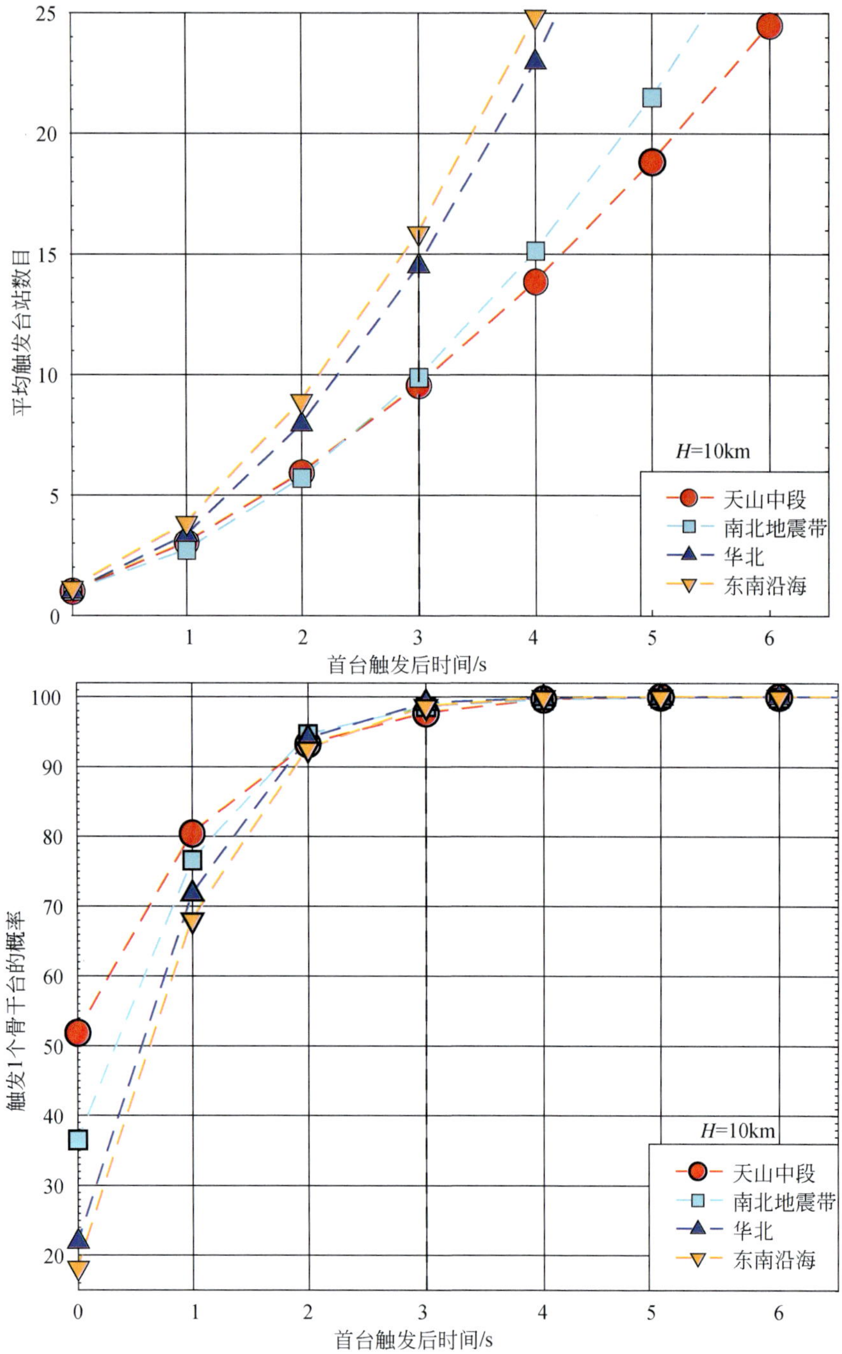

图 3.6　不同时刻平均触发台站数目以及触发 1 个骨干台的概率随时间出现的概率（首台触发起算）

3.3.2　首台准确测定震级

由于台网较密，四个预警区的平均台间距在 10 ~ 20km，震中附近站点较多，首台 P

波触发后 1～2s，对于浅源地震来讲，S 波及其峰值基本到达，至少首台测定的震级基本是准确的。当然，单台测准震级并不意味就测准台网测定的平均震级，一般会有 0.5 级的误差，根据对历史地震数据的模拟分析，首台触发后 3s 测定震级的误差小于 0.5 级的概率可达近 90%，完全可以接受。另外首台 S 波峰值到达时，其烈度就可测定出来。因此，地震基本参数就基本测定出来。

3.3.3　第一报预警时间

在地震台网的监控区域范围内，进行空间网格划分，假设震源深度为 10km，按照首台触发为起点标准，统计发布地震预警信息第一报的用时 Δt，计算参数的用时暂不考虑。

从四个预警区第一报的用时估计（图 3.7）可看出一般要 3～5s，但天山中段预警区要在 3～9s。随着更多的台站测定出震级，其平均震级与首台震级相差达到 0.1 级或者 0.2 级以上时，要及时发布第二报、第三报预警信息以修正地震参数。另外，定位结果有较大变动（特别是网外地震）时，都要及时更新预警信息。

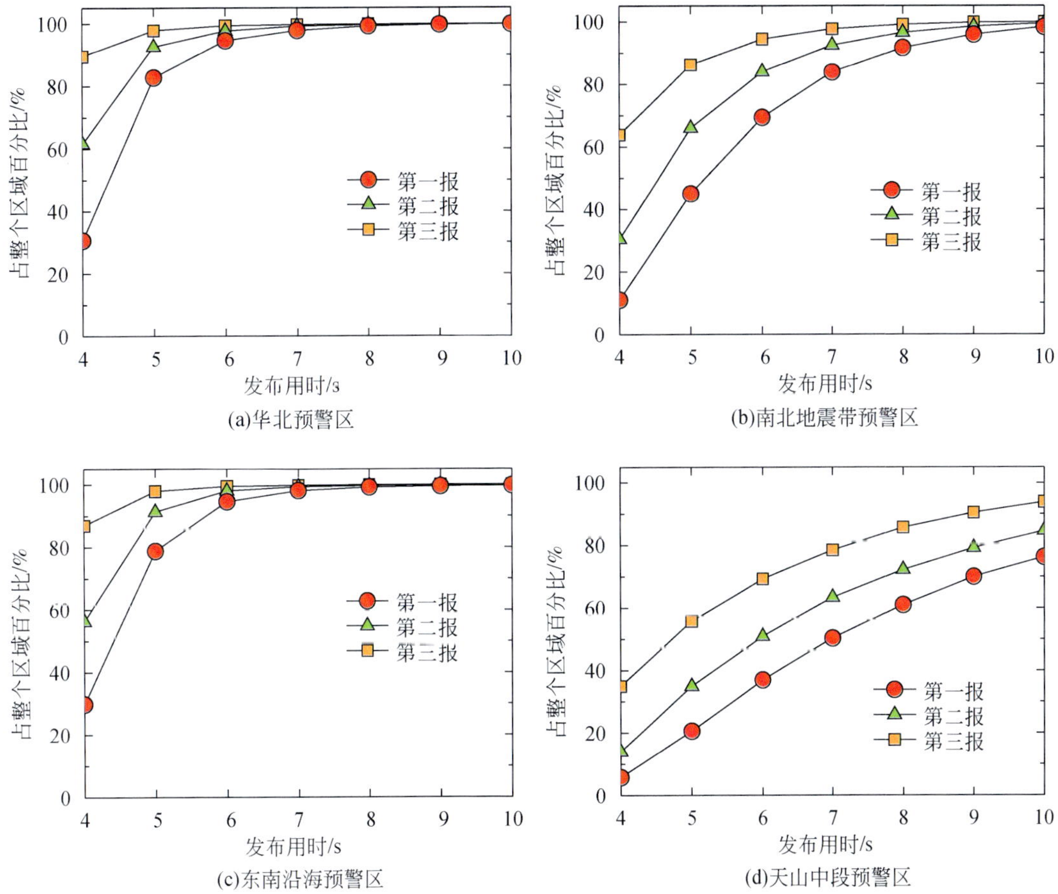

图 3.7　地震预警处理用时评估

3.4　地震烈度速报的评估

基准站、基本站、一般站都安装加速度传感器，这些站点都将参与烈度速报，并共同制作烈度速报产品。

3.4.1　城乡烈度速报时间的估计

仪器烈度的计算采用了实时仿真的技术，其实效性几乎与获取的三分量加速度时程同步，因此，计算仪器烈度的用时取决于 S 波及其峰值的到时，峰值到达台站时，烈度值近乎同步产出。

假定 S 波到达台站的时间为 $t_S(\Delta, h)$，S 波峰值指对于 S 波到时的延时为 Δt_m^s，则烈度速报的用时为

$$T(I,\Delta)=t_S(\Delta,h)+\Delta t_m^s+\tau \tag{3.9}$$

利用烈度 I 的衰减关系

$$I=C_1M+C_2\lg(\Delta+\Delta_0)+C_3 \tag{3.10}$$

可知震中烈度为

$$I_0=C_1M+C_2' \tag{3.11}$$

为了勾画出从震中烈度 I_0 到 1 度的烈度图的空间分布，依震中烈度 I_0 或震级，需要等待不同的时间。对于一个地震震级，可以得到 I_0 至 1 度所对应最远的震中距 Δ_{max}，即 1 度区半径。震级对应烈度为 I 度最远震中距见表 3.2。

表 3.2　震级对应烈度为 I 度最远震中距

震级	5	6	7	8
I 度最远震中距/km	约 300	约 600	约 1200	约 2400

根据计算，2～3min 内 S 波峰值传播的最远距离为 400～600km，可以完成 7 级以下有感区域（3 度以上）的烈度速报，7 级以上大震需 3～5min，8 级以上大震用时则更长一些。

3.4.2　仪器烈度空间分布图的精度

在台网设计中，县乡（镇）所在地都布设有观测站点，对乡镇的烈度速报都是以观测结果为基础的，人口越密集，站点越多，精度越高。但制作烈度空间分布图时，要按照网格划分采样的方式进行，网格中无观测值时可采用附近台站值进行插值计算得到。根据台网监控的面积 S 和站点总数 N，可以得到站点密度为

$$\rho=\frac{N}{S} \tag{3.12}$$

平均台间距 d 为

$$d=\sqrt{\frac{1}{\rho}}=\sqrt{\frac{S}{N}} \tag{3.13}$$

例如，福建面积约为12万km^2，基准站、基本站、一般站共有1200个，则平均台间距为10km。

每个站点控制5km，其烈度图的制作精度为1∶50万。根据上述分析，四个重点预警区的平均台间距为12～18km，网格控制精度为6～9km，除天山中段以外，基本上能达到1∶60万的制图精度。

需要说明的是，在初设和建设过程中，由于种种原因，少部分站点位置可能会有调整变化，但总体不会影响主要结论。项目建成后，可根据建成站点的实际空间分布，重新做评估，以便比对相关指标是否有变化。

3.5　中日两国台网设计方案对比分析

日本代表世界地震预警与烈度速报最先进水平，从整体上看，我国地震预警与烈度速报能力总体达到日本水平，我国预警系统性能、产品种类、支撑救灾能力部分优于日本。在本节中，将对日本与我国方案从设计理念、台网规模等方面进行对比（图3.8）。

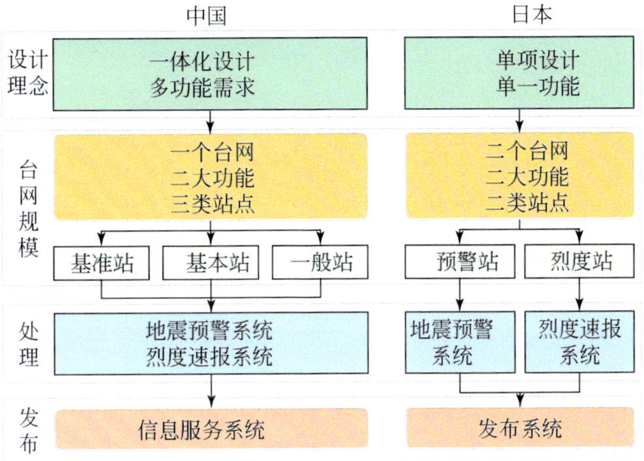

图3.8　中日地震预警与烈度速报能力比较

3.5.1　设计理念比对

日本的台网针对地震预警与烈度速报两个功能进行单独设计，即设计两个台网，实现两个功能。预警台网的观测数据实时传输，烈度台网的烈度信息准实时传输。烈度仪的观测数据不参与地震预警，两种台网资源融合利用不够。而我国台网在设计之初就采用“一体化设计，多网融合”的设计思想，在实现地震预警功能时，兼顾烈度速报功能；在实现烈度速报功能时，兼顾地震预警功能。分别设计后，将两种台网进行优化整合，既解决了二者在地震发生后的有效衔接，又节约了经费。中国设计理念优于日本，这也是后发优势带来的必然结果。

3.5.2 台网设计比对

第一，中国台站总密度不到日本的一半（45%）。如图 3.9 所示，日本地震预警与烈度速报服务面积约为 37 万 km^2，台站数量 5306 个，台站平均密度 143 个/万 km^2。我国四个重点预警区地震预警与烈度速报服务面积为 203 万 km^2，台站数量 12969 个，台站平均密度 64 个/万 km^2。我国地震预警与烈度速报服务面积是日本的 5.5 倍，台站数量是日本的 2.4 倍，而密度仅为日本的 45%，不到一半。日本两个功能台网的总密度高于中国，但日本真正参与地震预警的台站只占总数的 21%，其余的用于烈度速报。

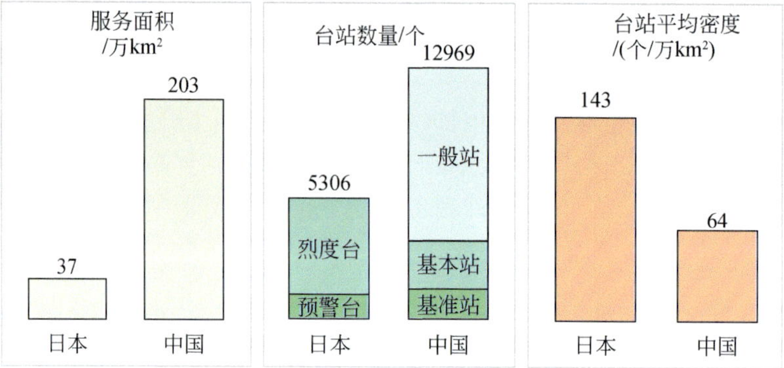

图 3.9 中日台站数量比较

第二，仪器配比优于日本。如图 3.10 所示，日本的地震预警与烈度速报台网由两类台站构成，高等级建设的高端预警台站占总台数 21%，中端烈度台站占总台数 79%；我国高等级建设的高端基准站占总台数 13%，中端基本站占总台数 21%，低端烈度计一般站占总台数 66%。总体上看，我国单位面积台站数少于日本，每万平方公里经费投入更少于日本。

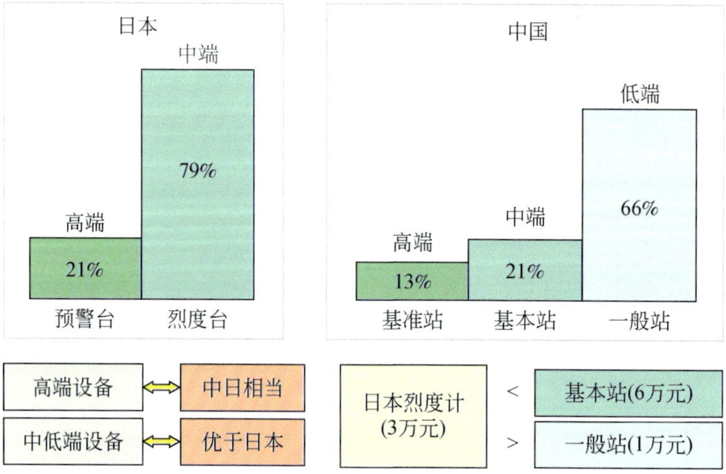

图 3.10 中日仪器配比比较

3.5.3　预警能力对比

预警能力主要体现在定位精度、预警时间、信息可靠性等方面，在本节中将对这些方面进行对比。

第一，定位精度高和预警时间早。如图 3.11 和图 3.12 所示，日本参与预警台站为 1069 个，单位面积参与预警台 29 个/万 km^2，平均台间距 19km；我国对地震预警区内台站进行了优化，预警区内基准站、基本站、一般站均参与地震预警，我国参与预警台站为 12969 个，单位面积参与预警台 64 个/万 km^2，平均台间距 12km；从密度上看，我国台间距 12km 小于日本 19km，更密的台网意味着，地震发生后，预警时间可提前 1～2s，同时震源离台站更近，测定震源深度精度更高。

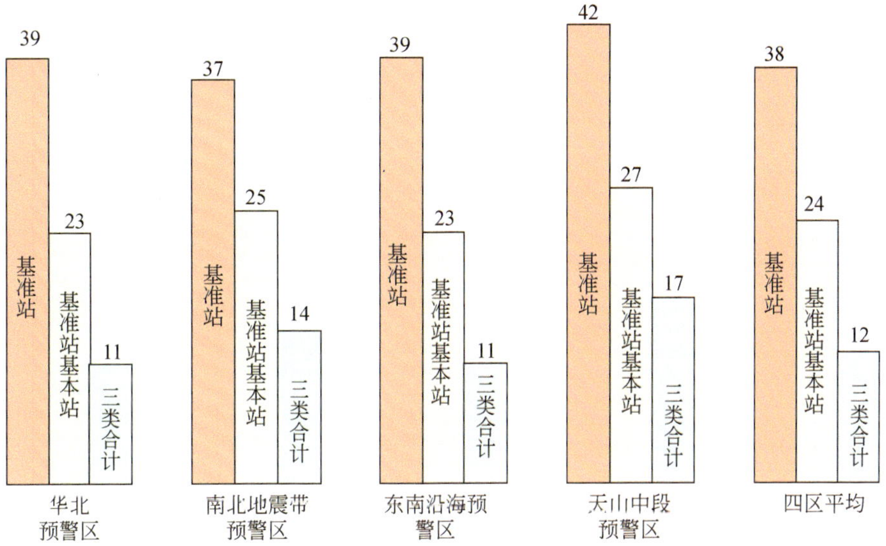

图 3.11　中国四个预警区平均台间距

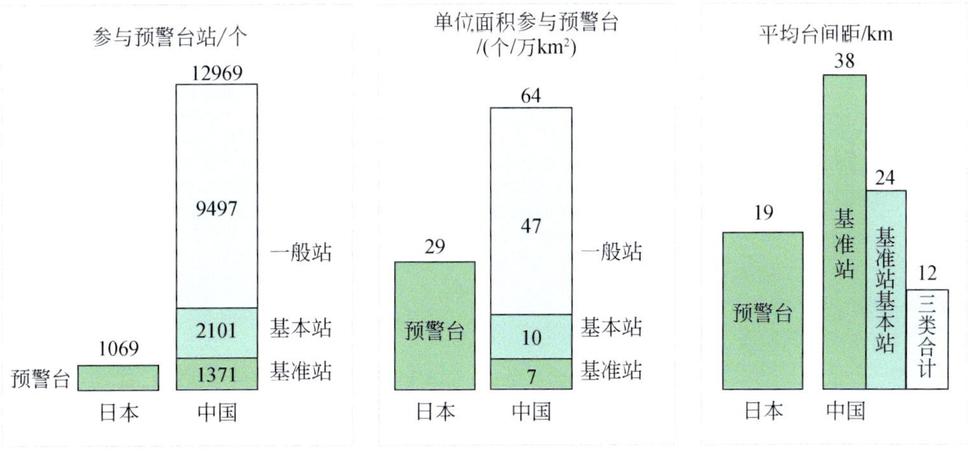

图 3.12　中日预警台网对比

第二，震中附近的烈度速报参与预警，评估地震对地表破坏程度和对社会的影响，提高地震预警信息的可靠度。日本的烈度速报并不参加地震预警信息的判定，这也是我国与日本的重大区别。

3.5.4　烈度速报能力比对

第一，中国实测速报县乡烈度与日本水平相当。日本实测速报烈度台每町一个，相当于我国每县乡一个，我国建设的基本站每县一个，一般站每乡一个，中日此项功能设计思路相同，因此中日实测速报烈度能力相当。

第二，中国烈度速报产品丰富于日本。如图 3.13 所示，日本烈度速报产品主要有：烈度分布图、PGA 分布图、加速度震动图。我国烈度速报产品主要有：烈度分布图、PGA 分布图、加速度震动图、累积能量时空分布图、反应谱分布图。二者对比，我国产品增加累积能量时空分布图，该图件可清晰展示地震动传播过程中能量的空间分布情况，对于判断主要破裂区、破裂过程、破裂方向等有较大帮助；还增加了反应谱分布图，这类图件属于为工程专门定制产品，可根据不同工程需要，产出相应需求的反应谱。

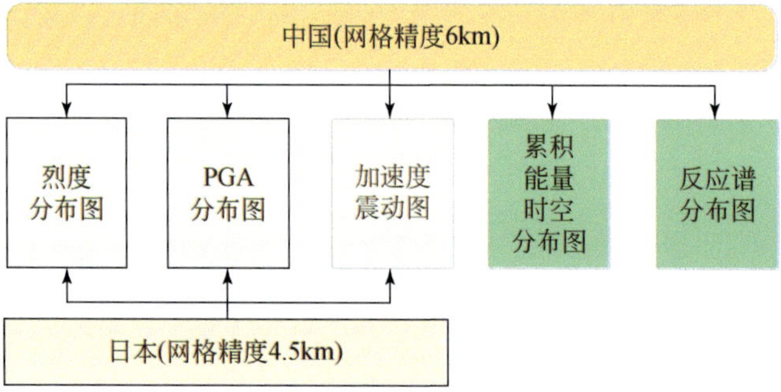

图 3.13　中日烈度速报产品对比

3.6　多网融合，一网多用的服务产品

随着国家地震烈度速报与预警工程于 2021 年前后完成，以及各省市配套建设的地方监测台网，安装加速度传感器的站点总数可能达到 2 万个（国家工程 1.3 万，地方配套 7000 个），宽频带地震计站点将超过 2000 个，这是世界上最大的台网，标志着地震监测预警能力迈上新的台阶，实现历史性的突破。除了地震预警和烈度速报的相关服务产品，还可服务于科学研究和工程抗震。

1. 提高我国抗震设防水平

随着地震观测数据的积累，可以制作以区域特点为代表的 PGA、PGV 的衰减规律，有助于修订第五代中国地震动参数区划图，观测到的强地震时程可供抗震分析使用。

2. 大震破裂过程的解析

由于强震台站比较密集，完全包围发震断层，可以利用强震观测资料对震源破裂过程进行分析研究，这种近场方法要比用远场长周期位移记录反演破裂过程保留更多的高频信息，对断层的非均匀性破裂分析能提供更多的有用信息。

3. 监测地下介质变化的台网

宽频带速度计总量将超过2000 台，通过两台噪声记录可以提取勒夫面波和瑞利面波的格林函数，这样获得的台站对将超过200 万条，如果监测这些射线走时的变化，可以探索实现对地下介质的动态监测。

3.7 地震监测能力评估

在预警工程站点选址过程中，通常要对场址的背景噪声进行观测，据此可对台网的监测能力进行评估。

3.7.1 地震监测能力评估方法

将地震计、强震仪（加速度计）和烈度计的实际噪声波形都统一仿真为 DD-1 记录噪声波形，量取噪声波形峰值或者有效值，按照5km 间隔将台网空间分布划分为若干空间网格，假设每一个空间网格中心发生一个地震，震源深度取为当地震源深度的平均值。按下列步骤计算台网对此网格发生地震的监测能力。

（1）依台站坐标计算网格与各台站的震中距Δ_j，j 为第 j 个台站的编号。

（2）依台站传感器噪声峰值水平 PGD 或有效值计算台站 j 能监测地震的 S 波峰值U_{m}，即$U_{\mathrm{m}_j}=3\times \mathrm{PGD}_j$。

（3）由Δ_j和U_{m_j}，计算每个台站能测定的震级$M_j=\lg U_{\mathrm{m}_j}+R(\Delta_j)$，其中 $R(\Delta)$ 为M_{L}震级的量规函数。

（4）将$U_j(j=1，2，\cdots)$ 的震级由小到大排列，按照四台定位的原则，取第四台的震级为此网格监测的最小地震的监测能力。

对空间网格依次循环，可以得到台网监测能力的空间分布图。按此思路，对地震计网、强震加速度计网、烈度计网的监测能力都可进行评估，得到三网各自独立的监测能力。

3.7.2 “二网”和“三网”监测预警能力评估

在站网各自独立监测能力的基础上，根据速报和预警信息发布的实际需求，科学构建不同虚拟台网并对监测预警能力再次评估。这与日常监测能力最大的区别就在于预警的时效性要求不同。其要点如下：

（1）按照三台定位的要求，确定首台触发后，三台定位的时间为t_L。

（2）按照首台触发后3s确定测定地震震级的时间为t_m。

（3）由t_L和t_m确定的地震参数的时间为t，即$t=\max\{t_L, t_m\}$。

（4）在t时间内，确定触发的台站数为n，按震中距由小到大排序，取前三台测定震级的最大值为监测预警的最小震级。

依监测空间划分网格循环，可以得到监测预警的能力空间分布图。据此可将地震计和加速度计“二网”进行融合，可以用于监测2.5～6级地震，将地震计、加速度计和烈度计“三网”进行融合，可以监测4.0级以上的地震。在此要强调的是，只有在保证各种传感器监测到的地震信息有足够的信噪比和可靠性的前提下，才能“融合”，否则就不能融合。

3.8　本章小结

按传感器观测的物理量（位移、速度、加速度），新一代观测台网可以将站点划分为高频GNSS、测震、强震三大类，如同传统的地震计可再细分为短周期地震计和宽频带地震计一样，可将加速度传感器再细分为性能指标有较大差异的强震仪和烈度计，这些不同类型的传感器可组合为国家基准站（宽频带速度计+强震仪）、基本站（强震仪）和一般站（烈度计）。对传感器的频带和动态范围按照地震工程和地震学关注的地震波频带和动态范围进行了讨论，解释了基准站的任务和配置两种传感器的原因。根据三类台站承担的任务分工，对监测预警和烈度速报台网的空间布局原则进行了分析研究，讨论了监测预警最优台网布局的设计，得到了监测预警台网最优台间距为18～20km的重要结论。分析了在此台间距下测定震源深度和台网监测微震与识别微弱信号等问题，说明了台间距为20km时可以有效测定10km以上的地震深度和有效监测微小地震的问题。以定位准则、首台测定震级可靠、预警第一报时间、勾画烈度空间分布图等为重点，介绍了地震监测预警和烈度速报台网的能力评价体系。以日本为对象，比较分析了我国新一代台网在四个重点区域与日本地震预警和烈度速报台网的性能指标和特点，说明在“国家地震烈度速报与预警工程”完工后，我国观测台网无论从规模还是效能都进入世界先进行列，我国在四个重点区的地震预警和烈度速报能力总体达到世界先进水平。

第4章　地震观测数据的实时仿真技术

目前，地震观测数据主要有以实时传输为基础的测震台网的速度型数据，以及以实时传输强震台网或烈度计网为基础的加速度型数据。随着实时高频 GNSS 观测技术的发展，实时传输的 GNSS 可以看成空间对地观测的实时位移计（垂直精度可达 1cm，水平精度 0.5cm，可以记录6级以上地震引起的地表位移）。在现有地震台网中，地震台站的观测记录一般只依赖于某一种特定的仪器，如地震计、强震仪或者烈度计。但实际需要的产品却是丰富多样的，如进行震相识别时，需将宽频带记录仿真为短周期记录或者将速度仿真到加速度以帮助提高震相识别的精度；在计算震级时，需要将加速度记录或者宽频带速度记录仿真到特定仪器的位移记录上（如我国的 DD-1 型地震计，自振周期 1s，阻尼比 0.707；或者 W-A 式地震计，自振周期 0.8s，阻尼比 0.8）量取最大地震位移；在计算不同周期和不同阻尼加速度反应谱、速度反应谱时也需要用到地震观测数据的实时仿真技术。总之，几乎与实时观测仪器获取的波形数据同步的实时仿真技术可以帮助提高计算速度和效率，扩大观测数据在地震监测、地震预警、烈度速报、运维监控以及地震工程等各个领域的应用。

4.1　以地震计原理为基础的实时仿真技术

地震观测仪器本质上观测的是一个周期为 T_0，阻尼比为 ξ 的单自由度系统在受到地面加速度 $a(t)$ 影响下的反应。这与一个工程结构受到地面惯性力作用下的动力反应极其相似。本章以地震工程领域中单自由度系统受地震惯性力作用为例，说明解决这一问题的技术途径。其动力方程如下：

$$\ddot{x}(t)+2\xi\omega_0\dot{x}(t)+\omega_0^2x(t)=-a(t) \tag{4.1}$$

式中，$x(t)$、$\dot{x}(t)$、$\ddot{x}(t)$ 分别为系统的相对位移、相对速度、相对加速度；ω_0 为自振圆频率。

对式（4.1）进行 Fourier 变换，可以得到单自由度系统相对位移、相对速度、相对加速度的理论传递函数为

$$\begin{cases} H_x(\omega)=\dfrac{x(\omega)}{a(\omega)}=\dfrac{-1}{(\mathrm{i}\omega)^2+2\mathrm{i}\xi\omega_0\omega+\omega_0^2} \\ H_{\dot{x}}(\omega)=\dfrac{\dot{x}(\omega)}{a(\omega)}=\dfrac{-\mathrm{i}\omega}{(\mathrm{i}\omega)^2+2\mathrm{i}\xi\omega_0\omega+\omega_0^2} \\ H_{\ddot{x}}(\omega)=\dfrac{\ddot{x}(\omega)}{a(\omega)}=\dfrac{-(\mathrm{i}\omega)^2}{(\mathrm{i}\omega)^2+2\mathrm{i}\xi\omega_0\omega+\omega_0^2} \end{cases} \tag{4.2}$$

如果将动力方程离散化，取采样点的时间间隔为 Δt，$a(t)$ 离散化为 $a_j=a_j(j\Delta t)$，动力反应量 $x(t)$，$\dot{x}(t)$，$\ddot{x}(t)$ 也离散化为 x_j，$\dot{x}_j(j=0,1,\cdots,N)$，$\ddot{x}_j(j=0,1,\cdots,N)$。

动力方程在离散点上应满足：

$$\ddot{x}_j+2\xi\omega_0\dot{x}_j+\omega_0^2x_j=-a_j \tag{4.3}$$

仿真目标就是寻找一个高效的实时递归算法，以便离散化的递归算法的传递函数 $H(\omega,\ \Delta t)$尽可能逼近频域理论传递函数。

我们研究了在地震工程领域广泛使用的四种时域算法，即中心差分方法、Newmark 方法、Z 变换方法、Duhamel 逐步积分法，并将时域算法写成统一的递归形式，分析了其特征和存在的问题，然后提出了精度更高、由离散加速度时程 a_j 同步计算 $\ddot{x}_j$，$\dot{x}_j$，x_j 的公式。

限于篇幅，不对每一种方法做详细推导，只将最终结果归纳如下，以便于分析比较。

4.1.1 中心差分方法

根据推导，中心差分方法的递归公式为

$$\begin{cases}x_j=b_1x_{j-1}+b_2x_{j-2}-S_0(\Delta t)^2a_{j-1}\\ \dot{x}_j=b_1\dot{x}_{j-1}+b_2\dot{x}_{j-2}-S_0\Delta t(0.5a_j-0.5a_{j-2})\\ \ddot{x}_j=b_1\ddot{x}_{j-1}+b_2\ddot{x}_{j-2}-S_0(a_j-2a_{j-1}+a_{j-2})\end{cases} \tag{4.4}$$

其中，

$$\begin{cases}S_0=(1+\xi\omega_0\Delta t)^{-1}\\ b_1=2(1-0.5\omega_0^2\Delta t^2)S_0\\ b_2=-(1-\xi\omega_0\Delta t)S_0\end{cases}$$

其离散传递函数为

$$\begin{cases}H_x(\omega,\Delta t)=\dfrac{-S_0\ (\Delta t)^2\mathrm{e}^{-\mathrm{i}\omega\Delta t}}{1-b_1\mathrm{e}^{-\mathrm{i}\omega\Delta t}-b_2\mathrm{e}^{-2\mathrm{i}\omega\Delta t}}\\ H_{\dot{x}}(\omega,\Delta t)=\dfrac{-S_0\Delta t(0.5-0.5\mathrm{e}^{-2\mathrm{i}\omega\Delta t})}{1-b_1\mathrm{e}^{-\mathrm{i}\omega\Delta t}-b_2\mathrm{e}^{-2\mathrm{i}\omega\Delta t}}\\ H_{\ddot{x}}(\omega,\Delta t)=\dfrac{-S_0(1-2\mathrm{e}^{-\mathrm{i}\omega\Delta t}+\mathrm{e}^{-2\mathrm{i}\omega\Delta t})}{1-b_1\mathrm{e}^{-\mathrm{i}\omega\Delta t}-b_2\mathrm{e}^{-2\mathrm{i}\omega\Delta t}}\end{cases} \tag{4.5}$$

注意到如下变换关系：$\dfrac{\mathrm{e}^{\mathrm{i}\omega\Delta t/2}-\mathrm{e}^{-\mathrm{i}\omega\Delta t/2}}{\Delta t}=\mathrm{i}\dfrac{2\sin(\omega\Delta t/2)}{\Delta t}\rightarrow\mathrm{i}\omega$，这说明用中心差分运算代替微分运算 $\Delta t\rightarrow0$ 时，不改变系统的相位特征。

4.1.2 Newmark 方法

根据推导，Newmark 方法的递归公式为

$$\begin{cases}x_j=b_1x_{j-1}+b_2x_{j-2}-S_0(\Delta t)^2(0.25a_j+0.5a_{j-1}+0.25a_{j-2})\\ \dot{x}_j=b_1\dot{x}_{j-1}+b_2\dot{x}_{j-2}-S_0\Delta t(0.5a_j-0.5a_{j-2})\\ \ddot{x}_j=b_1\ddot{x}_{j-1}+b_2\ddot{x}_{j-2}-S_0(a_j-2a_{j-1}+a_{j-2})\end{cases} \tag{4.6}$$

其中，

$$\begin{cases} S_0=\left(1+\xi\omega_0\Delta t+\dfrac{1}{4}\omega_0^2\Delta t^2\right)^{-1} \\ b_1=2S_0\left(1-\dfrac{1}{4}\omega_0^2\Delta t^2\right) \\ b_2=-S_0\left(1-\xi\omega_0\Delta t+\dfrac{1}{4}\omega_0^2\Delta t^2\right) \end{cases}$$

其离散传递函数为

$$\begin{cases} H_x(\omega,\Delta t)=\dfrac{-S_0\ (\Delta t)^2(0.25+0.5\mathrm{e}^{-\mathrm{i}\omega\Delta t}+0.25\mathrm{e}^{-2\mathrm{i}\omega\Delta t})}{1-b_1\mathrm{e}^{-\mathrm{i}\omega\Delta t}-b_2\mathrm{e}^{-2\mathrm{i}\omega\Delta t}} \\ H_{\dot{x}}(\omega,\Delta t)=\dfrac{-S_0\Delta t(0.5-0.5\mathrm{e}^{-2\mathrm{i}\omega\Delta t})}{1-b_1\mathrm{e}^{-\mathrm{i}\omega\Delta t}-b_2\mathrm{e}^{-2\mathrm{i}\omega\Delta t}} \\ H_{\ddot{x}}(\omega,\Delta t)=\dfrac{-S_0(1-2\mathrm{e}^{-\mathrm{i}\omega\Delta t}+\mathrm{e}^{-2\mathrm{i}\omega\Delta t})}{1-b_1\mathrm{e}^{-\mathrm{i}\omega\Delta t}-b_2\mathrm{e}^{-2\mathrm{i}\omega\Delta t}} \end{cases} \tag{4.7}$$

注意到如下变换关系：$\dfrac{2}{\Delta t}\left(\dfrac{1-\mathrm{e}^{-\mathrm{i}\omega\Delta t}}{1+\mathrm{e}^{-\mathrm{i}\omega\Delta t}}\right)=\mathrm{i}\ \dfrac{2}{\Delta t}\tan\left(\dfrac{\omega\Delta t}{2}\right)\to\mathrm{i}\omega$，这表明用 Newmark 方法假定代替微分运算 $\Delta t\to 0$ 时，不改变系统的相位特征。

4.1.3　*Z* 变换方法

Z 变换方法是基于对脉冲响应函数进行 *Z* 变换推导出来的。其递归公式为

$$\begin{cases} x_j=b_1x_{j-1}+b_2x_{j-2}-S_0(\Delta t)^2a_{j-1} \\ \dot{x}_{j+1/2}=b_1\dot{x}_{j-1/2}+b_2\dot{x}_{j-3/2}-S_0(\Delta t)(a_{j-1/2}-a_{j-3/2}) \\ \ddot{x}_j=b_1\ddot{x}_{j-1}+b_2\ddot{x}_{j-2}-S_0(a_j-2a_{j-1}+a_{j-2}) \end{cases} \tag{4.8}$$

其中，

$$\begin{cases} b_1=2\mathrm{e}^{-\xi\omega_0\Delta t}\cos(\omega_\mathrm{d}\Delta t) \\ b_2=\ \ \mathrm{e}^{-2\xi\omega_0\Delta t} \\ S_0=\mathrm{e}^{-\xi\omega_0\Delta t}\sin(\omega_\mathrm{d}\Delta t)/(\omega_\mathrm{d}\Delta t) \\ \omega_\mathrm{d}=\omega_0(1-\xi^2)^{1/2} \end{cases}$$

其离散传递函数为

$$\begin{cases} H_x(\omega,\Delta t)=\dfrac{-S_0\ (\Delta t)^2\mathrm{e}^{-\mathrm{i}\omega\Delta t}}{1-b_1\mathrm{e}^{-\mathrm{i}\omega\Delta t}-b_2\mathrm{e}^{-2\mathrm{i}\omega\Delta t}} \\ H_{\dot{x}}(\omega,\Delta t)=\dfrac{-S_0(\Delta t)(\mathrm{e}^{-\mathrm{i}\omega\Delta t/2}-\mathrm{e}^{-3\mathrm{i}\omega\Delta t/2})}{1-b_1\mathrm{e}^{-\mathrm{i}\omega\Delta t}-b_2\mathrm{e}^{-2\mathrm{i}\omega\Delta t}} \\ H_{\ddot{x}}(\omega,\Delta t)=\dfrac{-S_0\ (1-\mathrm{e}^{\mathrm{i}\omega\Delta t})^2}{1-b_1\mathrm{e}^{-\mathrm{i}\omega\Delta t}-b_2\mathrm{e}^{-2\mathrm{i}\omega\Delta t}} \end{cases} \tag{4.9}$$

式中，ω_d 为固有频率。

对于 Z 变化，由加速度时程计算相对速度反应时，输入和输出的采样点的间距相差 $\Delta t/2$。

4.1.4　Duhamel 逐步积分法

Duhamel 逐步积分法是假定在采样间隔内加速度时程呈线性变化，依据初始条件，应用二阶常系数非齐次常微分方程的解或者直接应用 Duhamel 逐步积分得到的递归形式。

递归公式最终结果为

$$\begin{cases} x_j = b_1 x_{j-1} + b_2 x_{j-2} - (\Delta t)^2 (e_1^d a_j + e_2^d a_{j-1} + e_3^d a_{j-2}) \\ \dot{x}_j = b_1 \dot{x}_{j-1} + b_2 \dot{x}_{j-2} - (\Delta t)(w_1^d a_j + w_2^d a_{j-1} + w_3^d a_{j-2}) \\ \ddot{x}_j = b_1 \ddot{x}_{j-1} + b_2 \ddot{x}_{j-2} - S_0 (a_j - 2a_{j-1} + a_{j-2}) \end{cases} \tag{4.10}$$

其中，

$$\begin{cases} b_1 = 2\mathrm{e}^{-\xi\omega_0\Delta t}\cos(\omega_\mathrm{d}\Delta t) \\ b_2 = -\mathrm{e}^{-2\xi\omega_0\Delta t} \\ S_0 = \mathrm{e}^{-\xi\omega_0\Delta t}\sin(\omega_\mathrm{d}\Delta t)/(\omega_\mathrm{d}\Delta t) \\ \omega_\mathrm{d} = \omega_0(1-\xi^2)^{1/2} \end{cases}$$

$$\begin{cases} e_1^d = \dfrac{1}{(\omega_0\Delta t)^2}\left\{\left(1-\dfrac{2\xi}{\omega_0\Delta t}\right) - \left[\dfrac{1-2\xi^2}{\omega_\mathrm{d}\Delta t}\sin(\omega_\mathrm{d}\Delta t) - \dfrac{2\xi}{\omega_0\Delta t}\cos(\omega_\mathrm{d}\Delta t)\right]\mathrm{e}^{-\xi\omega_0\Delta t}\right\} \\ e_2^d = \dfrac{2}{(\omega_0\Delta t)^2}\left\{\left(\dfrac{2\xi}{\omega_0\Delta t}\right)(1-\mathrm{e}^{-2\xi\omega_0\Delta t}) + \left[\dfrac{1-2\xi^2}{\omega_\mathrm{d}\Delta t}\sin(\omega_\mathrm{d}\Delta t) - \cos(\omega_\mathrm{d}\Delta t)\right]\mathrm{e}^{-\xi\omega_0\Delta t}\right\} \\ e_3^d = \dfrac{1}{(\omega_0\Delta t)^2}\left\{\left(1+\dfrac{2\xi}{\omega_0\Delta t}\right)\mathrm{e}^{-2\xi\omega_0\Delta t} - \left[\dfrac{1-2\xi^2}{\omega_\mathrm{d}\Delta t}\sin(\omega_\mathrm{d}\Delta t) + \dfrac{2\xi}{\omega_0\Delta t}\cos(\omega_\mathrm{d}\Delta t)\right]\mathrm{e}^{-\xi\omega_0\Delta t}\right\} \end{cases} \tag{4.11}$$

$$\begin{cases} w_1^d = \dfrac{\mathrm{e}^{-\xi\omega_0\Delta t}}{\omega_0\Delta t}\left\{\xi\dfrac{\sin(\omega_\mathrm{d}\Delta t)}{\omega_\mathrm{d}\Delta t} + \dfrac{1}{\omega_0\Delta t}[\cos(\omega_\mathrm{d}\Delta t) - \mathrm{e}^{\xi\omega_0\Delta t}]\right\} \\ w_2^d = \dfrac{1}{\omega_0\Delta t}\left[\dfrac{1-\mathrm{e}^{-2\xi\omega_0\Delta t}}{\omega_\mathrm{d}\Delta t} - 2\xi\mathrm{e}^{-\xi\omega_0\Delta t}\dfrac{\sin(\omega_\mathrm{d}\Delta t)}{\omega_\mathrm{d}\Delta t}\right] \\ w_3^d = \dfrac{\mathrm{e}^{-\xi\omega_0\Delta t}}{\omega_0\Delta t}\left\{\xi\dfrac{\sin(\omega_\mathrm{d}\Delta t)}{\omega_\mathrm{d}\Delta t} - \dfrac{1}{\omega_0\Delta t}[\cos(\omega_\mathrm{d}\Delta t) - \mathrm{e}^{-\xi\omega_0\Delta t}]\right\} \end{cases} \tag{4.12}$$

为了对上述四种计算单自由度系统地震反应数值方法进行比较和精度分析，我们引入了幅值谱谱比和相位谱谱差的概念。

谱比为递归公式传递函数幅值谱与理论传递函数幅值谱之比；谱差为递归公式传递函数相位谱与理论传递函数相位谱之差：

$$\begin{cases} Q_x(\omega) = \dfrac{|H_x(\omega,\Delta t)|}{|H_x(\omega)|} \\ \Delta\varphi_x(\omega) = \varphi_x(\omega,\Delta t) - \varphi_x(\omega) \end{cases} \tag{4.13}$$

式中，$Q_x(\omega)$ 为谱比；$\Delta\varphi_x(\omega)$ 为相位谱差；$H_x(\omega,\ \Delta t)$、$\varphi_x(\omega,\ \Delta t)$ 为滤波器传递函数

的幅值谱和相位谱；$H_x(\omega)$、$\varphi_x(\omega)$ 分别为相对位移理论传统函数的幅值谱和相位谱。

为了方便分析，对传递函数进行无量纲化，下边我们只对 $\Delta t/T_0=1/8$ 时四种方法的相对位移、相对速度及相对加速度进行传递函数的比较，如图 4.1 ~ 图 4.3 所示。

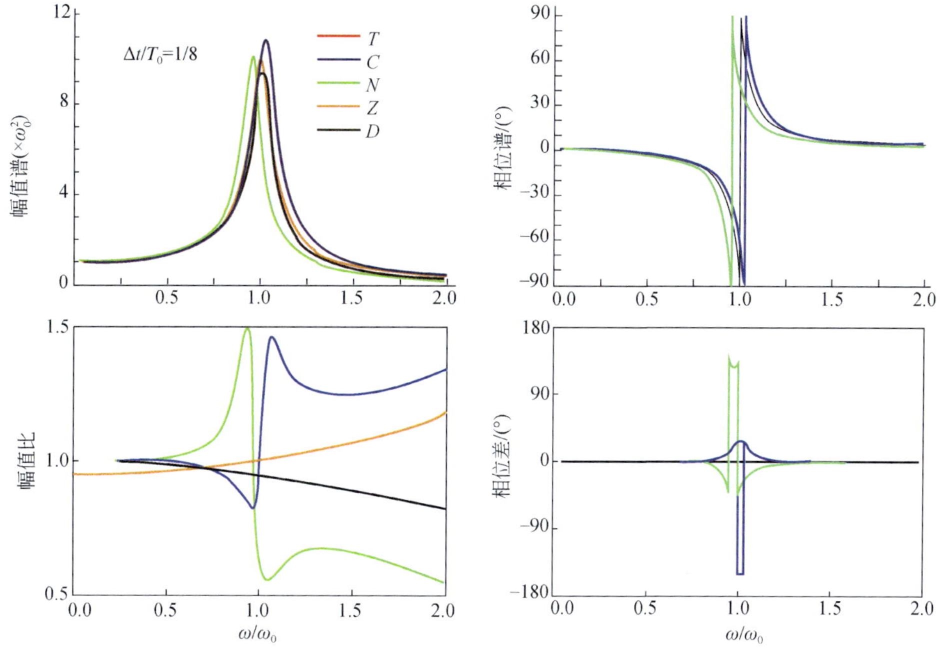

图 4.1　相对位移递归公式传递函数与理论传递函数的比较

T 为理论值；*C* 为中心差分法；*N* 为 Newmark 方法；*Z* 为 *Z* 变换方法；*D* 为 Duhamel 逐步积分法

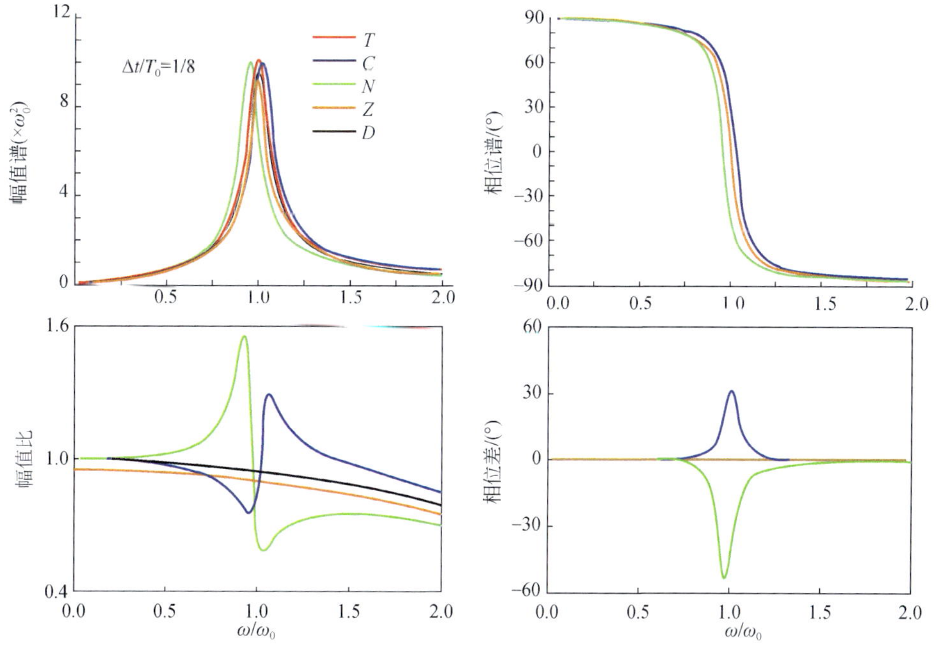

图 4.2　相对速度递归公式传递函数与理论传递函数的比较

T 为理论值；*C* 为中心差分法；*N* 为 Newmark 方法；*Z* 为 *Z* 变换方法；*D* 为 Duhamel 逐步积分法

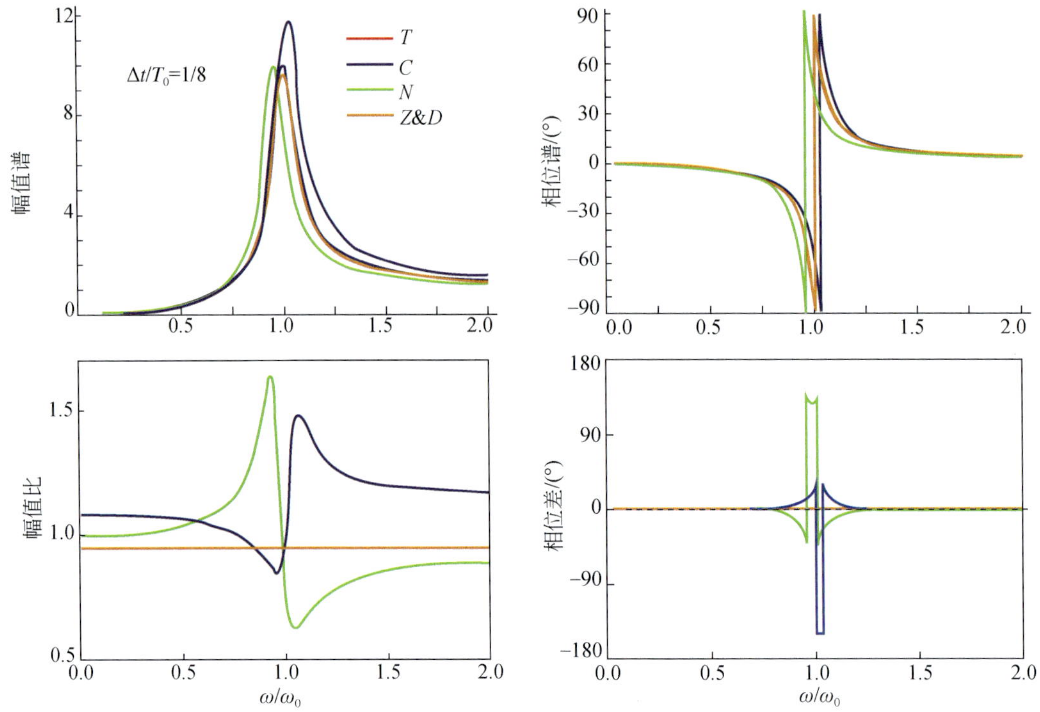

图 4.3　相对加速度递归公式传递函数与理论传递函数的比较

T 为理论值；*C* 为中心差分法；*N* 为 Newmark 方法；*Z* 为 *Z* 变换方法；*D* 为 Duhamel 逐步积分法

4.1.5　递归公式理论分析

以相对位移为例，对递归公式进行分析，把位移递归公式统一写为

$$x_j=b_1x_{j-1}+b_2x_{j-2}-S_0(\Delta t)^2(e_1a_j+e_2a_{j-1}+e_3a_{j-2}) \tag{4.14}$$

其传递函数为

$$H_x(\omega,\Delta t)=\frac{-S_0(\Delta t)^2(e_1+e_2\mathrm{e}^{-\mathrm{i}\omega\Delta t}+e_3\mathrm{e}^{-2\mathrm{i}\omega\Delta t})}{1-b_1\mathrm{e}^{-\mathrm{i}\omega\Delta t}-b_2\mathrm{e}^{-2\mathrm{i}\omega\Delta t}} \tag{4.15}$$

1）递归滤波与理论传递函数极点的关系

可将理论传递函数写成如下形式：

$$H_x(\omega)=\frac{1}{(\omega-\omega_1)(\omega-\omega_2)} \tag{4.16}$$

将 ω 变换到 Z 平面，$Z=\mathrm{e}^{\mathrm{i}\omega\Delta t}$：

$$H_x(Z)=\frac{-S_0(\Delta t)^2(e_1Z^2+e_2Z+e_3)}{(Z-Z_1)(Z-Z_2)} \tag{4.17}$$

ω_1 和 ω_2 是理论传递函数的两个极点，当极点由 ω 平面变换到 Z 平面时，对应的极点变换为 Z_1，Z_2，根据数字递归滤波器的特征，则 b_1、b_2 为

$$\begin{cases} b_1 = Z_1 + Z_2 = 2\mathrm{e}^{-\xi\omega_0\Delta t}\cos(\omega_{\mathrm{d}}\Delta t) \\ b_2 = -Z_1 Z_2 = -\mathrm{e}^{-2\xi\omega_0\Delta t} \end{cases} \tag{4.18}$$

b_1、b_2 是跟踪理论传递函数极点的两个重要参数，对相对速度和相对加速度的递归公式，其 b_1、b_2 与相对位移递归公式相同。

2）递归滤波器传递函数的零频约束条件

当 ω 趋向于0时，递归公式传递函数的低频极限应与理论传递函数的低频极限相同，即

$$\lim_{\omega\to 0} H_x(\omega, \Delta t) = \frac{-S_0(\Delta t)^2(e_1+e_2+e_3)}{1-b_1-b_2} = \frac{-1}{\omega_0^2} \tag{4.19}$$

由零频约束条件可以得到：

$$\begin{cases} S_0 = \dfrac{1-b_1-b_2}{(\omega_0\Delta t)^2} \\ e_1+e_2+e_3 = 1 \end{cases} \tag{4.20}$$

3）递归滤波器相位特征

根据前面的分析，对中心差分方法和 Newmark 方法，当 $\Delta t \to 0$ 时，其变换是纯振幅变换，在计算精度范围内，相位不会发生畸变，为了保证相位不发生大小畸变，我们引入了相位不畸变补充条件：

$$\begin{cases} e_2 = 1-2\delta \\ e_1 = e_3 = \delta \end{cases} \quad (0 \leqslant \delta \leqslant 0.25) \tag{4.21}$$

4.1.6　理论分析总结

（1）计算地震反应的中心差分方法和 Newmark 方法对地震反应量做了一定假定，这种假定分别等价于其在频域内所做的变换，其精度也依赖于这种变换的精度。这两种方法所构造的数字递归滤波器的传递函数在共振区内与理论传递函数明显不重合，其中 Newmark 中点加速度法超前于理论传递函数，中心差分方法滞后于理论传递函数，这将导致谱比和相位谱差误差的迅速上升并在计算反应时引入误差。

（2）Z 变换方法和 Duhamel 逐步积分法精度较高，在共振区内能很好地生成窄频带反应，误差较小，但是在有效计算频带内（我们取到二分之一 Nyquist 频率处）仍有超过10%的误差。

（3）b_1，b_2 是在 Z 平面内跟踪理论传递函数极点的两个重要参数。此外对于相对位移、相对速度及相对加速度 b_1、b_2 具有不变性。Z 变换和 Duhamel 逐步积分法是满足此条件的。

（4）S_0 是反映系统低频特性的参数，并与 b_1、b_2 有关，四种方法中只有 Duhamel 逐步积分法满足低频约束条件。

（5）如果要保证相位不畸变，则应该满足 $e_1 = e_3$。四种方法中只有 Duhamel 逐步积分

法不满足相位条件。

（6）四种方法中只有 Z 变换方法的相对速度递归公式，输入点 a_j 的采样与输入 $\dot{x}_{j+1/2}$ 的采样不一致，但是精度较高。

4.1.7　推荐的递归公式

通过以上对系数 b_1 和 b_2、低频约束条件相位不畸变条件及递归方程不变性的分析，我们推荐如下计算单自由度系统地震动力反应递归公式：

$$\begin{cases} x_j = b_1 x_{j-1} + b_2 x_{j-2} - S_0(\Delta t)^2[\delta a_j + (1-2\delta)a_{j-1} + \delta a_{j-2}] \\ \ddot{x}_j = b_1 \ddot{x}_{j-1} + b_2 \ddot{x}_{j-2} - S_0(a_j - 2a_{j-1} + a_{j-2}) \\ \dot{x}_{j+1/2} = b_1 \dot{x}_{j-1/2} + b_2 \dot{x}_{j-2/3} - S_0(\Delta t)(a_j - a_{j-1}) \\ \dot{x}_j = \dfrac{1}{2}(x_{j+1/2} + x_{j-1/2}) \end{cases} \tag{4.22}$$

$$\begin{cases} b_1 = 2\mathrm{e}^{-\xi\omega_0\Delta t}\cos(\omega_\mathrm{d}\Delta t) \\ b_2 = -\mathrm{e}^{-2\xi\omega_0\Delta t} \\ S_0 = (1-b_1-b_2)/(\omega_0\Delta t)^2 \\ \omega_\mathrm{d} = \omega_0(1-\xi^2)^{1/2} \end{cases}$$

这种递归算法就是用当前的 a_j，a_{j-1}，a_{j-2}以及已知反应的前两个时刻的反应值，计算出当前状态的反应值。这里需要说明的是相对速度的递归公式的另一种形式为

$$\dot{x}_j = b_1 \dot{x}_{j-1} + b_2 \dot{x}_{j-2} - S_0(\Delta t)(a_{j-1/2} - a_{j-2/3}) \tag{4.23}$$

由于 $a_{j-1/2}(j=1, 2, \cdots, N)$ 与输入值 a_j 相差 $\Delta t/2$，如果考虑计算 $a_{j-1/2}$，$a_{j-2/3}$，则有

$$\begin{cases} a_{j-1/2} = \dfrac{1}{2}(a_j + a_{j-1}) \\ a_{j-2/3} = \dfrac{1}{2}(a_{j-1} + a_{j-2}) \end{cases} \tag{4.24}$$

则可得到：

$$\dot{x}_j = b_1 \dot{x}_{j-1} + b_2 \dot{x}_{j-2} - \frac{S_0(\Delta t)}{2}(a_j - a_{j-2}) \tag{4.25}$$

如果将递归方法代入离散化的动力平衡方法，可以得到满足平衡方程的递归公式中的 δ 值为

$$\delta = \frac{1}{(\omega_0\Delta t)^2}\left(\frac{1}{S_0} - 1 - \xi\omega_0\Delta t\right) \tag{4.26}$$

需要说明的是，在递归公式代入平衡方法时，递归公式的误差也同时引入，为此可通过最小二乘方法拟合理论幅值谱的方法，得到 δ 值。

由于递归公式的误差带入了理论 δ 值，所以理论值并不是最好的。在 $\Delta t/T_0$ 很小时，因为 δ 值的改变已经对传递函数的共振区影响很小，故用谱差为目标函数的最小二乘法难以找到稳定的最优值。数值计算表明，最好用谱比法寻找 δ 值。首先对谱比法寻找到的 δ 值进行多项式拟合，然后对多项式的系数进行线性拟合，如图 4.4 所示，可以得到计算 δ

值的公式为

$$\delta = d_1 + d_2(\Delta t/T_0) + d_3(\Delta t/T_0)^2 + d_4(\Delta t/T_0)^3 \tag{4.27}$$

阻尼比在 0.005 ~0.1 之间，系数 d_i 可由下式确定：

$$\begin{cases} d_1 = 0.09108 \\ d_2 = 0.01945 - 0.04679\xi \\ d_3 = -0.00989 + 0.38022\xi \\ d_4 = 0.50617 - 0.97476\xi \end{cases} \tag{4.28}$$

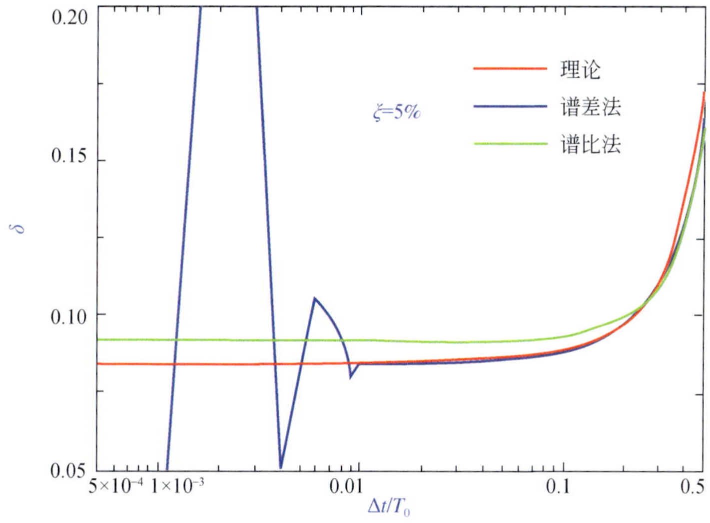

图 4.4　理论推导及最小二乘法得到的 δ 值

不同阻尼比时计算得到的 δ 值如图 4.5 所示。对于地震计和加速度记录，其采样时间间隔 $\Delta t=0.01$s，仿真 DD-1 位移记录和 W-A 型地震仪位移记录，可取 $\delta=0.091$。

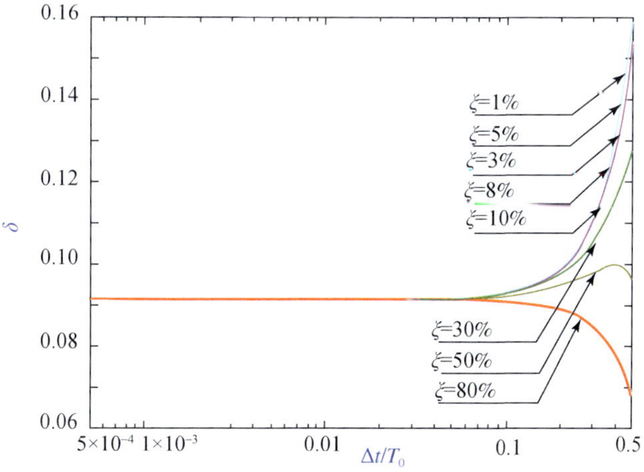

图 4.5　阻尼比取不同值时应用谱比最小二乘法得到的 δ 值

4.1.8　仿真系统的有效频带

由采样原理，仿真位移的高频截止频率为 Nyquist 频率，即 $f_m = 1/(2\Delta t)$。如果取大于或等于 0.8 的幅值谱谱比为有效值，可以得到仿真位移的低频截止频率与所取单自由度系统自振周期的对应关系：

$$f_c = a \times (T_0)^b \tag{4.29}$$

随着阻尼比的变化，系数可由表 4.1 确定。

表 4.1　低频截止频率的确定系数表

阻尼比	0.6	0.7	0.707	0.8	0.9
a	0.9609	1.1414	1.1526	1.3898	1.6808
b	-0.9977	-1.0019	-1.0014	-0.9998	-0.9976

图 4.6 ~ 图 4.8 为推荐的计算相对位移、相对速度、相对加速度的递归公式的离散 Fourier 谱与理论 Fourier 谱的比对，结果比较理想。

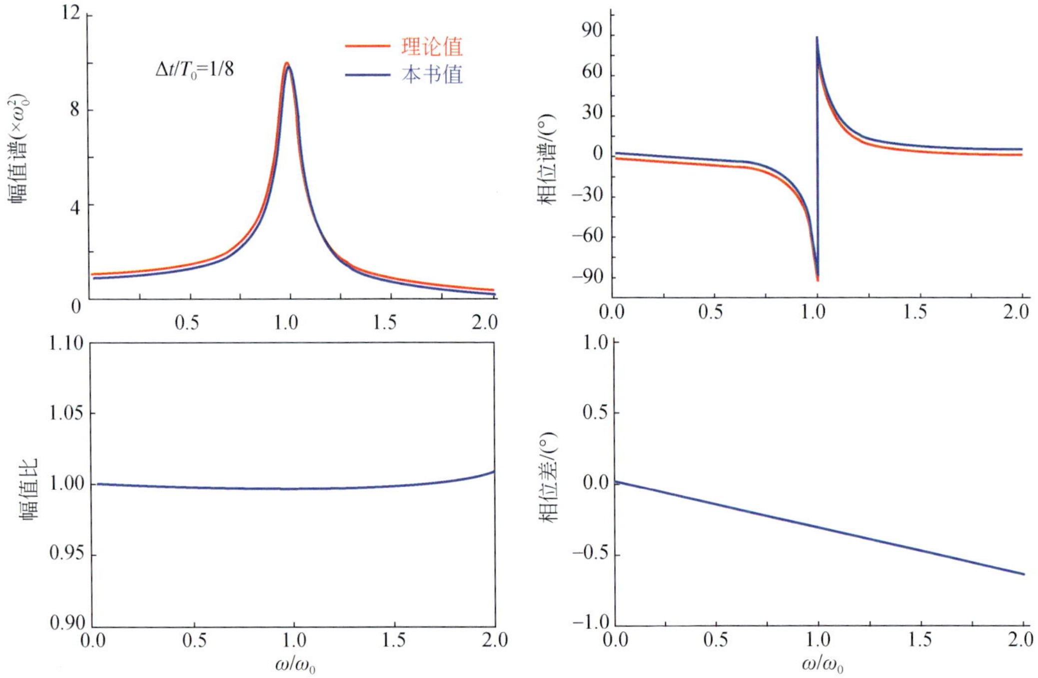

图 4.6　$\Delta t/T_0 = 1/8$ 时相对位移递归公式传递函数与理论传递函数的比较

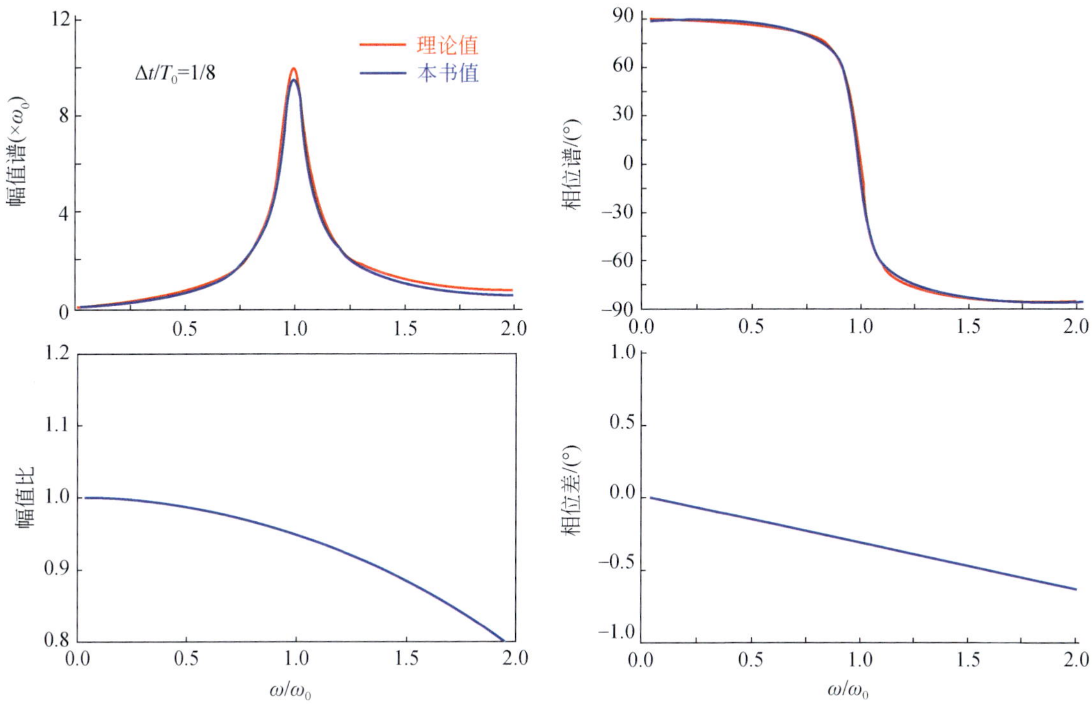

图 4.7　$\Delta t/T_0=1/8$ 时相对速度递归公式传递函数与理论传递函数的比较

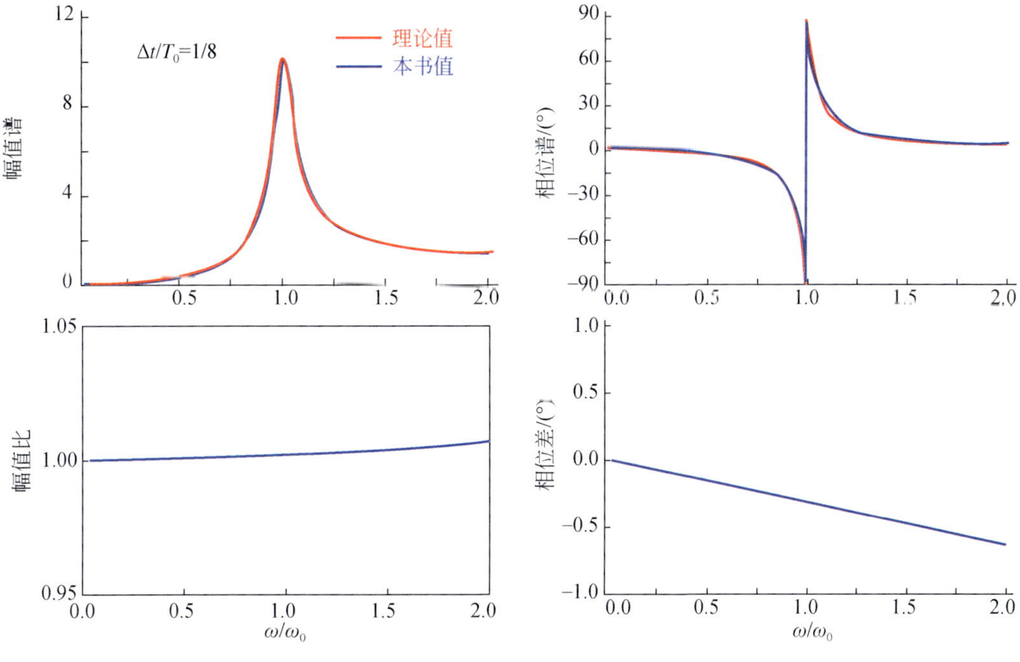

图 4.8　$\Delta t/T_0=1/8$ 时相对加速度递归公式传递函数与理论传递函数的比较

4.2　由加速度记录实时仿真特定仪器的加速度、速度、位移时程的递归算法

4.2.1　递归算法

设加速度记录为 $a(t)$，仿真周期为 $T_0(\omega_0=2\pi/T_0)$，阻尼比为 ξ 的地震计反应动力方程为

$$\ddot{x}(t)+2\xi_0\omega_0\dot{x}(t)+\omega_0^2 x(t)=a(t) \tag{4.30}$$

通过比较单自由度系统的动力方程，可以发现，只要将单自由度系数的输入 $a(t)$ 改为$-a(t)$，二者方程完全一致，因此，可得到递归方程为

$$\begin{cases} x_j=b_1x_{j-1}+b_2x_{j-2}-S_0(\Delta t)^2[\delta a_j+(1-2\delta)a_{j-1}+\delta a_{j-2}] \\ \ddot{x}_j=b_1\ddot{x}_{j-1}+b_2\ddot{x}_{j-2}-S_0[\delta a_j-2a_{j-1}+\delta a_{j-2}] \\ \dot{x}_{j+1/2}=b_1\dot{x}_{j-1/2}+b_2\dot{x}_{j-2/3}-S_0(\Delta t)(a_j-a_{j-1}) \\ \dot{x}_j=1/2(\dot{x}_{j+1/2}+\dot{x}_{j-1/2}) \end{cases} \tag{4.31}$$

其中，b_1，b_2，S_0，δ 等系数与4.1节完全一致。仿真速度的采样点与输入采样点相差 $\Delta t/2$，不影响计算效果。

4.2.2　实际算例

2002年11月3日，美国阿拉斯加州发生7.9级地震，我们选取由K2强震仪在Anchorage获得的南北分量地震记录进行了仿真处理，该记录的采样时间间隔为0.01s。USGS（美国地质勘探局）对此记录用4阶巴特沃斯滤波器进行了带通滤波，频带范围为0.013～20Hz。我们分别取 T_0=20s，50s，88s，100s，对这次地震的加速度记录依照本章所提出的方法进行处理。由于该记录在处理时的低频截止频率为0.013Hz，可计算得到的仿真单自由度系统的自振周期为88s，仿真得到的地面位移的有效频带为0.013～50Hz。为了比较，我们同时用Kanamari（1997）方法计算了位移时程。图4.9为本书方法与频域方法的对比，图4.10为本书方法与Kanamori（1997）方法计算的位移时程对比，结果显示本书方法与两种方法具有较好的一致性。

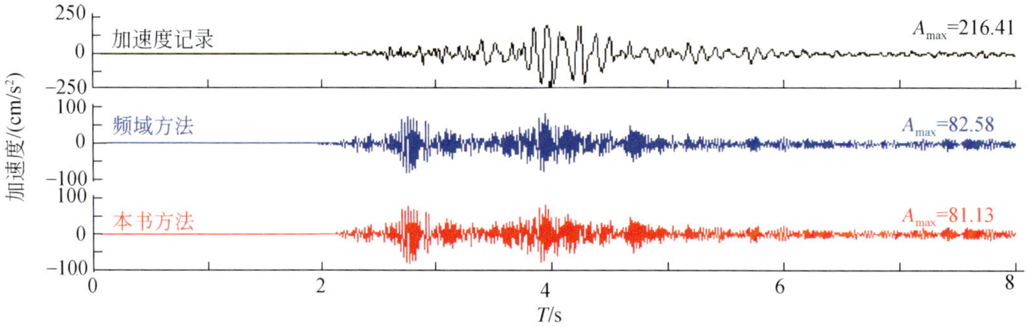

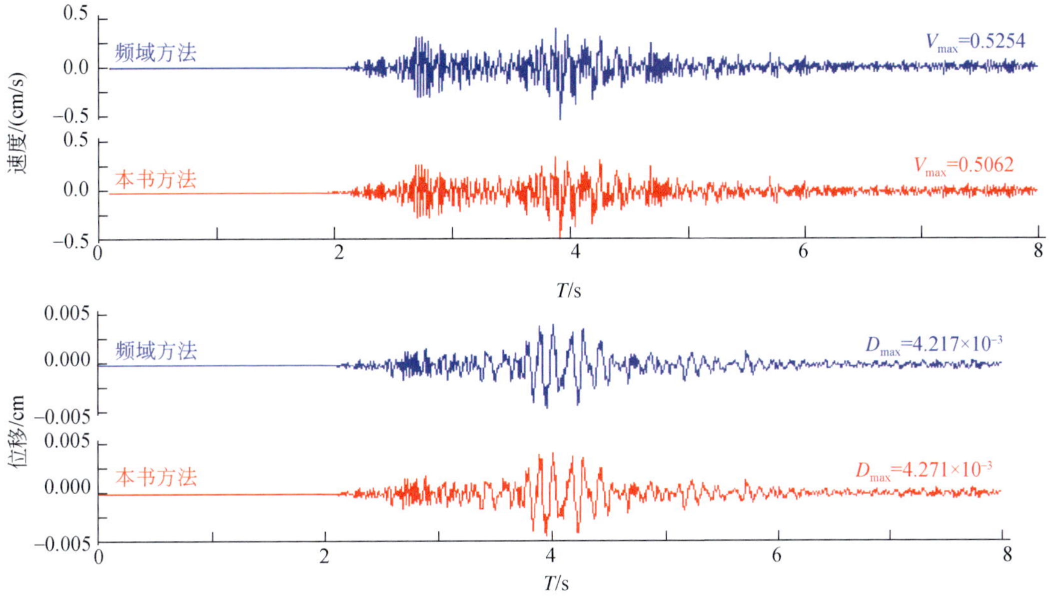

图 4.9　加速度、速度、位移反映

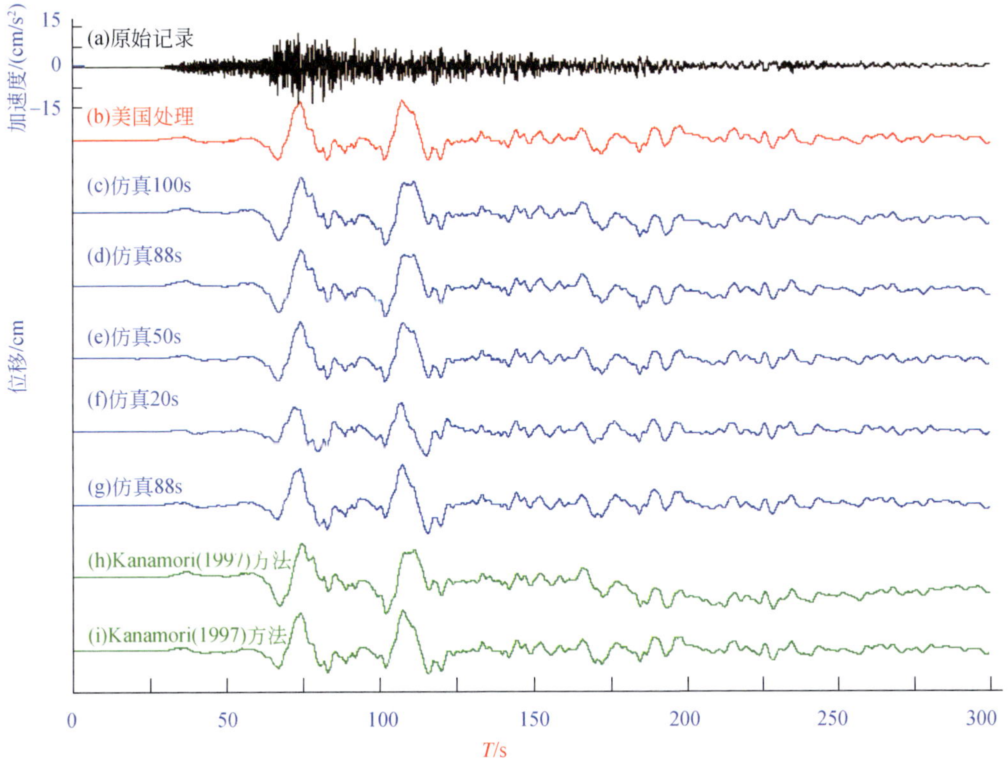

图 4.10　本书方法与 Kanamori 方法的对比

（a）原始加速度记录；（b）美国 USGS 处理后位移时程；（c）~（f）分别为原始加速度记录用 100s、88s、50s、20s、自振周期仿真得到的位移时程；（g）使用美国 USGS 基线校正后加速度记录用 88s 自振周期仿真得到的位移时程；（h）原始加速度记录用 Kanamori 方法滤波积分得到的位移时程；（i）校正后加速度记录用 Kanamori 方法滤波积分得到的位移时程

4.2.3 数值分析及计算结论

数值分析表明，此套递归公式的传递函数能在有效频带内更好地模拟理论传递函数，故能得到更好的仿真结果。对相对位移传递函数，在零至二分之一 Nyquist 频率内，其相对误差小于 1%，对相对加速度传递函数，其相对误差小于 5%，大大优于本书比较的其他时域算法。对相对速度，在零至二分之一 Nyquist 频率内仍有部分频段有大于 10% 的相对误差，但是其相对误差相当于比较过的精度最高的 Duhamel 逐步积分法。

算例表明，用此套方法生成的相对位移、相对加速度反应无论是在波形还是在峰值上都能与频域方法得到的反应吻合较好。对于相对速度，在峰值上有一定的差异。

4.3 由宽带速度记录实时仿真特定仪器加速度、速度、位移的递归算法

由于输入为速度 $v(\Delta t)$，将动力方程改写为

$$\ddot{x}(t)+2\xi\omega_0\dot{x}(t)+\omega_0^2x(t)=-\dot{v}(t) \tag{4.32}$$

对式（4.32）做 Fourier 变换，可以得到单自由度系统相对位移、相对速度、相对加速度的理论传递函数为

$$\begin{cases}\bar{H}_x(\omega)=\dfrac{x(\omega)}{v(\omega)}=\dfrac{-\mathrm{i}\omega}{(\mathrm{i}\omega)^2+2\mathrm{i}\xi\omega_0\omega+\omega_0^2}\\ \bar{H}_{\dot{x}}(\omega)=\dfrac{\dot{x}(\omega)}{v(\omega)}=\dfrac{(-\mathrm{i}\omega)^2}{(\mathrm{i}\omega)^2+2\mathrm{i}\xi\omega_0\omega+\omega_0^2}\\ \bar{H}_{\ddot{x}}(\omega)=\dfrac{\ddot{x}(\omega)}{v(\omega)}=\dfrac{-(\mathrm{i}\omega)^3}{(\mathrm{i}\omega)^2+2\mathrm{i}\xi\omega_0\omega+\omega_0^2}\end{cases} \tag{4.33}$$

通过比较可以发现，$a(t)$ 输入时，计算相对速度、相对加速度与 $v(t)$ 输入时计算相对位移和相对速度的理论传递函数一致。这说明数字递归滤波器应完全一致。

由递归方程的不变特性，可得速度仿真特定仪器速度记录的递归方程：

$$\dot{x}_j=b_1\dot{x}_{j-1}+b_2\dot{x}_{j-2}-S_0(v_j-2v_{j-1}+v_{j-2}) \tag{4.34}$$

实时仿真位移的递归算法为

$$\begin{cases}x_{j+1/2}=b_1x_{j-1/2}+b_2x_{j-2/3}-S_0(\Delta t)(v_j-v_{j-1})\\ x_j=\dfrac{1}{2}(x_{j+1/2}+x_{j-1/2})\end{cases} \tag{4.35}$$

实时仿真加速度记录的递归算法为

$$\begin{cases}\ddot{x}_{j+1/2}=b_1\ddot{x}_{j-1/2}+b_2\ddot{x}_{j-3/2}+\dfrac{S_0}{\Delta t}[v_j-3v_{j-1}+3v_{j-2}-v_{j-3}]\\ \ddot{x}_j=\dfrac{1}{2}(\ddot{x}_{j+1/2}+\ddot{x}_{j-1/2})\end{cases} \tag{4.36}$$

这样输入信号和输出反应的时间相差 $\Delta t/2$，这不影响计算效果，并有较高的精度。

对于加速度输入计算相对速度反应x_j，如果利用x_j和$\ddot{x}_j$计算精度较高的特点，以及动力方程及其不变性的特征，可以得到$\dot{x}_j$的另外一种递归公式，即

$$\dot{x}_j = b_1\dot{x}_{j-1} + b_2\dot{x}_{j-2} - S_0\left[e_1 a_j - (e_1+e_2)a_{j-1} + e_2 a_{j-2}\right] \tag{4.37}$$

其中

$$\begin{cases} e_1 = \dfrac{1}{2\xi\omega_0\Delta t}\left(\dfrac{1}{S_0} - q\right) \\ e_2 = \dfrac{1}{2\xi\omega_0\Delta t}\left(\dfrac{-b_2}{S_0} - q\right) \\ q = 1 + \delta(\omega_0\Delta t)^2 \end{cases} \tag{4.38}$$

这一公式，可供比较参考。

4.4　本章小结

地震观测数据的实时仿真技术在地震监测、地震预警、地震工程等领域都有广泛的运用，是融合位移计、速度计、加速度计等多种观测资源，高效产出多种服务产品最有力的武器。本章以等同于地震计原理的单自由度系统的动力方程为基础，简要介绍了地震工程领域求解此动力方程的四种主要算法，即中心差分方法、Newmark 方法、Z 变换方法、Duhamel 逐步积分法，将四种算法的计算相对位移公式写成统一的递归格式，研究其共性特征、计算结果的差别。通过总结分析研究前人的成果得到一个高精度、高效率的计算相对位移反应的通用算法，其构建的数字滤波器必须符合三个条件，即数字滤波器的极点必须与理论传递函数的极点相对应、数字滤波函数的零频特性要满足理论传递函数零频约束条件、相位特征必须无畸变。在此基础上对数字滤波器中的特定参数 δ，以拟合理论幅值谱为目标通过最小二乘法拟合了 δ 与 ξ 和 $\Delta t/T_0$ 的关系。进而通过动力方程的不变性得到了计算相对速度、相对加速度的递归公式。这种递归格式的优点就是利用当前时刻的波形输入值和过去时刻的波形输入值，以及过去时刻的反应值计算当前时刻的反应值，这种计算的特点是实时、高效，可同步计算加速度、速度、位移三种反应量。这与过去要等到记录结束才能计算的算法具有同等的计算精度，但时效性上有本质的差别。针对观测数据的物理量，如加速度记录或速度记录两种情况，分别得到了计算指定自振周期和阻尼比，相对位移、相对速度、相对加速度的完整递归计算公式，并用相同台基的加速度记录和速度记录进行了相应仿真计算，验证了方法的可靠性和正确性。

第5章　地震观测台网运维监控的新方法和新技术

地球表面由于气流、海浪、交通运输、人类和动物的活动等作用都会引起地表微微颤动，这些振动被地震仪器记录下来，通常称为地震噪声或地脉动。地震观测仪器经过24h连续不断地观测，就会产生大量的观测数据，这些数据中绝大多数都是环境背景噪声，小部分是地震信号或其他振动信号（如人工地震等）。

通常情况下，地震研究者更偏向于对地震信号或人工地震信号感兴趣，而对大量的噪声数据没那么关注或者使用程度不够。事实上“噪声”绝非无用，而是大有用处。概括起来讲，噪声有如下妙用。

（1）噪声作为信号的背景值，刻画了台站观测环境的安静程度。除烈度计的噪声主要是仪器自噪声与台基环境噪声无关外，地震计和强震仪的观测噪声都反映观测环境噪声水平。噪声越低，观测环境越安静，观测到的地震信号的信噪比越高，也更容易识别微弱的地震信号。因此可以用噪声水平作为选择地震台站的标准。

（2）利用台站噪声评估地震监测能力。如果将高灵敏的地震计波形仿真为DD-1位移记录，并取S波峰值为3倍DD-1噪声的峰值，则可看出噪声水平直接决定了能监测最小地震的震级，换句话说，噪声水平决定了监测能力。

（3）噪声可以看作是传感器和台基共同刻画的“脸谱”，如果不同台站安装了相同的传感器，那么台站的噪声反映了不同台基噪声的差别；如果相同台站安装不同的传感器，那么不同传感器产生的不同噪声反映了传感器性能的差异。

（4）噪声可以监控台站仪器的运行状态。对于台网中相同传感器的观测资料，可以建立以台站命名的个性化的脸谱即噪声功率谱，如果谱发生变化，则意味着传感器的观测资料发生了变化，据此可以诊断仪器是否发生了故障，发生了什么故障。

（5）利用噪声可以提取面波格林函数用于介质成像。21世纪初科学家发现用两个宽频带台站的噪声互相关经过一段时间的叠加可以得到信噪比较高的面波格林函数。如果对台网中台站两两配对，则可以获得一个区域的面波资料，进而对地下介质的体波速度结构进行成像。这一方法对地震活动较弱的区域是十分有用的。

（6）利用噪声实现对台站时钟的监控。各个台站时钟的一致性，是获取高质量观测数据的前提，也是预警定位成功的重要保证。尽管多数台站都有GPS授时或其他授时，但由于受天气、设备损坏等因素的影响，有时难以对钟，从而造成钟差。这种情况在没有地震时一般难以发现，利用噪声提取面波格林函数的技术，可以实现对钟差的近实时监控。

本章以地震计为例，围绕上述问题展开讨论，由于如何利用噪声评估地震监测能力的方法已在第3章讲过，此章就不再讨论。此章着重讲述台站噪声模型的建立与噪声水平的评价、利用噪声如何实时监测台站运行状态以及估计观测记录时钟偏差等内容。同时结合近些年开展的人工气枪震源，介绍了利用气枪信号对台站观测数据质量进行评估以及人工智能在台网运维监控上的应用，希望引起对新技术的重视。

5.1 地震噪声特点分析

地震计、加速度计、烈度计是性能指标各不相同的地震传感器。宽频带地震计最为灵敏，可以记录-1 级地震，对观测环境要求也最高，其观测质量最好，分辨极微弱的振动有得天独厚的优势，在仪器正常时，地震计的噪声可准确反映台基的特性。也可通过两个宽频带台站的噪声记录提取面波 Green 函数，从而研究一定深度地壳介质的信息。1 ~ 2s 短周期地震计，对观测环境要求相对不高，便于布设，但由于频带的限制，无法获得更长周期的信息。加速度计的频带较宽但噪声水平要比地震计高一个数量级，通过长时间噪声观测可以研究场地的特性，但一般很难通过两个站点加速度计互相关函数的叠加分析提取出面波格林函数。烈度计的噪声水平比加速度计高 1 ~ 2 个数量级，它的噪声主要反映的是仪器的自噪声。我国部分常用的地震计、加速度计、烈度计的主要性能指标见表 5.1。

表 5.1 我国部分常用的地震计、加速度计、烈度计的主要性能指标

仪器	型号	频带	动态
宽频带地震计	CMG-3ESPC	60s ~ 50Hz	>145dB
	CMG-3ESPC	120s ~ 50Hz	>145dB
	BBVS-60	60s ~ 40Hz	>140dB
短周期地震计	FSS-3M	2s ~ 50Hz	>120dB
	CMG-40T	2s ~ 50Hz	>145dB
加速度计	SLJ-100	DC ~ 100Hz	>135dB
	ES-T	DC ~ 200Hz	>155dB
烈度计	Palert	10s ~ 10Hz	>80dB

台站的噪声反映了台基的“安静”程度。由于噪声无时不在，而且 24h 变化规律十分明显（图 5.1），一般来讲，白天人类活动比较活跃，噪声较大，晚上比较安静，噪声较

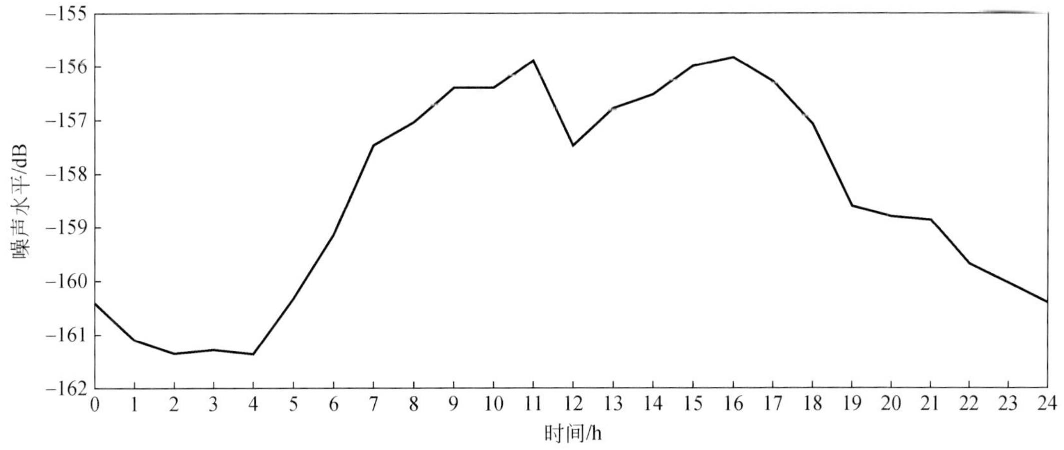

图 5.1 台站噪声水平 24 小时变化

小。沿海台站的噪声受潮汐和海浪影响较大，特别是遇有台风时，噪声的幅值和周期都会发生明显的变化，噪声水平比平常的要高数倍甚至十余倍，噪声的卓越周期则由 2 ~4s 变为 5 ~8s 甚至更长。

5.1.1 台站噪声水平时域分析

假定台站上的宽频带速度记录为 $v_0(t)$，取一窗长为（0，T_d），则背景噪声均方根为

$$\sigma_0(t_j) = \left[\frac{1}{T_d}\int_0^{T_d} v_0(t)\,dt\right]^{1/2} \tag{5.1}$$

均方根的物理意义就是台站在（0，T_d）时段内平均能量的一种度量。如果窗长固定，窗在滑动，可以得到：

$$\sigma_0(t_j) = \left[\frac{1}{T_d}\int_{(j-1)T_0}^{(j-1)T_0+T_d} v^2(t)\,dt\right]^{1/2},\ j = 0,\ 1,\ 2,\ \cdots,\ n \tag{5.2}$$

这样，随着时间的移动，就可以得到台站的速度均方根随时间的变化曲线。$\sigma_0(t_j)$ 的意义在于实时监测背景噪声的变化。对福建宽频地震台站的监测结果显示，各个宽频带台站的噪声速度均方根变化具有很好的一致性，而且在台风期间，台站噪声的速度均方根有一个明显的增大（李军，2006）。

5.1.2 台站噪声卓越频率分析

频域分析是指将信号分解成不同频率的分量，应用频域分析可以反映出信号各频率成分幅值的变化情况。傅里叶变换定义了"频率"的概念，利用它可以分析信号中各个频率成分的分布情况。对应于振幅最大的频率成分称为卓越频率，其周期称为卓越周期。对 $v_0(t)$ 做 Fourier 变换得

$$v_0(\omega) = \int_{-\infty}^{\infty} v_0(t)\,e^{-i\omega t}\,dt \tag{5.3}$$

对福建宽频带地震台站的监测结果显示，各个宽频带台站噪声的卓越频率一般都在 0.2 ~0.4Hz 之间；和速度均方根变化的特点一样，各个台站噪声记录的卓越频率随时间的变化也表现出很好的一致性；在台风期间，卓越频率明显变小，说明各个台站的噪声记录在频域也能够反映出台风的影响。

5.1.3 噪声功率谱分析

功率谱可通过对傅里叶谱的平方得到，即功率谱 $P(f)$：

$$P(f) = \frac{1}{T_d}E[\,v_0^2(f)\,] \tag{5.4}$$

其中 E 表示取均值，功率谱反映了噪声的频率特性，一般用对数坐标表示，横坐标可以使低频成分更好地展现开来，纵坐标的功率谱值更能表达出地震记录振幅的数量级变化。功率谱密度大小可以表征出台站的噪声水平。通常而言，台站的噪声水平一般在全球

新高噪声模型 NHNM 和全球新低噪声模型 NLNM 之间（图 5.2）。

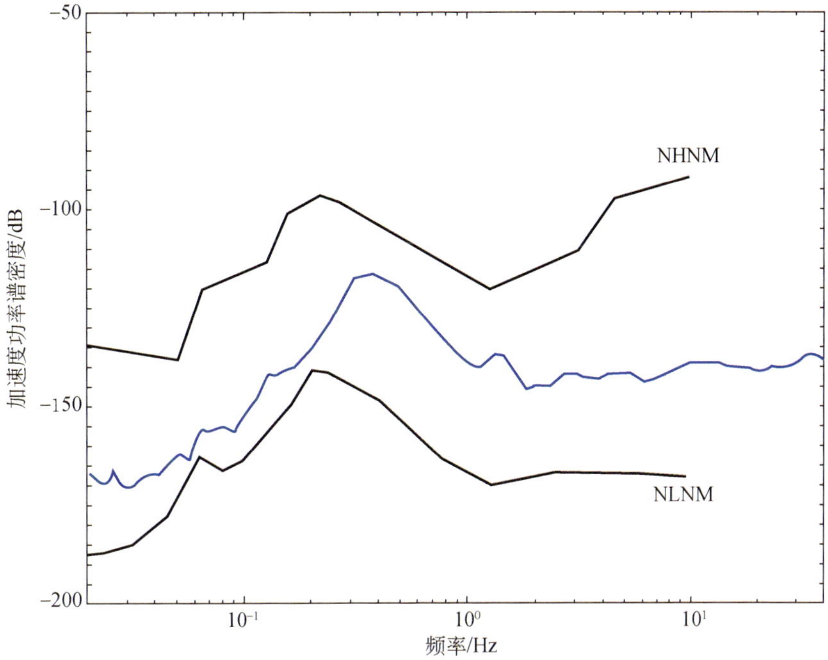

图 5.2　地震噪声加速度功率谱密度（PSD）图

利用噪声记录计算噪声功率谱，主要包括 5 个数据处理步骤，具体如下。

（1）记录段的选取。通常以每 5min（300s）的噪声段进行截取，且为了减少 PSD 值的变化过大，对每段记录间按 50% 的叠加率选取。记录段长度 T_r 是由感兴趣信号的最长周期 T_L 决定的，通常 T_r 的取值需达到 T_L 的 6 倍以上。因此取记录段长度 300s，可以满足反映 50s 低频地震噪声 PSD 值的需要。

（2）速度功率谱密度值估算。对信号 $v(t)$ 作傅里叶变换得到振幅谱 $V(f)$，由式（5.4）可得功率谱为

$$\mathrm{PSD_v}(f)=\frac{2}{N\Delta t}\mid V(f)\mid^2 \tag{5.5}$$

（3）加速度功率谱密度的计算。速度功率谱密度 $\mathrm{PSD_v}$ 与加速度功率谱密度 $\mathrm{PSD_a}$ 的转换公式为

$$\mathrm{PSD_a}(f)=4\pi^2 f^2\,\mathrm{PSD_v}(f) \tag{5.6}$$

其中，$\mathrm{PSD_v}$ 的单位为 $(\mathrm{m/s^2})/\mathrm{Hz}$；$\mathrm{PSD_a}$的单位为 $(\mathrm{m/s^2})/\mathrm{Hz}$。

（4）平滑处理。通常噪声功率谱在高频处的功率谱锯齿起伏严重，很难观察到它的真正功率谱密度值，为了得到 PSD 在频率对数坐标中呈等间隔采样，本书采用 1/3 倍频程积分作为平滑处理：

$$\mathrm{PSD_a}(f_c)=\frac{1}{n}\sum_{f=f_1}^{f_h}\mathrm{PSD_a}(f) \tag{5.7}$$

其中，中心频率 f_c 以 1/9 倍频程为增加步长，即下一个中心频率 $f_c=f_c\times 2^{1/9}$。$f_1=f_c\times 2^{-1/6}$ 为

低频拐角频率；$f_h=f_c\times2^{1/6}$ 为高频拐角频率；n 为介于二者之间离散频率 f 的个数。$PSD_a(f_c)$ 为中心频率 f_c 的加速度功率谱密度在 f_l 与 f_h 之间的平均值。

5.1.4　噪声功率谱的概率密度函数

地震噪声可以视为平稳随机信号，依据随机过程理论，通常用概率统计的方法来描述随机信号。McNamara 和 Boaz（2005）等提出应用概率密度函数（PDF）方法进行台站地震噪声水平监测，该方法与以往的噪声研究方法有很大的不同，它不要求剔除一些地震波、干扰、标定、仪器故障等波形，而是应用概率统计方法将所有实际记录的波形都包括进去，可以较好地反映包含仪器故障、环境影响等因素的真实台站数据质量。

噪声 PDF 的计算方法如下，每个中心频率的 PSD 概率密度函数为

$$P_{PSD}(f_c) = N_{pfc}/N_{f_c} \tag{5.8}$$

式中，N_{f_c} 为 f_c 频点的记录段总数；N_{pfc} 为 f_c 频点的 PSD 值落在某 PSD 取值范围内的记录段个数，通常 PSD 窗长与步长都取 1dB，变化范围从 -200 ~ -50dB。然后，以频率为横坐标、以加速度功率谱密度为纵坐标，色块颜色深浅以 $P_{PSD}(f_c)$ 表示，绘制三维平面图，得到台站噪声概率密度函数（PDF）图（图 5.3），不同色块代表某频点在一定 PSD 窗内功率谱概率数。

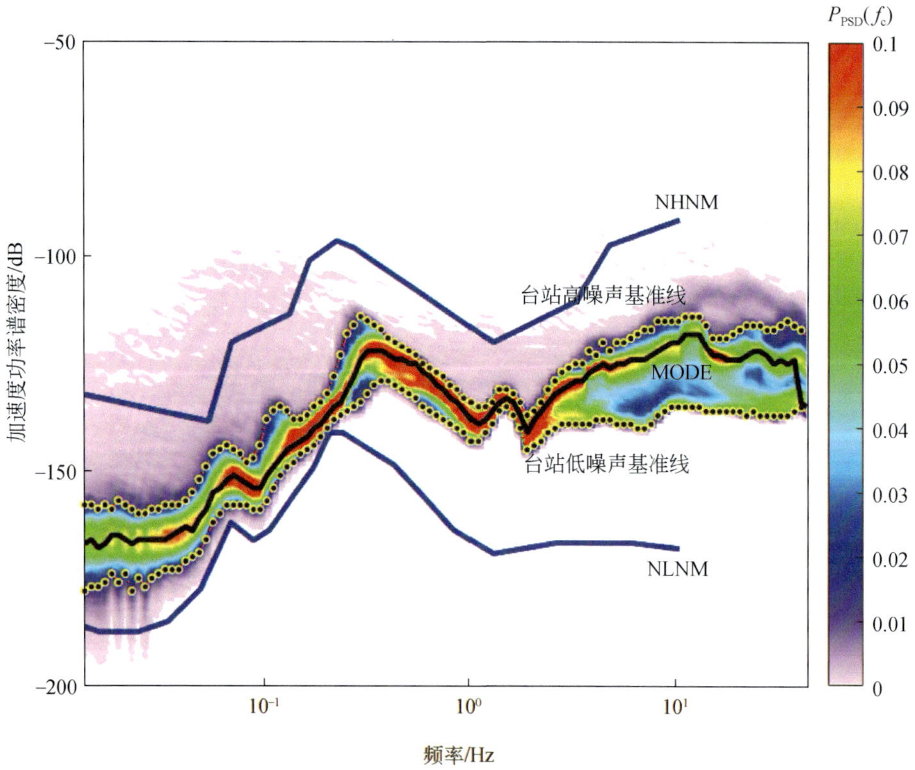

图 5.3　台站噪声概率密度函数（PDF）图

从图5.3中可以明显看出台站不同噪声水平所处的区域。颜色较深部分（蓝、绿、黄、红区域）代表着台站正常噪声水平落入的区域；颜色较浅部分（粉红色区域）代表着台站异常记录（地震波、外界噪声）所处的区域。

5.1.5　台站噪声水平MODE线与高低噪声基准线的确定

将每个频点上最大概率点连成线作为该台站噪声水平的MODE线，该线即可代表该台站的平均噪声水平（如图5.3黑线）。为了能描绘出正常噪声所处的区域范围，引进了台站高、低噪声基准线来表示台基噪声正常变化范围的上下限。首先，定义概率超过1.5%为正常噪声的功率谱概率密度函数。针对图5.3中1Hz处的加速度功率谱密度概率分布进行分析，功率谱密度值为横坐标，网格概率为纵坐标，以最大网格概率点为中心，向左、右两边分别找首个网格概率小于等于1.5%的点，用于确定低噪声基准点和高噪声基准点。对于其他频点采用同样方法确定高、低噪声基准点，最终将这些点连接起来就得到了台站网格概率等于或最接近1.5%的高、低噪声基准线（图5.3黄色链珠线），这两条基准线可用于台站噪声正常或异常的判断。

5.2　台网噪声水平评估

台站背景噪声是影响地震观测质量的主要因素，高背景噪声会削弱台站地震监测能力、爆破识别和精确定位能力（彼得鲍曼，2006）。低背景噪声台可以获得高质量的地震数据，对人工地震研究、特殊的地震事件、震相识别以及定位等都具有现实意义，所以研究地震台网的背景噪声对地震信号观测具有重要意义。

5.2.1　噪声水平计算与噪声等级的划分

当前正在实行的国家标准和规范《地震台站观测环境技术要求 第1部分：测震》（GB/T 19531.1—2004），其中规定环境地噪声水平等级划分五级，见表5.2。

表5.2　环境地噪声水平等级划分

噪声等级	Ⅰ级	Ⅱ级	Ⅲ级	Ⅳ级	Ⅴ级
噪声水平/dB	<-150	-150 ~ -140	-140 ~ -130	-130 ~ -120	-120 ~ -110

这相当于在噪声水平相差2个数量级之中，以10dB为间隔划分了Ⅰ ~ Ⅴ共5个等级。

由PSD可计算台基背景噪声水平rms值：

$$\mathrm{rms}=\sqrt{2\mathrm{PSD}\cdot f_0\cdot \mathrm{RBW}} \tag{5.9}$$

式中，f_0为分度倍频程中心频率；$\mathrm{RBW}=\dfrac{f_u-f_l}{f_0}$为相对带宽，$f_u$为分度倍频程上限频率，$f_l$为分度倍频程下限频率。一般在1 ~ 20Hz观测频带范围内计算。

5. 2. 2　噪声功率谱面积占比法

一般固定台台基选址环境地噪声不大于Ⅱ级环境低噪声水平，即<-140dB。按照前文提到的观测环境技术要求，将噪声水平 rms 划分成 5 个噪声等级，往往并不能很好体现出台站间噪声水平的差异。为使噪声评估结果更加定量化、精细化，本书提出一套基于噪声功率谱面积占比法来对各台站的噪声水平进行定量评估（图 5. 4）。

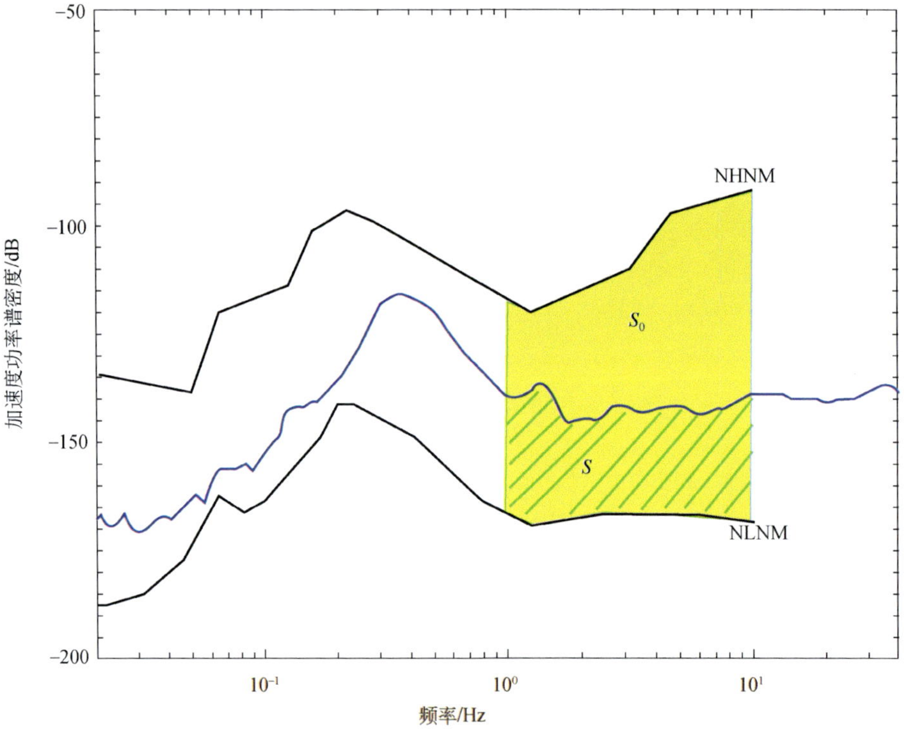

图 5. 4　噪声功率谱面积占比法示意图

利用噪声功率谱与全球新低噪声模型线 NLNM 所占面积比对台站噪声水平进行量化，并对所计算出的面积比从 0 ~ 10% 、10% ~ 20% 、30% ~ 40% 、 … 、90% ~ 100% ，共细分为十个等级对台网噪声水平进行评估，得到不同颜色标注的台网噪声水平分布图。

计算面积：

$$\begin{cases} S_0 = S_{\max} - S_{\min} \\ S = S_{\mathrm{PSD}} - S_{\min} \end{cases} \tag{5.10}$$

采用面积占比法可得出该台站的噪声水平：

$$\eta = \frac{S}{S_0} \times 100\% \tag{5.11}$$

式中，S_0 为全球新高噪声模型线与全球新低噪声模型线的面积；S 为台站噪声功率谱与全球新低噪声模型线的面积。

这种噪声等级划分的优点在于针对特定的频率段可以更精细地比较台站噪声水平的差

别，如大容量气枪信号的主频在 5Hz 左右，因此可以在 1 ~ 10Hz 频段内对台站噪声进行评估，分析各台站识别气枪信号的能力。

5.2.3　噪声水平评估在水库气枪震源实验中的应用

背景噪声的强弱对微弱震动的准确识别具有较大的影响，下面以水库气枪震源激发为例说明背景噪声对微弱信号识别的影响，在这里即对气枪激发效果的影响。如图 5.5 为利用福建沙溪口水库气枪激发（单次气枪激发信号约 0.5 级）502 次各个台站观测信号的叠加结果，评估各个台站的背景噪声水平及是否接收到气枪信号，以及接收到信号台站与其背景噪声水平的关系。图中将识别到信号的台站用黑色线将震中位置和台站连起来，黑线指到的台站为识别到信号的台站；红色点划线圈表示 100km、200km、300km、400km 的位置，用于辅助查看激发传播距离。图上表明在 200km 范围内所有台站都能观测到气枪信号；在 400km 范围内大部分台站都能接收到信号，只有个别几台背景噪声较高台站未能观测到信号，而这些未能接收到的台站均为高噪台站［利用式（5.11）计算的噪声水平在 60% 以上］。在 400km 之外能接收到信号的台站绝大多数为低噪台站。可见台站接收能力与背景噪声密切相关，低背景噪声台站接收气枪信号能力大于高背景噪声台站。

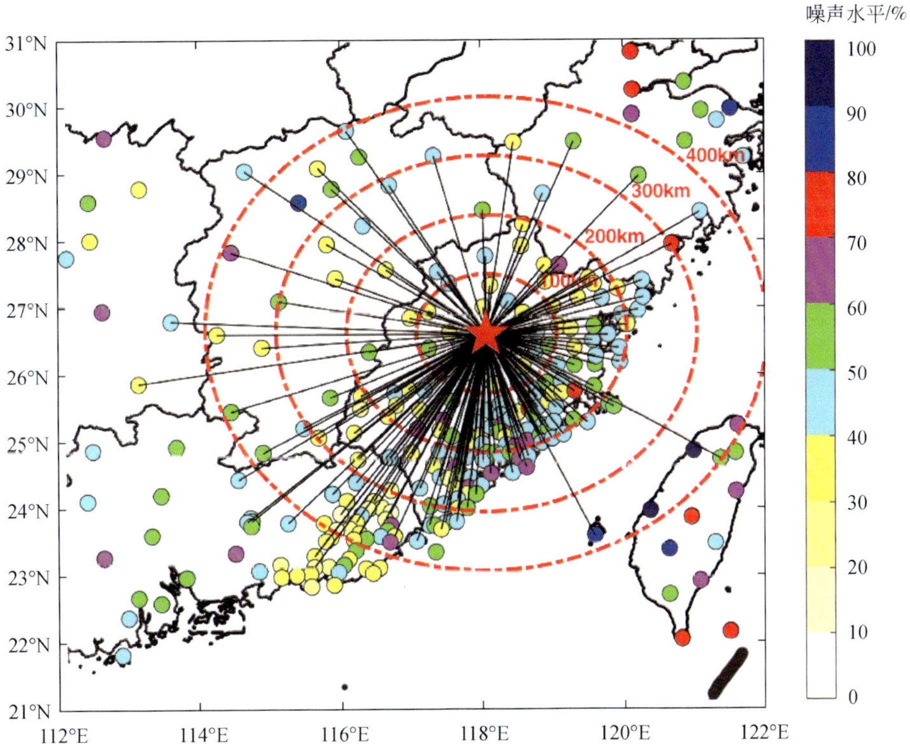

图 5.5　台网噪声水平评估分布图

通过台网噪声评估工作，一方面可为研究人员选取优质台站提供参考依据，另一方面台网维护人员可对低噪台站给予特别关注，及时重点维修，保证优质台站实验数据的完整性。

5.3　台站异常信号的识别与监控

地震台站在实际运行中，往往会出现或遇到各种各样的问题，如数据中断、设备卡摆、检波器损坏等，这些问题都会导致观测数据出现异常。目前，异常的识别往往都是人工进行判断的，这需要消耗大量的人力。那么如何实现实时化、自动化台站异常判别呢？

通过统计台站一定时段的噪声记录获得 PDF 图可以直观判断台站是否存在异常状态。例如，统计台站的月 PDF 图，如图 5.6（a）台站正常，低频处存在部分面波成分；图 5.6

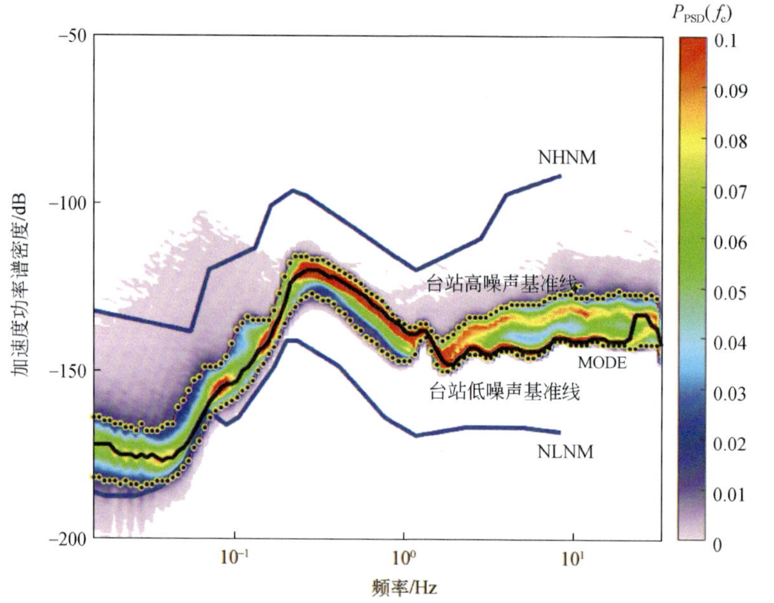

(a)

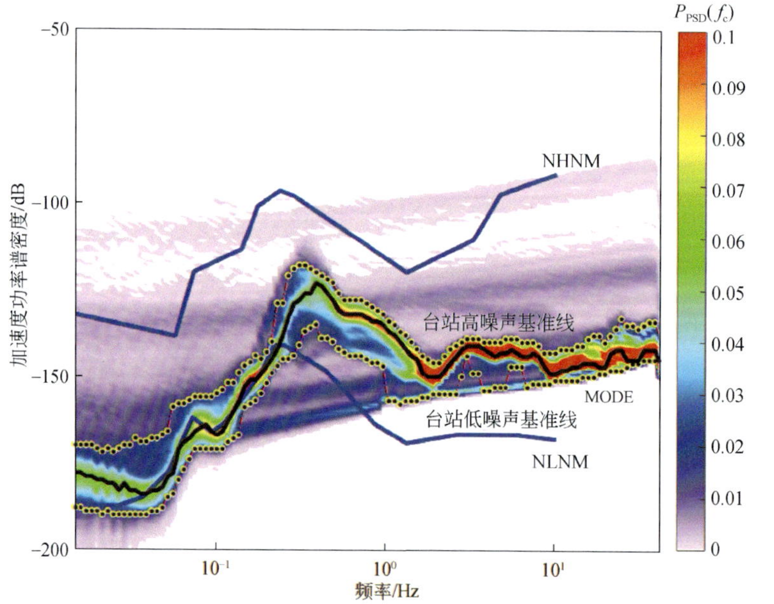

(b)

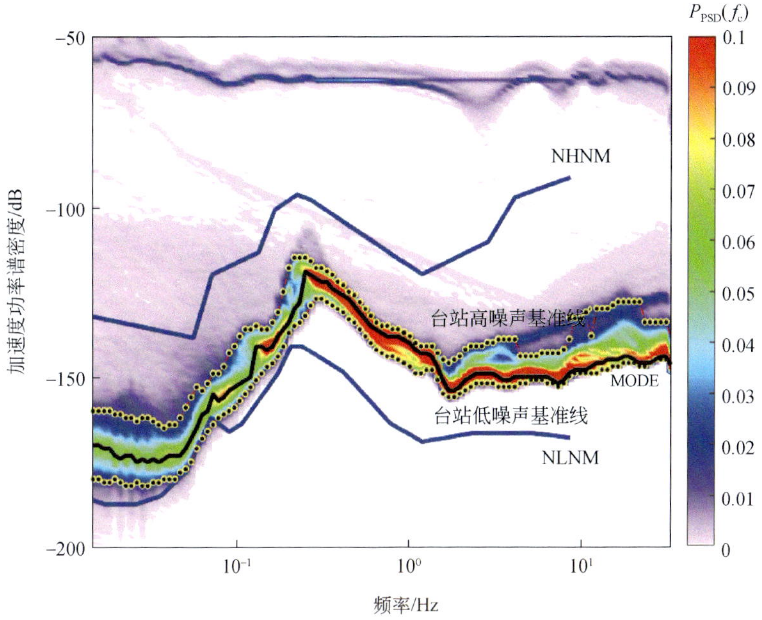

(c)

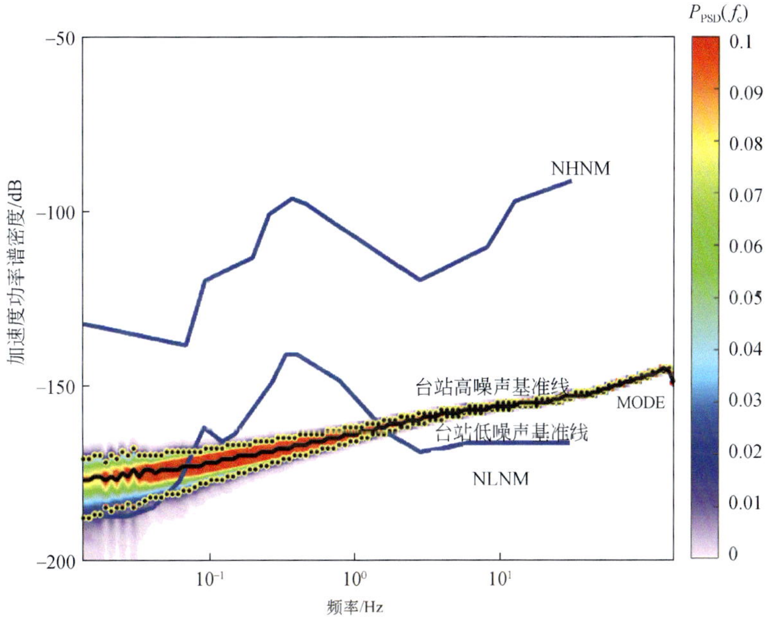

(d)

图 5.6　PDF 图判断台站状态

(b) 台站出现部分地震计异常；图 5.6（c）台站出现阶跃标定；图 5.6（d）台站异常，由地震计卡摆造成。因此，我们计划以 PDF 为基础实现实时化、自动化台站异常判断。

5.3.1　台站异常信号自动识别思路

利用台站历史记录建立每个台站功率谱概率密度函数模型，根据该模型确定出台站高低噪声基准线，将这两条基准线作为参照标准，对实时地震噪声数据每5min截取一段，计算噪声功率谱PSD，并将其与基准线做比较。若PSD落在基准线之间，则说明该段噪声数据正常；若PSD落在基准线之外，则说明该段噪声数据发生异常（图5.7）。

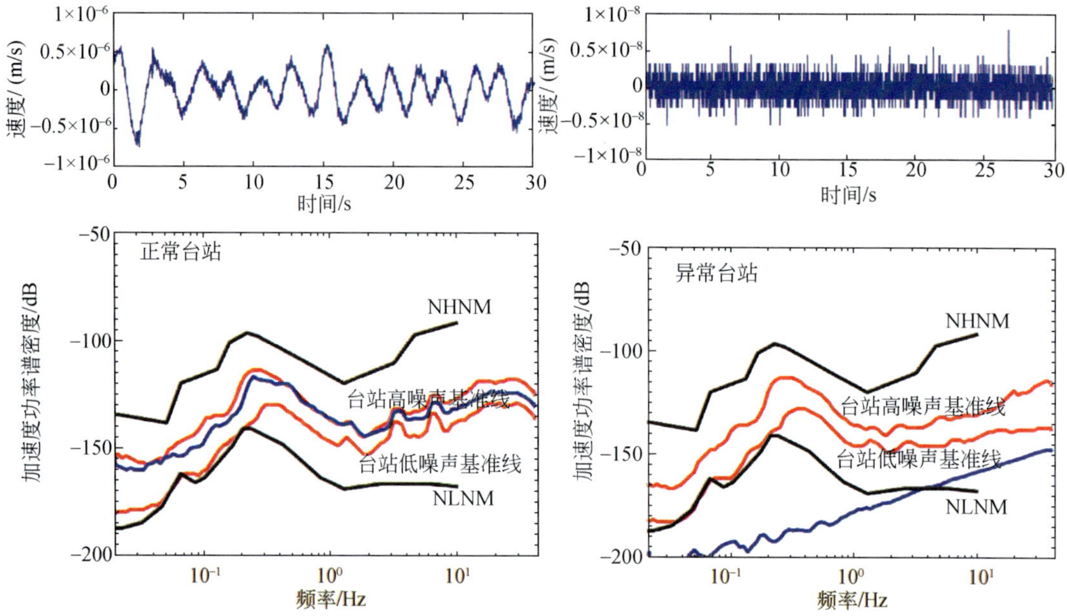

图5.7　正常与异常台站的识别思路

通常情况下，断电、地震计故障、仪器异常、雷电、外界大干扰、地震、爆破、温感变化等都有可能引起PSD超出基准线范围。但如果是地震、爆破、台风、外界大干扰等引起的异常，只是针对某一时刻才发生，下一时刻就自行消失的，我们称这种异常为瞬变异常。而如果因为地震计故障、传感器接收故障等引起的异常是一直存在的，没法自动恢复，我们称这种异常为仪器异常，这部分异常才是我们要着重关注的。

为了能对瞬变异常和仪器异常进行区分，保证检测结果的精确性。接下来依次采用噪声异常分类法、去干扰法及台风识别技术等方法对瞬变异常和仪器异常进行识别，确保挑选出正确的仪器异常台站。

5.3.2　噪声异常分类法

噪声异常分类法是根据噪声PSD与基准线的大小关系来划分，共分为高噪异常、中噪异常、低噪异常三大类。低噪异常为噪声PSD小于台站低噪声基准线；高噪异常为噪声PSD大于台站高噪声基准线；中噪异常为噪声PSD位于台站高、低噪声基准线之间。对于不同噪声类型研究不同的检测方法（图 5.8）。

对于低噪处、高噪处异常的检测方法是若 PSD 超越台站低、高噪声基准线的点数占总点数的百分比大于 0.45，则判定为低噪或高噪异常。对于中噪处异常的检测方法：用最小二乘法对 PSD 线作倾斜校正，再求校正后的 PSD 线的标准差，若标准差<3 ，则判定为中噪异常。

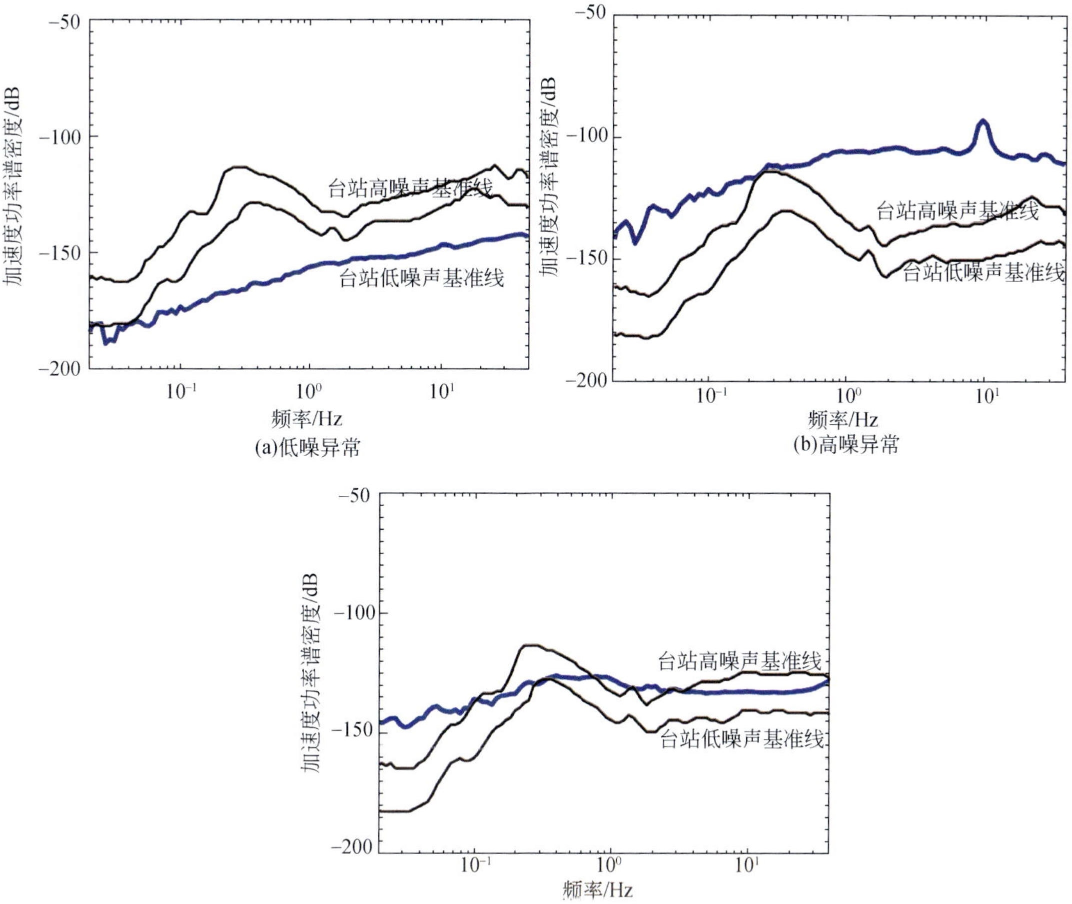

图 5.8　噪声异常挑选方法示意图

5.3.3　高噪异常多样性

低噪异常一般都是由仪器异常（多数为地震计卡摆）所引起的，采用以上低噪处异常挑选方法基本可以全部识别出来。而高噪异常的种类较多且复杂，如仪器异常、脉冲、标定、地方震、远震面波、台风等都能引起高噪异常，单纯采用高噪处异常挑选是无法满足要求的。因此需要进一步研究高噪异常的挑选方法。

5.3.4 去干扰法

去干扰法是通过选取某个滑动时间窗对原始记录段逐一进行平均化，这种方法主要应用于地震噪声数据去除较大干扰。但是将它应用于异常挑选也具有较好的优势。因为仪器异常不存在噪声信息，所以去干扰后的 PSD 在 0.3Hz 将低于台站低噪声基准线；而地震波、爆破、外界较大干扰等引起的高噪异常，在平均化后，其 PSD 在 0.3Hz 处是不低于台站低噪声基准线的。图 5.9 为地震波与异常波形采用去干扰法后的对比，通过该方法可以有效地将地震波与异常区分开来。

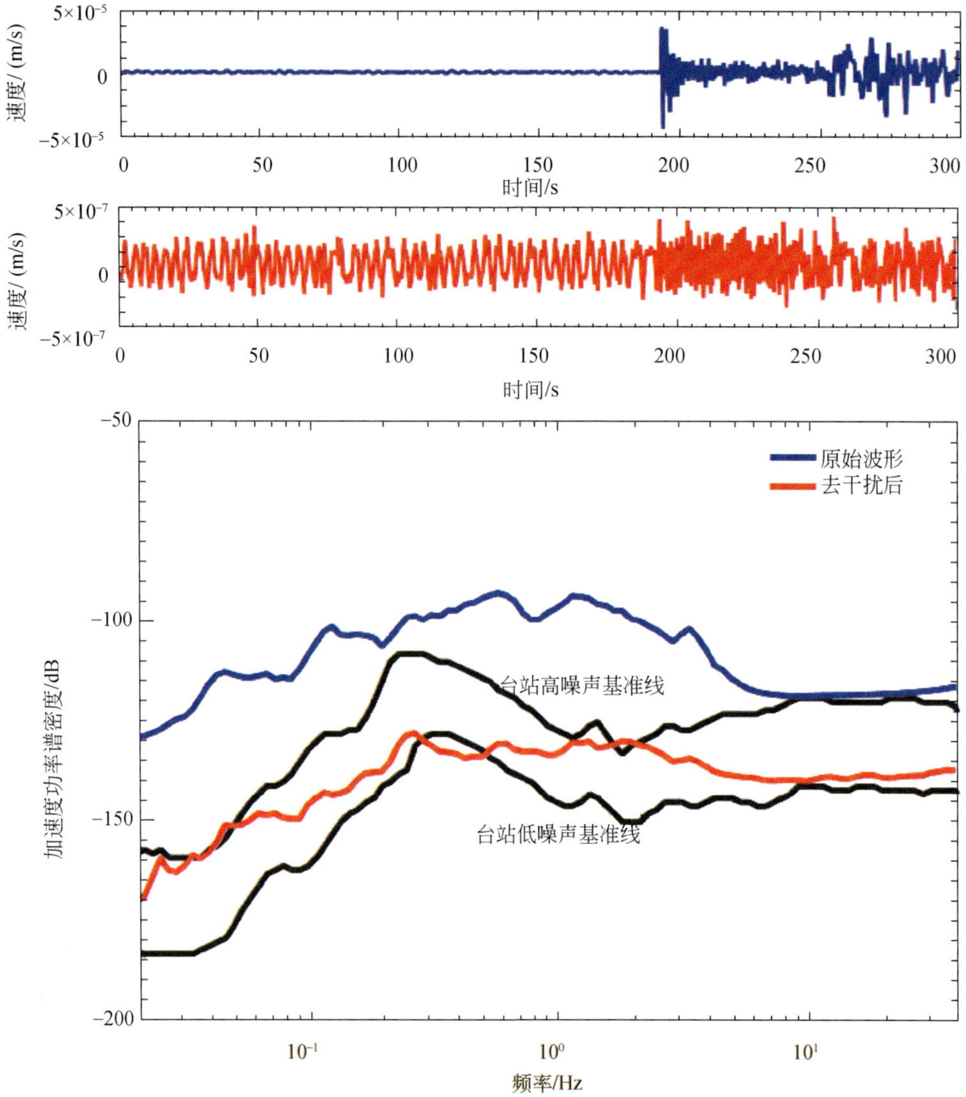

(a)

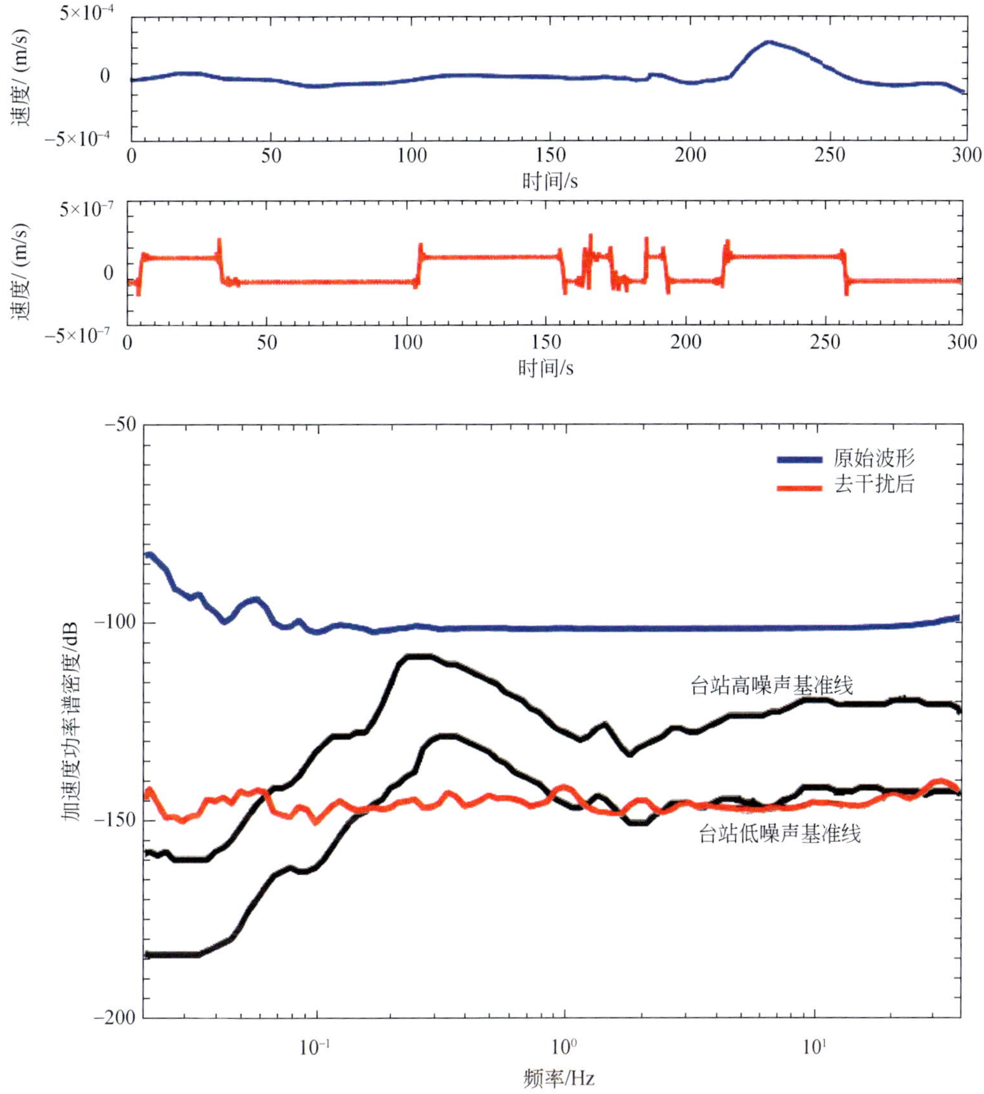

(b)

图 5.9　去干扰法区分地震（a）和异常波形（b）实例

5.3.5　台风识别技术

为了区分台风与地震波，研究了台风识别技术，通过对卓越周期的比较，将台风噪声 PSD 与台站基准线的相关性比较，加上台网关联技术来识别出台风。从图 5.10 中可以得到台风以下 4 个特征：①台风卓越频率小于正常噪声；②台风噪声 PSD 峰值较大，一般高于台站高噪声基准线峰值；③PSD 高频处较大，通常高于台站高噪声基准线；④与台站基准线的相似度高。通过这 4 个特征可以实现对单台台风识别，再依据台网关联技术进行验证，若有多个台站符合台风特征，即可判定为台风。

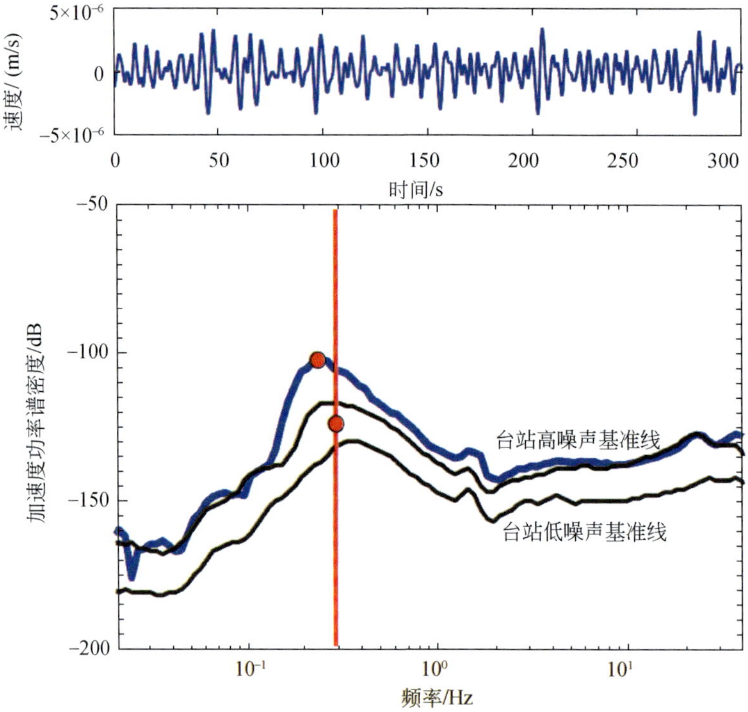

图 5.10　台风的原始波形及 PSD 图

5.3.6　台站状态实时监控系统的研发

基于以上的台站异常信号自动检测算法，开发台站状态实时监控软件系统。通过实时接收数据流，检测波形连续情况。当波形数据连续时，截取每 5min 数据段，计算该段噪声的功率谱密度（PSD），并结合台站历史高、低噪声信息参数，判断噪声异常类型，最后实时输出包括断记信息、异常波形图和 PSD 图等台站状态信息，并存储与显示。软件研发采用 Java 编程语言，实现系统各功能模块的集成与显示。

1）系统功能模块结构图

台站状态实时监控系统功能结构如图 5.11 所示。整个系统分为 4 大模块，分别是实时波形显示模块、噪声异常检测模块、台站状态分布模块、历史状态统计模块。各个模块又细分成几个子模块。其中实时波形显示模块包括数据流接入和波形显示；噪声异常检测模块包括 PSD 实时计算及台站基准线；台站状态分布模块包括地图分布、台站信息显示和状态颜色显示；历史状态统计模块包括状态查询、异常统计和原始波形与 PSD 查看。另外系统还配备了相应的输出与存储功能，将检测结果输出显示和检测结果存储归档。

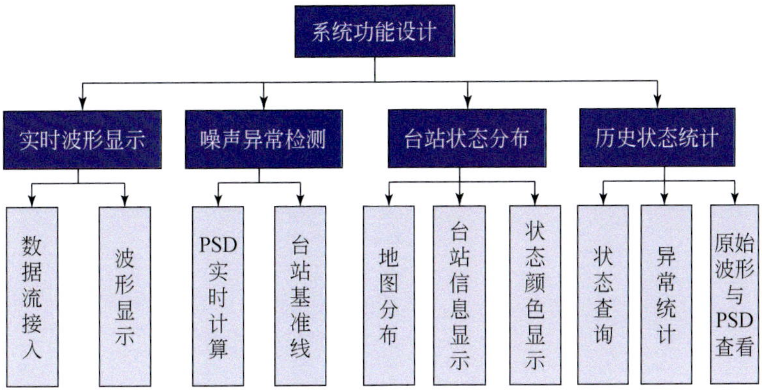

图 5.11　台站状态实时监控系统功能结构图

2）系统功能实现与界面显示

目前台站状态实时监控系统软件已经实现的功能包括在福建省地图上显示台网台站的分布、台站仪器信息和实时状态；以滚动条方式高亮显示断记台站和异常台站的名称；以图表显示按时间进程记录的台站状态变化；以表格方式记录台站断记或异常信息；对异常台站提供原始波形图和 PSD 图的查看；能够自动检测显示台风、地震；实时推送异常台站等功能（图 5.12）。

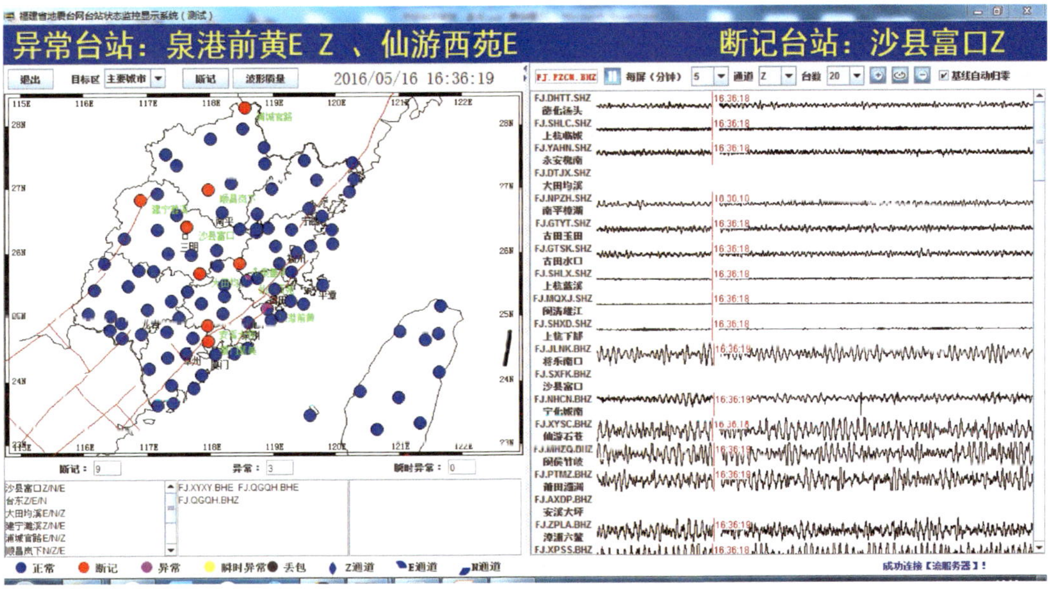

图 5.12　台站状态实时监控系统主界面

对于实时输出的台站状态信息，针对不同台站状态，在台站分布图上用不同颜色区分显示，包括正常（蓝色）、断记（红色）、异常（黄色）等状态。其中断记状态提供断记时间，异常状态提供截取的异常台站的原始波形图和 PSD 图（图 5.13）。对于存储的历史台

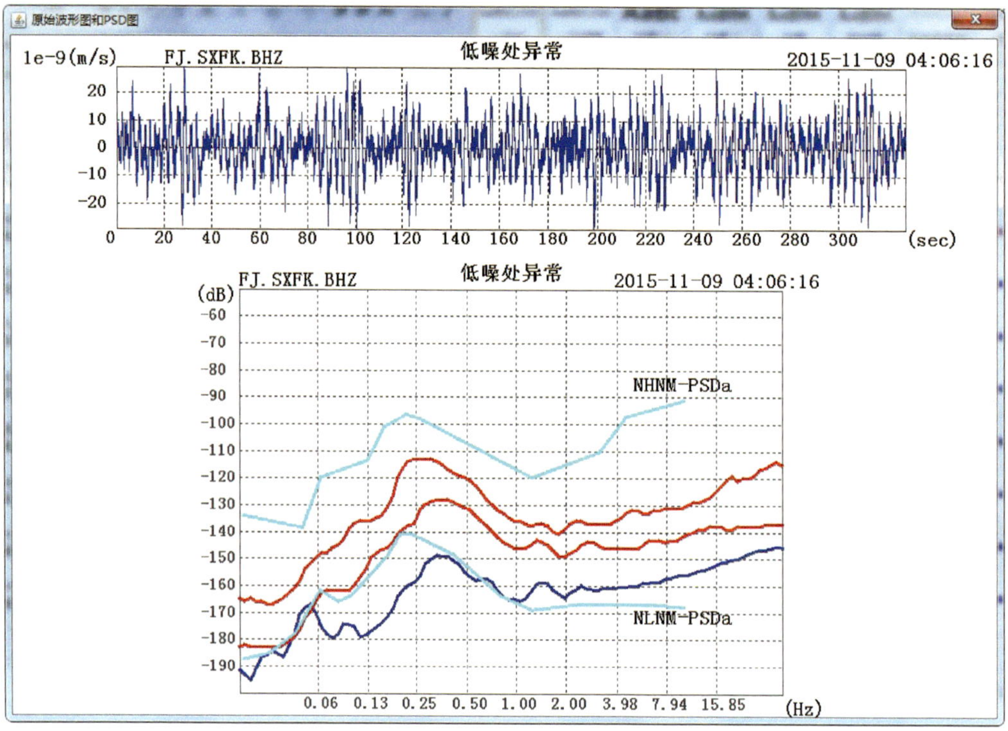

图 5.13　异常台站的原始波形图和 PSD 图

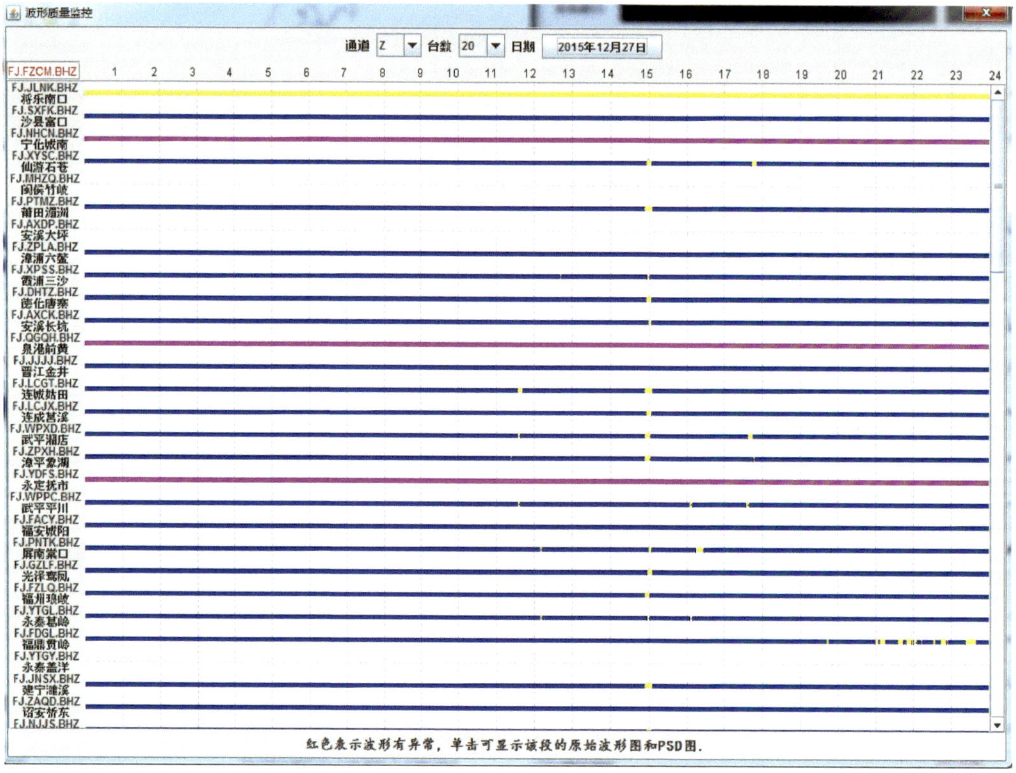

图 5.14　台站状态日变化统计图

站状态信息，可通过日期查询绘制测震台网所有台站在一天内的台站状态变化（图5.14），用户可以非常直观便捷地查看波形连续率和波形质量情况，便于追溯异常开始时间，统计台站的运行状况。

台网维护人员通过该软件系统可以及时获取台站的断计时间和恢复时间，当自动检测到台站异常时，维护人员可以通过查看异常台站的原始波形图和PSD图，简单判断台站的故障类型并进行报修和维护。除此之外，系统也可以评价台站的历史状态，结合系统需求剔除有问题的台站，避免给研究带来误差。

5.4 利用气枪信号评估数据质量

由于气枪震源的激发时刻与激发位置已知，可得到精确的台站震中距和方位角，并且气枪震源可以看成点源，这相比于地震震源在偏振研究上具有很大的优势，因此可以利用气枪信号的动力学特性来对台网观测数据质量进行评估。

5.4.1 波组的极性和偏振特性

利用动力学特征研究P波和S波的极性和偏振特性时，需利用如下公式：

$$\begin{cases} V_R = V_N\cos\theta + V_E\sin\theta \\ V_T = V_N\sin\theta - V_E\cos\theta \end{cases} \tag{5.12}$$

式中，V_N 和 V_E 为台站南北向和东西向记录；V_R 为径向记录；V_T 为切向记录；θ 为震源至台站的连线与正北方向的夹角。

偏振特征量：

$$\tan(\bar{e}) = \frac{U_Z}{U_R} \tag{5.13}$$

式中，U_Z 为垂向的位移记录；U_R 为径向的位移记录；$\bar{e}$ 为偏振角。

它要求 V_N、V_E 和 U_Z 三分量的数据质量较好。但事实上仍发现存在下列问题：

（1）从理论上讲 V_t 无P波，只能有SH型S波。但实际上切向分量仍有较为发育的P波。其原因只能有二个，一是磁偏角不准，水平两个传感器放置方向并非真正意义上的正北和正东，而有一定偏差；二是仪器灵敏度不对，真实传感器灵敏度和出厂灵敏度理论值有较大差异，导致按出厂标准灵敏度计算的观测数据不准确。

（2）Pg，Pn和PmP的极性都应为正，但个别台的极性为负，说明垂直分量的摆向或者水平二个分量中至少有一个传感器的方向错误。

（3）Pg，Pn和PmP的偏振方向只能在一、三象限，但个别台的偏振四象限皆有，说明仪器灵敏度严重偏差，数据质量极差。

图5.15为福建永安槐南台站（YAHN）接收到清晰的气枪信号，其P波列的极性特征量都为负值［图5.15（d）］，另取PmP波列的0.2s时段绘出径垂平面内的质点运动轨迹图，却是沿着二、四象限运动，与正常的P波列沿一、三象限运动相反，说明该台站传感器存在问题。

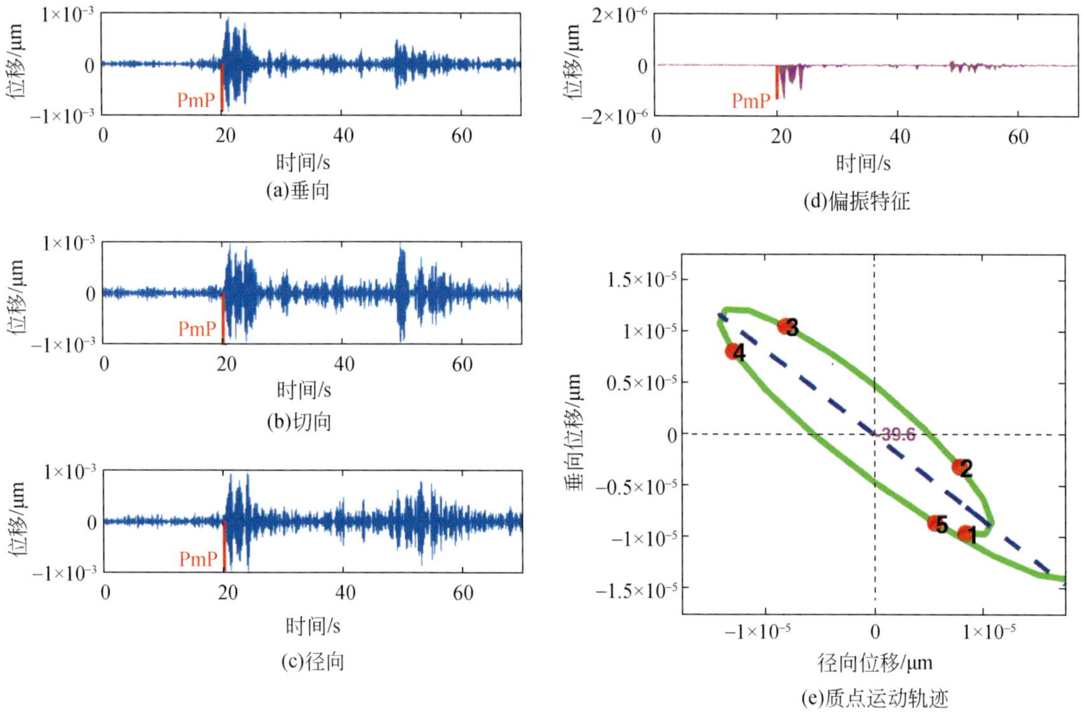

图 5.15　台站 YAHN 的 P 波列偏振特征

5.4.2　关于磁偏角的修正

假如磁偏角有偏差，偏差角用 $\Delta\theta$ 表示，故可将径向和切向公式改写为

$$\begin{cases} V_R = V_N\cos(\theta_0+\Delta\theta)+V_E\sin(\theta_0+\Delta\theta) \\ V_T = V_N\sin(\theta_0+\Delta\theta)-V_E\cos(\theta_0+\Delta\theta) \end{cases} \tag{5.14}$$

式中，θ_0 为震源和台站连线与正北的夹角。据了解，$\Delta\theta$ 一般为 2°左右，最大为 5°。取 V_T 的 P 波列时程，并计算 P 波列前的噪声水平 σ^2，可得到 P 波列与噪声段的能量比公式：

$$Q(\Delta\theta)=\frac{1}{\sigma^2}\sum V_T^2 \tag{5.15}$$

取 $|\Delta\theta|<5$，变化 $\Delta\theta$ 使 $Q(\Delta\theta)$ 最小，使得切向的 P 波能量最小，即搜寻到最优的磁偏角。

5.4.3　关于灵敏度的修正

如果磁偏角是正确的，但灵敏度有偏差。假如垂直、南北分量和东西分量的灵敏度修正值分别为 η_z，η_n，η_e。

1）水平二分量初定方位角

根据震源位置和台站位置，可计算径向分量和正北夹角 θ，从理论上讲，在气枪信号

一个周期即 0.2s 内，方位角与水平二分量的关系为

$$\arctan(\theta)=\frac{\eta_n V_N}{\eta_e V_E}=\gamma_{ne}\left(\frac{V_N}{V_E}\right) \tag{5.16}$$

$$\gamma_{ne}=\arctan(\theta)\cdot\left(\frac{V_E}{V_N}\right) \tag{5.17}$$

θ 已知，V_N、V_E 也已知，由此可得水平二分量的修正因子 γ_{ne}，并作为 V_θ 分量压制 P 波的初始值。如果 γ_{ne} 为负值，则和 V_E 中必有一个传感器的方向错误。

2）压制切向 P 波技术

从理论上讲，切向分量只有 SH 型 S 波，没有 P 波，但磁偏角的误差、灵敏度的误差等因素可能导致切向分量 P 波仍发育，这对于识别 S 波到时是不利的，可采取如下步骤来压制 P 波列。

$$\begin{cases} V_R=\eta_n V_N\cos\theta+\eta_e V_E\sin\theta \\ V_T=\eta_n V_N\sin\theta-\eta_e V_E\cos\theta \end{cases} \tag{5.18}$$

或者

$$\begin{cases} V_R=\eta_n[V_N\cos\theta+\gamma_{ne}V_E\sin\theta] \\ V_T=\eta_n[V_N\sin\theta-\gamma_{ne}V_E\cos\theta] \\ \gamma_{ne}=\dfrac{\eta_n}{\eta_e} \end{cases} \tag{5.19}$$

在 V_T 记录中，选取 P 波列：

$$Q(\gamma_{ne})=\frac{1}{\sigma^2}\sum V_\theta^2 \tag{5.20}$$

以上述 γ_{ne} 为初始值，在 0.8～1.2 区间内寻找可使 $Q(\gamma_{ne})$ 最小的 γ_{ne}。

3）偏振对灵敏度的约束

如果地震速度模型，特别是 P 波模型，是较为准确的，可由 Pn 或 Pg 入射角估计 $\tan(\bar{e})$，进而利用式（5.21）由实际观测值估计 γ_{zn}。

$$\begin{cases} \tan(\bar{e})=\dfrac{\gamma_{zn}U_Z}{U_Z\cos\theta+\gamma_{ne}V_E\sin\theta} \\ \gamma_{zn}=\dfrac{\eta_z}{\eta_n} \end{cases} \tag{5.21}$$

5.4.4 联合搜索方法

为获得较为理想的切向分量 V_T，利用 5.4.2 节和 5.4.3 节联合迭代的方法，压制切向分量上的 P 波，从而得到 $\Delta\theta$ 和 γ_{ne}。

总之，利用气枪或爆破等人工震源信号，可以有效评估台网各个台站的观测数据质量，尤其是在台网运维中一般难以发现的问题，以及仪器安装时出现的质量问题，如摆的方位、三分量的极性、灵敏度等，并将发现的问题及时反馈给维修小组加以验证确认，及

时修正错误，确保观测数据的高质量。

5.5　AI应用于台站异常分类判断

台站异常的种类繁多且复杂，如果采用传统的阈值挑选，一方面需要确定阈值的大小，不可避免地会存在一定的漏识别和误识别；另一方面由于异常种类较多，如阶跃标定、脉冲、地方震、远震、地震计质心归零、卡摆、脉冲、风暴、仪器温控变化等，若要细分出各类异常的类别，就需要人为提取出各类异常类型的特征，这是很有难度的。

因此本节引入当前较为先进且成熟的图像识别技术，把每段噪声功率谱看成一张“脸谱”或“图像”，通过对历史数据库的异常图像分类收集，训练异常识别的神经网络模型，自动提取各类异常更加深层本质的特征，保存最优检测模型，在接下来应用中对指定的图像数据进行预测分类。

5.5.1　BP神经网络的应用简述

将噪声功率谱异常类型划分为正常和异常两大类（图5.16），并采用BP神经网络进行判别。

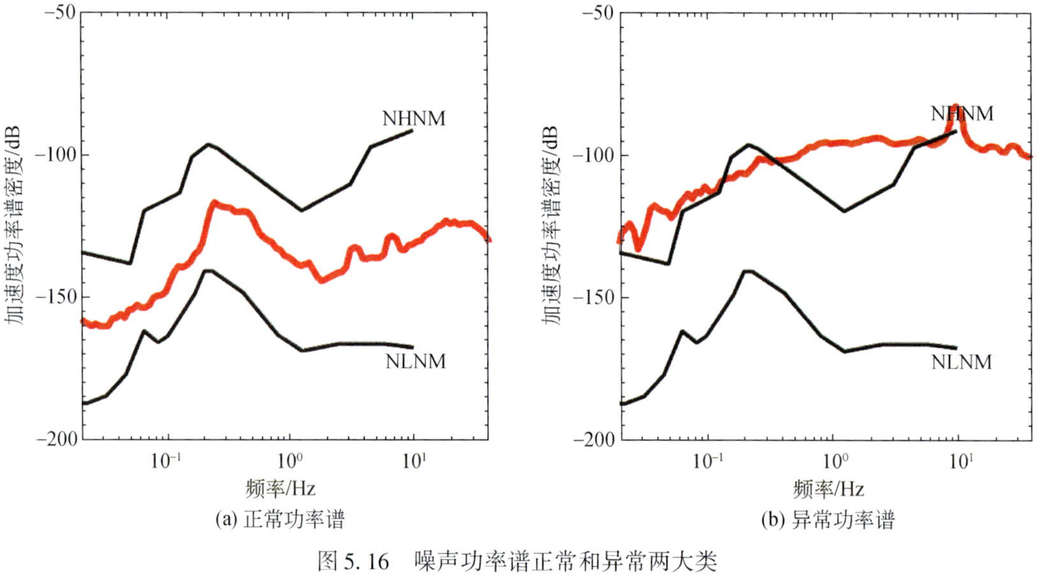

图5.16　噪声功率谱正常和异常两大类

首先构建神经网络结构框架。每段噪声记录生成噪声功率谱PSD，通过选取噪声PSD中10个代表性的散点作为模型的输入值，通过模型的正常或异常（用数字标签1或2）表示输出值，构建10-21-21-21-21-21-10共7层BP神经网络框架，采用自适应学习方法ADAM，选取激活函数Logsig和purelin，迭代训练20000次，获得最优神经网络检测模型。

然后对模型进行训练与测试。共收集的异常样本数为3029个，其中训练集样本数为2237个，测试集样本数为792个。利用BP神经网络训练出的最优模型进行检测，将输出结果小于 1.5 的判断为正常，将输出结果大于 1.5 的判断为异常，结果表明：训练集识别正确率为 99.81%［图 5.17（a）］，测试集识别正确率为 91.03%［图 5.17（b）］，说明异常和正常分类效果较优。

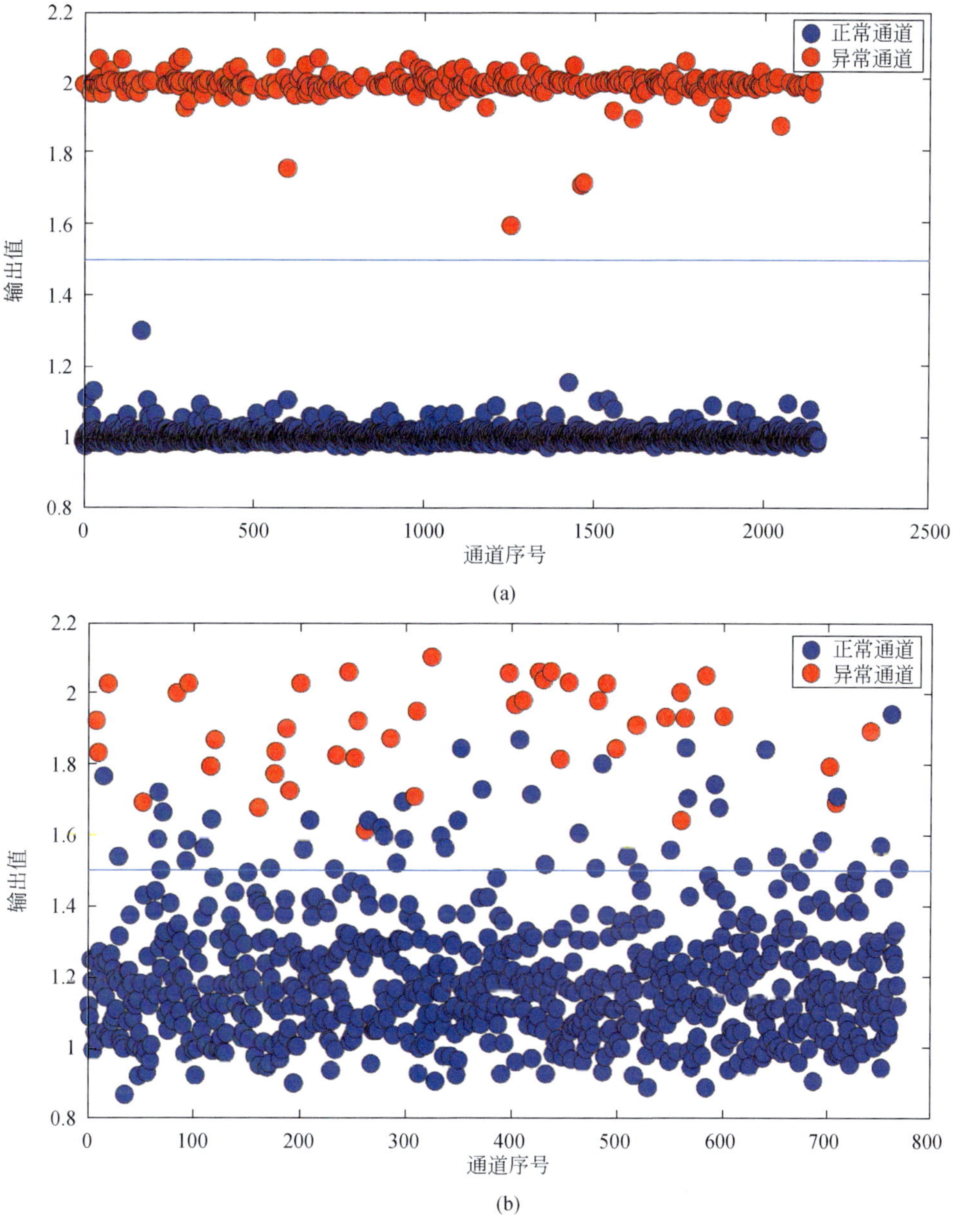

图 5.17　训练集的识别结果（a）和测试集的识别结果（b）

5.5.2　卷积神经网络的应用简述

将异常类型划分为低噪异常、高噪异常、中噪异常、零漂等 4 种异常类型，再加上正常噪声，共 5 种波形，通过生成噪声功率谱图像（图 5.18），采用卷积神经网络进行图像识别。

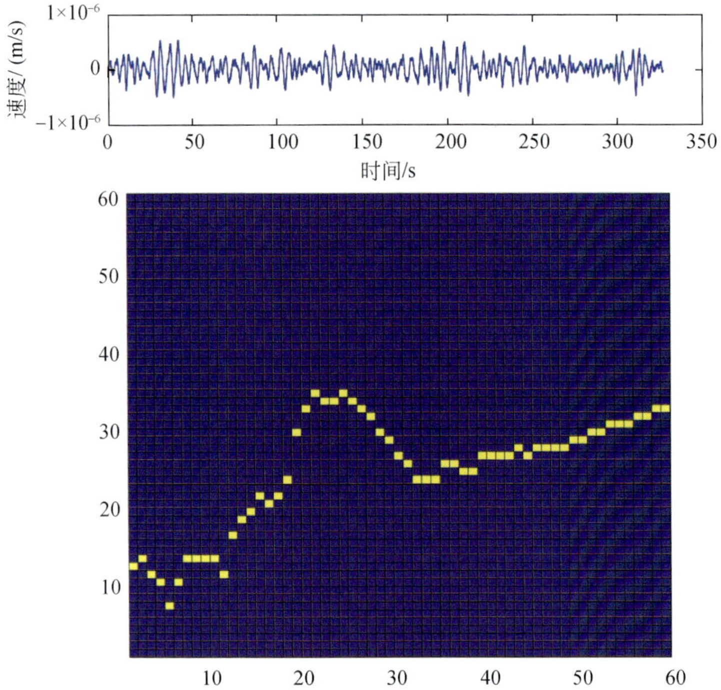

(a) 正常噪声

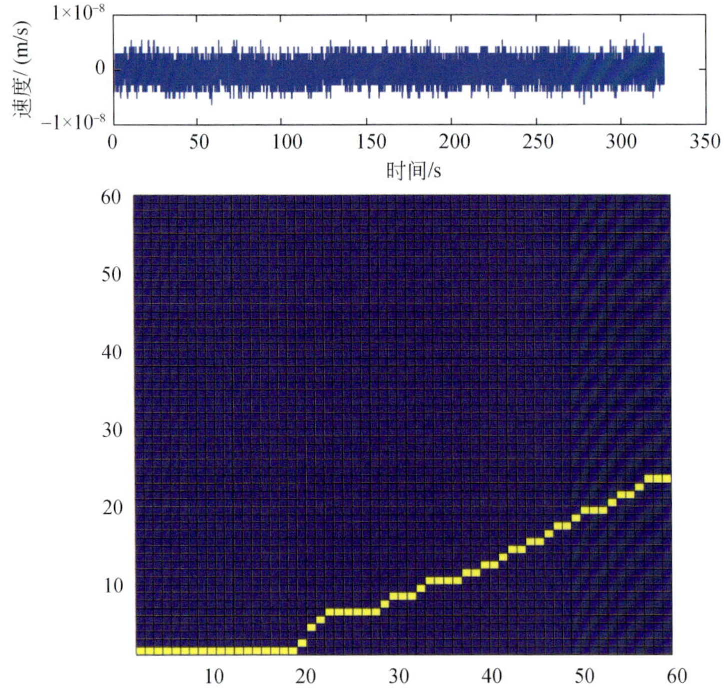

(b) 低噪异常

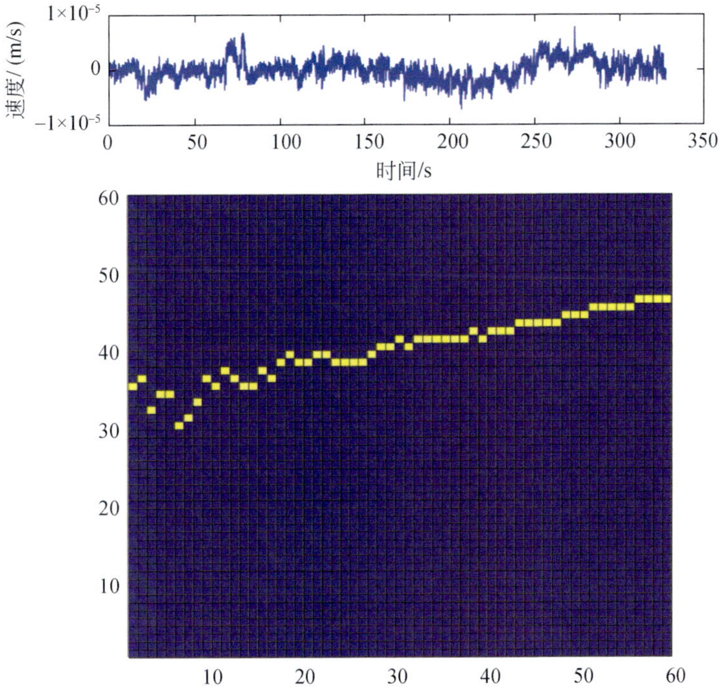
速度/ (m/s)
1×10⁻⁵
0
−1×10⁻⁵
0 50 100 150 200 250 300 350
时间/s
60 50 40 30 20 10
10 20 30 40 50 60

(c) 高噪异常

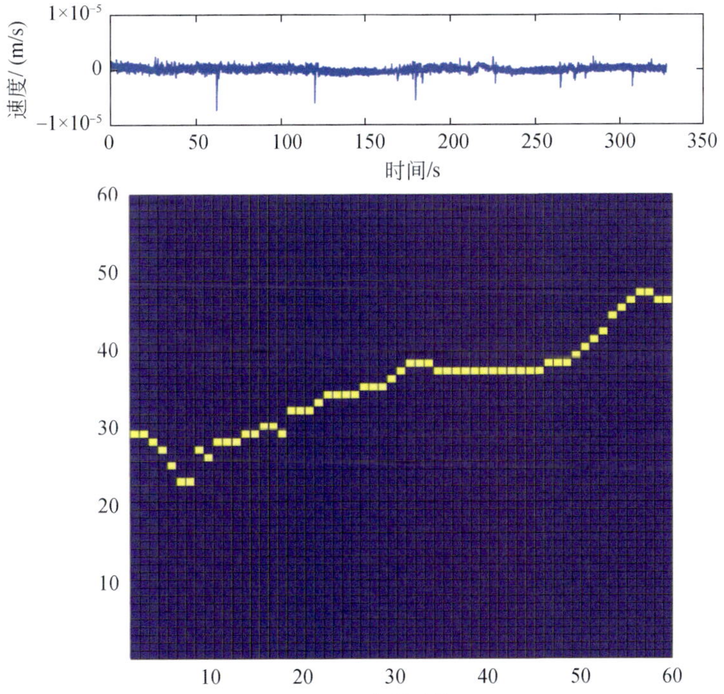
速度/ (m/s)
1×10⁻⁵
0
−1×10⁻⁵
0 50 100 150 200 250 300 350
时间/s
60 50 40 30 20 10
10 20 30 40 50 60

(d) 中噪异常

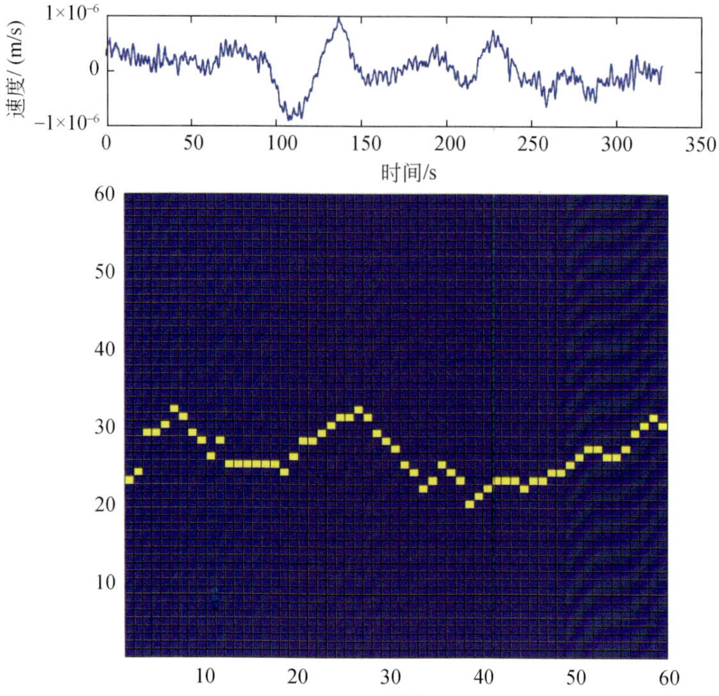

(e) 零漂

图 5.18　噪声功率谱异常的分类

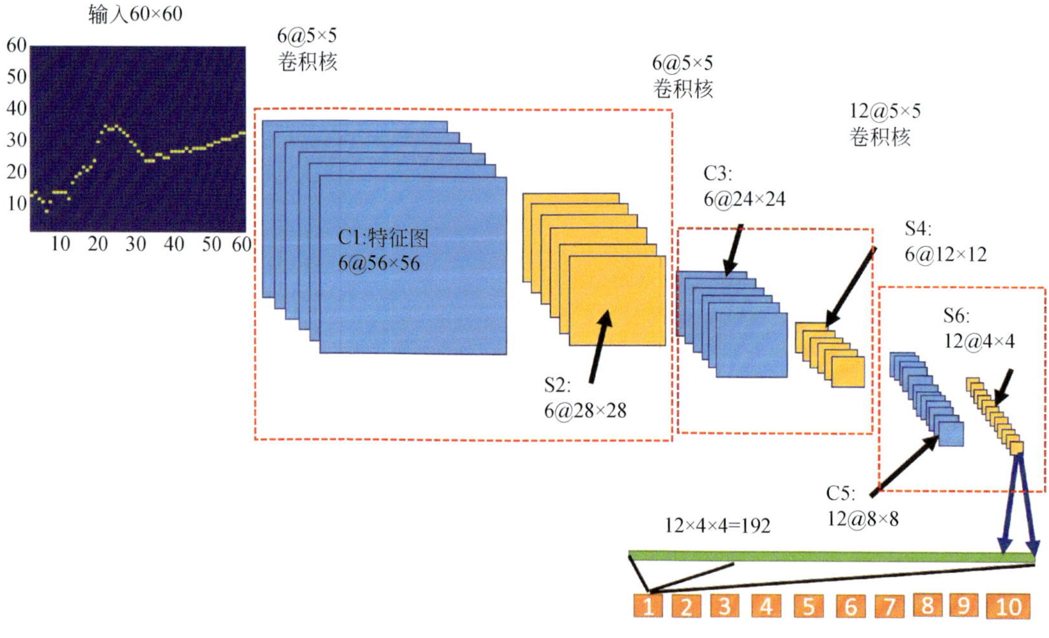

图 5.19　卷积神经网络的结构框架

6@5×5 即表示有 6 个 5×5 的卷积核；C1、C3、C5 为卷积后的第 1、第 3、第 5 层特征图；S2、S4、S6 为池化后第 2、第 4、第 6 层特征图

1）构建卷积神经网络结构框架

将噪声功率谱转化为 60×60 的图像作为输入，输出为正常、低噪异常、高噪异常、中噪异常、零漂（分别对应数字标签为 1、2、3、4、5）。构建卷积神经网络框架，共 3 层卷积层和 1 层全连接层，采用 5×5 卷积核、卷积核个数分别为 6、6、12 个，经过三层卷积池化后，图像大小由 60×60 降为 4×4，将其展开为 192 个特征值的全连接层，进行模型训练（图 5. 19）。

2）模型的识别结果

利用卷积神经网络对异常波形类型进行判别，共收集训练集为 18200 个，测试集 12098 个。模型识别结果表明，训练集的误识别率为 0. 23%，测试集的误识别率为 2. 05%（图 5. 20）。表 5. 3 给出五类异常的识别结果，可以看出低噪异常都能识别出来，而高噪异常的错误率最大，这主要跟其特征较为复杂有关，但是相较于传统识别方法，模型识别能力有了显著提高。

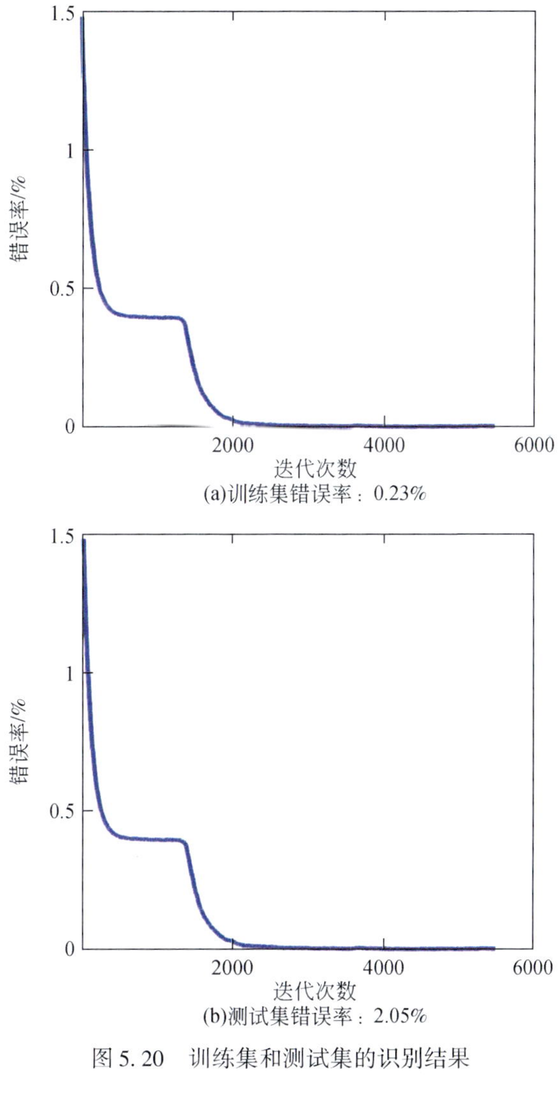

图 5. 20　训练集和测试集的识别结果

表 5.3　不同异常类型的测试结果

异常类型	正常	低噪异常	高噪异常 1	高噪异常 2	零漂
错误率/%	0.72	0.00	1.20	5.64	0.49

5.6　利用噪声监测记录钟差

5.6.1　噪声提取面波 Green 函数的原理

Sabra（2005）等提出利用两个台站之间环境噪声的相关系数提取面波格林函数的方法，该方法的基本原理是：假定地噪声来自四面八方，产生噪声的源是随机分布的，可以通过两个宽频带台站噪声相互关的叠加，得到面波的 Green 函数。Sabra 为两个台站之间的噪声互相关系数和时域格林函数之间建立了如下关系：

$$\frac{\mathrm{d}C_{ij}}{\mathrm{d}t}=-G_{ij}(r_1,r_2,t)+G_{ij}(r_2,r_1,-t) \tag{5.22}$$

式中，r_1 为台站 1 的位置；i 为台站 1 记录的第 i 分量；r_2 为台站 2 的位置；j 为台站 2 记录的第 j 分量；$G_{ij}(r_1,\ r_2,\ t)$ 为时域格林函数，代表在 r_1 点，i 方向作用一个单位集中位移脉冲，在 r_2 点 j 方向所引起的位移响应。通常可利用两个台站的垂直分量依靠相关技术提取瑞利面波；如果将两台站连线作为径向，可将台站的波形分解为径向和切向，则切线分量的互相关函数可提取勒夫面波，径向分量可提取瑞利面波，而且垂向和径向分量构成逆时针旋转椭圆。

5.6.2　噪声提取面波格林函数结果分析

如果噪声源是完全随机的，面波 Green 函数是左右对称的，但实际上，长周期台站噪声主要来自海洋，并不是完全随机的。实际计算得到的结果和理论上得到的结果相似（图 5.21），但利用厦门台和尤溪台的计算结果［图 5.21（a）］并没有出现理论上推导出的左右对称的两个峰值，而仅仅是出现在一侧，这也恰恰说明真实的脉动并不是在各个方向均匀随机分布的，而是有源的。脉动在传播中先到达厦门台，后到达尤溪台，厦门台属于沿海台站，尤溪台为内地台站，这就说明脉动是由海洋一侧向内陆传播的。根据本书所得结果，如果两个台站的连线和海岸线呈一定的角度（如福州台和永安台、龙岩台和厦门台等），计算出的结果都类似该图。图 5.21（b）中，厦门台与平潭台两个台站都属于沿海台站，两个台站的连线与海岸线近似平行，所得到的结果有明显的两个峰值，并且这两个峰值在时间上基本是左右对称的。这和理论上得到的结果比较一致，说明既有从厦门台一侧传播到平潭台的面波，也有从平潭台一侧传播到厦门台的面波，且这两个台站周围脉动的幅值差距不是很大。根据本书所得结果，如果两个台站的连线和海岸线近似平行（如南平台和永安台，南平台和龙岩台等），计算所得到的结果都类似于该图。

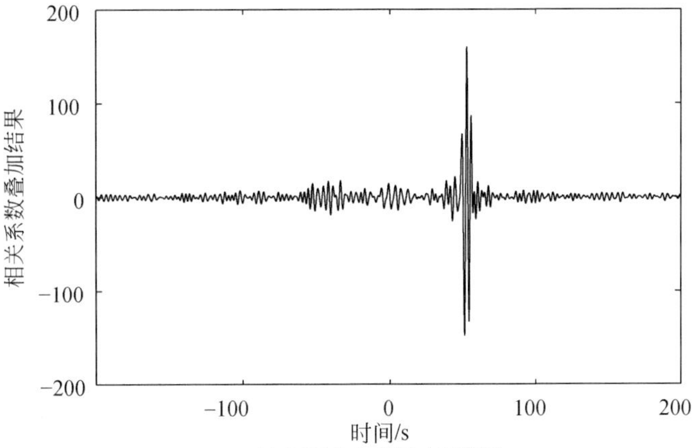

(a) 厦门台和尤溪台互相关

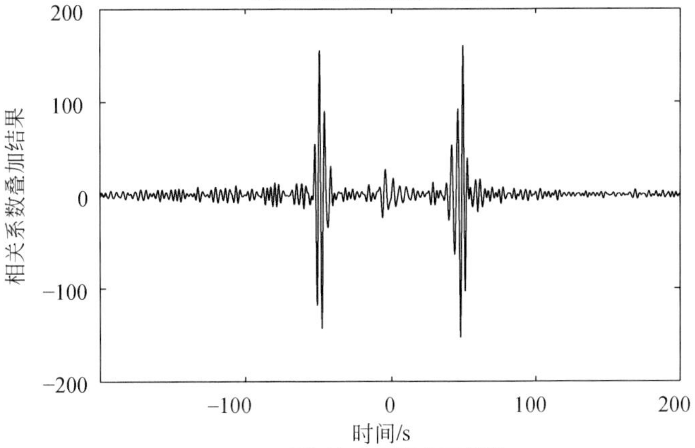

(b) 厦门台和平潭台互相关

图 5.21　垂直向记录互相关叠加结果

地震台网噪声记录的三分向分别为垂直（UD）、东西（EW）和南北（NS），通过两个台站垂直向噪声记录的相关叠加可以得到瑞利波格林函数。将两个水平分量分解到径向和切向后再进行相关叠加，利用分解后的径向分量可以获得瑞利面波格林函数，利用切向记录则可以获得勒夫面波格林函数。应用提取到的瑞利面波和勒夫面波格林函数，可以开展更多的研究工作，如进行面波和体波的层析成像、反演地壳速度结构、监测地壳介质波速变化等，本书在此不再一一赘述。

5.6.3　利用噪声监测钟差的流程

目前，宽频带地震计的台站通常采用 GPS 授时，精度非常高，但受环境、设备损坏等因素（阴雨天时间过长、GPS 设备损坏等）的影响，在某一段时间内将无法获取 GPS 的时间服务。尽管观测设备自带时钟可以授时，但该时钟可能与 GPS 时钟有较大偏差，如果不及时处理，在运用这些台站的时间信息时，如应用于预警前四台定位时，就会产生定位错误导致严重后果。

目前对于钟差的判定，通常在发生地震后，通过多台定位，在计算各台站的走时残差时就可能会发现部分台站的残差明显偏大。通过对 2013 ~ 2017 年福建台网记录到的 615 次 2.5 级以上地震进行粗略统计，就发现福建台网 88 个测震台站中，有 22 个台共 64 次出现时钟偏差，由此可见，地震台站的时钟偏差并不是非常偶然的。

在台站数据传输延迟监控中，通过对每个时间点观测数据传输至台网中心时间延迟的监测统计，平均延迟为 0 ~ 1s，但部分台站在某些时间段会负延迟。这就意味着数据时间早于真实时间，这显然不可能，唯一的解释就是观测数据的时间出现问题。

依赖地震事件来判断时钟差别具有很大的局限性，首先，没有地震时间无法判断；其次，地震震级较小触发的台站也较少；再次，随着震中距增大走时偏差也会偏大，难以准确判断时钟偏大的台站；最后，利用地震事件难以准确判定授时出现偏差的起始时间和结束时间。

目前，在利用台站噪声提取面波 Green 函数时，也可以发现钟差的现象，也有一些研究者利用噪声分析地震记录的时钟偏差，但往往需要至少 1 天的观测数据，结果有时也并不理想。

我们假定共有 N 个台站，如果某一个台站的 GPS 时钟有问题，而其余台的时钟没问题，那么由此台与其他所做的互相关计算的钟差应该相等，左右分支面波格林函数计算结果应该相等（图 5.22）。

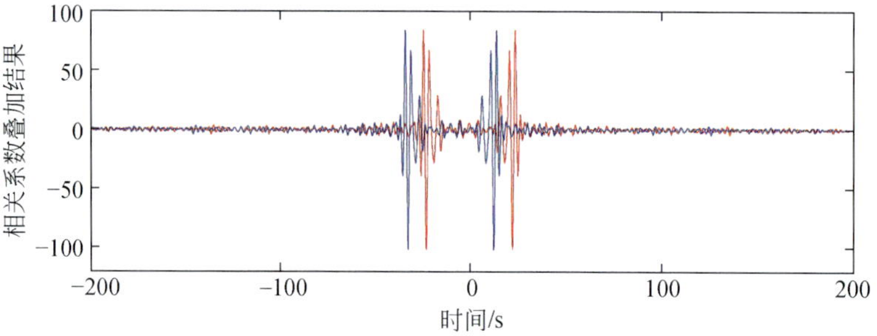

图 5.22　出现钟差和未出现钟差格林函数对比

根据这一原理，假定现在需要监测第 S 台的钟差。

（1）我们先利用足够长时间段的噪声记录，通过互相关叠加计算，得到信噪比足够高的噪声格林函数，并将此作为参考模板。这里假定钟差是短期存在的，利用长期数据提取的格林函数几乎可以忽略钟差的影响。

（2）计算每个时间段（如一个小时一段）的噪声格林函数与参考模板的互相关函数，利用新计算的互相关函数就可以判断每个时间段的格林函数与参考模板的时间差。然而，由于每个时间段提取的噪声格林函数信噪比较低，第（2）步再次计算得到的互相关函数的信噪比也较低，判断的钟差的稳定性也较差。因此，我们又进行了第（3）步。

（3）正如前面分析的，假定目前正在计算的第 S 台出现钟差，其他台站（图 5.23 中 A、B、C）均是正确的，那么对于所有与第 S 台相关的射线，采用第（2）步计算得到的时间偏移应该是一致的，均是第 S 台的钟差，尽管每条射线的互相关函数信噪比较低，但是理论上每个射线的互相关偏移量是一致的，因此可以对同一时间段，所有射线的互相关函数再次进行叠加，以此来提高信噪比和稳定性。第（3）步用简单的一句话概括就是：将第（2）步中所有射线、同一时间段的互相关计算结果再次进行叠加。

（4）假如第 S 台出现钟差，那么该台站记录到的 P 波、S 波、面波、尾波、噪声等所有波组的时间偏移量应该都是一致的，第（2）步中利用两个台站垂直分量和水平分量分别获得的互相关函数也应该是一致的，因此，第（4）步，我们对所有分量的计算结果再次进行叠加。

简单来说就是把同一时间段，所有射线、所有分量的第（2）步计算的互相关函数进行叠加，并用叠加结果计算该时间段该台站的钟差（图 5. 23）。

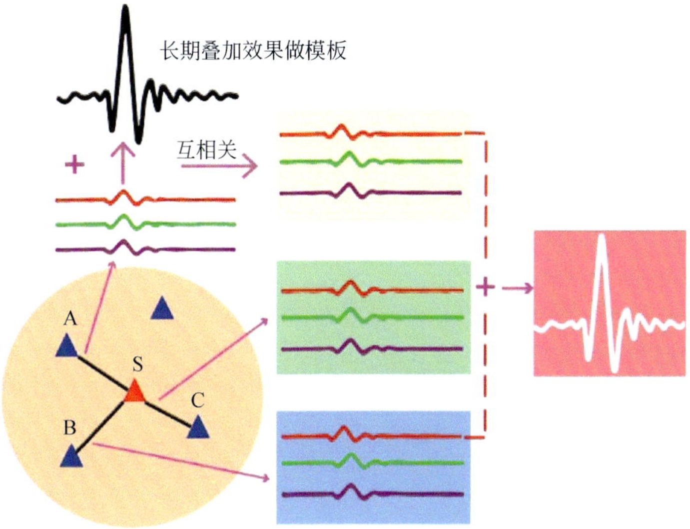

图 5. 23　钟差监测流程示意图

5. 6. 4　时钟偏差监测结果分析

图 5. 24 为同一个台站相关的不同射线的计算结果，可以看出，实际计算中，不同射

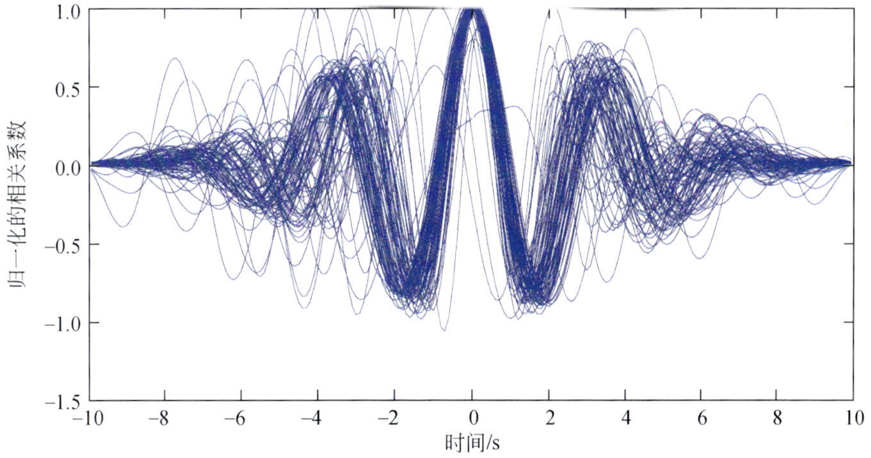

图 5. 24　利用不同射线计算时间偏差结果的一致性

线计算得到的时间偏移量完全一致，这和理论上的分析结果相匹配，由于每条射线的格林函数存在差异，信号周期也可能会略有不同，偏移一定时间后，信号相对较为杂乱，但这并不影响我们对钟差的监测。

我们对福建台网 87 个测震台站 2018 年 1 ~6 月共六个月的数据采用上述方法进行了跟踪分析，每个小时提供一次钟差监测结果，结果显示，采用噪声数据监测得到的大部分台站的钟差信息均在 0. 1s 以内（图 5. 25），利用该时间段内的地震记录也确实没有判断出这些台站存在钟差，这和大部分台站的时间服务不存在问题的实际情况还是一致的，0. 1s 意味着采用这种方法的监测精度可以达到 0. 1s。后续对方法进行完善，有可能得到精度更高的结果。

利用上述方法监测时也发现了一部分台站存在一些问题，下面举几个例子。

例 1：图 5. 26，2018 年 5 月 25 日福建漳平地震中发现 CTCX 台存在钟差，我们对该台站的监测结果显示，该台站钟差较为不稳定，2018 年 1 月、2 月、5 月均出现明显的钟差，其中从 5 月 15 日 10 时左右出现了明显的时间改变，直到 6 月中旬才得以恢复，5 月 25 日地震时，该台站时间钟差约 1. 2s，这和地震走时残差 1s 左右具有很好的对应。

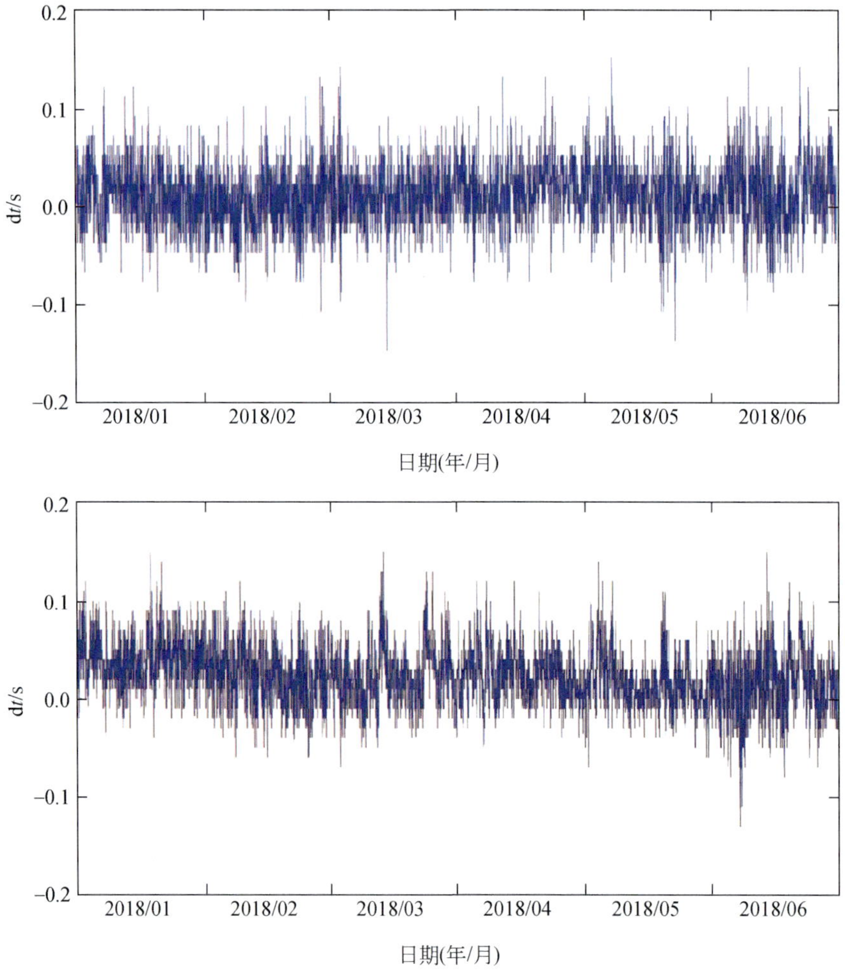

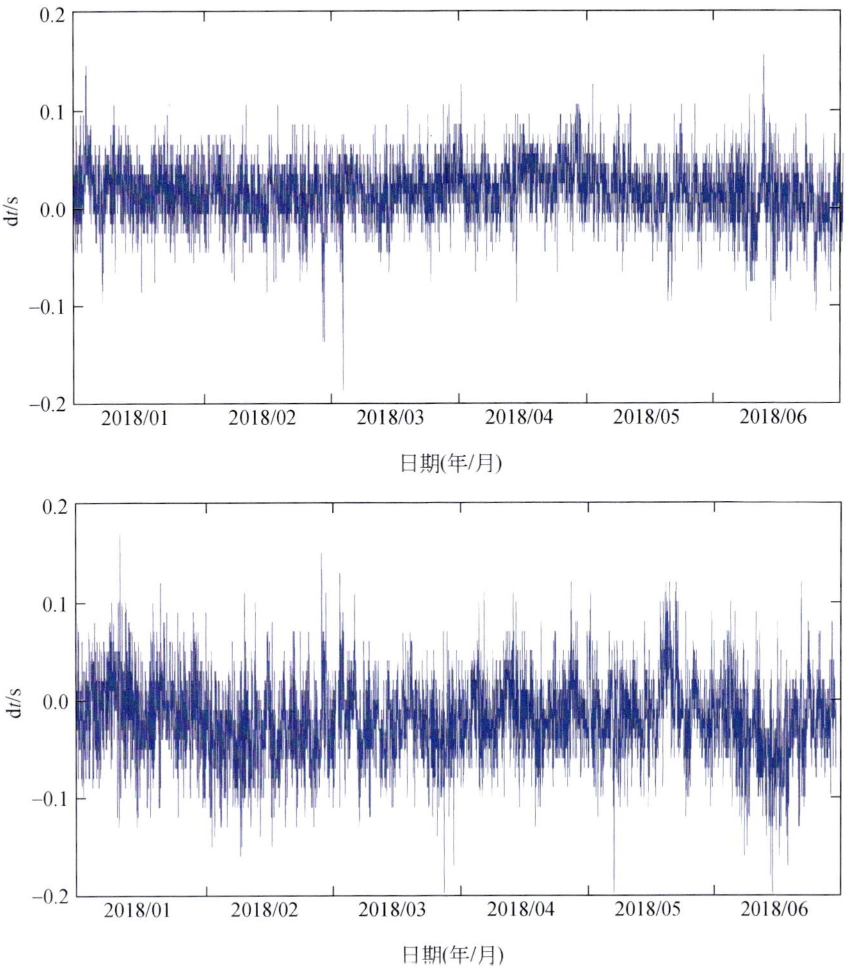

图 5. 25　部分台站时钟偏差监测结果

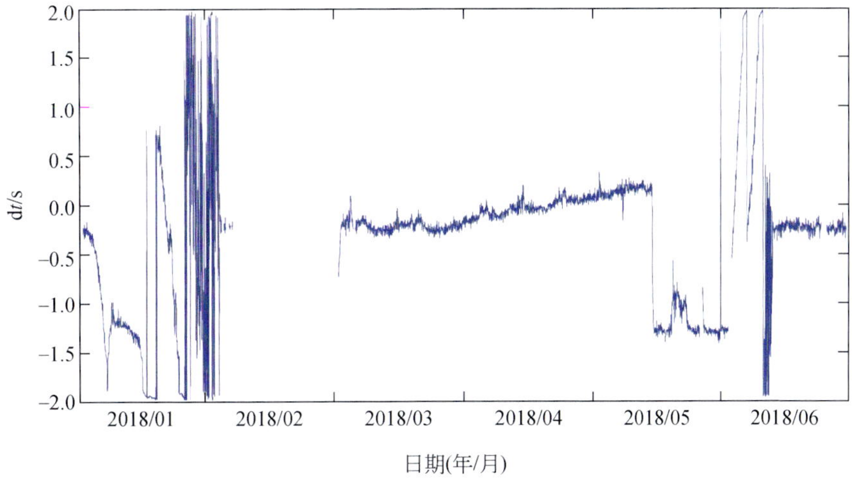

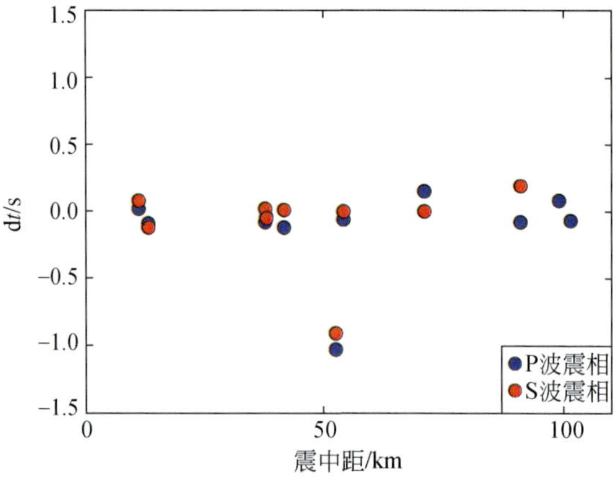

图 5.26　CTCX 台时钟偏差监测结果及地震分析结果

例 2：图 5.27，2018 年 4 月 1 日，福建尤溪发生 2.9 级地震，利用此次地震，地震分析人员确定 3 个台站存在钟差现象，可以看到，PCNP 台偏差达 2s 以上，ZHNZ 偏差达 1s 以上，还有 PTAQ 台也存在钟差。根据我们的计算结果，PCNP 台在 4 月初确实出现了较大的钟差（达到 2s 以上，因为我们在进行互相关计算时，互相关函数的最大值所对应的时间即时间偏差，我们当时计算时限定在−2 ~ 2s 范围内找最大值，找到的钟差为 2s，处于我们限定范围的边界，因此我们认为实际钟差大于 2s）。ZHNZ 台在 4 月初存在 1s 多的钟差，经一次人工对台站设备进行维护后，仍不正常，4 月 4 日进行第二次维修后才正常，PTAQ 台在 4 月 1 ~ 7 日出现了钟差。总之，三个台站的计算结果均和利用地震记录的观测结果具有很好的一致性，而且，通过本书方法可以清晰地知道出现钟差以及恢复的具体时间。

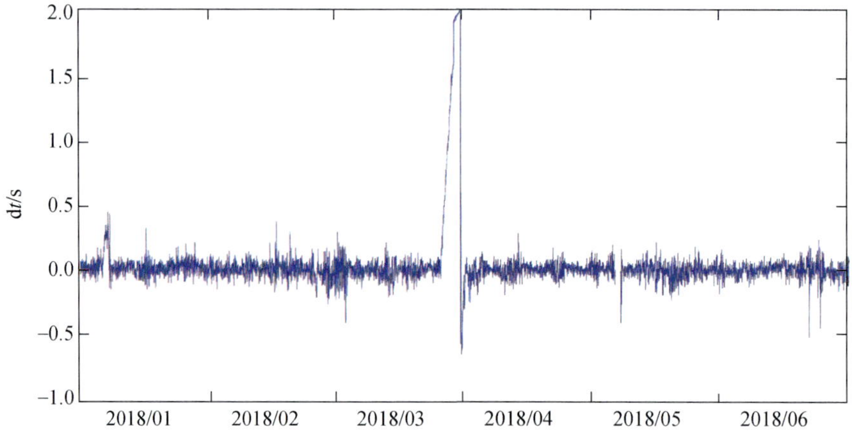

(a)PCNP台计算结果

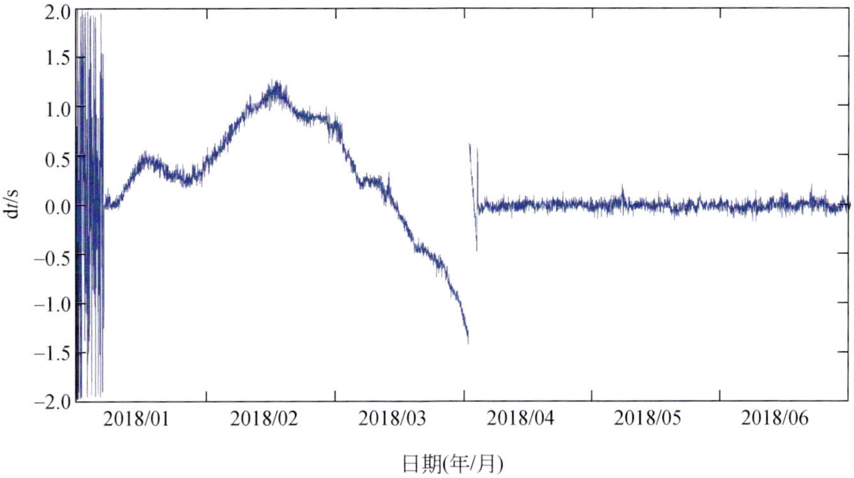

(b)ZHNZ台计算结果

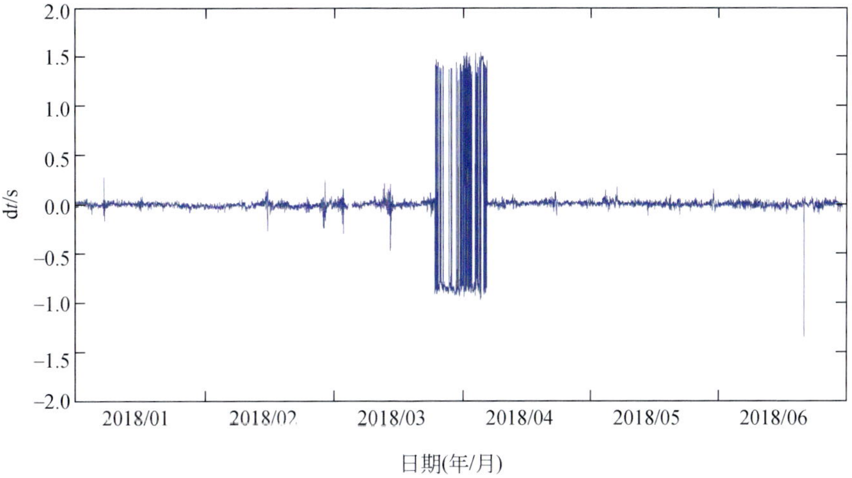

(c)PTAQ台计算结果

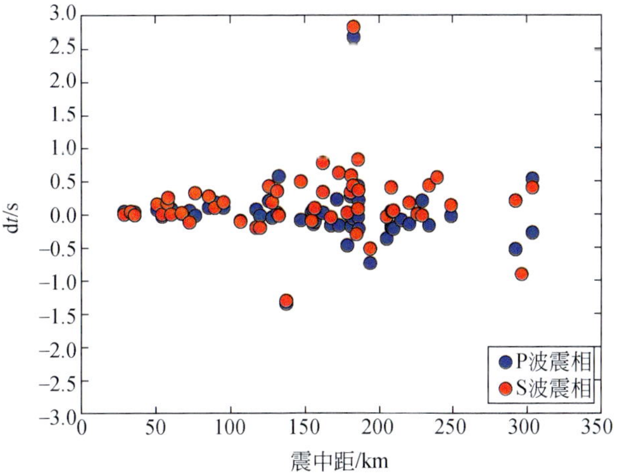

(d) 地震分析结果

图 5. 27　PCNP、ZHNZ 和 PTAQ 台时钟偏差监测结果及地震分析结果

我们利用噪声记录，实现了对福建台网 87 个测震台站钟差的近实时监测，监测精度可以达到 0.1s 以内，目前是每一个小时提供一次监测结果，后续对部分细节再次进行完善后，完全有可能使时间间隔和钟差监测精度再次得到提高。

5.7 本章小结

本章从利用台站噪声监控台网运行状态的角度，介绍了台站噪声作为台站的“脸谱”，反映了台站的“安静”程度，其变化是十分有规律的。利用这种有规律的变化和台站噪声个性化的“脸谱”，可以帮助我们识别台站仪器是否运转正常，是何种原因造成了台站的异常。以国家标准划分地震台站高、中、低噪声分类为基础，按照不同频段噪声功率谱与标准高低噪声功率谱面积之比，进一步细化对台站噪声的分类，提出了各台站更加个性化的“脸谱”。利用这种个性化的“脸谱”，借助于噪声异常分类方法，可以实现对台站噪声实时化的监控，并诊断相应的“病因”。通过引入人工智能的算法，如利用 BP 神经元网络和卷积神经元网络对训练集进行训练，利用测试集来检验训练效果，BP 神经元网络通过测试集测试其识别的正确率为 91%，卷积神经元网络通过测试集测试其正确识别率达到了 98%。本章也介绍了气枪信号可以帮助我们评估各台站传感器安装标定时容易出现的问题，保障了台网运维的质量。

为了强化对台网各台站的时钟进行近实时监控，利用两两配对从台站噪声提取面波格林函数的思路，用噪声互相关函数来监控时钟的变化。如果一个台站的时钟出现了偏差，与该台站配对的其他所有台站所提取的面波格林函数的互相关函数以及不同分量的计算都有相同的时间偏移，有鉴于此，以时钟正常时，每个台站对通过长期观测积累的噪声互相关函数作为经验模块，并与当前状态提取的噪声互相关函数做比较，即再做一次互相关分析以识别时钟的钟差，将与该台相关的所有射线的相关函数叠加，用于提高信噪比来识别该台站的钟差。经过研究分析，利用此种方法其钟差的监控能力达到 0.1s。利用上述研究成果，研发了相关软件，实现了对整个台网运行状态的有效监控和台站异常的诊断，保证了台网的正常运行。

第 6 章　地震信号的实时处理技术

地震各种震相如体波 Pg，Sg，PmP，Pn 以及面波等到时的提取，是地震科技人员的一项基本业务，也是地震定位、量取相关震相对应的峰值进行震级测定以及利用各种震相走时进行介质成像等工作的重要基础。从地震预警、自动速报、人工速报的角度讲，初至 P 波（主要是 Pg 和 Pn）的识别最重要，也是识别其他震相的重要基础，因为初至 P 波震相到时正确，基本上就可得到一个可靠的震源位置。利用震源深度和震中距就可在地球介质理论模型的帮助下，计算出各台站 P 波列和 S 波列的理论到时，再借助其他技术（如 P 波和 S 波的偏振特性，P 波列或 S 波列某一震相的折合走时追踪等)，便可对感兴趣的震相到时进行提取。如果把台站记录分解为径向、切向以及垂直记录，则 P 波和 S 波在不同平面内的质点振动轨迹是不一样的，利用这一特点也可帮助我们确认震相。因此走时和偏振是震相的两个重要特征，前者属于运动学范畴，后者属于动力学范畴。另外，在震级测定中，需要量取 S 波位移峰值以便计算里氏震级；在震中距 $\Delta>5°$ 时，需要量取 P 波波组的位移峰值和速度峰值以便计算 m_b 和 m_B 以及测定面波震级 M_S 等，这也需要偏振来确认震相。在本章中我们重点介绍地方震 P 波和 S 波震相的自动捡拾方法，以及不同波组的偏振特性。

6.1　P 波震相的自动识别

P 波作为初至波组，一般不受其他波组影响，信噪比较高，容易拾取，拾取精度也较高。P 波震相的自动拾取可用于地震预警中地震事件判别和定位，是实现地震预警的首要条件。针对地震预警的实际应用情况，需要重点解决地方震的 P 波和 S 波震相的拾取，本节我们重点介绍用于地震预警的 P 波震相到时自动拾取技术。

对于宽频带记录来讲，由于受到长周期背景噪声和其他人员活动的影响，背景噪声较大，可将速度记录仿真到周期为 1s 或 0.5s，阻尼比为 0.707 的加速度记录着力提高信噪比和地震波形的尖锐程度，以利于获得精确的 P 波到时，从而获得质量较高的定位结果。因此，本节先介绍实时仿真滤波技术，再介绍移动长短窗平均 STA/LTA 的粗略到时拾取，最后应用固定窗长的 AIC 进行 P 波到时的精确捡拾。

6.1.1　实时递归仿真滤波技术

选取感兴趣信号的频带范围，采用第 4 章中介绍的实时仿真技术，特别对低信噪比信号可以较大程度地提高信噪比，同时采用仿真滤波技术进行正向反向两次滤波，有效消除相位偏移的影响，为高精度的震相到时拾取奠定可靠精确的数据基础。图 6.1 为原始宽频带记录波形及仿真成短周期后时程，可以看出，仿真后记录突出了近震及地方震的高频信息，压制了低频脉动噪声。

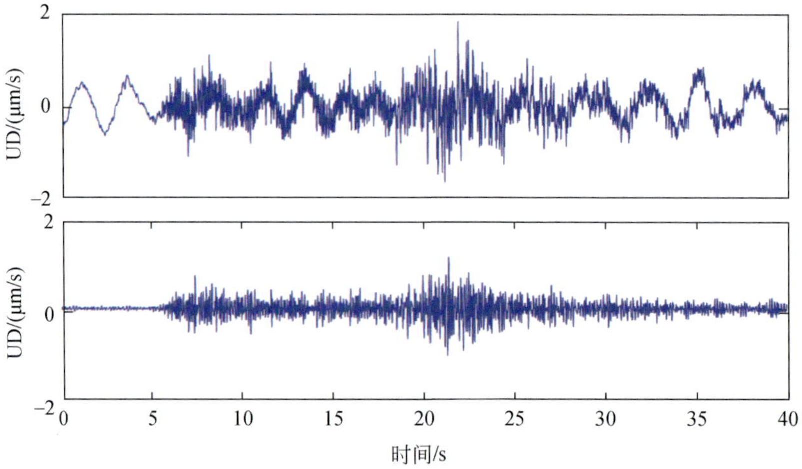

图 6.1　原始宽频带垂直向速度记录及仿真成 1s 短周期速度时程

6.1.2　STA/LTA 方法

对于地震记录来说，P 波和 S 波具有不同的特征，一般来说，P 波在垂直向特征明显，S 波在水平向幅值较大。

STA/LTA 方法是一种能量方法，广泛应用于信号检测中，特别是对于地震弱信号，其突出优点为适应性强、捡拾效率高、稳定可靠，目前已经发展了很多应用不同时间窗的捡拾方法，本书应用公式如下：

$$\mathrm{STA}(i)/\mathrm{LTA}(i)=\frac{\sum_{k_1}^{i}V(i)/(i-k_1+1)}{\sum_{k_2}^{i}V(i)/(i-k_2+1)} \tag{6.1}$$

式中，V 为仿真后的波形记录；i 为当前时刻点；k_1 和 k_2 为当前时刻 i 前某时刻点且 $k_2<k_1<i$，分别代表所选择的长窗和短窗的长度。

在 P 波或 S 波到来后，地震记录的幅值会有较大的变化，在短窗内，其平均值变化较快，在长窗内，一般会包含较多的噪声时间段或幅值相对低的地震记录，其平均值变化稍缓，因此 STA/LTA 能够反映记录幅值的瞬时变化。

图 6.2 为三分向记录的长短时间平均，可以看出，在求 STA/LTA 后，P 波和 S 波的特征变得更为明显。

对于短时平均窗 STA，刻画的主要是信号幅值的瞬时变化，一般取长于待测特征信号的几个周期左右，太短则对短周期的干扰更敏感，容易产生误触发，如果太长则不能表征待测信号的瞬时特征，容易产生漏触发；对于长时平均窗 LTA，刻画的是相对于待检信号

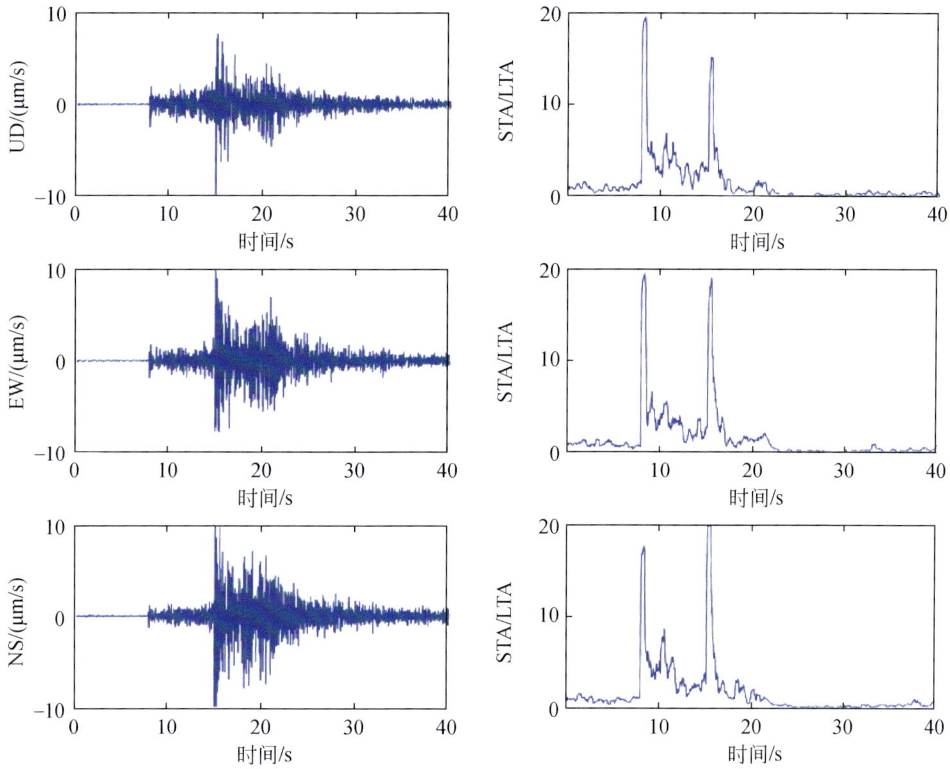

图 6.2　三分向记录的长短时间平均

的背景噪声平均大小，其取值应该能反应背景噪声水平。对于阈值的选取，如果阈值过大，则有可能会出现漏触发，如果阈值太小，干扰信号则可能会造成误触发。

需要指出的是，对 P 波和 S 波粗略捡拾中所用窗长及阈值参数需要根据台站背景噪声、存在干扰、仪器频带范围、对识别的要求（如地震的大小、远近等，通常大震、远震包含相对较多的低频成分，小震、近震包含相对较多的高频成分）等确定。超过阈值即可认为是粗略触发点，进而进行更为精确的捡拾。

6.1.3　固定窗 AIC 准则——震相精确捡拾

应用 STA/LTA 并设置阈值捡拾后，只能粗略识别震相到时，识别到的到时一般滞后于实际到时，20 世纪 70 年代，日本学者赤池弘次（Akaike，1973）提出 AIC 准则进行准确到时识别。该方法假定震相到时前后的记录是两个不同的稳态过程。对地震记录 $x(i)(i=1,2,\cdots,L)$ 来说，AIC 可定义为

$$\mathrm{AIC}(k)=k\cdot\lg\{\mathrm{var}(x[1,k])\}+(L-k-1)\cdot\lg\{\mathrm{var}(x[k+1,L])\} \tag{6.2}$$

式中，k 的范围为地震图某窗口内所有的采样点；var 表示方差。震相到时对应于 AIC 函数的最小值。应用 STA/LTA 粗略捡拾到震相后，在固定窗内进行精确检测，即对粗略捡拾点前后各一段时间的数据应用 AIC 准则，AIC 最小值即精确到时点。图 6.3 为应用固定

窗 AIC 准则对 P 波的精确捡拾情况。

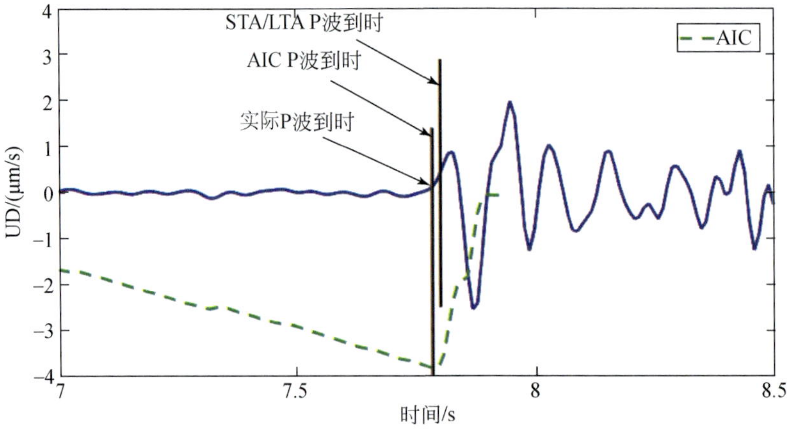

图 6.3　P 波 AIC 精确捡拾

6.2　S 波震相的自动识别

S 波拾取相比 P 波拾取难度较大，这是由于 S 波通常作为后续波组，容易受前序波组的影响，拾取精度较低。传统的 S 波到时拾取方法，如长短时间窗平均方法（STA/LTA）、AIC 准则等，需要人为设定触发阈值来判别，拾取灵敏度较低，特别对信噪比较低的震相，常常出现漏触发。为此，急需引入新技术来解决 S 波识别问题。近年来，随着深度学习技术发展快速，在多个领域取得显著成果。深度学习因其具有自动提取事物特征能力、不需要人为设定判别阈值、非线性表征能力强、抗干扰能力强、识别效果好等优势，逐渐被地震学家应用于震相自动识别工作中并取得较好的效果。

针对 S 波震相拾取问题，我们可以看成是从时间序列中将 S 波到时与噪声分割开来，而 U-net 神经网络适合处理图片分割问题，可实现图像像素级的分类。因此，本节利用深度学习的 U-net 神经网络对 S 波震相到时进行自动拾取研究，通过采用 5s 三通道波形样本对 U-net 网络模型进行训练，获得最优检测模型。在实际检测中，采用 5s 滑动窗进行检测，使得检测更加灵活、高效，检测台站的震中距范围更广。

6.2.1　样本数据

收集福建 2012～2019 年福建台网记录到的福建、台湾海峡、台湾的地震共 1928 个（图 6.4）。提取出震级大于 2 级，震中距小于 200km 的台站三通道 S 波记录共 21735 条，其中训练样本为 17388 条，测试样本为 4347 条。研究资料包含福建、台湾海峡、台湾等地区的地震资料，使得研究结果更加符合实际应用情景，具有更好的实际应用价值。

样本数据是根据地震波的 S 波到时信息从原始地震波形数据中截取每个台站的样本，

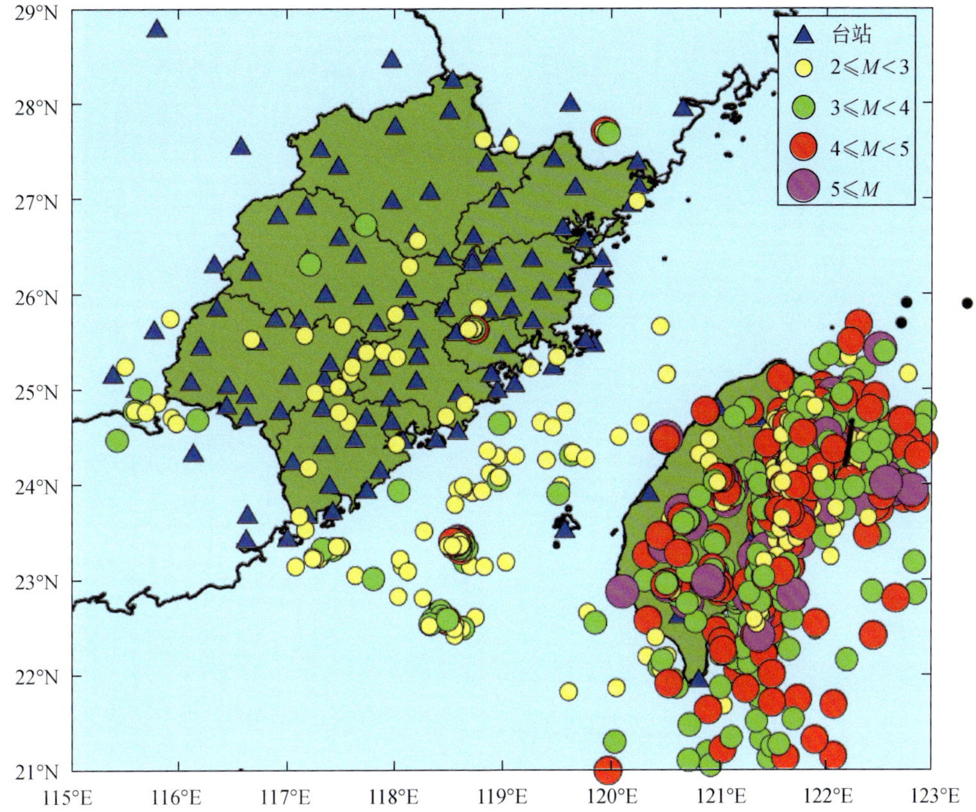

图 6.4　S 波识别所采用的地震分布图

截取规则是 S 波到时前预留 1s，S 波到时后保留 4s，共 5s 长度的数据段（归一化处理）。图 6.5 为 5s 长度的 S 波三通道波形记录。

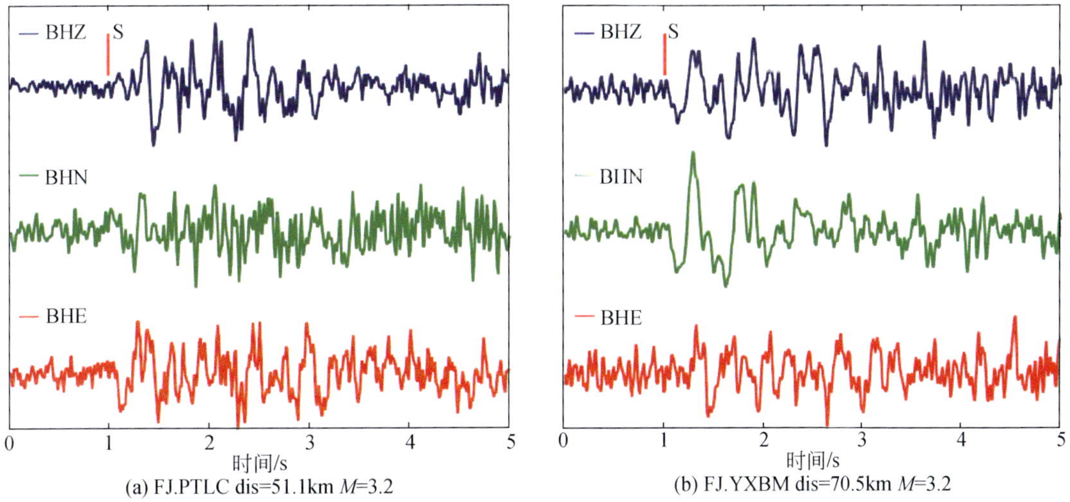

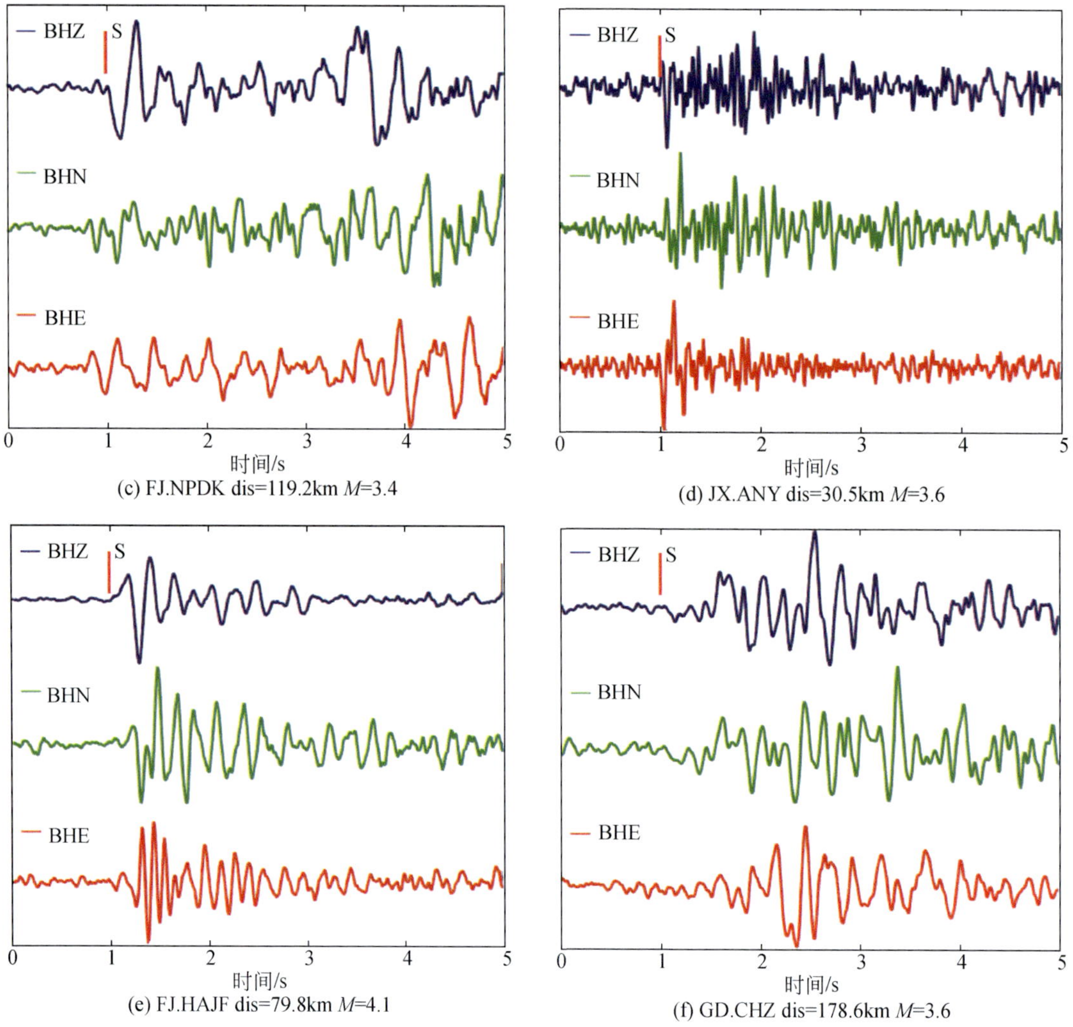

(c) FJ.NPDK dis=119.2km M=3.4

(d) JX.ANY dis=30.5km M=3.6

(e) FJ.HAJF dis=79.8km M=4.1

(f) GD.CHZ dis=178.6km M=3.6

图 6.5　用于神经网络研究的 S 波的样本图

BHZ 为垂直分量；BHN 为南北分量；BHE 为东西分量。dis 为震中距；M 为震级

6.2.2　样本标签处理

标注图像中的物体特征（即打标签）是一项非常耗时耗力的工作，又是不可或缺的。本节对 S 波的 5s 样本记录的每个采样点进行打标签处理，具体处理的思想是：将 S 波到时的采样点设置为 1，其余的采样点设置为 0（如图 6.6 中绿色虚线）；同时采用标准差为 0.1 的高斯分布对 S 波到时位置进行渐进化，减少突变，提高识别率。这样处理后，可以将 S 波到时转化成 S 波的概率分布。另外，根据输出最大概率的大小（0 ~ 1 之间），可知模型判别的可靠度，最大概率越接近 1，模型判别可靠度越高；最大概率越接近 0，模型判别的可靠度越低。本书规定输出的概率若大于 0.5 则认为拾取到时可

靠，若小于0.5则认为拾取到时不可靠。

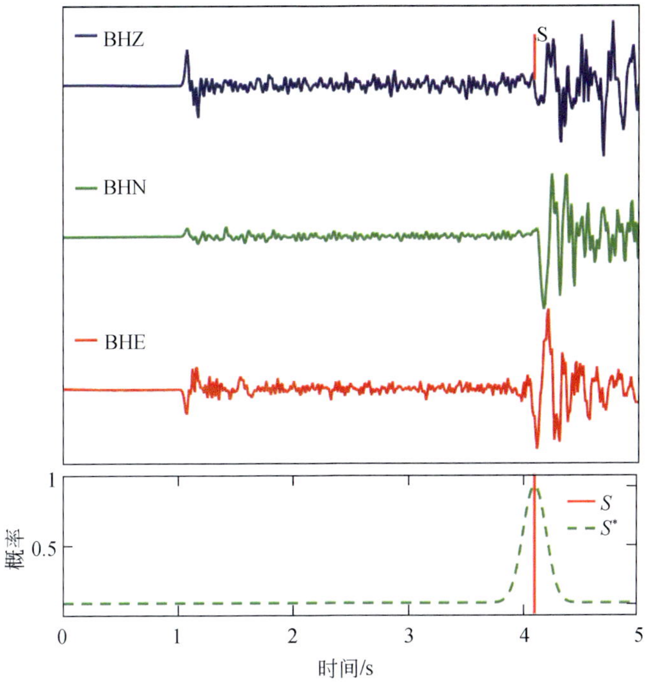

图6.6　S波到时的概率分布图

*S*为实际S波到时位置；S^*为预测S波到时概率

6.2.3　U-net神经网络模型构建与训练

构建适用于S波震相到时拾取的U-net神经网络模型（简称为SpickNet）。输入为三通道的地震波形（5s长度），输出为S波到时的概率分布。

输入的地震数据经过3层下采样和3层上采样处理。在每一层中，我们利用卷积和RELU激活函数处理。下采样处理从原始地震数据中提取和压缩有用信息到神经元，这样使得最后一层所有神经元组成一个概括性极强的接收窗口。上采样处理是将这些信息展开并将其转换成每个时间采样点属于P波（或S波）、噪声的概率分布。跳跃连接是在每个深度层直接从左边输出连接到右边层，而不用再往下一层处理，这是因为浅层可以提取局部的特征，而更深层可以提取全局、整体的特征，通过将不同层的特征信息进行组合，可以提取到局部和整体的综合特征，从而提高识别效果。卷积核大小设置为5个采样点，下采样步长设置为4个采样点，每层的大小如图6.7所示，P波和S波到时从输出端概率分布的峰值提取出来。

应用Tensorflow框架实现震相拾取的U-net神经网络模型训练，利用S波17388条训练集样本对模型进行训练。训练过程采用小批次随机梯度下降法作为优化算法，学习率取0.001，训练的目标误差为0.01，迭代40000次进行学习训练，最后训练获得最优检测模型SpickNet。

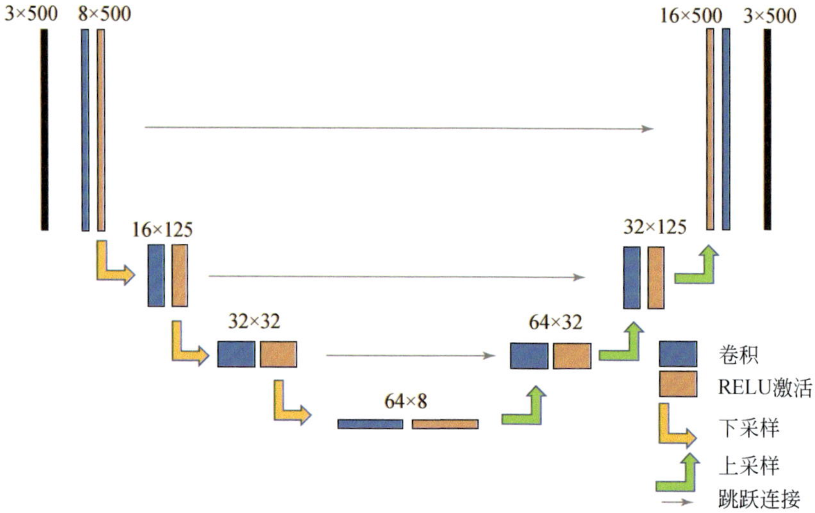

图 6.7　U-net 神经网络模型结构

6.2.4　模型识别效果分析

为了检验 SpickNet 模型的实际识别能力，利用 S 波测试集 4347 条样本作为输入对 SpickNet 模型进行仿真识别，识别结果如下。

1）S 波到时拾取结果

规定检测到时与实际到时的残差小于 0.4s 为正确拾取。测试结果表明：SpickNet 模型正确识别率为 90.5%。图 6.8 为 SpickNet 对 S 波检测的到时残差均值为-0.03s，标准差为 0.43s，残差服从均值约为 0 的正态分布。U-net 模型之所以识别效果较好，是因为模型从人工拾取的历史库里进行深度学习训练，可以很好学会与人工类似的拾取精度，同时还有可能发现人工拾取上的部分异常错误。

2）SpickNet 模型正确识别例子

图 6.9（a）、（b）中列举出 S 波正确识别的例子，红色竖线为 S 波实际到时位置，绿色虚线为 U-net 神经网络识别的位置，可以看出 U-net 神经网络识别的到时跟实际到时很相近。图 6.9（a）由于信噪比较高，识别结果的最大概率值也很高，接近于 1。图 6.9（b）由于信号几乎淹没在噪声里，但是模型还是能准确拾取出来并且给出的概率值也较高。

3）SpickNet 模型错误识别例子

图 6.9（c）、（d）列举出 S 波错误识别的例子，对于 S 波错误识别，S 波信号和噪声不容易区分，图中红色竖线与绿色虚线峰值存在一定的偏差，而且绿色虚线的概率值一般都不大，说明 SpickNet 模型给出对这个识别结果的置信度不高。

4）人工误识别例子

图 6.9（e）、（f）列举出 S 波人工误识别的例子，图 6.9（e）红色竖线是人工拾取的到时，在实际位置靠后，而 SpickNet 拾取出正确位置。图 6.9（f）人工拾取位置在实际位置靠后，而 SpickNet 成功拾取出 S 波到时起跳点位置。

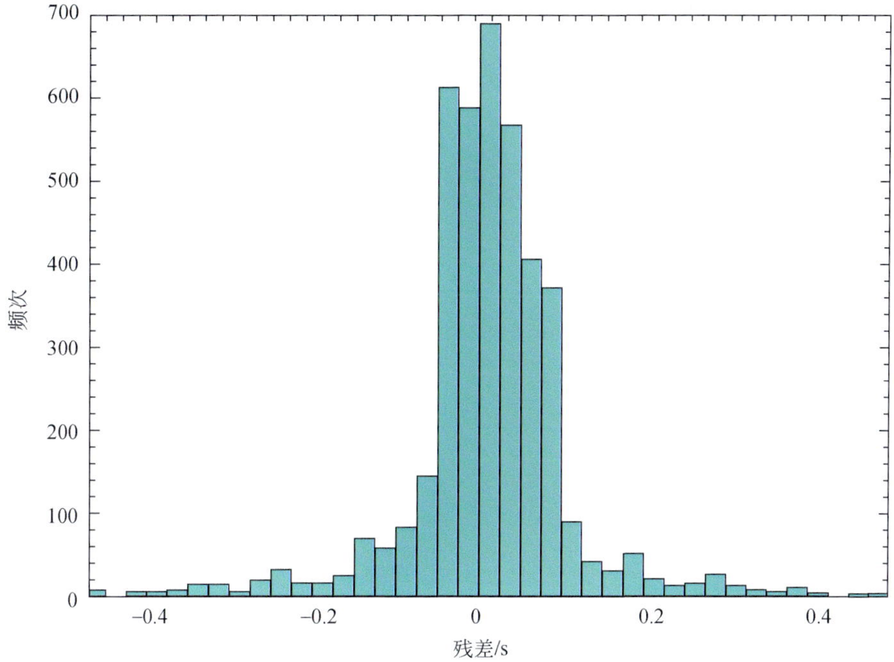

图 6.8　SpickNet 对 S 波拾取结果

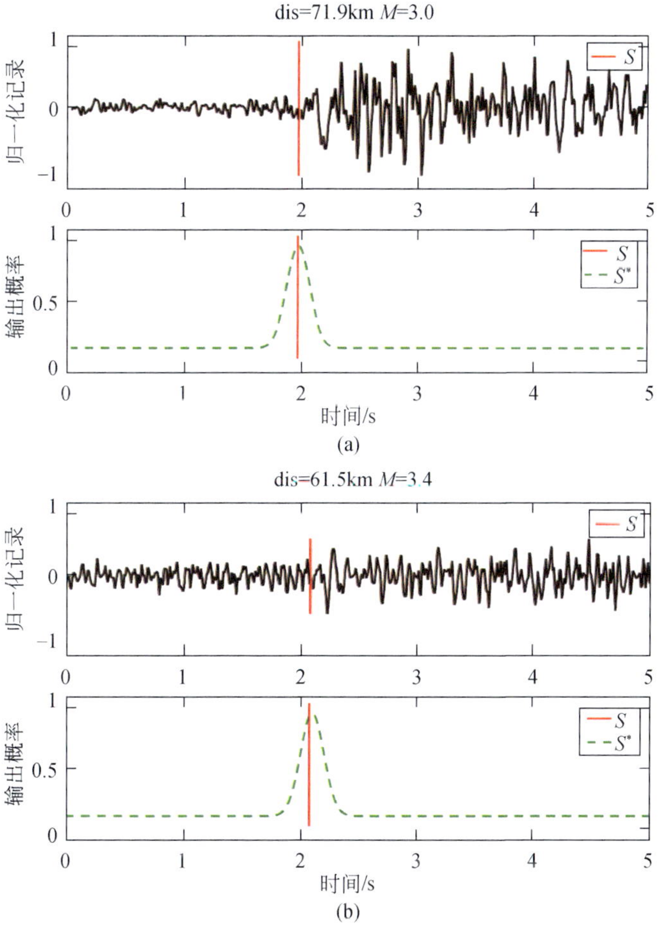

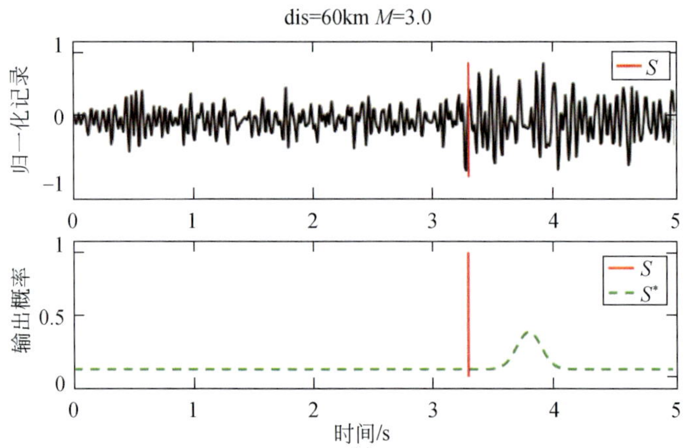

dis=60km M=3.0
归一化记录
输出概率
S
S*
时间/s

(c)

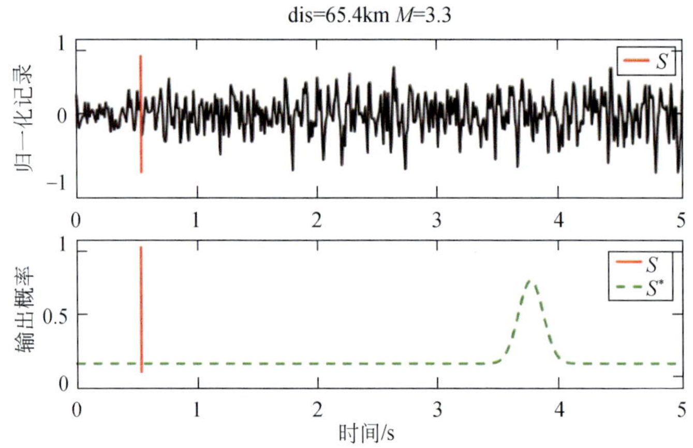

dis=65.4km M=3.3
归一化记录
输出概率
S
S*
时间/s

(d)

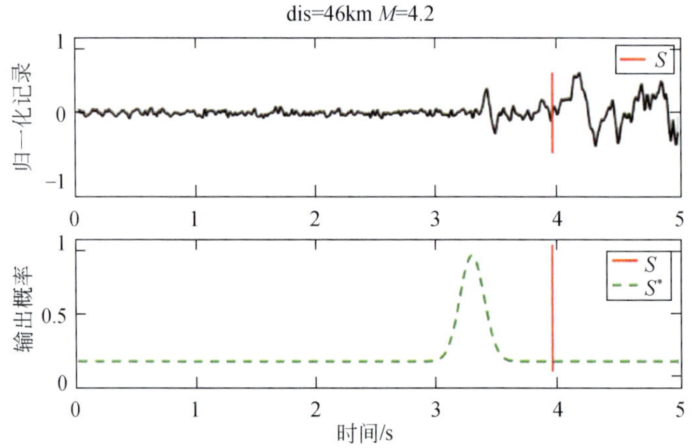

dis=46km M=4.2
归一化记录
输出概率
S
S*
时间/s

(e)

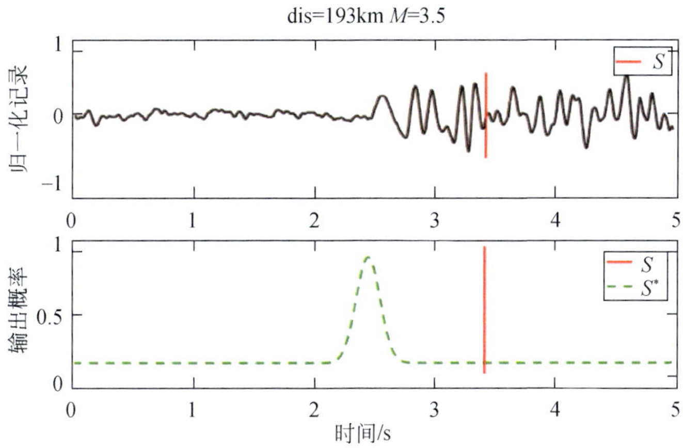

(f)

图 6.9　S 波识别例子

（a）、（b）正确识别例子；（c）、（d）错误识别例子；（e）、（f）人工误识别例子。dis 为震中距；M 为震级

5）典型测试震例的拾取效果

图 6.10（a）为利用 SpickNet 对福建仙游 M_L = 5.0 级地震 S 波到时拾取结果，绿色竖线为 SpickNet 拾取 S 波到时位置，红色竖线为人工拾取 S 波到时位置，可以看出从 18 ~ 193km 的台站 SpickNet 拾取的 S 波到时跟实际到时基本吻合，S 波的拾取效果较好。

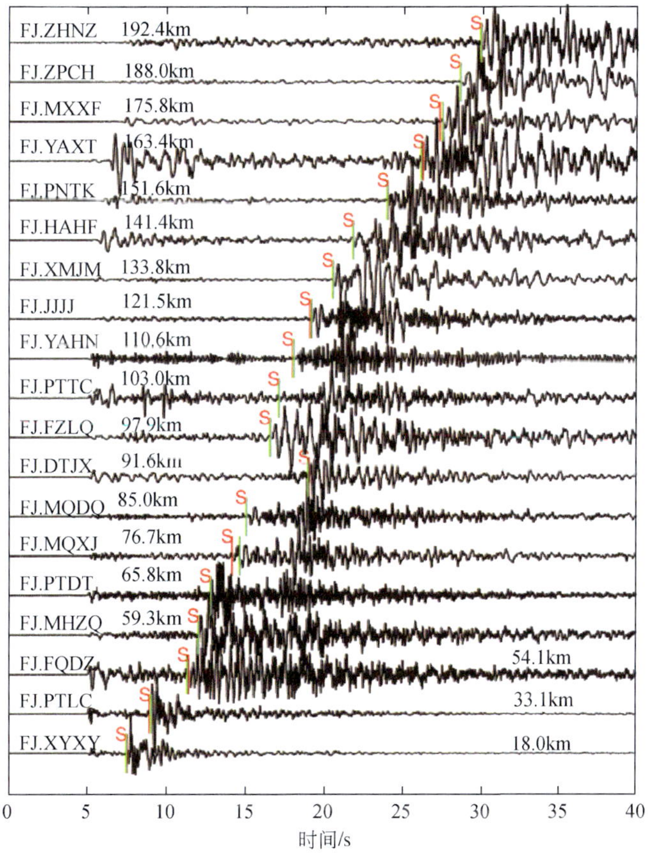

(a)

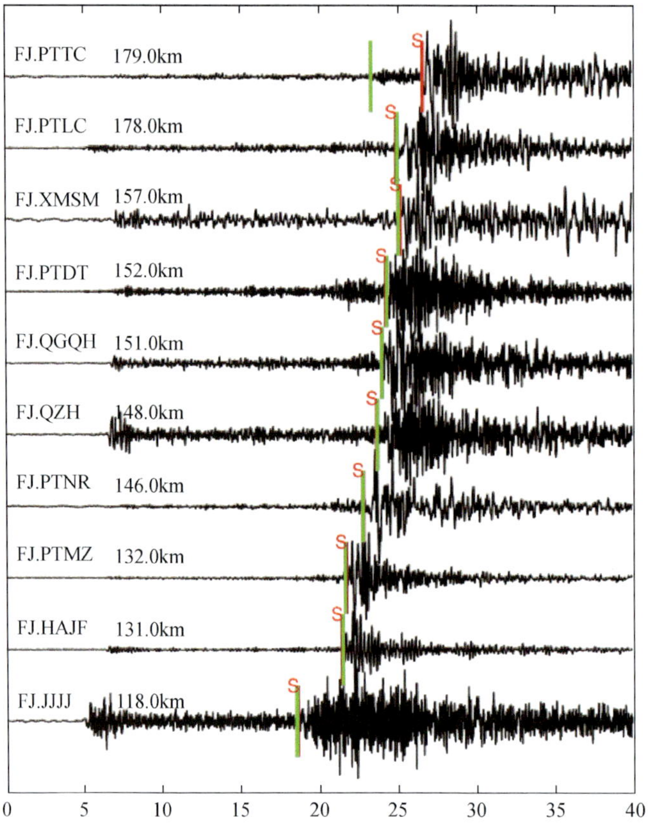

(b)

图 6.10　SpickNet 对典型震例的 S 波到时拾取结果

（a）福建仙游 $M_L=5.0$ 级地震；（b）台湾海峡 $M_L=3.8$ 级地震

图 6.10（b）为利用 SpickNet 模型对台湾海峡 $M_L=3.8$ 级地震 S 波到时拾取结果，图中多数台站的 S 波拾取到时跟实际到时一致，只有 PTTC 台站（震中距 179.0km）拾取到靠前的波组，而漏掉后续的波组。可以看出 SpickNet 模型识别还存在一定的弊端，即在 5s 窗内只能检测出一个 S 波到时，若有多组震相则可能存在漏识别。因此，很有必要通过多种方法的综合识别来提高震相拾取的完整性。

6.3　地震波的偏振特性

前面所提到的方法，对于捡拾 P 波往往具有较好的效果，但对于 S 波，由于 P 波的干扰，即使用人工智能方法效果也会差一些，因此，实际应用中，对于 S 波往往需要根据波形特征帮助进一步确认，这里主要从地震波的偏振特性说起。

地震观测仪器通常都安装在自由地表，自由地表是地震波的强反射界面。如果台址选点选在一些特殊的场点如山顶、沟谷等也会受到地形产生的散射波的影响，选在土层也会受到土层滤波的影响。在此，仅讨论常见的情况，假定地震计装置在由基岩构成的平坦自由表面上，推导入射角与视出射角的关系。重点介绍当P波入射到自由表面和SV波入射到自由表面二种情况，SH波入射到自由表面时，只能产生同名的SH波，其特性比较简单，在此不做分析。另外，地震初始破裂时，可视为点源，当台站震中距远大于地震波波长即高频近似时，可采用平面波假定，通过研究质点运动轨迹，分析初至P波或SV波的偏振特性。

6.3.1　自由表面入射P波

P波入射到自由表面，设标量势函数φ_1和矢量势函数ψ_1分别为

$$\begin{cases}\varphi_1 = (A_1 e^{ik_{p1}Z} + B_1 e^{-ik_{p1}Z}) e^{i\omega\left(t-\frac{x}{c}\right)} \\ \psi_1 = D_1 e^{-ik_{s1}Z} e^{i\omega\left(t-\frac{x}{c}\right)}\end{cases} \tag{6.3}$$

式中，A_1为入射P波波幅；B_1为反射P波波幅；D_1为反射SV波波幅；k_{p1}为P波波数；c为波的速度。根据自由表面应力为零条件可得到：

$$\begin{cases}P_{zz}\big|_{z=0} = \rho_1\omega^2\left(2\dfrac{\beta_1^2}{c^2} - 1\right)(A_1 + B_1) - 2\rho_1\beta_1^2\dfrac{\omega}{c}k_{s1}D_1 = 0 \\ P_{zx}\big|_{z=0} = 2\rho_1\beta_1^2\dfrac{\omega}{c}k_{p1}(A_1 - B_1) - \rho_1\omega^2\left(2\dfrac{\beta_1^2}{c^2} - 1\right)D_1 = 0\end{cases} \tag{6.4}$$

式中，ρ_1为介质密度。

则自由表面位移：

$$\begin{cases}U_1\big|_{z=0} = -i\dfrac{\omega}{c}(A_1 + B_1) + ik_{s1}D_1 \\ W_1\big|_{z=0} = ik_{p1}(A_1 - B_1) - i\dfrac{\omega}{c}D_1\end{cases} \tag{6.5}$$

上述推导中略去公共因子$e^{i\omega\left(t-\frac{x}{c}\right)}$，从式（6.4）和式（6.5）可以得到下列方程：

$$\begin{cases}A_1 + B_1 = \dfrac{2\rho_1\beta_1^2\dfrac{\omega}{c}k_{s1}}{\rho_1\omega^2\left(2\dfrac{\beta_1^2}{c^2} - 1\right)}D_1 \\ A_1 - B_1 = \dfrac{\rho_1\omega^2\left(2\dfrac{\beta_1^2}{c^2} - 1\right)}{2\rho_1\beta_1^2\dfrac{\omega}{c}k_{p1}}D_1\end{cases} \tag{6.6}$$

$$\begin{cases}U_1 = -\dfrac{ik_{s1}}{\left(2\dfrac{\beta_1^2}{c^2} - 1\right)}D_1 = \dfrac{i\dfrac{\omega}{\beta_1}\cos\theta_{s1}}{\cos 2\theta_{s1}}D_1 \\ W_1 = -\dfrac{i\dfrac{\omega}{c}}{2\dfrac{\beta_1^2}{c^2}}D_1 = \dfrac{i\dfrac{\omega}{c}}{2\sin^2\theta_{s1}}D_1\end{cases} \tag{6.7}$$

定义初出射角 $\bar{e}$：

$$\tan(\bar{e}) = -\frac{W_1}{U_1} = \cot 2\theta_{s1} \tag{6.8}$$

$$\bar{e} = \frac{\pi}{2} - 2\theta_{s1} \tag{6.9}$$

利用 snell 定理可以得到：

$$\sin\theta_{p1} = \cos e = \frac{\alpha_1}{\beta_1}\cos\left(\frac{90 + \bar{e}}{2}\right) \tag{6.10}$$

式中，θ_{p1} 为 P 波入射角；e 为真出射角；$\bar{e}$ 为视出射角（可表示为初至地面振动的垂直分量和径向分量的比例关系，即偏振程度）；α_1 为地表介质的 P 波波速；β_1 为介质的 S 波波速。

综上推导，得出 P 波入射角与视出射角间的关系，图 6.11 即两者的变化曲线，说明 P 波的视出射角随着入射角的增大而逐渐减小。这种偏振现象对于识别近震、中震、远震是十分有用的。例如，震中附近的人会感到上下振动比较剧烈；远震时 P 波近垂直入射，波形也比较尖锐，幅值也较大。

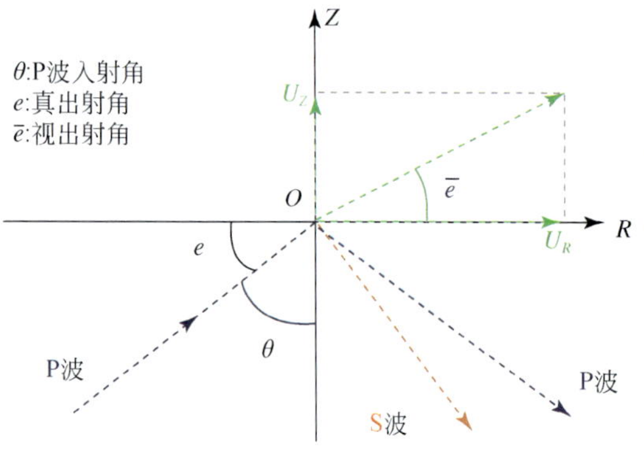

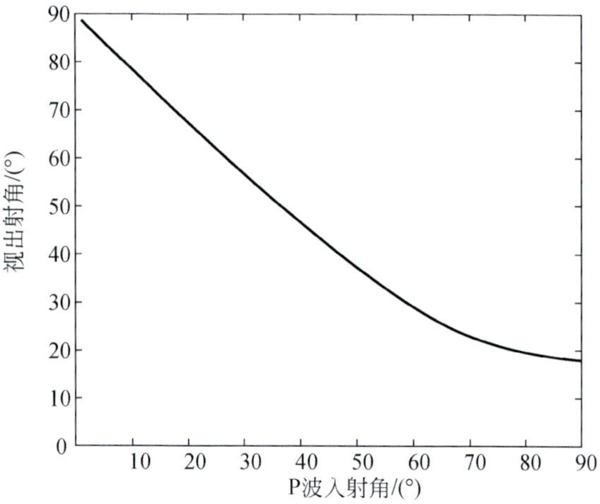

图 6.11　P 波入射角与视出射角关系

6.3.2　自由表面入射 SV 波

SV 波入射，标量势函数 φ_1 为

$$\begin{cases} \varphi_1 = B_1 e^{-ik_{p1}Z} e^{-i\omega\left(t-\frac{x_1}{c}\right)} \\ k_{p1} = \dfrac{\omega}{\alpha_1}\cos\theta_{p1} \end{cases} \tag{6.11}$$

矢量势函数：

$$\begin{cases} \psi_1 = (C_1 e^{ik_{s1}Z} + D_1 e^{-ik_{s1}Z}) e^{i\omega\left(t-\frac{x}{c}\right)} \\ k_{s1} = \dfrac{\omega}{\beta_1}\cos\theta_{s1} \end{cases} \tag{6.12}$$

式中，C_1 为入射 SV 波波幅。

自由表面条件：

$$\begin{cases} P_{zz}\big|_{z=0} = \rho_1\omega^2\left(2\dfrac{\beta_1^2}{c^2}-1\right)B_1 + 2\rho_1\beta_1^2\dfrac{\omega}{c}k \\ P_{zx}\big|_{z=0} = 2\rho_1\beta_1^2\dfrac{\omega}{c}k_{p1}(-B_1) - \rho_1\omega^2\left(2\dfrac{\beta_1^2}{c^2}-1\right)(C_1+D_1) = 0 \end{cases} \tag{6.13}$$

波幅关系：

$$\begin{cases} C_1 - D_1 = \dfrac{\omega^2\left(2\dfrac{\beta_1^2}{c^2}-1\right)}{\beta_1^2\dfrac{\omega}{c}k_{s1}}B_1 \\ C_1 + D_1 = \dfrac{2\beta_1^2\dfrac{\omega}{c}k_{p1}}{\omega^2\left(2\dfrac{\beta_1^2}{c^2}-1\right)}B_1 \end{cases} \tag{6.14}$$

则波幅表示的位移为

$$\begin{cases} U_1 = -\mathrm{i}\dfrac{\omega}{c}(B_1) - \mathrm{i}k_{s1}(C_1 - D_1) \\ W_1 = \mathrm{i}k_{p1}(-B_1) - \mathrm{i}\dfrac{\omega}{c}(C_1 + D_1) \end{cases} \tag{6.15}$$

以及

$$\begin{cases} U_1 = -\mathrm{i}\dfrac{\omega}{c}B_1\left(\dfrac{1}{2\dfrac{\beta_1^2}{c^2}}\right) = -\dfrac{\mathrm{i}\dfrac{\omega}{c}B_1}{2\sin^2\theta_{s1}} \\ W_1 = \mathrm{i}k_{p1}B_1\left(\dfrac{1}{2\dfrac{\beta_1^2}{c^2}-1}\right) = -\dfrac{\mathrm{i}\dfrac{\omega}{c}\cos\theta_{p1}B_1}{\cos 2\theta_{s1}} \end{cases} \tag{6.16}$$

定义视出射角 $\bar{e}$ 为

$$\tan(\bar{e}) = -\frac{U_Z}{U_R} = -\cot\theta_{p1}\frac{2\sin^2\theta_{s1}}{\cos 2\theta_{s1}} \tag{6.17}$$

以 SV 波入射角表示的偏振关系为

$$\tan(\bar{e}) = -\frac{\beta_1}{\alpha_1}\tan 2\theta_{s1}\left[1 + \left(1 - \frac{\alpha_1^2}{\beta_1^2}\right)\tan^2\theta_{s1}\right]^{1/2} \tag{6.18}$$

式中，θ_{s1} 为 S 波入射角；$\bar{e}$ 为视出射角；α_1 为介质近地表的 P 波波速；β_1 为介质的 S 波波速。

综上推导，得出 S 波入射角与视出射角间的关系，如图 6.12，当 S 波入射角 θ_{s1} 小于 45°时，S 波的视出射角小于 0°，当 S 波入射角大于 45°时，S 波的视出射角大于 0°且视出射角都较大。这些现象可帮助识别 S 波和 S 型优势波组。

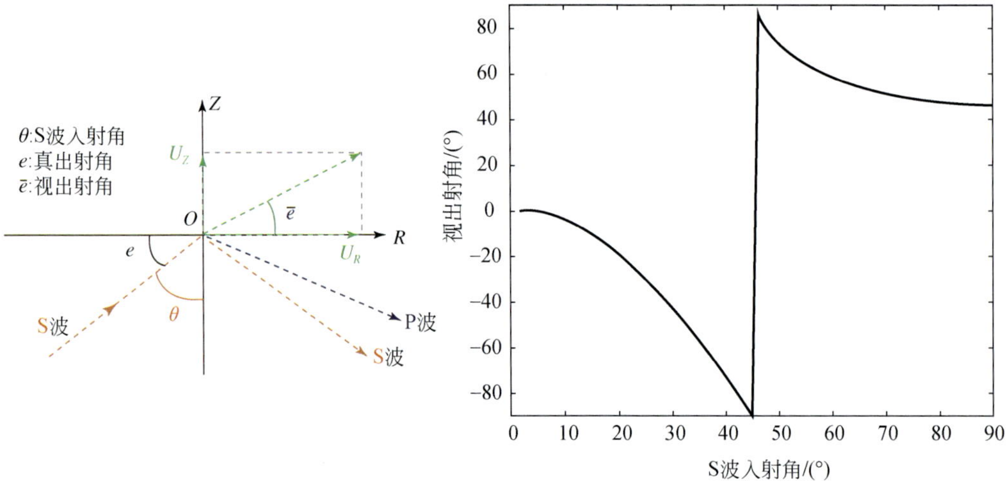

图 6.12　S 波入射角与视出射角关系

6.3.3　体波的偏振特性

1）利用水平记录得到径向和切向分量

径向切向分解如图 6.13 所示，其中图中偏振方向定义如下。

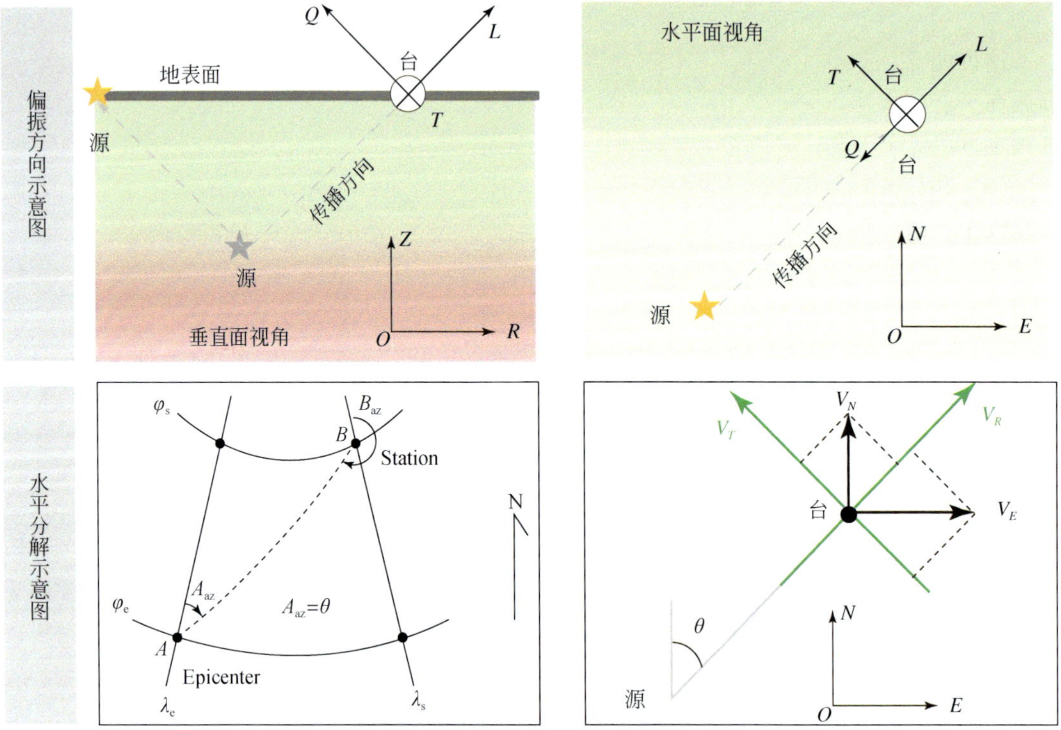

图 6.13　径向切向分解示意图

φ_s 为台站纬度；φ_e 为震源纬度；A_{az} 为 A 点方位角；B_{az} 为 B 点方位角

L：P 波偏振方向；Q：SV 波偏振方向；T：SH 波偏振方向。

图 6.13 中坐标定义如下。

N：正北方向为正方向；E：正东方向为正方向；Z：垂直向上为正方向；R：从震中位置沿着大圆路径指向台站的方向；T：垂直于 R 和 Z 方向所构成的平面，且选取的 T 轴正方向使得 RTZ 构成了右手法则。

将台站南北向和东西向记录分解为径向和切向分量，θ 为震源至台站连线与正北的夹角，V_N 和 V_E 为台站南北向和东西向记录，则径向记录 V_R 和切向记录 V_T 为

$$\begin{cases} V_R = V_N\cos\theta + V_E\sin\theta \\ V_T = V_N\sin\theta - V_E\cos\theta \end{cases} \tag{6.19}$$

如果 V_N，V_E 放置方向正确且灵敏度正确，V_T 为出平面 SH 型运动，无 P 波，这有利于 S 波的拾取。

2）根据垂直分量和径向分量判定极性

（1）无论 P 波以何种角度入射到自由表面，P 波运动特征为

$$V_Z \cdot V_R > 0 \tag{6.20}$$

这说明 P 波的偏振只能在一、三象限，这对于 Pg，PmP，Pn 都适用，但这些波组的入射角不同，偏振特性也不同。

（2）当 S 波的入射角小于 45°入射到自由表面时，SV 波偏振特征为

$$V_Z \cdot V_R < 0 \tag{6.21}$$

当 SV 波的入射角大于 45°时，SV 波偏振特性为

$$V_Z \cdot V_R > 0 \tag{6.22}$$

这说明 SV 波入射角小于 45°时，SV 波的偏振只能在二、四象限；入射角大于 45°时，偏振在一、三象限，但视出射角大于 50°以上即偏振较大。因此只要偏振在二、四象限即可判定 SV 波到达。

（3）SH 波波动上无 P 波，一般地讲，从地表由浅到深波速逐渐增加，而且近地表的波速较小，故入射角一般小于 45°时，可帮助确认是 P 波组还是 S 波组。

6.4　波组信号的自动识别

随着震级越大，激发的能量越强，传播越远，产生的波组就越多。如果仅仅对初至波震相走时的拾取进行研究是不够的，因此很有必要开展对后续波组震相识别与走时拾取的研究工作。

后续 P 波和 S 波的震相，由于受到前序波的影响，识别难度增加，所以需要理论地震图和理论偏振特性来辅助判别。地震发生后，通常先利用震中附近台站的初至 P 波到时进行定位，确定震源位置后，再进行后续波组的识别。对于人工地震，由于震源位置和发震时刻已知，自然可以节省定位过程。

6.4.1　根据水平面偏振特性确定震中方向

对于地震而言，刚开始震中位置未知，使得偏振研究受到一定的限制。因此下面将介绍如何通过台站水平记录来确定震中方向，进而研究其偏振特性。当没有地震时，水平两分量 U_E 和 U_N 构建的平面质点运动轨迹是随机的、杂乱无章的；当 P 波到达时，一个周期的质点运动轨迹线性度很高，且水平偏振方向指向震中，可求出 θ 角，进而可得到径向记录 U_R 和切向记录 U_T 。

6.4.2　根据径垂面偏振特性确定首台 S 波

获得 θ 和 U_R 后，将 U_R 和 U_Z 构成入射平面，也构成一对径垂面（径向分量与垂直分量构成的平面）的偏振，用于求解视出射角 $\bar{e}$ 。

$$\tan(\bar{e}) = \frac{U_Z}{U_R} \tag{6.23}$$

1）利用入射角 θ 与 $U_Z U_R$ 特征量的关系

（1）当 P 波入射时：

$$\sin\theta_{\mathrm{P}} = \frac{\alpha}{\beta}\cos\left(\frac{90^\circ + \bar{e}}{2}\right) \tag{6.24}$$

显然，当 $0^\circ < \theta_{\mathrm{P}} < 90^\circ$ 时，$\bar{e}$ 均为正值，故有

$$\frac{U_Z}{U_R} > 0 \tag{6.25}$$

可选偏振特征量 $x = U_Z U_R$。

（2）当 SV 波入射时，由于：

$$\begin{cases} \tan(\bar{e}) = -\cot\theta_{\mathrm{P}}\dfrac{2\sin^2\theta_{\mathrm{S}}}{\cos2\theta_{\mathrm{S}}} \\ \sin\theta_{\mathrm{P}} = \dfrac{\alpha}{\beta}\sin\theta_{\mathrm{S}} \end{cases} \tag{6.26}$$

可以推导得到：

$$\tan(\bar{e}) = -\frac{\beta}{\alpha}\tan(2\theta_{\mathrm{S}})\left[1 + \left(1 - \frac{\beta^2}{\alpha^2}\right)\tan^2\theta_{\mathrm{S}}\right]^{1/2} \tag{6.27}$$

当 $0^\circ < \theta_{\mathrm{S}} < 45^\circ$ 时，$\tan(\bar{e}) < 0$，即 U_Z 和 U_R 异号，$\dfrac{U_Z}{U_R} < 0$；

当 $45^\circ < \theta_{\mathrm{S}} < 90^\circ$ 时，则 U_Z 和 U_R 同号。

2）偏振特征量应用于首台 S 波到时判断

地震发生时，震中距较近台站，由于 P 波和 S 波的间隔时间短，一般 S 波不容易拾取。下面将针对该问题提供判定思路：

如果震源深度为 h，首台震中距为 Δ，可估计 S 波的入射角 θ_{S} 的几何关系为

$$\tan\theta_S = \frac{\Delta}{h} \tag{6.28}$$

由前述推导可知，当 P 波入射，无论入射角大小，$U_Z U_R > 0$；当 S 波入射，当 $\Delta < h$ 时，$\theta_S < 45°$，则 $U_Z U_R < 0$。这为判别震中附近台站，特别是首台 S 波提供了重要依据。

6.4.3　根据 P 波和 S 波偏振特征判定具体波组

由于 Pg 波、Pn 波和 PmP 波的生成机理不同，其入射到自由表面的入射角 θ_P 各不相同，从而表现出不同的偏振特征。为了便于公式推导，假设震源发生在地表（如人工地震），绘出不同波组的射线路径，如图 6.14 所示，推导各波组的偏振特征，其他不同震源深度推导也类似。

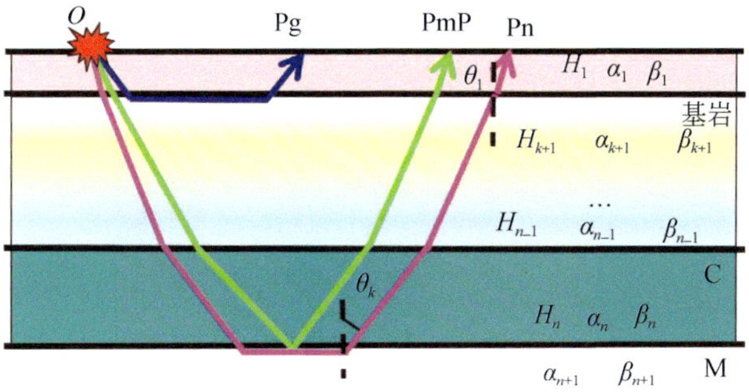

图 6.14　Pg、Pn 和 PmP 波组的产出机理

1）Pg、Sg 波组的偏振特征

如图 6.14 所示，Pg、Sg 波组为结晶基底面（基岩面）的绕射波，满足：

$$\sin\bar{\theta}_1 = \frac{\alpha_1}{\alpha_{k+1}} \tag{6.29}$$

式中，α_1 为自由表面下的介质波速；α_{k+1} 为绕射层顶部（结晶基底面下层顶部）的波速。因此 Pg、Sg 波组的入射角与震中距无关，只与地表下和基岩底面下的速度有关。

2）Pn、Sn 波组的偏振特征

Pn、Sn 波组为莫霍（Moho）面上的绕射波，它应满足条件：

$$\sin\bar{\theta}_2 = \frac{\alpha_1}{\alpha_{n+1}} \tag{6.30}$$

式中，α_{n+1} 为 Moho 面下的介质波速。Pn、Sn 波组的入射角也与震中距无关，只与地表下和 Moho 面下的介质速度有关。

3）PmP、SmS 波组的偏振特征

PmP、SmS 波组为 Moho 面的反射波，其入射到地表的入射角与震中距有关，根据射线追踪可以得到入射角与震中距的关系：

$$\bar{\theta}_3 = \bar{\theta}_3(\Delta) \tag{6.31}$$

由式（6.31）关系，代入地下介质速度模型，可以计算出入射角随震中距的关系，再计算入射角与偏振角的关系，即可求出偏振角与震中距的关系，如图 6.15 所示，PmP 波视出射角呈现出随着震中距的增大而逐渐减小的规律［图 6.15（a）］；SmS 波视出射角随着震中距的增大呈现出先负后正的趋势［图 6.15（b）］。

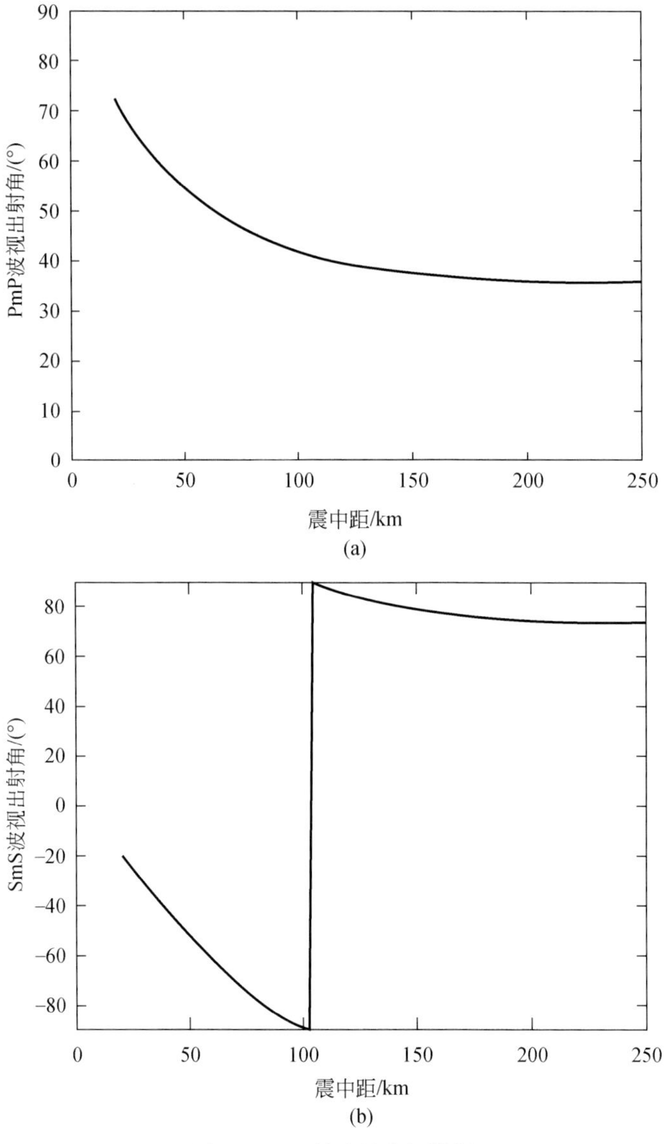

图 6.15　反射波的偏振特征

（a）PmP 波视出射角与震中距关系；（b）SmS 波视出射角与震中距关系

6.4.4　计算震相到时

选取计算到时的特征量，一般来讲，垂直分量 U_Z 的 P 波列较发育，U_R 分量也如此。

特征量可以定义为

$$x_i = \begin{cases} U_Z(t_i) \\ U_Z(t_i)U_R(t_i) \\ U_T(t_i) \end{cases} \tag{6.32}$$

在 U_Z 或 U_ZU_R 上识别 P 波，在 U_ZU_R 或 U_T 上识别 S 波。由观测记录可得到特征量 x_1，x_2，…，x_k，…，定义一个长窗，用于计算背景值：

$$L_0 = \sum_{c=1}^{n} \frac{x_i}{N} \tag{6.33}$$

$$L_1 = L_0 + \frac{1}{N}(x_{n+1} - x_1) \tag{6.34}$$

以此类推，长窗滑动时：

$$L_j = L_{j-1} + \frac{1}{N}(x_{n+j} - x_j) \tag{6.35}$$

同样定义一个短窗，用于计算当前的信息量：

$$S_0 = \frac{1}{k}\sum_{k=1}^{k} x_{N-n+j} \tag{6.36}$$

$$S_1 = S_0 + \frac{1}{k}(x_{k+1} - x_1) \tag{6.37}$$

以此类推

$$S_j = S_{j-1} + \frac{1}{k}(x_{k+j} - x_j) \tag{6.38}$$

当 $\eta_k = \frac{S_k}{L_k} \geqslant \eta_0$ 时，表示台站触发，则触发的到时一定在 S_k 的短窗内。在短窗内，运用 AIC 算法以及人工智能算法，可精确识别震相到时。

综上所述，通常在 U_Z 或 U_ZU_R 特征量上，利用长短时平均算法拾取 P 波组震相到时；在 U_ZU_R 或 U_T 特征量上拾取 S 波组震相到时。如图 6.16 分别在 U_Z 、U_T 和 U_ZU_R 上进行长短时平均（STA/LTA）检测，当阈值超过一定值后，即判定为震相到时触发，可以看出垂向分量 U_Z（蓝色）和切向分量 U_T（绿色）都很难检测出 P、S 波震相到时，但是在偏振特征量 U_ZU_R 上的 STA/LTA 可以较好地捡拾出 P、S 波震相到时（紫色）。

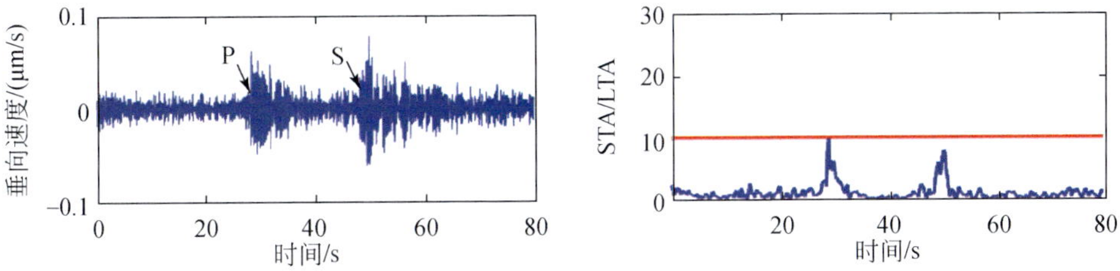

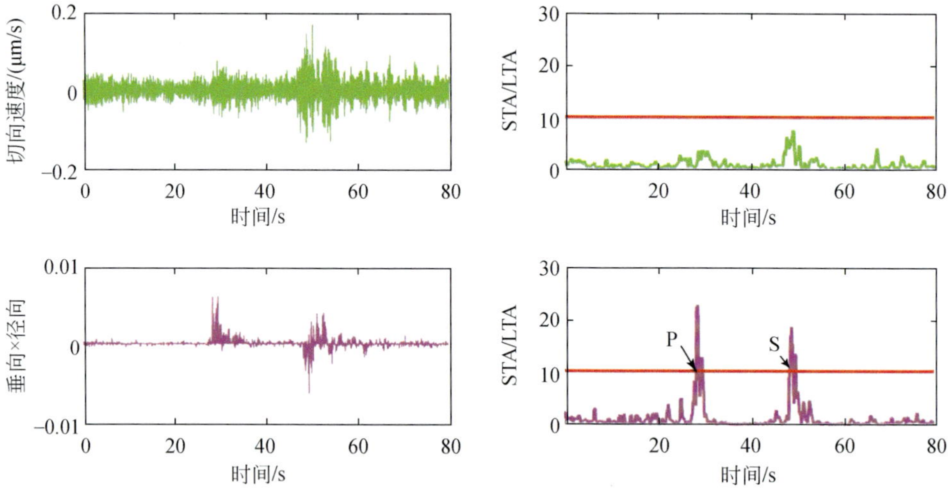

图 6.16　在 U_Z 、U_T 和 U_ZU_R 特征量上拾取 P 波和 S 波到时

FJ. YDFS dis = 162. 6488km

在上述 STA/LTA 检测的基础上，对于触发阈值点，取前 150 个点及后 20 个点做 AIC 准则，搜寻最小值的位置作为精确到时点，从而实现震相精确到时的拾取。

6.5　综合识别与判断

当利用前几台的到时，初步完成定位后，根据震源和介质模型信息，可计算各种震相的理论走时，在理论走时和偏振特征的辅助下再进行已识别震相到时的确认，并帮助识别新的震相。

6.5.1　理论走时特征

假定震源为人工震源，如气枪震源，采用福建一维地壳介质模型，根据已知的震源位置计算 P 波列（Pg、Pn、PmP）和 S 波列（Sg、Sn、SmS）的理论走时，如图 6.17 为人工震源的 P 波列和 S 波列的理论走时。对于 P 波列，震中距在 11 ~ 143km 内 Pg 波为初至波；震中距大于 143km 时，波 Pn 为初至波。对于 S 波列，震中距在 20 ~ 150km 内，Sg 波为初至波；但是如果震中距太小，Pg 和 Sg 波列相近较难分开。当震中距大于 40km 时，Pg 波到后 5s，P 波和 S 波明显分开，因此震中距在 40 ~ 150km 范围内，Sg 波组容易识别；震中距大于 150km 时，Sn 波为 S 波组初至波。震中距在 130 ~ 180km 之间时，Pg、Pn、PmP 三组波的到时较为接近，仅仅采用理论到时特征较难判别，这就需要根据偏振特征来进行判别。

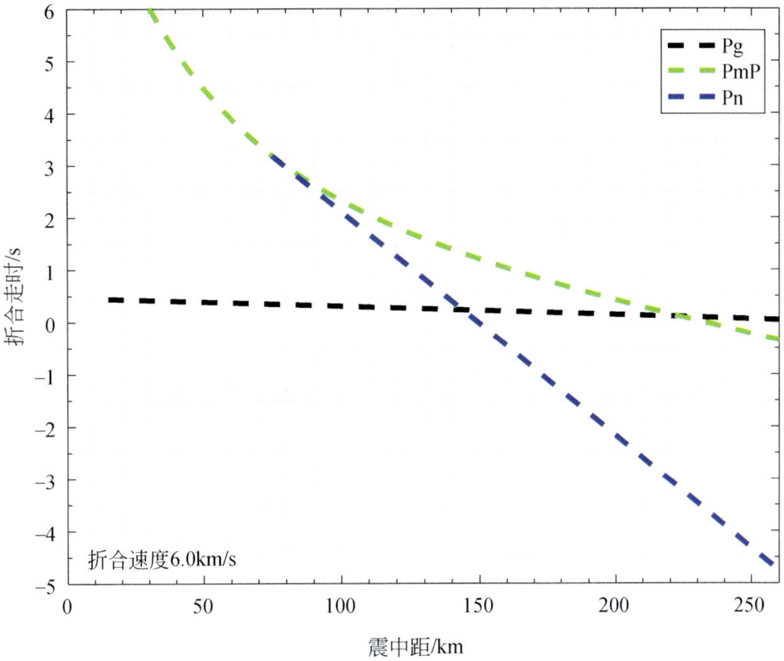

(a) P波

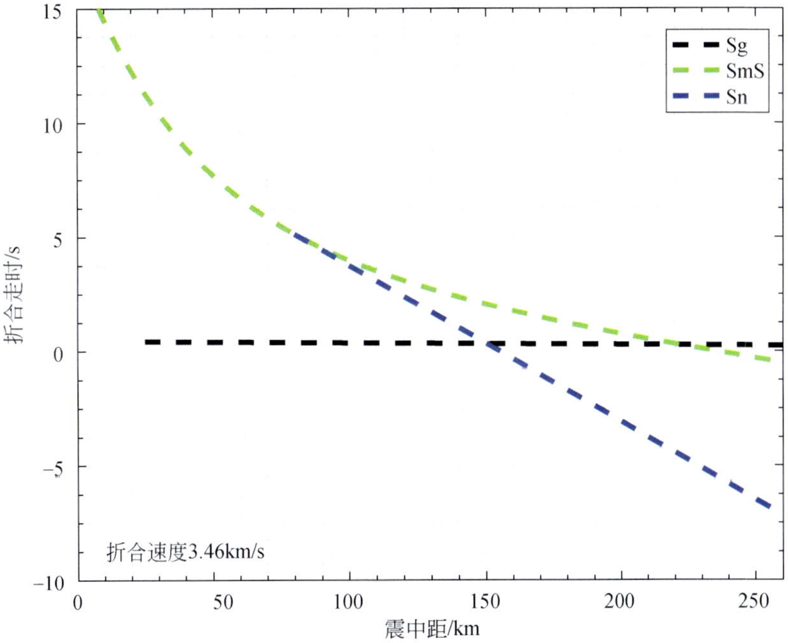

(b) S波

图 6.17　P 波列和 S 波列的理论走时

6.5.2　理论偏振特征

根据前文推导的 P 波组和 S 波组的理论偏振特征，结合福建地壳介质一维模型，可计算出各波组的理论偏振角及偏振特征（表 6.1）。从表 6.1 可知 Pg 波组的理论偏振角为 32.15°，通常不随震中距变化而变化（仅对人工震源适用）。Pn 波组的理论偏振角为 62.47°，偏振角不随震中距变化，通常 Pn 的偏振角大于 Pg 与 PmP。PmP 波组的理论偏振角随着震中距的增大而减小。

人工地震 Sg 波组的理论偏振角通常为正值，但是由于各地区的表层速度结构不同，使得偏振角也有可能为负值，但是不管正值还是负值，其偏振角的绝对值都较大，一般大于 50°。Sn 波组的理论偏振角不随震中距变化而变化，且为负值。SmS 波列的偏振角随震中距变化呈现出不同的趋势，小震中距的偏振角为负值，大震中距的偏振角为正值，通常震中距在 100km 处呈现出明显正负值的分界，但是实际的 SmS 可能并不以 100km 为界，这主要跟台站的地下介质模型各异有关，特别受表层的速度模型影响更大。因此在实际判别时可以根据同一台站前后波组的对比情况来综合判定。

表 6.1　人工震源波组理论偏振特征

波组类型	理论偏振角	偏振特征
Pg	32.15°	偏振角不随震中距变化
Pn	62.47°	偏振角不随震中距变化
PmP	$\bar{e}_P$（Δ）	偏振角随震中距增大而减少
Sg	73.54°	偏振角不随震中距变化
Sn	−56.81°	偏振角不随震中距变化
SmS	$\bar{e}_S$（Δ）	入射角小于 45°时偏振角为负值； 入射角大于 45°时偏振角为正值

6.5.3　震相综合判别技术流程

震相综合识别技术实现对 P 波和 S 波到时的精确拾取，同时利用偏振特征实现对不同波组类型的判别。

首先对三通道地震波形记录进行实时仿真滤波处理，应用 STA/LTA-AIC 技术实现 P 波到时精确拾取；利用 U-net 神经网络训练出适用于 S 波拾取的 SpickNet 模型，实现对 S 波的精确拾取。除此之外，根据水平向的偏振特征确定震中方位，接着进行径向和切向分解，将垂向和径向分量相乘获得偏振特征量 $U_Z U_R$，一方面可通过径垂面偏振特性确定 S 波，另一方面在偏振特征量 $U_Z U_R$ 上采用 STA/LTA-AIC 技术对震相到时进行精确拾取，验证及补充 P 波和 S 波到时的拾取。

然后利用理论走时特征和偏振特征进一步判别或验证具体波列，在上述精确拾取的到时点附近展开搜索，通过绘制质点运动轨迹，计算出实际偏振角及偏振线性度信息可综合判定波组的类型（Pg、Pn、PmP、Sg、Sn、SmS），最终产出精确到时和具体波组类型结果，详细的技术流程如图6.18所示。

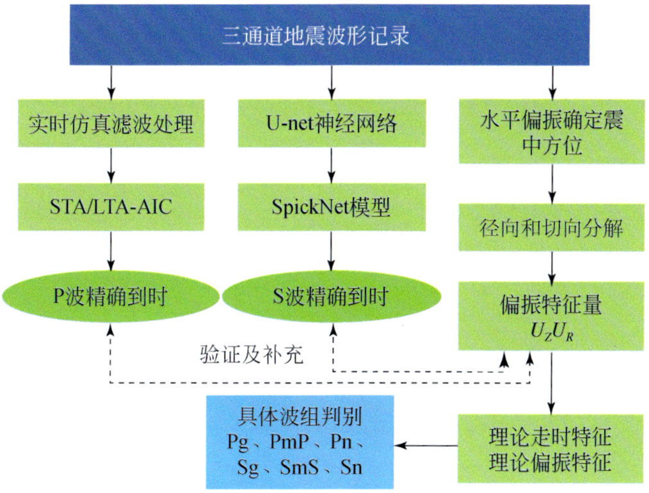

图6.18　震相综合判别技术流程图

6.5.4　震相综合识别实例

对于人工地震而言，不同震中距台站，观测到的波组类型及其理论到时各不相同，如震中距小于70km，通常只能观测到Pg波组；震中距70～130km，通常能观测到Pg和PmP波组；震中距130～180km，能观测到Pn、Pg、PmP波组。因此，震中距小于130km的台站，由于各波组分离较为明显，波组相对容易识别；但对于震中距130～180km的台站，由于多组波组相互交汇在一起，如果单独用理论走时及振幅信息是很难区分开的，而且也没法检验识别其正确与否，这时利用偏振特征，可以很好识别出正确的波组，大大提高识别的准确率。

以震中距为147km的FJ. LCGT台站为例，先对三通道记录进行径向和切向分解，求出其偏振特征量，利用STA/LTA-AIC拾取出4个精准到时时刻［图6.19（b）中的绿点］，标注出理论到时位置Pg、Pn、PmP、Sg、Sn、SmS［图6.19（b）褐色虚线］，可知该台站的理论到时与实际到时点存在较大的偏差，同时相同波组的理论到时很接近，特别是Pg和Pn几乎重叠在一起。如果只采用理论到时来判断，将无法确认出具体波组的类型。因此，增加偏振特征判定方法，针对图6.19（b）中所拾取的4个精确到时点（绿点），分别在其附近展开搜索，绘出质点运动轨迹图，如图6.19（c）～(f）所示。图6.19（c）为第一个拾取点的偏振运动情况，质点沿着一定方向振动，偏振线性度高达0.99，偏振角为50.3°，远大于Pg正常偏振角，据此第一个拾取点判断为Pn波组。图6.19（d）为第二个拾取点的质点运动轨迹，质点沿着一、三象限振动，偏振线性度高达0.986，偏振角为40.8°，该震中距下PmP偏振角通常在40°左右，第二个拾取点判定为PmP波组。

图6.19（e）为第三个拾取点的质点运动轨迹图，图中质点沿着二、四象限偏振，偏振线性度高达0.929，偏振角为-15.3°，判定第三个拾取点为Sn波组。图6.19（f）为第四个拾取点所做的质点运动轨迹图，图中质点沿着二、四象限偏振，偏振线性度高达0.998，偏振角为-63.7°，由于随着震中距增大，SmS的入射角增大，其偏振角会逐渐靠近90°，其绝对值会呈现大值，则第四个拾取点判定为SmS波组。因此通过偏振特征的判断，可以很好地将交汇的波组分离开来，使判别更加可靠。

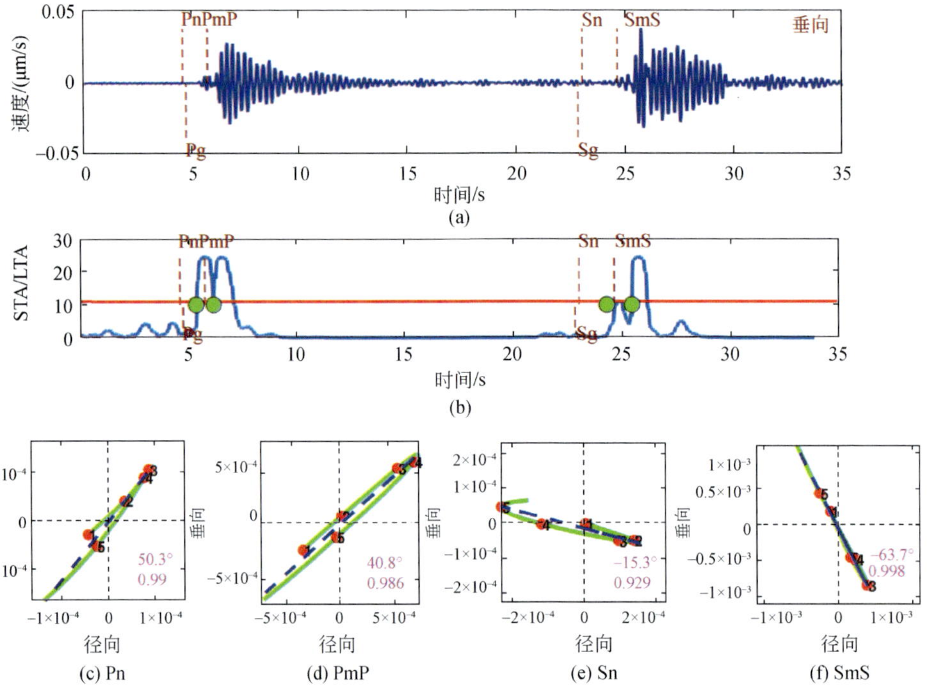

图6.19　波组重叠台站的到时拾取与质点运动轨迹图

对于破裂尺度较小的中小地震（震级小于6级），在得到较可靠的定位结果的前提下，利用本章介绍的技术思路和途径，可以开展多组震相的自动识别，并将其标注在波形上，以便人工进一步确认。但对于7级以上大震，由于受破裂过程的影响，不能在近场开展上述波组的识别，只有震中距远大于破裂长度的区域，才能适用。另外，对于具有一定深度的天然地震，Pg，Sg为直达波，而并非基底界面的绕射波，这与人工震源不同。

6.6　本章小结

在高频辐射近似条件下，地震震源激发的球面波可近似看成平面波，其传播路径可以用地震波射线来表示。地震波射线的走时（简称走时）和地震波的偏振特性是识别各种地震波震相的两个最重要的特征量，前者属于运动学范畴，刻画了从震源到台站的用时，它也挟带了地下介质的重要信息。偏振是各种震相的地震波，由于入射角的不同，在入射平面内地表的垂直分量与水平分量振动幅度的比例不同，它反映了震源（深度和震中距）、不同介质界面、不同波组震相类型的综合影响。走时和偏振特性是识别各种震相特征最重要的科学基础。

假定一个地区的介质模型是精确、可靠的，那么由震源深度和震中距就可计算出各种震相到达台站的理论走时，如果震相拾取正确，台站获得的实际到时与理论走时相差一个常数，这个常数就是发震时刻差。对于初至震相（Pg 或 Pn），一般不需要确定波组性质，目前常用长短时平均算法判定震相到达的粗略时间，再用 AIC 算法来精确拾取 P 波（Pg 和 Pn）的到时，用于地震定位。对于 S 波可借助人工智能方法来帮助识别 S 波到时，提高 S 波的拾取精度和数量，但对于其他更多的震相到时的拾取，有一定的难度。在此情况下，利用定位结果可以估计震相的理论到时，以理论到时为中心开窗（窗长保留前后 1s 时间），引入人工智能技术和偏振特性帮助识别震相。因此，本章简介 P 波和 S 波入射到地表的偏振特性，从理论上阐明了 P 波入射到地表时，入射角与视出射角的关系，以及 SV 波入射时，S 波入射角和视出射角的理论关系。以此为基础，以地表激发的人工地震波（气枪震波）为例，介绍了 Pg、Pn、PmP 和 Sg、Sn 等震相的偏振特性，并以偏振特性构建特征量，进而更好地识别近场台网的各种震相到时。

第 7 章　地震预警实时定位技术

地震的发震时间 T_0 和空间位置（x，y，h）是地震的重要基本参数。在台站布局合理的前提下，要准确测定这四个参数至少需要四个台的 P 波震相到时或有三个台的 P 波震相到时以及一个台的 S 波震相到时，但这需要等待一定的时间。另外，参照震级测定的国家标准，在近场只能测定 M_L 震级，也就是需要震中位置以便利用首台的 S 波峰值和量规函数计算首台的震级。因此，地震预警实时定位是在信息不完备的情况下，将确定震中位置作为首要目标重点研究。

地震预警实时定位技术与自动速报、人工速报的定位方法有较大的区别，前者可用的台站数较少，后者可充分利用多台资料参与定位。在秒秒必争的背景下，预警定位不但要充分利用前几台的触发信息，而且要把未触发台的信息、等待下一个台站触发时间等都作为重要信息参与定位。本章将围绕上述问题展开讨论，系统介绍地震预警实时定位技术，另外对于网外地震（如沿海省市地震部门要测定外海强震的位置），本章也介绍了利用同一台站的 Pn 和 Sg 两种震相的定位方法供参考。

7.1　地震预警实时定位

7.1.1　触发与未触发台信息的综合利用

假定在震中附近，区域地壳介质是局部均匀的，则可事先做出台网的 Voronoi 图（简称 V 图），具体做法为，假定 S_1 和 S_2 为台网中的任意两个相邻台。连接 S_1 和 S_2，作 S_1 和 S_2 连线的垂直平分线。如果 S_1 台先触发，则震中只能在垂直平分线的 S_1 一侧，反之则在 S_2 一侧。与此类似，以台网中的某一台为中心，与其相邻的台站连线做垂直平分线，即可以做出整个台网的 V 图（图 7.1 为 2017 年福建地震台网的 V 图，含福建 85 个台站，周边省份 53 个台站）。这种将某一台站包围起来的集合图形，其物理意义就是当震中落入此图形中时，该台站将作为首台触发，这就限定了震中的范围。

众所周知，当已知一个震源或者震中位置时，可以预测台网中台站触发的顺序，这种顺序与震中位置是一一对应的。只要台站的运行状态正常，最先触发的一定是震中附近的台站，而且触发的顺序一定按震中距由小至大排序，因此前四台的触发顺序与震中位置必然是一一对应的，当然，震中位置不同排列的顺序也不同。这种可以参与定位的台站排列顺序就是关联台站。关联台站判定的主要思路为：

（1）如果首台 S_1 触发，将 S_1 台的 V_1 区域划分为若干更小区域，这些更小区域发生地震时都可对应着一个唯一的台站，这个台站将在 S_1 后作为第二台触发，这些可能触发台站的集合就是可能的关联台站（S_j，$j=2$，3，…，n），假定构成 S_1 台 V_1 图的相邻台站有

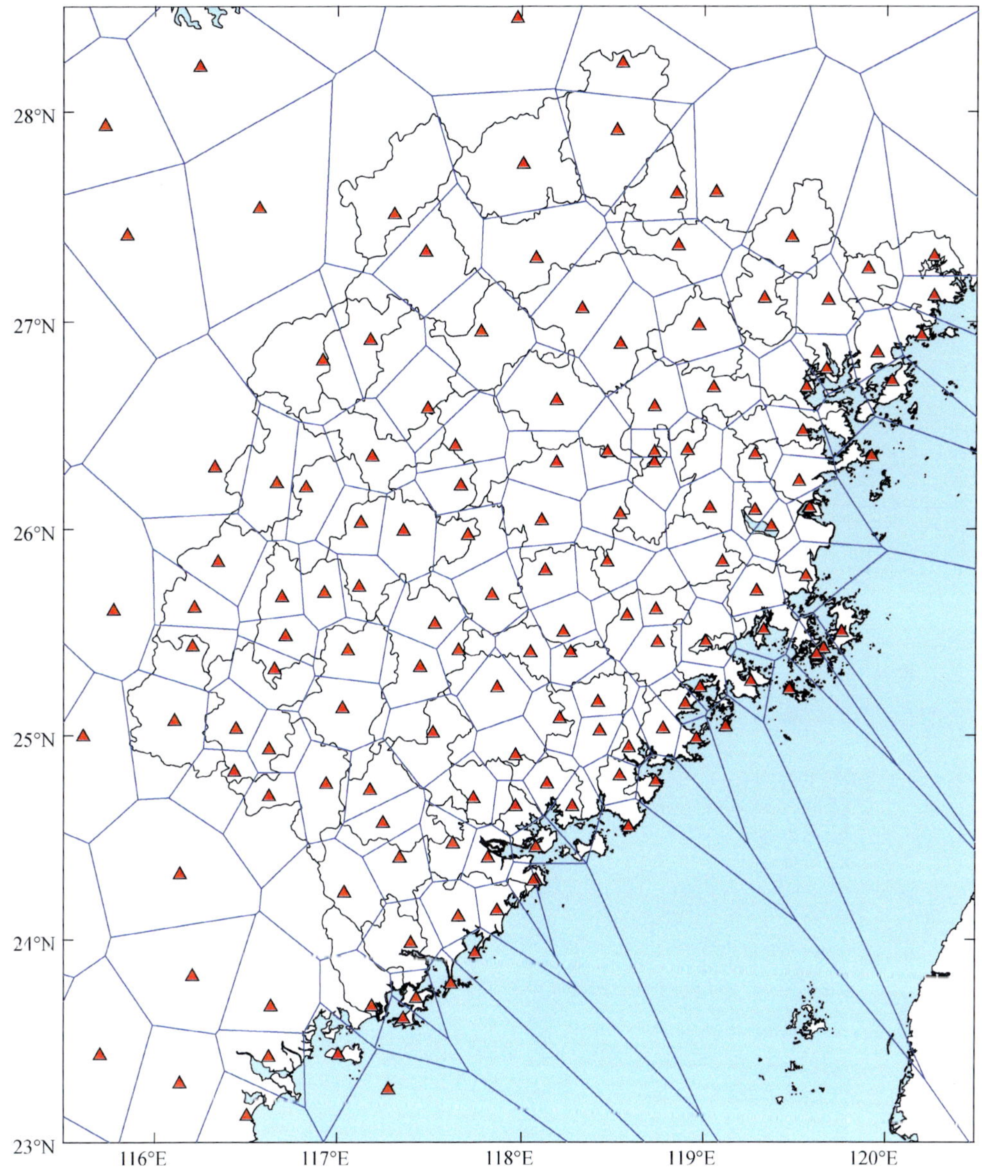

图 7.1　2017 年福建地震台网的 V 图

n 个，第二台的触发只能从这 n 个关联台站中产生，如图 7.2 所示；

（2）随着第二台触发，震中只能在由 S_1 和 S_2 共同确定的更小区域中，这意味着可进一步缩小震中区域，将潜在震中区域划分为若干网格，如果每个网格发生一个地震，可推测出台站触发的顺序，对所有网格发生的地震进行分析，可以准确判定出哪些台站可能是第三台触发的备选台站，这些台站的集合就构成了第三台触发的关联台站，以此类推，可以逐步构建动态的关联台站集合。

地震预警的定位技术与地震自动速报定位、人工定位有较大的不同，其特殊性主要体现在：

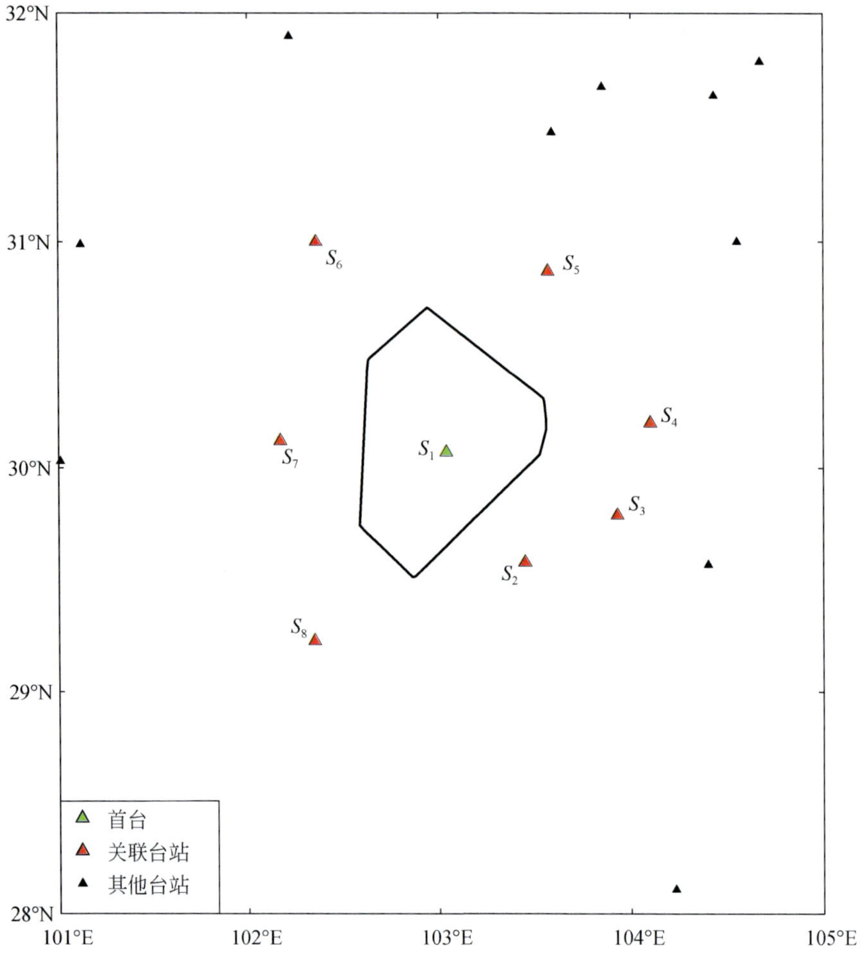

图 7.2　首台 S_1 触发及其关联台站

（1）参与定位的台站数极少，由于要尽快确定震中位置，一般只能按台站触发的顺序用前四台的触发到时信息。

（2）计算预警震级和预测烈度都需要较准确的震中位置，因此震中位置的确定非常重要；理论上，采用前三台的 P 波到时无法确定震源深度 h，此时，可根据历史地震统计事先假定一个震源深度，如福建多数地震的震源深度约为 10km，以便用于估计预警时间。

（3）单台、双台、三台、四台的连续定位在本质上是排除震中位置的不可能区域，保留可能的潜在震中区域，未触发台的信息作为一种约束条件可用于逐步缩小可能的区域，因此触发台的信息和未触发台的信息都参与连续地震定位。

（4）在单台至四台连续定位过程中，从首台触发开始，与首台关联台站中触发的等待时间是最重要的参数，利用等待时间，可以进一步动态缩小可能的震中区域，并判定震中定位误差是否满足定位精度要求，如果满足则输出定位结果。

（5）台网越密集，定位时间越快，网内地震的定位结果也较精确；网外地震定位精度普遍较低。评估定位的误差可在地震发生之前进行，分析结果可做成数据库，地震发生后调用结果即可。另外，还可用历史上发生的地震进行误差分析。根据我国地震定位的误差标准，可将定位精度 R_c 分成五类，如表 7.1 所示。这些定位精度的要求在后续定位分析中将会用到。

表 7.1　震中定位精度

精度类别	一类	二类	三类	四类	五类
定位精度 R_c/km	$R_c\leqslant 5$	$5<R_c\leqslant 10$	$10<R_c\leqslant 20$	$20<R_c\leqslant 30$	$R_c>30$

显然，这种定位精度的要求对于预警工程建成后的密集台网是不适合的。对于强震，“三网融合”后的平均台间距达到 12km 左右，其首台触发的定位精度都可达 6km 左右，其三台的定位精度至少要在 1 ~ 2km。因此，要在预警工程完工后，根据台网的空间布局，对组建的不同“虚拟台网”的定位误差进行评估，以便重新修订定位精度的标准。当然，在此之前，这些定位精度的分类标准还是可以使用的。

7.1.2　首台触发限定震中区域

建立局部坐标系，以首个触发的台站作为坐标原点，以首台及其关联的某一台站 $S_j(j=2, 3, \cdots, n)$ 的连线为 x 轴，正向指向 S_j，建立坐标系，震源坐标为 (x, y, h)，如图 7.3 所示。

设 $\Delta t_j = T_{Pj} - T_{P1}$ 为等待第 2 个关联台站触发的时间，S_1 到 S_2 的台间距为 d_{j1}，根据 P 波走时方程可以得到：

$$\Delta t_j = \frac{1}{v_P}\left[\sqrt{(d_{j1}-x)^2+y^2+h^2}-\sqrt{x^2+y^2+h^2}\right] \tag{7.1}$$

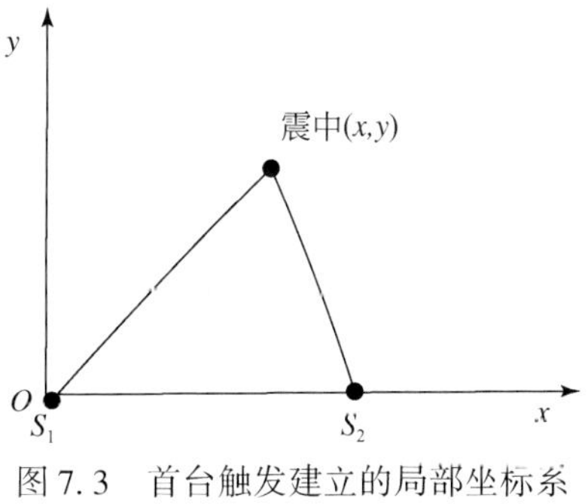

图 7.3　首台触发建立的局部坐标系

从而得到 x，y 满足下列方程：

$$\begin{cases} x = P_1 + P_2 r \\ P_1 = \dfrac{d_{j1}}{2}\left(1-\dfrac{S_{j1}^2}{d_{j1}^2}\right) \\ P_2 = -\dfrac{S_{j1}}{d_{j1}} \end{cases} \tag{7.2}$$

其中 r 和 S_{j1} 表示：

$$\begin{cases} r = (x^2 + y^2 + h^2)^{1/2} \\ S_{j1} = V_P(T_{Pj} - T_{P1}) = V_P\Delta t_j \end{cases} \tag{7.3}$$

也可以得到震中应满足的双曲线方程：

$$\frac{\left(x - \frac{d_{j1}}{2}\right)^2}{a^2} - \frac{y^2}{b^2} = 1 \tag{7.4}$$

$$\begin{cases} a^2 = \left(\frac{S_j}{2}\right)^2 + \frac{S_{j1}^2}{d_{j1}^2 - S_{j1}^2}h^2 \\ b^2 = \frac{1}{4}(d_{j1}^2 - S_{j1}^2) + h^2 \end{cases} \tag{7.5}$$

由于 $0 \leqslant x \leqslant \frac{d_{j1}}{2}$，故必有

$$x(t) = \frac{d_{j1}}{2} - a\left(1 + \frac{y^2}{b^2}\right)^{1/2} \tag{7.6}$$

据此，可将首台触发后的 V_1 图进一步缩小，作为 $x(t)$ 上界的估计可以得到：

$$x_m(t) = \frac{d_{j1}}{2} - \frac{S_{j1}}{2} \tag{7.7}$$

即有 $0 \leqslant x(t) \leqslant x_m(t)$，其中：

$$x_m(t) = \frac{d_{j1}}{2} - \frac{1}{2}(V_P\Delta t_j) \tag{7.8}$$

通过引入等待时间 Δt_j，可将首台的 V_1 图进一步缩小，如图 7.4 所示。如果 $x = 0$ 时，可以得到等待第 S_j 台触发的最长等待时间为

$$\Delta t_{mj} = d_{j1}/V_P \tag{7.9}$$

首台触发后，以首台台站坐标作为震中位置，定位误差 r_c 为

$$r_c = \frac{1}{2}\max\{d_{j1}\}\ (j = 2, 3, \cdots, n) \tag{7.10}$$

d_{j1} 表示第 j 个关联台站与首台的台间距，引入等待时间后，定位误差可以进一步缩小到：

$$r_c(\Delta t) = \frac{1}{2}\max\{d_{j1} - V_P\Delta t_j\} \tag{7.11}$$

如果 $r_c(\Delta t)$ 满足定位精度要求，则给出震中定位结果，如果不满足，则需等待第二台的触发。

7.1.3　双台定位确定的震中区域

当与首台 S_1 关联的第二台 S_2 触发时，坐标系就正式选定 S_1S_2 的连线为 x 轴，坐标原点选定在首台位置，S_2 的坐标为（d_{21}，0）则震中（x，y）满足方程：

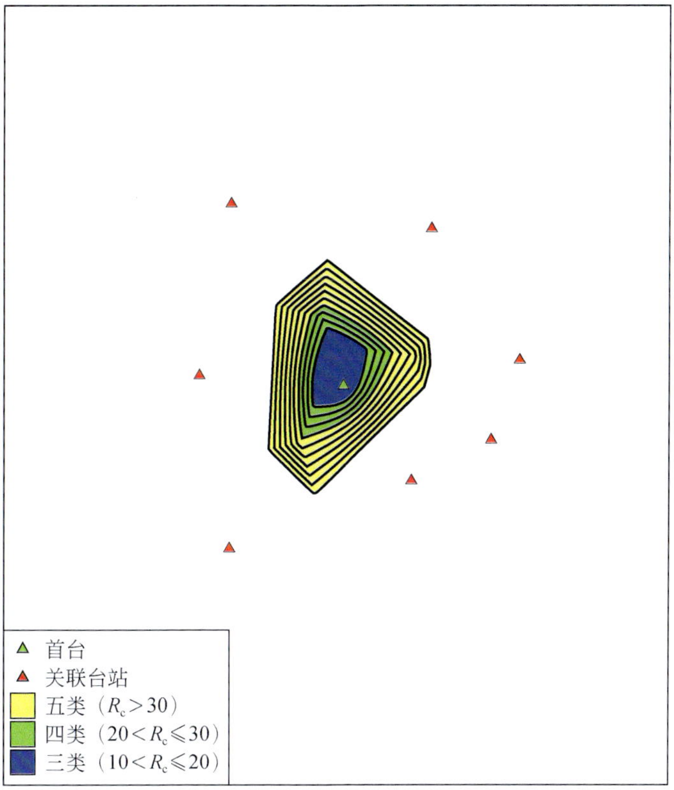

图 7.4　等待第二台 P 波到的动态 V_1 图及动态定位精度

$$\begin{cases} x = P_1 + P_2 r \\ r = (x^2 + y^2 + h^2)^{1/2} \\ P_1 = \dfrac{d_{21}}{2}(1 - P_2^2) \\ P_2 = -\dfrac{S_{21}}{d_{21}} \\ S_{21} = V_P(T_{P2} - T_{P1}) \end{cases} \tag{7.12}$$

由于 P_1 和 P_2 为常数，则震中坐标 (x, y) 满足双曲线中靠近首台的一支：

$$x = \frac{d_{21}}{2} - a\left(1 + \frac{y^2}{b^2}\right)^{1/2} \tag{7.13}$$

$$\begin{cases} a^2 = \left(\dfrac{S_{21}}{2}\right)^2 + \dfrac{P_2^2}{1 - P_2^2}h^2 \\ b^2 = \dfrac{d_{21}^2}{4}(1 - P_1^2) + h^2 \end{cases}$$

如图 7.5 所示，假定 S_3、S_4 是其关联台站。当震源深度 h 分别为 0km 和 30km 时，由式（7.13）可切出对应于两个深度的两条双曲线，这两条曲线与 S_1S_3 连线的交点分别为

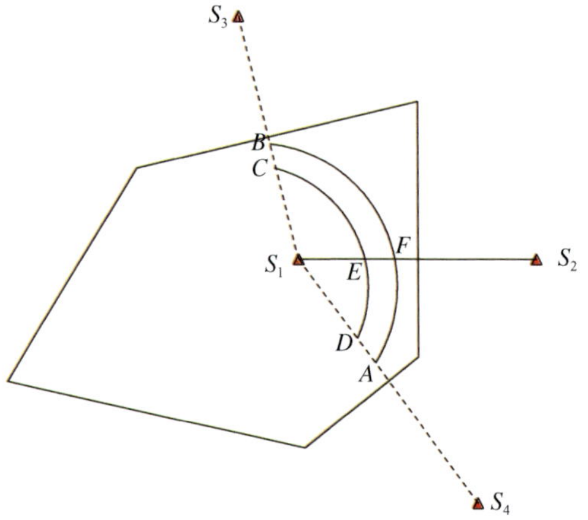

图 7.5　第二台触发后的关联台站及可能震中示意图

B、C 二个交点，与 S_1S_4 连线的交点分别为 A、D 二个交点。由于未来第三台只可能在 S_3 和 S_4 中选择，如果第三台是 S_3 触发，则震中区域将落在 FBCE 区域；如果第三台是 S_4 触发，则震中区域将落在 AFED 区域内，目前这两种可能性都存在，因此震中区只能在 ABCD 中的区域。此潜在震源图形的形心坐标为 (x_c, y_c)，则震中坐标为

$$\begin{cases} x = x_c \\ y = y_c \end{cases} \tag{7.14}$$

假定在 S_1 和 S_2 关联中的台站 $S_j(j=3, 4)$ 坐标为 (x_j, y_j)，S_1 和 S_j 的台间距为 d_{j1}，可以得到如下方程：

$$\begin{cases} y = b_1 + b_2 r \\ b_1 = \dfrac{1}{2y_j}(d_{j1}^2 - 2x_j P_1 - S_{j1}^2) \\ b_2 = \dfrac{-1}{y_j}(x_j P_2 + S_{j1}) \\ S_{j1} = V_P(T_{Pj} - T_{P1}) = V_P \Delta t_j \quad (j = 3,4) \end{cases} \tag{7.15}$$

Δt_j 为等待第三个台触发的时间，亦可得到：

$$y = b_1 - \frac{b_2}{P_2}(x - P_1) \tag{7.16}$$

P_1，P_2 为常数，b_1，b_2 为等待时间的函数：

$$\begin{cases} b_1 = \dfrac{1}{2y_j}(d_{j1}^2 - 2x_j P_1 - V_P^2 \Delta t_j^2) \\ b_2 = -\dfrac{1}{y_j}(x_j P_2 + V_P^2 \Delta t_j) \end{cases} \tag{7.17}$$

因此，由等待第三台触发的关联台站的方程，可以在 S_1、S_2 触发后所限定的潜在震中区内切割出等待第三个台站触发，震中只能在此以等待时间为参量表示的动态区域内（图 7.6）。

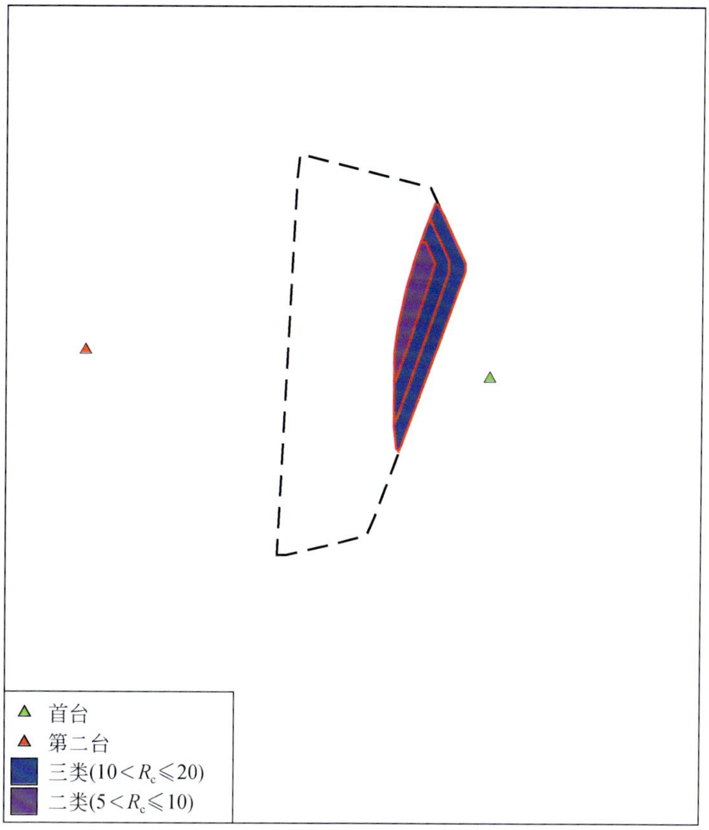

图 7.6　等待第三台 P 波到的动态 V_2 图及动态定位精度

7.1.4　三台定位确定的震中线段

当第三台 S_3 触发时，S_3 的台站坐标为 $(x_3,\ y_3)$，与第一台的台间距为 d_{31}，触发时间为 T_{P3}。由前三台的触发到时，可以得到：

$$\begin{cases} x = P_1 + P_2 r \\ y = b_1 + b_2 r \\ r = (x^2 + y^2 + h^2)\ 1/2 \end{cases} \tag{7.18}$$

其中 P_1 和 P_2 见式（7.8），b_1 和 b_2 由式（7.19）确定：

$$\begin{cases} b_1 = \dfrac{1}{2y_3}(d_{31}^2 - 2x_3 P_1 - S_{31}^2) \\ b_2 = -\dfrac{1}{y_3}(x_3 P_2 + S_{31}) \\ S_{31} = V_P(T_{P3} - T_{P1}) \end{cases} \tag{7.19}$$

据此，可以得到计算 r 的方程：

$$\begin{cases} ar^2 + br^2 + c = 0 \\ a = P_2^2 + b_2^2 - 1 \\ b = 2(P_1P_2 + b_1b_2) \\ c = P_1^2 + b_1^2 + h^2 \end{cases} \tag{7.20}$$

其解为

$$r = \frac{(P_1P_2 + b_1b_2) + [(P_1P_2 + b_1b_2)^2 + (1 - P_1^2 - P_2^2)(P_1^2 + b_1^2 + h^2)]^{1/2}}{1 - P_2^2 - b_2^2} \tag{7.21}$$

当 $h = 0$ 时，可得 $r_A = r|_{h=0}$，据此可得

$$\begin{cases} x_A = P_1 + P_2r_A \\ y_A = b_1 + b_2r_A \end{cases} \tag{7.22}$$

又当 $h = 30\text{km}$ 时，可得 $r_B = r|_{h=30}$，从而得到：

$$\begin{cases} x_B = P_1 + P_2r_B \\ y_B = b_1 + b_2r_B \end{cases} \tag{7.23}$$

点 $A(x_A, y_A)$ 和点 $B(x_B, y_B)$ 满足直线方程：

$$y = b_1 + \frac{b_2}{P_2}(x - P_1) \tag{7.24}$$

因此，A、B 二点在上述直线上截取的线段 AB 就是可能的震中轨迹线段，线段中的每一点代表一个不同震源深度 $h(0 \leqslant h \leqslant 30)$ 对应的震中位置。

震中可以定为

$$\begin{cases} x = \frac{1}{2}(x_A + x_B) \\ y = \frac{1}{2}(y_A + y_B) \end{cases} \tag{7.25}$$

震中定位误差为

$$r_c = \frac{1}{2}[(x_A - x_B)^2 + (y_A - y_B)^2]^{1/2} \tag{7.26}$$

在震中轨迹线段 AB 上，划分更少的若干线段，每一线段上发生一个地震，可以得到第四台触发的关联台站。并由此预测第四台触发的台站，设其台站坐标为 (x_4, y_4)，与首台的距离为

$$d_{41} = V_P(T_{P4} - T_{P1}) = V_P\Delta t_4 \tag{7.27}$$

由此可得到定位方程：

$$\begin{cases} x = P_1 + P_2r \\ y = b_1 + b_2r \end{cases} \tag{7.28}$$

其中 $r = r(h, \Delta t_4)$ 为

$$r = r(h, \Delta t_4) = \frac{1}{2}\frac{[d_{41}^2 - S_{41}^2 - 2(x_4P_1 + y_4b_1)]}{S_{41} + x_4P_2 + y_4b_2} \tag{7.29}$$

通过引入第四台触发的等待时间 Δt_4，可进一步缩小震中 (x, y) 的线段长度（图 7.7）。

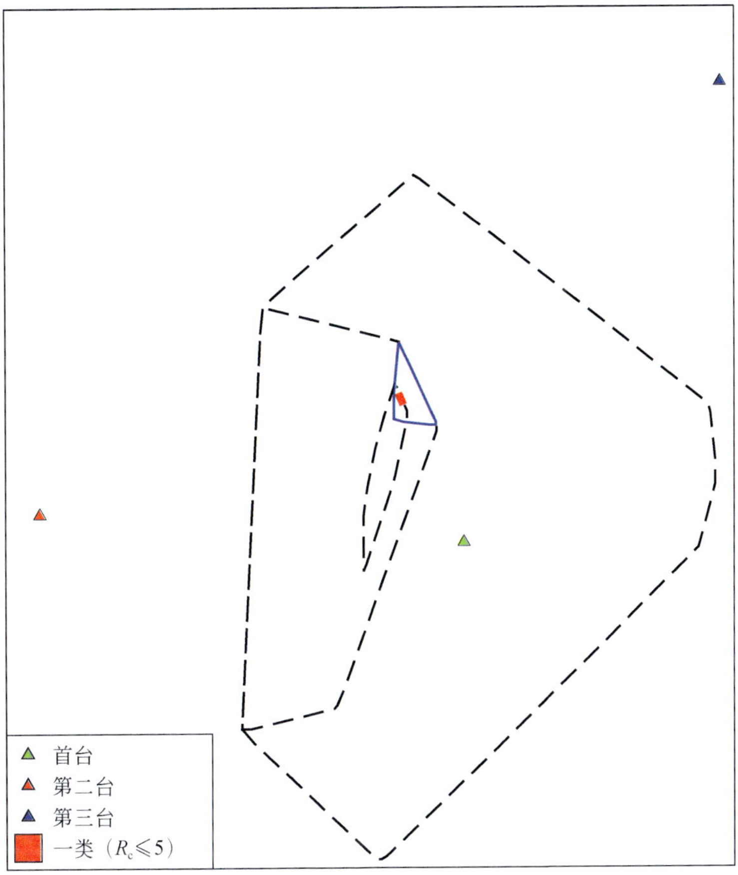

图 7.7　等待第四台 P 波到的动态 V_3 图及动态定位精度

当 $h=0$，$r_A = r|_{h=0}$，可得 A 点动态坐标：

$$\begin{cases} x_A(\Delta t_4) = P_1 + P_2 r_A(\Delta t_4) \\ y_A(\Delta t_4) = b_1 + b_2 r_A(\Delta t_4) \end{cases} \tag{7.30}$$

当 $h=30\text{km}$，$r_B = r|_{h=30}$，得到：

$$\begin{cases} x_B(\Delta t_4) = P_1 + P_2 r_B(\Delta t_4) \\ y_B(\Delta t_4) = b_1 + b_2 r_B(\Delta t_4) \end{cases} \tag{7.31}$$

从而得到震中位置为

$$\begin{cases} x = \dfrac{1}{2}[x_A(\Delta t_4) + x_B(\Delta t_4)] \\ y = \dfrac{1}{2}[y_A(\Delta t_4) + y_B(\Delta t_4)] \end{cases} \tag{7.32}$$

误差半径为

$$r_c = \{[x_B(\Delta t_4) - x_A(\Delta t_4)]^2 + [y_B(\Delta t_4) - y_A(\Delta t_4)]^2\}^{1/2} \tag{7.33}$$

7.1.5　四台测定震源位置

一般来讲，通常地震参数包括震源（x，y，h）和发震时间 T_0 四个参数，故需要四个台站的 P 波到时，才能定量确定。如果第四台已触发，其到时为 T_{P4}，第四台与首台的距离为 d_{41}，第四台的台站坐标为（x_4，y_4），则定位结果（图 7.8）为

$$\begin{cases} x = P_1 + P_2 r \\ y = b_1 + b_2 r \end{cases} \tag{7.34}$$

其中，

$$\begin{cases} r = \dfrac{1}{2} \dfrac{[d_{41}^2 - 2(x_4 P_1 + y_4 b_1) - S_{41}^2]}{S_{41} + x_4 P_2 + y_4 b_2} \\ S_{41} = V_P(T_{P4} - T_{P1}) \end{cases} \tag{7.35}$$

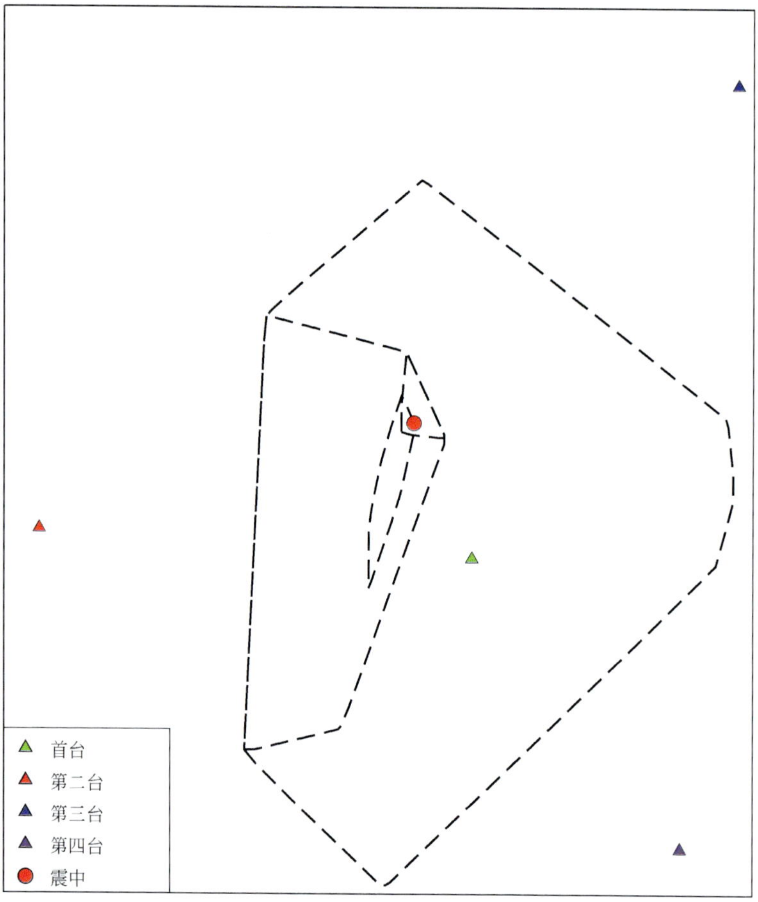

图 7.8　第四台 P 波到时刻震中位置

如前文所述，利用前四台的 P 波到时以及等待时间，进行连续定位逐步缩小震中区域，直到最终确定震源位置。但需要注意的是首台 S 波到时 T_{S1} 也很重要，如果已得到首

台 S 波到时，则：

$$T_{S1} - T_{P1} = \Delta t_{S\text{-}P} = r\left(\frac{1}{V_S} - \frac{1}{V_P}\right) \tag{7.36}$$

直接得到 r：

$$\begin{cases} r = V_\varphi \Delta t_{S\text{-}P} \\ V_\varphi = V_P V_S / (V_P - V_S) \end{cases} \tag{7.37}$$

因此，前三台的 P 波到时和首台的 S 波到时也可以完全确定震中位置

$$\begin{cases} x = P_1 + P_2 r \\ y = b_1 + b_2 r \end{cases} \tag{7.38}$$

以及震源深度：

$$h = r^2 - x^2 - y^2 \tag{7.39}$$

至此，前四台的定位方法介绍完结。如果能识别到首台 S 波，则应优先使用，它可减少台网布局带来的影响。例如，从前三台定位公式可以看出，如果 $y_3 \to 0$，也就是 S_1，S_2，S_3 三个台站基本连成一条直线时，则难以得到好的定位结果。从四台 P 波到时定位式（7.38）也可发现，四台中有三台构成线性台阵时，也不能获得定位结果。这种情形在台网偏于一边的网外地震会经常出现，此时需等待更多台站触发，遴选合适的台站参与定位。

概括来讲，一个台网建成后，每个台与其相邻台的台间距就成为已知的信息。连续定位方法就是建立以首台为坐标原点，以首台与第二个触发台站的连线作为 x 轴，满足右手定则建立新坐标系，以震中新坐标 (x, y) 以及首台震源距 r 为求解目标，以前四台 P 波到时为参数构建方程组，计算得到震中位置后，通过坐标变换就可得到真正的震源位置参数。这种坐标系的选择和所建立的特殊方程都是为了简化传统方程组的复杂性，突出问题所在。

另外，对于一个已建好的地震台网，可以按 5km 或 10km 的尺寸打网格，假设每个网格发生一次地震（假定震源深度为 10km 或 20km），按前四台的定位程序模拟从首台开始触发起算要等待多少时间以及多大概率才能得到预期的定位结果（如定位精度小于 10km）。图 7.9 为福建台网（2015 年）分析结果，大致要等到 3 ~ 4s，才能有 90% 以上的概率获得精度小于 10km 的定位结果。当然，“国家地震烈度速报与预警工程”完成后，除网外地震外，定位的时效性、准确性和可靠性会明显增强。

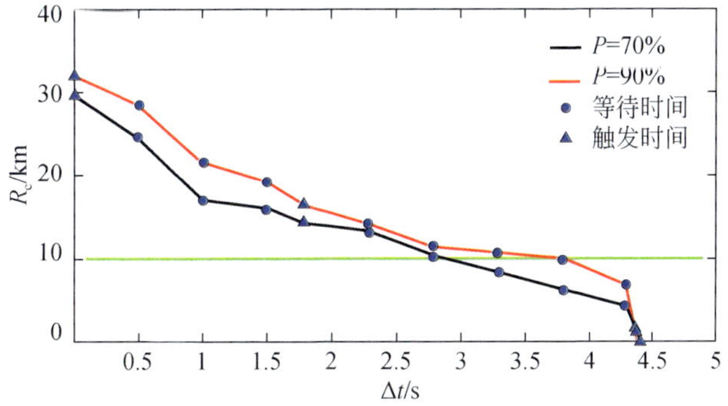

图 7.9　福建台网地震预警定位精度变化图

7.2 台网布局对三台和四台定位的误差分析

7.2.1 定位误差分析

前四台的定位误差主要来自两个方面，一是信息不完备，台站的触发到时信息不足以精确测定震源，两台定位主要是这一问题，通过触发和未触发台的信息以及等待下一个关联台站触发的等待时间，进一步动态缩小可能的震中区域，并按这一区域的几何形状判定震中（形心）位置和最大误差；二是台网中台站布局对定位的影响，四台定位精度主要取决于台网布局，三台定位比较特殊，两种误差兼而有之。此节主要分析台站的布局以及捡拾 P 波的误差给定位带来的影响。

假定震源深度 h 为常数，根据三个台站 P 波到时的定位方程为

$$\begin{cases} x = P_1 + P_2 r \\ y = b_1 + b_2 r \\ r = (x^2 + y^2 + h^2)^{1/2} \end{cases} \tag{7.40}$$

注意到

$$\delta r = \frac{x}{r}\delta x + \frac{y}{r}\delta y \tag{7.41}$$

则有

$$\begin{cases} \delta x = \delta P_1 + r\delta P_2 + P_2\delta r \\ \delta y = \delta b_1 + r\delta b_2 + b_2\delta r \end{cases} \tag{7.42}$$

即

$$\begin{cases} \left(1 - \frac{x}{r}P_2\right)\delta x - \frac{y}{r}P_2\delta y = \delta P_1 + r\delta P_2 \\ -\frac{x}{r}b_2\delta x + \left(1 - \frac{y}{r}b_2\right)\delta y = \delta b_1 + r\delta b_2 \end{cases} \tag{7.43}$$

解 δx，δy 的方程组，可以得到：

$$\begin{cases} \delta x = \delta P_1 + r\delta P_2 + \frac{y}{r}[-b_2(\delta P_1 + r\delta P_2) \\ \qquad + P_2(\delta b_1 + r\delta b_2)] \\ \delta y = \delta b_1 + r\delta b_2 + \frac{x}{r}[b_2(\delta P_1 + r\delta P_2) \\ \qquad - P_2(\delta b_1 + r\delta b_2)] \end{cases} \tag{7.44}$$

注意到：

$$S_{21} = V_{\mathrm{P}}(T_{\mathrm{P2}} - T_{\mathrm{P1}}) \tag{7.45}$$

$$\delta(S_{21}) = (T_{\mathrm{P2}} - T_{\mathrm{P1}})\delta V_{\mathrm{P}} + V_{\mathrm{P}}(\delta t_{\mathrm{P2}} - \delta t_{\mathrm{P1}}) \tag{7.46}$$

在震中附近的台站范围内，V_P 变化很小，假定 $\delta V_P = 0$，δt_{P1}，δt_{P2}，δt_{P3} 均为捡拾 P 波到时的误差，假设拾取误差相同，即：

$$\delta(S_{21}) = \delta(S_{31}) = \delta(S_{41}) \tag{7.47}$$

$$\begin{cases} \delta P_1 = -\dfrac{S_{21}}{d_{12}}\delta(S_{21}) \\ \delta P_2 = -\dfrac{\delta(S_{21})}{d_{12}} \end{cases} \tag{7.48}$$

$$\begin{cases} \delta b_1 = \dfrac{1}{y_3 d_{12}}(x_3 S_{21} - d_{12} S_{31})\delta(S_{21}) \\ \delta b_2 = \dfrac{1}{y_3 d_{12}}(x_3 - d_{12})\delta(S_{21}) \end{cases} \tag{7.49}$$

故可得到：

$$\begin{cases} \delta P_1 + r\delta P_2 = \dfrac{-(r + S_{21})}{d_{12}}\delta(S_{21}) \\ \delta b_1 + r\delta b_2 = G(\delta P_1 + r\delta P_2) \\ G = \dfrac{-1}{y_3}\left[x_3 - d_{12}\left(\dfrac{r + S_{31}}{r + S_{21}}\right)\right] \end{cases} \tag{7.50}$$

$$\begin{cases} \delta x = \left[1 + \dfrac{y}{r}(P_2 G - b_2)\right]\left[\dfrac{-(r + S_{21})}{d_{12}}\right]\delta(S_{21}) \\ \delta y = \left[G + \dfrac{x}{r}(b_2 - P_2 G)\right]\left[\dfrac{-(r + S_{21})}{d_{12}}\right]\delta(S_{21}) \\ G = \dfrac{-1}{y_3}\left[x_3 - d_{12}\left(\dfrac{r + S_{31}}{r + S_{21}}\right)\right] \end{cases} \tag{7.51}$$

定义震中误差半径

$$r_c = (\delta^2 x + \delta^2 y)^{1/2} \tag{7.52}$$

以及无量纲误差半径

$$D_c = \frac{r_c}{|\delta(S_{21})|} \tag{7.53}$$

可以得到三台 P 波定位误差为

$$D_c = \frac{\{[r + y(P_2 G - b_2)]^2 + [rG + x(b_2 - P_2 G)]^2\}^{1/2}}{|r - xP_2 - yb_2|} \times \left(\frac{r + S_{21}}{d_{12}}\right) \tag{7.54}$$

$$r_c = D_c \cdot |\delta(S_{21})| \tag{7.55}$$

同理可以推导出三台 P 波和首台 S 波到时定位引起的误差为

$$\delta P_1 + r\delta P_2 = \frac{-(r + S_{21})}{d_{12}}\delta(S_{21}) = Q\delta(S_{21}) \tag{7.56}$$

$$\delta^2 x + \delta^2 y = [Q\delta(S_{21}) + P_2\delta r]^2 + [QG\delta(S_{21}) + b_2\delta r]^2 \tag{7.57}$$

一般拾取 S 波的误差要比 P 波大，假设为 η 倍，S 波波速在震中附近不变的条件下，可得到：

$$\delta(r) = \eta\delta(S_{21}) \tag{7.58}$$

故

$$\begin{cases} r_c = D_c \cdot |\delta(S_{21})| \\ D_c = [Q^2(1+G^2) + (P_2^2 + b_2^2)\eta^2 + 2Q(P_2 + Gb_2)\eta]^{1/2} \\ Q = -\dfrac{(r+S_{21})}{d_{12}} \\ G = \dfrac{-1}{y_3}\left[x_3 - d_{12}\left(\dfrac{r+S_{31}}{r+S_{21}}\right)\right] \\ \eta = \dfrac{\delta r}{\delta(S_{21})} = 1.7 \end{cases} \tag{7.59}$$

同理，可推导出四台 P 波定位误差分析结果。引入二个新变量 q_1 和 q_2，即：

$$\begin{cases} q_1 = [d_{41}^2 - S_{41}^2 - 2(x_4P_1 + y_4b_1)] \\ q_2 = [S_{41} + x_4P_2 + y_4b_2] \end{cases} \tag{7.60}$$

q_1 和 q_2 与 r 的关系为

$$\begin{cases} r = \dfrac{1}{2}\dfrac{q_1}{q_2} \\ \delta r = Q\delta(S_{21}) \\ Q = \dfrac{1}{2}\dfrac{S_1q_2 - S_2q_1}{q_2^2} \end{cases} \tag{7.61}$$

$$\begin{cases} \delta x = \left[P_2Q - \dfrac{(r+S_{21})}{d_{12}}\right]\delta(S_{21}) \\ \delta y = \left[b_2Q - \dfrac{(r+S_{21})}{d_{12}}G\right]\delta(S_{21}) \end{cases} \tag{7.62}$$

图 7.10 为利用上述方法进行定位时，对福建“十二五”地震台网采用三台 P 波与一台 S 波定位和“十三五”地震台网采用四台 P 波定位的震中误差半径评估结果。评估分析中，假设在间隔为 10km 的均匀网格内发生一次地震，分析结果以无量纲半径来说明表示。四台震中定位误差半径 r_c 为

$$\begin{cases} r_c = D_c \cdot |\delta(S_{21})| \\ D_c = \left[\left(P_2Q - \dfrac{(r+S_{21})}{d_{12}}\right)^2 + \left(b_2Q - \dfrac{(r+S_{21})}{d_{12}}G\right)^2\right]^{1/2} \end{cases} \tag{7.63}$$

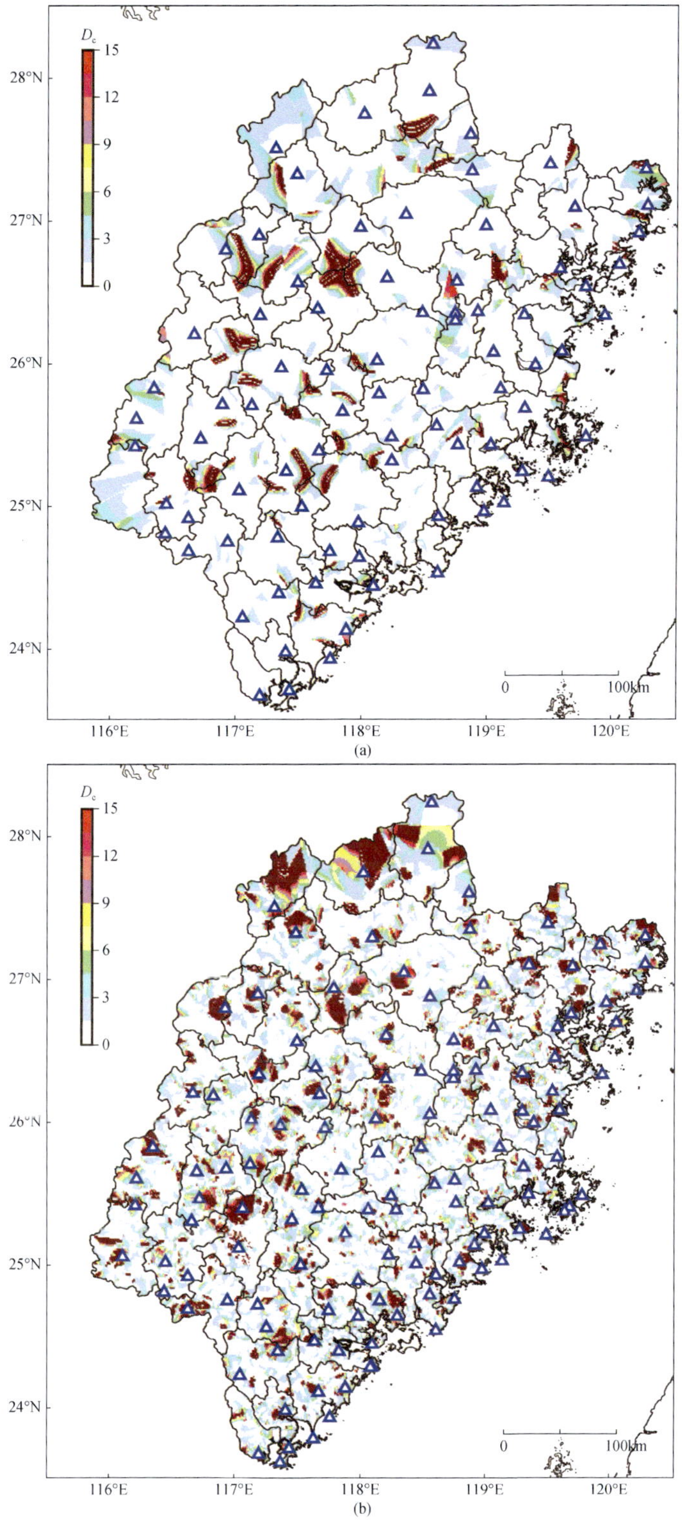

图 7.10　福建台网地震预警定位震中误差半径分布图

(a) 福建“十二五”台网三台 P 波与一台 S 波震中定位误差半径；(b) 福建“十三五”台网四台 P 波定位误差半径

7.2.2 地震预警定位的可靠性

地震预警定位的可靠性对于预警震级和预测烈度的计算十分重要，它一般应满足如下条件：

（1）预警主要针对强震，因此 P 波初动的信噪比较高，易于识别。

（2）确定的震中位置与台站触发的顺序一一对应；首台触发开始在扣除数据处理和通信延迟后的等待时间，应小于等于最大等待时间，而且后续台站的触发时间和顺序可以用定位结果解释。

（3）对于网内地震，前四台的定位误差，主要取决于信息不够完备或者台网布局导致的定位误差，定位误差一般不超过 10km，最大不超过 15km，理论走时和实际走时的差一般不超过 0.5s。

（4）对于网外地震，由于 V 图未封闭，一般要四台以上 P 波到时才能定位。换句话说，至少要 5 个台站触发后，优选台站参与定位，更多的台站触发后转入多台定位程序。

以上分析是基于预警工程完成之前福建台网平均台间距为 30 ~ 40km 给出的分析结果，预警工程完成后，定位误差要缩小到公里级，但分析思路是一致的。

7.3 网外地震多台定位技术

随着时间的推进，触发的台站逐步增多，问题就逐步演化为多台（四台以上）定位问题。地震定位问题是地震学的经典科学问题，研究方法丰富多彩，既简单又复杂，但一个科学合理、精确可靠的定位结果应满足如下条件：一是要有布局合理的地震监测台网，布局合理的地震监测台网是获取足够震相确定震源的前提，应尽可能包围潜在震源。相对来讲，网内地震的定位可以利用近台对震源深度进行约束，定位精度较高。而网外地震一般较难，特别是震中距远大于震源深度时，震源深度不易精确测定。因此对网外较远地震时，如台湾海峡地震，必须要使用新的技术途径来进行定位。二是要有科学可靠的地球介质模型，从福建陆海地壳探测结果的实际情况看，陆地地壳厚度约为 30km，存在 3km 深度的结晶基底面，说明上下二层介质速度有一定差异；19 ~ 21km 深度时有较弱的 C 界面，表明上下界面速度差异较小；30km 左右时的 M 界面反射波和 Pn 波较强，说明上下界面速度差异较大；海域地壳厚度在 28km 左右，2 ~ 3km 有明显的结晶基底界面，18 ~ 19km 时有较弱的 C 界面，28km 时有较强反射波的 M 界面。这与华南模型的地壳厚度和波速结构有一定差异。因此，采用华南模型定位的结果有一定误差，这种误差在网外定位时可能就不能满足要求。三是能合理解释依据介质模型计算得到的各种近震震相的走时。

如果同一台站利用的震相越多，则对震源位置的约束就越强，定位的结果也就越可靠。因此，网外地震如台湾海峡地震高精度定位时应尽量利用同一台站更多震相到时，这种思路与传统多台定位技术上有较大的不同。

7.3.1　利用 Pn 和 Sg 联合定位

目前，多台定位技术对网内和网缘地震都十分有效，如 Hyposat 和 LocSAT 等程序，对于序列震还可使用双差定位方法等确定相对震中，在此不再详细介绍。对于网外地震（离台网约 100km 以上）定位的精度较难保证，特别是深度难以定准。对于网外地震如台湾海峡中线的地震，沿岸台站获得的初至震相多数为 Pn，由于震中离沿岸台站约 100km 以上，S 波与 P 波分得较开，到时差约 12s 以上，Pn 和 Sg 都比较容易自动识别。因此可以将每个台站的 Pn 和 Sg 作为一对震相，用其到时参与定位。以单层模型为例，如图 7.11，介绍定位原理如下。

第一步，充分利用同一台站的已知震相 T_{Pn} 和 T_{Sg} ，求解发震时间 T_0 和震源深度 h 。

震相 Pn 和 Sg 的走时方程分别为

$$T_{\text{Pn}} - T_0 = \frac{2H - h}{V_{\text{P1}}}\cos\theta_{\text{P1}} + \frac{\Delta}{V_{\text{P2}}} \tag{7.64}$$

$$T_{\text{Sg}} - T_0 = \frac{(\Delta^2 + h^2)^{1/2}}{V_{\text{S1}}} \tag{7.65}$$

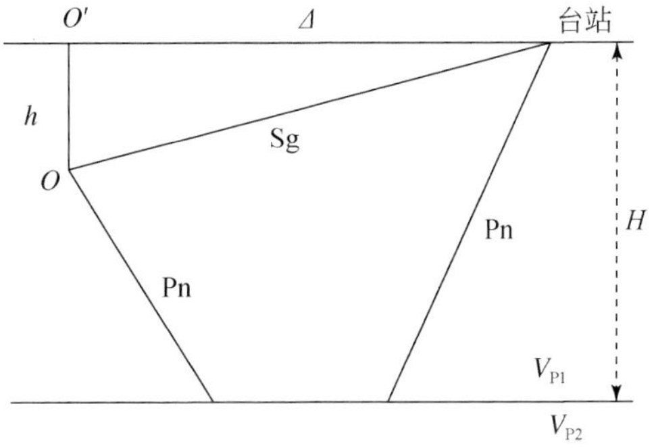

图 7.11　Pn 和 Sg 射线关系图

因此，震中距 Δ 可表示为

$$\Delta = [V_{\text{S1}}^2 (T_{\text{Sg}} - T_0)^2 - h^2]^{1/2} \tag{7.66}$$

代入 Pn 的走时方程为

$$\begin{cases} T_{\text{Pn}} - T_0 = \dfrac{2H - h}{V_{\text{P1}}}\cos\theta_{\text{P1}} + \dfrac{1}{V_{\text{P2}}}[V_{\text{S1}}^2 (T_{\text{Sg}} - T_0)^2 - h^2]^{1/2} \\ \cos\theta_{\text{P1}} = [1 - \sin^2\theta_{\text{P1}}]^{1/2} \\ \sin\theta_{\text{P1}} = \dfrac{V_{\text{P1}}}{V_{\text{P2}}} \end{cases} \tag{7.67}$$

由于同一台站的 T_{Pn}、T_{Sg} 已知，故可利用多台的 Pn 和 Sg 震相，通过最小二乘法先拟合确定 T_0 和 h 。

$$f(T_0,h) = \sum_{j=1}^{N} \left([T_{Pn}(j) - T_0] - \frac{2H-h}{V_{P1}}\cos\theta_{P1} - \frac{1}{V_{P2}}\{[T_{Sg}(j) - T_0]^2 V_{S1}^2 - h^2\}^{1/2} \right)^2 \tag{7.68}$$

这样不需要知道震中位置，可以先得到 T_0，h。通过引入 Sg 震相，约束了震中距和 h。

第二步，如果台站坐标为 $(x_j,\ y_j)(j=1,\ 2,\ \cdots,\ N)$，能够记录到 Pn 和 Sg 震相，记为 $T_{Pn}(j)$ 和 $T_{Sg}(j)(j=1,\ 2,\ \cdots,\ N)$。假定发震时刻为 T_0，震源位置为 $(x_0,\ y_0,\ h)$。如果采用单层介质模型，则利用 Sg 的理论走时方程得到寻找震中位置的方程为

$$F(x_0,y_0) = \sum_{j=1}^{N} [(x_j - x_0)^2 + (y_j - y_0)^2 - V_{P1}^2\{[T_{Sg}(j) - T_0]^2 + h^2\}^2] \tag{7.69}$$

通过变网格的逐步模拟法，可以得到震中位置，这样引入 Sg 震相后，对震中和深度都有较好的控制。下面以 2018 年台湾海峡 6.2 级地震为例介绍该方法的定位应用。

首先，确定台湾海峡单层介质模型参数，统计 2012～2018 年台湾海峡地震 $M>3$ 的 Pn 和 Sg 走时规律，选取 300km 范围内 Sg 震相 1069 个，600km 范围内的 Pn 震相共 2572 个，拟合结果如图 7.12 所示。

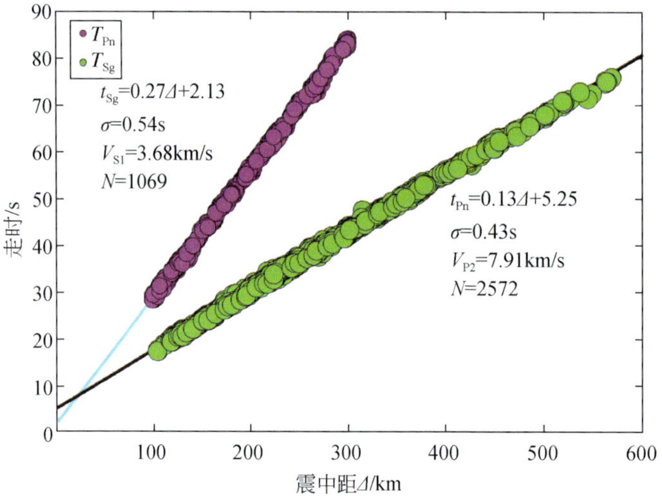

图 7.12　台湾海峡 3 级以上地震的 Pn 和 Sg 拟合结果

根据图 7.12 拟合结果可以得出 $V_{S1}=3.68\text{km/s}$，$V_{P2}=7.91\text{km/s}$。另外根据前人统计研究可知，选取单层模型 $H=30\text{km}$，$V_{P1}=6.27\text{km/s}$。

然后，已知地震事件的 T_{Sg}、T_{Pn}，根据上面推导可简化如下：

$$T_{Sg} - T_{Pn} = \gamma_1(T_{Sg} - T_0) - \gamma_2(2H - h_0)$$
$$T_{Sg} - T_{Pn} = \gamma_1(T_{Sg} - \Delta T_0) - \gamma_2(2H - h_0) \tag{7.70}$$

其中，

$$\begin{cases} \gamma_1 = \dfrac{V_{P2} - V_{S1}}{V_{P2}} \\ \gamma_2 = \dfrac{\cos\theta_{P1}}{V_{P1}} \end{cases} \tag{7.71}$$

代入单层介质模型参数，得 $\gamma_1 = 0.534$，$\gamma_2 = 0.097$，则可以通过最小二乘法求解出震源深度和发震时刻 T_0。如图 7.13 所示，根据台湾海峡 6.2 级主震编目的 Sg 和 Pn 震相到时获得 T_{Sg}、T_{Pn}，最小二乘法拟合结果得出主震的震源深度 $h_0 = 19.4\text{km}$，发震时刻与编目结果偏差 $\Delta T_0 = -0.803\text{s}$。

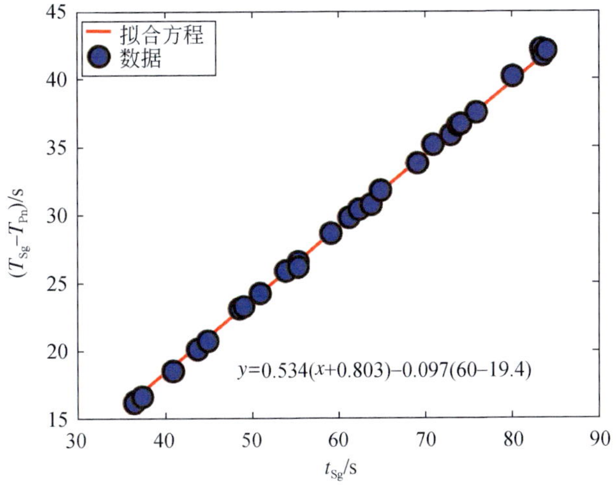

图 7.13　台湾海峡 6.2 级主震最小二乘法拟合结果

利用上述最小二乘法对其他台湾海峡 3 级以上的序列地震进行震源深度定位，结果如图 7.14 所示，图中空圈为台湾海峡 6.2 级地震序列的福建编目结果，震源深度为 4～13km，其中 6.2 级主震震源深度为 13km。利用 Pn 和 Sg 震相的震源深度重定位后，震源深度为 15～20km，其中 6.2 级主震的震源深度为 19.5km，深度定位后地震序列震源深度分布更加一致，主震的震源深度最深。

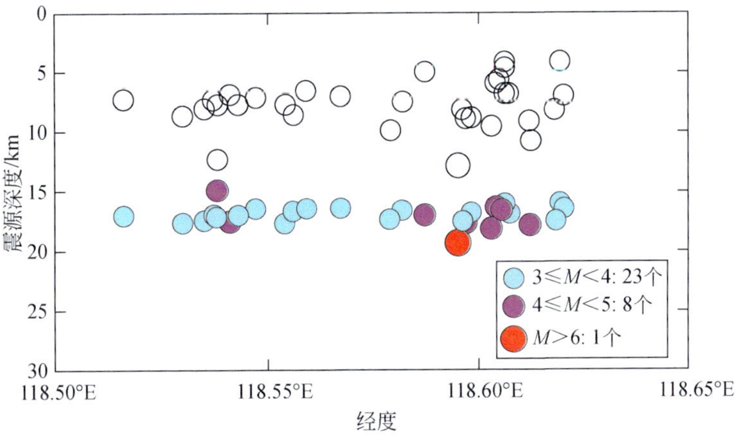

图 7.14　台湾海峡 6.2 级地震序列的深度定位结果

在震源深度定位的基础上进行震中定位，震中定位结果会得到一定的改善。对于多层介质，其定位思路也一样，这种方法的最大优点就是用同一台站的 Pn 和 Sg 对震中距和深度有很好的约束，比利用台站一个初至震相 Pg 或 Pn 都应好得多。

7.3.2　sPn 与 Pn 震相确定震源深度的方法

对于网外地震，如何确定 h 是一个难题。一般来说，在同一台站的 Pn 震相后，还有 sPn 震相，这二组震相的到时是一个常数，它只与震源深度有关。以单层模型为例，如图 7.15 所示，Pn 震相的走时方程：

$$t_{\mathrm{Pn}} = \frac{2H - h}{V_{\mathrm{P1}}}\cos\theta_{\mathrm{P1}} + \frac{\Delta}{V_{\mathrm{P2}}} \tag{7.72}$$

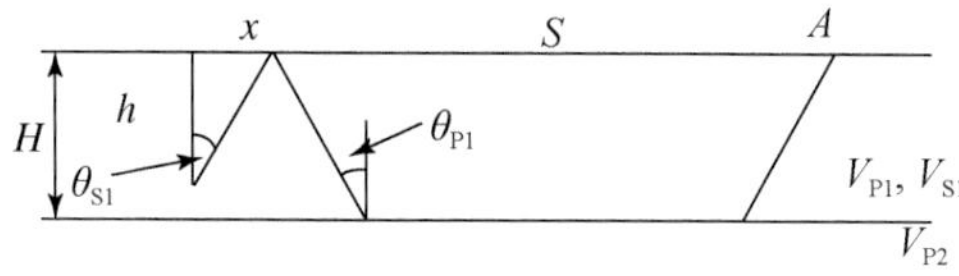

图 7.15　Pn 和 sPn 射线示意图

x 为 sPn 震相在地表反射点的震中距；S 为地表反射点到台站 A 的距离

同理，可推导 t_{sPn} 的走时方程如下：

$$\begin{cases} t_{\mathrm{sPn}} = \dfrac{h}{V_{\mathrm{S1}}\cos\theta_{\mathrm{S1}}} + \dfrac{2H}{V_{\mathrm{P1}}}\cos\theta_{\mathrm{P1}} + \dfrac{S}{V_{\mathrm{P2}}} \\ \Delta = x + S = \tan\theta_{\mathrm{S1}} h + S \end{cases} \tag{7.73}$$

利用 snell 定理可得

$$t_{\mathrm{sPn}} = \frac{2H}{V_{\mathrm{P1}}}\cos\theta_{\mathrm{P1}} + \frac{\Delta}{V_{\mathrm{P2}}} + \frac{h}{V_{\mathrm{S1}}\cos\theta_{\mathrm{S1}}} - \frac{h\tan\theta_{\mathrm{S1}}}{V_{\mathrm{P2}}} \tag{7.74}$$

故必有

$$\begin{cases} t_{\mathrm{sPn}} - t_{\mathrm{Pn}} = \dfrac{h}{V_{\mathrm{S1}}}\left(\cos\theta_{\mathrm{S1}} + \dfrac{V_{\mathrm{S1}}}{V_{\mathrm{P1}}}\cos\theta_{\mathrm{P1}}\right) \\ \dfrac{\sin\theta_{\mathrm{S1}}}{V_{\mathrm{S1}}} = \dfrac{\sin\theta_{\mathrm{P1}}}{V_{\mathrm{P1}}} = \dfrac{1}{V_{\mathrm{P2}}} \end{cases} \tag{7.75}$$

因此，二组震相到时差与 h 关系为

$$\begin{cases} h = k(t_{\mathrm{sPn}} - t_{\mathrm{Pn}}) \\ k = \dfrac{V_{\mathrm{S1}}}{\left(\cos\theta_{\mathrm{S1}} + \dfrac{V_{\mathrm{S1}}}{V_{\mathrm{P1}}}\cos\theta_{\mathrm{P1}}\right)} \approx 2.75 \end{cases} \tag{7.76}$$

式中，k 为常数。对于多层介质也可同理证明式（7.76）是正确的。不同地区 k 的数值略有变化。

7.4　讨论两个问题

7.4.1　关于台站高程对定位结果的影响

在前面三台和四台定位公式中，都未涉及台站高程的影响，这对于台站高程相差不大的台网都是可以接受的，对定位结果影响不大。如果台站高程相差较大，如几公里以上，则必须考虑高程对定位结果的影响。

如假定前三台的台站高程分别为 z_1，z_2，z_3，根据推导，前三台定位公式中的两个系数 P_1 和 b_1 修改为

$$\begin{cases} P_1 = \dfrac{d_{21}}{2}[(1-\eta_{21}) - P_2^2] \\ \eta_{21} = \dfrac{2(z_2 - z_1)}{d_{21}}\left[\dfrac{h - \left(\dfrac{z_1 + z_2}{2}\right)}{d_{21}}\right] \end{cases} \tag{7.77}$$

$$\begin{cases} b_1 = \dfrac{1}{2y_3}[d_{31}^2(1-\eta_{31}) - S_{31}^2 - 2x_3P_1] \\ \eta_{31} = \dfrac{2(z_3 - z_1)}{d_{31}}\left[\dfrac{h - \left(\dfrac{z_1 + z_3}{2}\right)}{d_{31}}\right] \end{cases} \tag{7.78}$$

其余参数 P_2 和 b_2 不变。对于台间距较大的台网，由于 d_{21} 和 d_{31} 都远大于 h 和台站高程差，故 η_{21} 和 η_{31} 都趋于0，高程对定位几乎没有影响。但预警工程建成后，d_{21} 和 d_{31} 与 h 的量级相当，是否考虑高程影响，取决于 $\dfrac{2(z_2 - z_1)}{d_{21}}$ 和 $\dfrac{2(z_3 - z_1)}{d_{31}}$ 的比值。

同理，对于四台定位，也可得 r 的修正值：

$$\begin{cases} r = \left(\dfrac{1}{2}\right)\dfrac{d_{41}^2(1-\eta_{41}) - 2(x_4P_1 + y_4b_1) - S_{41}^2}{S_{41} + x_4P_2 + y_4b_2} \\ \eta_{41} = \dfrac{2(z_4 - z_1)}{d_{41}}\left[\dfrac{h - \left(\dfrac{z_1 + z_4}{2}\right)}{d_{41}}\right] \end{cases} \tag{7.79}$$

7.4.2　关于波速涨落对定位误差的影响

在预警定位中，假定波速在震中附近是局部均匀的，相当于取为常数，这种误差相较于定位信息不完备带来的误差要小得多。因此，在三台和四台定位时，仅考虑了识别 P 波走时带来的误差。在统计中各台站识别 P 波的误差几乎是相同的，故假定了 $\delta(S_{21}) = \delta(S_{31}) = \delta(S_{41})$。但如果考虑射线波速涨落和走时识别带来的误差，则应考虑如下公式，将 S_{31} 和 S_{41} 的误差折合为 S_{21} 的误差，即：

$$\begin{cases} \delta(S_{31}) = \delta(S_{21}) + \dfrac{\delta V_{\mathrm{P}}}{V_{\mathrm{P}}}(S_{31} - S_{21}) + V_{\mathrm{P}}(\delta T_{\mathrm{P3}} - \delta T_{\mathrm{P2}}) \\ \delta(S_{41}) = \delta(S_{21}) + \dfrac{\delta V_{\mathrm{P}}}{V_{\mathrm{P}}}(S_{41} - S_{21}) + V_{\mathrm{P}}(\delta T_{\mathrm{P4}} - \delta T_{\mathrm{P2}}) \end{cases} \tag{7.80}$$

据此也可得到考虑波速涨落和走时误差引起的定位误差公式。如果假定捡拾误差服从某种概率分布，则可对定位结果的误差进行概率统计分析。

7.5 本章小结

预警定位与自动速报和人工速报定位在技术上有较大区别，原因在于前者可用的信息较少。一般来讲，要确定一个震源位置，至少要有四台 P 波的到时信息，但预警定位从首台触发就开始定位，逐步发展为单台、双台、三台、四台连续定位的技术。这种技术的特点就是要充分利用触发台和未触发台的信息，以及下一台触发的等待时间，排除不可能是潜在震中的区域，逐步缩小震中误差。其定位误差主要来源于信息不完备以及台网布局和震相捡拾误差。测定震级和计算烈度都与震中距有关，因此在地震预警中将震中定位排在优先的位置，震源深度留待首台 S 波到达后或者四台 P 波到达时来测定。本章详细介绍关联台站的定义和判别方法，研究了单台、双台、三台、四台连续定位的方法，以及震中定位的误差分析。由于多台定位技术已有相关教程介绍，可参阅有关书籍。最后对网外地震多台定位技术介绍了用同一台站 Pn 和 Sg 震相到时确定震中和震源深度的方法。

第 8 章　实时测定地震预警震级

地震预警震级的快速测定是地震学家面临的挑战性难题，其难度在于所利用的台站既少又离震中较近，而且只能利用 P 波触发后几秒钟的信息，此时 P 波的发育还不充分，难以准确测定震级，特别是大震震级。为此，地震学家进行了艰辛的探索，提出了许多预警震级的测定方法，其中最有代表性的就是利用位移峰值 P_d 和周期 τ_c 测定震级的方法。τ_c 和其他测定震级的方法难以与国家颁布的震级标准相衔接，连续测定的最终结果也不会收敛于单（本）台站测定的震级。因此，在实践中除了位移峰值或者速度峰值方法外，其余的方法都不宜采用，当然作为研究探索是可以的，这主要考虑作为震级标度要符合相关震级的定义，又能与自动速报测定的震级相衔接。日本预警系统采用 P 波和 S 波二套位移公式计算震级。此方法的缺点就是要区别 P 波与 S 波，同时测定震级的收敛速度较慢。

8.1　地震预警震级测定的思路与算法

8.1.1　地震预警震级测定的思路

震级是地震释放地震波能量大小的一种量度。传统上它一般可用水平运动两个方向 S 波最大振幅的平均值或者面波水平矢量最大振幅来测定，也可用 P 波最大振幅和宽频带垂直分量面波速度峰值或者地震矩来测定震级。按照国际和国家标准，震级一般有 M_L、m_b、m_B、M_S、$M_{S(BB)}$、M_W 六种标准，测定 m_b 和 m_B 要求震中距 $\Delta > 5°$（550km 以上）；M_S、$M_{S(BB)}$ 要求震中距 $\Delta > 2°$（220km 以上）；M_W 要求更高，对于 M 较大时，Δ 也必须很大。从预警的时效性来看，只有 M_L 比较适合于预警震级的测定。但 M_L 震级大约在 6.5 级地震时就饱和，此时要充分利用震中附近的站网，特别是烈度计网测定的震中烈度 I_0，由 I_0 计算的震级即烈度震级，以保证大震时对震级也有较好的测定结果。

在本章中，解决此问题的基本思路如下：

（1）震级作为一种权威性技术标准，其测定要符合国家标准。测定震级的公式本身不区分 P 波和 S 波，只实时量取 DD1 型地震计的水平或垂直分量的最大地动位移。其测定一般以 Δt 为时间间隔，如取 0.5s 或者 1s 为间隔连续测定，当 S 波峰值到达时应收敛于台站测定的国家标准 M_L 震级。

（2）利用 P 波信息测定震级时，前 2s 测定结果的可靠度较低，仅做参考；第一报的测定结果可从 P 波第三秒开始，可靠度逐渐增加；S 波峰值到达时，可靠度达到 1.0，测定的预警震级收敛于国家标准 M_L。地震发生后，由于各台站 P 波触发时间不一致，测定的震级时间也不一致，当综合各台站的测定结果时，应按各台站测定震级的可靠度加权平均，给出预警震级。

（3）地震计由于受动态范围的限制（一般约为 140dB），能有效监测中小地震，但近场 6 级以上强震容易限幅。另外，用加速度计实时仿真位移记录测定 M_L 时，尽管已无限幅问题，但由于 M_L 震级本身的局限性，当测定的震级大于 6.5 级时将趋于饱和，用 M_L 震级难以测准大于 7.0 级以上的地震，故引入烈度震级的概念。利用近震中附近强震观测加速度实时记录测定仪器烈度，进而测定震中烈度 I_0。利用 I_0 和 M 的经验统计关系计算烈度震级 M_I。

（4）当预警震级达到 6.5 级左右时，对 M_L 和 M_I 进行比较，取 $M = \max\{M_L, M_I\}$，作为发布的地震震级。这既满足时效性的要求，又避免 M_L 震级在大震时的饱和问题。另外，我国 M_L 标准中的量规函数 $R(\Delta)$，由于过去近场资料积累不够，在 $\Delta < 50\text{km}$ 时精度较差，补偿不够，会使近台测定的震级值偏小，应以修正。

（5）以川滇台网为例，研究了基岩台地震仪和烈度计测定 M_L 震级问题，提出了川滇地区基岩台和烈度计台测定 M_L 震级的量规函数和台站校正值。

8.1.2　预警震级的实时算法

将速度计和加速度计波形记录进行实时基线校正并实时仿真到自振周期 $T_0 = 1.0\text{s}$，阻尼比为 0.707（国际上常用 Wood-Anderson 型地震计，自振周期为 0.8s，阻尼比为 0.8）的位移记录，则由震中距为 Δ，台站记录得到的水平二分量位移幅值最大值的平均值为 U_m，台站测定的 M_L 震级定义为

$$M_L = \lg U_m + R(\Delta) + S \tag{8.1}$$

式中，$R(\Delta)$ 为量规函数；S 为台站校正值。在此暂不考虑台站校正值。

如果每隔 1s 或者 0.5s，测量一个 $U_m(t_j)$，则可得到一个 $M(t)$。如果 t_m 为 S 波的峰值到时，当 $t \geq t_m$ 时，$M(t)$ 收敛于 M_L，但是按此方法收敛速度较慢。为了加快收敛速度，可将测量公式改成如下形式：

$$M(t) = a_1(t)[\lg U_m(t)] + a_2(t)\lg(\Delta) + a_3(t) \tag{8.2}$$

式中，$U_m(t)$ 为台站记录在检测到 P 波后 t 时的最大位移振幅（可以为垂直分量，水平

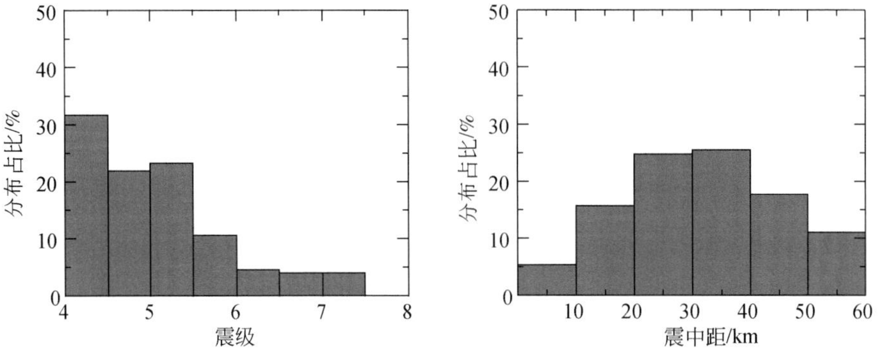

图 8.1　日本 141 个事件中震级分布占比与震中距分布占比

两分量最大振幅的平均值）; $a_1(t)$, $a_2(t)$, $a_3(t)$ 为需要拟合的系数，并要求 $t \geqslant t_m$ 时，$M(t) = M_L$。由于我国近场记录较少，采用日本 KiK-net 台网建成后至 2007 年 8 月震级大于 4.0 级的 141 个地震事件，强震记录共计 803 条，震级和震中距分布如图 8.1 所示。通过最小二乘拟合可以得到 $a_1(t)$, $a_2(t)$, $a_3(t)$ 的系数见表 8.1。触发后 3s、8s、15s、20s 的拟合震级如图 8.2 所示。

表 8.1　利用日本近场强震数据拟合得到的 $a_1(t)$, $a_2(t)$, $a_3(t)$

t/s	水平向						垂直向					
	日本震级拟合系数			M_L 震级拟合系数			日本震级拟合系数			M_L 震级拟合系数		
	a_1	a_2	a_3	a_1	a_2	a_3	a_1	a_2	a_3	a_1	a_2	a_3
1	0.956	1.392	1.977	0.961	1.393	1.980	0.882	1.486	1.638	0.909	1.494	1.599
2	0.946	1.606	1.542	0.935	1.602	1.570	0.936	1.499	1.456	0.933	1.498	1.471
3	0.893	1.967	0.946	0.896	1.970	0.948	0.947	1.662	1.126	0.940	1.659	1.151
4	0.869	2.114	0.592	0.894	2.139	0.528	0.987	1.768	0.799	0.979	1.764	0.827
5	0.935	2.128	0.287	0.997	2.188	0.101	1.030	1.739	0.665	1.028	1.739	0.677
6	0.987	1.949	0.309	1.069	2.008	0.077	1.069	1.611	0.688	1.074	1.613	0.686
7	1.011	1.732	0.482	1.077	1.764	0.315	1.064	1.445	0.873	1.061	1.445	0.887
8	1.05	1.537	0.611	1.080	1.546	0.545	1.059	1.349	0.983	1.049	1.348	1.013
9	1.035	1.402	0.796	1.056	1.405	0.757	1.05	1.275	1.084	1.038	1.275	1.116
10	1.016	1.295	0.964	1.031	1.296	0.940	1.040	1.215	1.171	1.026	1.216	1.208
11	1.011	1.253	1.026	1.022	1.254	1.011	1.034	1.173	1.231	1.016	1.175	1.274
12	1.007	1.230	1.062	1.015	1.230	1.053	1.029	1.143	1.278	1.009	1.145	1.322
13	1.004	1.215	1.087	1.010	1.215	1.081	1.026	1.131	1.295	1.006	1.134	1.341
14	1.002	1.208	1.098	1.008	1.208	1.094	1.025	1.12	1.310	1.005	1.122	1.357
15	1.001	1.200	1.109	1.006	1.200	1.108	1.024	1.115	1.316	1.003	1.118	1.363
16	1.000	1.195	1.118	1.004	1.195	1.117	1.022	1.110	1.324	1.002	1.113	1.371
17	0.998	1.191	1.127	1.002	1.191	1.128	1.020	1.103	1.338	0.999	1.106	1.384
18	0.997	1.187	1.133	1.001	1.187	1.134	1.019	1.098	1.344	0.998	1.102	1.392
19	0.995	1.185	1.139	1.000	1.185	1.139	1.018	1.093	1.352	0.996	1.097	1.400
20	0.995	1.184	1.140	1.000	1.184	1.140	1.017	1.09	1.359	0.995	1.093	1.407

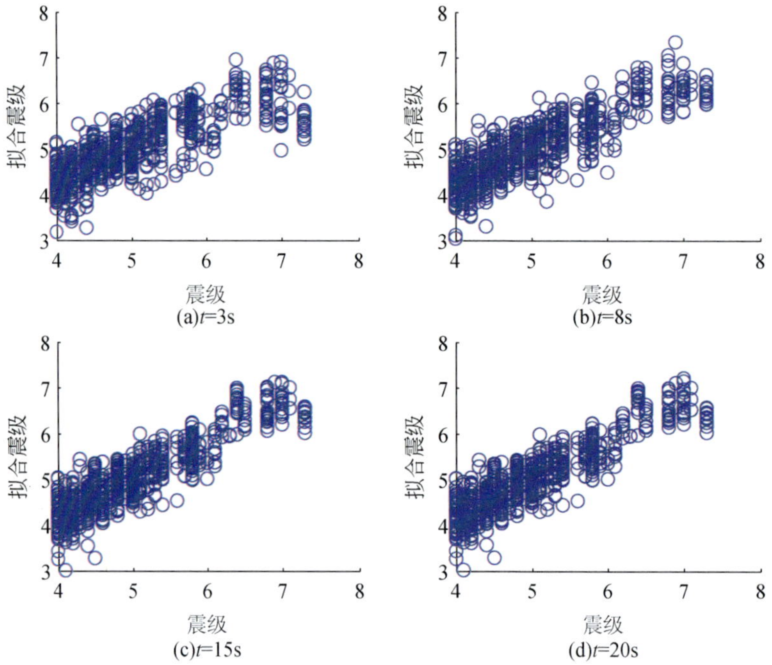

图 8.2　3s、8s、15s、20s 的拟合震级

从表 8.1 可以看出，当 P 波到后约 10s，$a_1(t)$ 的系数逐渐收敛于 1，这与传统里氏震级测定系数一致。当 $t = 20\text{s}$ 时，水平向日本震级拟合系数 $a_1 = 0.995$，$a_2 = 1.184$，$a_3 = 1.140$，据此可定义新量规函数 $R_1(\Delta)$：

$$R_1(\Delta) = M_L - a_1 \lg U_m = a_2 \lg(\Delta) + a_3 \tag{8.3}$$

从图 8.3 中可以看出我国 M_L 定义的量规函数 $R(\Delta)$ 和 $R_1(\Delta)$ 的差别主要在于 $\Delta <$ 100km，$R(\Delta)$ 的补数 $R(\Delta)$ 和 $R_1(\Delta)$ 的差别主要在于 $\Delta <$ 100km，$R(\Delta)$ 的补偿不够将导

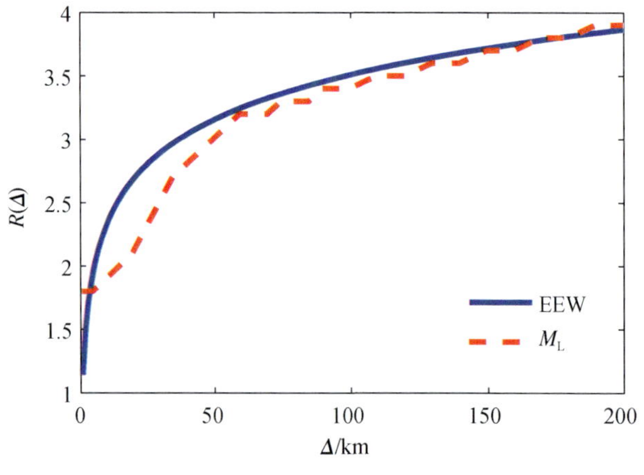

图 8.3　预警量规函数（EEW）与里氏震级量规函数 M_L 的比较

致震中附近（$\Delta<50$km）的台站测定的 M_L 震级明显偏小，而 $\Delta > 100$km 以后 $R(\Delta)$ 和 $R_1(\Delta)$ 基本一致。

此外，通过对福建台网 2003 年 2 月 ~2008 年 3 月 65 次 2.0 级以上地震、川滇地区 2006 年 1 月 ~2008 年 5 月 247 次 4.0 级以上地震中拟合得到的预警量规函数和里氏震级量规函数的比较，可以看出地区之间的量规函数有一定差异，但总体差别不大。但也都表明目前所使用的量规函数在震中距小于 50km 的近台，计算的震级偏小。而利用新拟合的量规函数则可以提高近场测定震级的精度，这对于地震预警来说至关重要。本节推荐的二套水平向和垂直向分别计算震级的公式，其量规函数差别较小。

8.1.3　利用多台数据计算地震震级

当台站触发后从 P 波到时开始每 1s 测定的震级的可靠度是不一样的；而多台触发时，触发时间有差异，导致各台站测定震级的可靠度也不一致，为了得到一个统一的平均震级，可采取下列途径。

震级计算以台站触发时间开始起算。假定第 j 个台站的 P 波到时为 t_{Pj}，P 波到后 t 时，测定的震级为 $M_j(t)$，定义一个函数 $b_j(t)$：

$$\begin{cases} \dfrac{t - t_{Pj}}{t_{mj}(\Delta) - t}, & t_{Pj} < t < t_{mj}(\Delta) \\ 1, & t > t_j(\Delta) \end{cases} \tag{8.4}$$

可得到各个台站测定的震级 $M_j(t)$ 和可靠度 $b_j(t)$ $(j = 1, 2, 3, \cdots, N)$，定义第 j 个台站震级加权系数为 $W_j(t)$ 为

$$W_j(t) = \frac{b_j(t)}{\sum_{j=1}^{N} b_j(t)} \tag{8.5}$$

则各台测定的平均震级为

$$M(t) = \sum_{j=1}^{N} W_j(t) M_j(t) \tag{8.6}$$

当 $t > t_m$ 时，测定震级收敛于平均震级即：

$$M(t) \to M_L = \frac{\sum_{j=1}^{N} M_j}{N} \tag{8.7}$$

图 8.4 为利用单台记录水平分量和垂直分量测定 M_L 震级的比较以及利用多台记录水平分量和垂直分量测定 M_L 震级的比较，从图中可以看出，经过多台加权后，计算的震级更加稳定可靠。

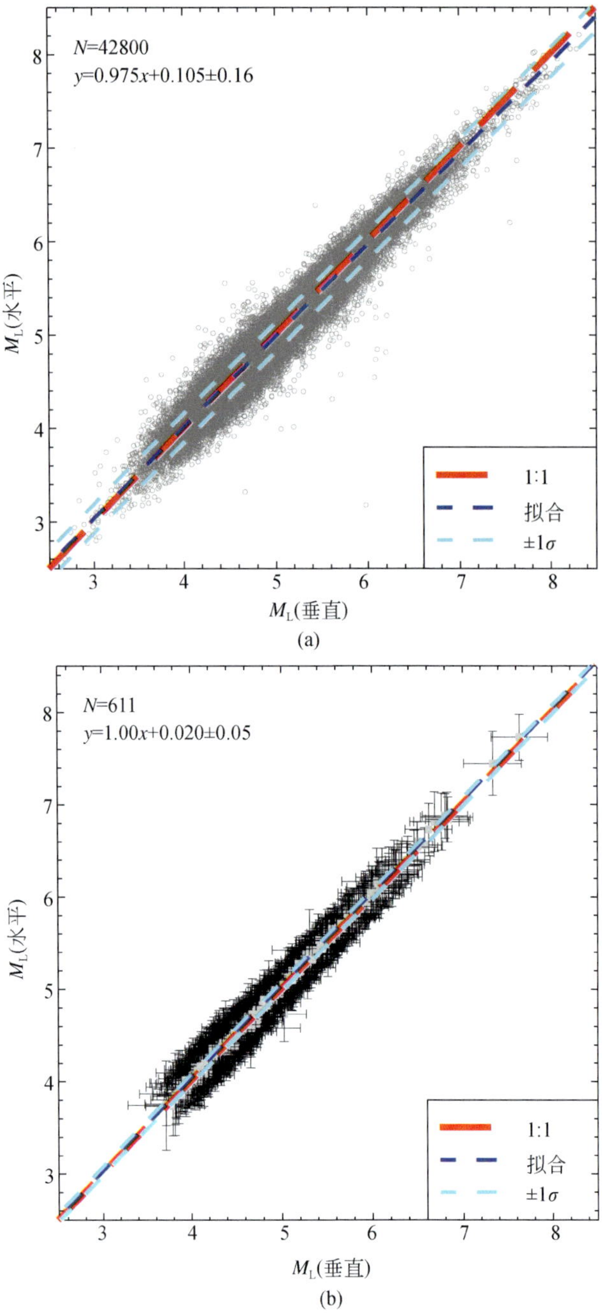

图 8.4　水平分量和垂直分量测定 M_L 震级的比较

(a) 单台记录测定震级的比较；(b) 多台记录测定震级的比较

8.1.4　烈度震级的计算方法

由于震级大于 6.5 级以后 M_L 将逐渐饱和，对于 7.0 级以上大震显然难以从 M_L 测定中得到较科学的震级，此时应用更远的台站资料和其他震级标度来测定震级。由于预警的时效性极强，难以采用更远的台站资料，因此，本节主要讨论在近场如何解决这一难题。我国正在建设地震预警和烈度速报台网，其中最显著的特点就是烈度参与预警的判断，因此从时效性的观点来看，要充分利用在震中附近的强震仪和烈度计的近场观测资料，先测定震中烈度，进而估计震级，其要点可概括如下。

（1）利用实时传输的强震和烈度计网的加速度三分量时程，滤波后计算出等效加速度峰值 $A_{0.5}$ 或 PGA 和 PGV，具体方法将在地震仪器烈度速报相关章节中介绍。

（2）如果采用福建仪器烈度标准，根据 $A_{0.5}$，利用式（8.8）计算台站烈度 I：

$$I = 2.71\lg(A_{0.5}) + 2.39 \tag{8.8}$$

如果采用国家地震仪器烈度标准，可由 PGA 和 PGV 计算台站烈度，两种标准总体相当，但略有区别。

（3）根据 96 次 $M \geqslant 4.0$ 级地震震后现场调查结果的统计分析，雷建成等（2007）得到的 M_{I} 和 I 的关系式：

$$\begin{cases} M_{\mathrm{I}} = 0.771I + 3.368\lg(\Delta + 15) - 4.135 \\ M_{\mathrm{I}} = 0.771I_0 - 0.174 \end{cases} \tag{8.9}$$

由台站烈度 I 或震中烈度 I_0，估算 M_{I}。由于烈度没有饱和问题，故由烈度计算的烈度震级也没有饱和问题，并与传统上 M 和 I_0 的关系相一致。当然 I_0 和 M 的关系对于浅源地震是基本恰当的，但对于深源大震并不适用。从中国和日本的观测资料分析来看（图 8.5，图 8.6），当震级大于 6.5 级以后，采用 M_{L} 震级将低估地震的震级，但采用烈度震级后对大震震级的测定结果将有明显改善，这主要就是烈度无饱和的缘故。

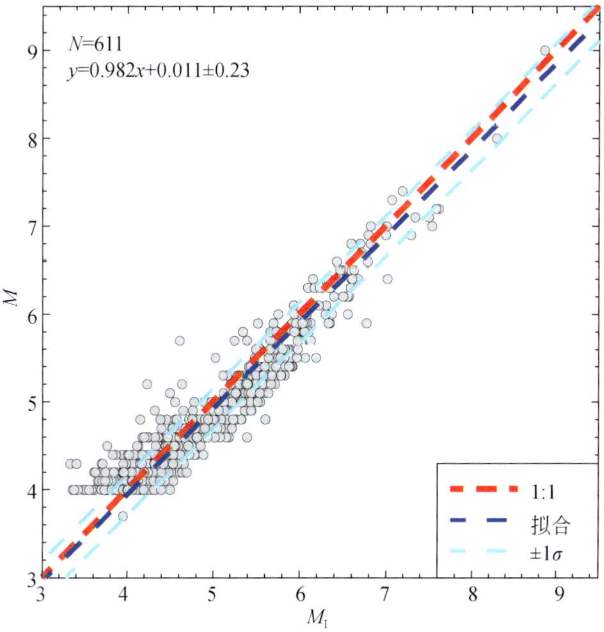

图 8.5　利用日本 KiK-net 台网资料计算的 M_{I} 震级和 M 的关系

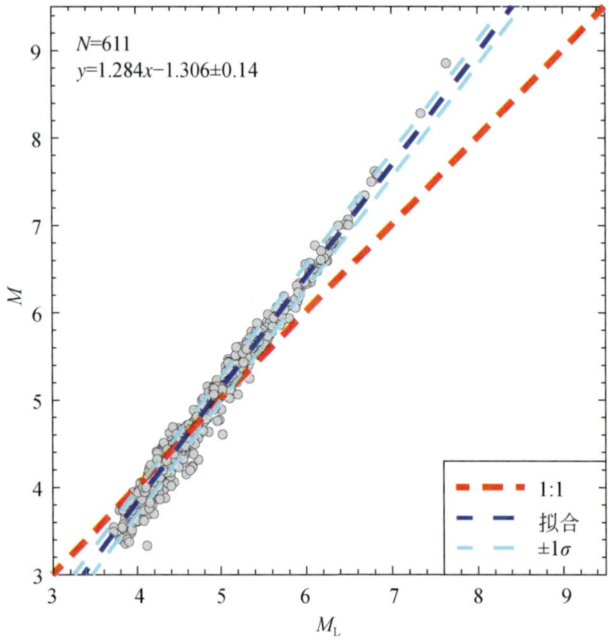

(a) 垂直向

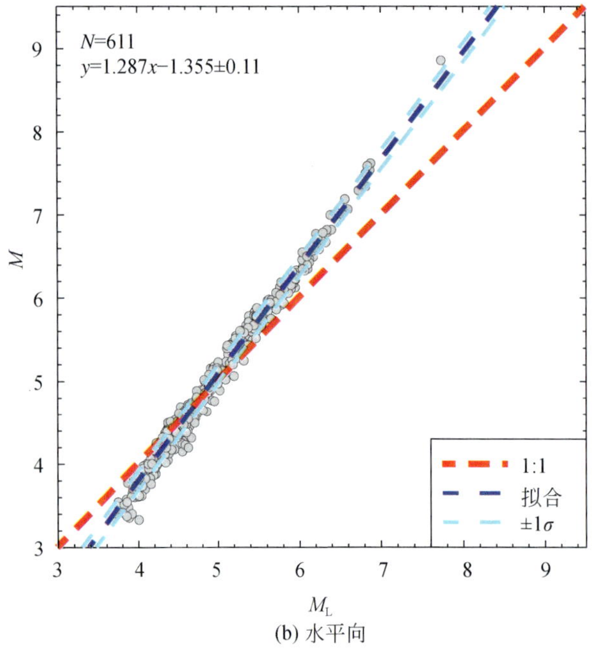

(b) 水平向

图 8.6　垂直向和水平向记录测定烈度震级

8.2　量规函数的地区性特征和台站校正值

由于地震预警所用的台站数较少，每个台站的观测数据都很宝贵，测定的震级都应该较准，而且首台不一定是基岩台，有较大的可能性是烈度计台。然而烈度计台和基本站的强震台的台址多数放置在土层上或者低矮的房间内，用它来测定震级的准确性需要进行分析。另外，我国幅员辽阔，各地区地震动的衰减规律也不相同，震级量规函数也有区域性特点。

8.2.1 基准台测定地方震级的区域性量规函数

由于基准站的建设标准较高，多数建在基岩，少数建在井下，有较好的观测环境，背景噪声小。根据地方震级测定公式：

$$M_L = \lg U_m + R(\Delta) + S \tag{8.10}$$

式中，$R(\Delta)$ 为 M_L 的量规函数；S 为台站的校正值。通常假定 $S=0$，则地区的量规函数 $R(\Delta)$ 可表示为

$$R(\Delta) = \overline{M}_L - \lg U_m \tag{8.11}$$

式中，$\overline{M}_L$ 为利用台网多个台站测定的平均震级，在此可取为地震编目测定的震级；U_m 为震中距为 Δ 的台站二水平分量最大地动位移的平均值。选取一个地区的多次地震记录，由不同震中距的基岩台站的计算结果可得到 $R(\Delta)$ 的离散样本，根据 $R(\Delta)$ 的离散样本，可拟合出新的区域性量规函数（李军等，2016）。图 8.7 为利用川滇台网 2017～2019 年基岩台的资料分析的震级残差。

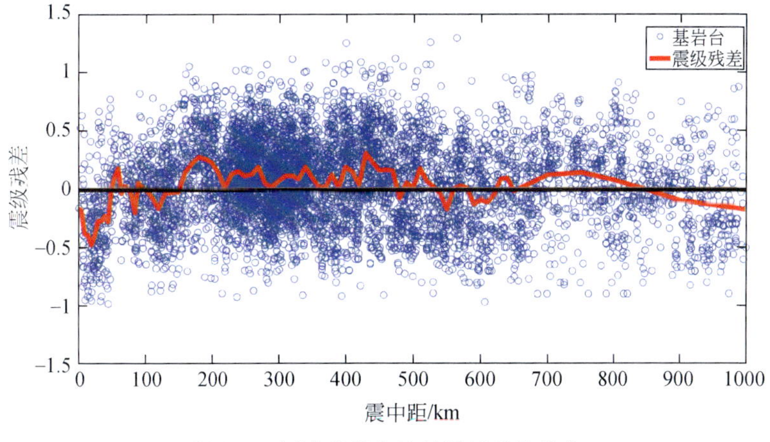

图 8.7 川滇基岩台站的震级残差分布

从 8.7 中看出，在 0～70km，震级残差为负，说明定出的震级偏小；在 150～500km，震级残差为正，之后残差有正有负。根据震级残差变化曲线，可以求出基岩台的新量规函数曲线，如图 8.8 红线所示。对于地震预警实际应用来说，更加关注近场台站的情况。因此，重点分析 100km 内量规函数的变化，可以看出震中距小于 70km，震级偏小，新的量规函数增大。具体的量规函数 $R(\Delta)$ 随震中距 Δ 的变化如表 8.2 所示。其中 R_1 为原量规函数，R_2 为本研究获得新量规函数。

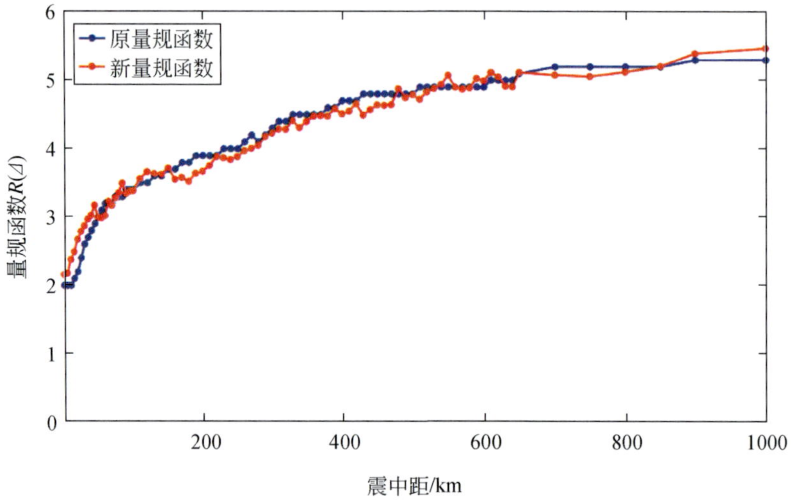

图 8.8　川滇基岩台 0 ~ 1000km 内量规函数曲线

表 8.2　川滇基岩台量规函数值

Δ /km	R_1	R_2	Δ /km	R_1	R_2	Δ /km	R_1	R_2
0 ~ 5	2.0	2.2	180	3.8	3.6	450	4.8	4.6
10	2.0	2.3	190	3.9	3.6	460	4.8	4.6
15	2.1	2.4	200	3.9	3.7	470	4.8	4.7
20	2.2	2.6	210	3.9	3.8	480	4.8	4.8
25	2.4	2.7	220	3.9	3.9	490	4.8	4.8
30	2.6	2.8	230	4.0	3.9	500	4.8	4.8
35	2.7	2.9	240	4.0	3.9	510	4.9	4.7
40	2.8	3.0	250	4.0	3.9	520	4.9	4.8
45	2.9	3.0	260	4.1	4.0	530	4.9	4.8
50	3.0	2.9	270	4.2	4.0	540	4.9	4.9
55	3.1	3.0	280	4.1	4.0	550	4.9	5.0
60	3.2	3.1	290	4.2	4.1	560	4.9	5.0
65	3.2	3.2	300	4.3	4.2	570	4.9	4.9
70	3.2	3.2	310	4.4	4.3	580	4.9	4.9
75	3.3	3.3	320	4.4	4.3	590	4.9	5.0
80	3.3	3.4	330	4.5	4.4	600	4.9	5.0
85	3.3	3.5	340	4.5	4.3	610	5.0	5.0
90	3.4	3.4	350	4.5	4.4	620	5.0	5.0
95	3.4	3.4	360	4.5	4.4	630	5.0	4.9

续表

Δ/km	R_1	R_2	Δ/km	R_1	R_2	Δ/km	R_1	R_2
100	3.4	3.4	370	4.5	4.5	640	5.0	5.0
110	3.5	3.5	380	4.6	4.5	650	5.1	5.1
120	3.5	3.6	390	4.6	4.5	700	5.2	5.1
130	3.6	3.6	400	4.7	4.5	750	5.2	5.1
140	3.6	3.6	410	4.7	4.5	800	5.2	5.1
150	3.7	3.7	420	4.7	4.6	850	5.2	5.2
160	3.7	3.6	430	4.8	4.5	900	5.3	5.3
170	3.8	3.6	440	4.8	4.6	1000	5.3	5.4

8.2.2　基岩台站的校正值

在拟合出基岩台测定震级的量规函数后，震级计算公式为

$$M_L = \lg U_m + R(\Delta) + S \tag{8.12}$$

式中，S 为台站校正值。正是由于台基的不同导致每个台站测定的震级 M_L 与多台测定的平均震级 $\overline{M}_L$ 有差异。如果希望每个台测定的震级与平均震级相同，则：

$$S_j = \frac{1}{N}\sum_{i=1}^{N}(\overline{M}_{Li} - M_{Lij}) \tag{8.13}$$

式中，$\overline{M}_{Li}$ 为台网测定的平均震级；M_{Lij} 为第 j 个台站测定的第 i 个地震震级；S_j 为第 j 个台站的台站校正值。利用多次地震的观测记录，可以得到每个台站的平均校正值。例如，利用川滇台网资料，可以得到每个台站的校正值，如图 8.9 所示，绝大多数台站的校正值在 ±0.4 以内，也有部分台站的校正值较大。表 8.3 列出川滇台网台站校正值较大的基岩台站。

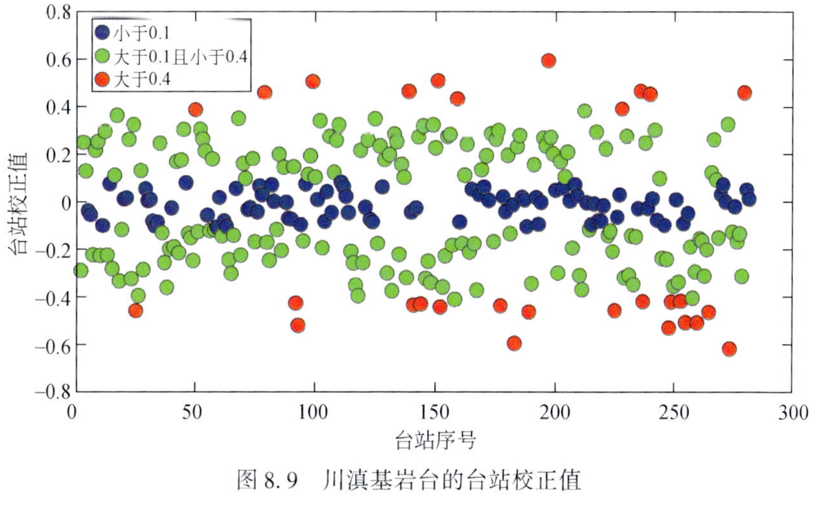

图 8.9　川滇基岩台的台站校正值

表 8.3　川滇台网台站校正值较大的基岩台站

台站名	台站震级校正	台站名	台站震级校正	台站名	台站震级校正
SC. XCE	-0.50	XZ. CHY	-0.52	SC. CLZJ	-0.49
SC. JJS	0.52	SC. JSZJ	-0.57	SC. U2771	0.66
SC. CXI	0.47	XZ. DQI	0.65	SC. ZST	-0.67
SC. BZH	0.52	SC. XGLJ	-0.60	SC. SGXJ	-0.51
GS. LXA	-0.58	SC. LDXJ	-0.58	QH. DUL	1.02
QH. LJX	-0.53	SC. T2472	0.69	QH. MAD	-0.71
GS. PLT	0.60	SC. T2271	0.53	SC. V3376	0.47
GS. HNT	0.47	SC. V3371	0.78	QH. LYX	-0.54

通过引入台站校正值，则各台站测定震级的误差都普遍得到改善，特别是震中附近的台站，震级均值误差由-0.165 改进到 0.05，标准差由 0.25 改善到 0.18。

8.2.3　烈度计台测定震级的量规函数

由于烈度计台放置于土层和低矮的构（建）筑内，在近场时，震动比较强烈，土层放大效应明显，这与土层的厚度和自振周期有关。因此，如果利用烈度计台测定震级，也需要根据不同地区的区域性特点和场地做专门研究。根据震级测定公式：

$$M_L = \lg U_m + R_I(\Delta) + S_I \tag{8.14}$$

式中，U_m 为由烈度计加速度记录经实时仿真技术得到的二分量水平最大地动位移的平均值；$R_I(\Delta)$ 为烈度计计算 M_L 的区域性量规函数；S_I 为烈度计站点的台站校正值。根据前述的思路，假定 $S_I = 0$，则：

$$R_I(\Delta) = \overline{M}_L - \lg U_m \tag{8.15}$$

式中，$\overline{M}_L$ 为由测震台网多台测定的平均震级。根据多次地震和多台烈度计得到的观测数据，可以得到 $R_I(\Delta)$ 的离散图，并由此可拟合出或列表计算出 $R_I(\Delta)$ 。对于川滇台网，由烈度计台计算的震级残差如图 8.10 所示。由于土层和结构的放大效应，烈度计测定的震级普遍都偏大，特别在 0～80km、140～300km 较为显著，但在 80～140km 震级残差为负，定出的震级偏小，这可能与受反射波影响有关。

在原量规函数的基础上，减去平均震级残差，即可获得新的量规函数，如图 8.11 红线所示。由于烈度计的场地放大效应，新的量规函数除个别在 120km 附近上移外，其余均整体下移。用 $R_{I2}(\Delta)$ 求得标准差为 0.246 比 $R_{I1}(\Delta)$ 求得标准差为 0.255 略小一些，说明新量规函数 $R_{I2}(\Delta)$ 更适合川滇台网。

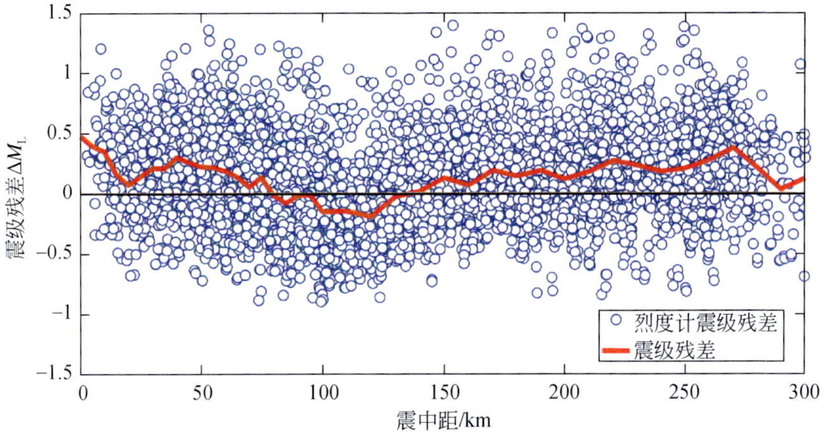

图 8.10　烈度计台震级残差随震中距变化

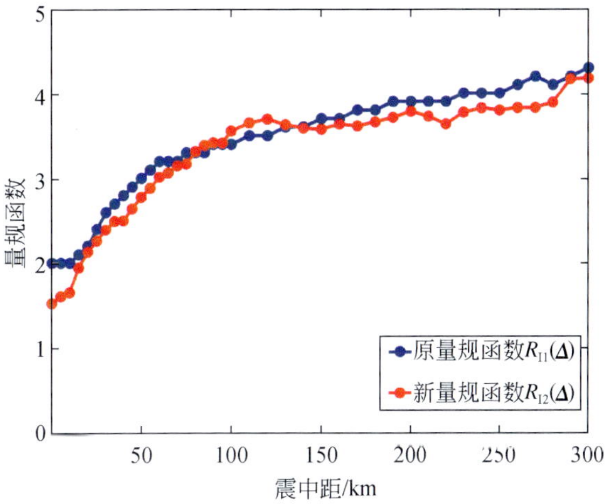

图 8.11　川滇烈度计台的量规函数

表 8.4 列出 0 ~ 300km 烈度计的新、旧量规函数值随震中距变化的情况，其中 R_{11} 为旧量规函数，R_{12} 为本研究获得的新量规函数。

表 8.4　川滇烈度计台的量规函数值

Δ /km	R_{11}	R_{12}	Δ /km	R_{11}	R_{12}	Δ /km	R_{11}	R_{12}
0 ~ 5	2.0	1.5	70	3.2	3.1	170	3.8	3.6
10	2.0	1.6	75	3.3	3.1	180	3.8	3.6
15	2.1	1.9	80	3.3	3.2	190	3.9	3.7
20	2.2	2.1	85	3.3	3.3	200	3.9	3.7
25	2.4	2.2	90	3.4	3.4	210	3.9	3.7
30	2.6	2.4	95	3.4	3.4	220	3.9	3.6

续表

Δ/km	R_{I1}	R_{I2}	Δ/km	R_{I1}	R_{I2}	Δ/km	R_{I1}	R_{I2}
35	2.7	2.5	100	3.4	3.5	230	4.0	3.7
40	2.8	2.5	110	3.5	3.6	240	4.0	3.8
45	2.9	2.6	120	3.5	3.6	250	4.0	3.8
50	3.0	2.7	130	3.6	3.6	260	4.1	3.8
55	3.1	2.9	140	3.6	3.6	270	4.2	3.8
60	3.2	3.0	150	3.7	3.6	280	4.1	3.9
65	3.2	3.0	160	3.7	3.6	290	4.2	4.1

8.2.4 烈度计台的台站校正值

经过对烈度计台计算 M_L 的统计分析，重新拟合 $R_I(\Delta)$，但由于烈度计台的场址各不相同，其场地校正因子为

$$\begin{cases} S_{Ij} = \overline{M}_L - M_{Ij} \\ M_{Ij} = \lg U_{mj} + R_I(\Delta_j) \end{cases} \tag{8.16}$$

式中，S_{Ij} 为第 j 个台站的校正因子；$\overline{M}_L$ 为台网经多台确定的平均震级；M_{Ij} 为第 j 个烈度台站测定的震级。对于多次地震，可以计算出每个台站的平均校正值。如川滇地区烈度计网，共计 289 台烈度计的台站校正值如图 8.12 所示。台站校正后的标准差为 0.193，比校正前的 0.255 小很多，说明经过台站校正后的震级明显得到改善。

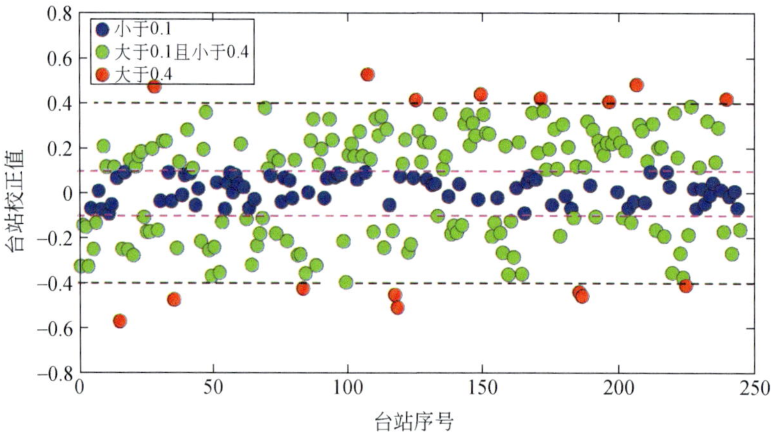

图 8.12　川滇烈度计的台站校正值

表 8.5 列出了川滇烈度计台站校正值较大的台站，最大的是 SC. Q2701 烈度计台站，校正值为-0.82，这部分烈度计台是需要重点关注的，特别是当这些台站被用作地震预警

的首台震级估算时。

表 8.5　川滇烈度计台站校正值较大的台站

台站名	台站震级校正	台站名	台站震级校正	台站名	台站震级校正
SC. W3308	0. 40	YN. C2306	−0. 43	SC. W3706	0. 44
SC. W3406	0. 45	SC. W3110	−0. 41	SC. W3305	0. 48
SC. W3407	0. 41	SC. W2603	−0. 47	SC. W3605	0. 56
YN. C2209	−0. 53	SC. W3372	−0. 55	SC. W3405	0. 41
YN. C2210	−0. 47	SC. W3373	−0. 51	SC. V3373	0. 45
YN. C2310	−0. 43	SC. V2271	0. 56	YN. C2513	−0. 41
YN. C2813	−0. 42	SC. U2772	0. 64	SC. U2771	0. 71
YN. C2810	−0. 40	SC. U2773	0. 70	SC. W0104	0. 40
YN. C0207	0. 54	SC. V2371	0. 49	SC. Q2701	0. 82

图 8. 13 表示引入烈度计台站校正值后，测定的震级残差和标准差有较大改进。经过引入烈度计台站量规函数和台站校正值二者的综合修正，烈度计台站测定的震级误差有明显改进，为了服务于地震预警震级估算，只选取震中距 100km 内的台站进行震级校正前后比较，图中红色空圈为校正前的震级残差，蓝色实圈为校正后的震级残差，可以看出校正后震级残差更加聚拢，均值从校正前的 0. 145 降低到 0. 033，从整体偏大降低到 0 附近波动；标准差从 0. 382 降低到 0. 295，离散度减小，震级校正后的结果更优。

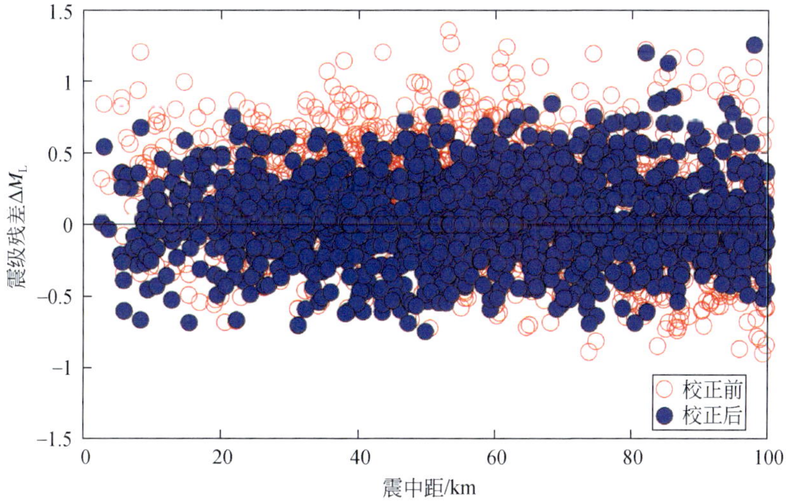

图 8. 13　烈度计震级校正前后比较

8.3 在震级测定中引入人工智能算法的问题

目前人工智能在地震监测预警领域有广泛的应用，如果将震级大小如 2 ~ 8 级看成是一个分类问题，则可采用卷积神经元网络来帮助解决这一问题。例如，我们利用福建台网 2012 ~ 2019 年记录到的福建及周边，特别是台湾地震共计 1928 个，波形共计 12024 条，做了初步研究。将 2 ~ 8 级地震每 0.25 级划分为一类，共计 20 类，搭建卷积神经元网络，以台站三通道 3s 的地震波形作为输入，采用 1 × 3 卷积核卷积，2 × 2 池化。经过 7 层卷积池化后，将特征图展开为一维，得到 192 个特征点，采用 2 层连接模式输入 20 个震级分类中概率较大的类别。选取 9187 条样本作为训练集，选取 2837 条样本作为测试集。测试集测试效果整体呈正态分布，预测震级标准差为 0.231，最大地震偏差为 -1.3。震级偏差控制在 0.3 以内的占 85.6%，控制偏差在 0.5 以内的达 95.7%。如果用前三台的平均震级来测定效果会更好一些。

从福建的实践中，可看出人工智能在震级测定中的优缺点都很突出，归纳如下：

（1）对于地震较多，资料较丰富的地区，人工智能优势比较突出，速度更快，效率更高，3s 波形测定的震级误差可以接受，而且不受饱和影响。

（2）对于地震较少，资料较缺乏，甚至没有地震的地区，人工智能预测结果出错率较高，难以使用。未来的预警震级测定可采用人工智能和传统算法并用的途径，在地震多发的区域采用人工智能为主，传统方法为辅；在少震区域，以传统方法为主，人工智能为辅，并用人工智能迁移算法和当地的实例进行小样本训练，提高人工智能的适应性和测定震级的准确性。由于预警工程新建大量台网，震中附近的实际地震波形数据较少，近期仍以传统测定震级的方法为主，待数据资料较丰富时，人工智能算法必将大有可为。

8.4 本章小结

震级作为国家的权威技术标准应尽可能地准确、可靠。本章选取 M_L 震级作为预警震级标准，提出了利用位移峰值实时测定 M_L 的算法，这种算法的优点就在于计算效率高，收敛速度快，当 S 波峰值到达后，测定结果收敛于单（本）台测定的 M_L 震级。进而提出按各台站测定震级的可靠度进行加权测定预警震级的算法。由于预警震级的测定主要利用震中附近的台站，通过对日本和我国川滇、福建等观测资料的分析研究，说明目前我国使用的 M_L 震级的量规函数在震中距小于 50km 时，量规函数补偿不够，进而导致近台测定的震级要小于远台测定的震级。对量规函数进行修正后，可以利用震中附近的台站测定 M_L 震级。场地校正值 S 对于单台测准震级也十分重要。通过分析，得到了川滇地区利用基岩台和烈度计测定 M_L 震级的量规函数，以及台站校正值，对于台站校正值比较大的台站也列表说明。本章的研究提示我们，由于场地的不同，各台站的场地修正系数也不尽相同，总体上看，烈度计台站的场地修正系数比较大，因此为了提高单台特别是首台测定震级的准确性，在预警震级中必须考虑场地修正系数和区域量规函数，以尽量减小场地带来的测定震级的误差。

第 9 章　地震预警信息发布与信息更新技术

及时对社会公众发布准确的强震预警信息是地震预警取得实效的关键所在，地震预警信息的社会时效性体现在社会公众和各行业采取紧急避险措施减少的人员伤亡和经济损失，必将对社会产生巨大的影响。如果信息不准确、不及时，将有可能造成社会混乱、产生较大的社会负面影响，这种情况称为地震预警误报。地震预警误报在日本预警系统中已经出现过，在我国应尽量避免出现类似情况。如何处理好此问题，就是目前面临的巨大挑战。日本预警系统在设计时是将地震预警台网和烈度速报台网分别设计并发挥各自相应的功能，烈度结果不参与预警，而且地震预警主要利用震级和烈度的衰减关系来预测烈度。震级相同震源深度不同将会造成地面完全不同的烈度分布，如一个震源深度 20km 的 7.0 级地震，与另一个震源深度为 300km 的 7.0 级深震，地面烈度的空间分布将天差地别，前者将在震中区域造成极大的破坏和较大的人员伤亡，后者造成的损失将会小得多。因此，震级和烈度是从地震释放的能量和地震对地表的影响或破坏程度两个方面来考虑一次地震的综合影响。这也是在设计我国新一代地震台网时，将地震监测、预警、烈度速报三大功能台网统一布局，烈度计网参与地震预警的原因。本章中提出的地震预警信息发布准则就是由震级和震中烈度共同构成“双强度”准则（如何计算仪器烈度可参看第 12 章），这不同于日本预警系统信息发布由震级控制的准则。判断并发布地震预警信息十分重要，但是依据强地面运动场的实时计算技术，利用实时接收的观测数据，不断更新地震的影响估计同样重要。

强地面运动场（包括仪器烈度、PGA、PGV、地震动能量等）的实时计算技术是实时地震学和实时地震工程学的重要研究领域，这里“场”的概念是指某一时刻强地面运动的空间分布，因此强地震动场的实时计算是将台站观测到的实时数据以实时在线手段加工产出 PGA、PGV 等技术产品，客观真实展示地震影响场。利用这种实时解算技术可帮助科学家实时更新强地面运动场的估计，在真实地震动影响未到达的区域，通过信息更新使预测的强地面运动场的结果（如城市预测烈度）更加逼近此次地震的真实影响。

地震预警和自动速报无论从时效性和信息发布内容上都有重要区别，主要体现在三个方面：一是地震预警对时效性要求较高，在首台触发后 3～5s 就要产出预警信息，它只能利用较少的台站信息，因此其定位和测定震级的技术都与自动速报不同；二是从发布的内容上看，自动速报只发布地震基本参数，即三要素（发震时间、地点和震级），而预警信息发布内容既要包括地震基本参数，还包括震中烈度，主要用于提高地震预警信息的可靠性，这也是中国地震预警的一大特色；三是自动速报并不评估地震对社会的影响，而预警系统要评估地震对社会的影响和范围，并在可能受影响的区域内，逐个提供城市和重要工程的预警时间和预测烈度。

本章主要围绕下列问题展开讨论：

（1）地震预警信息发布的判定流程和发布标准。如何确保预警信息发布的可靠性，这涉及台网和技术系统的运维以及地震参数的准确性等问题，一定要有一个科学、规范、可靠的流程和发布标准。

（2）预警信息发布的内容和更新条件。发布的信息既要把握地震的关键参数，又必须让公众知道强震对城市的具体影响，有多少时间可以逃生避险，以及符合什么条件才能更新信息。

（3）根据台网的观测数据，如何实现实时更新地震预警对城市的相关预测结果，使预测结果更加逼近此次强震对社会真实影响的估计。

9.1　预警信息判定流程和发布标准

前面几章已经讨论了台网监控、预警定位和测定震级的问题，第 12 章将讨论仪器烈度的计算问题，本章就是要综合运用这些成果，做好预警信息的发布。地震预警系统对大小不同的地震事件有较强的过滤性，对经常发生的中小地震必须完全过滤，绝不容许将小震误报为“大震”，仅保留符合发布准则的强震。总体而言地震信息是否符合预警发布准则的判定流程和发布标准可概括如下。

9.1.1　预警信息的判定流程

（1）判定台网状态。根据台网实时监控平台，确认参与地震定位、测定震级和仪器烈度的台站运行状态正常、台站参数配置正确；台网和每一个台站的时间服务正常，时钟准确；数据通信网络延迟符合规定要求，决不允许状态不正常的台站参与地震预警信息资料的处理。

（2）判定发生触发事件。网内地震一般至少有 2 台触发，地震定位可靠度较高，定位精度在四个重点预警区为 5km 以内，其余的为 10km 以内，但具体指标待预警工程完工后科学评估而定；而且参与地震定位的台站能够组成关联台站，理论与实际触发顺序一一对应；网外地震要四台以上触发，达Ⅳ类精度以上；定位误差可采用事先做出的定位误差分析来估计。

（3）判定发生强震事件。单台一般 P 波触发 3s 以上测定的震级比较可靠；多台按可靠度加权平均后给出最终测定震级。如果测定震级大于 6 级时，将测量各台站的仪器烈度，并计算相应的烈度震级 M_{I}，并按：

$$M=\begin{cases}M_{\mathrm{L}}, & M\leqslant 6.0\\ \max\{M_{\mathrm{L}},M_{\mathrm{I}}\}, & M>6.0\end{cases}\tag{9.1}$$

由于仪器烈度无饱和问题，由此测定的震级不会受到震级饱和问题的影响，可以避免大震时预警震级过低的问题，同时又能保证震级或预测烈度的一致性。需要说明的是当用速度计测定 M_{L} 时，由于近台限幅的原因，故将 M_{L} 的上界定在 6.0 级；当使用加速度计测定 M_{L} 时，M_{L} 饱和可放宽至 6.5 级。

如果定位满足精度要求，那么 $4.0\leqslant M<5.5$ 时可判定为中强有感地震；$5.5\leqslant M\leqslant$

6.9 可判定为强震；$6.9 < M \leqslant 7.9$ 可判定为大震；$M \geqslant 8.0$ 可判定为特大地震。

（4）判定地表破坏程度及对社会的影响。同步测定各台站的观测（仪器）烈度，并由各台站烈度按可靠度加权平均计算震中烈度 I_0，当 $3 \leqslant I_0 < 6$ 时为强有感地震，$I_0 \geqslant 6$ 时为破坏性地震。通过引入仪器烈度评估地表破坏，明确判定此次地震是否属于一个可能对社会有影响的强震事件。

9.1.2　地震预警发布标准

如图 9.1 所示，地震预警信息的发布遵守 M 和 I_0 控制的双参数准则，总体分为警戒性地震预警和灾害性地震预警两个等级，灾害性地震预警中再划为灾害性地震警报、严重灾难性大震警报、特大灾难性地震警报三个级别。

（1）当 $M < 5.5$ 级且 $3 \leqslant I_0 < 6$ 度时，判定为警戒性地震预警并通知相关行业。

（2）当 $M \geqslant 5.5$ 级且 $I_0 \geqslant 6$ 度时，判定为灾害性地震预警并发布公共预警信息。

（3）灾害性地震预警分为三个级别：

当 $5.5 \leqslant M \leqslant 6.9$ 级且 $6 \leqslant I_0 < 8$ 度时，发布灾害性强震警报；

当 $7.0 \leqslant M \leqslant 7.9$ 级且 $I_0 \geqslant 8$ 度时，发布严重灾难性大震警报；

当 $M \geqslant 8.0$ 级且 $I_0 \geqslant 9$ 度时，发布特大灾难性地震警报。

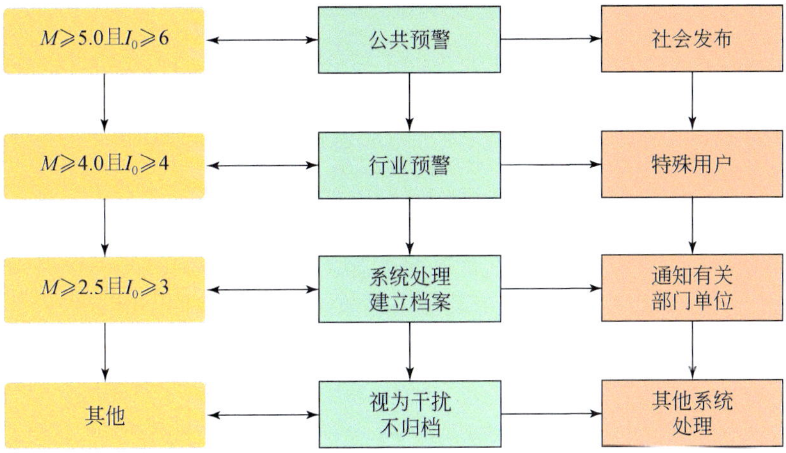

图 9.1　预警信息的发布控制

9.1.3　地震预警发布内容

（1）地震四参数即地震三要素和震中烈度。当测定的参数符合信息发布条件时发布第一报，符合更新条件时，陆续发布第二报、第三报、……，直至终报，但最重要、最关键的是第一报。

（2）对可能遭受地震灾害损失或强有感地区范围内的特定城市和重要工程，按照先近后远的原则发布预警时间和预测烈度。对于7.0级以上大震，如果获知大震破裂方向，则应利用大震烈度衰减模型预测烈度；如果得到此次地震的衰减关系，则应采用新的烈度衰减模型预测烈度；符合信息更新条件及时更新信息。

（3）发布定制化的服务产品。其他服务产品可针对不同行业和服务对象进行定制，如显示预警盲区、P波和S波的动态传播过程等。

（4）地震预警信息发布渠道可通过行业专用网络和社会公共服务发布网络，经政府授权向社会公众发布。

9.1.4　预警信息更新规程

（1）地震基本参数更新要求：网内地震定位前后结果相差3km及以上，网外定位结果前后相差10km及以上；震级前后计算相差0.2级；震中烈度相差1度，应更新地震基本参数。

（2）预测烈度和预警时间信息更新要求：预测烈度前后相差1度及以上，预警时间前后相差2s及以上，应更新相关预测结果。

（3）符合更新条件时发布后续更新信息。

9.2　地震预警时间和盲区估计

特定城市和工程场地的预警时间和预测烈度是预警系统发布的两个重要信息，也是区别于传统自动速报和人工速报的重要标志。工程结构的破坏机理主要取决于两个因素：一个是地面强烈振动使结构破坏或地基失效导致结构丧失使用功能；另一个是断层两侧的相对位移错动导致横跨断层结构和工程硬生生被切成两部分，断层带附近的结构和工程也会受断层错动的影响导致严重破坏，这也是选择工程场地时要离开活断层一段距离的原因。由于P波速度快但幅值小、能量低（P波速度约为S波的1.7倍，幅值约为S波幅值的1/5），S波速度慢但幅值大、能量强，而且结构抗衡垂直方向振动的能力较强但抗衡水平振动的能力较弱。因此对于振动破坏可使用地震S波到达的时间表示危险的开始（S波峰值的到时会延迟S波到时后一段时间）；断层错动影响开始的时间用断层的破裂速度来估计。按照震源理论，一个大震总是从断层的某一点开始，并沿断层以一定的速度破裂，破裂到达时断层开始错动，这种错动可以由深部延伸到地表，在7.0级以上大震现场调查中屡见不鲜。目前在首台触发3～5s内难以判定破裂方向和估计破裂速度。由于破裂速度一般要小于S波波速，破裂预警时间一定大于S波预警时间。因而预警系统都将S波的到时作为预警时间的标准，表示危险即将来临。当然对于某些特殊的行业（如高铁），因为大震的P波也可能造成灾害，因此P波的预警时间也很重要，此时可以按照对社会和行业的需求分别考虑预警时间的估计。尽管原地报警要比异地预警时效性更好一些，但由于其无法可靠确定地震参数，不适合对社会发布，本节中将其放到后面讨论。

9.2.1　S 波预警时间的估计

地震发生后，震源附近的台站先触发，假定第一台即首台震中距为 Δ_1，首台的 P 波走时为 t_{P1}，从首台 P 波触发时起算，测定出地震参数的用时为 Δt，如果数据传输和发布信息的总延迟为 τ，则从发震时间起算预警信息发送到用户时的用时 T_e 为

$$\begin{cases} T_e = t_{P1} + \Delta t + \tau \\ t_{P1} = \sqrt{\Delta_1^2 + h^2} / V_{P1} \end{cases} \tag{9.2}$$

以发震时间起算，扣除地震波到达首台的 P 波走时 t_{P1}，以及确定地震参数的用时 Δt 和网络延迟 τ，S 波到达用户时剩余的时间 $T_m(\Delta,\ h)$ 为

$$T_m(\Delta, h) = t_{Sm}(\Delta, h) - t_{P1} - \Delta t - \tau \tag{9.3}$$

式中，$t_{Sm}(\Delta,\ h)$ 为初至 S 波到达目标区走时；$T_m(\Delta,\ h)$ 也称为 S 波到达预警目标区（城市或工程）时的预警时间。

如果某区域已有地壳介质波速模型，则可以获得相应的直达 Pg 波和 Sg 波走时方程，以及绕射 Sn 波走时方程，从而计算出 S 波的预警时间。在实践中，Δt 为首台触发后实际计算地震参数的时间，测定完参数后即可知道；τ 为数据传输和发布信息传输的总延迟，可由监控网络延迟的系统测定。为讨论 $t_{Sm}(\Delta,\ h)$ 如何计算，先假定 $\Delta t = 0$，$\tau_c = 0$。现以福建 2012 ~2020 年陆海深部速度结构探测结果为例来说明此问题。

1）单层地壳模型

如图 9.2 所示，地壳厚度为 H，V_{S1}、V_{P1} 为地壳内的 S 波和 P 波波速，V_{S2} 为沿上地幔顶部的 S 波速度。设 T_0 时刻发生强震，震源位置坐标为 $(x_0,\ y_0,\ h)$，则直达 Pg 波到达震中距为 Δ_1 的首台的时间为

$$\begin{cases} T_{P1} = T_0 + t_{P1}(\Delta_1, h) \\ t_{P1}(\Delta_1, h) = \sqrt{\Delta_1^2 + h^2} / V_{P1} \end{cases} \tag{9.4}$$

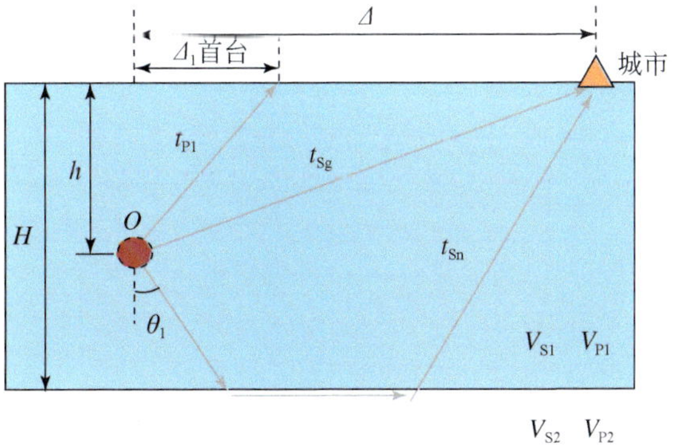

图 9.2　Pg、Sg 和 Sn 路径示意图

预计直达 Sg 波到达震中距为 Δ 的预警目标城市或工程的时间为

$$\begin{cases} T_{\mathrm{Sg}} = T_0 + t_{\mathrm{Sg}}(\Delta, h) \\ t_{\mathrm{Sg}}(\Delta, h) = \dfrac{\sqrt{\Delta^2 + h^2}}{V_{\mathrm{S1}}} \end{cases} \tag{9.5}$$

当 Δ 较大时，绕射波 Sn 比 Sg 波先到，绕射波 Sn 的走时方程为

$$\begin{cases} T_{\mathrm{Sn}} = T_0 + t_{\mathrm{Sn}}(\Delta, h) \\ t_{\mathrm{Sn}}(\Delta, h) = \dfrac{2H - h}{V_{\mathrm{S1}}}\cos\theta_{\mathrm{S1}} + \dfrac{\Delta}{V_{\mathrm{S2}}} \\ \sin\theta_{\mathrm{S1}} = \dfrac{V_{\mathrm{S1}}}{V_{\mathrm{S2}}} \end{cases} \tag{9.6}$$

因此，震中距 Δ 处初至 S 波的时间为 t_{Smin}，则有

$$\begin{cases} T_{\mathrm{S}} = T_0 + t_{\mathrm{Smin}}(\Delta, h) \\ t_{\mathrm{Smin}}(\Delta, h) = \min\{t_{\mathrm{Sg}}(\Delta, h), t_{\mathrm{Sn}}(\Delta, h)\} \end{cases} \tag{9.7}$$

现以如表 9.1 所示的福建陆海一维地壳单层波速模型为例，选择预警目标城市为福州（119.28°E，26.08°N），设定首台震中距为 15km，考察如表 9.2 所示的三个示例地震（台湾高雄 M_{S}6.8 地震、台湾海峡 M_{S}6.2 地震和福建仙游 M_{L}5.0 地震）预警信息到达用户时剩余的时间。在示例中假定 $\Delta t = 0$，$\tau = 0$，事实上福建地区计算地震参数用时 Δt 台网密集时要 3 ~ 5s，网络延迟时一般要 1 ~ 2s，台湾地震时福建得到台站信息较少，测定参数要 10 ~ 20s，台湾台站传至福建省地震局监测中心的网络延迟为 8s 左右。结果如图 9.3 所示，在福建陆海一维地壳单层波速模型下，福州在台湾高雄、台湾海峡、福建仙游地震后可分别有 88.52s、73.03s、17.46s 不等的预警时间。

表 9.1　福建陆海一维地壳单层波速模型

区域	D/km	V_{P}/(km/s)	V_{S}/(km/s)	$V_{\mathrm{P}}/V_{\mathrm{S}}$
陆域	31.46	6.21	3.60	1.73
	—	8.04	4.50	1.79
陆海过渡带	30.59	6.27	3.65	1.72
	—	7.70	4.45	1.73

表 9.2　三个示例地震震源参数

地点	发震时刻	纬度	经度	深度/km	M_{L}	M_{S}
台湾高雄	2016 年 02 月 06 日 03：57：25.2	22.946°N	120.526°E	9	6.5	6.8
台湾海峡	2018 年 11 月 26 日 07：57：24.7	23.403°N	118.596°E	13	6.0	6.2
福建仙游	2013 年 09 月 04 日 06：23：26.8	25.629°N	118.752°E	11	5.0	5.0

2）多层地壳模型

多层地壳模型如图 9.4 所示，设 T_0 时刻发生强震，震源位置坐标为 (x_0, y_0, h)。假设震源位于第 1 层，则直达 Pg 波到达震中距为 Δ_1 的首台的时间为

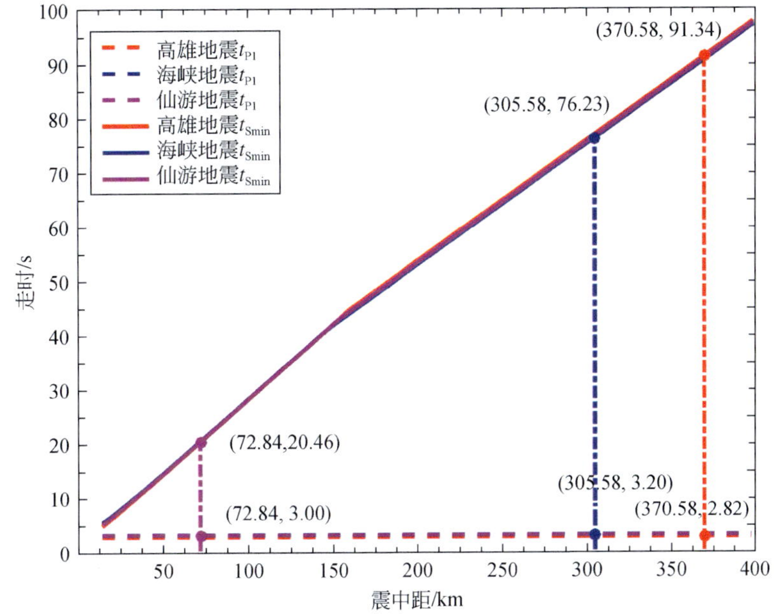

图 9.3　单层模型时台湾高雄 $M_S6.8$、台湾海峡 $M_S6.2$、福建仙游 $M_L5.0$ 地震福州理论预警时间估计

$$t_{P1} = \frac{\sqrt{\Delta_1^2 + k^2}}{V_{P1}} \tag{9.8}$$

当震源位于第 k 层，则根据 Snell 定律有

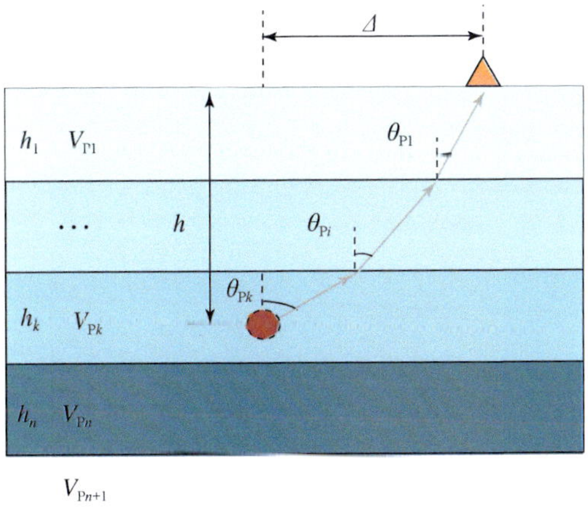

图 9.4　Pg 路径示意图

$$\frac{\sin\theta_{Pk}}{V_{Pk}} = \frac{\sin\theta_{Pi}}{V_{Pi}} = \frac{\sin\theta_{P1}}{V_{P1}} \tag{9.9}$$

若已知入射角 θ_{Pk}，则：

$$t_{P1} = \frac{\left(h - \sum_{i=1}^{k-1} h_i\right)}{V_{Pk} \cdot \cos\theta_{Pk}} + \sum_{i=1}^{k-1}\left(\frac{h_i}{V_{Pi}\cos\theta_{Pi}}\right) \tag{9.10}$$

$$\Delta_1 = \left(h - \sum_{i=1}^{k-1} h_i\right) \cdot \tan\theta_{Pk} + \sum_{i=1}^{k=1} (h_i \cdot \tan\theta_{Pk}) \tag{9.11}$$

利用试射法，根据 Δ_1 可以获得入射角 θ_{Pk}。同理可预计直达 Sg 波到达震中距为 Δ 的预警目标城市或工程的时间。

假设震源位于第 k 层，如图 9.5 所示，绕射波 Sn 的走时方程为

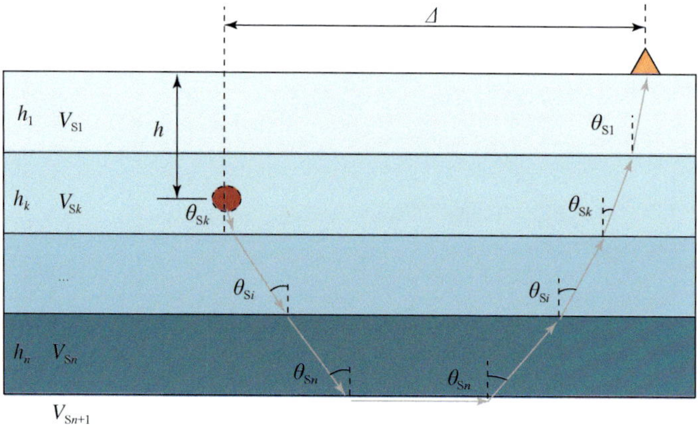

图 9.5　Sn 射线路径示意图

根据 Snell 定律有

$$\frac{\sin\theta_{Sk}}{V_{Sk}} = \frac{\sin\theta_{Si}}{V_{Si}} = \frac{\sin\theta_{Sn}}{V_{Sn}} = \frac{1}{V_{Sn+1}} \tag{9.12}$$

$$t_{Sn} = \frac{\left(\sum_{i=1}^{k} h_i - h\right)\cos\theta_{Sk}}{V_{Sk}} + \sum_{i=k+1}^{n} \frac{h_i\cos\theta_{Si}}{V_{Si}} + \sum_{i=1}^{n} \frac{h_i\cos\theta_{Si}}{V_{Si}} + \frac{\Delta}{V_{Sn+1}} \tag{9.13}$$

现以如表 9.3 所示的福建陆海地壳多层波速模型为例，选择预警目标城市为福州，设定首台震中距为 15km，考察台湾高雄 M_S6.8 地震、海峡 M_S6.2 地震和福建金钟水库 M_S4.8 地震预警信息到达用户时剩余的时间。地震参数的信息取自福建台网。结果如图 9.6 所示，在福建陆海地壳多层波速模型下，福州在台湾高雄、台湾海峡、福建仙游地震后可分别有 88.12s、72.62s、17.98s 不等的预警时间。

表 9.3　福建陆海一维速度模型（四层）

区域	H/km	D/km	V_P/(km/s)	V_S/(km/s)	V_P/V_S
陆域	2.53	2.53	5.52	3.31	1.67
	6.43	3.90	5.99	3.46	1.73
	16.88	10.45	6.14	3.55	1.73
	30.80	13.92	6.38	3.69	1.73
	—	—	8.04	4.50	1.79

续表

区域	H/km	D/km	V_P/(km/s)	V_S/(km/s)	V_P/V_S
陆海过渡带	3. 32	3. 32	5. 45	2. 99	1. 82
	6. 75	3. 43	6. 08	3. 25	1. 87
	16. 75	10	6. 38	3. 43	1. 86
	29. 22	12. 47	6. 40	3. 84	1. 67
	—	—	7. 70	4. 45	1. 73

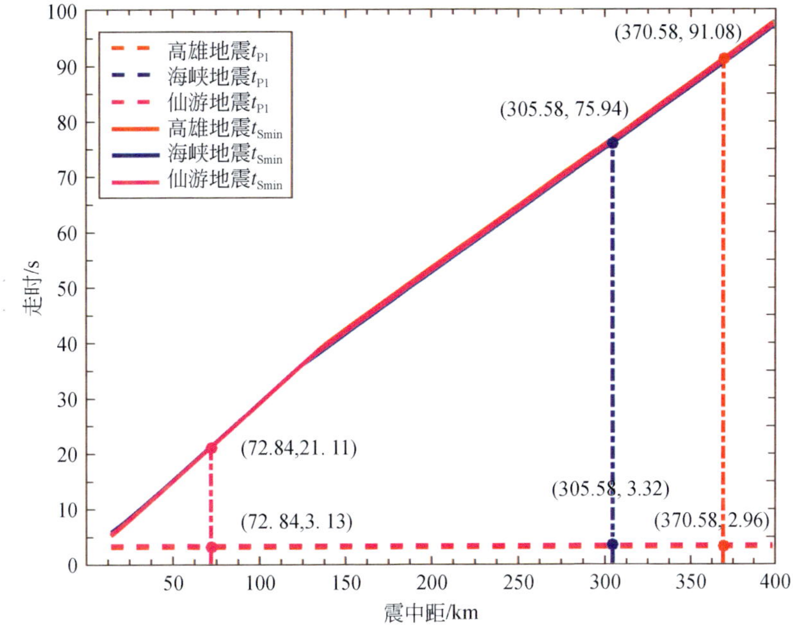

图 9.6　多层模型时台湾高雄 M_S6. 8、台湾海峡 M_S6. 2、福建仙游 M_L5. 0 地震福州理论预警时间估计

9. 2. 2　地震盲区的估计

当 $T_m(\Delta,\ h) = 0$ 时，无预警时间。震中附近地区一般初至 S 波为直达波，则可得

$$T_m = \frac{\sqrt{\Delta^2 + h^2}}{V_{S1}} - t_{P1} - \Delta t - \tau = 0 \tag{9.14}$$

即 $\Delta_0 = \Delta|_{T_m=0}$，必有

$$\Delta_0 = \{[V_{S1}(t_{P1} + \Delta t + \tau)]^2 - h^2\}^{1/2} \tag{9.15}$$

换句话说，以震中为中心，Δ_0 为半径的区域无预警时间，定义为预警盲区。式(9. 15) 中，t_{P1} 为发生地震时 P 波传到首台的时间，它与台站布局有关；Δt 为从首台触发开始计算地震参数的用时；τ 为网络延时。因此，若要缩小盲区，必须从减少 t_{P1}，Δt，τ 三个方面入手解决。减少 t_{P1} 的最有效的途径就是将台站布置在震源附近，由于地震震源深

度一般达 10 ~ 30km，人类入地的本领不强，成本太高，一般只能在潜在震源地表加密台站，因此对于大陆浅源地震（深度在 10 ~ 40km）t_{P1} 一般要有 2 ~ 7s。在人类入地的本领没有太大改观的情况下，没有减少 t_{P1} 的空间；计算地震参数 Δt 的用时至少要 3s 才能较可靠确定震源参数，减少 Δt 的空间余地不大；目前 τ 一般有 2 ~ 5s 的时间延迟，随着 5G 时代的到来，减少 τ 有一定的空间。因此，地震预警的盲区是客观存在的，只能缩小但不能消灭。按照上述参数的估计，一般地震盲区有 20 ~ 30km，但每一次地震的盲区都不相同，取决于上述因素的综合影响，与震源深度 h 以及地表台站布局，尤其是首台捕捉地震信息的能力，关系密切。根据国家烈度速报与预警工程的台网布局设计，在站点建设完成后将形成预警能力。图 9.7、表 9.4 利用计划台站布局信息，模拟再现汶川地震时，极震区内各城市的预警效果中，有不少城市都有一定的预警时间，如北川有 27s 以上的预警时间，以此说明预警系统是应对大震巨灾的有利技术支撑。

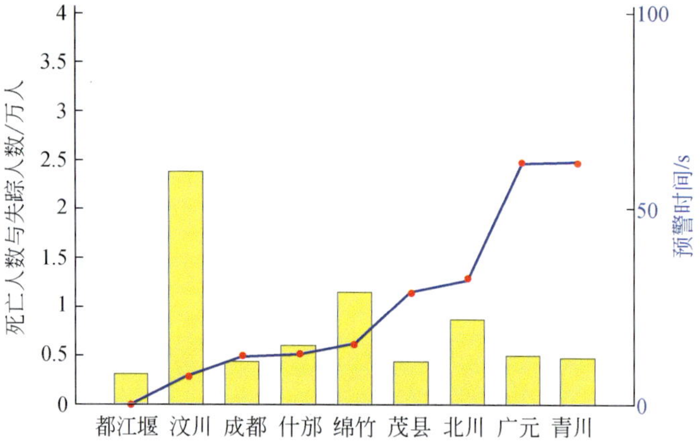

图 9.7　国家烈度速报和预警工程完成后，形成预警能力的模拟结果

汶川地震盲区和北川、青川等地预警时间

表 9.4　汶川地震北川、青川等地预警时间

报次	震中坐标	最大预测烈度	震级	距首台触发时间/s	预警时间/s			
					成都	北川	绵阳	青川
第一报	103.4°E，31.1°N	7	4.4	6.3	9	24	23	54
第二报	103.4°E，31.1°N	10	6.1	9.3	6	21	20	51
第三报	103.4°E，31.0°N	11	6.7	10.3	5	20	19	50
第四报	103.4°E，31.0°N	11	7.4	13.3	2	17	16	47
第五报	103.4°E，31.0°N	11	7.9	14.3	1	16	15	46
终报	103.4°E，31.0°N	11	8.2	16.3	0	14	13	44

9.2.3　断层破裂开始的预警时间估计

同理，可以得到断层破裂开始位错的预警时间为

$$T_r = t_r(L) - t_{P1} - \Delta t - \tau \tag{9.16}$$

其中 $t_r(L)$ 表示以发震时刻 T_0 起算，以震中沿断层破裂方向，距离为 L 时的预估破裂时间，它与破裂长度 L 有关。一般由 M 可以估计出断层破裂长度 L：

$$\lg L = 0.62M - 2.5 \tag{9.17}$$

例如，汶川 8.0 级地震，破裂长度约有 250km，地表断层两盘相对位错最大有几米到十几米。由于目前还无法在首台触发后的若干秒内确定破裂方向，只好假设各个方向都有可能，破裂方式按最危险的单侧破裂考虑，当然，如果某一地区地震断层的研究比较深入，可以肯定断层破裂的方向，可将成果设计在系统内。如果城市位于地震带上，那么震中距为 Δ 的城市，破裂到达开始错动的时间按下式估计：

$$t_r(\Delta) = \frac{\Delta}{V_r}, 0 < \Delta \leqslant L \tag{9.18}$$

换句话说，震中距 Δ 小于等于 L 的城市和工程都有可能受到大震破裂和断层错动带来的严重影响。当然大震位错开始至完成位错仍需要一定的时间，即位错上升时间。根据研究，$V_r = 0.7\beta \sim 0.95\beta$，$V_r$ 为断层破裂速度，取 $V_r = 0.75\beta$，β 为 S 波传播速度。由于 V_r 小于 β，所以破裂到达的时间一定在 S 波到达之后一段时间。公共预警中一般取 S 波到达作为危险的开始，更危险的 S 波峰值即震感最强烈的到时和断层破裂开始摧枯拉朽的位错还有一定的时间才能开始。通过上面的分析研究，可以看到 S 波到达只是危险的开始，最危险的时间还要延迟一段时间，对 S 波的预警时间应有正确的认识。

9.2.4　P 波及峰值、S 波峰值的预警时间

高速行驶的高铁等特殊行业对地面振动的要求是很高的，如高铁对于地面运动的三个等级即 $40\text{cm/s}^2 \leqslant \text{PGA} < 80\text{cm/s}^2$、$80\text{cm/s}^2 \leqslant \text{PGA} < 120\text{cm/s}^2$、$\text{PGA} \geqslant 120\text{cm/s}^2$ 等将要采取不同的紧急避险措施，降低行驶速度乃至完全停车以确保列车的安全。在此要说明的是，按照抗震设计规定，7 度区的 PGA 为 0.1g，大约为 98cm/s^2；6 度区约 49cm/s^2；5 度区约 25cm/s^2。从中可看到烈度 5～7 度范围内高铁都要有应对的措施。如果考虑高铁路基的放大作用（可参看第 14 章），3～4 度区的 PGA 也可能会对高铁的运行安全带来影响。对于强震特别是 7 级以上大震，其 P 波特别是震中附近的 P 波也会引起较大的 PGA，中强地震的 P 波尽管没达到 40cm/s^2 以上，但 S 波峰值也可能超过 40cm/s^2。以地震波速单层模型为例，类似 S 波预警时间推导，如果某一重要工程场地的震中距为 Δ，P 波的预警时间为

$$\begin{cases} T_P = t_{PmP}(\Delta, h) - t_{P1} - \Delta t - \tau \\ t_{PmP}(\Delta, h) = \min\{t_{Pg}(\Delta, h), t_{Pn}(\Delta, h)\} \\ t_{Pg}(\Delta, h) = \dfrac{(\Delta^2 + h^2)^{1/2}}{V_{P1}} \\ t_{Pn}(\Delta, h) = \dfrac{2H - h}{V_{P1}}\cos\theta_{P1} + \dfrac{\Delta}{V_{P2}} \\ \sin\theta_{P1} = \dfrac{V_{P1}}{V_{P2}} \end{cases} \tag{9.19}$$

对于多层介质模型，也可计算 t_{Pg} 和 t_{Pn}。对于浅源地震，可以统计得到 P 波峰值和 S 波峰值的走时分别为

$$\begin{cases} t_{Pmax}(\Delta) = t_P(\Delta,h)c_1\Delta + c_2 \\ t_{Smax}(\Delta) = t_P(\Delta,h)d_1\Delta + d_2 \end{cases} \tag{9.20}$$

其中，c_1，c_2，d_1，d_2 等参数，不同地区有一定的差异性，具体可参考第 10 章的有关分析结果。从而得到 P 波峰值和 S 波峰值的预警时间分别为

$$\begin{cases} T_{Pmax} = t_{Pmax}(\Delta) - t_{P1} - \Delta t - \tau \\ T_{Smax} = t_{Smax}(\Delta) - t_{P1} - \Delta t - \tau \end{cases} \tag{9.21}$$

9.2.5　原地报警时间

当首台触发后，如果首台的 PGA 超过一定阈值 a_0，则由首台自动发出警报，预警时间为等待 S 波到达的时间，由于首台离震中很近，P 波和 S 波均为直达波，式（9.6）为

$$T_m = t_{S1} - t_{P1} - \Delta t - \tau \tag{9.22}$$

式（9.22）可简化为

$$\begin{cases} T_m = \dfrac{R_1}{V_\varphi} - \Delta t - \tau \\ R_1 = (\Delta_1^2 + h^2)^{1/2} \\ V_\varphi = V_{P1}V_{S1}/(V_{P1} - V_{S1}) \end{cases} \tag{9.23}$$

V_φ 也称为虚波速度，约为 8.3km/s，Δt 为首台触发后计算峰值 $PGA \geqslant a_0$ 的时间，由于报警一般通过专用网络发送，τ 很小，因此，Δt 和 τ 都很小。原地报警的 T_m 的物理意义在于等待首台 S 波的到时，其优势在于盲区较小，缺点也很明显，只利用了首台的信息，难以准确测定出地震参数，故报警的区域也很小。因此原地报警和异地预警相互补充，原地报警用时少速度快但测定的地震参数准确度不高（仅用单台信息），异地预警测定地震参数比较准确（前几台信息）但用时较长。

9.2.6　预警第一报时间标准

如果将通信网络延迟 τ 分解为

$$\tau = \tau_1 + \tau_2 + \tau_3 \tag{9.24}$$

式中，τ_1 为观测数据打包的时间；τ_2 为通信网络将台站观测数据传输至处理中心的时间延迟；τ_3 为处理中心将信息推送至发布中心，再由发布中心分发至用户的时间延迟。
则从发震时刻 T_0 起算数据处理中心测定完成地震四参数发布第一报的时间为

$$\Delta T = \tau_1 + \tau_2 + t_{P1} + \Delta t \tag{9.25}$$

式中，Δt 为计算地震参数的用时。因此，ΔT 就是从发震时刻起算，发布地震预警第一报的时间。ΔT 的用时与 t_{P1} 有关，也就是与台网捕捉地震信息的能力相关。如果从台网触发时刻起算，即

$$\Delta T' = \Delta T - t_{P1} = \tau_1 + \tau_2 + \Delta t \tag{9.26}$$

那么 $\Delta T'$ 为首台触发时间起算发布地震预警第一报的时间，两者相差 t_{P1}。

目前国际上一般采用首台触发后多少秒为发布预警第一报，这与震后多少秒发布第一报的区别就在于起算时间相差 t_{P1}。前者即以首台触发作为起算时间，用于刻画系统的处理能力，表示系统性能；后者即震后以发震时刻作为起算时间，更强调客观因素的综合影响。我国预警系统会产出以发震时间和首台触发时间为起算时间标准的两种预警时间。

9.3　预测烈度与破坏区域估计

9.3.1　预测烈度估计

日本地震预警系统利用测定的震级 M 来预测特定城市和工程的预测烈度。根据我国西南地区烈度与震级的统计结果，如果已知震级 M 时，震中距为 Δ 的烈度为

$$\begin{cases} I(\Delta) = 1.297M - 4.368\lg(\Delta + 15) + 5.363 \\ I_0 = 1.297M + 0.226 \end{cases} \tag{9.27}$$

对于中强地震利用 M 来预测烈度是可以的。考虑到我国已建实时传输的烈度计网并且在 7 级以上大震时，震级可能估计偏小从而导致预测烈度偏低，本书采用前四台的烈度估计 I_0，进而预测烈度。

$$I = I_0 - 4.368\lg(\Delta + 15) + 5.137 \tag{9.28}$$

对于网内地震，由于震中附近有强震台和烈度计台，可估计出 I_0，一般采用震中烈度 I_0，计算预测烈度的公式。对于网外地震，由于 I_0 难以计算，故宜直接采用 M 预测场地烈度的公式。

如果 I_0 变化，则预测的场地烈度 I 也会变化，变化达到 1 度时，重新发布预测烈度。对于网外地震，如果 M 变化，预测的烈度也会变化，变化达到 1 度时，则重新发布。

需要说明的是，对于中强地震如震级小于 6.5 级以下的地震，由于地震破裂尺度较小，由 M 或 I_0 的点源烈度衰减模型预测的烈度具有较高的准确性，但是对于震级较大如 7 级以上的地震，由于断层破裂具有一定规模，则由烈度衰减点源模型预测的烈度具有一定的偏差，也就是会低估破裂前方的烈度，也会高估部分地区的烈度，对此问题留待第 12 章再详细讨论。

对于特殊行业，按照 PGA 和 PGV 的衰减关系可以预测特定震中距的 PGA 和 PGV：

$$\begin{cases} \lg PGA = c_1 M + c_2 \lg(\Delta + 15) + c_3 \\ \lg PGV = e_1 M + e_2 \lg(\Delta + 15) + e_3 \end{cases} \tag{9.29}$$

9.3.2　破坏区域和发布范围的估计

根据震级 M 或震中烈度 I_0 与烈度的衰减关系：

$$I(\Delta) = d_1 M + d_2 \lg(\Delta + 15) + d_3 \tag{9.30}$$

在估计不同震级时，对应于6度区的范围 Δ_6 如式（9.31）所示：

$$\begin{cases} \Delta_6 = f_1(M) \\ f_1(M) = \exp\left[\dfrac{\ln 10}{d_2}(6.0 - d_1 M - d_3)\right] - 15 \end{cases} \tag{9.31}$$

又一方面，利用破裂长度 L 和 M 的关系

$$M = 1.61\lg(L) + 4.5 \tag{9.32}$$

可以得到破裂长度 L 和 M 的关系为

$$\begin{cases} L = f_L(M) \\ f_L(M) = \exp\left[\dfrac{\ln 10}{1.61}(M - 4.5)\right] \end{cases} \tag{9.33}$$

因此，可以得到破坏区域的范围为

$$D = \max\{\Delta_6, L\} \tag{9.34}$$

Δ_6 和 L 相交时震级 $M=7.3$（图9.8）。当 $M < 7.3$ 时，用6度区尺度 Δ_6 估计破坏区域尺度；当 $\Delta \geqslant 7.3$ 时，用破裂尺度 L 估计破坏区域尺度。如果预警的盲区尺度为 d，预警发布的破坏区域的尺度为 D，当 $D > d$ 时，则预警发布的效率可以估计为

$$\eta(M) = \frac{(D - d)^2}{D^2} = \left[1 - \frac{d}{D(M)}\right]^2 \tag{9.35}$$

可以看到，震级越大的地震，预警效率越高，社会时效性越好。反之，中等地震效率不高，特别是当满足

$$d \geqslant D \tag{9.36}$$

即盲区大于等于破坏区域时，预警效率为0，也就是没有社会时效。图9.9为根据上述研究，分析得到地震预警效率随震级变化的关系，从中可看出当 $M < 6.3$，盲区与6度破坏区几乎相同，预警效率为0，即没有时效性，当 M 上升至6.5级，效率为0.4，开始有一

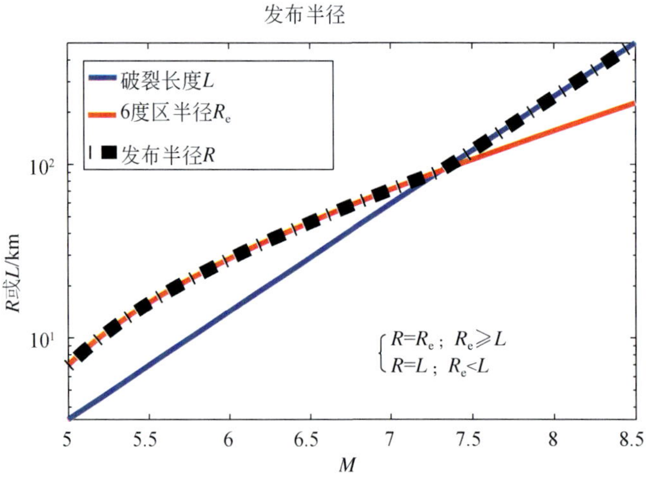

图9.8　用6度区和破裂尺度估计破坏区域

定实效。当 $M>7$，特别是大于7.5级以后，效率高于0.9以上。因此，地震预警确实是应对大震巨灾的有效手段。

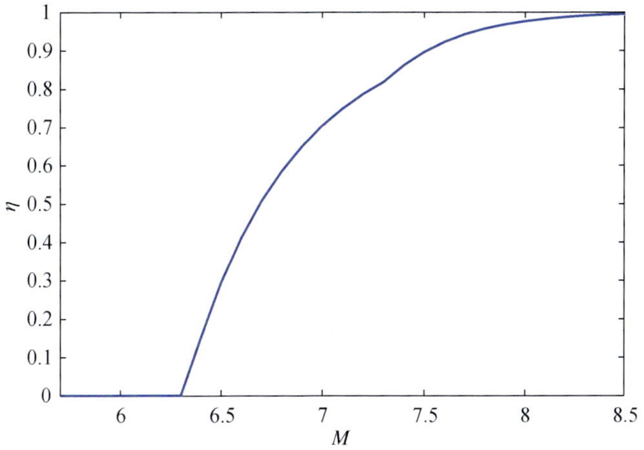

图9.9　地震预警效果的估计

9.4　地震动场的实时计算

在地震观测台网感知到地震后，强地震动场的实时在线处理系统就开始运行，目的在于利用实时计算的近场强地面运动的最新观测结果，修正烈度与强地震动场的预测结果，使地震动场和城市烈度的预测结果更加逼近真实的观测结果。

9.4.1　实时计算强地面运动峰值加速度场

对于高密度台网，设第 j 个台站的强地面加速度三分量时程分别为 $a_{jE(t)}$，$a_{jN(t)}$，$a_{jZ(t)}$，$j=1$，2，…，N，其中 N 为台站总数，三分量合成加速度时程 $a_j(t)$ 和水平合成二分量加速度时程 $a_{jh}(t)$ 分别为

$$\begin{cases} a_j(t)=[a_{jE}^2(t)+a_{jN}^2(t)+a_{jZ}^2(t)]^{1/2} \\ a_{jh}(t)=[a_{jE}^2(t)+a_{jN}^2(t)]^{1/2} \end{cases} \tag{9.37}$$

时程采样率 $\Delta t=0.01\text{s}$，定义 $\text{PGA}_j(t)$ 为

$$\begin{cases} \text{PGA}_j(t_k)=\max\{a_j(t_k)\}, & k=1,\cdots,N \\ \text{PGA}_{jh}(t_k)=\max\{a_{jh}(t_k)\}, & k=1,\cdots,N \end{cases} \tag{9.38}$$

其中，$t_k=\Delta t(k-1)$，$k=1$，2，…，N。换句话说，$\text{PGA}_j(t)$ 为强震动时程 $a_j(t)$ 的实时峰值的最大值。同理可得水平向的加速度时程的实时峰值最大值 $\text{PGA}_{jh}(t)$。通过重新采样，展示地震动场 $\text{PGA}_j(t)$ 的时间间隔可按 $\Delta t=0.5\text{s}$ 或 1s 实时更新，当最大峰值到达时，$\text{PGA}(t)$ 就收敛于台站的 PGA。

根据实时仿真技术，由加速度时程可得到实时仿真的速度时程。采用类似的技术即可

实时计算强地面运动的峰值速度场。

9.4.2 插值网格时程实时计算公式

假定已知三个台站的加速度时程为 $a_j(t)$ ，震源距为 $R_j(j=1, 2, 3)$ ，插值计算三个台站附近空间网格 A 点的加速度时程 $a_A(t)$ 的公式为

$$
\begin{cases}
a_A(t) = \sum_{j=1}^{3} m_j \dfrac{R_j}{R_A} a_j\left(\dfrac{R_A}{R_j}t\right) \\
W = \sum_{j=1}^{3} \dfrac{1}{d_j^2} \\
m_j = \dfrac{1}{d_j^2}/W \\
d_j = \left[(x_j - x_A)^2 + (y_j - y_A)^2\right]^{1/2}
\end{cases}
\tag{9.39}
$$

式中，x_j ，y_j 为地表第 j 个台站坐标；x_A ，y_A 为插值点网格坐标，距离插值点越近权重越高；R_A 为 A 点的震源距。只要 $R_A < R_j(j=1, 2, 3)$ ，则可实时计算出 $a_A(t)$ 。插值公式在时间上满足地震波的传播规律和在空间上满足衰减规律。对于速度 $v(t)$ 的插值公式，与 $a(t)$ 的插值一致，有了 $v(t)$ 的插值公式就可得到能量插值 $E(t)$ 的公式。如果触发台站数较多时，也可取四台或六台的时程进行插值，j 最大取 4 或 6 即可。从计算公式可知，插值结果主要受离插值点最近的台站所控制，台网密度越高，插值效果越好。尽管插值公式是由点源模型假定得到的，但对于大震只要台网密度较高也可适用。

9.4.3 实时计算仪器地震烈度

根据仪器烈度的计算公式和针对仪器烈度所设计的特殊滤波器的实时仿真算法，可以得到第 j 个台站的仪器烈度 $I_j(t_k)$ ，$j=1, 2, 3, \cdots, N$ 。但应注意 $I_j(t_k)$ 并不一定是第 j 个台站最终的烈度值，只有当强震动加速度峰值到达后，等效加速度的峰值 $a_{0.5}$ 才稳定，收敛于该台站的烈度值。同理，有了 $a(t)$ 的插值公式，其烈度的插值公式也依烈度计算公式得到。

9.4.4 实时修正强地面运动的 PGA 预测公式

根据经验统计，对于方向性不明显的中小地震（$M \leqslant 6.5$），其 PGA 的衰减等值线近似于圆形，当地震发生后，M 为确定值，则此时地震 PGA 的衰减公式简化为

$$\mathrm{lgPGA} = d_1 + d_2 \lg\Delta \tag{9.40}$$

令 $y = \mathrm{lgPGA}$，$x = \lg\Delta$ ，则：

$$y = d_1 + d_2 x \tag{9.41}$$

根据最小二乘法，如果有多台得到 x_i，$y_i(i=1, 2, \cdots, N_s)$ ，可得 d_1，d_2 为

$$\begin{cases} d_1 = \frac{1}{N_s}\left[\sum y_i - d_2 \sum x_i\right] \\ d_2 = \left[\sum x_i y_i - \frac{1}{N_s}\sum y_i \sum x_i\right] \Big/ \left[\sum x_i^2 - \frac{1}{N_s}\sum x_i \sum x_i\right] \end{cases} \tag{9.42}$$

由此可解出 d_1，d_2，随着触发台的增加，不断修正系数 d_1，d_2。显然 d_1，d_2 为时间的函数，故预测 PGA 的衰减公式既是震中距 Δ 的函数，又是时间的函数。一般在四台触发后，震源位置就可准确确定，根据各台 S 波峰值到达的时间估计可确定 PGA 到达时间，只要前四台的 PGA 可靠就可开始实时估计地震动场。由新的 PGA 衰减公式来修正预测方程，对强地面运动未到达区域的 PGA 重新估计。PGV 和 I 的预测方程与 PGA 形式相同，也可按此思路实时修正。

9.4.5　大震 PGA 椭圆衰减关系的实时拟合

对于7级以上的大震，其 PGA、PGV 和烈度 I 沿断层破裂方向的衰减与垂直断层方向的衰减不同，可近似看成椭圆衰减（图9.10），如果能得到破裂方向和宏观震中，可按式（9.43）拟合衰减关系。假定坐标原点位于震中或者宏观震中，则等值线方程为

$$\frac{x^2}{a^2} + \frac{y^2}{b^2} = 1 \tag{9.43}$$

x 长轴沿破裂方向，短轴为 y 方向。PGA 沿长轴和短轴的衰减关系分别为

$$\begin{cases} \ln \mathrm{PGA} = e_{1a} + e_{2a}\ln R_a \\ \ln \mathrm{PGA} = e_{1b} + e_{2b}\ln R_b \end{cases} \tag{9.44}$$

式中，R_a，R_b 分别为椭圆长、短轴半径；e_{1a}，e_{2a}，e_{1b}，e_{2b} 为拟合系数。

假设断层为一直线，其方程为

$$\begin{cases} y = kx + b \\ k = \tan\theta \end{cases} \tag{9.45}$$

观测点 A 的坐标为（x_A，y_A），峰值加速度 PGA 为 I_A，观测点到断层的最短距离为 d_A（图9.11），则 d_A 为

$$d_A = \frac{1}{\sqrt{k^2 + 1}} | y_A - kx_A - b | \tag{9.46}$$

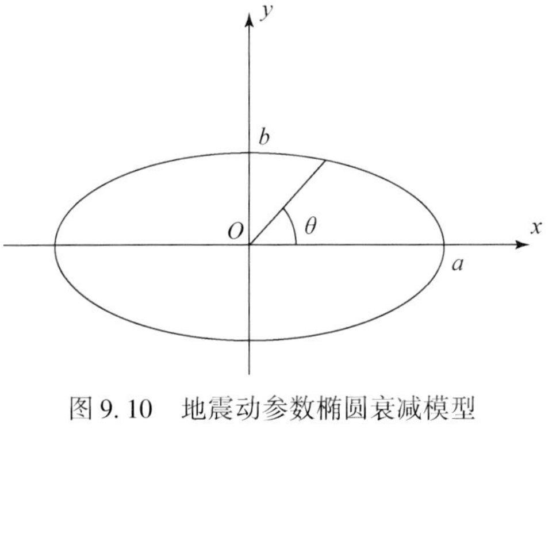

图9.10　地震动参数椭圆衰减模型

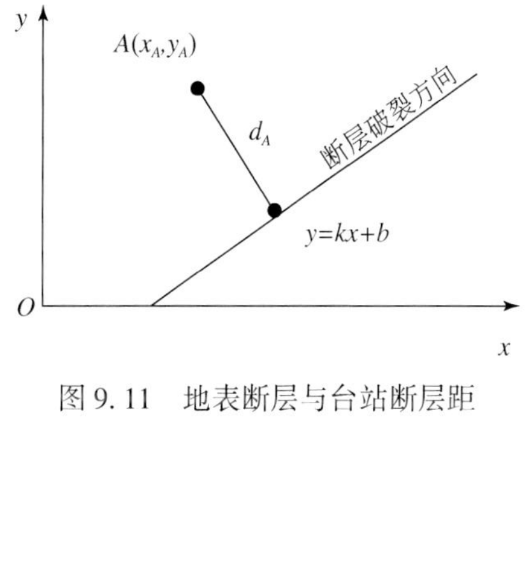

图9.11　地表断层与台站断层距

同理，如果有一系列观测点，其第 j 个台站的坐标为 (x_j, y_j)，峰值加速度为 $PGA_j(j = 1, 2, 3, \cdots, N)$，同理可得第 j 个台站至断层的最短距离 d_j 为

$$d_j = \frac{1}{\sqrt{k^2 + 1}} | y_j - kx_j - b | \tag{9.47}$$

那么，大震时的烈度椭圆衰减关系由两个减至一个，可以表达如下：

$$\lg PGA = e_1 + e_2 \lg d \tag{9.48}$$

这样，利用多点的 d_j 和 PGA_j，可以拟合出系数 e_1，e_2。当台站到断层的投影位置超过断层长度时，d 取为断层端点至台站的距离。这样拟合方法的好处就在于并不需要知道宏观震中的位置，只需知道断层破裂方向就可拟合出衰减关系，而且与坐标轴的选择无关。由于实时计算大震的破裂方向需要一段时间，所以在不知道破裂方向时，只能采用圆模型的衰减模型，但一旦明确破裂方向和破裂长度，也就是断层的具体位置后，就可采用椭圆模型衰减关系来拟合衰减关系，系数求解与点源模型思路相同。同理，可按上述思路来计算大震时 PGV 和烈度 I 的衰减关系。如果观测点的烈度值或 PGA 和 PGV 较多时，也可由 PGA 和 PGV 同时拟合破裂方向和衰减关系。

9.5　修正大震烈度预测模型

尽管在预警首报发布时，由于不知道大震破裂方向，只能采用点源烈度衰减模型来预测城市和重要工程的烈度，但随着更多台站的触发，特别是大震破裂分析软件的启动，在震后 20～60s 内，可以实时获得大震破裂过程的信息（破裂方向、方式与长度），根据断层信息并利用此次地震的观测资料，也可拟合新的烈度衰减关系，这为修正烈度预测模型（椭圆衰减模型）提供了科学基础。

9.5.1　修正宏观震中

根据测定的大震破裂方位角，就可确定大震烈度衰减的长轴方向，破裂方位角变化时，衰减长轴方向也将随之变化。测定的断层地表迹线几何中心就确定为此时刻预测城市烈度的经验椭圆烈度衰减模型的椭圆圆心。由震中烈度或震级按经验椭圆衰减方程预测城市和重要工程所在位置相应的烈度。无论测定的破裂方式是单侧或是双侧破裂，椭圆方程的圆心始终为地表断层的几何中心，如果几何中心变化则椭圆圆心也将变化。

9.5.2　实时修正衰减模型

在断层破裂方向和断层地表轨迹线已知的情况下，如果触发的台站数不够多，获取的台站烈度值较少时，仍然要使用烈度椭圆经验衰减关系来预测城市和工程场地烈度。但随着更多的台站触发，有较多的台站烈度时，利用此次地震的观测资料，可以实时拟合烈度衰减关系，如果结果稳定可靠，应即时采用新的衰减关系。如果新、旧模型预测结果相差 1 度以上，也要更新烈度预测结果。

9.5.3　提供大震烈度衰减模型

根据大震破裂分析结果和此次地震烈度分布特点，完成烈度衰减关系的拟合，得到此次地震的烈度衰减空间分布图，为烈度速报插值计算部分城市和乡镇的烈度，奠定了重要基础。

9.6　本章小结

地震预警信息是高度敏感、涉及公共安全的重要信息，它的发布必须准确、可靠。其发布内容与传统的地震三要素有较大区别。一是地震参数中增加了震中烈度，这是我国“三网融合”带来的独特优势，通过震级和震中烈度的综合判断，可以比较准确地判定地震对社会的影响程度；二是对特定的城市和重大工程提供预警时间和预测烈度，这相当于对特定城市和重要工程可能遭受的地震影响提前做了评估，告知了这种危险何时来临，以便做好应急准备；三是这种预警时间和预测烈度是根据此次地震所影响的空间范围对受其影响的所有城市和重要工程逐一研判，提出不同的预测烈度和预警时间。本章在简要介绍有关国家发布预警信息的标准后，首先，重点介绍了我国发布地震预警信息的研判准则、判定内容以及预警等级的划分，以确保发生的地震确实是会对社会带来严重影响的地震。其次，介绍了如何依据地壳介质模型和实测的相关参数，计算P波、S波预警时间、盲区半径等。对于公共预警来讲，所提供的预警时间是S波的预警时间。但对于特殊的工程系统（如高铁）也可提供P波预警服务和报警服务。再者，简要介绍了利用震中烈度或震级通过烈度衰减关系来预测城市和重要工程可能遭受的地震烈度以及估计破坏区域范围的问题。最后，在点源模型假定下讨论了利用此次地震的实时波形数据，制作PGA、PGV和能量图的问题，以及实时拟合此次地震动参数的衰减关系，实时更新地震动参数的预测模型。在破裂方向已测定的基础上，探讨了大震地震动参数和烈度衰减关系的实时拟合问题。当然也应看到，由于预警信息研判的时间较短，得到的观测信息也很少，在发布预警信息第一报时，只能用烈度衰减的经验模型来预测烈度，在7级以上大震时，可能会导致一些地区的预测烈度值偏高或偏低，这也是目前世界各国预警系统在烈度预测方面普遍存在的问题，其根源在于目前还没有办法在首台触发的3～5s内判定大震的破裂方向，只能留待大震破裂实时反演系统确定破裂方向后尽可能地修正预测烈度。

第 10 章　利用近场地震波能量时空特征实时反演大震破裂过程

地震预警系统在首台触发 3～6s 就可发布地震预警信息，包括城市的预测烈度，但发布大震预警信息时，由于不知道发震断层及其破裂方向，只能利用点源模型的烈度衰减关系来预测烈度，这将导致部分区域预测烈度与实测烈度存在较大的不一致，这也是世界各国地震预警系统的“通病”和短板。为了提高预警系统对大震烈度空间分布场的预测精度，迫切需要发展利用近场台网资料快速测定大震破裂过程的新技术。同时，也为 3min 内依据观测资料和大震破裂震源模型插值计算部分城市和乡镇烈度、制作烈度空间分布图奠定重要基础。

地下大断层破裂是客观存在的，其破裂区域在地表投影必然也是客观存在的，而且破裂尺度（长度）越大，其投影面积也就越大。由于近场强地面运动的时空分布与大震破裂过程密不可分，这为科学家利用强地面运动场的时空特征测定大震破裂过程奠定了科学基础。只要台网较密，由观测记录制作的地表地震波能量时空分布图就是地下大震断层破裂过程在地表的时空投影。因此通过对地下断层破裂区域在地表投影面积的时空分布实时提取其主要特征就可以测定破裂方向、测量破裂长度得到大震破裂过程，也能够更精细地确定高能量释放的重点灾害区域。问题在于如何巧妙地寻找地下断层在地表的投影区域？我们提出了一套利用近场强震观测资料提取其时空分布特征快速反演大震破裂过程的新方法和新技术。

这种新方法和新技术的要点就是利用近场强震观测记录制作台网各台站网格的地震波能量图，利用大震多普勒效应和概率方法初步寻找地下断层在地表的投影区域，进而利用类似于大震烈度衰减形状的动态椭圆模拟大震破裂沿断层带的能量释放过程，来进一步搜索破裂方向和破裂在地表的投影区域。通过对破裂投影区域的实时分析，反演大震的破裂过程。

需要说明的是，本章讨论的大震破裂过程的实时反演方法及其技术，是利用近场强地面运动的实时观测波形数据，在震后 20～60s 内快速测定 7 级以上大震的破裂方向、破裂方式和破裂长度。这与地震学家使用远场观测资料通过波形拟合技术在震后 30min 至数小时反演大震破裂详细过程以及依点源假定利用远场观测资料通过矩张量反演方法解算的震源机制解，在思路与方法、时效性和观测资料等方面都有重大区别。

10.1　近场强地面运动的主要特征

地震学家在 20 世纪证明了一个点源位错等效于一个双力偶，在均匀介质模型下计算出的格林函数与一个大震断层位错的时空函数进行卷积后可以计算出大震产生的地面运动位移。由此，地震学家在大震发生后，利用远场观测记录通过理论波形和实际观测波形的拟合技术，对大震的破裂过程进行反演，给我们提供了详细了解大震破裂过程真实情况的一条路径。但是用远场波形的拟合方法，会丢失相当一部分高频信息，这导致震源破裂过程的结果在高频辐射细节上可能不完全一致。一个 7 级以上大震发生后，一般都会发生一系列中小地震，如果把这些中小地震视为“点源”，这些中小地震的观测记录既挟带了“点源”位错 Green 函数（高低频介质响应）的信息，也挟带了中小地震位错的信息。如果选择震源机制相同的中小地震作为格林函数，只要利用震源相似性参数的定标律对中小地震的位错函数进行调整，使之等同于大震的位错函数，再假设一系列不同的大震破裂模型便可合成出大震的理论记录。利用理论和实际的波形或者重要特征量进行比对，选取最合适的拟合结果所对应的破裂过程，就是最接近真实的大震的破裂过程，这种方法也称为经验格林函数方法。这种方法的优点在于避免了真实复杂介质的点源 Green 函数的计算，包含的地震波频带也较宽，特别是保留了高频辐射的信息，缺点是要用定标律来调整小震的位错函数，在预测大震的强地面运动时经常使用此种方法。

总而言之，一个大震的破裂所产生的强地面运动，可以分解为按一定破裂顺序排列的一系列子源所产生的强地面运动。由此产生的强地面运动的加速度时程可以表示为

$$\begin{cases} a_n(x,y,t) = \sum_{j=1}^{N} a_{nj}(t - t_j) \\ t_j = \dfrac{r_j}{c} + t_{r_j} \\ r_j = [(x-\zeta_j)^2 + (y-\eta_j)^2]^{1/2} \end{cases} \tag{10.1}$$

式中，N 为子源个数；x、y 为地表任意观测坐标；ζ 、η 为大震断层面上子源的坐标；t_{r_j} 为断层破裂至第 j 个子源的破裂时间延迟，它与单侧、双侧等破裂方式有关。如图 10.1 所示，为了加深理解，我们考虑一个为恒定破裂速度 v_r 的单侧破裂线源，沿 OA 方向破裂，B 为地震观测点，初始破裂点 O 到 B 的震源距为 R_0，OA 方向上任意破裂点 D，其破裂长度为 ζ ，D 至 B 点的距离为 R_ζ ，则子源 D 引起的地震波传播时间延迟为

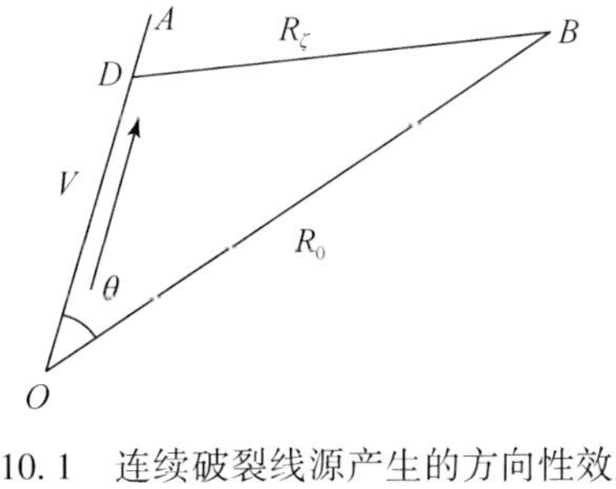

图 10.1　连续破裂线源产生的方向性效应

$$\begin{cases} t_\zeta = \dfrac{\zeta}{v_r} + \dfrac{R_\zeta}{c} \\ R_\zeta = [R_0^2 + \zeta^2 - 2R_0\zeta\cos\theta]^{1/2} \end{cases} \tag{10.2}$$

式中，c 为 P 波或 S 波速度，当 $R_0 \gg \zeta$ 时，R_ζ 可表示为

$$R_\zeta = R_0 - \zeta\cos\theta \tag{10.3}$$

则 t_ζ 可以简化为

$$t_\zeta = \frac{R_0}{c} + \frac{\zeta}{v_r}\left(1 - \frac{v_r}{c}\cos\theta\right) \tag{10.4}$$

考虑远场时 $R_0 \gg L$，通过积分，则台站 B 得到的加速度谱 $a_B(\omega)$ 为

$$\begin{cases} a_B(\omega) = a_0(\omega)\mathrm{e}^{-\mathrm{i}x} \cdot \dfrac{\sin x}{x} \\ x = \dfrac{\omega L}{2v_r}\left(1 - \dfrac{v_r}{c}\cos\theta\right) \end{cases} \tag{10.5}$$

$a_0(\omega)$ 为初始破裂产生的加速度谱，x 中 $1 - \frac{v_r}{c}\cos\theta$ 为破裂方向性因子。它的影响体现在相位上，也体现在幅值上。对于双侧破裂，一边破裂长度为 L_1，另一边为 L_2，总破裂长度为 $L = L_1 + L_2$，则：

$$\begin{cases} a_B(\omega) = a_0(\omega)\left[\dfrac{L_1}{L}\mathrm{e}^{-\mathrm{i}x}\dfrac{\sin x_1}{x_1} + \dfrac{L_2}{L}\mathrm{e}^{-\mathrm{i}x}\dfrac{\sin x_2}{x_2}\right] \\ x_1 = \dfrac{\omega L_1}{2v_r}\left(1 - \dfrac{v_r}{c}\cos\theta\right) \\ x_2 = \dfrac{\omega L_2}{2v_r}\left(1 - \dfrac{v_r}{c}\cos\theta\right) \end{cases} \tag{10.6}$$

对于条件 $R_0 \gg L$ 的理解有两层含义。一是对于中小地震，由于破裂尺度 L 较小（一般只有数百米至数公里），即使在震中附近也满足条件，但破裂并未发育，方向性效果并不明显。二是对于大震，条件 $R_0 \gg L$，则意味着远场。对于近场，不能用解析式近似表达，只能将空间和时间离散化，利用断层动力学方程和断层破裂准则通过数值模拟技术来研究近场强地面运动。

根据科学家对近场强地面运动的研究，其成果可概括如下：

（1）中小地震破裂尺度较小（破裂尺度可由位移谱的拐角频率测定），可近似为点源。大震破裂具有多普勒方向性效应，在破裂前方及两侧能观测到地震波谱频率增高、加速度峰值增大，在破裂方向的后方可观测到频率降低、加速度峰值减小。如果地面观测台网比较密集，能完全包围整个破裂区域，高烈度区域和加速度峰值较高的区域一定沿断层破裂方向展布。

（2）大震产生的烈度和 PGA、PGV 峰值与断层距有关，破裂的方向与其衰减的长轴方向一致。对近断层两侧强震观测记录的研究表明，其 PGA、PGV 以及烈度值主要与断层距有关，换句话说，它主要受最靠近台站的子源破裂辐射能量的影响，特别是近场产生的大脉冲。因此大震烈度空间分布图和 PGA、PGV 等值线空间分布图沿断层走向大体呈椭圆形分布。

（3）断层上盘的加速度峰值比下盘的加速度峰值要大，特别是逆断层时，这种效应更加明显。这导致烈度分布和加速度峰值的分布沿断层走向两侧不对称。烈度或加速度峰值较高、衰减慢的一侧即断层的上盘。

这些重要结果，是利用地震波能量与烈度分布、PGA、PGV 空间分布以及加速度时程

包络来确定破裂方向，估计破裂长度的重要基础，也是大震烈度空间分布修正的科学依据。

10.2　利用近场强震观测记录实时反演大震破裂过程的技术思路

一个 7 级以上大震从破裂开始到结束，要有几十秒的时间，破裂长度要有上百公里乃至几百公里长。这种破裂可看成由若干个子源构成，当破裂到达子源时，子源开始破裂，其最强的辐射在靠近子源的断层带上。从理论上讲，在包围断层带的区域内，密集台网观测到的地表能量的释放过程是地下活动断层整体破裂过程能量释放在地表的时空投影，因此，以震中为中心，以大震破裂尺度 2～3 倍距离范围内密集观测台网所绘制的地震波在地表的能量时空过程，包含了大震破裂能量释放过程的重要信息。

10.2.1　大震破裂模型假定

假定地下断层为具有一定倾角的矩形平面，初始破裂点在断层平面上，7 级以上地震断层一般有地表出露点，其地震断层出露点（或线）也一定在断层面上。根据预警系统测定的震源位置，就确定为断层初始破裂点，震中为初始破裂点在地表的投影位置。大震破裂将以初始破裂点为起点在断层面上以一定宽度沿某一方向按一定的破裂速度单侧或两侧破裂。

10.2.2　解析大震破裂过程的思路

大震时地下断层有较大的破裂区域，在地表有相应的投影区域，随着大震破裂的不断扩展，其地表投影区域也不断变化扩展。找到地表的投影区域，并实时量取这些投影区域的大小和形状的变化就可以解析大震的破裂过程。大震断层的破裂过程是地震波能量释放的过程，根据破裂方向性效应，破裂前方的地震动能量增长速度较快，破裂后方能量增长速度较慢。因此地下断层破裂方向一定沿地表地震动能量较大特别是能量增长最快的方向破裂。换句话说，地表能量积累较大和能量增长较快的地表网格所构成的区域就是地下断层破裂区域在地表的投影区域。通过四个步骤来寻找地下断层在地表的投影区域。第一步，通过计算地表地震波能量及能量变化，以概率方法初步寻找地下断层在地表的投影区域；第二步，构建一个类似于大震烈度衰减形状的动态椭圆模拟大震沿断层破裂方向的能量释放，只有在椭圆范围内的投影网格才是可能真正寻找到的地下断层破裂在地表的投影区域；第三步，按一定角度旋转椭圆，旋转一次则计算一次椭圆内投影网格的总能量，最大能量对应的方向即破裂方向，同时确定投影区域；第四步，根据投影网格 $A+B$ 事件概率最大值，并以此概率将所有网格的概率按此归一化（称为相对概率），也就是相对概率为 1 的投影网格就确定为宏观震中，每扫描一次就确定一次宏观震中，宏观震中沿断层方向的破裂长度就是断层在地表可能的出露线。

10.2.3 搜索结果稳定的判定条件

若连续 10s 搜索到的破裂方向的变化不超过 15°，则认定此时搜索结果已经稳定，稳定时刻应当为 10s 前起算；断层的破裂长度必定是有限的，因此在得到稳定的断层破裂方向后，需要判定断层破裂何时终止，以便量取正确的破裂长度。结合已有大震结果，本书以连续 10s 破裂长度增长小于 1km 作为断层停止破裂的判定条件。双侧破裂判定为两个子事件，如果一侧的破裂方向有较大变化或者破裂长度和破裂速度发生重大改变，也可作为新的子事件产生的条件。

10.3 大震破裂分析的前期准备

10.3.1 空间尺度和网格划分

以预警系统测定的震中为圆心，根据预警系统测定的预警震级，依据震级与破裂长度的经验关系估算的破裂尺度为 L，以 $2L \sim 3L$ 为半径设置反演区域（也可根据台网情况事先采用固定区域反演，如 8 级地震空间尺度为 500km×500km），在此区域内按网格尺度 d 划分地表空间网格。一般取 d 为 5km，每个空间网格面积为 5km×5km，空间网格共剖分为 N 个。

10.3.2 估计破裂反演分析时间

一次 8 级大震的破裂尺度将近 250km，当 $v_r = 2.7 \sim 3$km/s 时，破裂时间 T_r 为 83 ~ 93s。为了完整的刻画整个破裂过程，每个网格的能量 $E_j(t)$ 的时间长度 T_t 必须满足 $T_t > T_r$。从发震时间起算，考虑到地震波的传播时间，T_t 统一取为 100s，这可满足 8 级及以下地震的分析，对于 8 级以上的地震 T_t 可适当延长。

10.3.3 能量增长时间判断

假定第 j 个地表网格所属台站的速度时程为 $v_j(t)$，$v_j(t)$ 的 P 波初至到时为 T_{Pj}，即能量开始增长变化的起始时间，也用于判断初始破裂点离网格的远近。$v_j(t)$ 的最大值的到时为 $T_{j\max}$，当 $T_{Pj} < t < T_{j\max}$ 时，网格能量属于增长过程；当 $t > T_{j\max}$，属于能量消退过程，扣除破裂时间，$T_{j\max}$ 还用于判定破裂离地表网格最接近的时间和距离。

10.3.4 地表近场地震波能量的实时计算

假定第 j 个台站三分量加速度记录分别为 $a_{jE}(t)$、$a_{jN}(t)$、$a_{jZ}(t)$，经仿真计算后得到

的速度记录分别为 $v_{jE}(t)$ 、$v_{jN}(t)$ 、$v_{jZ}(t)$ ，令 $S_j(t)$ 表示其累积能量参数，则：

$$\begin{cases} S_j(t_k) = \sum_{n=1}^{k} v_j^2(t_n), k = 1, \cdots, N_t \\ v_j^2(t_k) = v_{jE}^2(t_k) + v_{jN}^2(t_k) + v_{jZ}^2(t_k) \end{cases} \tag{10.7}$$

式中，$t_k = (k-1)\Delta t$ ，Δt 为地震波的采样时间间隔；$S_j(t_k)$ 单位为 cm^2/s^2；$N_t = T_t/\Delta t$ ，T_t 为振动持续时间。设空间网格的间距为 d，则空间网格面积为 d^2，厚度为 h 的地震波动能的累积能量可定义为

$$E_j(t) = \frac{1}{2}\rho d^2 h S_j(t), 0 < t < T_0 \tag{10.8}$$

式中，ρ 为介质密度，取为 2.7g/cm^3；d 为空间网格的间距，这里取为 5km，即 5×10^5cm；h 取为 1km，即 1×10^5cm。据此可计算常数 k 为

$$k = \frac{1}{2}\rho h d^2 = 3.4 \times 10^{16}\text{g} \tag{10.9}$$

需要说明的是，这里仅讨论在接近地表（取厚度 1km）包围断层近场的小区域空间尺度范围内地震波动能的相对释放大小和过程，而并非估计地震释放的能量。

对 $E_j(t)$ 重新采样，其采样间距为 Δt_d ，一般取为 0.5s 或 1s。$E_j(t_m)$ 可简化为

$$E_j(t_m) = kS_j(t_m), 0 < t_m < T_t \tag{10.10}$$

计算能量增长率：

$$\eta_j(t_m) = [E_j(t_{m+1}) - E_j(t_m)]/\Delta t_d \tag{10.11}$$

式中，$t_{m+1} = (m-1)\Delta t_d (m = 1, \cdots, N_{td})$ 。

当 v^2 的量纲为 cm^2/s^2 时，$E_j(t_m)$ 的量纲为尔格。由于 k 为常数，$E_j(t_m)$ 的大小取决于 $S_j(t_m)$ ，也称 $S_j(t_m)$ 为能量参数。

网格点内有台站的利用实测记录作为网格点的记录，若网格点没有台站记录，则利用前文中插值得到网格点的记录，据此得到台网区域范围内所有网格的地表地震波动能的时空分布图。

10.4　大震破裂过程的实时反演

10.4.1　以概率方法选取断层破裂区域在地表的投影区域

利用地震预警实时定位分析结果，计算出各空间网格的触发时间 t_{Pj} 。只有 P 波到达的空间网格才能参与当前状态投影网格的搜索，$E_j(t)$ 表示第 j 个空间网格累积能量随时间的变化过程。

1）实时计算破裂投影网格的概率

首先计算 $t = t_m$ 时刻，整个台网累积的总动能 $E(t_m)$ ，即有

$$E(t_m) = \sum_{j=1}^{N} E_j(t_m) \tag{10.12}$$

$$t_m = (m-1)\Delta t_d \quad (m = 1, 2, \cdots, N)$$

定义 A 为以累积能量大小方式挑选投影网格这一事件，则第 j 个空间网格在 m 次扫描过程中以累积能量方式挑选为破裂投影网格的概率为

$$P_j(A, t_m) = E_j(t_m)/E(t_m) \tag{10.13}$$

这是一种自然选择，网格累积能量越大，选中的概率就越大。同理可计算整个台网的累积总能量在一个时间步长 Δt_d 内的增量：

$$\Delta E(t_m) = E(t_m) - E(t_{m-1}) \tag{10.14}$$

定义 B 为按能量增量大小方式挑选投影网格这一事件，第 j 个空间网格在 m 次扫描过程中以能量增量（由于 Δt_d 为常数，增量方式和增长率方式选择网格，公式一样）方式挑选为破裂投影网格的概率为

$$P_j(B, t_m) = \Delta E_j(t_m)/\Delta E(t_m) \tag{10.15}$$

这也是一种自然选择，能量增量越大的网格被选为破裂投影网格的概率就越大。

由于 A 与 B 独立，两者的关系如图 10.2 所示，则 $t = t_m$ 时，按能量贡献（A 事件）且能量增量贡献（B 事件）的比选过程中，第 j 个网格被选为破裂投影网格的概率为

$$P_j(AB, t_m) = P_j(A, t_m)P_j(B, t_m) \tag{10.16}$$

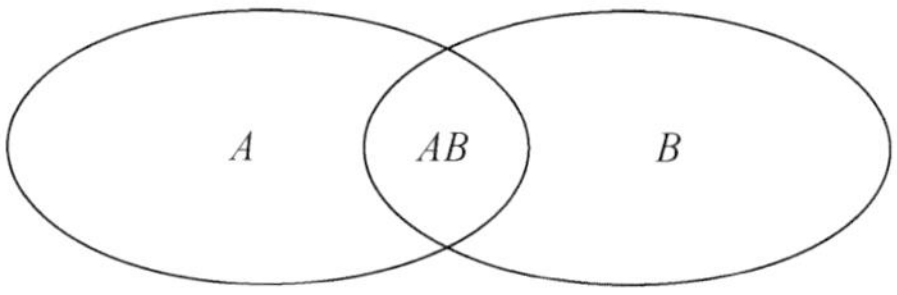

图 10.2　事件 A 与 B 的关系

则 $t = t_m$ 时刻在累积能量贡献和能量增量贡献的比选过程中，第 j 个网格被选为破裂投影网格的概率为

$$P_j(A+B, t_m) = P_j(A, t_m) + P_j(B, t_m) - P_j(A, t_m)P_j(B, t_m) \tag{10.17}$$

在大震破裂过程分析中，以式（10.17）作为遴选破裂投影网格的概率基础。

2）实时测定宏观震中和相对概率

$t = t_m$ 时刻，搜索投影网格的概率最大值，即：

$$P_m(A+B) = \begin{cases} \max\{P_j(A+B, t_m)\} \\ j = 1, 2, \cdots, N_{td} \end{cases} \tag{10.18}$$

定义 $P_j^e(A+B,\ t_m)$ 为

$$P_j^e(A+B, t_m) = P_j(A+B, t_m)/P_m(A+B) \tag{10.19}$$

即将 $P_j(A+B,\ t_m)$ 按概率最大值归一化，这样保证 $P_j^e(A+B,\ t_m)$ 的相对概率在 [0, 1] 之间，相对概率为 1 的空间网格就是 $t = t_m$ 时刻确定的宏观震中，若以不同颜色表示相对概率网格的空间分布，可使每一次扫描得到的宏观震中的颜色标准保持不变。

3）以相对概率为标准初选投影网格

过滤低概率的网格，保留网格 $A+B$ 相对概率大于等于 0.1 的空间网格作为初选投影网格，参与下一步投影网格的遴选，计算初步选取的所有投影网格的面积之和并实时绘制所

有投影网格外包线的形状。如果相对概率超过0.2的投影区域面积大于相对概率超过0.1的投影区域面积的0.35倍，说明0.1标准的投影区域过大，应取相对概率0.2的网格作为标准选用投影网格。也可以考虑将投影区域等效为一矩形，分别计算等效长度 L_a 和等效宽度 W_b，按预警系统提供的震级 M 估计破裂尺度 L_r。如果 $L_a > 1.5L_r$，则选取相对概率为0.2作为选取投影网格的标准，总之，使地震破裂规模符合科学家对断层破裂的总体认识。

10.4.2　构造椭圆动态模型

预警系统在首台3~5s内，给出定位信息、震级 M 和震中烈度等并实时更新相应地震基本参数。大震破裂的实时计算，就是在预警系统触发后，同步计算每个网格的能量 $E_j(t)$ 和台网的总能量 $E(t)$，并期望快速测定出破裂方向和破裂方式（单侧破裂还是双侧破裂），修正对城市烈度的预测。

根据地震波的传播规律，震源初始破裂点到台站的震源距 R 可以按下式计算：

$$\begin{cases} R = V_{\varphi} t_{S-P} \\ V_{\varphi} = \dfrac{V_P V_S}{V_P - V_S} \end{cases} \tag{10.20}$$

式中，V_{φ} 为虚波速度，取为8.0km/s；v_P 为P波速度，取为6km/s；t_{S-P} 为台站记录的S波与P波的到时差。换句话说，假定时间以发震时刻起算，当地震波到达地表震中即 $t \geqslant h/V_P$，使 $t_m = t_{S-P}(t_m)$，则表明 $R(t_m)$ 扫过的地表，其台站已经触发，并且初始破裂点激发的S波也已到达，地表网格的能量即将快速积累。由此按照类似大震破裂产生的沿断层（长轴）和短轴的烈度衰减形状构造一个动态椭圆，将断层包围在内，以模拟大震沿断层方向的能量释放过程，只有在椭圆内的投影区域才是寻找到的破裂投影区域，其方程为

$$\frac{x^2}{a^2} + \frac{y^2}{b^2} = 1 \tag{10.21}$$

其中 $2a$，$2b$ 为椭圆的长轴和短轴。由于不知道是单侧破裂还是双侧破裂，在构建时，按下式选择 a 和 b：

$$\begin{aligned} & a(t_m) = [(V_P t_m)^2 - h^2]^{1/2}, \quad t_m \geqslant h/V_P, a(t) \leqslant 2L \\ & b(t_m) = 0.68a(t_m), \begin{cases} b(t_m) \leqslant 30, & 7.5 \leqslant M \leqslant 8.0 \\ b(t_m) \leqslant 20, & M < 7.0 \end{cases} \end{aligned} \tag{10.22}$$

式中，L 为按震级估计的破裂长度；h 为初始破裂点的深度。从发震时刻起算，m 为扫描次数，$t_m = \Delta t_d (m-1)$，Δt_d 取0.5s或1s，每次扫描都模拟从震源激发的地震波的传播距离的变化，这种选择兼容了单侧或者双侧两种破裂的可能性，同时也保证了每一次扫描时，破裂长度的增长小于波传播距离的增长。

10.4.3　实时寻找大震破裂方向

对 (x, y) 坐标旋转 θ'，得到新直角坐标系 (x', y')，则坐标变换的公式为

$$
\begin{cases}
x' = x\cos\theta' + y\sin\theta' \\
y' = x\sin\theta' - y\cos\theta' \\
\theta = 90^\circ - \theta'
\end{cases}
\tag{10.23}
$$

在实际搜索时，以正北开始，顺时针寻找，其破裂方位角为 θ。这样，尽管椭圆方程得到的面积不变，但旋转扫过的空网网格是变化的。根据每个网格计算的破裂投影网格相对概率，过滤掉低概率的网格，保留相对概率较高的网格，即按 $P_j^e(A+B,\ t_m) \geqslant 0.1$ 遴选投影网格，计算投影网格的总面积，令其为 $\mathrm{SP}(t_m)$，它一般为不规则图形或近似为多边形，而且每一个时刻，$\mathrm{SP}(t_m)$ 都会随扫描时间变化而变化。对于固定 θ，量取椭圆面积与地表投影网格总面积交集组成的面积为 $\Delta\mathrm{SP}(t_m,\ \theta)$，$\theta$ 按1°为间隔，在0°～180°范围内进行扫描（椭圆长轴正向由0°～180°，椭圆长轴的负向由180°～360°），选取相交面积 $\Delta\mathrm{SP}(t_m,\ \theta)$ 内的网格能量之和最大的方向即破裂方向：

$$
\Delta\mathrm{SP}(t_m,\theta) = \max\{\Delta\mathrm{SP}(t_m,\theta_i)\},\quad 0^\circ \leqslant \theta_i \leqslant 180^\circ
\tag{10.24}
$$

这样每一个时间间隔 Δt_d 扫描一次，都可通过对 θ 的搜寻，得到一个破裂方向。当前后扫描确定的角度比较稳定后（连续10s搜索结果偏差不超过15°），基本可以确定破裂方向。

需要注意的是，当破裂断层偏于初始震中一侧时，如果仍以初始震中作为椭圆中心构造椭圆，势必会导致搜索到“偏向一侧”的稳定的“错误”结果，此时需要动态调整得到正确的椭圆中心位置。方法如下：

（1）筛选相对概率 $P_j^e(A+B,\ t_m) \geqslant 0.9$ 的能量网格，计算得到初始震中到这些能量网格点的最小距离 D_m；

（2）若 $D_\mathrm{m} \leqslant 15\mathrm{km}$，则判定不需要调整，仍以初始震中为椭圆中心；

（3）若 $D_\mathrm{m} > 15\mathrm{km}$，则认定破裂断层所在地表投影的网格过于偏一侧，应当以当前投影网格的质心当做椭圆中心。

得到 θ 后计算初始震中到断层直线的投影，其位置可看成新的破裂初始点，通过它可重新量取断层破裂长度。

10.4.4　实时测定大震破裂参数

根据测定的破裂方向，及椭圆投影网格的空间分布，可以判定破裂方式。如果沿破裂方向，震中沿长轴两端都有破裂投影网格，则判定为双侧破裂；如果只有一侧有破裂投影网格或绝大多数破裂投影网格在一侧的判定为单侧破裂。

1）分析破裂方向随时间的变化

从发震时刻 T_0 起算，初始破裂点激发地震波传到各台站需要一定时间，从首台开始触发以时间 Δt_d 为间隔进入大震破裂过程时空分析阶段。时间进程每增加 Δt_d，就对空间扫描一次，这标志着搜索获得了破裂方向的一次信息，它可以帮助我们及时了解大致的破裂方向和破裂方式。但大地震破裂十分复杂，特别是初始破裂时，由于能量释放不多，破裂方向并不稳定，只有破裂一段时间后才会稳定。当 θ 稳定一段时间后，也可能会发现 θ 的方向再次变化，这意味着断层方向发生改变，有重要子事件发生。因此 θ 值不一定都是一个固定值，而会有一定变化。总之，$\theta(t)$ 随时间的变化是十分重要的信息，它包含了大震破裂方向的变化，如果产生新的重要子事件，并不沿原有 θ 方向破裂，都会在 $\theta(t)$ 的变化中体现出来，所以 $\theta(t)$ 稳定后重新发生偏转是识别重要子事件的一种标志。

2）分析破裂方式和破裂长度

自得到首个稳定的破裂方向 θ 开始，从初始破裂点即震中或者宏观震中沿 θ 方向和 $180° + \theta$ 方向，同步搜索破裂投影网格面积外包线与椭圆长轴的交点，沿 θ 方向的交点与初始破裂点的长度定义为沿 θ 方向的破裂长度 L_1，沿 $\theta + 180°$ 方向的则定义为破裂长度 L_2，总破裂长度为 $L = L_1 + L_2$。显然，随着扫描次数的增加，可以得到破裂长度 $L_1(t_m)$ 和 $L_2(t_m)$ 随时间变化的规律。当断层破裂增长小于网格间距 d 时，则标志着断层停止破裂。

地下断层在地表的投影区为图 10.3 中阴影部分，微观震中为 O，宏观震中为 A，B 为线段 OA 在地下断层地表出露线上的投影点，OB 的距离为 D。OB 为断层破裂地表投影初始破裂线，断层破裂沿 θ 方向单侧或双侧（另一方向为 $\theta + 180°$）破裂。如果 θ 发生重大偏转时，以此时刻测定的破裂长度的端点，作为 θ 偏转后第二个子事件的初始破裂点，将椭圆中心迁到此位置，重复以上过程，量取破裂长度。

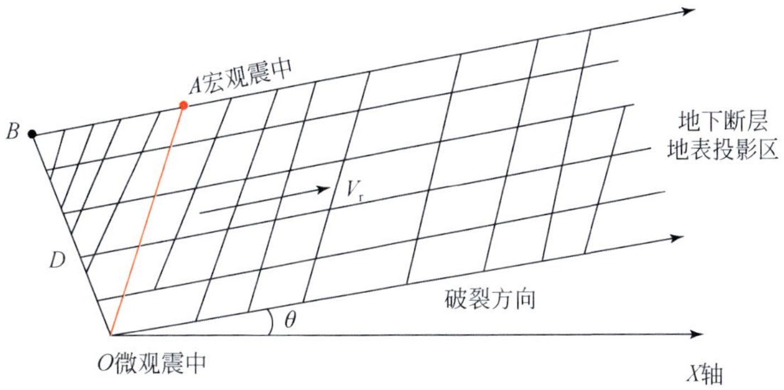

图 10.3　宏观震中在微观震中一侧示意图

3）分析破裂速度随时间的变化

从发震时间起算，通过 $L_1(t)$，$L_2(t)$ 随时间的变化，可以估计沿两个方向上的破裂视速度随时间的变化规律：

$$\begin{cases} v_{r1}(t_m) = L_1(t_m)/t_m \\ v_{r2}(t_m) = L_2(t_m)/t_m \end{cases} \tag{10.25}$$

初始扫描时，由于 θ 不稳定，不能测定破裂长度和破裂速度，只有 θ 稳定后才能获得较为可靠的破裂速度。由于地表量取的破裂长度是地下断层破裂长度的投影，这与真实的破裂长度（如断层的弯曲倾斜）有一定区别，在地表只能量取视破裂速度的变化。破裂速度的变化在本质上是反映地下大震破裂过程的非均匀变化，也是激发地震波高频辐射的重要来源。通过对 v_r 的分析可以判断大震破裂过程中发生了多少重要子事件，以及破裂大致何时停止。由于断层上各子源到达台站的时间由两部分组成，一部分是破裂时间，另一部分为子源地震波到台站的传播时间，如果扣除破裂时间，并利用各峰值的时间，可以估计子源到台站的峰值到时。

4）实时比对破裂过程与能量变化

以震中为中心，依台网各台站的观测资料计算所剖分的空间网格累积能量，得到第 j 个网格在 $t = t_m$ 时刻的累积能量为 $E_j(t_m)$，所有网格的累积能量最大值定义为

$$E_m(t_m) = \max\{E_j(t_m)\}, j = 1, 2, \cdots \tag{10.26}$$

将所有网格的能量归一化，即：

$$e_j(t_m) = E_j(t_m)/E_m(t_m) \tag{10.27}$$

$e_j(t_m)$ 的数值介于 [0，1] 之间，即第 j 个网格的累积能量在 $t = t_m$ 时刻与累积能量最大的网格的能量之比，这种相对能量的优点，就在于任一时刻的数值永远保持在 [0，1] 之间，使最大值的颜色标一致，刻画了所释放能量的动态过程。如果前述破裂过程可靠，$e_j(t_m)$ 等值线的变化过程将沿断层方向呈线性条带状展开，而且最终计算结束时，$e_j(t_m)$ 变化的最终结果就是最终空间网格的相对累积能量分布。

10.4.5　断层倾向、倾角和断层性质

按照上述方法可以实时测定断层破裂方向和长度，以及各时刻扫描得到的瞬时宏观震中，当大震破裂结束后，瞬时震中的动态轨迹应该沿着破裂方向并可以据此判定破裂方向的可靠性，其最终的网格位置就是此次地震事件的宏观震中，此宏观震中应与根据最终能量空间分布测定的宏观震中一致。确定宏观震中后将宏观震中和破裂方向作为大震烈度衰减关系的基础，拟合烈度衰减关系。

沿断层方向，震中将地下断层的投影网格分成两部分，分别量取两侧地表断层投影网格的面积，微观震中所在面积较大的一侧为断层的上盘，断层倾向指向上盘，进而可以量取断层倾角。如图 10.4 所示，O 为震中即初始破裂点在地表投影，A 为宏观震中，B 为 AO 在地表断层方向上的投影。断层倾向垂直于断层走向 BA，由 B 指向 O，断层倾角可估计为

$$\tan\delta = \frac{h}{d} \tag{10.28}$$

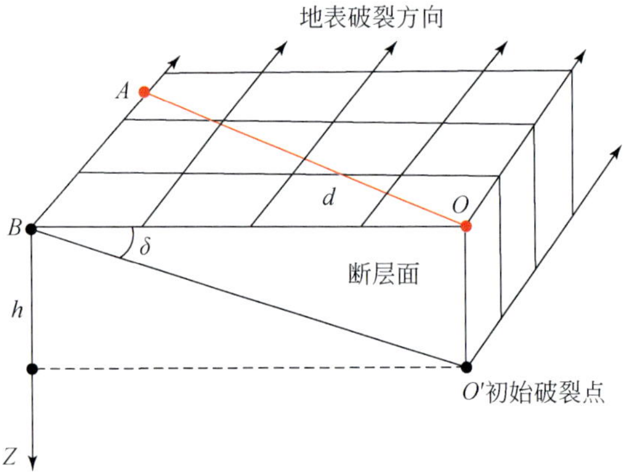

图 10.4　地下断层与地表投影区

断层是正断层还是逆断层，主要取决于断层上盘地表台站观测到的垂直分量的 P 波初动方向，如果断层上盘的垂直分量为正（向上），则判定为逆冲断层，P 波初动为负，则判定为正断层。

10.4.6　地表断层轨迹线与重要子事件

如果在大震破裂分析过程中发现找到稳定的破裂方向后再次发生偏转，则可能意味着重要子事件的发生，如图 10.5 所示。O 为微观震中，A 为找到稳定 θ 值时的宏观震中，B 为 OA 在地表断层轨迹线上的投影，D 为 $\theta + 180°$ 方向上的破裂终点，BD 为破裂长度 L_2，C 为发生重大变化时原有断层的破裂终点，BC 为 θ 方向的破裂长度 L_1，CE 为破裂方向偏转 γ 时的另一个子事件，此时应将宏观震中再次迁移到 C 点，按照前述方法寻找投影网格，量取 θ 偏转 α 角度后的破裂长度，那么 C 点将是另一个重要子事件的新的初始震源位置，同时测定新的破裂速度和破裂长度。

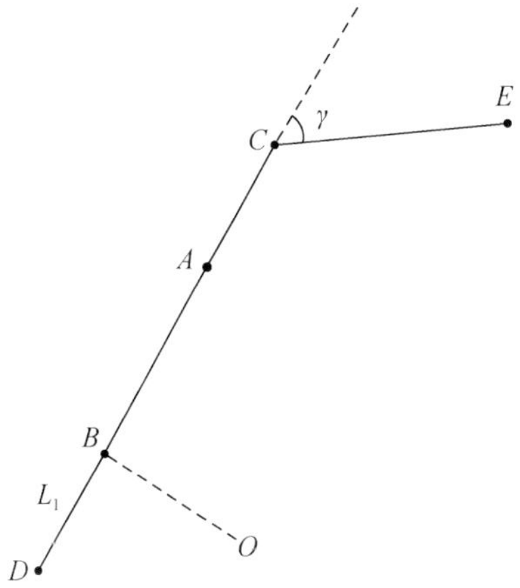

图 10.5　断层地表破裂轨迹线

10.4.7　能量在断层面上的投射技术

密集地震台网所表现的地表破裂过程其实是地下断层破裂过程在地表的投影，因此如果将地表的破裂过程再映射回断层上，就能对断层的破裂有更好的认识。根据矩张量反演的震源机制和地震波能量空间分布图，可以得到大震断层破裂的初始模型。

假定地下有一倾角为 γ 的断层，地表确定的断层是深部断层的地表出露。断层的倾向垂直于断层走向。地下断层面的网格划分方式与地表网格划分方式相同，第 j 个断层网格的坐标为 $(x_j,\ y_j,\ z_j)$，则

$$z_j = \tan\delta y_j,\quad 0 < \theta < \pi \tag{10.29}$$

且有 $0 < z_j < H$，$j = 1, 2, \cdots, N$，H 为地壳厚度。

如果震源的子源个数为 m 个，则：

$$v_j(t) = \sum_{i=1}^{m} \frac{1}{R_{ji}} v_{ji}(t - t_{ji}) \tag{10.30}$$

$$v_j^2(t) = \sum_{i=1}^{m} \frac{1}{R_{ji}^2} v_{ji}^2(t - t_{ji}) + \sum_{i=1}^{m} \sum_{k=1}^{m} \frac{1}{R_{ji} R_{jk}} v_{ji} v_{jk} \tag{10.31}$$

故

$$\begin{cases} E_j(t) = \sum_{i=1}^{m} \frac{1}{R_{ji}^2} v_{ji}^2(t) + \varepsilon_j \\ \varepsilon_j = \sum_{i=1}^{m} \sum_{k=1}^{m} \frac{1}{R_{ji} R_{jk}} v_{ji}(t - t_{ji}) v_{jk}(t - t_{jk}) \end{cases} \tag{10.32}$$

假定高频地震动的相角在（0，2π）内均匀分布，ε_j 的均值为 0，则：

$$E_j(t) = \sum_{i=1}^{m} \frac{1}{R_{ji}^2} E_{ji}(t) \tag{10.33}$$

$$\begin{cases} E_{ji}(t) = m_{ji} E_{ji}(t) \\ m_{ji}(t) = \dfrac{\dfrac{1}{R_{ji}^2}}{\sum\limits_{i=1}^{m} \dfrac{1}{R_{ji}^2}} \end{cases} \tag{10.34}$$

这样可将第 j 个网格的能量分配到断层面上第 i 个子源上，m_{ji} 为其分配因子，这样可以得到第 i 个子源的总能量辐射为

$$E_i = \sum_{j=1}^{N} E_{ji}(t) \tag{10.35}$$

定义 t 时刻的总能量为

$$W(t) = \sum_{i=1}^{m} E_i(t) \tag{10.36}$$

则 t 时，第 i 个子源破裂的概率为

$$P_j(t) = \frac{E_i(t)}{W(t)} \tag{10.37}$$

在断裂上勾画出不同时刻每个子源破裂的概率，连接每一时刻破裂概率最大的空间位置，即以破裂概率为基础的大震断层破裂图像。

10.5　实时反演大震破裂过程实例

为了检测前几节利用近场强地面台网资料实时反演大震破裂过程的技术思路和系统，选择集集地震、汶川地震和“3・11”东日本大地震、熊本地震四个地震实例进行具体分析和说明。四次地震的基本参数如表 10.1 所示。

表 10.1　地震基本参数表

序号	发震时刻	纬度	经度	深度/km	震级 M	名称
1	1999 年 9 月 21 日 01：47：16	23.85°N	120.82°E	8	7.3	集集地震
2	2008 年 5 月 12 日 14：28：04	31.00°N	103.00°E	14	8.0	汶川地震
3	2011 年 3 月 11 日 14：46：18	38.10°N	142.86°E	24	9.0	“3·11”东日本大地震
4	2016 年 4 月 16 日 01：25：06	32.75°N	130.76°E	12	7.3	熊本地震

这四个地震事件，震级都比较大，其中集集地震 7.3 级，汶川地震 8.0 级，“3·11”东日本大地震 9.0 级，熊本地震 7.3 级，台网分布各不相同，集集地震、熊本地震台网包围震中且密度较高；汶川地震台网包围震中但站点密度不高；“3·11”东日本大地震，台网偏于震中一侧。

在实际测试过程中，首先将收集到的台网观测数据录入数据库，然后利用数据汇聚共享与仿真平台将波形数据模拟成实时数据流，以 0.5s 或 1.0s 的数据包发送到数据处理服务器，由大震破裂反演软件进行实时分析计算，模拟真实环境中在线处理的效果。

10.5.1　熊本地震应用实例

日本熊本 7.3 级地震发生于 2016 年 4 月 16 日 1 时 25 分，本书基于 527 个强震台站数据（来源：K-NET 和 KiK-net），如图 10.6 所示（五角星为震中，三角形为台站），使用表 10.1 中的震中位置和震级作为能量震动图触发计算条件。

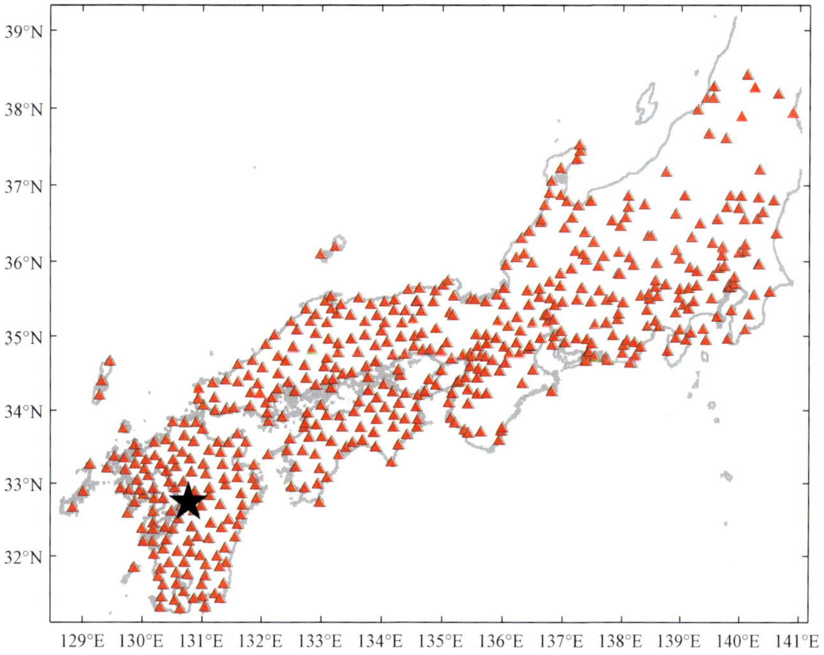

图 10.6　熊本 $M7.3$ 地震震中与台站分布图

从图 10.7 ~ 图 10.10 以及表 10.2 可以看出，熊本地震破裂过程基本分为走向有较为明显区别的三个阶段。第一个阶段从破裂开始至震后 34s；第二阶段为震后 35 ~ 50s；第三阶段为震后 51s 至搜索结束。

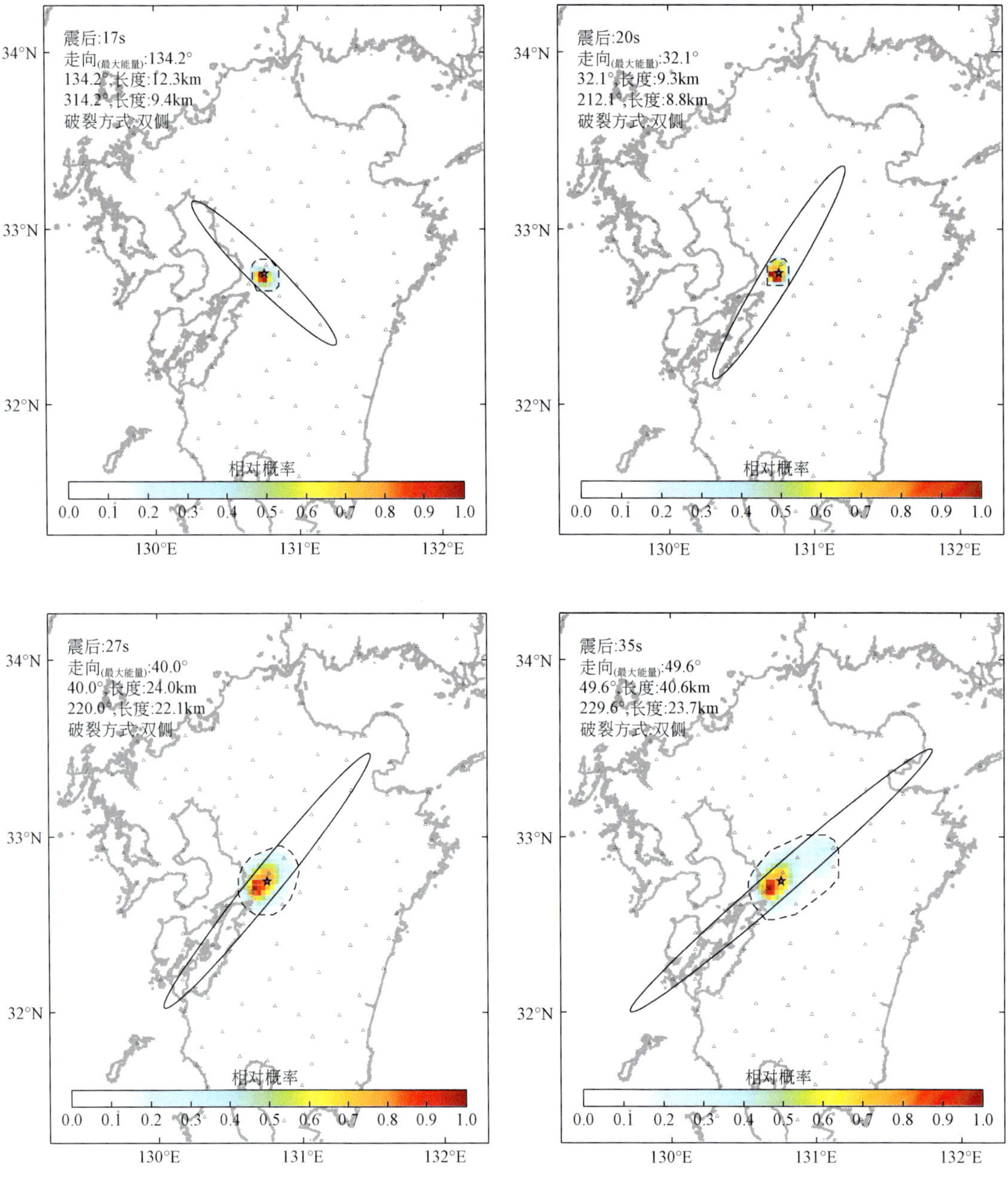

图 10.7　2016 年 4 月 16 日熊本地震震后 17s、20s、27s、35s 搜索测定的破裂方向

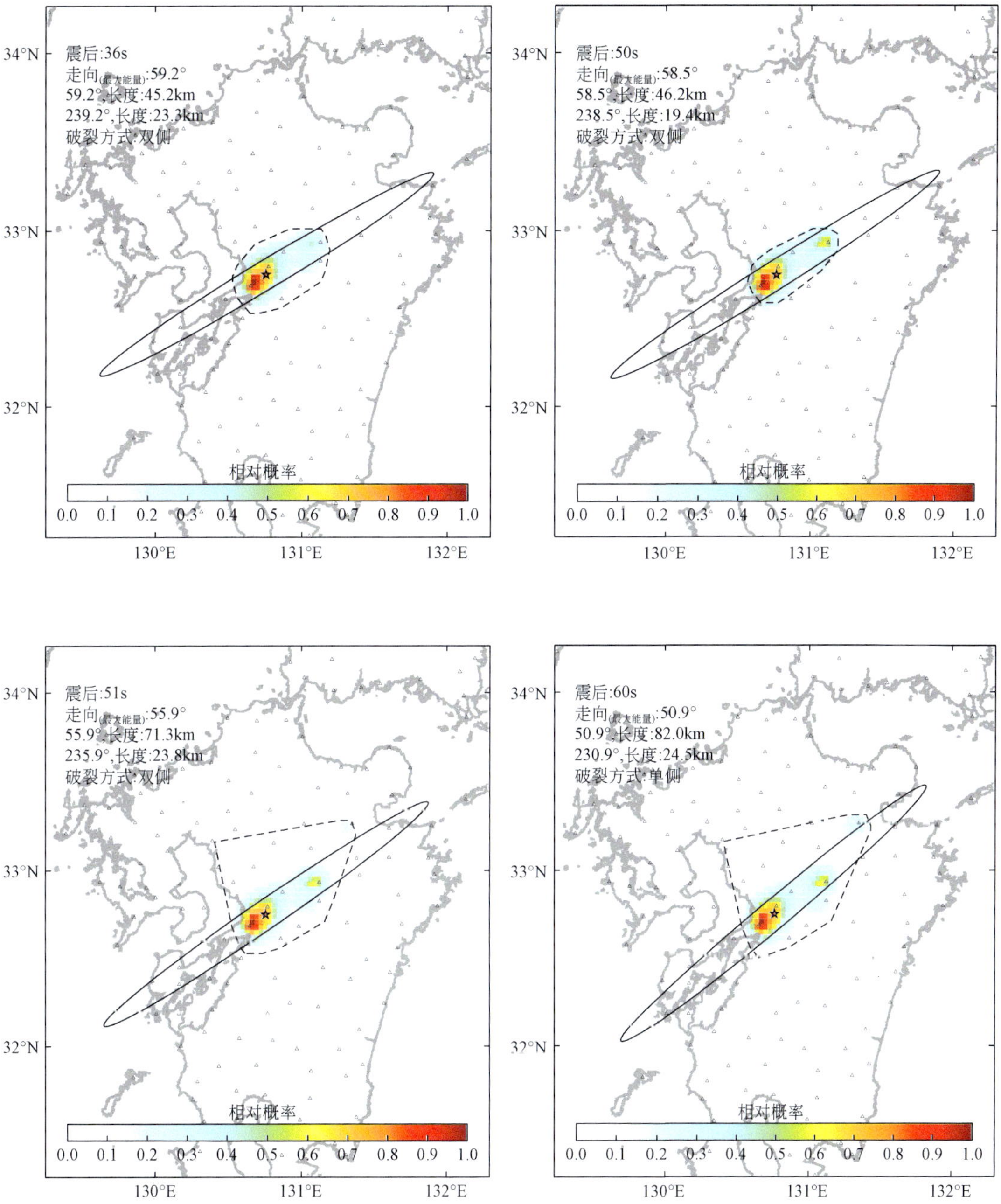

图 10.8 2016 年 4 月 16 日熊本地震震后 36s、50s、51s、60s 搜索测定的破裂方向

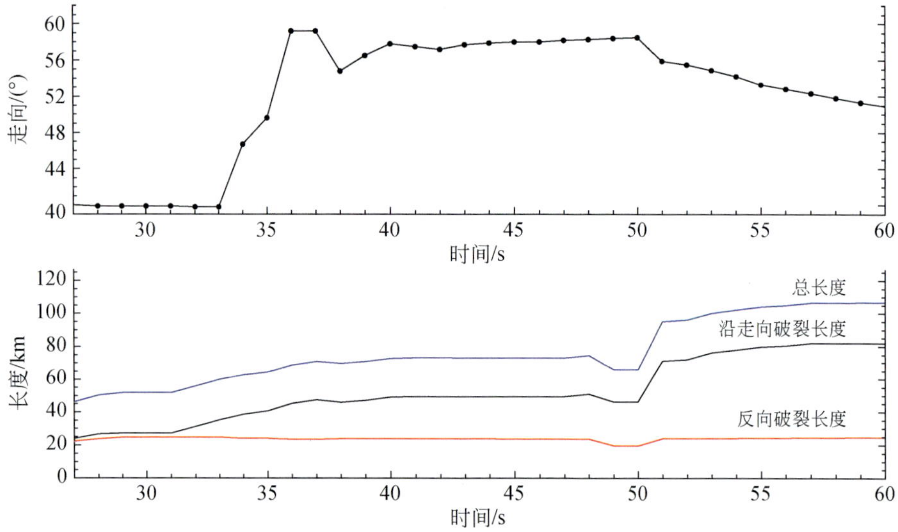

图 10.9　熊本地震破裂走向、破裂长度随时间变化曲线

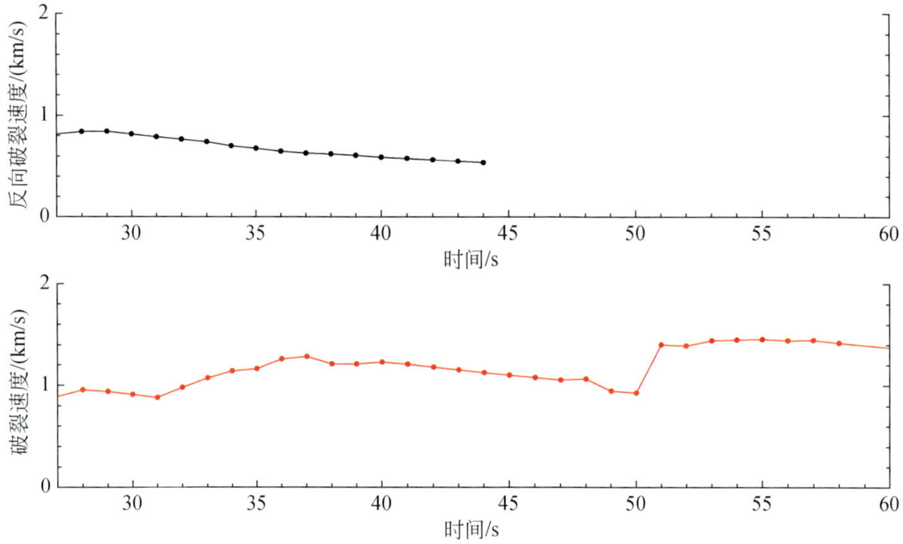

图 10.10　熊本地震两侧平均破裂速度

表 10.2　熊本地震搜索结果

断层走向/(°)	破裂长度/km	反向/(°)	破裂长度/km	破裂方式	震后/s
26.3	19.8	206.3	19.3	双侧	25
206.2	20.8	26.2	20.5	双侧	26
39.9	27.2	219.9	24.4	双侧	30
49.6	40.6	229.6	23.7	双侧	35
57.8	49.1	237.8	23.6	双侧	40
58.0	49.4	238.0	23.5	双侧	45
58.5	46.2	238.5	19.4	双侧	50

续表

断层走向/(°)	破裂长度/km	反向/(°)	破裂长度/km	破裂方式	震后/s
55.9	71.3	235.9	23.8	双侧	51
50.9	82.0	230.9	24.5	双侧	60

第一阶段，以发震时刻起算，熊本地震在震后 27s 就搜索到稳定的破裂方向为 NE40°，一直到震后 34s 破裂方向为 NE46.7°，这期间断层破裂方向没有发生明显变化，平均走向约为 40°，破裂为双侧破裂，这和日本学者分析结果基本一致 [图 10.11 (b) 断层地表投影南段所示，南部分走向 215°/35°]；

第二阶段，从震后 35 ~ 50s，此时 NE 方向的破裂由 34s 时的 NE46.7°在 2s 内偏转了 19°至 NE59.2°，说明发生了另一个重要子事件，这期间断层平均走向约为 58°，同时 SW 方向的破裂至震后 44s 停止，这和图 10.11 (b) 断层地表投影中间部分较为吻合 (中间部分走向 235°/55°)；

第三阶段，从震后 51s 至搜索结束，破裂方向从震后 50s 的 NE58.5°逐渐偏转过渡到 60s 的 50.9°，说明又发生了第三个重要子事件，这和图 10.11 (b) 北部分较为吻合 (走向 224°/44°)。从破裂速度的变化也可看出最后一个子事件的破裂速度要明显高于前两个子事件。

主破裂一侧平均破裂速度约 1.0km/s，反向破裂至 44s 结束，平均破裂速度较低，约为 0.7km/s。最终熊本地震方位角约 51°，破裂长度约 82.0km，NW231°方向的破裂长度为 24.5km，为双侧破裂。但 NE 方向的破裂由三个子事件组成，这与日本学者对此次地震的总体分析基本一致 (图 10.11)。

图 10.11 (a) 为本方法搜索过程在地表的投影连线，五角星表示初始震中 (速报结果)，绿点表示判定的宏观震中；图 10.11 (b) 为熊本地震弯曲断层模型的表面投影，弯曲断层平面模型由三个主要部分 (北部分，中间部分，南部分) 和连接它们的过渡部分组成，五角星表示破坏的起点。

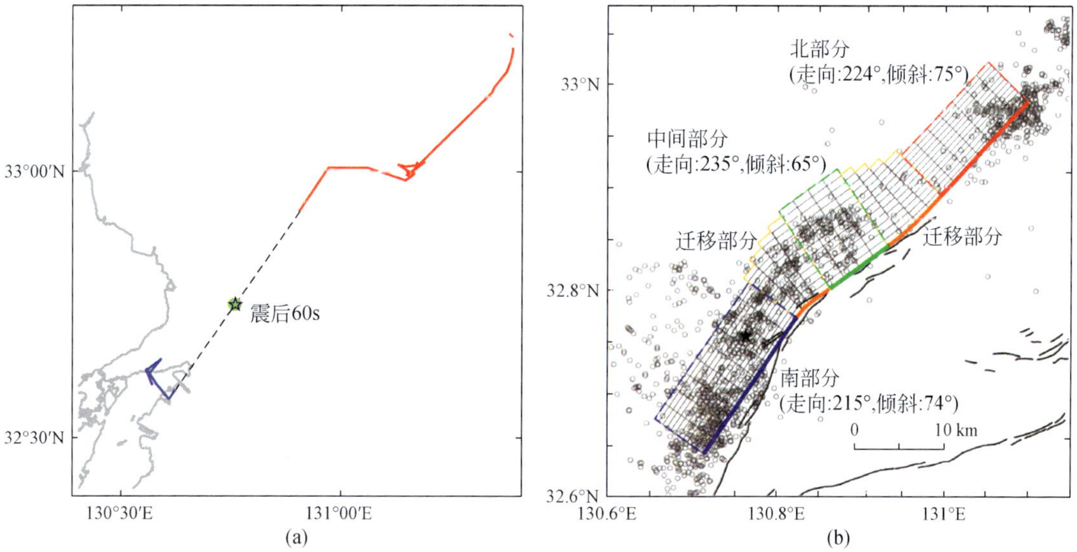

图 10.11 熊本地震搜索结果与气象厅结果比较

10.5.2　集集地震应用实例

台湾集集7.3级地震发生于1999年9月21日1时47分，震源深度8km，本书利用收集到的台湾地区345个强震台站数据进行大震破裂过程分析，震中和台站分布如图10.12所示，从震中周围的台网分布情况可看出，台湾中部地区台站较少，有空区，但总体上台网包围震中的分布较好，密度也较高。使用表10.1中的震中位置和震级作为能量震动图触发计算条件。

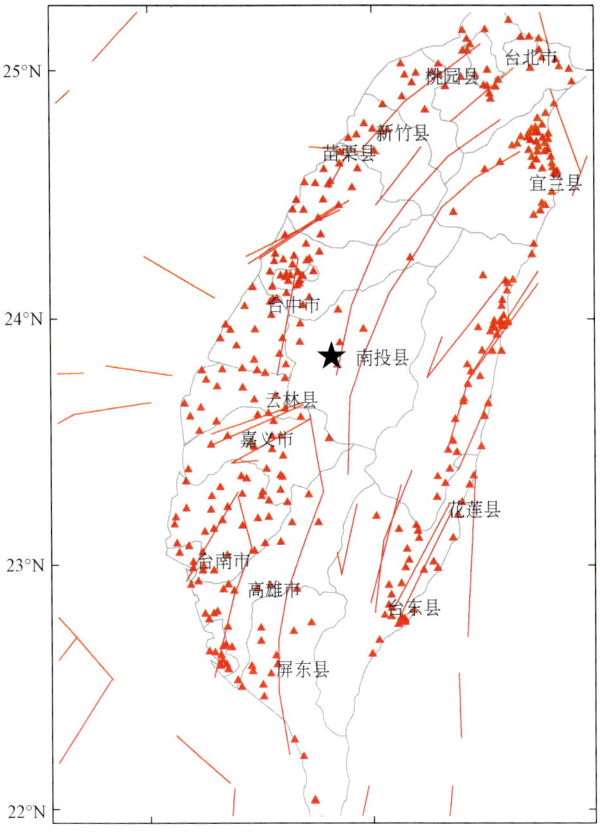

图10.12　集集地震震中与台站分布图

结合图10.13～图10.17以及表10.3，可以看出，虽然台站较为密集，且包围震中，但由于发震断层位于震中（初始破裂点）一侧，这也导致从发震时刻至21s这段时间的搜索结果始终偏向震中至发震断层一侧。得益于本方法存在动态调整宏观震中的机制，从震后22s开始调整构造椭圆的中心至搜索到的宏观震中位置（图10.15），也因此开始得到稳定的破裂方向，一直到搜索结束，走向变化基本在4°±1°，最终的方位角为NE4°，双侧破裂，NE4°方向破裂长度为85km，SW184°方向的破裂长度为40.6km，总长度为125.6km。破裂速度总体较低，NE4°方向的平均破裂速度约为1.5km/s，SW184°方向的平均破裂速度更低，在1.5～0.6km/s之间，平均破裂速度约为1km/s。

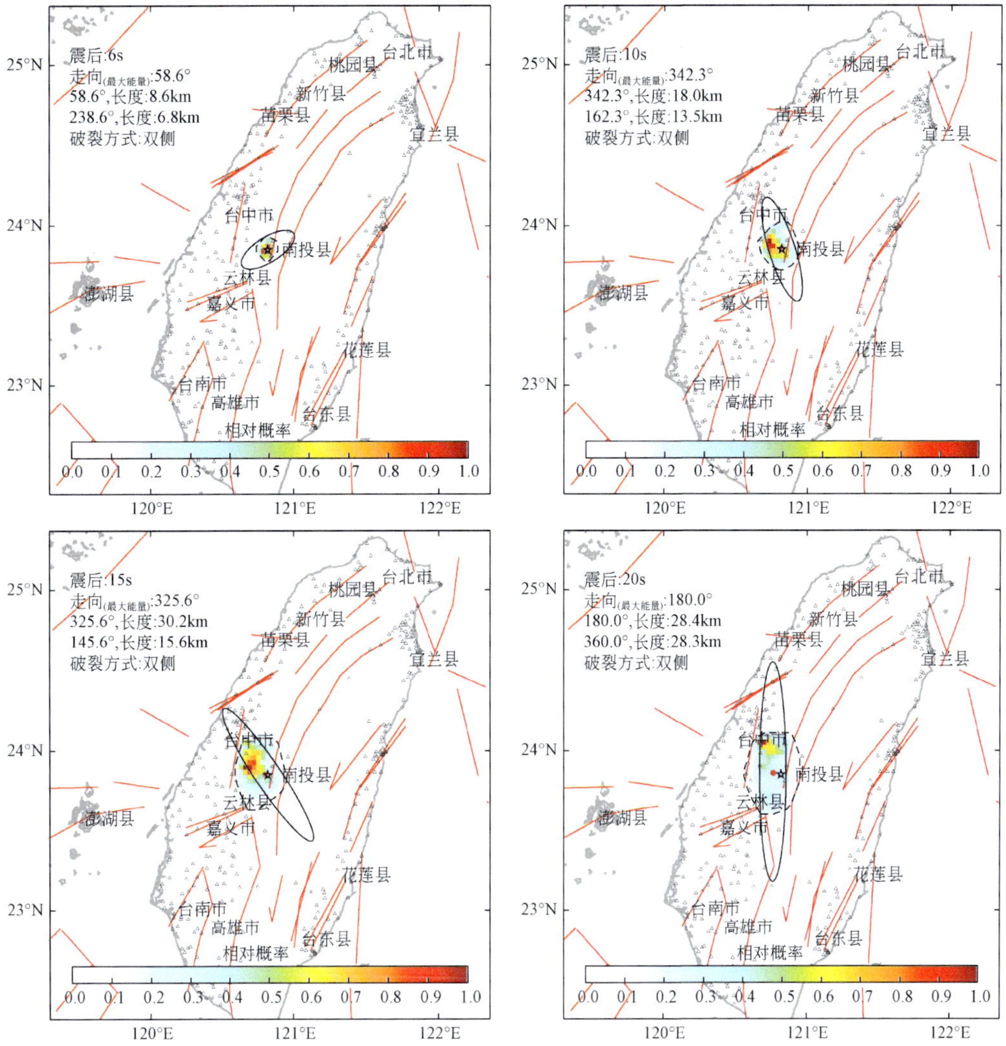

图 10.13　1999 年 9 月 21 日集集地震震后 6s、10s、15s、20s 扫描测定的破裂方向

五角星表示初始震中，红点表示搜索的宏观震中

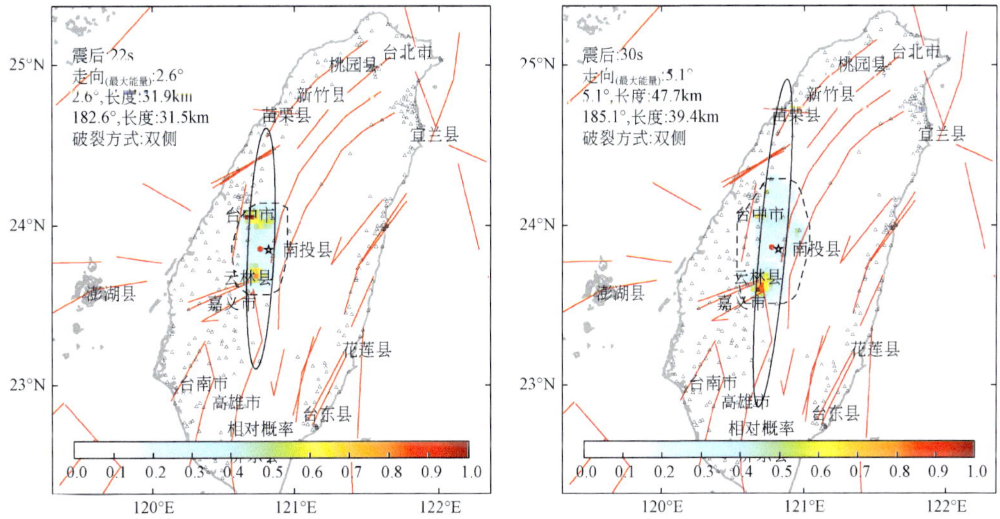

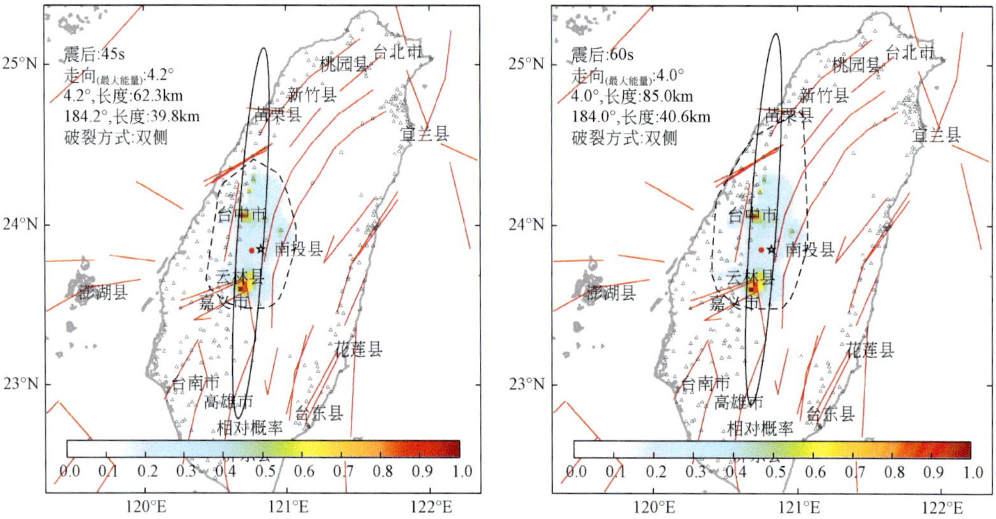

图 10.14　1999 年 9 月 21 日集集地震震后 22s、30s、45s、60s 扫描测定的破裂方向

五角星表示初始震中，红点表示搜索的宏观震中

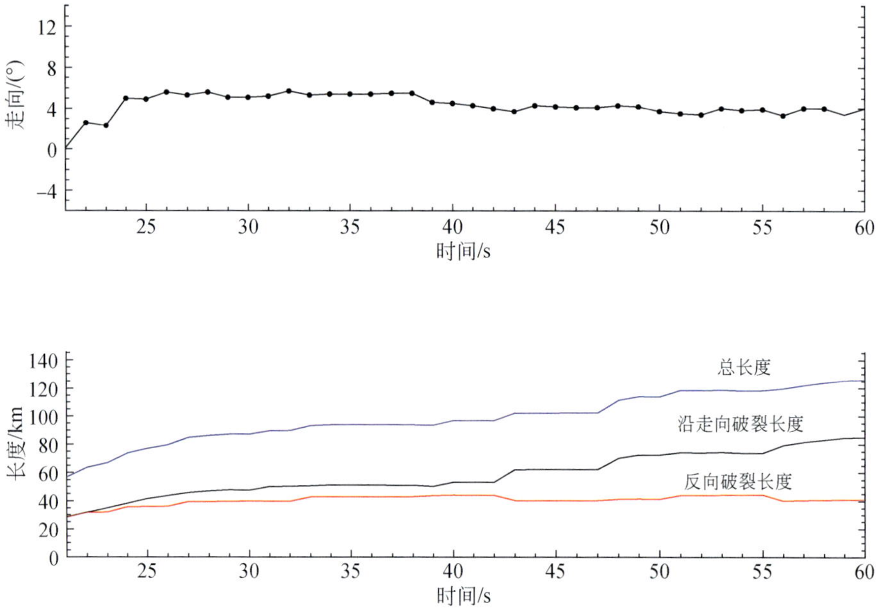

图 10.15　集集地震破裂走向、破裂长度随时间变化曲线

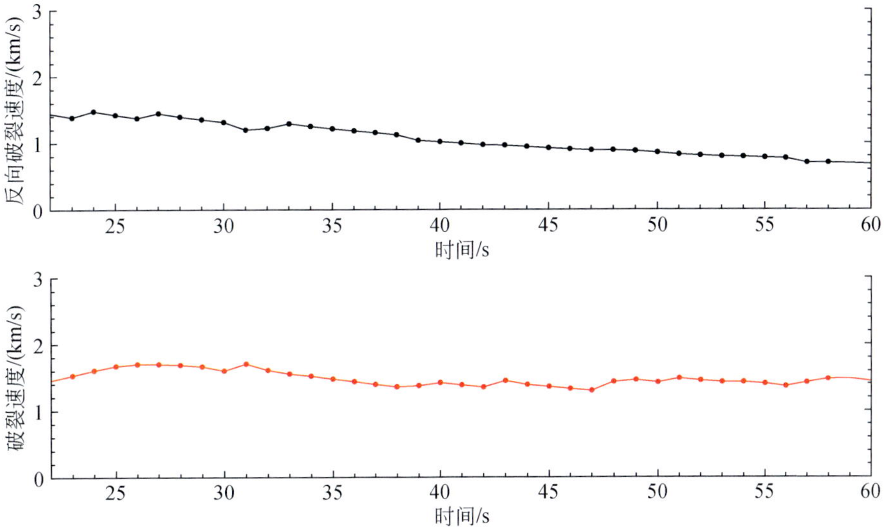

图 10.16　集集地震平均破裂速度

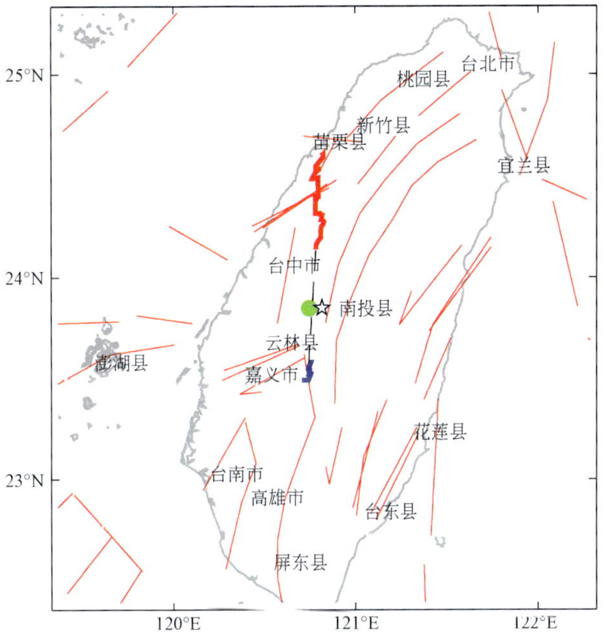

图 10.17　集集地震两侧破裂地表投影

五角星为初始震中，绿色圆圈表示判定的宏观震中。可以看出，初始震中明显偏于断层连线一侧，和宏观震中有一定距离

表 10.3　集集地震结果对比

结果出处	初始破裂点		深度/km	断层走向/(°)	破裂方式	破裂长度/km	反演方法
USGS	23.78°N	121.09°E	5	357	双侧	110	矩张量反演
CWB	23.85°N	120.82°E	8	3	双侧	110	定位及 P 波初动

续表

结果出处	初始破裂点		深度/km	断层走向/(°)	破裂方式	破裂长度/km	反演方法
北京大学	23.85°N	120.82°E	8	3	双侧	110	非线性弯曲面模型
康兰池	23.853°N	120.816°E	8	3	双侧	110	近场强震记录包络
野外调查	—	—	—	3	—	—	—
本方法	23.85°N	120.82°E	8	184	双侧	56.9	震后 21s
本方法	23.85°N	120.82°E	8	4	双侧	63.5	震后 22s
本方法	23.85°N	120.82°E	8	5	双侧	87.1	震后 30s
本方法	23.85°N	120.82°E	8	2	双侧	96.8	震后 40s
本方法	23.85°N	120.82°E	8	2	双侧	113.0	震后 50s
本方法	23.85°N	120.82°E	8	5	双侧	126.3	震后 60s（结束）

总而言之，集集地震由于台站较为密集且包围震中情况较好，虽然发震断层偏于震中一侧，但得益于方法中的动态调整机制，搜索稳定后的结果与其他同行结果基本一致，这说明我们的方法对于发震断层偏向一侧的事件也是适用的。

10.5.3　汶川地震应用实例

汶川 8.0 级地震发生于 2008 年 5 月 12 日，本书利用中国地震局震后收集到的 46 个强震台站数据进行大震破裂过程分析，使用表 10.1 中的震中位置和震级作为能量震动图触发计算条件。震中和台站位置如图 10.18 所示，从震中及台站分布图可看出，总体上台站包围震中较好，但台间距较大。

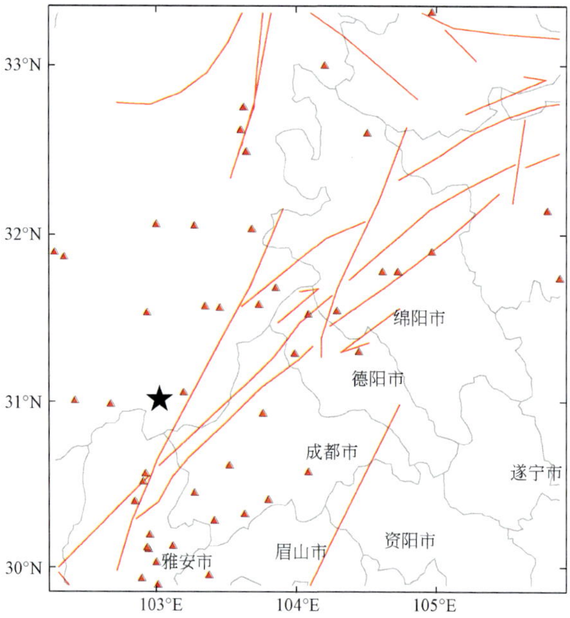

图 10.18　汶川地震震中及台站分布图

黑色五角星表示震中，红色三角表示台站

图 10.19 ~ 图 10.23 是从地震波传播到地表后至震后 100s 的搜索过程。可以看出，从发震时刻起算至震后 16s，搜索结果还不稳定。震后 18s 开始搜索结果逐渐稳定，破裂方向测定为北东方向（NE60.7°），此时，NE 方向的破裂长度约为 52km，SW 方向约为 12km，SW 方向再无明显破裂。NE 方向的破裂仍在延续，破裂方向逐步增加到 30s 时的 68.7°，随后逐渐降低。震后 42s 结果为 67.3°，震后 58s 时破裂速度突然增大，破裂长度、破裂方向也再次偏转降到约 NE65.7°；100s 最终结果 63.3°，长度 243.1km，总体为单侧破裂（反向破裂 15.5km），总破裂长度 258.6km。

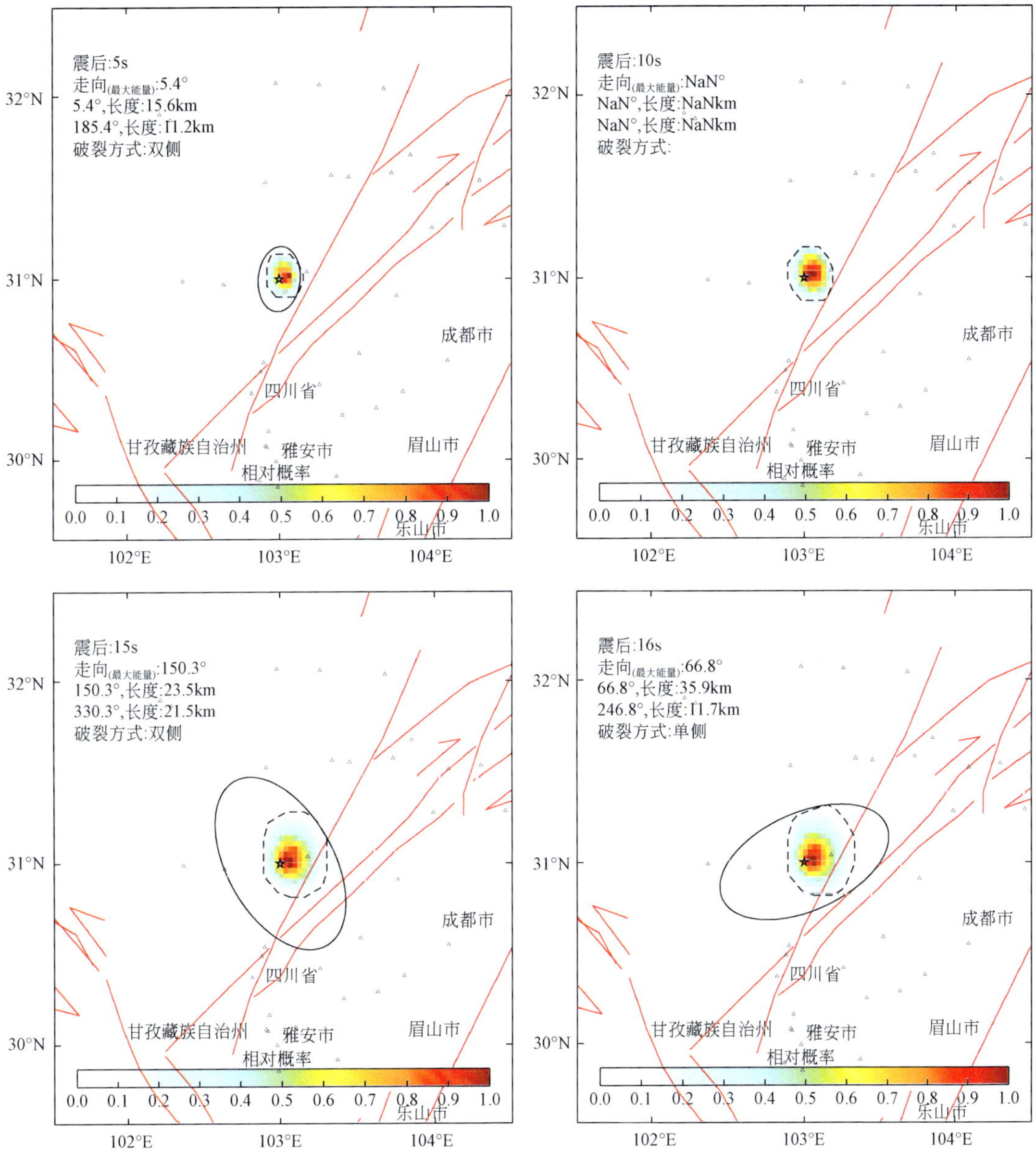

图 10.19　2008 年 5 月 12 日汶川地震震后 5s、10s、15s、16s 搜索测定的破裂方向

五角星表示震中，虚线表示相对概率为 0.1 或 0.2 的网格外围包络，黑色实线表示构造椭圆

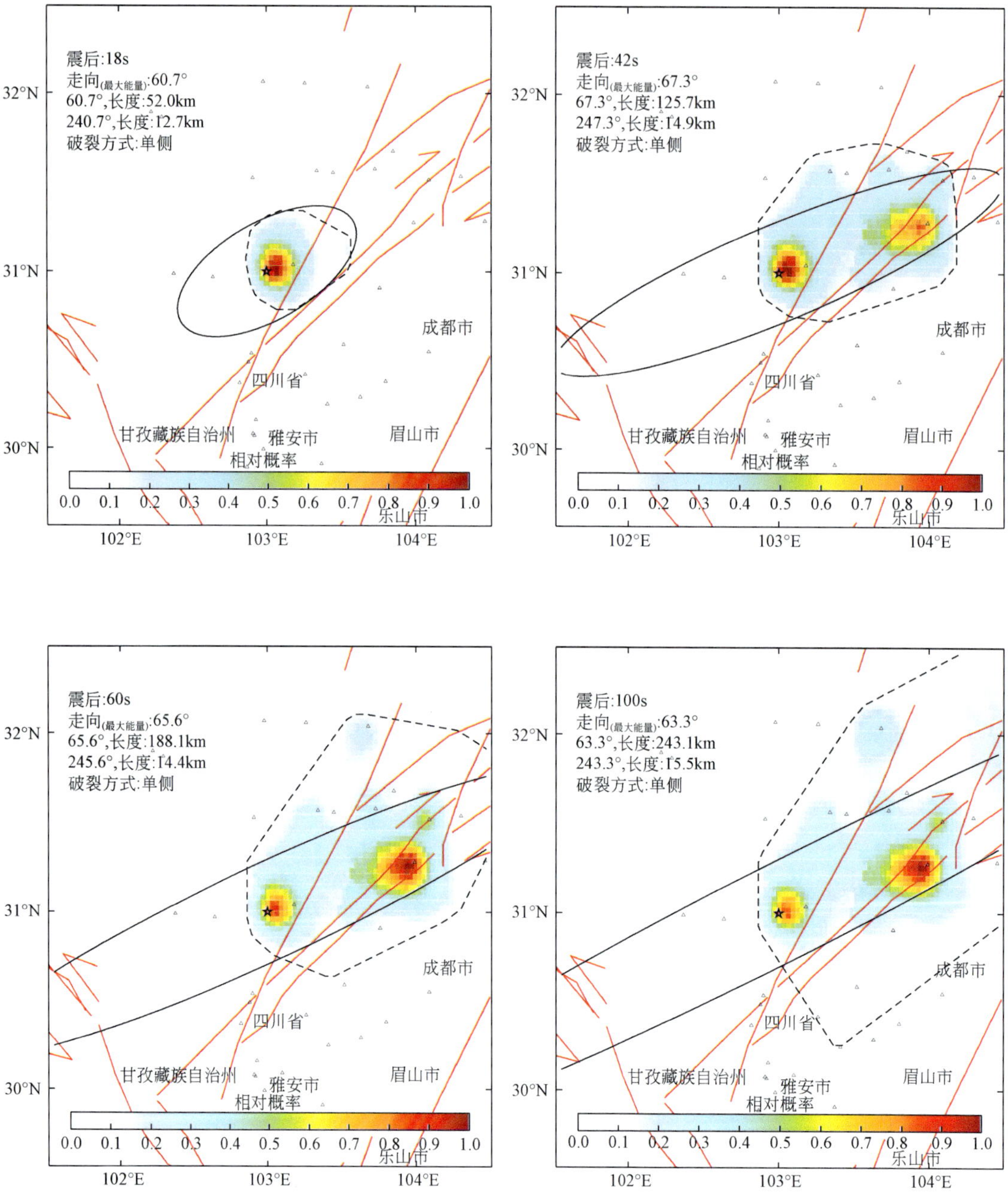

图 10.20　2008 年 5 月 12 日汶川地震震后 18s、42s、60s、100s 搜索测定的破裂方向

五角星表示震中，虚线表示相对概率为 0.1 或 0.2 的网格外围包络，黑色实线表示构造椭圆

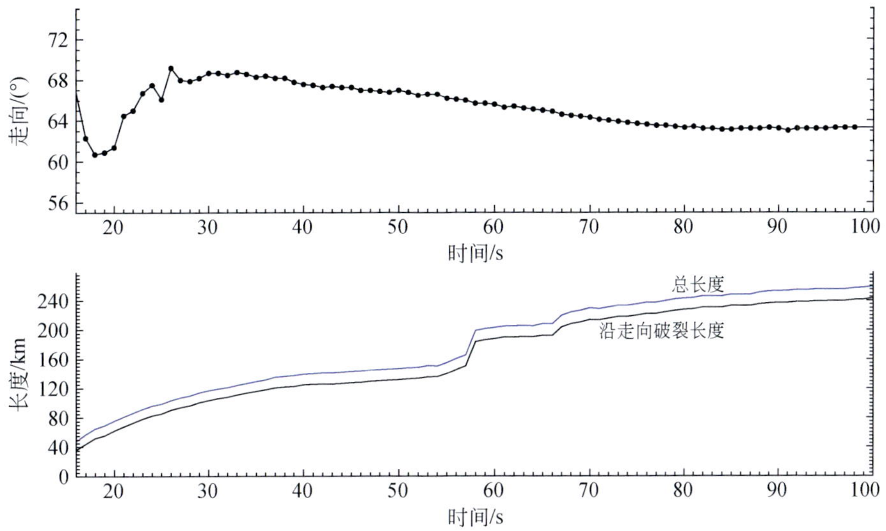

图 10.21　汶川地震走向、破裂长度随时间变化

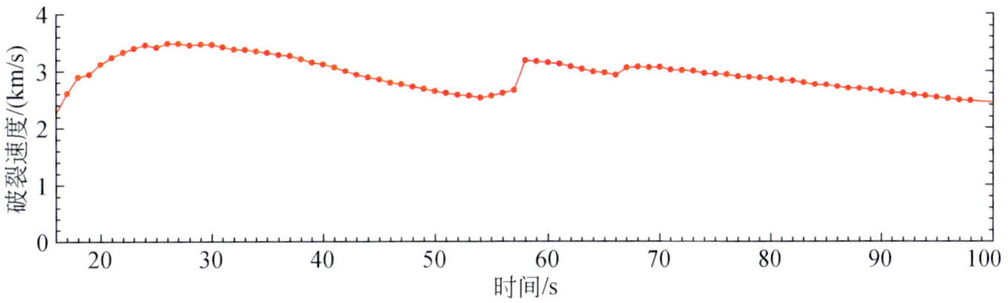

图 10.22　汶川地震平均破裂速度

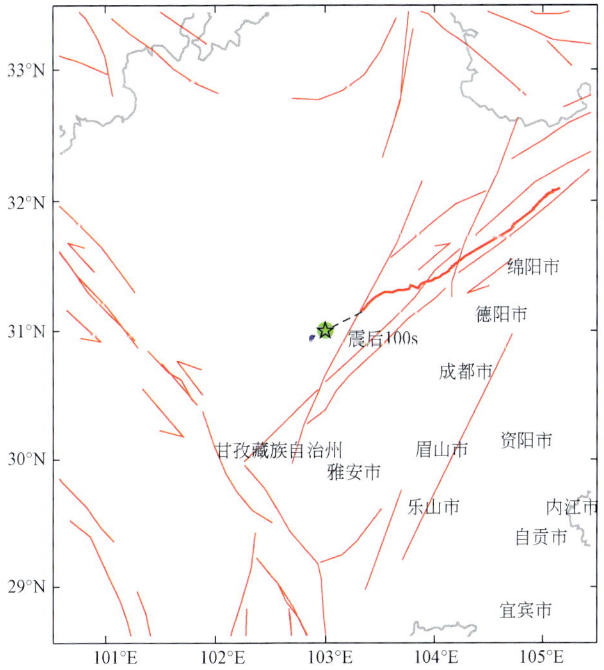

图 10.23　搜索到的汶川地震两侧破裂在地表投影

五角星为基本参数的震中位置，绿点为搜索的宏观震中

结合图 10.19 ~ 图 10.22，汶川地震的破裂速度较高，很明显 NE 方向的破裂有两个子事件，前一事件的破裂速度在 2.2 ~ 3.4km/s，后一事件的破裂速度在 2.7 ~ 3.1km/s 之间。

从表 10.4 可以看出，与其他结果相比，本方法结果平均偏差在 15°左右，稍微偏大，这可能与台站的分布以及台站间距较大有关。由图 10.18 可见，震中虽然被台站包围，但台站间距较大，且震中东南方向台站稀疏，导致台站分布不均匀，此部分台站网格受台站影响不足，这对结果造成了一定的影响。但整体而言，对于规模为 8 级的地震，在震后 18s 左右能得到较为准确的破裂方向，这对于地震预警和烈度速报的烈度修正可以起到很大的作用。

表 10.4　汶川地震结果对比

结果出处	初始破裂点		深度/km	断层走向/(°)	破裂方式	破裂长度/km	时间
USGS	31.1°N	103.3°E	—	49	单侧		
陈运泰	31.021°N	103.367°E	10	49	单侧		
王卫民	30.986°N	103.364°E	15.4	49	单侧		
康兰池	31°N	103.4°E	14	47	单侧		
野外调查	—	—	—	49°	单侧		
本方法	23.85°N	120.82°E	8	60.7	单侧	52	震后 18s
				66.1	单侧	85.3	震后 25s
				68.7	单侧	103.8	震后 30s
				67.6	单侧	124.7	震后 40s
				67	单侧	131.7	震后 50s
				65.6	单侧	188.1	震后 60s
				64.3	单侧	213.9	震后 70s
				63.3	单侧	227.7	震后 80s
				63.3	单侧	243.1	震后 100s（结束）

10.5.4　“3·11”东日本大地震应用实例

“3.11”东日本 9.0 级地震发生于 2011 年 3 月 11 日，震源深度 24km，震中在东日本海海中，离岸约 120km，观测台网偏于一侧（图 10.24），本书基于 108 个强震台站数据，使用表 10.1 中的震中位置和震级作为能量震动图触发计算条件。

Yoshida 等利用远场 P 波和区域强震台网数据对“3·11”东日本大地震震源过程的研究结果表明（Yoshida et al., 2011），其主断层规模长宽分别为 450km 和 200km，破裂持时超过 150s，矩震级为 9.0；另外，初始破裂在震后 0 ~ 40s 从震源位置附近逐渐向外扩展，之后在南北方向同时扩展。

本方法在震后 40s 才得到较为稳定的结果（图 10.25 ~ 图 10.28），主要是破裂本身在

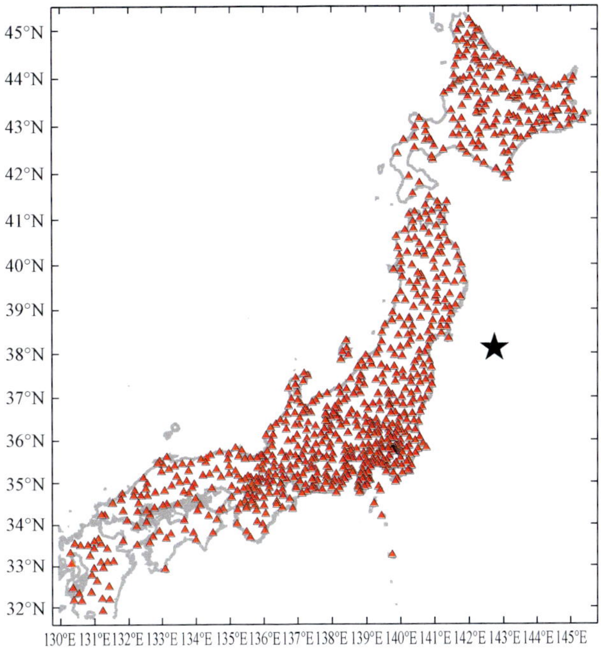

图 10. 24　“3 · 11” 东日本大地震震中与台站分布图

前 40s 并没有呈现出明显的方向性引起（Yoshida et al., 2011）。另外，本书搜索到的破裂方向与其他机构公布的结果基本一致（图 10. 29），但最终破裂长度仅测得约 206km，与其他机构公布的 400 ~ 500km 的破裂长度结果（表 10. 5）相比相差较大，这说明本方法在处理如 “3 · 11” 东日本大地震 *M*9. 0 此类规模的地震时，还存在一定的局限性。但在震后 40 多秒能够得到较为准确的破裂方向，结合理论破裂长度，仍可对后续地震预警修正预测烈度等具有很大的作用。

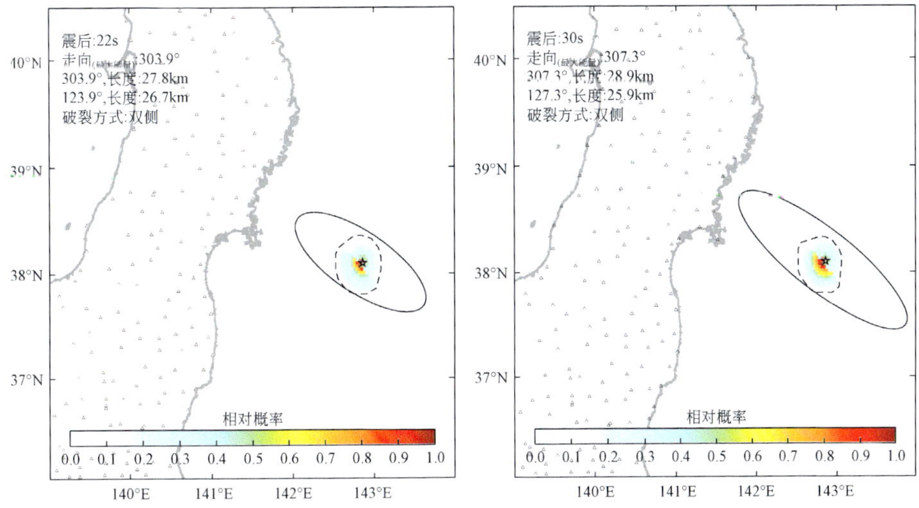

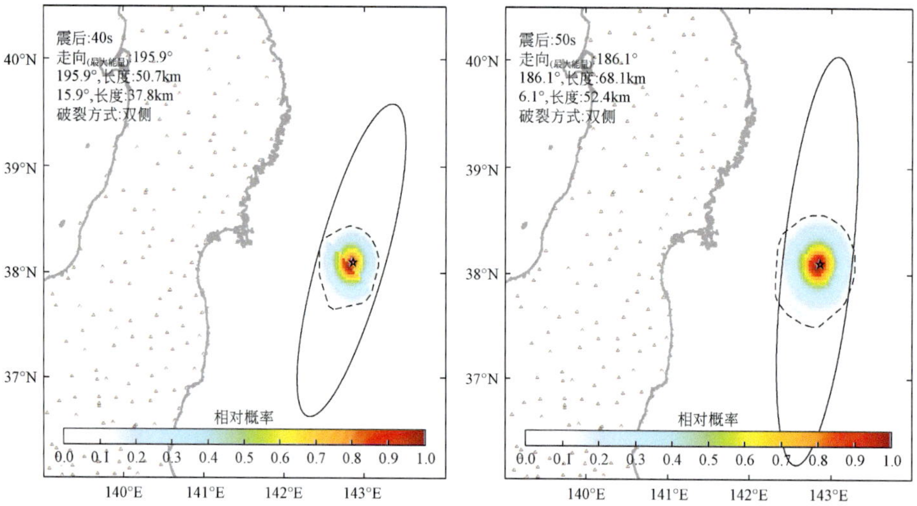

图 10.25　“3·11”东日本大地震震后 22s、30s、40s、50s 破裂方向搜索情况

五角星表示震中，虚线表示相对概率为 0.1 或 0.2 的网格外围包络，黑色实线表示构造椭圆

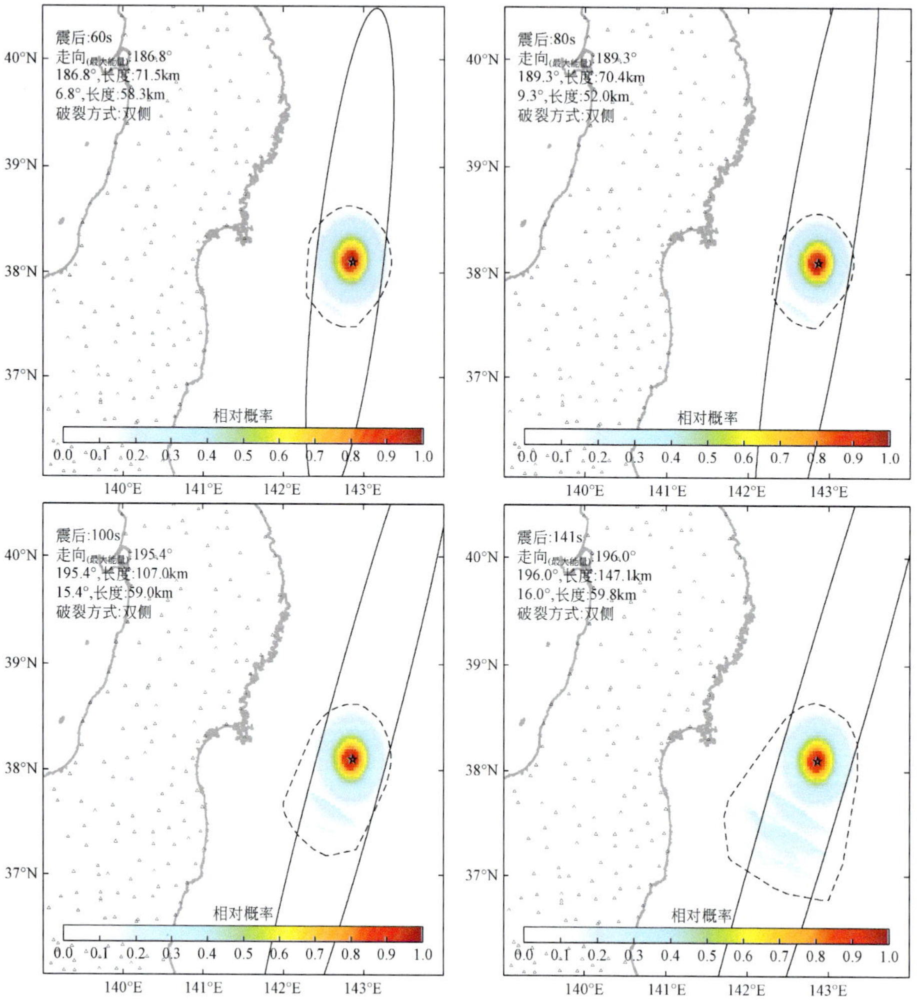

图 10.26　“3·11”东日本大地震震后 60s、80s、100s、141s 破裂方向搜索情况

五角星表示震中，虚线表示相对概率为 0.1 或 0.2 的网格外围包络，黑色实线表示构造椭圆

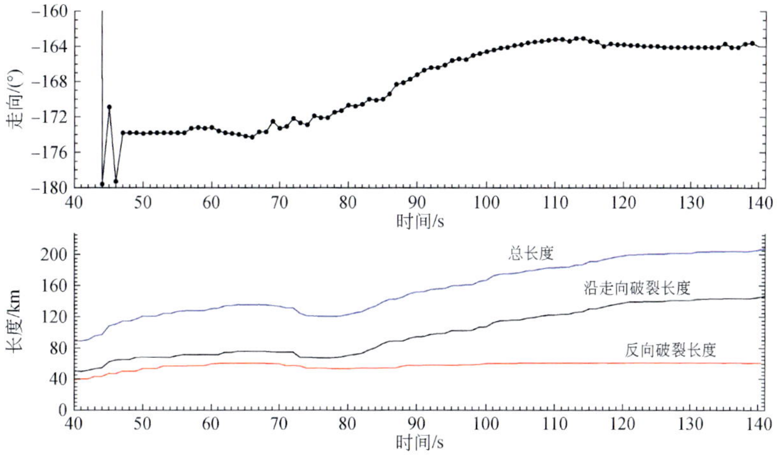

图 10.27　“3 · 11” 东日本大地震走向、破裂长度随时间变化

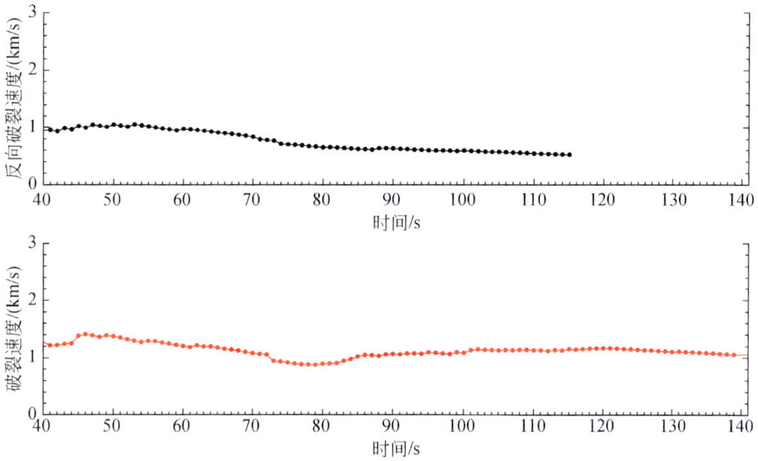

图 10.28　“3 · 11” 东日本大地震平均破裂速度

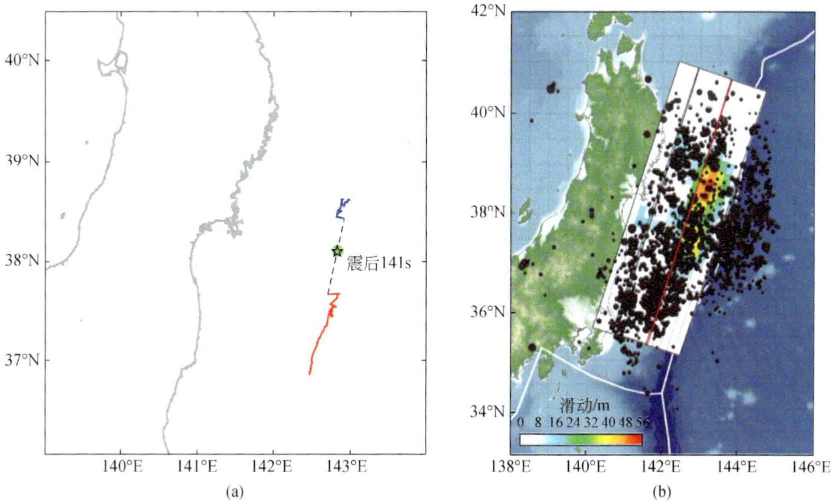

图 10.29　断层表面投影对比

（a）为本方法搜索到的“3 · 11”东日本大地震两侧断层在地表的投影。五角星表示初始震中，绿色圆点表示宏观震中。（b）为 USGS 滑动分布在图上的表面投影

表 10.5　“3 · 11” 东日本大地震搜索结果比较

结果出处	初始破裂点		深度/km	断层走向/(°)	破裂方式	破裂长度/km	时间
USGS	38.3°N	142.4°E	24.4	198	双侧	400 ~ 500	
JMA	38.10°N	142.86°E	24.0	193	双侧	450	
本方法				195.9	双侧	88.5	震后 40s
本方法				186.1	双侧	120.5	震后 50s
本方法				186.8	双侧	129.8	震后 60s
本方法				189.3	双侧	122.4	震后 80s
本方法				195.4	双侧	166	震后 100s
本方法				196.2	双侧	197.4	震后 120s
本方法				195.9	双侧	200.7	震后 130s
本方法				196	双侧	206.9	震后 141s

10.5.5　讨论与结论

根据前面的分析可以看到，利用近场密集强震台网实时波形数据，通过计算地表地震波能量时空分布特征，以概率方法初选和模拟地震沿断层破裂方向的能量释放过程再选两个步骤，可以快速搜寻地下断层在地表的投影区域，进而通过实时量取破裂投影区域的形状变化测定破裂方向、破裂方式、破裂长度，反演分析大震破裂过程。

通过上述 4 个不同台网密度及不同台站分布的实例检测，可以得到：

（1）在台站包围震中且密度较高时，本方法结果更好，如集集地震和熊本地震；台网密度较低时，本方法分析结果会有一定偏差，如汶川地震，但结果对于预警和烈度速报而言仍有重要的参考价值。

（2）在台站或者发震断层偏向震中一侧时，只要台网密度达到一定规模，本方法仍能搜索到较为理想的破裂方向，这点从集集地震和 “3 · 11” 东日本大地震可以看出。

（3）对于 7 级以上地震，即具有一定规模破裂尺度的地震事件，本方法基本能够在震后 20 ~ 60s 给出较为准确的破裂方向、破裂长度和破裂方式。虽然 “3 · 11” 东日本大地震台站偏向一侧，搜索长度偏差较大，但破裂方向依然较为理想，仍有重要的参考和使用价值。

（4）“3 · 11” 东日本大地震搜索的破裂长度较小，这可能是台站偏向一侧且离震中较远导致，具体需要后续再做详细分析。

（5）此方法也有一定的局限性，主要体现如下。

要求震级较大，如 7.0 级以上，对于 6.5 ~ 7.0 级的地震能否适用，要做进一步的研究。对于 6.5 级以下地震，由于破裂尺度较小，目前的台间距不足以分辨破裂方向，明显不适用。

对包围震中的台站密度要求较高，如达到日本强震台网和我国四个预警区强震台网的密度水平。但对于台网偏于一侧如 “3 · 11” 东日本大地震的破裂过程也有一定测定破裂方向的能力。对台网密度较低的区域，其反演的精度和质量都会受到一定程度的影响，对此也应做专门研究。

10.6　利用强震包线反演大震破裂过程

10.6.1　反演方法与过程

本书以汶川地震为例说明利用强震包线反演大震破裂过程。采用汶川地震所有四川境内及部分陕西甘肃台站强震记录，对记录进行质量筛选后，共 87 个台站，台站分布见图 10.30，所有这些台站均采用 MR2002/SLJ-100 加速度计，采样率为 200Hz，场地均为基岩或坚硬土层。

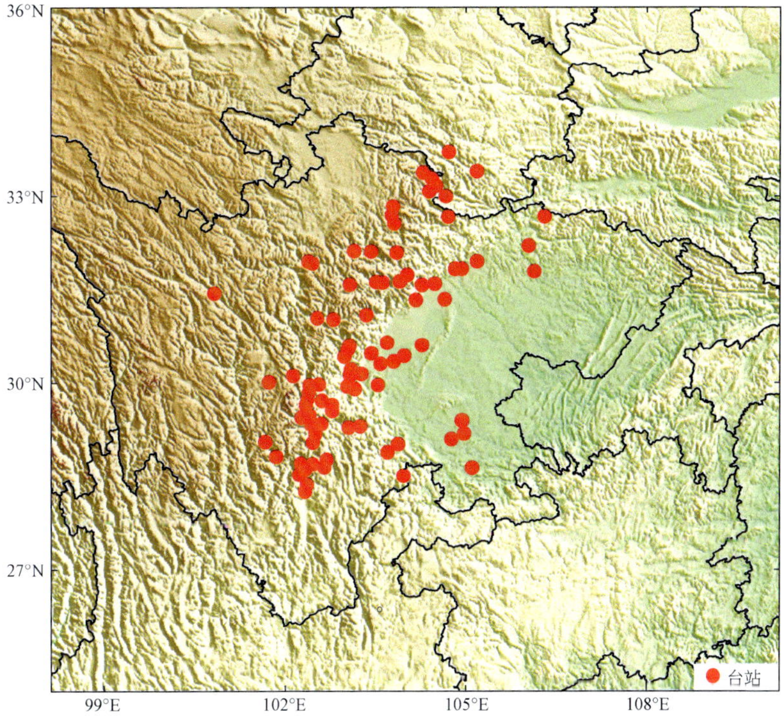

图 10.30　参与强震包络反演的汶川地震台站分布图

在研究中，设定汶川地震初始破裂点（即震中 31°N，103.4°E）、震级（8.0）已知。

我国现阶段仍采用霍俊荣（1989）强震动包络线的研究成果，其包络线由三段组成，开始是由弱到强的上升段，中间是相对平稳的强振动持续阶段，最后是由强到弱的衰减阶段，呈现出明显的强度非平稳性。函数形式为

$$f(t)=\begin{cases}\left(\dfrac{t}{t_1}\right)^2, & t\leqslant t_1\\ 1, & t_1<t\leqslant t_2\\ \exp[-C(t-t_2)], & t>t_2\end{cases} \tag{10.38}$$

式中，t_1 为上升段时间，t_2-t_1 为平稳段持时；C 为下降段系数。地震动持续时间主要受地震震级和距离影响。其包络相关参数为

$$\begin{cases}\lg t_1=-1.074+1.005\lg(R+10)\\ \lg(t_2-t_1)=-2.268+0.3262M+0.5815\lg(R+10)\\ \lg C=1.947-0.2817M-0.5670\lg(R+10)\end{cases}\tag{10.39}$$

记录包络采用对实测记录每秒取峰值的方法可以得到。这种包络线刻画了大震破裂过程的能量时空分布。

众所周知，一次大地震可由若干次小地震合成得到，根据点源位错全空间的位移解（Aki and Richards，1980），任意一个震源引起的空间任意一点的位移，可表示为若干个子源的叠加。本方法正是依据这个理论，对地震动记录进行分解，再按照一定规则合成，对断层破裂方式和角度的所有可能情形进行计算，找出最可能的一种。

初始断层破裂长度的计算采用 Wells 和 Coppersmith（1994）关于断层破裂长度与矩震级之间的统计关系，计算方法如下：

$$\lg L=0.62\times M_w-2.57\tag{10.40}$$

式中，L 为断层破裂长度；M_w 为矩震级。

初始断层长度由式（10.40）计算可得 260km。本书选取每 10km 一个子源，即 26 个子源，强度均匀，子源震级为 6.3 级。

地震的发生是断层两侧的相对运动所引起的，对于较大地震，并不是整个断层同时破裂，而是从初始破裂点开始，按照一定方向和速度进行的破裂过程。考虑震源为一线性断层，从一个方向的单侧破裂到相反方向单侧破裂，所有可能的破裂方式即沿某一方向从初始破裂点开始移动的子源的数量，每种破裂方式可用初始破裂点两侧的子源数表示。断层走向也是确定断层方位的一个重要参数，所有可能的走向为以初始破裂点为圆心，在水平面内顺时针旋转 180°，每 10°为一个扫描单位即一个可能的走向，则共有 18 个可能走向（为了计算与说明方便，本书定义断层走向为断层与正北向的夹角，破裂方式为正北向子源数量）（图 10.31）。

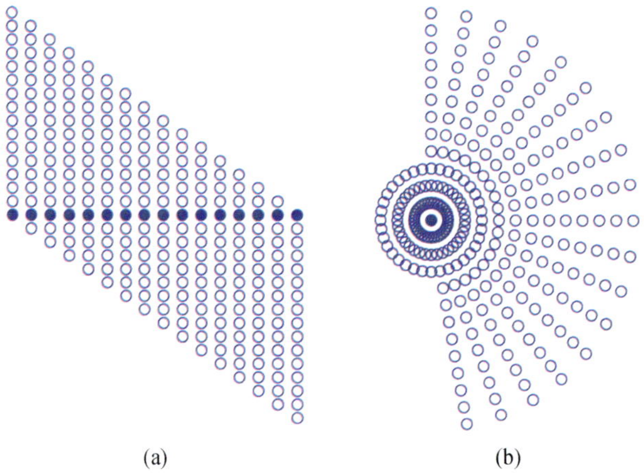

图 10.31　断层破裂方式与走向示意图

图 10.31（a）为断层走向为 0°时所有可能的破裂方式，图 10.31（b）为破裂方式为 13 时所有可能的断层走向，震中即破裂点，为搜索不动点。对应某一种可能的破裂方式与角度，子源的位置是确定的，每个子源到台站的距离即可计算得到。理论包络就可通过距离与震级来计算，包络幅值采用（Liu and Tsai，2005）衰减关系计算求得。在某种破裂方式和角度的情况下，利用这个包络在每个台站原始记录的初到时处开始截取，作为该子源的记录，见图 10.32。这样做主要是考虑了如下三个因素：一是假定每个子源开始阶段波形是一致的；二是因为子源强度远远小于主震的强度，那么子源记录也就要满足该强度的持时特点，利用包络截取记录恰恰可以做到这一点；三是充分保留了原始记录中的震源细节信息。

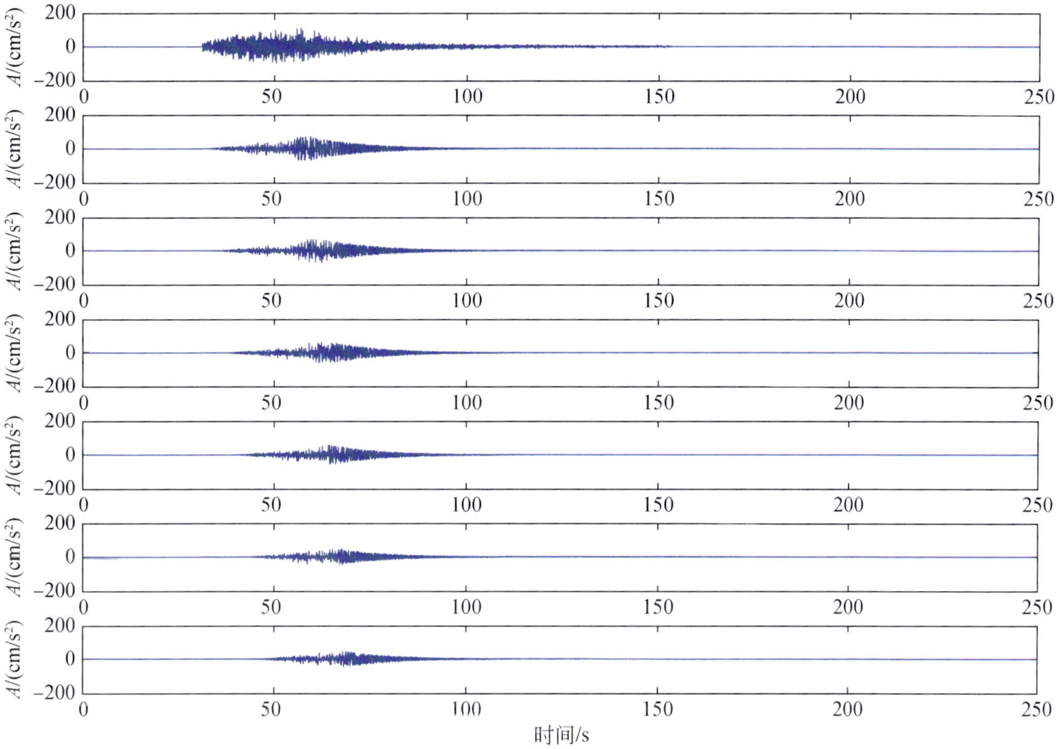

图 10.32　截取子源示意图

A 为幅值；其中第一条记录为原始记录，余下 6 条为某一距离和震级利用包络截取出来的子源记录

在得到子源记录后，需要对子源进行叠加。在进行叠加时，主要考虑两方面的时间因素：①破裂时间，假定破裂速度均匀，破裂速度 $v_r=2.7\text{km/s}$，每个子源 10km，则每个子源的破裂延时为 3.7s；②传播时间，假定传播介质均匀，采用平均波速 $C=6.2\text{m/s}$，已知波速和距离即可求得每个子源到每个台站传播时间。按照这两个时间进程，对所有子源在每个台站位置进行叠加。计算可表示为

$$t_{sk}=\frac{L_s}{v_r}+\frac{R_k}{C} \tag{10.41}$$

式中，k 为台站序号；L_s 为子源 s 到初始破裂点的距离；R_k 为台站至子源的距离。通过前文

所述几点关键技术，即可得到在所有可能的破裂方式和断层走向上每个台站所有的子源记录，子源 s 记录可表示为 $A_s(t)$ ，将其按式（10.41）的时间进程进行合成，那么在台站 k 的合成记录可表示为

$$A_k(t) = \sum_{s}^{S} A_{sk}(t + t_{sk}) \tag{10.42}$$

其包络表示为 $E_k(t)$ 。

第 N 种破裂方式，断层走向为 θ 时，其残差可表示为

$$\mathrm{RSS}(\theta,N) = \sum_{l}^{3} \sum_{k}^{K} \sum_{t}^{T} [E_{lk}(t) - \hat{E}_{lk}(t)]^2 \tag{10.43}$$

式中，K 为台站个数；T 为记录时长；l 为记录的三分量（U、N、E）；t 为时间步长；$\hat{E}(t)$ 为台站原始记录。寻找 RSS 的最小值，此最小值所对应的破裂方式与断层走向就是最可能的反演结果。

断层破裂长度对合成记录的能量持时影响较大，其直接体现在子源的数量上，那么就可以通过能量持时来确定子源数量。本书所采用的能量持时为胡西德（Husid，1969）曾提出的能量持时定义方法。利用 $\int_0^t a^2(t)\mathrm{d}t$ 来表示地震动能量随时间的增长，归一化的表达式定义为

$$I(t) = \frac{\int_0^t a^2(t)\mathrm{d}t}{\int_0^T a^2(t)\mathrm{d}t} \tag{10.44}$$

式中，T 为地震动总持时；$I(t)$ 是一个从 0 ~ 1 的函数。现阶段最常用就是 95% 能量持时，即 $I(T^e) = 0.95$。T^e 就是本书所要找到的对应能量时间点。

利用式（10.43）搜索到 $\mathrm{RSS}_{\min}$ 所对应的 θ_0 和 N_0，在这种角度和破裂方式的情况下，对子源的个数进行增加或者减小，增减量表示为 $x(x = 1, 2, 3, \cdots, X)$ ，即断层长度每 10km 搜索一次。不同个数子源就可以合成多条记录，表示为 $A_k(t) = \sum_{s}^{S+x} A_{ks}(t)$ ，将这些合成记录与原始记录进行能量持时的比较，寻找最小值即可得到校正后的断层破裂长度 L 。具体计算方法如下式：

$$\mathrm{misfit}(L) = \sum_{l}^{3} \sum_{k}^{K} (T_{lk}^e - \hat{T}_{lk}^e)^2 \tag{10.45}$$

式（10.45）中具体字母含义同前文，这里不再赘述。

本书所提出反演方法的计算流程如下：

$$\boxed{经验关系\ L_0} \xrightarrow{包络} \boxed{\theta_0,\ N_0} \xrightarrow{能量持时} \boxed{L_1} \xrightarrow{包络} \boxed{\theta_1,\ N_1} \cdots \boxed{L_p} \xrightarrow{能量持时} \boxed{\theta_p,\ N_p}$$

它实质上是一个迭代，一个不断搜索残差最小值的过程，迭代终止的条件为：$|L_p - L_{p-1}| \leqslant 10\mathrm{km}$ 。前面搜索得到的 θ_p 的搜索间隔为 10°，为了使结果更加准确需要进行二次搜索。在得出 θ_p，N_p 后，找出 θ_p 残差的优势方向即 θ_p 两侧残差较小的一侧，对 θ 进行搜索间隔为 1° 的二次搜索，搜索方法同前文，得到最终的确认结果。

10.6.2　反演结果与讨论

表 10.6 为汶川地震反演过程与计算结果，由此结果可见断层长度 L 由 260km 变化至 170km，θ，N 变化不大，结果稳定，仅通过一次迭代就可满足设定的要求，所以断层长度 L 并不是影响反演结果的主要因素。

表 10.6　汶川地震反演过程与结果

初始计算			迭代一次			迭代二次	搜索终止条件	二次搜索
L_0/km	θ_0/(°)	N_0	L_1/km	θ_1/(°)	N_1	L_2/km	$\lvert L_2-L_1 \rvert \leqslant 10$km	47°
260	50	0	170	40	0	170		

目前对地震震源过程的研究有许多，不同学者分别应用多方面的资料开展对地震震源过程的研究。相互独立的研究结果在许多方面取得了一致的看法。但在有些方面也存在不同认识，不同研究结果与野外地质考察（张培震等，2008；李勇等，2008）也存在差异，需要做更进一步的工作论证。

野外地震调查表明，汶川地震同时使龙门山推覆构造带的中央北川-映秀和前山灌县-江油断裂等两条倾向 NW 的叠瓦状逆断层发生了地表破裂。其地表破裂样式是近期发生的内陆特大地震中结构最复杂的一次逆冲型地震地表破裂，现对不同研究针对汶川地震的研究结果进行整理（表 10.7），由此表可见本方法结果与其他机构反演结果类似，与国际国内公认结果区别不大。

表 10.7　汶川地震反演结果

结果出处	初始破裂点		深度/km	断层走向/(°)	破裂方式
USGS	31.10°N	103.30°E	—	49	单侧
陈运泰	31.021°N	103.367°E	10	49	单侧
王卫民	30.986°N	103.364°E	15.4	49	单侧
本方法	31°N	103.4°E	14	47	单侧
野外调查	—	—	—	49	—

10.7　本 章 小 结

利用震中一定范围内的强地面运动实时观测资料，在震后 20～60s 内快速反演大震破裂过程，实时测定破裂方向、破裂方式和破裂长度是地震预警与烈度速报技术系统要解决的重要难题，这与传统的地震学方法在思路与方法、时效性和观测资料使用上都有重大区别。本章简要阐述了大震破裂过程，特别是破裂方向和破裂方式对于预警系统预测城市烈度的极端重要性，总结了地震学家和地震工程学家对大震破裂过程的研究成果，特别是大震破裂的方向性效应导致破裂前方的地震动峰值增加，地震动参数如 PGA、PGV、烈度以及能量都将沿断层破裂方向呈椭圆形分布。

本章提出了对包含震中一定区域进行网格剖分，利用密集台网的加速度实时波形数据及实时仿真技术，制作能量时间空间分布图的方法。地震强震台网的近场观测时空分布本质上是地下断层破裂时空过程在地表的投影。因此寻找地下断裂破裂区域在地表的投影及其随时间的变化就是反演大震破裂过程的关键。首先，实时计算每个网格的地震波能量进而计算出整个区域的地震波能量，定义以能量大小选择地下断层破裂在地表投影网格为 A 事件，以能量的增量大小选择地下断层破裂在地表投影网格为 B 事件，以一定时间间隔分别计算每个网格以两种方式被选为破裂投影网格的概率，进而可以计算按 $A+B$ 或 AB 选择破裂投影网格的概率，每扫描一次即可获得一次结果。由于一些网格的概率太小，在所有网格中挑选概率最大的网格将其定义为此时刻的宏观震中，并以此概率将所有网格的概率归一化称为相对概率。相对概率在 0～1 之间，以 $A+B$ 的概率超过 0.1 作为标准初步遴选破裂投影网格，计算所有投影网格空间总能量和形状。之后，为模拟 7 级以上大震沿破裂方向的能量释放过程，构造一个动态椭圆，只有落入椭圆内的投影区域才是真正寻找到的地下破裂在地表的投影区域。对椭圆按 1°间隔进行旋转，椭圆与初选的所有破裂投影网格相交面积最大的方向即破裂方向。如果震中沿破裂方向一侧有破裂网格将确定为单侧破裂，两侧都有则确定为双侧破裂，并按照破裂网格的包线与椭圆长轴的两个交点，量取两个破裂方向的破裂长度，破裂总长度为两个破裂方向的破裂长度之和。

将熊本地震、集集地震、汶川地震、“3·11”东日本大地震的强震观测记录转化为模拟数据流，由大震破裂实时测定系统进行反演，结果表明测定的震源参数与其他同行研究的结果比较吻合，而且都在震后 20～60s 内产生结果。

最后也简要介绍了用地震动强度包络线反演大震破裂过程的方法，供参考，类似的也有利用 PGA 和 PGV 反演破裂方向和搜索破裂长度的方法，在此不再讨论。

第 11 章　远场大震地震预警

除我国大陆四个地震预警重点区以外，环渤海、东海、黄海、台湾海峡以及我国的南海地区都有发生 7 级以上大震的潜在危险（图 11.1），我国东部沿海及海域如果发生 7 级以上大震，对经济发达的沿海城市特别是北京、天津、上海、广州以及其他大城市将带来严重影响。以台湾地震为例，台湾及其周边地区是我国发生 7 级以上大震频度最高的地区，根据近 120 年的数据分析，平均约三年发生一次 7 级以上地震，平均一年发生 3 次 6 级以上地震。2006 年 12 月 26 日台湾恒春海域接连发生 6.7 级和 7.2 级两次大震，除了福建沿海城市震感剧烈以外，远至上海、广州等特大城市的高楼都有强烈震感。针对台湾地区 7 级以上大震，为我国东南沿海其他各大城市提供地震预警信息，提前告知民众和相关行业，做好心理准备和应对措施，就是远场大震预警的范例。

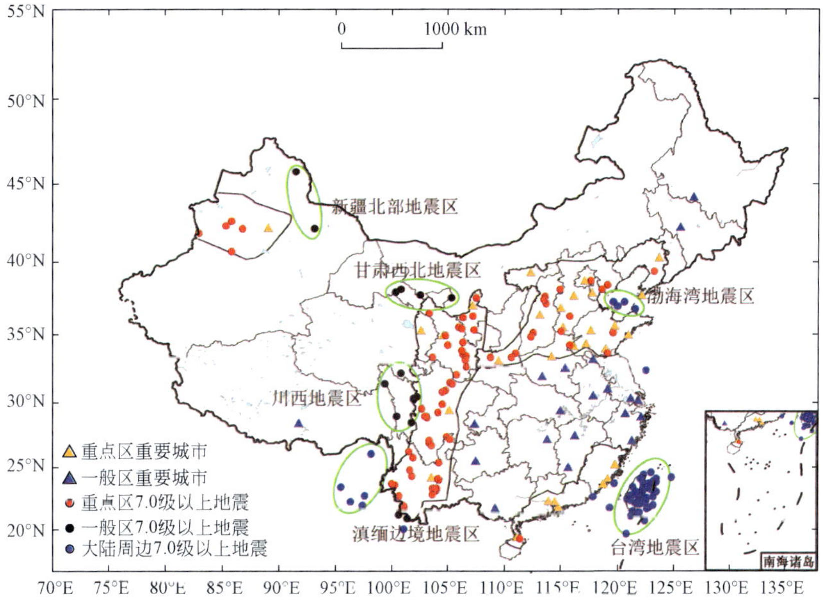

图 11.1　对我国社会生产活动有重要影响 7 级以上大震潜在震源

一般意义上的地震预警系统主要是指依据震中附近的台站观测记录快速确定地震四参数（发震时间、地点、震级、震中烈度），在可能遭受地震严重影响的地区范围内快速发布城市和重要工程的地表预测烈度和 S 波预警时间。一般 7 ~ 8 级的地震破裂尺度达 100 ~ 200km，烈度在 6 度以上区域在 300km 范围内。因此，从空间范围上讲，一般地震预警系统主要针对强震近场的强地面运动（加速度和速度）和烈度进行预测，并用 S 波作为预警时间的估计。远场大震预警系统主要针对强震远场的长周期地面位移和高楼震感进行预测，并用面波走时估计预警时间。因此，这两套预警系统目标任务不一样，远场大震预警是对地震预警系统的补充和延伸，二者反映了 7 级以上大震对人类社会活动由近至远的影响和科学家对地震波传播自然变化规律的认识。

远场大震预警特点可概括为：一是处理的震级大，波及面广，主要针对 7 级以上大震；二是震中距较远，一般在 200km 以上，如 8. 5 级大震最远影响波及可达 1500km 左右；三是预警时间较长，一般在 1min 以上，而且震中距越远预警时间越长，有足够的反应时间；四是远场大震产生的面波对城市的高楼建筑群和长周期结构影响大。

本章将首先讨论远场大震对城市的影响，进而以预测高楼震感和预警时间为目标提出远场大震预警的技术思路，讨论如何估计预警时间和预测震感等关键环节。

11.1 远场大震对重要城市的影响

墨西哥在沿岸建立的地震观测系统主要用于监测在海洋中发生的 7 级以上大震，以便为远在 400km 以外、坐落于盆地上的墨西哥市提供地震预警信息，这也是在充分吸取 1985 年墨西哥 8. 1 级地震给远在 400 多公里之外的墨西哥市造成 2 千多人员伤亡以及重大经济损失后开展的有针对性的减灾措施。我国的许多大城市都是沿大江大河和湖泊以及沿海逐渐发展起来的，有一定厚度的沉积层，有些城市四面环山坐落于盆地之中。随着城镇化的不断发展，建筑越来越高，长、大工程如雨后春笋般拔地而起。诚然，一旦发生 7 级以上地震，建在特殊的盆地地形和较厚沉积层上的这些长周期结构即使离震中较远，也会受到严重影响。这种影响主要体现在如下几个方面。

（1）对居住在城市高层建筑的人群影响较大。7 级以上大震发生时，如果震中离城市较远，居住在低矮房屋内的人群震感不明显，甚至察觉不到，但高楼震感十分明显，楼层越高震感越明显，甚至会感到恐惧。况且随着城镇化和旧城改造的提速，居住在高楼的人群比例仍在增大。

（2）远场大震对高空作业、高层建筑中的精密仪器加工、机器人操作作业，乃至眼科手术等也会带来严重影响，甚至会危及人的生命。

（3）对长、大结构等重要工程，如长跨度桥梁上的高速列车，由于不同桥墩和桥梁振动的差异性也会危及高铁的运行安全等。

但就影响人群的总数来讲，对高楼震感害怕恐慌的人数最多，社会影响也最大。高楼产生强烈震感的原因主要有：

（1）远场大震的地震波主要由两部分组成，一部分是由地壳乃至地球深部出射到地表的体波，另一部分为沿地表传播的面波。路径效应上体波按 R^{-1} 衰减，面波按 $R^{-1/2}$ 衰减（R 为传播距离），由于路径长，高频地震波衰减快，中长周期地震波比较发育，特别是面波周期长、衰减慢、幅值大、能量强。据福建台网的统计分析，一旦面波在 $\Delta>300$km 以后逐渐发育时，面波位移峰值比 S 波位移峰值平均大 5 倍左右，这会对长周期工程结构如高楼产生一定影响。

（2）大型盆地地形和沉积土层的影响。如果城市坐落于一定沉积层厚度的盆地之中，这种特殊盆地地形和土层的双重作用会使地震波产生聚焦效应，会增大中长周期地震动的幅值和振动持续时间，特别是盆地中心地带。如果不考虑地形影响，当土层较厚时，其卓越周期也较长。当地震波的周期接近于土层卓越周期时，土层作为一种特殊滤波器也会放大中长周期地震波的反应。

(3) 高楼振动特性的影响。一般来讲，楼越高，自振周期越长，因此楼的高度与其自振周期呈一定的正比关系，不同的结构模型，其比例关系略有不同，但楼越高自振周期越长的总趋势是不变的。如果地震动的卓越周期接近楼的自振周期时，就会产生共振效应，放大地震效应的影响，增大楼的水平位移，使楼的震感更加强烈。

因此，远场大震较强的中长周期地震波、盆地和土层的放大效应，再加之高楼自振周期接近地震波的卓越周期，是共同构成高楼震感强烈的主要因素。

11.2 高楼震感预警的技术思路

远场大震对城市高楼影响最大，其人群的比例也最高，远场大震预警的核心就是提前预测不同楼高的震感（以楼的最大水平位移为标准划分震感等级）和预计面波到达时间。基本思路就是根据震级和震中距，预测基岩面波的最大地动位移，进而根据土层和结构动力特性研究与统计分析，预测不同楼高可能的震感以及面波预警时间。

1) 预测最大震感到达时间

在远场大震预警系统中，不能以 S 波的到达作为预警时间，而应以面波群速度（即面波峰值的到达时间）作为预警时间。

2) 预测基岩最大地动位移和土层放大系数

根据面波衰减规律预测不同大震震级时基岩面波的最大地动位移，通过不同场地条件的土层反应分析，研究土层放大倍数，进而得到地表面波的最大地动位移。

3) 预测高楼顶层最大地动位移

利用高层建筑结构动力反应分析方法，得到利用结构自振周期、阻尼比和振型参与系数，计算各楼层的相对加速度、速度和位移的公式。进而在简化模型的条件下，得到以楼层高度（层数）为参数的估计顶层最大位移的经验公式。

4) 建立以最大位移为指标的震感模型

人对房间内最为敏锐的感受就是悬挂物左右摆动，这种摆动幅度越大，震感越明显，也越恐惧。高楼的自振周期较长，远场大震产生的加速度较小，而楼的水平位移较大，因此以楼水平向的最大位移建立震感标准比较合适。

提出震感等级划分方案，既可以利用它作为远场大震预警系统的重要模块预测远场大震产生的高楼震感，也可以利用它依据实测的地面运动速报高楼震感，进而利用地表烈度速报和高楼震感速报，评估地震对城市的综合影响。

11.3 面波群速度与预警时间

面波不是震源直接激发的原生波，而是由界面内均匀平面 P 波与 S 波和半空间上的非均匀（衰减）P 波与 S 波经过分层界面的折射反射透射，满足自由表面应力为零，界面上满足应力、位移连续条件形成干涉的次生波。因此，震源越深，满足面波生成条件的时间越晚，地表观测到面波的起始距离越远，反之亦然。P 波和 SV 波在满足一定的条件下形成瑞利面波，质点在入射面内做逆时针转动，勒夫面波只能由 SH 型体波在满足一定条件下形成，其质点运动方向垂直于入射面，陆海发生大震时陆上都能接收到勒夫面波和瑞利面波，面波沿深度衰减较快。面波的能量主要由频率相近的波群挟带，其最大振幅的速度即群速度。勒夫面波传播速度一般要快于瑞利面波。

11. 3. 1 勒夫面波

以半空间上覆一弹性固体层来简要讨论勒夫面波，坐标系如图 11. 2 所示。

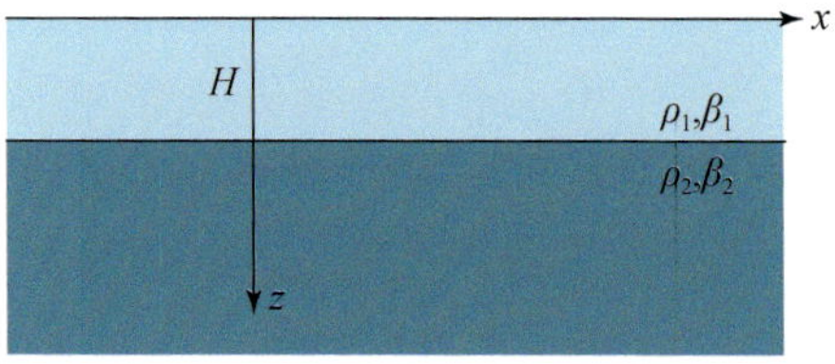

图 11. 2 半空间上覆一弹性固体层模型

ρ_1 为上层介质密度；β_1 为上层横波波速；ρ_2 为下层介质密度；β_2 为下层横波波速

设弹性层中 SH 波动的位移函数为

$$v_1=(A_1\mathrm{e}^{\mathrm{i}k_1z}+B_1\mathrm{e}^{-\mathrm{i}k_1z})\mathrm{e}^{\mathrm{i}\omega(t-x/c)} \tag{11.1}$$

半空间的 SH 型波动的位移函数为

$$v_2=A_2\mathrm{e}^{\mathrm{i}k_2z}\mathrm{e}^{\mathrm{i}\omega(t-x/c)} \tag{11.2}$$

当 $z=0$ 时，v_1 应满足自由边界条件：

$$P_{zv}\big|_{z=0}=\mu_1\frac{\partial v}{\partial z}\big|_{z=0}=0 \tag{11.3}$$

则有

$$A_1=B_1 \tag{11.4}$$

当 $z=H$ 时，v_1 和 v_2 应满足应力和位移连续条件，即：

$$\begin{cases}\mu_1\dfrac{\partial v_1}{\partial z}\big|_{z=H}=\mu_2\dfrac{\partial v_2}{\partial z}\big|_{z=0}\\ v_1\big|_{z=H}=v_2\big|_{z=0}\end{cases} \tag{11.5}$$

可得勒夫波频散方程为

$$\tan K_1H=\frac{\mu_2K_2}{\mu_1K_1} \tag{11.6}$$

其中，$\mu_1=\rho_1\beta_1^2$，$\mu_2=\rho_2\beta_2^2$，由于 v_1 和 v_2 分别满足波动方程，则有

$$\begin{cases}K_1=\omega\left[\dfrac{1}{\beta_1^2}-\dfrac{1}{c^2}\right]^{1/2}=\dfrac{\omega}{\beta_1}\cos\theta\\ K_2=\omega\left[\dfrac{1}{c^2}-\dfrac{1}{\beta_2^2}\right]^{1/2}=\dfrac{\omega}{\beta_1}\left(\sin^2\theta-\dfrac{\beta_1^2}{\beta_2^2}\right)^{1/2}\\ c=\dfrac{\beta_1}{\sin\theta}\end{cases} \tag{11.7}$$

式中，P_{zv}为应力；A_1 为上行波位移；B_1 为下行波位移；K_1 为第一层波数；K_2 为第二层波数。

只要知道介质参数和 H，则可得到 $c(\omega)$，$c(\omega)$ 就是面波沿表面传播的相速度，它满足 $\beta_1<c(\omega)<\beta_2$。

根据福建陆海联测探测结果，作为对勒夫波相速度 C_L 的估计，将福建陆域简化为单层模型，$\rho_1=2.7\text{g/cm}^3$，$\beta_1=6.34\text{km/s}$，$\rho_2=3.3\text{g/cm}^3$，$\beta_2=4.51\text{km/s}$，$H=30\text{km}$，计算勒夫波理论相速度频散曲线如图 11.3 所示。

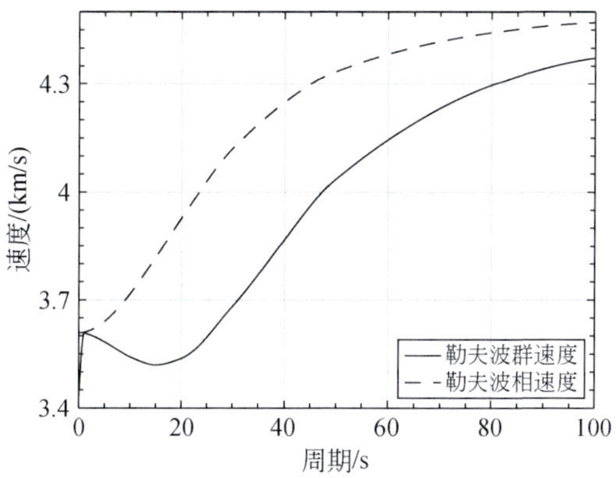

图 11.3　福建陆海一维速度模型（陆海过渡带单层模型）下勒夫波相速度和勒夫波群速度频散曲线

11.3.2　海洋中的瑞利波

假定固体半空间上覆盖一层厚度为 H 的水，水的密度为 ρ_1，纵波波速为 α_1，固体半空间介质密度为 ρ_2，横波波速为 β_2，纵波波速为 α_2（图 11.4），经过推导，可以得到瑞利波的频散方程为

$$\begin{cases}\tan k_1 H=\left(\dfrac{\rho_2}{\rho_1}\right)\left(\dfrac{k_{P1}}{k_{P2}}\right)\left(\dfrac{\beta_2}{c}\right)^4\\ k_{P1}=\dfrac{\omega}{c}\left(\dfrac{c^2}{\alpha_1^2}-1\right)^{1/2}\\ k_{P2}=\dfrac{\omega}{c}\left(1-\dfrac{c^2}{\alpha_2^2}\right)^{1/2}\\ c_R=4\left(1-\dfrac{c^2}{\alpha_2^2}\right)^{1/2}\left(1-\dfrac{c^2}{\beta_2^2}\right)^{1/2}-\left(2-\dfrac{c^2}{\beta_2^2}\right)^2\end{cases}\tag{11.8}$$

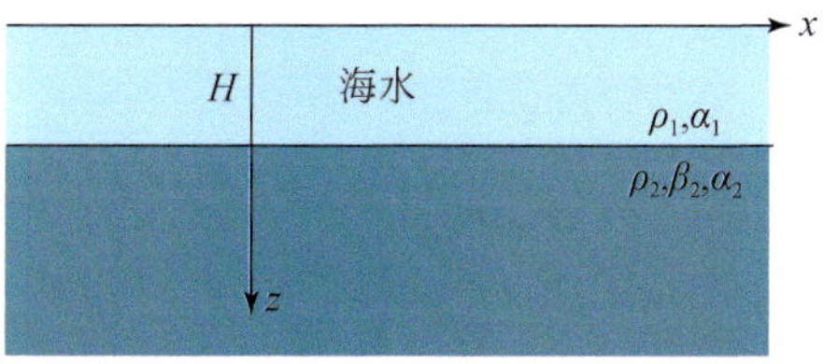

图 11.4　液体覆盖在固体层之上模型

当水的深度趋于0km时，上述频散方程就简化为自由半空间上瑞利面波频散方程。根据福建陆海联测结果，台湾海峡水深一般在80m左右，福建台网记录到的台湾地震多数发生在花莲外海，水深上千米，我国南海地区水深可达3～4km。水中波速约1.5km/s，$\rho_1=1\text{g/cm}^3$，$\rho_2=2.7\text{g/cm}^3$，$\beta_2=3.0\text{km/s}$，$\alpha_2=6\text{km/s}$，据此可计算得到瑞利波相速度 C_R 和瑞利波群速度 U_R。

图11.5给出固体层半空间上覆不同厚度液体层的理论相速度和群速度基阶频散曲线，总体可以看出：上覆不同液体层厚度的相速度和群速度频散曲线均呈现正频散现象，仅群速度在短周期段（0～5s）出现逆频散，相速度和群速度的高频极限都为第一层液体层的P波波度（1.5km/s），长周期极限均接近第二层固体层S波波速（3.0km/s）；随着上覆液体层厚度越大，相速度和群速度正频散趋势越缓，群速度短周期段逆频散现象越发明显，影响范围越长。

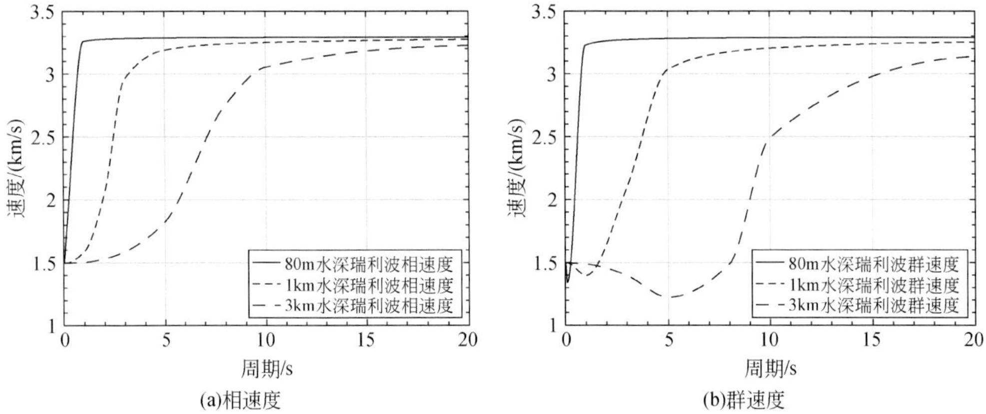

图11.5　不同厚度液体层瑞利波理论相速度和群速度频散曲线

11.3.3　相速度和群速度

面波的特点就是相速度 $c(\omega)$ 随频率变化，如果将面波的傅里叶变换表示为

$$\begin{cases} A(\omega)\,|=|\,A(\omega)\,|\,\mathrm{e}^{-\mathrm{i}\varphi(\omega)} \\ \phi(\omega)=\omega t-K(\omega)x \end{cases} \tag{11.9}$$

其中，

$$K(\omega)=\frac{\omega}{c(\omega)} \tag{11.10}$$

定义 $K(\omega)$ 为波数，它是考虑以 ω_0 为中心，带宽为 $\Delta\omega$ 波动叠加后的时间。

$$A(t,\omega_0)=\int_{-\omega_0-\Delta\omega}^{-\omega_0+\Delta\omega}+\int_{\omega_0-\Delta\omega}^{\omega_0+\Delta\omega}|\,A(\omega)\,|\,\mathrm{e}^{-\mathrm{i}[\omega t-K(\omega)x]}\mathrm{d}\omega \tag{11.11}$$

由于 $\Delta\omega$ 较小，$|\,A(\omega)\,|\doteq|\,A(\omega_0)\,|$，将 $K(\omega)$ 在 $\omega=\omega_0$ 处展开，并保留一次项：

$$K(\omega)=K(\omega_0)+\left.\frac{\mathrm{d}K}{\mathrm{d}\omega}\right|_{\omega=\omega_0}\cdot(\omega-\omega_0) \tag{11.12}$$

经过积分可以得到：

$$\begin{cases} A(t,\omega_0)=4\mid A(\omega_0)\mid \Delta\omega \dfrac{\sin x}{x}\cos\left[\omega_0\left(t-\dfrac{x}{c(\omega)}\right)\right] \\ x=\Delta\omega[t-K'(\omega_0)x] \end{cases} \tag{11.13}$$

由于 $c=\dfrac{\omega}{K}$，定义群速度：

$$U=\frac{\mathrm{d}\omega}{\mathrm{d}K}=\frac{1}{K'(\omega)} \tag{11.14}$$

故群频率接近于 ω_0 的面波时程：

$$A(t,\omega_0)\propto\frac{\sin\left[\Delta\omega\left(t-\dfrac{x}{U(\omega_0)}\right)\right]}{\Delta\omega\left(t-\dfrac{x}{U(\omega_0)}\right)}\cos\left[\omega_0\left(t-\frac{x}{C(\omega)}\right)\right] \tag{11.15}$$

x 即震中距 Δ，其波群峰值的到达时间：

$$t_{\mathrm{M}}=\frac{\Delta}{U(\omega_0)} \tag{11.16}$$

11.3.4　勒夫面波和瑞利面波的群速度

对于多层介质一维模型，一般上一层的剪切波速都小于下一层的剪切波速，如果将第 n 层以下设定为半空间，都满足 $\beta_1<\beta_2<\cdots<\beta_n<c(\omega)<\beta_{n+1}$。

大陆地震都在地壳内发生，从目前深部探测结果来看，地表、结晶基底面、康氏面、莫霍面是体波折射、反射、透射最重要的四个界面，当然划分上地壳与下地壳界限的康氏面在一些地区并不明显，因此陆上发生强震时，在离开震中一定距离之外满足干涉条件就会产生勒夫面波，陆上发生强烈地震时勒夫面波都比较发育。如果地震在海洋中发生，海水无剪切变形，因此不会产生勒夫面波，但强烈振动一旦传到陆上，在陆地上满足干涉条件也会产生勒夫面波。

陆上发生强震时，自由表面为弹性半空间，会产生瑞利面波，对于泊松介质，$c(\omega)=0.92\beta_2$，从理论上讲相速度为一常数，与频率无关，但由于面波有衰减，频散仍然存在，但较弱，这与海洋上形成的瑞利面波有明显的差异。以弹性半空间上覆厚度为 H 的弹性层来讨论，如果上层的 P 波、S 波波速为 α_1、β_1，弹性半空间的 P 波和 S 波波速为 α_2、β_2。产生瑞利波必须满足条件 $\beta_1<\alpha_1<c(\omega)<\beta_2<\alpha_2$。

根据陆上深部探测结果，除了一些特殊的沉积盆地以外，一般不满足上述条件，即上一层的纵波 α_1 要小于下一层的横波速度 β_2。因此在陆上除了自由表面以及特殊沉积盆地或者江河湖泊会形成瑞利面波以外，其他介质界面不会产生瑞利面波。但如果地震发生在海洋中，$\beta_1=0$，α_1 为水中的波速，一般为 1.5 ~ 1.8km/s，满足瑞利面波产生的条件，因此海洋中瑞利面波比较发育。

综合上述分析，陆海发生强震时，陆上都会观测到勒夫和瑞利面波，但勒夫面波可以在更深层界面满足面波产生的条件，瑞利面波只能在地表和盆地类型的浅层以及海洋中产生，因此 $c_{\mathrm{L}}>c_{\mathrm{R}}$，即勒夫面波比瑞利面波到达时间较早。但两者中幅值谁更大却不一定，有可能勒夫面波大，也可能瑞利面波大，如图 11.6 和图 11.7 所示。所以，以勒夫面波群速度到达时间作为远场大震预测强烈震感时间。

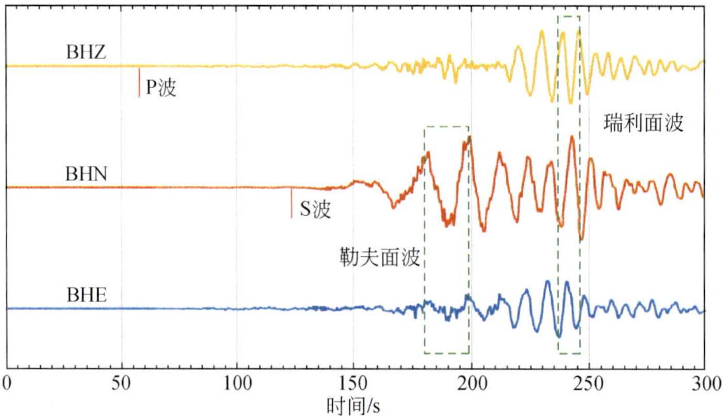

图 11.6　台湾花莲海域 6.5 级地震，震中距为 650km 的江西安阳台记录的三分量记录

BHZ 为垂直分量；BHN 为南北分量；BHE 为东西分量；

水平分量可观测到勒夫面波和瑞利面波，垂直分量仅观测到瑞利面波

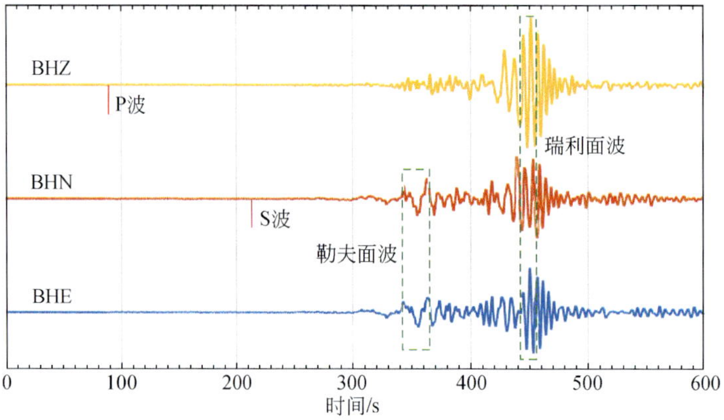

图 11.7　四川九寨沟 7.0 级地震，震中距为 1400km 的广东梅州台记录的远场面波

BHZ 为垂直分量；BHN 为南北分量；BHE 为东西分量

11.3.5　震感的预警时间和持续时间

根据前面的研究，可以将勒夫面波峰值的到达时间作为震感的预警时间为

$$\begin{cases} t_M = t_L(\Delta, T) - t_{P1} - \Delta t - \tau \\ t_L(\Delta, T) = \Delta / U_L(T) \end{cases} \tag{11.17}$$

式中，以发震时间 T_0 起算，t_{P1} 为震源传到首台的 P 波时间；Δt 为预警系统测定震源参数后发布预警信息的时间；τ 为通信延迟时间。

在实际工作中，在水平分量能看到两组面波，前一组为勒夫面波，后一组面波与垂直分量的面波到时几乎一致，即为瑞利面波。

分别统计勒夫面波峰值走时 t_L 和瑞利面波峰值走时 t_R，震感的持续时间 T_a 可初步估计为

$$T_a = t_R(\Delta) - t_L(\Delta) \tag{11.18}$$

利用福建台网资料，对台湾 6.5 级以上地震的面波走时进行统计分析，如图 11.8 所示。可以分别得到 $\Delta \geqslant 200\mathrm{km}$ 时，勒夫面波峰值走时为

$$t_{Lm} = 0.30\Delta + 16.05 \tag{11.19}$$

瑞利面波峰值走时为

$$t_{Rm} = 0.34\Delta + 20.12 \tag{11.20}$$

强烈震感持续时间为

$$t_d = 0.04\Delta + 4.08 \tag{11.21}$$

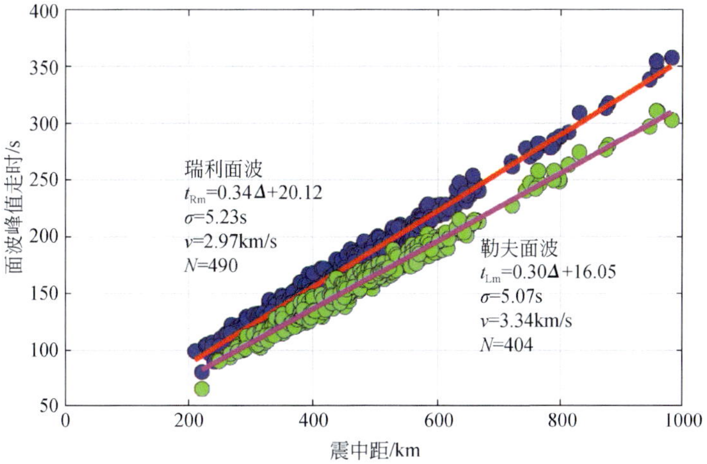

图 11.8　台湾 6.5 级以上（福建台网记录）面波峰值走时规律

根据福建台网对川滇地区 6.5 级以上地震面波峰值走时的统计分析（图 11.9），可以分别得到 $\Delta \geqslant 800\mathrm{km}$ 时勒夫面波峰值走时为

$$t_{Lm} = 0.31\Delta + 5.28 \tag{11.22}$$

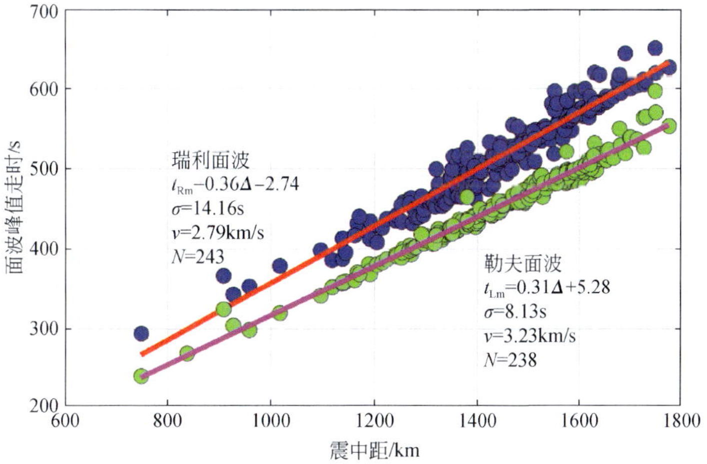

图 11.9　川滇 6.5 级以上（福建台网记录）面波峰值走时规律

瑞利面波峰值走时为

$$t_{\mathrm{Rm}}=0.36\Delta-2.74 \tag{11.23}$$

强烈震感持续时间为

$$t_{\mathrm{d}}=0.05\Delta-8.02 \tag{11.24}$$

一旦台湾和川滇发生7.0级以上大震，利用上述研究成果，可以预测面波到达福建地区的时间。

11.4 预测基岩面波最大地动位移和土层放大系数

面波在类似于大型盆地等特殊地形条件下的形成和沉积盆地对面波强震动的综合影响，要结合具体实例做专门研究，这一节只是将地震学中有关面波的研究和地震工程学中关于场地的研究有机结合，说明研究的思路和方法。

11.4.1 预测远场大震基岩最大地动位移

远场大震的一个显著特点是中长周期的地震波特别是面波比较发育，挟带的能量最大。尽管基岩加速度峰值较小，但基岩的地震动位移较大。这也是以加速度为标准评估地表烈度时，地表烈度值都很低，但高楼震感都很强烈的主要原因。根据宽频带地震仪计算面波震级的公式：

$$M_{\mathrm{S}}=\lg\left(\frac{U_{\max}}{T}\right)+1.66\lg\Delta+3.3 \tag{11.25}$$

式中，$U_{\max}$为水平两分量的位移矢量的最大值；T为$U_{\max}$对应的周期。如果将M_{S}取为地震预警系统测定的震级M，则有

$$\begin{cases}U_{\max}=T10^{S_1(M,\Delta)}\\ S_1(M,\Delta)=M-3.3-1.66\lg\Delta\end{cases} \tag{11.26}$$

这样可根据M和Δ，预测出不同周期对应的基岩面波最大地动位移$U_{\max}(T)$。

11.4.2 土层对基岩地震动的放大作用

对于坐落于盆地之上的城市，盆地的影响要做专门分析，这里仅讨论土层的影响。为讨论方便，将土层模拟为厚度为d，剪切波速为v_{S}，阻尼比为ξ，自振周期为T_0（圆频率为ω_0）的单自由度体系方程为

$$\ddot{x}(t)+2\xi\omega_0\dot{x}(t)+\omega_0^2x(t)=-a_g(t) \tag{11.27}$$

式中，a_g为基底输入加速度。

由于远场大震时，输入地震动的峰值较小，土层的作用可视为线性滤波器，过滤掉高频地震动，得到加速度反应谱$\beta_a(T,\ \xi)$、速度反应谱$\beta_v(T,\ \xi)$和位移反应谱$\beta_U(T,\ \xi)$，根据定义位移反应谱为

$$\beta_U(T,\xi)=\frac{x(T,\xi)}{U_{\max}} \tag{11.28}$$

经土层滤波后的输入位移动峰值为

$$x(T,\xi)=\beta_U(T,\xi)\,U_{\max}(T) \tag{11.29}$$

式中，$U_{\max}(T)$ 为基岩地震动的最大地动位移；$x(T,\xi)$ 为经土层滤波后的最大位移；ξ 为土层阻尼比。一般土层的自振周期可估计为

$$T_0=\frac{4D}{v_S} \tag{11.30}$$

式中，D 为土层厚度；v_S 为土层剪切波速。对于多层土也可作类似的推导。从式（11.30）中可看出，土层越厚，波速越低，土层的周期就越大。如果土层较浅，影响不大时，可取 $\beta_U=1$。对于比较复杂的多层介质场地，一般要采用场地地震反应分析方法。

11.4.3　场地地震响应分析

全国各地场地条件各不相同，本节基于福州地区典型的滨海沉积环境场地土层结构特征，根据《建筑抗震设计规范》（GB 50011—2010）的建筑场地类别划分方法，选取具有代表性的剪切波速实测钻孔共七个，其中Ⅰ类、Ⅱ类和Ⅲ类钻孔各 2 个，Ⅳ类钻孔一个。根据每个场地钻孔的土层结构、剪切波速实测值、场地土动力参数以及土工实验数据，建立场地一维成层土层动力反应计算模型，其中 d_i 为厚度，V_{si} 为剪切波速；γ 为密度（表 11.1 ~ 表 11.8）。

表 11.1　Ⅰ类孔 1 土层柱状剖面参数表

层号	地层名称	深度/m	土类号	d_i/m	V_{si}/(m/s)	γ/(t/m^3)
1	坡积粉质黏土	0.5	4	0.5	185	1.85
2	基岩	2.0	14	1.5	510	2.10

表 11.2　Ⅰ类孔 2 土层柱状剖面参数表

土类	地层名称	深度/m	土类号	d_i/m	V_{si}/(m/s)	γ/(t/m^3)
1	耕植土	0.7	1	0.7	152	1.70
6	砂土状强风化花岗岩	2.7	13	2.0	405	2.00
7	基岩	5.4	14	2.7	517	2.20

表 11.3　Ⅱ类孔 1 土层柱状剖面参数表

序号	地层名称	深度/m	土类号	d_i/m	V_{si}/(m/s)	γ/(t/m^3)
1	填土	0.8	1	0.8	136	1.75
2	粉质黏土	1.6	2	0.8	172	1.94
3	残积砂质黏性土	3	11	1.4	236	1.88
		5	11	2.0	265	
		7	11	2.0	285	
		9.4	11	2.4	293	

续表

序号	地层名称	深度/m	土类号	d_i/m	V_{si}/(m/s)	γ/(t/m^3)
4	砂土状强风化花岗岩	10.5	13	1.1	478	2.10
5	基岩	13	14	2.5	745	2.20

表 11.4　Ⅱ类孔 2 土层柱状剖面参数表

层号	地层名称	深度/m	土类号	d_i/m	V_{si}/(m/s)	γ/(t/m^3)
1	粉质黏土	0.8	2	0.8	152	1.80
2	细砂	3.0	9	2.2	141	1.80
		5.0	9	2.0	147	1.80
		7.0	9	2.0	153	1.80
		8.3	9	1.3	178	1.80
3	淤泥	10.0	6	1.7	114	1.55
		12.0	6	2.0	121	1.55
		14.3	6	2.3	123	1.55
4	粉质黏土	16.0	3	1.7	234	1.80
		18.2	3	2.2	250	1.80
5	砂土状强风化花岗岩	20.0	13	1.8	375	2.00
		21.5	13	1.5	419	2.00
6	基岩	23.0	14	1.5	633	2.10

表 11.5　Ⅲ类孔 1 土层柱状剖面参数表

层号	地层名称	深度/m	土类号	d_i/m	V_{si}/(m/s)	γ/(t/m^3)
1	粉质黏土	1.4	2	1.4	154	1.80
2	细砂	3.0	9	1.6	152	1.80
		5.0	9	2.0	156	1.80
		7.0	9	2.0	162	1.80
		9.0	9	2.0	168	1.80
		11.3	9	2.3	178	1.80
3	淤泥夹砂	13.0	8	1.7	114	1.60
		15.0	8	2.0	126	1.60
		17.0	8	2.0	137	1.60
		19.0	8	2.0	145	1.60
		20.0	8	1.0	168	1.60
		22.0	8	2.0	172	1.60
		24.0	8	2.0	172	1.60

续表

层号	地层名称	深度/m	土类号	d_i/m	V_{si}/(m/s)	γ/(t/m^3)
3	淤泥夹砂	26.0	8	2.0	164	1.60
		28.0	8	2.0	182	1.60
		30.0	8	2.0	178	1.60
		32.0	8	2.0	182	1.60
		34.4	8	2.4	186	1.60
4	中砂	36.0	9	1.6	206	1.85
		38.0	9	2.0	224	1.85
		40.0	9	2.0	235	1.85
		42.0	9	2.0	256	1.85
		44.0	9	2.0	278	1.85
		45.3	9	1.3	285	1.85
5	卵石	47.0	10	1.7	378	2.10
		49.0	10	2.0	410	2.10
		51.0	10	2.0	435	2.10
		53.5	10	2.5	446	2.10
6	基岩	56.0	14	2.5	520	2.10

表 11.6　Ⅲ类孔 2 土层柱状剖面参数表

层号	地层名称	深度/m	土类号	d_i/m	V_{si}/(m/s)	γ/(t/m^3)
1	杂填土	1.1	1	1.1	148	1.75
2	细砂	3.1	9	2.0	156	1.80
3	淤泥	5.0	6	1.9	116	1.55
		7.0	6	2.0	123	1.55
		9.0	6	2.0	114	1.55
		11.0	6	2.0	127	1.55
		13.0	6	2.0	134	1.55
		15.0	6	2.0	134	1.55
		17.0	6	2.0	138	1.55
		19.3	6	2.3	142	1.55
4	粉质黏土	21.0	3	1.7	222	1.80
		23.0	3	2.0	254	1.80
		25.0	3	2.0	258	1.80
		26.7	3	1.7	260	1.80
5	中砂	29.3	9	2.6	263	1.85

续表

层号	地层名称	深度/m	土类号	d_i/m	V_{si}/(m/s)	γ/(t/m^3)
6	粉质黏土	31.0	4	1.7	284	1.85
		33.0	4	2.0	231	1.85
		35.0	4	2.0	284	1.85
		37.0	4	2.0	298	1.85
		39.0	4	2.0	312	1.85
		41.0	4	2.0	284	1.85
		43.0	4	2.0	312	1.85
		45.0	4	2.0	298	1.85
		46.8	4	1.8	298	1.85
7	砂土状强风化花岗岩	48.0	13	1.2	347	2.00
		50.0	13	2.0	368	2.00
		52.0	13	2.0	391	2.00
		54.6	13	2.6	446	2.00
8	基岩	57.0	14	2.4	524	2.10

表 11.7　Ⅳ类孔土层柱状剖面参数表

层号	地层名称	深度/m	土类号	d_i/m	V_{si}/(m/s)	γ/(t/m^3)
1	杂填土	1.2	1	1.2	146	1.75
2	淤泥	3.0	5	1.8	84	1.55
		5.0	5	2.0	96	1.55
		7.0	5	2.0	105	1.55
		8.3	5	1.3	117	1.55
3	中砂	10.0	9	1.7	156	1.85
		12.0	9	2.0	168	1.85
		14.0	9	2.0	172	1.85
		16.0	9	2.0	168	1.85
		18.0	9	2.0	176	1.85
		20.0	9	2.0	182	1.85
		22.0	9	2.0	196	1.85
		24.0	9	2.0	200	1.85
		26.0	9	2.0	213	1.85
		28.0	9	2.0	218	1.85
		30.0	9	2.0	224	1.85
		32.0	9	2.0	224	1.85
		34.0	9	2.0	231	1.85

续表

层号	地层名称	深度/m	土类号	d_i/m	V_{si}/(m/s)	γ/(t/m^3)
3	中砂	36.0	9	2.0	238	1.85
		38.0	9	2.0	244	1.85
		40.0	9	2.0	255	1.85
		42.0	9	2.0	250	1.85
		44.0	9	2.0	259	1.85
		46.0	9	2.0	265	1.85
		48.0	9	2.0	272	1.85
		50.0	9	2.0	271	1.85
		52.0	9	2.0	274	1.85
		54.0	9	2.0	281	1.85
		56.0	9	2.0	299	1.85
		58.0	9	2.0	294	1.85
		60.0	9	2.0	299	1.85
		62.0	9	2.0	312	1.85
		64.5	9	2.5	319	1.85
4	淤泥质土	66.0	7	1.5	201	1.70
		68.0	7	2.0	211	1.70
		69.8	7	1.8	214	1.70
5	含砾粗砂	72.0	10	2.2	334	1.95
		74.0	10	2.0	347	1.95
		76.0	10	2.0	319	1.95
		78.0	10	2.0	368	1.95
		79.5	10	1.5	381	1.95
6	砂土状强风化花岗岩	82.0	13	2.5	485	2.00
7	基岩	83.5	14	1.5	578	2.10

表 11.8　土体动力非线性特性等效曲线参数

土类	土层名称	参数	剪应变 $\gamma/10^{-4}$							
			0.05	0.1	0.5	1	5	10	50	100
1	填土	G/G_{max}	0.960	0.950	0.800	0.700	0.300	0.200	0.150	0.100
		ξ	0.025	0.028	0.030	0.035	0.080	0.100	0.110	0.120
2	粉质黏土*(3.5~3.8m)	G/G_{max}	0.990	0.979	0.898	0.814	0.472	0.314	0.090	0.049
		ξ	0.020	0.021	0.034	0.048	0.102	0.128	0.163	0.170
3	粉质黏土*(23.6~23.9m)	G/G_{max}	0.991	0.983	0.928	0.872	0.610	0.455	0.164	0.096
		ξ	0.017	0.018	0.027	0.036	0.079	0.104	0.151	0.162

续表

土类	土层名称	参数	剪应变 $\gamma/10^{-4}$							
			0.05	0.1	0.5	1	5	10	50	100
4	粉质黏土*(41.1～41.4m)	G/G_{max}	0.993	0.986	0.939	0.887	0.613	0.438	0.127	0.065
		ξ	0.017	0.018	0.025	0.033	0.076	0.102	0.150	0.160
5	淤泥*(2.0～2.3m)	G/G_{max}	0.993	0.987	0.936	0.880	0.594	0.423	0.128	0.068
		ξ	0.019	0.020	0.028	0.037	0.083	0.110	0.157	0.167
6	淤泥*(7.6～7.9m)	G/G_{max}	0.990	0.979	0.897	0.812	0.475	0.321	0.098	0.055
		ξ	0.017	0.019	0.031	0.043	0.091	0.113	0.145	0.151
7	淤泥质土*(35.1～35.4m)	G/G_{max}	0.991	0.980	0.893	0.802	0.452	0.300	0.089	0.050
		ξ	0.020	0.021	0.035	0.050	0.106	0.130	0.164	0.170
8	淤泥夹砂*(9.7～10.0m)	G/G_{max}	0.990	0.980	0.902	0.819	0.470	0.306	0.081	0.042
		ξ	0.017	0.018	0.029	0.041	0.091	0.115	0.147	0.153
9	细中砂	G/G_{max}	0.920	0.880	0.700	0.575	0.260	0.178	0.058	0.018
		ξ	0.015	0.022	0.056	0.065	0.104	0.125	0.145	0.150
10	卵石	G/G_{max}	0.990	0.970	0.900	0.850	0.700	0.550	0.320	0.200
		ξ	0.004	0.006	0.019	0.030	0.075	0.090	0.110	0.120
11	残积砂质黏性土*(36.2～36.5m)	G/G_{max}	0.990	0.979	0.894	0.805	0.457	0.304	0.089	0.049
		ξ	0.017	0.018	0.032	0.047	0.103	0.128	0.163	0.170
12	残积砂质黏性土*(65.5～65.8m)	G/G_{max}	0.990	0.980	0.900	0.817	0.482	0.327	0.100	0.056
		ξ	0.020	0.021	0.034	0.047	0.101	0.126	0.162	0.169
13	砂土状强风化花岗岩	G/G_{max}	0.995	0.989	0.948	0.901	0.646	0.477	0.154	0.084
		ξ	0.025	0.035	0.069	0.092	0.163	0.193	0.239	0.248
14	碎块状强风化花岗岩	G/G_{max}	1.000	1.000	1.000	1.000	1.000	1.000	1.000	1.000
		ξ	0.004	0.008	0.010	0.015	0.021	0.030	0.036	0.046

注：带 * 号为实测数据；G 为剪切模量；G_{max} 为最大剪切模量。

如图 11.10 所示，将福建台网（含交换台）获得的台湾南投 6.4 级地震，台湾花莲 6.6 级地震，台湾花莲海域 6.4 级、6.5 级、6.6 级地震，台湾台东海域 6.3 级地震共计 1116 条水平向包含面波的基岩速度记录仿真成加速度记录，作为场地土层地震响应的基底输入，采用频域一维等效线性化波动方法，对上述 7 个钻孔模型进行场地土层地震动力反应计算。分别计算地表输出位移的峰值与基岩输入位移的峰值，两者比值即对应的 PGD 场地放大系数，四种场地类别的 PGD 放大系数累积分布如图 11.11 所示，图中 4 个红色点分别对应累积频数超过 75%、85%、95%、99%，其对应的 PGD 放大系数如表 11.9 所示，可以看出，四类场地的放大系数 PGD 分别在 1.637～2.185、1.814～2.184、1.600～1.926 和 1.513～1.832 之间，Ⅱ类场地 PGD 放大系数最为显著。

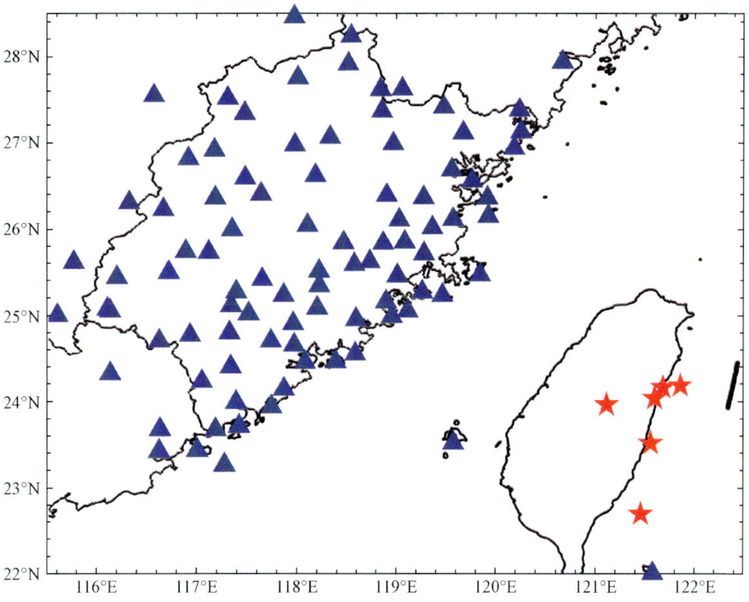

图 11.10　福建及周边固定台网和台湾地区 6 次地震分布图

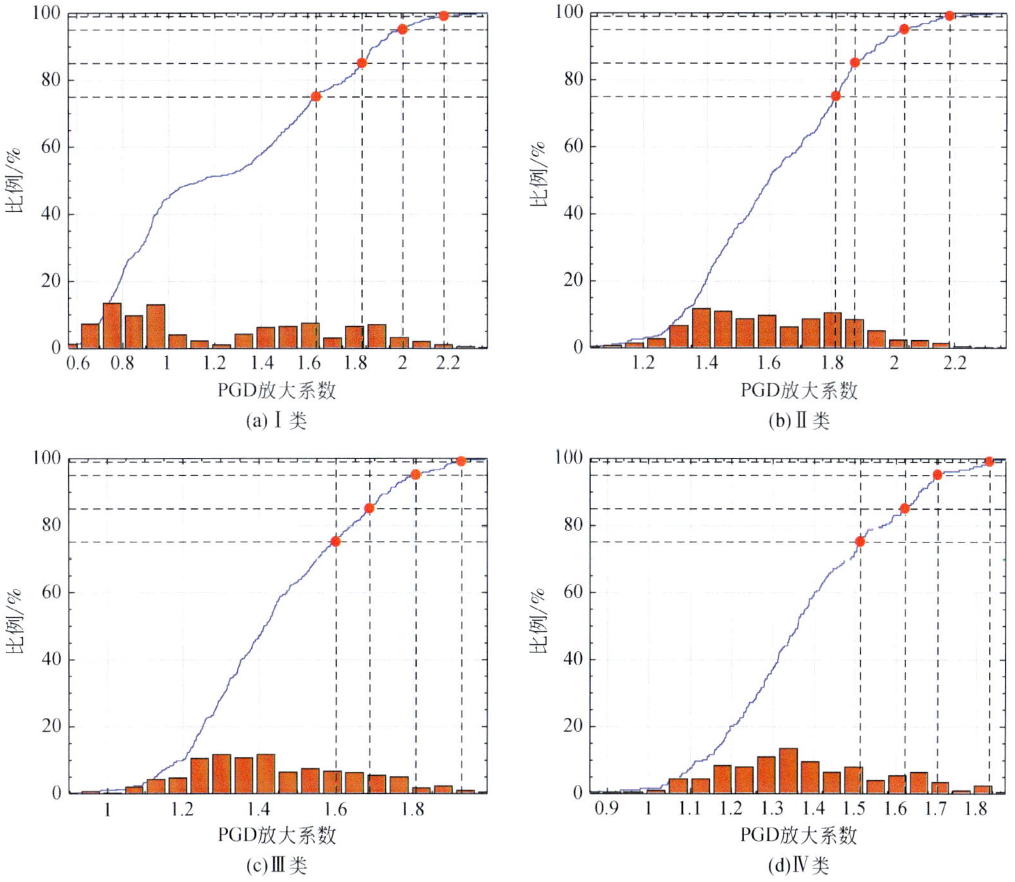

图 11.11　Ⅰ、Ⅱ、Ⅲ、Ⅳ类场地 PGD 放大系数累积分布图

表 11.9 场地 PGD 放大系数

累积频数	75%	85%	95%	99%
Ⅰ	1.637	1.834	2.007	2.185
Ⅱ	1.814	1.876	2.034	2.184
Ⅲ	1.600	1.687	1.807	1.926
Ⅳ	1.513	1.622	1.704	1.832

11.5 高层结构动力反应分析

11.5.1 高层结构动力反应分析方法

高楼震感本质上是高层结构在地震惯性力作用下的动力反应引起的结构振动。工程结构的质量和刚度具有连续分布的特点，理论上讲有无穷多个自由度。但在实际中，通常采用简化的方法，即将系统抽象为由集中质量模型和弹性元件构成的有限个自由度的模型。如果模型中有 n 个集中质量，它就是 n 个自由度系统。经过离散化处理后，高楼结构的动力反应方程：

$$\boldsymbol{M}\ddot{x}+\boldsymbol{C}\dot{x}+\boldsymbol{K}x=f(t) \tag{11.31}$$

对于地震反应问题：

$$f(t)=-\boldsymbol{M}\ddot{x}_g \tag{11.32}$$

式中，$\boldsymbol{M}$、$\boldsymbol{C}$、$\boldsymbol{K}$ 分别 $n\times n$ 阶质量、阻尼和刚度矩阵，采用瑞利阻尼假定，则 $\boldsymbol{M}$、$\boldsymbol{C}$、$\boldsymbol{K}$ 通常都为对称矩阵；$x=(x_n,\ \cdots,\ x_1)^{\mathrm{T}}$ 为 n 维位移；$\dot{x}$、$\ddot{x}$ 分别为 n 维速度和加速度；$\ddot{x}_g$ 为基底输入加速度；y 为时间和空间坐标的函数，如果引入 $n\times n$ 阶振型矩阵，可以使：

$$\begin{pmatrix} x_1 \\ \vdots \\ x_n \end{pmatrix}=\begin{pmatrix} \phi_{11} & \phi_{12} & \cdots & \phi_{1n} \\ \vdots & \vdots & & \vdots \\ \phi_{n1} & \phi_{n2} & \cdots & \phi_{nn} \end{pmatrix}\begin{pmatrix} y_1 \\ \vdots \\ y_n \end{pmatrix} \tag{11.33}$$

即

$$x=\boldsymbol{\phi}y \tag{11.34}$$

ϕ 只与空间坐标有关，与时间无关；y 只与时间有关，与空间坐标无关。引入振型矩阵的目的是将动力反应进行时空分离，便于简化动力反应分析。将式（11.34）代入动力方程可得

$$\boldsymbol{M\phi}\ddot{y}+\boldsymbol{C\phi}\dot{y}+\boldsymbol{K\phi}y=-\boldsymbol{M}\ddot{x}_g \tag{11.35}$$

对式（11.35）左乘 $\boldsymbol{\phi}^{\mathrm{T}}$ 注意到：

$$\boldsymbol{\phi}^{\mathrm{T}}\boldsymbol{M\phi}=\begin{bmatrix} \ddots & & 0 \\ & m_r & \\ 0 & & \ddots \end{bmatrix}_{n\times n}$$

$$\boldsymbol{\phi}^{\mathrm{T}}\boldsymbol{K}\boldsymbol{\phi}=\begin{bmatrix}\ddots & & 0\\ & k_r & \\ 0 & & \ddots\end{bmatrix}_{n\times n} \tag{11.36}$$

$$\boldsymbol{\phi}^{\mathrm{T}}\boldsymbol{C}\boldsymbol{\phi}=\begin{bmatrix}\ddots & & 0\\ & c_r & \\ 0 & & \ddots\end{bmatrix}_{n\times n}$$

$$\boldsymbol{\phi}^{\mathrm{T}}\begin{bmatrix}\ddots & & 0\\ & c_r & \\ 0 & & \ddots\end{bmatrix}=\begin{pmatrix}\phi_{11} & \phi_{12} & \cdots & \phi_{1n}\\ \phi_{21} & \phi_{22} & \cdots & \phi_{2n}\\ \vdots & \vdots & & \vdots\\ \phi_{n1} & \phi_{n2} & \cdots & \phi_{nn}\end{pmatrix}\begin{bmatrix}\bar{m}_1\\ \vdots\\ \bar{m}_n\end{bmatrix}=\begin{pmatrix}\phi_{11}\bar{m}_r\\ \phi_{21}\bar{m}_r\\ \vdots\\ \phi_{n1}\bar{m}_r\end{pmatrix} \tag{11.37}$$

这样可将 n 个自由度动力方程，分解为 n 个单自由度方程的线性组合。对于第 r 个自由度方程：

$$m_r\ddot{y}_r+c_ry_r+k_r\dot{y}=-\phi_{rr}\bar{m}_r\ddot{x}_g \tag{11.38}$$

也可简化为

$$\ddot{y}_r+2\xi_r\omega_r\dot{y}_r+|\omega_r^2\dot{y}=-\gamma_{rr}\ddot{x}_g \tag{11.39}$$

其中，

$$\begin{cases}\omega_r=(k_r/m_r)^{1/2}\\ \xi_r=c_r/(2m_r\omega_r)\\ \gamma_{rr}=(\phi_{rr}\bar{m}_r/m_r)\end{cases} \tag{11.40}$$

式中，ω_r 为结构第 r 阶频率；ξ_r 为第 r 阶阻尼比；γ_{rr}为第 r 阶振型参与系数。只要知道 ω_r、ξ_r 和 γ_{rr}以及地震动输入 $x_g(t)$，即可得 y_r、$\dot{y}_r$、$\ddot{y}_r$。由 $x=\boldsymbol{\phi}y$ 可得

$$\dot{x}=\begin{pmatrix}x_n(t)\\ \vdots\\ x_1(t)\end{pmatrix}=\begin{pmatrix}\phi_{11} & \phi_{12} & \cdots & \phi_{1n}\\ \vdots & \vdots & & \vdots\\ \phi_{n1} & \phi_{n2} & \cdots & \phi_{nn}\end{pmatrix}\begin{pmatrix}y_n(t)\\ \vdots\\ y_1(t)\end{pmatrix} \tag{11.41}$$

$$\begin{cases}x_j(t)=\sum\limits_{k=1}^{n}\phi_{jk}y_k(t)\,(j=1,\cdots,n)\\ \dot{x}_j(t)=\sum\limits_{k=1}^{n}\phi_{jk}\dot{y}_k(t)\\ x_j(t)=\sum\limits_{k=1}^{n}\phi_{jk}y_k(t)\end{cases} \tag{11.42}$$

这样，可以计算出每一层楼东西向和南北向的水平位移时程，其最大位移可估计为

$$S_j=\max[x_{jE}^2(t)+x_{jN}^2(t)]^2(j=1,\cdots,n) \tag{11.43}$$

记输入地面运动的最大位移为 $U_{\max}$：

$$U_{\max}=[U_E^2+U_N^2]^{\frac{1}{2}} \tag{11.44}$$

$$\beta_j = \frac{S_j}{U_{\max}} (j=1,2,\cdots,n) \tag{11.45}$$

式中，β_j 为第 j 层位移放大倍数。

可以选取 10 层、20 层、30 层三种典型结构，进行理论分析。选取不同远场大震的面波地震动输入可以得到不同层高的位移放大倍数，统计得到一个经验公式。同时开展高层结构的台阵观测，进行进一步的比对实验。

11.5.2　高层地震响应简化分析

高楼震感本质上是高层建筑结构在地震动作用下的动力响应引起的结构振动。假设高层建筑结构每层的质量和层间刚度均为 m 和 k，对于线弹性结构体系，其动力平衡方程为

$$\boldsymbol{M} \cdot \ddot{\boldsymbol{u}} + \boldsymbol{C} \cdot \dot{\boldsymbol{u}} + \boldsymbol{K} \cdot \boldsymbol{u} = -\boldsymbol{M} \cdot \ddot{u}_g \tag{11.46}$$

式中，$\boldsymbol{M}$、$\boldsymbol{C}$、$\boldsymbol{K}$ 分别为结构的质量矩阵、阻尼矩阵和刚度矩阵；$\ddot{\boldsymbol{u}}$、$\dot{\boldsymbol{u}}$、$\boldsymbol{u}$ 分别为结构加速度、速度和位移；$\ddot{u}_g$ 为基底输入加速度。

质量矩阵 $\boldsymbol{M}$：

$$\boldsymbol{M} = \begin{bmatrix} m & & & \\ & m & & \\ & & \ddots & \\ & & & m \end{bmatrix} = m\boldsymbol{I} \tag{11.47}$$

刚度矩阵 $\boldsymbol{K}$：

$$\boldsymbol{K} = k\begin{bmatrix} 2 & -1 & 1 & & \\ -1 & 2 & -1 & & \\ \cdots & -1 & \ddots & \ddots & 1 \\ & & \ddots & 2 & -1 \\ & & & -1 & 1 \end{bmatrix} = k\boldsymbol{A} \tag{11.48}$$

此时结构的一阶圆频率可表示为

$$\omega_1 = \sqrt{\frac{\boldsymbol{\varphi}_1^{\mathrm{T}} \boldsymbol{K} \boldsymbol{\varphi}_1}{\boldsymbol{\varphi}_1^{\mathrm{T}} \boldsymbol{M} \boldsymbol{\varphi}_1}} = \sqrt{\frac{k}{m}} \sqrt{\frac{\boldsymbol{\varphi}_1^{\mathrm{T}} \boldsymbol{A} \boldsymbol{\varphi}_1}{\boldsymbol{\varphi}_1^{\mathrm{T}} \boldsymbol{I} \boldsymbol{\varphi}_1}} \tag{11.49}$$

式中，$\boldsymbol{\varphi}_1$ 为结构一阶振型向量。其为一组位移的比值量，为相对量。对于结构刚度和质量各层相同的一般建筑，$\boldsymbol{\varphi}_1$ 各层的比值仅与结构层数 N 有关。由于 $\boldsymbol{A}$ 和 $\boldsymbol{I}$ 也仅与结构层数 N 相关，则层间刚度 k 可表达为

$$\begin{aligned} k &= m\omega_1^2 \frac{\boldsymbol{\varphi}_1^{\mathrm{T}} \boldsymbol{I} \boldsymbol{\varphi}_1}{\boldsymbol{\varphi}_1^{\mathrm{T}} \boldsymbol{A} \boldsymbol{\varphi}_1} \\ &= \frac{4\pi^2 m\, \boldsymbol{\varphi}_1^{\mathrm{T}} \boldsymbol{I} \boldsymbol{\varphi}_1}{T_1^2} \frac{m}{\boldsymbol{\varphi}_1^{\mathrm{T}} \boldsymbol{A} \boldsymbol{\varphi}_1} = \frac{m}{T_1^2} \lambda(N) \end{aligned} \tag{11.50}$$

其中，

$$\lambda(N) = 4\pi^2 \frac{\boldsymbol{\varphi}_1^{\mathrm{T}} \boldsymbol{I} \boldsymbol{\varphi}_1}{\boldsymbol{\varphi}_1^{\mathrm{T}} \boldsymbol{A} \boldsymbol{\varphi}_1} \tag{11.51}$$

显然，当结构层数 N 选定，则 $\boldsymbol{A}$ 和 $\boldsymbol{I}$ 就确定下来了，如果选定 $\boldsymbol{\varphi}_1$，则$\lambda\boldsymbol{N}$ 可以确定。根据《建筑结构荷载规范》（GB 50009—2012）附录 G（结构振型系数的近似值）第一阶振型参数，计算 $\lambda\boldsymbol{N}$ 如表 11.10 所示。

表 11.10　不同层数 N 对应的 λN

N	λN	N	λN	N	λN
1	39	11	1293	21	4191
2	85	12	1495	22	4554
3	154	13	1698	23	4905
4	239	14	1976	24	5368
5	319	15	2186	25	5721
6	461	16	2521	26	6246
7	570	17	2781	27	6655
8	740	18	3130	28	7190
9	913	19	3478	29	7712
10	997	20	3655	30	7982

假设阻尼采用瑞利阻尼 $\boldsymbol{C}=\alpha\boldsymbol{M}+\beta\boldsymbol{K}$，结合式（11.47）~式（11.51），结构动力方程可表达为

$$\boldsymbol{I}\ddot{\boldsymbol{u}}+\left(\alpha\boldsymbol{I}+\beta\frac{\lambda}{T_1^2}\boldsymbol{A}\right)\dot{\boldsymbol{u}}+\frac{\lambda}{T_1^2}\boldsymbol{A}\boldsymbol{u}=-\boldsymbol{I}\ddot{u}_g \tag{11.52}$$

其中，结构基阶自振周期 T_1 根据《建筑结构荷载规范》（GB50009—2012）附录 F. 2 可取为：$T_1=(0.05\sim0.10)N$，建议取 $T_1=0.075N$，N 为建筑结构总层数，第二阶自振周期 $T_2=\frac{1}{2}T_1=0.025N$。

瑞利阻尼系数为 α、β，假定第一阶阻尼比和第二阶阻尼比均等于 ξ，则有

$$\alpha=\xi\frac{2\omega_1\omega_2}{\omega_1+\omega_2}=\frac{4\pi\xi}{T_1+T_2}=\frac{40\pi\xi}{N}$$

$$\beta=\xi\frac{2}{\omega_1+\omega_2}=\frac{\xi T_1T_2}{\pi(T_1+T_2)}=\frac{0.01875\xi N}{\pi} \tag{11.53}$$

由此可以看出，上述结构动力方程所有系数仅仅与结构总层数 N 有关，那么就可以根据 N 和地震输入 $\ddot{u}_g$，通过数值解法求解。下面根据 Newmark 法求解结构动力方程，采用 11.4.3 节场地地震响应分析结果即地表输出结果作为结构基底输入，建立结构顶层动力响应峰值与结构总层数 N 的关系。

这里给出 10 层、20 层、40 层、60 层结构的 PGD 放大系数累积分布。图 11.12 中 4 个红色点分别对应累积频数超过 75%、85%、95%、99%。对应的 PGD 放大系数如表 11.11 ~ 表 11.14 所示。图 11.13 为结构顶层位移峰值与结构层数 N 的关系。

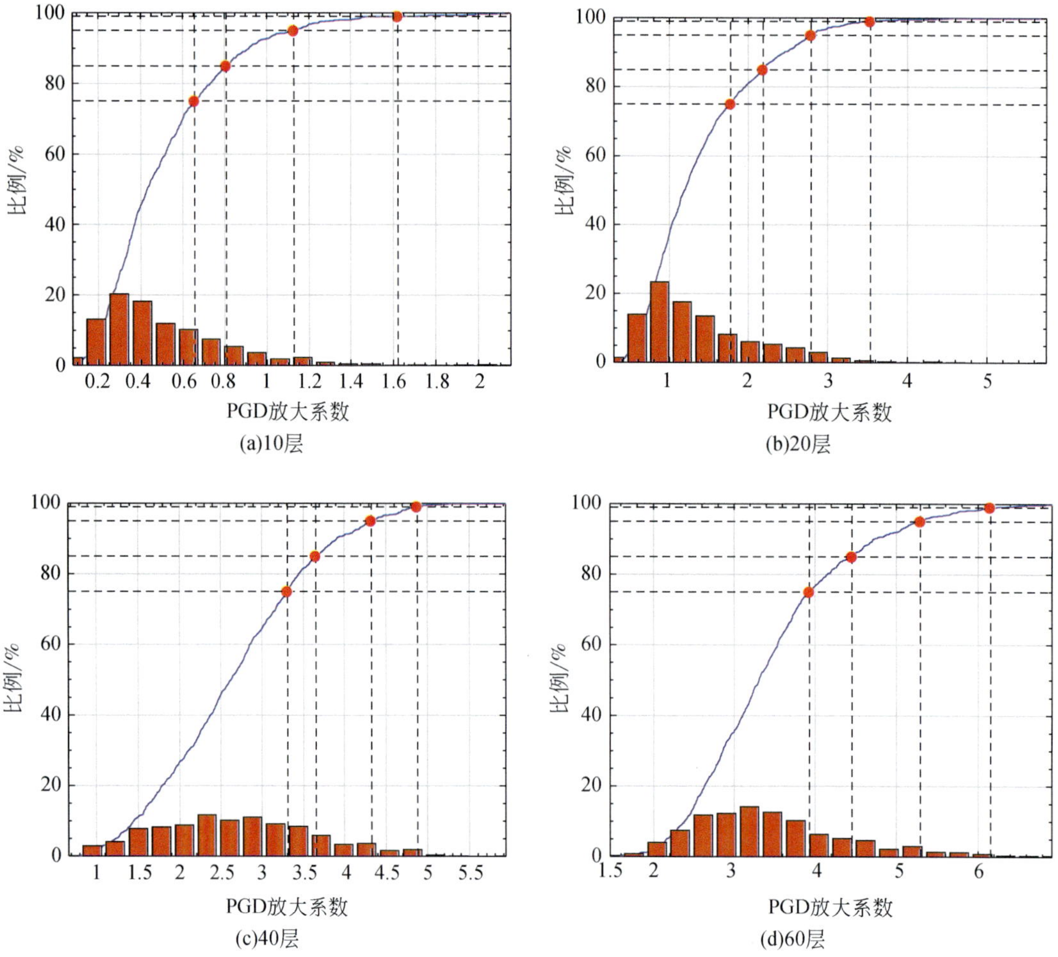

图 11.12　10 层、20 层、40 层、60 层结构 PGD 放大系数累积分布图

表 11.11　10 层结构各层 PGD 放大系数

层位	75%	85%	95%	99%
1	0. 100	0. 123	0. 168	0. 229
2	0. 198	0. 241	0. 331	0. 448
3	0. 289	0. 355	0. 485	0. 653
4	0. 375	0. 457	0. 629	0. 842
5	0. 448	0. 552	0. 757	1. 009
6	0. 511	0. 632	0. 869	1. 153
7	0. 566	0. 699	0. 961	1. 270
8	0. 607	0. 751	1. 044	1. 360
9	0. 636	0. 789	1. 098	1. 430
10	0. 650	0. 807	1. 125	1. 467

表 11.12　20 层结构各层 PGD 放大系数

层位	75%	85%	95%	99%
1	0. 136	0. 170	0. 210	0. 257
2	0. 269	0. 339	0. 418	0. 514
3	0. 400	0. 506	0. 625	0. 768
4	0. 532	0. 665	0. 828	1. 016
5	0. 662	0. 822	1. 025	1. 253
6	0. 780	0. 972	1. 215	1. 490
7	0. 895	1. 124	1. 393	1. 728
8	1. 006	1. 257	1. 567	1. 961
9	1. 112	1. 391	1. 734	2. 175
10	1. 209	1. 522	1. 891	2. 362
11	1. 308	1. 634	2. 044	2. 536
12	1. 396	1. 741	2. 182	2. 696
13	1. 477	1. 831	2. 307	2. 842
14	1. 545	1. 908	2. 420	2. 981
15	1. 611	1. 983	2. 521	3. 129
16	1. 661	2. 042	2. 607	3. 234
17	1. 707	2. 099	2. 677	3. 301
18	1. 739	2. 140	2. 726	3. 352
19	1. 760	2. 166	2. 765	3. 387
20	1. 771	2. 180	2. 783	3. 409

表 11.13　40 层结构各层 PGD 放大系数

层位	75%	85%	95%	99%
1	0. 136	0. 150	0. 178	0. 206
2	0. 271	0. 299	0. 357	0. 409
3	0. 405	0. 448	0. 534	0. 611
4	0. 538	0. 596	0. 709	0. 808
5	0. 671	0. 738	0. 883	0. 999
6	0. 798	0. 879	1. 052	1. 186
7	0. 924	1. 023	1. 217	1. 378
8	1. 049	1. 152	1. 381	1. 555
9	1. 169	1. 285	1. 544	1. 734
10	1. 280	1. 414	1. 702	1. 898
11	1. 392	1. 538	1. 848	2. 064
12	1. 506	1. 663	2. 002	2. 236

续表

层位	75%	85%	95%	99%
13	1. 609	1. 781	2. 152	2. 393
14	1. 712	1. 904	2. 288	2. 556
15	1. 818	2. 013	2. 414	2. 663
16	1. 908	2. 124	2. 526	2. 813
17	1. 999	2. 232	2. 650	2. 965
18	2. 079	2. 338	2. 763	3. 114
19	2. 168	2. 441	2. 866	3. 259
20	2. 254	2. 535	2. 986	3. 375
21	2. 353	2. 627	3. 097	3. 507
22	2. 434	2. 722	3. 207	3. 636
23	2. 506	2. 808	3. 313	3. 746
24	2. 584	2. 884	3. 412	3. 851
25	2. 653	2. 964	3. 503	3. 961
26	2. 716	3. 043	3. 593	4. 053
27	2. 790	3. 107	3. 686	4. 158
28	2. 848	3. 164	3. 755	4. 256
29	2. 916	3. 247	3. 845	4. 348
30	2. 975	3. 302	3. 914	4. 432
31	3. 026	3. 350	3. 984	4. 509
32	3. 082	3. 403	4. 065	4. 582
33	3. 135	3. 448	4. 113	4. 647
34	3. 173	3. 501	4. 151	4. 704
35	3. 212	3. 543	4. 197	4. 753
36	3. 242	3. 580	4. 237	4. 795
37	3. 272	3. 602	4. 268	4. 828
38	3. 291	3. 626	4. 292	4. 854
39	3. 302	3. 644	4. 311	4. 871
40	3. 307	3. 652	4. 318	4. 878

表 11.14　60 层结构各层 PGD 放大系数

层位	75%	85%	95%	99%
1	0. 115	0. 126	0. 146	0. 166
2	0. 231	0. 252	0. 292	0. 331
3	0. 346	0. 378	0. 437	0. 495
4	0. 458	0. 502	0. 583	0. 659

续表

层位	75%	85%	95%	99%
5	0.570	0.625	0.725	0.815
6	0.682	0.747	0.868	0.970
7	0.789	0.870	1.011	1.134
8	0.897	0.989	1.153	1.286
9	1.002	1.100	1.293	1.436
10	1.107	1.209	1.431	1.591
11	1.210	1.319	1.561	1.745
12	1.312	1.426	1.690	1.899
13	1.404	1.531	1.808	2.050
14	1.500	1.635	1.931	2.203
15	1.589	1.736	2.055	2.352
16	1.677	1.838	2.177	2.501
17	1.769	1.934	2.298	2.648
18	1.854	2.036	2.407	2.795
19	1.936	2.128	2.527	2.935
20	2.021	2.217	2.641	3.076
21	2.100	2.304	2.743	3.215
22	2.177	2.398	2.846	3.345
23	2.256	2.493	2.946	3.486
24	2.338	2.578	3.057	3.618
25	2.408	2.655	3.163	3.736
26	2.481	2.736	3.270	3.849
27	2.550	2.818	3.374	3.969
28	2.618	2.894	3.468	4.090
29	2.695	2.968	3.543	4.208
30	2.767	3.045	3.627	4.323
31	2.835	3.109	3.728	4.435
32	2.904	3.186	3.831	4.544
33	2.962	3.270	3.919	4.649
34	3.024	3.338	4.023	4.752
35	3.077	3.404	4.110	4.851
36	3.121	3.465	4.179	4.947
37	3.175	3.527	4.259	5.039
38	3.238	3.590	4.343	5.128
39	3.280	3.650	4.422	5.213

续表

层位	75%	85%	95%	99%
40	3. 334	3. 715	4. 492	5. 295
41	3. 391	3. 771	4. 558	5. 373
42	3. 438	3. 826	4. 622	5. 447
43	3. 473	3. 889	4. 682	5. 518
44	3. 516	3. 943	4. 739	5. 585
45	3. 566	4. 004	4. 793	5. 649
46	3. 607	4. 058	4. 843	5. 708
47	3. 650	4. 115	4. 890	5. 764
48	3. 680	4. 163	4. 934	5. 815
49	3. 709	4. 207	4. 973	5. 861
50	3. 738	4. 244	5. 010	5. 906
51	3. 769	4. 278	5. 043	5. 949
52	3. 800	4. 314	5. 075	5. 985
53	3. 823	4. 353	5. 107	6. 018
54	3. 853	4. 380	5. 136	6. 046
55	3. 875	4. 404	5. 162	6. 071
56	3. 893	4. 420	5. 183	6. 091
57	3. 908	4. 433	5. 202	6. 107
58	3. 918	4. 443	5. 217	6. 119
59	3. 926	4. 451	5. 227	6. 128
60	3. 929	4. 454	5. 232	6. 132

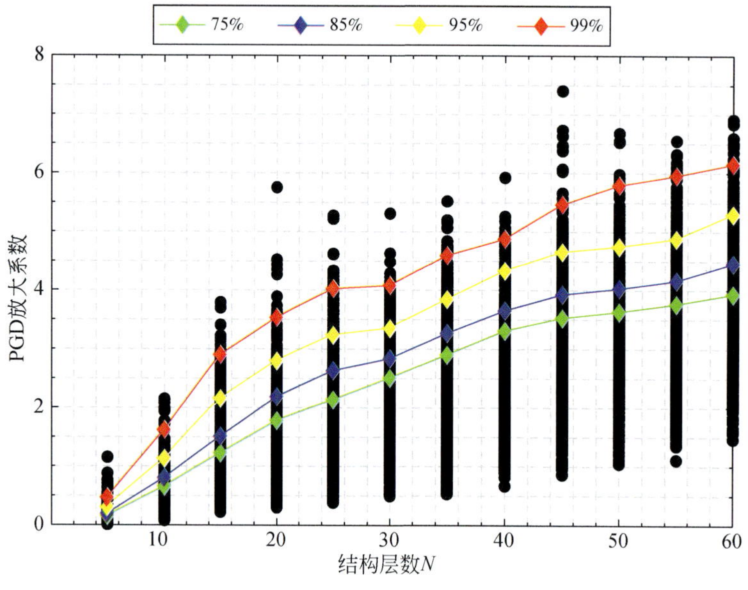

图 11. 13　结构顶层位移峰值与结构层数 N 的关系

11.6　远场高楼震感预测和震感速报

根据 11.2 节 ~ 11.5 节的分别介绍，可将远场大震预警系统预测高楼震感和预警时间简要概括如下。

11.6.1　预警时间和震感持续时间估计

预警时间的算法可参考预警信息发布的有关章节，只是将 S 波走时改为了面波走时。以福建为预警目标为例。

1）台湾大震

勒夫面波峰值走时：

$$t_{\mathrm{Lm}}=0.30\Delta+16.05 \tag{11.54}$$

强烈震感持续时间：

$$t_{\mathrm{d}}=0.04\Delta+4.08 \tag{11.55}$$

2）川滇大震

勒夫面波峰值走时：

$$t_{\mathrm{Lm}}=0.31\Delta+5.28 \tag{11.56}$$

强烈震感持续时间：

$$t_{\mathrm{d}}=0.05\Delta-8.02 \tag{11.57}$$

3）勒夫面波预警时间 T_{LM}

$$T_{\mathrm{LM}}=t_{\mathrm{Lm}}-t_{\mathrm{P1}}-\Delta t-\tau \tag{11.58}$$

11.6.2　高楼震感预测

1）高楼自振周期的估计

假设楼层层数为 N，楼的自振周期为 T，可估计为 $T=0.075N$（单位为秒）。

2）基岩水平最大地动位移的估计

$$\begin{cases}U_{\mathrm{m}}(\Delta,T)=T10^{S_1(M,\Delta)}\\ S_1(M,\Delta)=M-3.3-1.66\lg\Delta\end{cases} \tag{11.59}$$

其中，震中距 Δ 的量纲为度，$1°=111\mathrm{km}$。如果已知 M、Δ 以及 T，可计算基岩水平最大地动位移。

3）根据场地条件计算土层水平位移放大倍数

根据楼所处的场地条件，计算土层水平位移放大倍数 PPS_1。Ⅰ类土层的放大倍数为 1.638～2.007；Ⅱ类土层的放大倍数为 1.814～2.034；Ⅲ类土层的放大倍数为 1.600～1.807；Ⅳ类土层的放大倍数为 1.513～1.704。可对不同场地取其放大倍数 PPS_1 的平均值作为放大倍数。

4）高楼结构的顶层水平位移放大倍数

对于楼层为 N 的高楼，顶层水平位移放大倍数为 PPS_2，对应层数分别为 10 层、20 层、30 层、40 层、50 层、60 层，则放大倍数分别为 1.1、2.8、3.3、4.3、4.7、5.3。

5）高楼顶层水平最大位移

其可预测为

$$UH_{max} = U_m(\Delta, T) \cdot PPS_1 \cdot PPS_2 \tag{11.60}$$

式中，$U_m(\Delta, T)$ 为基岩水平最大地动位移；PPS_1 为土层水平位移放大倍数；PPS_2 为楼的顶层水平位移放大倍数。

11.6.3　高楼震感预测与震感速报

根据对近几年台湾 6.5 级以上大震引起福建地区的震感和群众的反映，经初步分析提出根据高楼的最大水平位移划定高楼震感的划分标准，在实践中应用供修正完善。

（1）剧烈震感：紫色（最大水平位移 $d_m>5$cm），楼中的人群感觉震感剧烈，左右大幅摇摆，多数人有恐慌。

（2）强烈震感：红色（$2\text{cm}<d_m<5\text{cm}$）。

（3）震感十分明显：黄色（$1\text{cm}<d_m<2\text{cm}$）。

（4）震感明显：绿色（$0.5\text{cm}<d_m<1\text{cm}$）。

（5）震感微弱：蓝色（$0.1\text{cm}<d_m<0.5\text{cm}$）。

（6）无震感：白色（$d_m<0.1\text{cm}$）。

11.6.4　应用实例

根据上述高楼震感计算模型，我们既可以应用于远场大震预警系统中预测高楼的震感，也可以根据实测观测资料提供高楼震感的速报，举个例子加以说明。

1999 年 9 月 21 日台湾发生集集地震，我国大陆地震台网测定的震级为 7.6 级，台湾地区测定的震级为 7.3 级，此次地震福建及相邻省市都有强烈震感。如果集集地震发生在现在，对福建高楼的震感会有多大影响呢？按照上述建立的计算模型和震感等级，可以分别得到福建全省 10 层、20 层、30 层、40 层的震感分布图（图 11.14）。

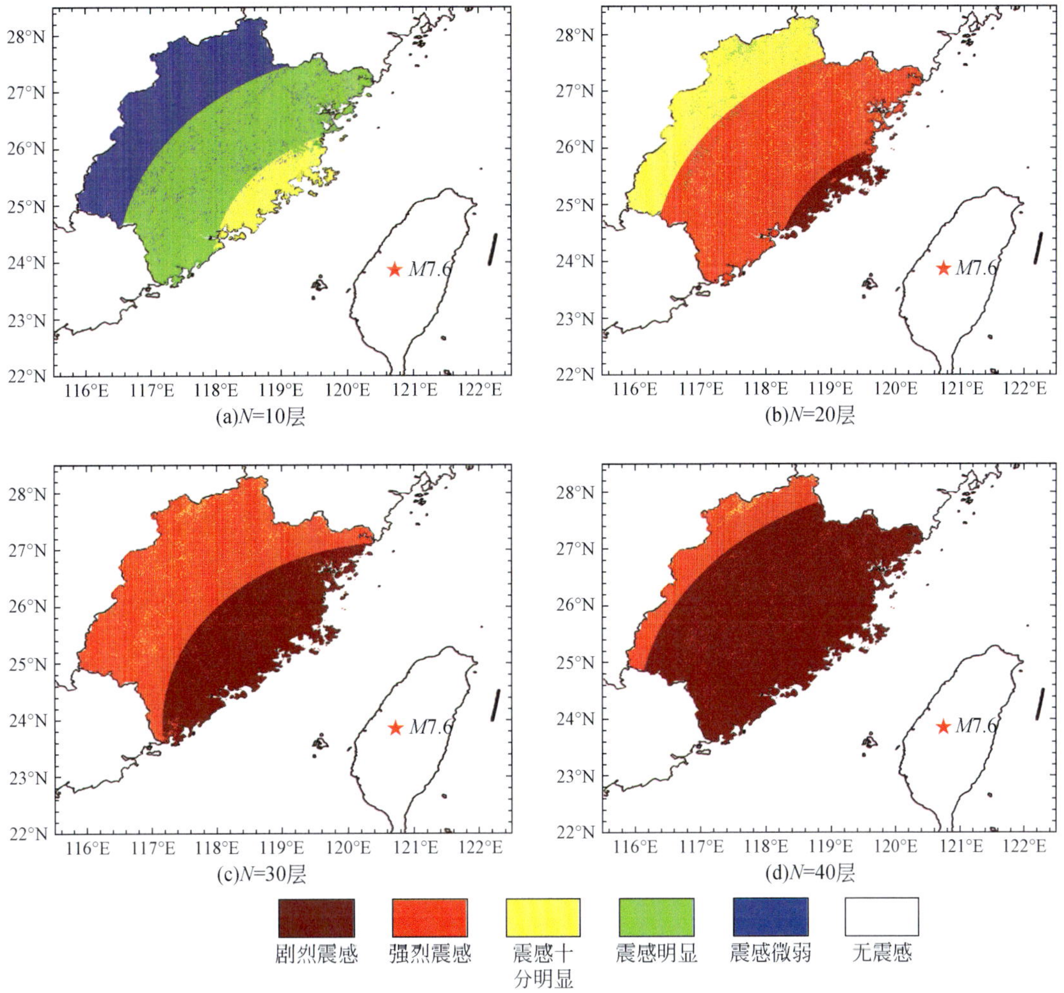

图 11.14　台湾集集 $M7.6$ 地震福建 10 层、20 层、30 层、40 层震感预测

11.7　本 章 小 结

本章首先分析了为何远场大震会对高楼和长、大工程结构有重要影响，说明了远场大震的中长周期地震波（特别是面波）、盆地和土层的放大效应、高楼等长大结构的自振周期与地震波的卓越周期比较接近引起共振是造成高楼震感强烈的三大因素。以远场高楼的震感预测和预警时间为目标，建立了远场大震预警系统的技术框架，以勒夫面波的峰值走时作为计算远场大震预警时间的标准，利用面波峰值随震级和震中距的衰减关系来预测远场大震基岩面波的位移峰值，进而利用包含面波的地震动输入研究了不同场地条件下的土层位移放大因子。以高层结构的地震动力反应模型及其简化计算方法为基础，建立了在地表输入以高楼层数为参量的高层结构顶层位移放大因子，进而得到不同场地、不同楼高的

顶层最大位移放大因子。以高楼顶层最大位移为指标，划分了从无震感、震感微弱、震感明显、震感十分明显、强烈震感、剧烈震感6 个等级标准。1999 年9 月21 日台湾发生7.6 级地震，类似事件可能会再次发生，则利用本章提出的方法，重塑了这一强震对福建高层建筑的影响。

第 12 章　地震仪器（观测）烈度速报

过去几十年，我国一般采用地震后派出现场工作队对地震灾区房屋结构破损程度、人员伤亡情况以及断层引起的地表破坏进行详细调查，并按照国家制订的烈度标准评估地震烈度。根据大范围现场调查采集的烈度样本勾画出灾区地震烈度的空间分布图，以此评估地震对社会和工程的宏观影响场。这种现场调查需要许多人员并历时多天，既费时也费工。例如，汶川 8.0 级地震现场调查有数百人参加，历时近一个月的时间，这种时间尺度对于震后尽快确定重灾区域，采取措施应急救援，减少人员损失等难以起到明显成效。但不可否认这种现场调查对于了解发震断层性质、空间分布以及分析房屋结构破坏机理，改进抗震设计规范等都具有重要的科学意义。随着社会的不断发展，以及社会财富的不断积累，人的价值得到了前所未有的重视，特别是经过重大地震的惨痛教训，使科学家意识到要独立发展一套依赖于观测仪器测定地震烈度的技术用于地震后的快速烈度评估，为震后评定重灾区，搜救生命提供快速、有效的科学数据。在此背景下，日本在 1988 年提出计测烈度，1988 ~ 1993 年体感烈度和计测烈度两种标准并存，1993 年将体感烈度改为计测烈度，1995 年阪神地震后对计测烈度标准进行修改并公布了新的仪器烈度表。美国在前期研究的基础上，于北岭地震后，也发布了仪器烈度标准。可以说美日两国仪器烈度的研究引领世界潮流。

以观测仪器测定的地震烈度，在日本称为计测烈度，在美国称为 Seismic Instrumental Intensity（仪器地震烈度），在我国通常称为地震仪器烈度或者观测烈度，以后的阐述中我们称为仪器烈度或观测烈度。这种仪器烈度必须以仪器观测的某一种或某几种物理量与烈度等级建立对应关系才能测定出来，对这种仪器烈度与物理量对应关系以及推测的潜在震害也称为仪器烈度表。在本章中，主要讨论如下问题：

（1）美日两国是如何计算仪器烈度和制订仪器烈度表的，在此基础上利用我国地震烈度表中推荐的 PGA 和 PGV 标准，在折算为相同的物理量后，比较了中日美三国的烈度标准的差异，这为借鉴国外的算法建立我国的仪器烈度标准奠定了科学基础。

（2）根据美日两国计算仪器烈度的思路，介绍了福建计算仪器烈度的地方标准和中国地震局推荐的计算仪器烈度的国家标准，前者主要参考了日本的算法，后者主要借鉴了美国的算法。并用汶川、集集等大震资料比较了两者的异同。

（3）讨论了加工制作仪器烈度速报的服务产品问题，如地震波能量图、插值计算 PGA、PGV 空间分布图以及如何进行场地校正等技术问题。

（4）随着川滇地区近期加速度计网，特别是烈度计网的密度越来越高，统计了川滇地区中强地震仪器烈度的衰减规律，以四个中强地震仪器烈度和现场调查烈度空间分布图为基础，讨论了两者的异同。

（5）针对大震烈度经验衰减关系考虑大震破裂长度影响不足的问题，提出了利用中强地震仪器烈度衰减关系，构建大震仪器烈度衰减模型的问题，并以汶川地震为例说明考虑大震破裂尺度的影响是合理的。

12.1　美日两国的地震仪器烈度标准

12.1.1　美国仪器烈度标准

美国西部的地震较多，许多学者对加速度峰值 PGA 和速度峰值 PGV 的衰减规律进行了深入研究，这为仪器烈度标准的提出奠定了重要基础。

美国学者（Wald et al., 1998）在统计美国加利福尼亚州 8 次历史重大地震烈度分布与观测记录的关系以后，形成了以 PGA 和 PGV 表达的仪器烈度：

$$I_{mm}=\begin{cases}2.20\times\lg(PGA)+1.00, I_{mm}\leqslant \text{IV}\\ \left.\begin{matrix}3.66\times\lg(PGA)-1.66\\ 3.47\times\lg(PGV)+2.35\end{matrix}\right\}, \text{V}\leqslant I_{mm}\leqslant \text{IV}\\ 2.10\times\lg(PGV)+3.40, I_{mm}\geqslant \text{VIII}\end{cases} \tag{12.1}$$

据此发展了以 PGA 和 PGV 为评价体系的地震仪器烈度评价标准，提出了利用地形坡度和美国 V_s30（地表以下 30m 处平均剪切波速）场地分类标准对 PGA 和 PGV 进行场地校正技术，产出了一系列技术服务产品。美国的烈度标准与传统的烈度表相对应，采用 12 度制，以罗马字母表示，但高于Ⅹ度仪器烈度不再分类。

表 12.1 中列出的潜在危害和震感程度是根据历史地震记录和烈度调查结果统计得出的。实际上，式（12.1）的可靠性和适用性在很大程度上依赖于统计分析中所使用的样本集。地震动峰值（PGA、PGV）和烈度都是随机变量，所以严格讲，简单地统计地震动峰值与地震烈度之间的关系仅有统计意义。很多研究结果也已经多次证明，仅由单个地震动参数计算地震烈度具有较大的离散性，上下波动可达 1 度以上。

表 12.1　美国地震仪器烈度表

震感程度	无感	微弱	轻微	中等	强	非常强	强烈	剧烈	极剧烈
潜在危害	无	无	无	较轻微	轻微	中等	中等/严重	严重	非常严重
峰值加速度/($10cm/s^2$)	<0.17	0.17~1.4	1.4~3.9	3.9~9.2	9.2~18	18~34	34~65	65~124	>124
峰值速度/(cm/s)	<0.1	0.1~1.1	1.1~3.4	3.4~8.1	8.1~16	16~31	31~60	60~116	>116
仪器烈度	Ⅰ	Ⅱ~Ⅲ	Ⅳ	Ⅴ	Ⅵ	Ⅶ	Ⅷ	Ⅸ	Ⅹ

12.1.2　日本地震仪器烈度标准

日本仪器烈度的研究，经历了一个认识不断深化的过程，日本科学家意识到工程结构的破坏既与加速度有关，也与速度有关。从滤波器的角度讲，加速度主要控制高频，速度主要控制低频，这与美国仪器标准中，低烈度用加速度峰值 PGA 评价、高烈度用 PGV 评价有异曲同工的效果。如果加速度的谱为 $A(\omega)$，速度谱为 $V(\omega)$，并利用两者的关系可以得到：

$$|A(\omega)V(\omega)|^{\frac{1}{2}}=\omega^{-\frac{1}{2}}|A(\omega)| \tag{12.2}$$

$\omega^{-\frac{1}{2}}$对低频有一定放大作用，对高频有一定的抑制作用，日本学家为此专门设计了一种特殊的滤波器。

从图 12.1 可以看到，该滤波器实际上是由一个调幅滤波器（F_1）、一个低通滤波器（F_2）和一个高通滤波器（F_3）共同组成的，各滤波器的表达式分别为

$$F_1(\omega)=\sqrt{\frac{1}{f}} \tag{12.3}$$

$$F_2(f)=\sqrt{1+\sum_{n=1}^{6}a_n y^{2n}} \tag{12.4}$$

$$F_3(\omega)=\sqrt{1-e^{-\left(\frac{f}{0.5}\right)^3}} \tag{12.5}$$

其中，$y=\frac{f}{f_c}$，$f_c=10\text{Hz}$，$a_1=0.694$，$a_2=0.241$，$a_3=0.0557$，$a_4=0.009664$，$a_5=0.00134$，$a_6=0.000155$。总体滤波 $F(\omega)$ 为

$$F=F_1\times F_2\times F_3 \tag{12.6}$$

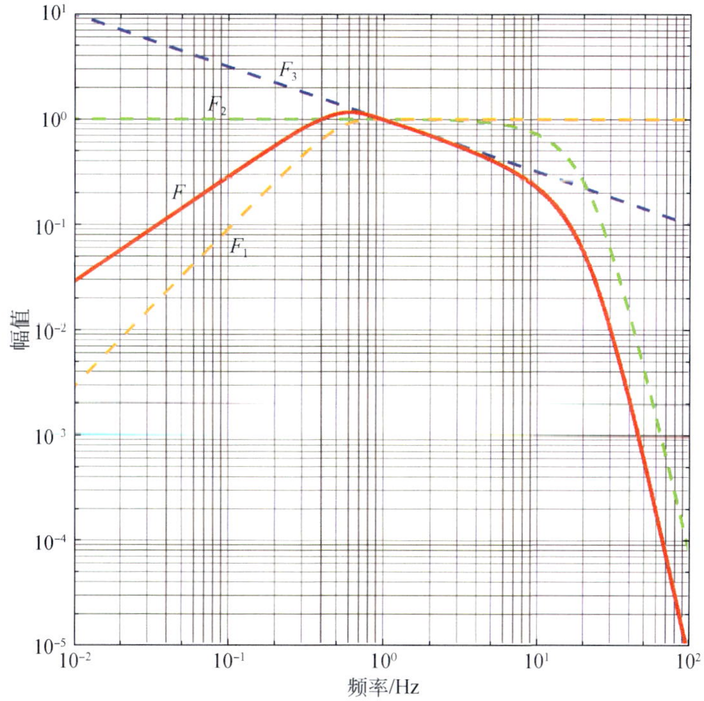

图 12.1　日本计算仪器烈度特殊的滤波器

上述高通滤波器的低频截止频率为 0.5Hz，低通滤波器的高频截止频率为 10.0Hz，这两个滤波器组合即成为一个带通滤波器，带通滤波器的有效频带即 0.5 ~ 10.0Hz，这样的带通滤波器的设计主要是考虑地震动频率对日本主要结构的影响。为了更加充分地考虑地震动相对低频成分对于地震烈度的影响，他们又添加了一个调幅滤波器 F_1。调幅滤波器 F_1 的引入放大了地震动记录中的低频成分（主要为速度特征），而对部分高频成分（加速度特征）进行了压制。经过这个调幅滤波器的调整，带通滤波器实际上的有效频带范围就变为 0.31 ~ 1.44。

评估烈度的方法主要是利用场地观测仪器的三分量加速度记录，经过所设计的特殊滤波器的滤波后合成三分量的振动幅值 A_m，取 A_m 的震动持续时间 T_d = 0.3s，所对应 A_m 的值即有效峰值加速度 A_p，则由 A_p 计算仪器烈度的公式为

$$I_{jm} = 2\lg A_p + 0.94 \tag{12.7}$$

为便于深入了解计算方法，现将日本地震仪器烈度的计算流程概括如下。

第一步：按照特殊滤波器对三分量加速度进行滤波，并对滤波后的三分量进行合成得到 $A_m(t)$，如图 12.2（a）为滤波前加速度时程，图 12.2（b）为滤波后加速度时程；图 12.2（c）为合成的等效峰值时程 $A_m(t)$。

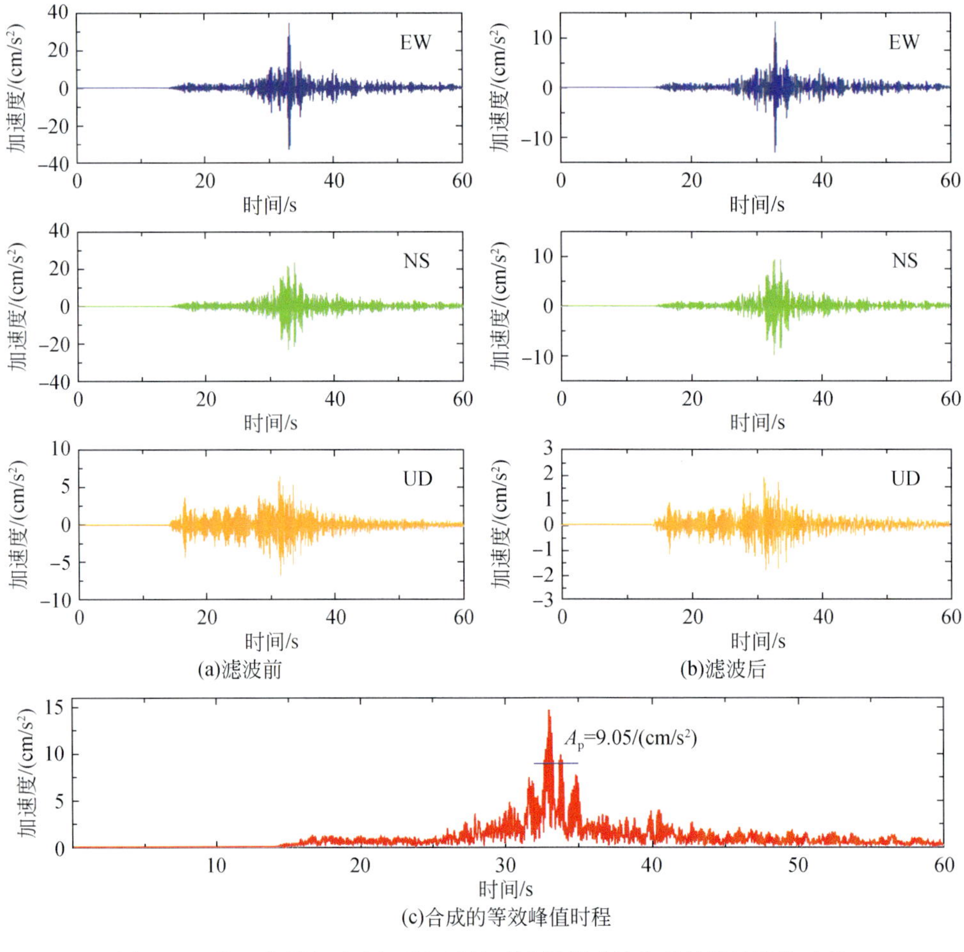

图 12.2　从三分量加速度记录经滤波后计算得到的合成的等效峰值时程

第二步：选取 $A_m(t)$ 的持时等于 0.3s 的 A_p，作为计算仪器烈度的等效峰值（图 12.3）。

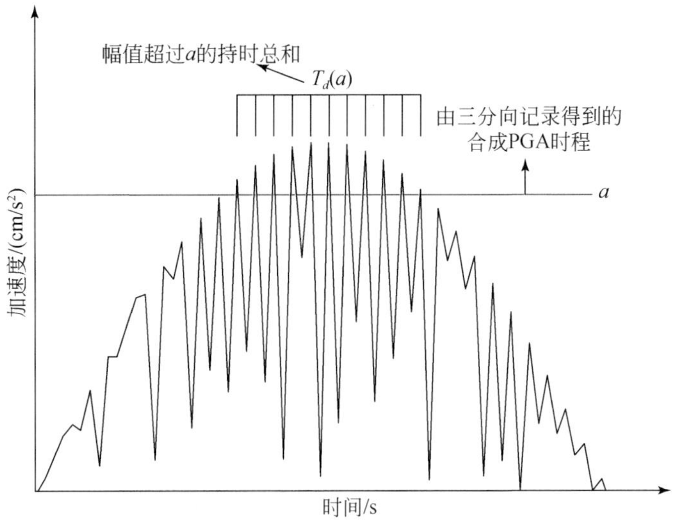

图 12.3　从 $A_m(t)$ 计算 A_p 示意图

第三步：利用 A_p 和 I 的关系，计算 I。

日本在神户大地震后，对地震仪器烈度进行了重新修订，以 7 度制为标准，并在 5 ~6 度细分为 5 度弱（5-），5 度强（5+），6 度弱（6-），6 度强（6+），一共 10 个等级，具体见表 12.2。

表 12.2　日本地震仪器烈度表

A_p/(cm/s²)	0 ~0.6	0.6 ~1.9	1.9 ~6.0	6.0 ~19	19 ~60	60 ~107	107 ~190	190 ~338	338 ~602	>602
仪器烈度	0	1	2	3	4	5	5+	6-	6+	7

12.1.3　我国地震仪器烈度算法研究

我国学者从 20 世纪 70 年代开始就一直对烈度和地震动参数的关系进行研究，取得了丰硕成果。但是限于当时强震观测资料有限，提出时机仍不成熟。1980 年第一次修订烈度表工作中，刘恢先（1978）利用美国南加利福尼亚州地区的强震记录分析了地震烈度与地震动参数间的统计关系，并在烈度表中第一次列出了Ⅴ ~ Ⅹ度时所对应的峰值加速度 PGA 和峰值速度 PGV 定量参考指标，并期望有朝一日能设计出像温度计一样便捷实用的“烈度计”，可以测定出地震烈度。

我国于 2008 年公布的地震现场评定烈度标准《中国地震烈度表》（GB/T17742-2008）中，Ⅴ度以上各烈度参考的 PGA 和 PGV 的数值如图 12.4 中实线表示。

鉴于地震动三要素（峰值、频谱、持时）与地震烈度之间存在的模糊性关系，袁一凡（1998）在对比分析了多参数统计回归方法以及模糊判别方法的评定结果后认为模糊判别

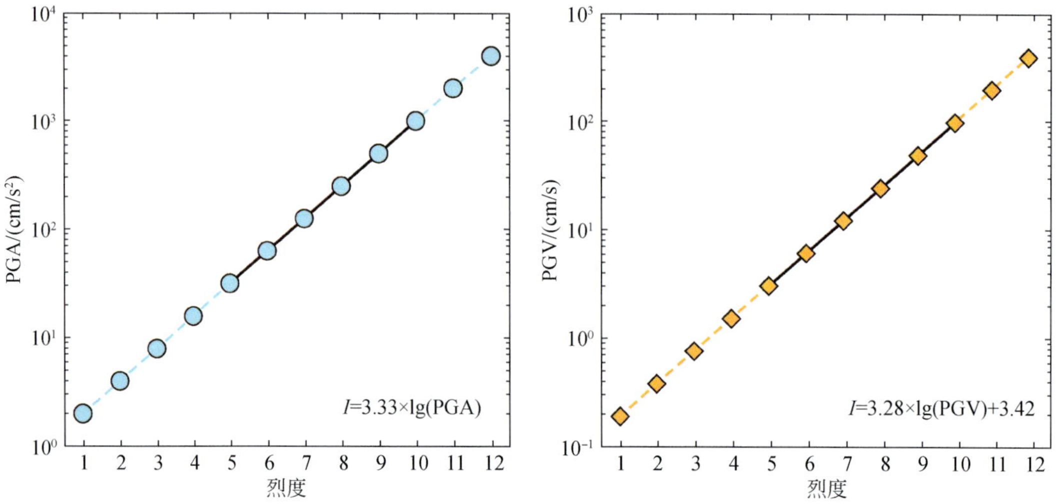

图 12.4 《中国地震烈度表》（2008 年）中推荐的 PGA、PGV 和烈度的对应关系

方法的评定结果与现场宏观烈度的相符程度更好。因此提出了一套由地震动参数计算地震烈度的算法，并在我国强震仪的烈度计算中进行了运用。

袁一凡（1998）选择两水平向峰值加速度最大值、垂直向峰值加速度、卓越频率、20% 相对持时以及 8Hz、5Hz、2Hz、1Hz 四个周期点的反应谱值等共 8 个地震动参数共同参与评定地震烈度。烈度评定范围为：小于Ⅳ、Ⅳ、Ⅴ、Ⅵ、Ⅶ、Ⅷ、Ⅸ、大于Ⅸ共 8 档。他将前四个地震动参数归为第一组，后面四个反应谱参数归为第二组，对两组参数分别进行单独判定，随后再进行加权综合判定，最终给出地震烈度计算结果。同样，为了与宏观烈度评定结果相区别，他将评定结果称为“地震动强度”。具体评定过程如下：第一步，根据经验设定各个参数对应于各烈度的隶属度矩阵，也就是确定它们分别隶属于各个烈度的隶属函数；第二步，确定各评定因子的模糊向量，就是根据各参数对烈度的重要程度，定量估计各自对烈度评定的贡献率；第三步，对第一组参数单独进行模糊判别，可以得到一个模糊向量；第四步，根据问题的性质采取多级评定，即对第二组的四个谱值参数按照第三步同样的程序进行模糊判定，同样可以得到一个模糊向量；第五步，综合两组单独的判定结果，再引入表达这两组参数对烈度不同影响的权重向量给出最终的判定结果模糊向量；第六步，综合判定，就是根据计算得到的模糊向量确定测点位置处的烈度值。模糊烈度判别方法能够较好地综合考虑地震动三要素对烈度的影响，判定结果的准确度也相对较高，但在计算判定过程中大量用到了根据经验设定的一系列隶属度矩阵和模糊判定向量。隶属度矩阵和模糊判定向量的准确性在很大程度上会影响到判定结果的准确性，可以评定的烈度范围局限于从小于Ⅳ度到大于Ⅸ度 8 个档。

12.2　我国制订的仪器烈度标准

在总结美日两国以及我国学者的研究成果后，科学、合理地制订我国仪器烈度标准就成为迫切需要解决的问题。这一仪器测定的物理参数应该具有如下特征：

第一，与现场宏观烈度有较好的对应关系，是对现场调查烈度的继承和发展。

第二，与结构振动破坏机理有较好的因果关系，也就是与地震动的“三要素”即峰值、频谱、持时有关。

第三，多数情况主要与水平运动有关，但震中区垂直分量较大，应考虑三分量等效加速度的影响。

第四，仪器烈度采用 12 度制，为了区别于现场调查烈度，以阿拉伯数字表达，计算简单，稳定性好。

目前，由于我国尚未形成大规模的烈度计网，积累的仪器烈度速报的经验和资料还较少，为此可采用日本和美国二种算法重新构造我国仪器烈度的算法，在实践中进行检验，并逐步完善。同时，日本烈度是 7 度制，我国是 12 度制，等级划分也要重新划定，同时，还要考虑我国的实际，对烈度计特殊滤波器进行重新设计。美国模式采用 PGA 和 PGV 来计算地震仪器烈度，尽管美国烈度和我国烈度都采用 12 度制，但评定标准的内容也有较大差异，其算法也要重新研究。

为了对美日两国的算法进行进一步分析，我们利用汶川、集集及日本 KiK-net 台网的观测记录（表 12.3）对 PGA、PGV 与日本采用的有效峰值加速度 A_p 进行了统计分析，如图 12.5 所示。总体来讲，A_p 比较稳定，PGV 次之，PGA 的稳定性较差，随机性更强。但从统计学来看，A_p 与二者在双对数坐标下也有较好的统计关系。

表 12.3　计算采用的地震和观测记录数

项目	汶川主震	汶川余震	集集主震	福建地震	KiK-net	合计
震级范围	8.0	4.0～4.6	7.6	3.9～4.9	4.0～8.0	3.9～8.0
记录数	420	486	202	96	1593	2797

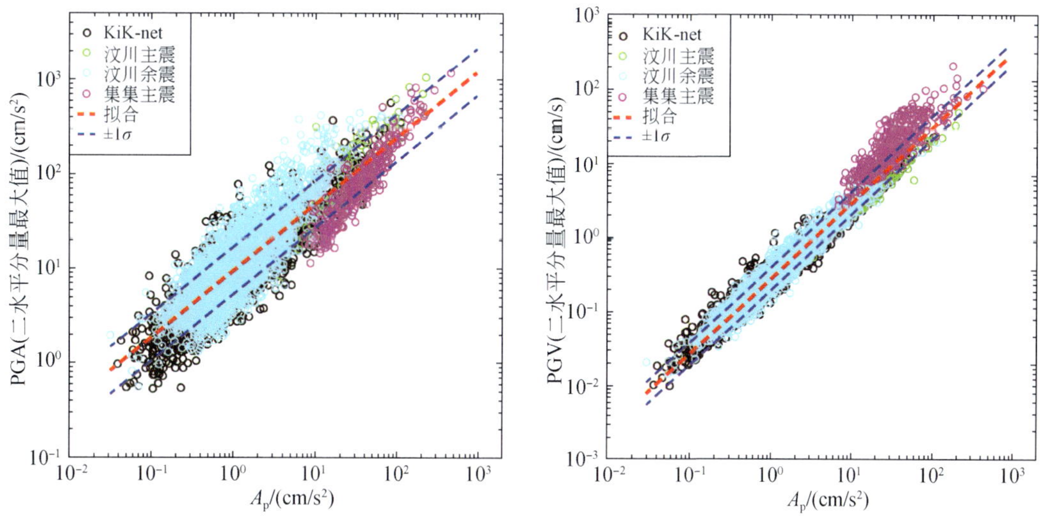

图 12.5　二水平分量 PGA 和 PGV 与 A_p 的关系

图 12.6 为美日中三国烈度与等效物理量 A_p 的比较，其中中国烈度表推荐的 PGA 和 PGV，以及美国仪器烈度表的 PGA 和 PGV 通过上述 PGA 和 PGV 与 A_p 的关系折算为有效峰值加速度，图 12.6 中以横轴为烈度，纵轴为有效峰值加速度，对三国仪器烈度标准进行比较。中国 PGA 为《中国地震烈度表》推荐的 PGA 折算的 A_p，中国 PGV 为 PGV 折算的 A_p。这种相同物理参数下各国烈度差异的比较，为制订我国标准打下了科学基础。需要特别说明的是，日本地震烈度为 7 度制。

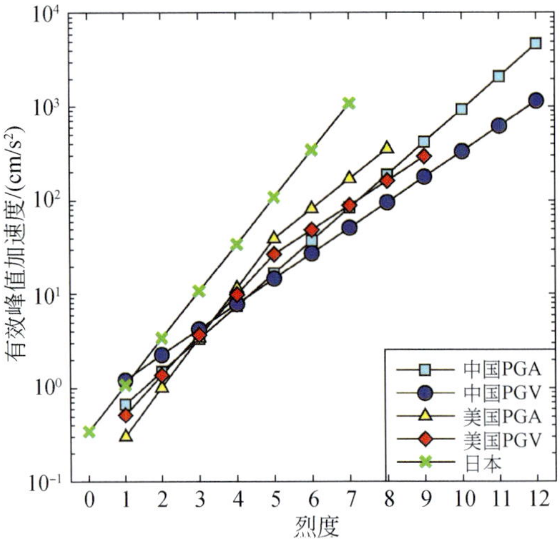

图 12.6 美日中三国烈度标准的比较

12.2.1 福建地震仪器烈度地方标准

根据对日本滤波器的研究和分析并结合我国城乡房屋结构的实际，对其做了三个改进，一是日本 A_p 的持时为 0.3s，改进为 0.5s，这样计算的 A_m 值更稳定（图 12.7）；二是

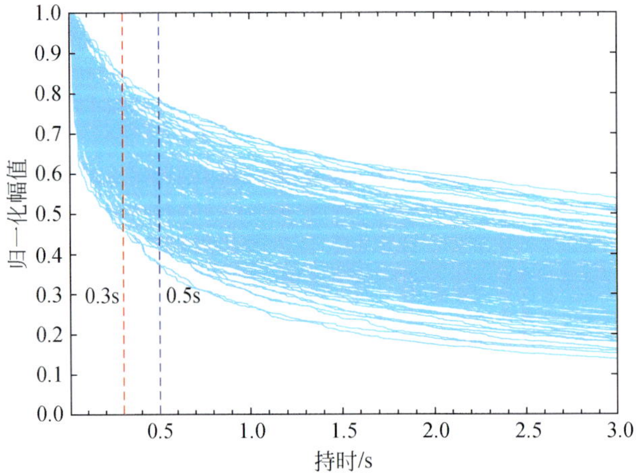

图 12.7 不同持时 A_p 值的稳定性

将日本滤波器的有效带宽拓展到 0.26～3Hz，为此重新设计了滤波器（图 12.8）；三是将日本仪器烈度的 7 度制，改为我国使用的 12 度制，从图 12.6 可看出，日本的 7 度约相当于我国的 10 度半。

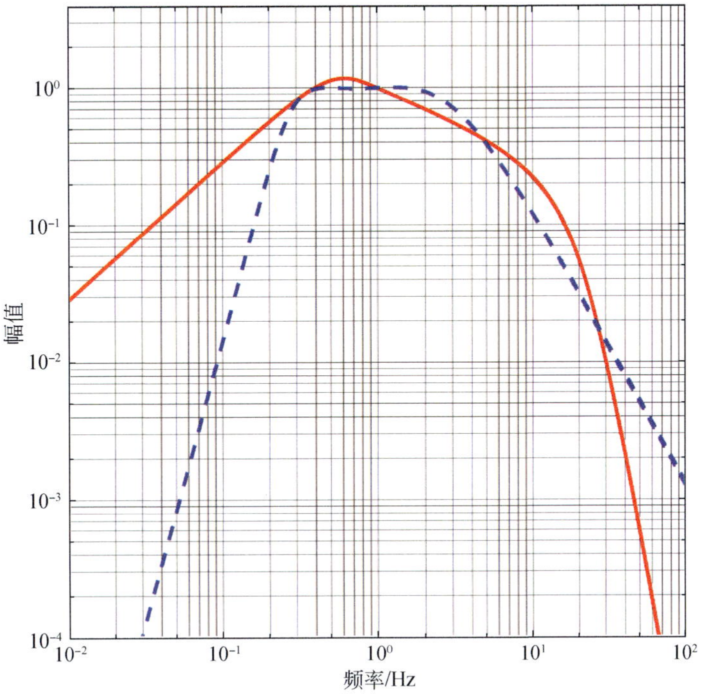

图 12.8　我国仪器烈度计算采用的滤波器

实线为日本仪器烈度中使用的滤波器的幅频特性曲线；虚线为我国仪器烈度计算采用的滤波器的幅频特性曲线

根据研究，借助日本仪器烈度的算法提出我国第一种仪器烈度的计算方法，具体步骤概括如下（图 12.9）。

第一，对场地记录到的地震加速度三分量时程，按我国设计的烈度计滤波器进行滤波。

第二，由滤波后的三分量记录合成为全振动加速度幅值时程 $A_m(t)$。

第三，选取累加持时大于等于 0.5s 的幅值作为等效幅值 $A_{0.5}$。

第四，按式（12.8）计算仪器烈度：

$$I = 2.71 \lg A_{0.5} + 2.39 \tag{12.8}$$

根据城市和乡镇的加速度时程，可以在 3～5min 的时间内，速报出城市和乡镇的仪器烈度。基于以上地震仪器烈度算法，2012 年制定并颁布了福建省地方标准《地震仪器烈度表》（DB35/T 1308—2012），该标准也是我国首个以技术标准形式确立的地震仪器烈度算法。自 2013 年该标准正式实施以来，利用其对福建省内多个地震事件的地震仪器烈度速报提供了关键支撑。

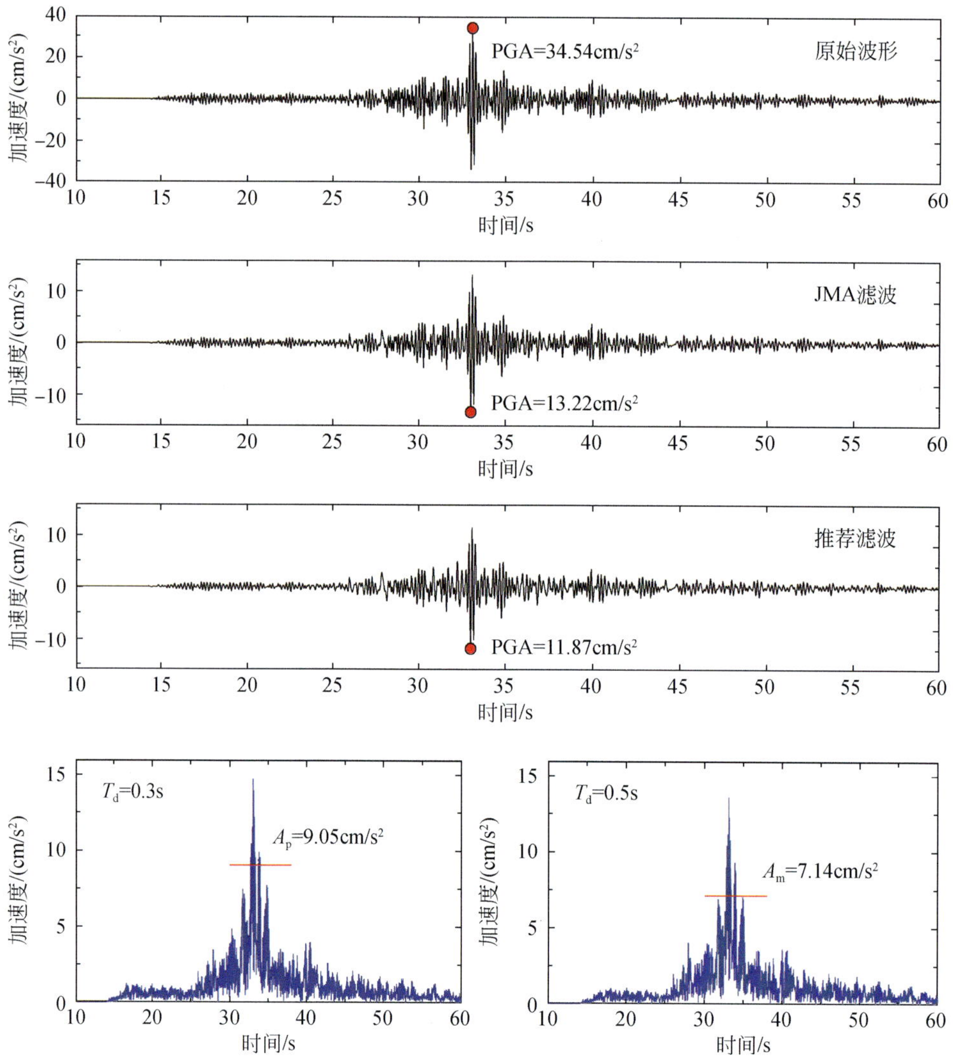

图 12.9　计算 A_m 的实例

12.2.2　中国地震局评定仪器烈度标准

根据美国的 PGA 和 PGV 的研究思路，PGA 和 PGV 与我国烈度 I 的统计对应关系，按照下列公式和流程（图 12.10）计算仪器烈度（第二种仪器烈度计算方法）。

$$I_{\mathrm{PGA}}=\begin{cases}3.17\lg(\mathrm{PGA})+6.59, & \text{三方向合成 PGA}\\ 3.20\lg(\mathrm{PGA})+6.59, & \text{两水平方向合成 PGA}\\ 3.23\lg(\mathrm{PGA})+6.82, & \text{单水平方向 PGA}\end{cases} \tag{12.9}$$

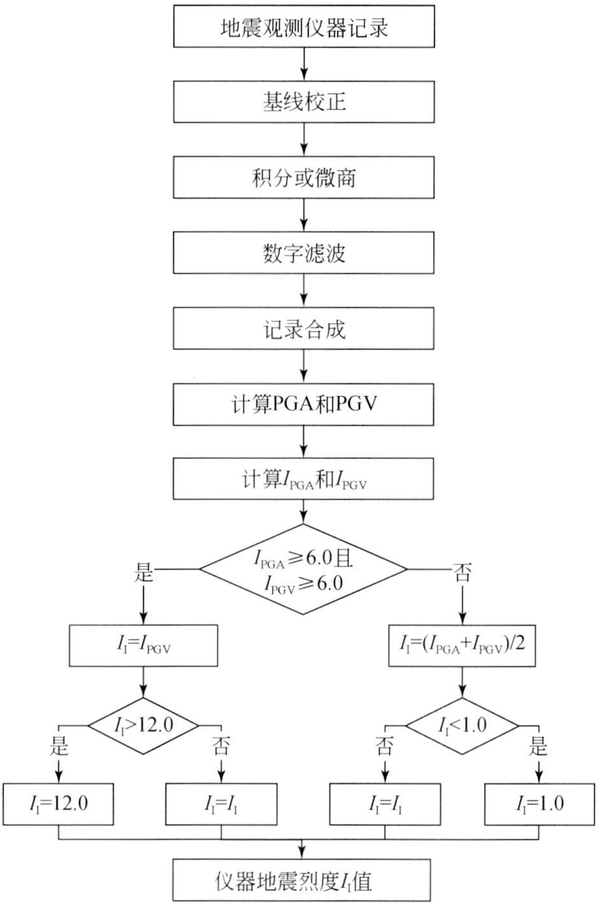

图 12.10　中国地震局计算仪器烈度流程图

$$I_{PGV}=\begin{cases}3.00\lg(PGV)+9.77, & \text{三方向合成 PGV}\\ 2.96\lg(PGV)+9.78, & \text{两水平方向合成 PGV}\\ 3.11\lg(PGV)+10.21, & \text{单水平方向 PGV}\end{cases} \tag{12.10}$$

如果 I_{PGA} 和 I_{PGV} 均大于等于6.0，则仪器地震烈度 I 取 I_{PGV}，其余取 I_{PGA} 和 I_{PGV} 的算术平均值，即：

$$I=\begin{cases}I_{PGV}, & I_{PGA}\geqslant 6.0 \text{ 且 } I_{PGV}\geqslant 6.0\\ (I_{PGA}+I_{PGV})/2, & I_{PGA}<6.0 \text{ 或 } I_{PGV}<6.0\end{cases} \tag{12.11}$$

计算中，所用地震观测仪器的低频截止频率应小于 0.1Hz，高频截止频率应大于 10Hz。所用地震观测仪器应为三方向（E-W、N-S、U-D），条件不具备时可为两水平方向（E-W、N-S）或单水平方向。地震观测仪器获取的记录应进行基线校正处理，宜采用记录时间过程减去地震事件前记录的平均值，事前记录时间长度宜为 10s。应采用数字滤波器对地震动加速度和速度记录的每个分向进行 0.1～10Hz 带通滤波，滤波器通带波纹应小于 0.5dB，滤波器带外衰减应大于 12dB 每倍频程。记录滤波完成后，合成波形记录，并提取

PGA、PGV。

基于上述仪器地震烈度算法及数据处理流程，2015 年中国地震局监测预报司印发了《仪器地震烈度计算暂行规程》，规定自 2015 年 3 月 1 日起开始施行。2017 年，中国地震局制定完成了地震行业标准《仪器地震烈度计算》，并通过全国地震标准化技术委员会审查，于 2020 年颁布并正式施行。

12.2.3　两种仪器烈度计算方法统计对比

利用 2008 年汶川地震主震和余震以及国内其他地震中获得的强震动记录，分别采用上述两种方法计算得到仪器地震烈度值，并进行对比分析，结果显示当烈度值高于 5 度时，二者计算结果较为一致，但在烈度值小于 5 度时，应用第一种方法的仪器地震烈度计算值普遍高于第二种方法。另外近场大震记录还不多，待资料更多时，还应进一步分析。

12.2.4　仪器烈度算法精度检验

为验证地震仪器烈度计算方法的可靠性和准确性，利用 2008 年 5 月 12 日汶川 8.0 级主震和 1999 年 9 月 21 日台湾集集 7.6 级主震的强震观测记录，分别对Ⅵ度区以内的台站进行烈度评定。

（1）汶川地震。汶川 8.0 级地震发生后，中国地震局组织大批专业技术人员对地震烈度进行了仔细调查，并绘制了详尽的烈度分布图。本研究所收集强震记录中，烈度Ⅵ度以上地区共有 89 个强震观测台站。其中，Ⅵ度区内 58 台，Ⅶ度区内 20 台，Ⅷ度区内 6 台，Ⅸ度区内 5 台。根据这些强震观测记录，分别采用不同方法进行烈度评定。评定结果（图 12.11）如下。

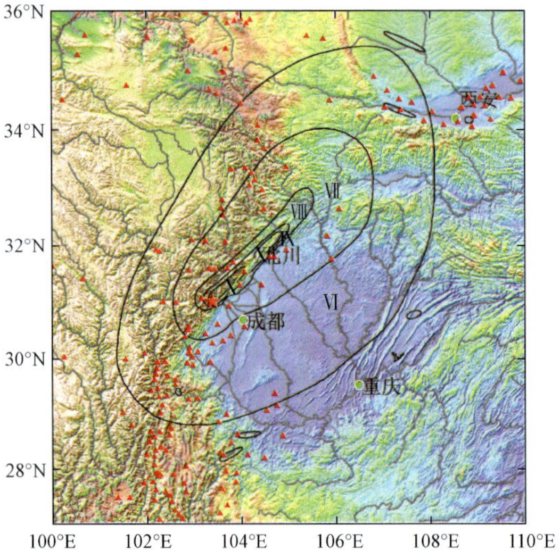

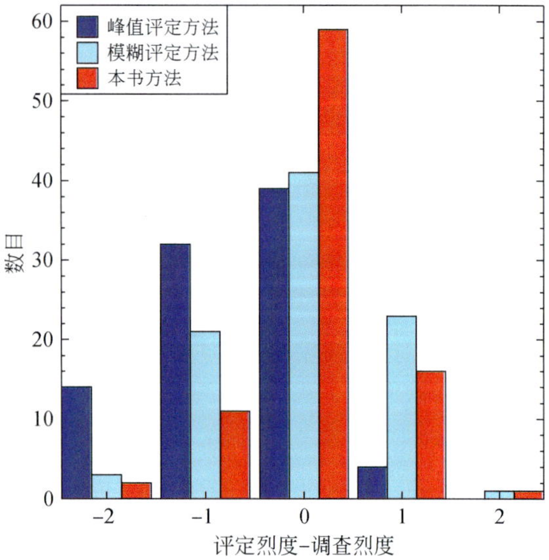

图 12.11　汶川地震烈度分布以及三种方法评定烈度的比较

根据评定结果统计，采用本书第一种方法（福建算法）的评定结果正确率为 66%，采用本书第二种方法的评定结果正确率为 65%，采用模糊评定方法的评定结果稍差，为 46%，采用峰值评定方法的结果最差，仅 44%。若评定结果与实际调查结果相差±1 度都是可接受的，那么采用本书两种标准的可接受率均在 97% 以上，而模糊评定方法的可接受率为 96%，峰值评定结果的可接受率仅为 84%。

（2）集集地震。1999 年 9 月 21 日，中国台湾集集地区发生 M_w7.6 级地震，台湾地区密集的强震观测台站在此次地震中获得了丰富的观测记录，很多研究人员根据这些观测记录对此次地震进行了详细的研究，取得了一系列研究成果。郝敏和谢礼立（2007）在对这些强震记录处理后绘制了采用我国大陆地震烈度标准的烈度等震线［图 12.12（a）］。本书收集了集集地震的强震观测记录（Ⅵ度区以内台站数共计 202 个），并对其进行了处理分析。对照郝敏和谢礼立等勾画的烈度等震线，各烈度区内的台站数目分别为：Ⅵ度区内 86 台、Ⅶ度区内 80 台、Ⅷ度区内 18 台、Ⅸ度区内 16 台、Ⅹ度区内 2 台。同样，分别采用不同方法对记录台站位置处的烈度结果进行了评定，评定结果如图 12.12（b）所示。

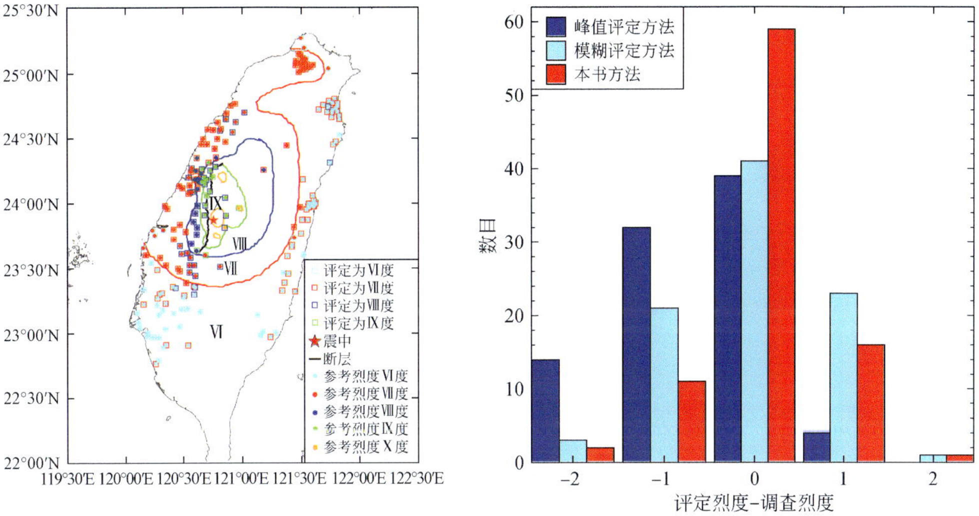

(a)　　　　(b)

图 12.12　集集地震的台站分布（a）及三种方法评定烈度的比较（b）

从对集集地震评定结果可以看出，采用本书方法的评定结果准确率为 43%，采用模糊评定方法的结果最好，准确率为 51%，采用峰值评定方法的结果的准确率为 47%。但是对于评定结果的可接受率（相差±1 度），采用本书方法的可接受率高达 96%，模糊评定方法的可接受率也为 96%，峰值评定方法的可接受率为 95%。实际上，郝敏和谢礼立的研究中主要还是以峰值加速度为准给出这个参考烈度结果，并没有进行比较详细的现场调查。由于台湾地区与大陆烈度标准间存在的差异性，这可能是参考烈度结果与本书方法评定结果差别较大的主要原因。

（3）台湾海峡地震产出结果。2018 年 11 月 26 日 7 时 57 分，台湾海峡南部发生 M6.2 级地震，周边福建、台湾、广东、浙江、江西等多个省份民众普遍有感。其中，尤以闽南地区震感强烈。分别基于上述两种仪器烈度算法，利用震中周边分布的实时传输观测台站记录，福建省地震局在震后 3min 内产出了两张仪器烈度空间分布图，如图 12.13 所示，图中分别以不同的颜色展示相应的仪器烈度值，颜色越深，表示仪器烈度值越大，即可能遭受的地震影响和破坏程度也越大，民众的震感也将越强烈。对比两张图件可见，总体而言，分别采用两种方法的仪器烈度空间分布较为一致，此次地震的最大仪器烈度值均为 6 度，与震后的现场调查结果相符；但对于地震有感范围（2 度以上）的估计则存在一定差异，采用第一种算法估计的有感范围更为广泛。

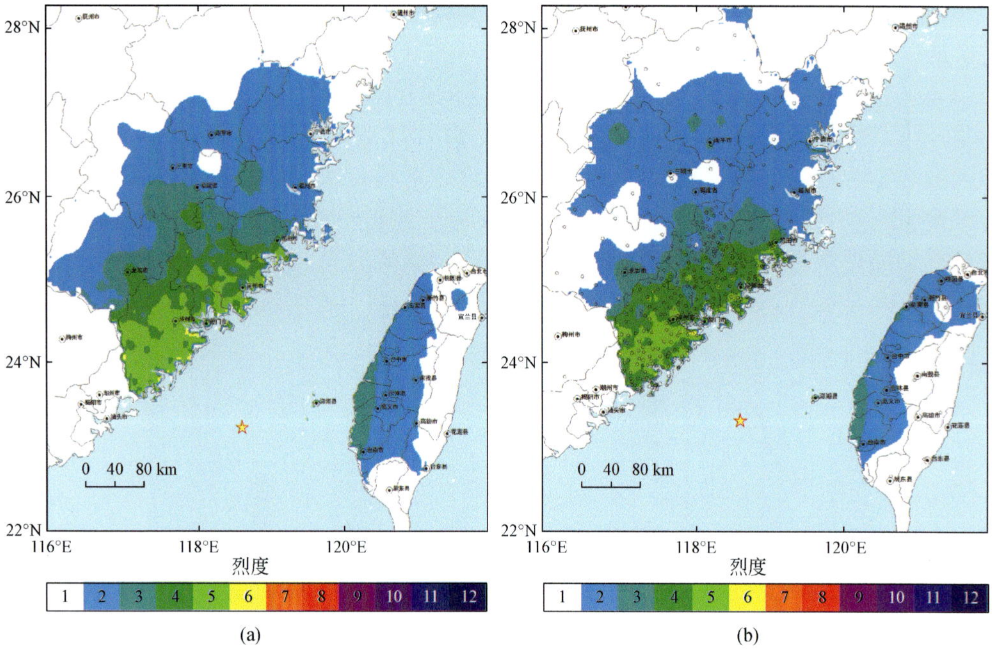

图 12.13　两种算法仪器烈度比较

该图由福建省地震局绘制。(a) 为第一种方法（福建标准）产出的仪器烈度空间分布；(b) 为第二种方法产出的仪器烈度空间分布

12.3　地震动震动图制作技术

根据近场加速度时程，经过数值计算可得到震动图。在计算震动图时，有些网格点并没有记录，需要利用相邻站点的记录进行插值计算。我们假定地震动在空间上满足衰减规律，在时间上满足波动规律（图 12.14）。

假定 A，B 为震源距分别为 R_A 和 R_B 的地表上的二个相邻场地，其观测记录可分别记为 $U_A(t)$ 和 $U_B(t)$，按照假定，可以得到：

$$\begin{cases} U_A(t-t_A)=\dfrac{1}{R_A}U(t-t_A) \\ U_B(t-t_B)=\dfrac{1}{R_B}U(t-t_B) \end{cases} \tag{12.12}$$

式中，t_A、t_B 分别为地震波从震源传播到 A、B 所用的时间。

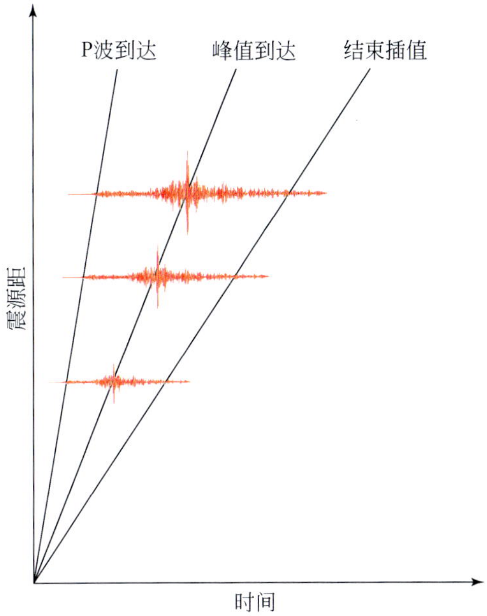

图 12.14　插值计算的思路

由于 A、B 相邻，震源至 A、B 两个场地的路径基本相同，考虑等效波速为 C，则可得 t_A 和 t_B 的关系为

$$t_B = \frac{R_B}{R_A} t_A \tag{12.13}$$

从而得到：

$$U_B(t - t_B) = \frac{R_A}{R_B} U_A\left(t - \frac{R_B}{R_A} t_A\right) \tag{12.14}$$

如果 $U_A(t)$ 的记录已知，可以根据插值估计场地 $U_B(t-t_B)$ 的记录，它满足衰减规律和传播规律。当然，可以用 B 点附近多点观测记录的插值方法计算得到 B 点的观测记录，并按照插值点至观测点的距离的平方倒数取其权重，也就是离插值点越近的观测站点其权重越高，越远的权重越低。

$$\begin{cases} U_B(t - t_B) = \sum_{j=1}^{N} W_j \frac{R_j}{R_B} U_j\left(t - \frac{R_B}{R_j} t_j\right) \\ W_j = \dfrac{\dfrac{1}{d_j}}{\sum_{j=1}^{N} \dfrac{1}{d_j}} \\ d_j = [(x_j - x_B)^2 + (y_j - y_B)^2] \end{cases} \tag{12.15}$$

式中，x_B，y_B 为地表插值点坐标；x_j，y_j 为第 j 个台站地表坐标。如果站点叠加速度，则将 $U(t)$ 理解为 $a(t)$，仿真后可得 $V(t)$，因此根据式（12.15），以一定的网格间距如

5km 或 3km 可以做出以 1s 为间隔［1s 内取其 $a(t)$ 最大值或 $V(t)$ 最大值］的 PGA 和 PGV 的空间震动图。定义地震波动能量为

$$E_j(t) = k\int_{T_0}^{t} V_j^2(t)\,\mathrm{d}t \tag{12.16}$$

式中，k 为常数；T_0 为发震时间。网格上的能量可由周围的台站插值计算 $V_j(t)$，则可以得到能量时空分布图。能量时空分布图是通过地表密集观测台网加速度记录通过实时仿真为速度记录制作的，它客观反映了地下断层破裂过程对地震释放能量的影响，也是一种震源破裂过程的地表投影。由于能量是可以累积的，记录了破裂的历史，所以能量时空分布图与震源破裂过程关系密切，也可通过对能量震动图的详细研究来分析大震的破裂过程。

12.4　场地校正技术

制作 PGA、PGV 以及等效加速度峰值 A_m 等空间分布图时，要进行网格插值，这种插值一般应在相同的场地条件下才能进行。由于观测点和插值点的场地条件不尽相同，要按照二个步骤来完成插值计算。第一步，应将不同场地观测点的 PGA 和 PGV，统一校正至基岩面上，得到基岩面上网格点的插值；第二步，再按照网格点的场地条件，将基岩面上的网格点的 PGA 或 PGV 修正到考虑场地影响的对应值。因此，场地校正技术十分关键。

12.4.1　福建地区场地响应校正因子表

在国家科技支撑计划课题“地震预警与烈度速报系统的研究与示范应用”支持下，福建省地震局震灾风险防治中心逐步发展起一套由地貌分析入手，通过判别工程地质属性，最终确定场地类别的技术手段和方法，适用于地震动场地影响校正、省级尺度的场地类别区划图等。

期间，通过对福建地区 617 个场地地表峰值加速度与反应谱数据的统计回归，得到福建地区不同场地类别的地震动场地放大因子表。同时参考国内外依据强地面运动记录所做的统计结果，以及福州、泉州、漳州盆地二维场地非线性地震效应研究的结果，综合确定两个统计区的地震动场地放大因子。表 12.4 为沿海与山区场地地表峰值加速度放大因子表，表 12.5 为沿海与山区场地地震动反应谱放大因子表。

表 12.4　沿海与山区场地地表峰值加速度放大因子表

分区	场地类别	基岩场地地震动强度（峰值加速度）A_{max}/(cm/s^2)					
		<50	50 ~ 100	100 ~ 150	150 ~ 200	200 ~ 300	>300
沿海	Ⅰ0	1.00	1.00	1.00	1.00	1.00	1.00
	Ⅰ1	1.17	1.15	1.12	1.10	1.08	1.05
	Ⅱ	1.69	1.68	1.65	1.62	1.60	1.47
	Ⅲ	1.74	1.64	1.59	1.52	1.40	1.35

续表

分区	场地类别	基岩场地地震动强度（峰值加速度）$A_{max}/(cm/s^2)$					
		<50	50~100	100~150	150~200	200~300	>300
山区	Ⅰ0	1.00	1.00	1.00	1.00	1.00	1.00
	Ⅰ1	1.17	1.15	1.12	1.10	1.08	1.05
	Ⅱ	1.54	1.48	1.46	1.45	1.43	1.40

表12.5　沿海与山区场地地震动反应谱放大因子表

分区	类别	短周期 F_a（0.1~0.5s）				中周期 F_v（0.5~2.0s）				长周期 F_d（2.0~6.0s）			
		基岩场地地震动强度（峰值加速度）$A_{max}/(cm/s^2)$											
		<50	50~100	100~200	>200	<50	50~100	100~200	>200	<50	50~100	100~200	>200
沿海	Ⅰ0	1.00	1.00	1.00	1.00	1.00	1.00	1.00	1.00	1.00	1.00	1.00	1.00
	Ⅰ1	1.26	1.26	1.19	1.15	1.18	1.18	1.07	1.05	1.09	1.08	1.07	1.06
	Ⅱ	1.72	1.65	1.55	1.45	1.38	1.36	1.34	1.33	1.05	1.04	1.04	1.03
	Ⅲ	1.59	1.39	1.17	1.10	1.90	1.85	1.84	1.79	1.35	1.18	1.14	1.13
山区	Ⅰ0	1.00	1.00	1.00		1.00	1.00	1.00		1.00	1.00	1.00	
	Ⅰ1	1.26	1.26	1.19		1.18	1.18	1.07		1.09	1.08	1.07	
	Ⅱ	1.52	1.49	1.46		1.13	1.11	1.08		1.06	1.03	1.02	

12.4.2　美国 V_s30 场地校正技术方法

由于场地效应在特定情况下对地震动的影响很大，因此随着研究人员对来自土层的地面运动放大因子重要性的认识不断加强，绘制地震场地特征图（Park and Elrick，1998；Wills et al.，2000；Holzer et al.，2005）和量化基于频率与幅值放大因子（Borchert，1994）的系统方法也在不断地发展。而区域比例的地震特征图的绘制需要大量的地形和地质技术的数据采集与解释，由于人力物力等资源的限制，通过强震资料实测和钻孔资料观测得到实测场地效应的地区还很有限，而更详细和精确的场地特征图则需要更加详细的钻孔资料，这更加深了绘制场地特征图的难度，为解决这一问题，Wald 等通过研究提出一种通过计算地形坡度或梯度的方法来求浅层剪切波速分布，进而得到近似场地校正放大因子的简单方法（Wald and Allen，2007）。因此在没有详细钻孔资料的情况下，参考美国 ShakeMap 系统中使用的 Wald 等提出的研究方法，暂时利用从地形高程数据得到地形坡度，然后得到研究区域的 V_s30，最后计算场地放大因子。ShakeMap 场地校正主要基于场地条件和 V_s30，而场地放大因子依赖于频率和地震动幅值（Borchert，1994），ShakeMap 场地放大因子的计算流程如图12.15所示。

1）地形数据

地形高程数据可使用 SRTM 数据，SRTM 数据主要是由美国国家航空航天局（NASA）

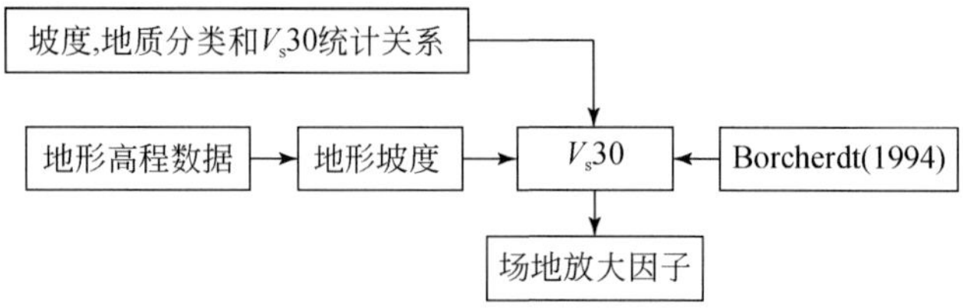

图 12.15　ShakeMap 场地放大因子计算流程图

和国家影像与制图局（NIMA）联合测量的，全称是 Shuttle Radar Topography Mission，即航天飞机雷达地形测绘使命。SRTM 数据每经纬度方格提供一个文件，精度有 1 arc-second 和 3 arc-seconds 两种，称作 SRTM1 和 SRTM3，或者称作 30M 和 90M 数据，SRTM1 的文件里面包含 3601×3601 个采样点的高度数据，SRTM3 的文件里面包含 1201×1201 个采样点的高度数据。该高程数据的绝对垂直精度为 16m（90% 拟合度）。

2）V_s30 计算方法

得到地形的分布后，根据地形数据的分辨率来计算地形的坡度分布或梯度分布，在实际计算中取径向和纬向最大梯度值作为倾斜度。

由于活动性构造地区和稳定构造地区的地形坡度与 V_s30 的对应关系一致，计算 V_s30 还要判断研究区域的地质构造活动类型。直观上来看，地形坡度较大的区域对应地形起伏较大的造山带或地质构造活跃区域（active tectonic），而地形坡度变化较小的区域对应地形较为平坦的稳定构造（stable continent）（平原或盆地）。David 等（2007）研究也表明可以用平均坡度的大小来表征一个地区的地质构造活动性，当平均坡度小于 0.05 时，可以认为该地区为稳定构造；当平均坡度大于等于 0.05 时，可以认为该区域为构造活动地区（active tectonic）。另外，David 等的研究中利用美国加利福尼亚州、意大利、中国台湾和澳大利亚等地的数据进行分析对比后，统计出了一套地形坡度，NEHRP 场地分类和 V_s30 之间的统计关系如表 12.6 所示。

表 12.6　细分的 NEHRP 的 V_s30 分类的坡度范围统计

分类	V_s30 范围/(m/s)	坡度范围/(m/m)	
E	<180	$<1.0\times10^{-4}$	$<2.0\times10^{-5}$
D	180～240	1.0×10^{-4}～2.2×10^{-3}	2.0×10^{-5}～2.0×10^{-3}
	240～300	2.2×10^{-3}～6.3×10^{-3}	2.0×10^{-3}～4.0×10^{-3}
	300～360	6.3×10^{-3}～0.018	4.0×10^{-3}～7.2×10^{-3}
C	360～490	0.018～0.050	7.2×10^{-3}～0.013
	490～620	0.050～0.010	0.013～0.018
	620～760	0.010～0.138	0.018～0.025
B	>760	>0.138	>0.025

其具体计算方法如下。

首先根据研究区域的实际情况来判断该区域的构造分类特性，即属于构造活跃地区还是稳定地区，可以将该区域以一定大小的网格（如 1°×1°）进行网格化，如果有资料可以表明整个地区都属于同一种类型，那么可以将该区域当作一个整体进行研究，根据 Wald 等的研究，可以利用每个研究区域的平均坡度的大小来判断该区域的类型。在确定了区域的类型之后，利用 SRTM30 数据得到每个网格点位置的坡度大小，根据表 12.6 的关系，就可以得到该网格点位置处的场地剪切波速 V_s30 所属的范围，以插值或求中值的方法即可求得该位置处的 V_s30 数值，同时还可以确定该网格点所属的场地类别，这样就可以得到研究区域的 V_s30 分布。

3）计算场地放大因子

ShakeMap 场地校正是以 NERHP 场地分类以及与它们相对应的平均剪切波速为基础（Wills et al.，2000），而校正因子也依赖于频率和地震动幅值（Borcherdt，1994），根据 Borcherdt（1994）的方程［式（12.17）、式（12.18）］，利用给出的 V_s30 的值，可以计算出四个范围的输入加速度等级的短周期（0.1～0.5s）和中长周期（0.4～2.0s）的场地放大因子。在做场地校正时，PGA 使用短周期放大因子进行校正，PGV 则使用中长周期场地放大因子进行校正，由于 ShakeMap 计算 0.3s、1.0s 和 3.0s 三个阶段的反应谱值，反应谱的值则分别乘以 0.3s 的短周期放大因子，1.0s 和 3.0s 的中长周期放大因子进行校正。

$$F_a(V,I)=\left(\frac{v_0}{v}\right)^{m_a} \tag{12.17}$$

$$F_v(V,I)=\left(\frac{v_0}{v}\right)^{m_v} \tag{12.18}$$

式中，F_a 和 F_v 分别为短周期（0.1～0.5s）和中长周期（0.4～2.0s）的放大因子；v_0 为参考场地的平均剪切波速；v 为该位置处距离地表 30m 的平均剪切波速；m_a 和 m_v 为洛马普列塔地震 0.1g 输入地震动等级和使用数字模型结果外插得到的更高输入地震动等级指定的软土场地类别（SC-IV）的放大因子（Borhcerdt，1994），它们的计算公式为

$$m_a=\lg[F_a(v_{SC-IV},I)]/\lg[v_0/v_{SC-IV}] \tag{12.19}$$

$$m_v=\lg[F_v(v_{SC-IV},I)]/\lg[v_0/v_{SC-IV}] \tag{12.20}$$

式中，v_0 为参考场地的平均剪切波速；$F_a(v_{SC-IV},I)$，$F_v(v_{SC-IV},I)$ 分别为 SC-IV 场地的短、中周期放大因子；$v_{SC-IV}F_v(V,I)=\left(\frac{v_0}{v}\right)^{m_v}$是场地 SC-Ⅳ类别的平均剪切波速。

根据 Borcherdt（1994）得到的短、中周期放大因子，结果如表 12.7 所示。

表 12.7　ShakeMap 场地放大因子表

场地分类	剪切波速/(m/s)	短周期（PGA）/(cm/s²)				中长周期（PGV）/(cm/s)			
			150	250	350		150	250	350
B	686	1.00	1.00	1.00	1.00	1.00	1.00	1.00	1.00
BC	724	0.98	0.99	0.99	1.00	0.97	0.97	0.97	0.98
C	464	1.15	1.10	1.04	0.98	1.29	1.26	1.23	1.19

续表

场地分类	剪切波速/(m/s)	短周期（PGA）/(cm/s^2)				中长周期（PGV）/(cm/s)			
			150	250	350		150	250	350
CD	372	1.24	1.17	1.06	0.97	1.49	1.44	1.38	1.32
D	301	1.33	1.23	1.09	0.96	1.71	1.64	1.55	1.45
DE	298	1.34	1.23	1.09	0.96	1.72	1.65	1.56	1.46
E	163	1.65	1.43	1.15	0.93	2.55	2.37	2.14	1.91

ShakeMap 所计算的场地放大因子，其参考场地为 B 类，剪切波速选择 686m/s，场地分类为 NEHRP 标准划分，V_{el}为该类场地最大平均剪切波速（单位为 m/s），PGA 为峰值加速度（单位为 cm/s^2）。

以上就是根据地形坡度求距地表 30m 平均剪切波速 V_s30，进而求得场地放大因子的理论和方法，通过震源参数、断层模型和衰减关系计算得到考虑场地效应的理论地震动，根据加速度值区间和场地类别（剪切波速区间），就能得到相应的场地放大因子，从而可以进行场地校正得到地表的地震动，使理论计算更接近实际。

4）高雄 M_s6.7 地震场地校正应用实例

以 2016 年 2 月 6 日的台湾高雄地震为例，展现用地形坡度计算 V_s30 进而进行场地放大的初步效果。

图 12.16 为场地校正前后的峰值加速度（PGA）等值线图；图 12.17 为场地校正前后的峰值速度（PGV）等值线图；另外还有不同周期（0.3s、1.0s、3.0s）加速度反应谱（PSA）等值线图的场地校正前后比较等图片，这里不再一一列出。从这些图片的比较中，

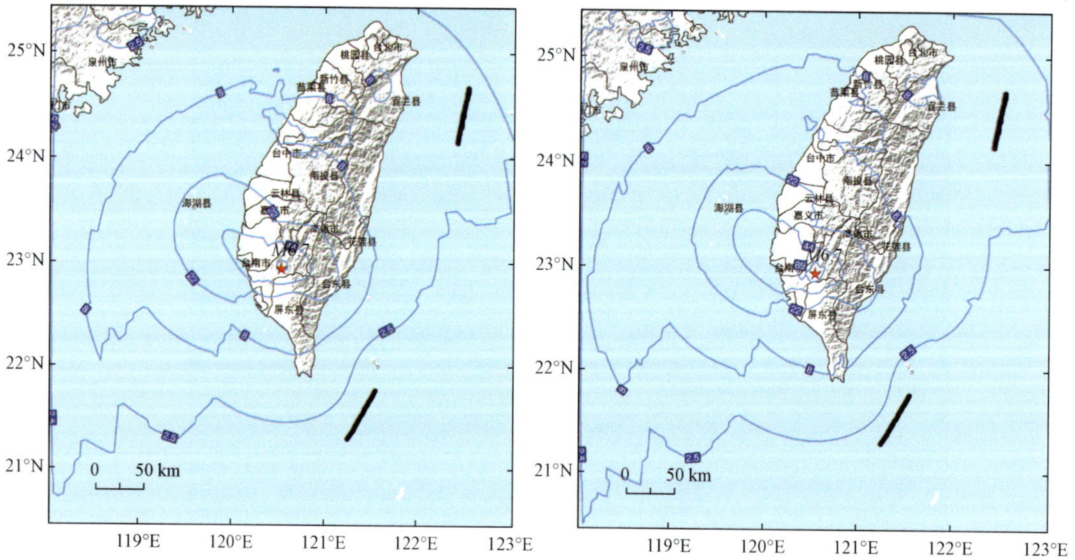

(a)　　(b)

图 12.16　PGA 场地校正比较（单位为 cm/s^2）

（a）高雄地震校正前 PGA 等值图；（b）高雄地震校正后 PGA 等值图

我们很容易看出，未校正前仅仅反映出记录的地面运动（没有校正到地表）；而校正后，在山谷、流域和山体周围等位置校正前后的差别非常明显。除此之外，当中间基于地质的场地校正决定着插值幅度的时候，原本只是简单连接远处台站的平滑的等值线也变得非常复杂。从图 12.17 也可以看出来，这证明用地形坡度计算 V_s30 进而求取场地放大因子，在无详细钻孔资料的情况下，对场地效应进行初步校正的方法是可行的。

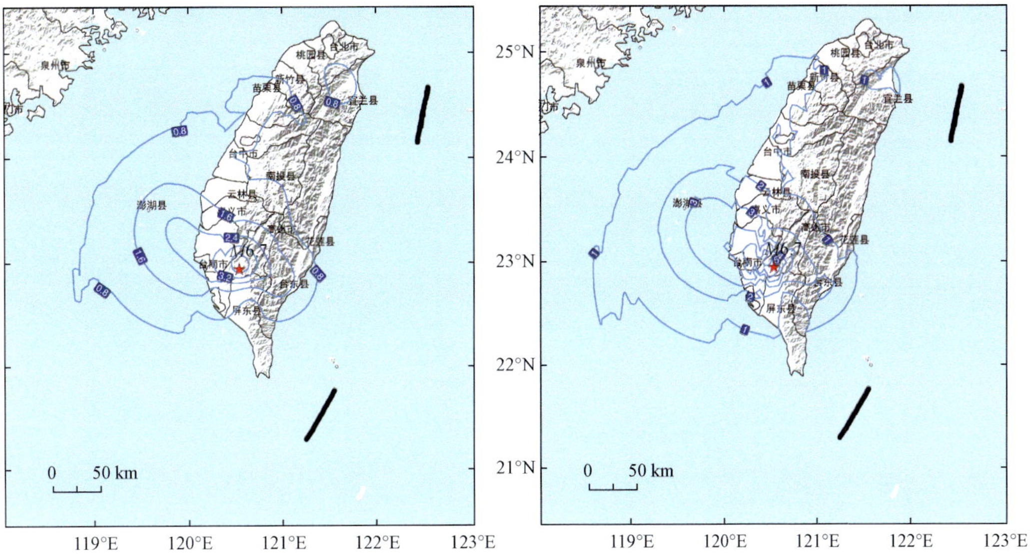

图 12.17　PGV 场地校正比较（单位为 cm/s）

（a）校正前峰值速度等值线图；（b）校正后峰值速度等值线图

12.4.3　两种校正技术的比较

以 2013 年福建仙游 $M4.8$ 地震为例，对两种场地校正结果进行比较，如图 12.18 所示。

可以看出，未校正前 PGA 等值线较为光滑，而校正后 PGA 等值线表现出随地形变化而相应变化的特点，反映出两种方法都有一定的校止作用，且整体形状基本一致。同时基于钻孔的校正结果［图 12.18（c）］比基于地形坡度的校正结果偏大。

通过比较钻孔场地放大因子表 12.4、表 12.5，ShakeMap 场地放大因子表 12.7 以及莆田仙游地震，可以看出：

（1）场地放大因子随地震动的增加而减小；

（2）V_s30 的场地校正效果在福建地区，尤其是山区不明显；

（3）福建地区，基于钻孔资料得到的放大因子普遍大于基于 V_s30 的计算结果。

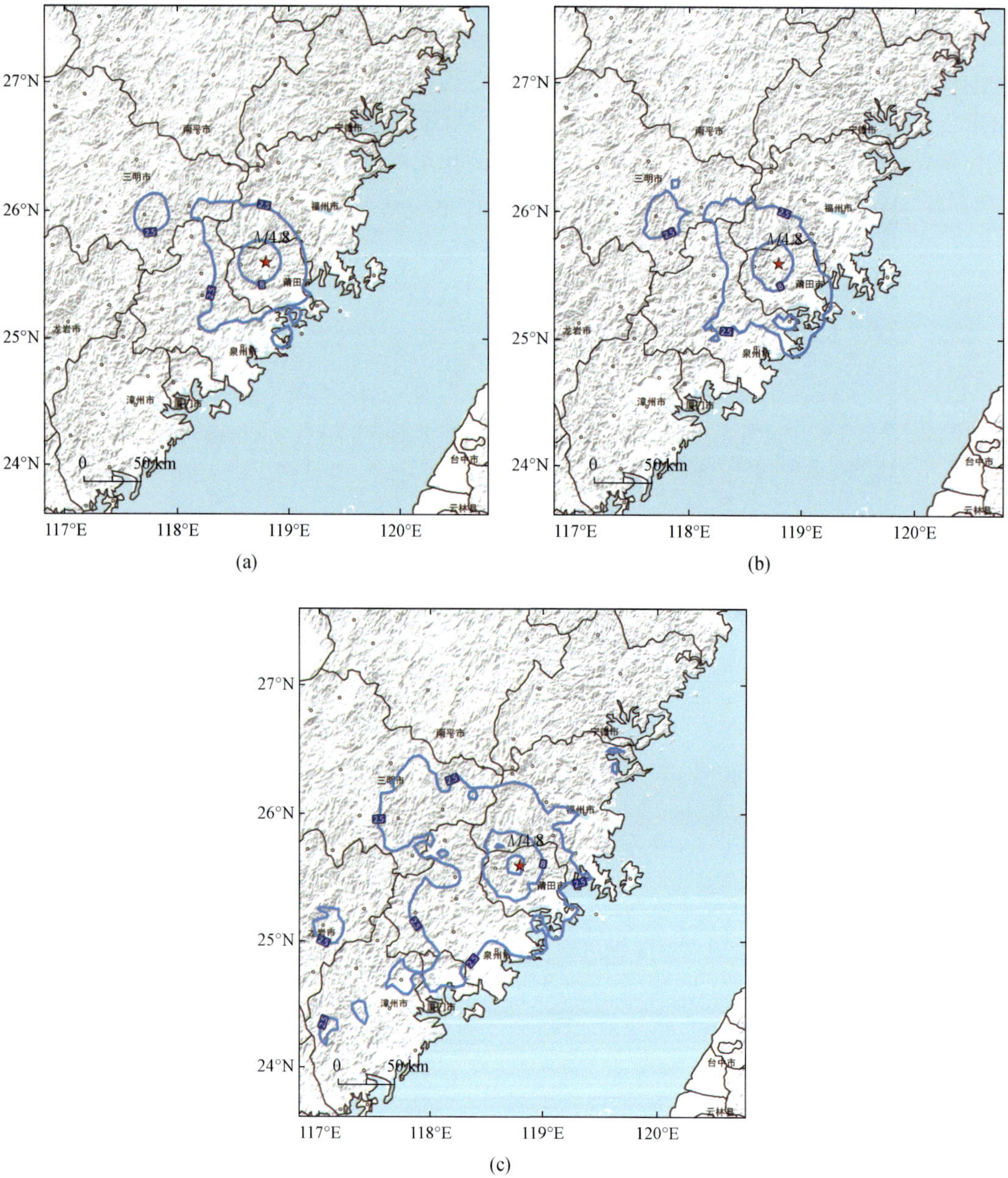

图 12.18　福建仙游 M4.8 地震 PGA 场地校正结果比较（单位为 cm/s²）

（a）未校正结果；（b）钻空资料的场地校正结果；（c）使用地形坡度场地校正结果

12.4.4　考虑场地响应校正的震动图绘制

地震发生后，可以根据此次地震的实际观测资料，统计得到此次地震的 PGA 和 PGV 的衰减关系：

$$\lg \mathrm{PGA} = C_1 \lg(R+R_0) + C_2 R + C_3$$
$$\lg \mathrm{PGV} = d_1 \lg(R+R_0) + d_2 R + d_3 \tag{12.21}$$

对于较大的地震，也可统计长轴和短轴的衰减关系，如对于长轴和短轴分别用 PGA_a 和 PGA_b 衰减关系为

$$\lg \mathrm{PGA}_a = C_1 \lg(R+R_0) + C_2 R_{长} + C_3$$
$$\lg \mathrm{PGA}_b = C_1' \lg(R+R_0) + C_2' R_{短} + C_3' \tag{12.22}$$

可将地表的 PGA 和 PGV 按场地分类和场地周期分别修正得到基岩面上的 PGA 和 PGV。在基岩面上按一定网格进行插值计算，再按照场地分类表对其进行修正，从而得到地表考虑地形和场地影响的网格上的 PGA 和 PGV。按等值线的制作标准勾画出 PGA 和 PGV 的空间分布图。对于频率为 0.3s、1s、3s 的加速度、速度反应谱的空间分布也可按上述方法得到。

12.4.5　仪器地震烈度实时计算

参照地震动实时仿真的技术思想，采用两个高通滤波器相减可获得带通滤波器的方法，重新设计了逼近第一种仪器烈度算法的理想滤波器的时域递归公式：

$$\begin{aligned}\ddot{x}_j = & 3.488\ddot{x}_{j-1} - 4.539\ddot{x}_{j-2} + 2.612\ddot{x}_{j-3} - 0.561\ddot{x}_{j-4} \\ & -0.191a_j + 0.375a_{j-1} - 0.026a_{j-2} - 0.309a_{j-3} + 0.151a_{j-4}\end{aligned} \tag{12.23}$$

式中，$a(t)$ 为地面加速度时程；$\ddot{x}(t)$ 为单自由度系统相对加速度时程。其系统响应曲线与频域对比如图 12.19 所示。可见，时域与频域的系统函数非常接近，二者是可以相互替代的算法。由于式（12.23）由高通滤波器相减构成，所以会出现相位畸变问题，引起滤波结果的误差。因此，本书通过正反双向递归滤波的算法，消除因相位畸变产生的问题。

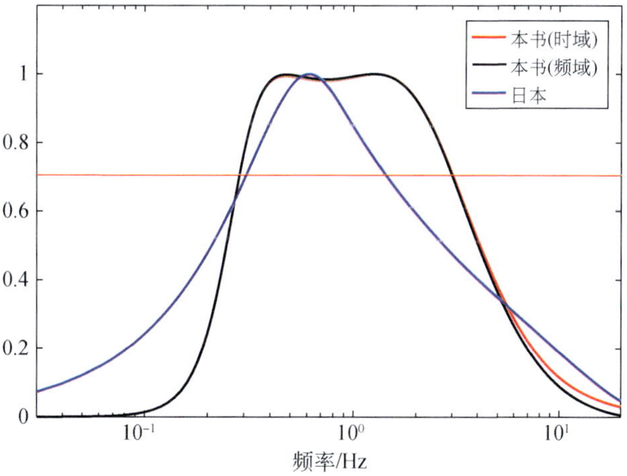

图 12.19　计算仪器烈度滤波器对比

为实现地震仪器烈度的实时计算产出，需满足下式即可：

$$t_w \leqslant t_m \tag{12.24}$$

式中，t_w 为每次逆向递归计算的耗时；t_m 为等效加速度峰值 A_m 的计算时间间隔。即只要计算的耗时小于 A_p 生成的时间间隔，实时算法就可以实现，进而仪器地震烈度计算值也将实时产出。

12.5　现场调查烈度与仪器烈度

现场宏观烈度调查的经验表明，由于中小地震断层的破裂尺度较小，其烈度等值线与断层破裂的关系不明显，烈度等值线近似为一圆形。当震级大于 7 级时，由于破裂尺度较大，地表甚至有明显的断层错动痕迹，烈度的空间分布沿断层破裂方向呈椭圆形分布，高烈度区沿断层方向两侧密集展布。随着国家地震预警与烈度速报工程的实施，2021 年前后将在地震危险的重点区域建成高密度（平均台间距 10 ~ 12km）的烈度计台网，全国烈度计台网也有相当的规模。利用每个乡镇布设一台烈度计所组成的高密度的烈度台网观测数据，可以帮助制作观测（仪器）烈度空间分布图，也为确定破裂方向和断层长度提供了重要基础。另外，对于 7 级以上大震，对部分没有观测站点的网格进行插值速报烈度时，也需要在大震破裂模型及其产生的强地面运动空间分布的理论框架下进行。因此，利用高密度台网观测资料确定破裂模型，并在此构架下提供插值烈度速报产品是十分重要的课题。近几年，川滇台网的建设速度明显加快，而且中强地震比较频繁，现场调查的宏观地震烈度图和根据观测资料制作的仪器烈度空间分布图都有了一定的积累，这为比较两张图的异同奠定了重要基础。

12.5.1　现场调查烈度

现场调查所勾画的地震宏观烈度空间分布图，是指地震发生后地震应急现场工作队根据国家现场调查烈度的技术规范，按照一定的采样要求，通过地震现场调查方式，以当地人对地震的反应感受和现场构（建）筑物遭受破坏或受损的程度以及地表破裂程度，依地震造成的后果等级进行评定，按照现场调查的烈度采样点，经过光滑处理勾画出宏观地震烈度的空间分布图。对于局部的烈度高异常点或低异常点，依影响的范围可以保留也可去掉。由于人为主观因素的存在，每个调查小组的评定结果会有差异，一般会有半度至 1 度的差异；现场调查烈度是地震动、场地条件和构（建）筑物受损程度三者的综合影响的定性评定结果。如果某一地区没有村镇（如无人区），又没有地表破坏就很难评定现场调查烈度。通过现场调查样本收集制作宏观地震烈度空间分布图时，应注意Ⅵ（6）度区有无震害的分界线，6 度以下地区震害较为轻微只是有强震感或者有震感，6 度（含 6 度）以上区域会有不同程度的震害。因此，6 度以上区域现场调查采样点的密度（样本数）决定了宏观烈度空间分布图的精度和质量，也是评估宏观烈度图可靠性的重要标准。如果采样点的密度不高，其勾画的烈度图的可靠性就不足。在实践中，由于震害评估涉及国家经济援助等因素，因此 6 度的范围有时也会有扩大的趋势。

12.5.2 地震仪器（观测）烈度

仪器（观测）烈度空间分布图是指依据高密度台网按照仪器烈度标准，计算每个站点的地震烈度值，然后根据烈度空间分布特点，勾画出空间分布图。它原则上并不需要人工参与，仅依据观测资料就可计算并勾画出。它与现场调查结果的最大区别在于仅根据地震动的强弱和场地条件的影响就定量评定出仪器烈度，而并没有考虑地震对真实构（建）筑物的破坏程度，当然这种程度与构（建）筑物的施工质量、建设年代、设防措施等因素有关。仪器烈度对可能的破坏程度仅仅是根据经验来推测，并不是真实的调查结果。现场调查烈度空间分布是以烈度整数值来表达的，而仪器烈度理论上并不是整数，可以保留小数点后一位，可以是渐进变化，当然烈度最终要与传统的烈度值对应，必须取整。因此二者之间会有一定差别。根据台站观测资料，制作观测烈度空间分布图时，应注意台网的密度，特别是6度（含6度）以上区域观测站点的密度，站点越密，精度越高，边界区分也越清晰；反之站点越稀疏，精度越低，可靠性也越差。另外对仪器烈度空间分布图中的高烈度点或低烈度点，要谨慎处理，关键看所建台站是否代表着当地的平均场地条件。例如，台湾海峡6.2级地震时，在福建仪器烈度空间分布图中可看到5度区中在漳州盆地上有部分6度高异常区域，这比较符合当地的实际，就应保留。

12.5.3 仪器烈度与现场烈度空间分布图的比较

对仪器烈度和现场烈度空间分布图进行比较在目前难以做到（尤其是大震），其原因在于二者都要有可供比较的资料。随着川滇预警工程项目进度的加快，烈度计网也越来越密，对于中强地震，逐步有条件来比对观测烈度和现场烈度空间分布图的异同。

将表12.8中的4次地震的仪器烈度空间分布图与现场烈度空间分布图进行比较，如图12.20～图12.23所示，仪器烈度空间分布图的6度区烈度值取值范围为5.5～6.5（其他度区的烈度值取值范围以此类推）。通过对比，可以看出这4次地震的仪器烈度空间分布图与现场烈度空间分布图较为接近。

表12.8 4次现场调查的地震基本参数

序号	发震时刻	纬度	经度	深度/km	震级/m	位置
1	2018年10月31日16:29:55.0	27.70°N	102.08°E	19	5.1	四川凉山州西昌市
2	2018年12月16日12:46:07.0	28.24°N	104.95°E	12	5.7	四川宜宾市兴文县
3	2019年01月03日08:48:06.0	28.20°N	104.86°E	15	5.3	四川宜宾市珙县
4	2019年09月08日06:42:13.0	29.55°N	104.79°E	10	5.4	四川内江市威远县

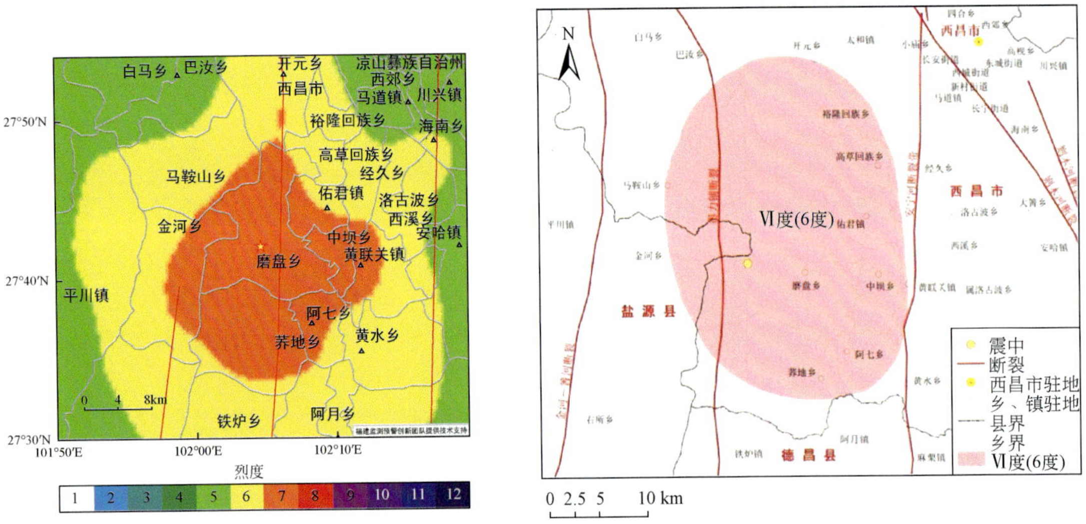

(a)　　　　(b)

图 12.20　2018 年 10 月 31 日四川凉山州西昌市 *M*5.1 仪器烈度空间分布图（a）与现场烈度空间分布图（b）比较

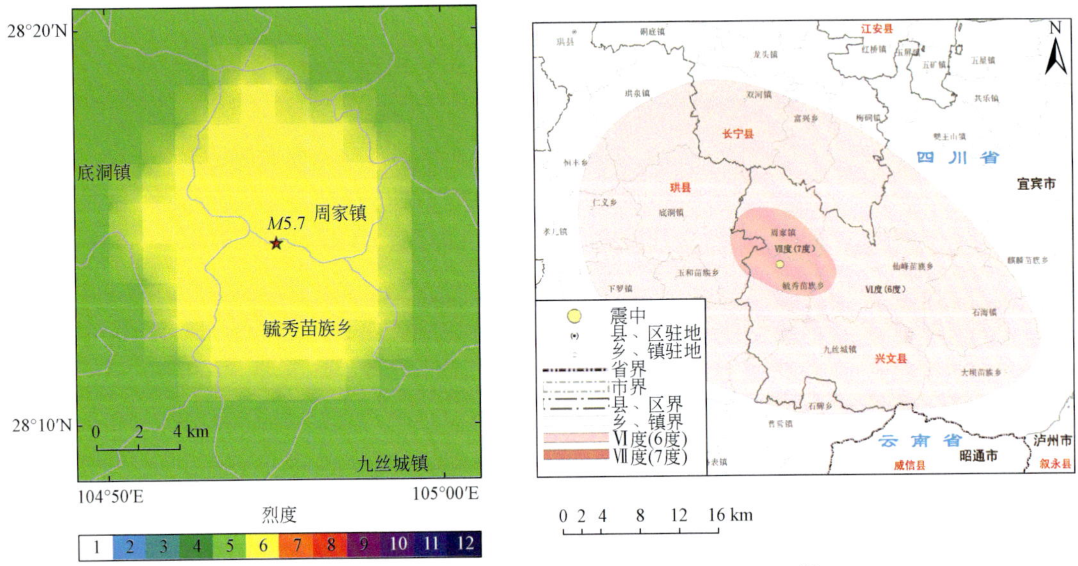

(a)　　　　(b)

图 12.21　2018 年 12 月 16 日四川宜宾市兴文县 *M*5.7 仪器烈度空间分布图（a）与现场烈度空间分布图（b）比较

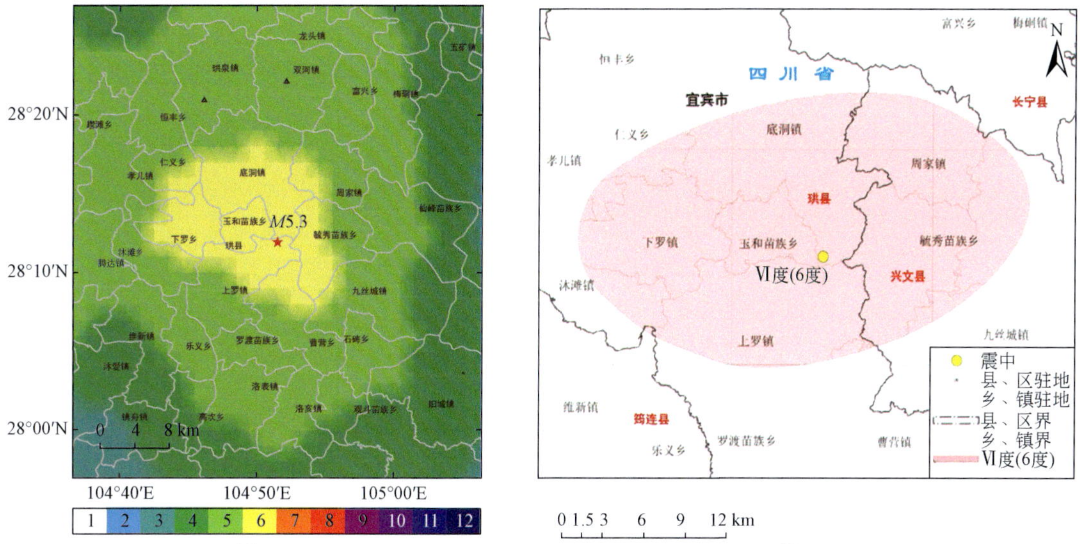

图 12.22　2019 年 1 月 3 日四川宜宾市珙县 $M5.3$ 仪器烈度空间分布图（a）与现场烈度空间分布图（b）比较

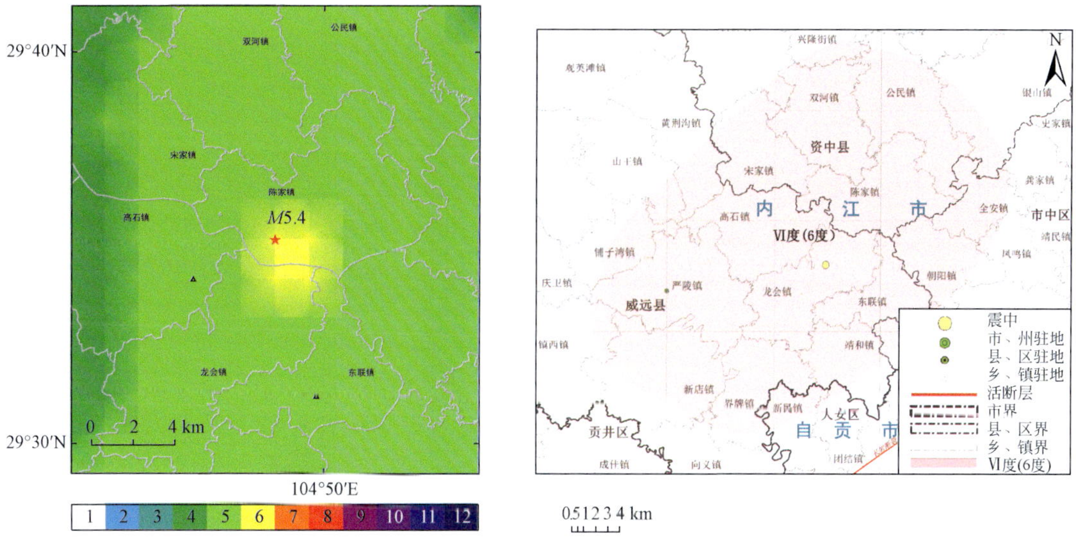

图 12.23　2019 年 9 月 8 日四川内江市威远县 $M5.4$ 仪器烈度空间分布图（a）与现场烈度空间分布图（b）比较

这里依据四个地震的资料，做了一些分析研究，但限于资料有限，有待以后再进一步研究。但从初步比较可看出，二者震中烈度接近，但形状部分有较大的差异，5.1～5.7 级四次地震的现场烈度空间分布的长轴方向基本上沿断层走向，长短轴这么明显，令人难以置信，这里不排除人为主观因素的影响。仪器烈度空间分布图则没有那么明显。

12.5.4　川滇地区仪器烈度衰减统计关系

收集川滇地区 2017 年 1 月 ~2019 年 9 月的强震和烈度计观测记录，震级在 4 ~7 级之间共 19 次，其中 18 次为 4 ~6 级之间，震中距 100km 范围内烈度在 2 度以上的记录数共 363 条。从图 12.24 可以看出，主要的观测记录集中在 4.5 ~5.5 级地震之间。

依据仪器烈度计算公式，采用两步法在震中距 $R \leqslant 100$km，烈度 $I \geqslant 2$ 计算川滇地区仪器烈度的衰减关系，如图 12.25 所示，拟合衰减公式为

$$I=4.0095+1.29M-3.7556\lg(R+10) \tag{12.25}$$

雷建成等（2007）得到的现场调查烈度衰减关系（不分长轴和短轴）为

$$I=5.3663+1.2963M-4.3666\lg(R+15) \tag{12.26}$$

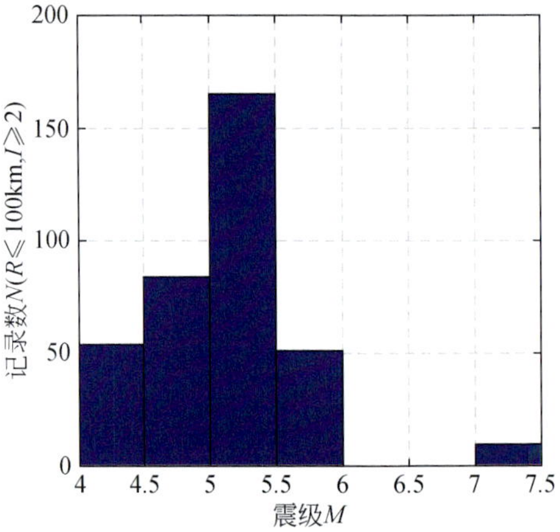

图 12.24　各震级范围内记录数柱状图

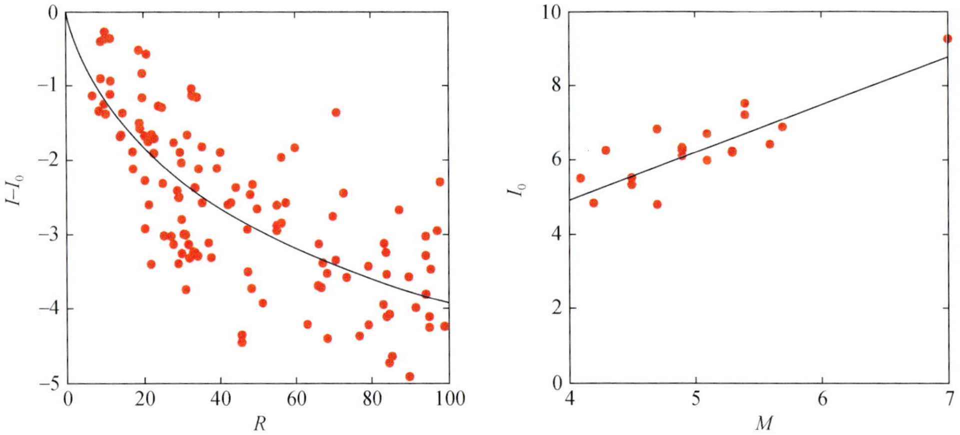

图 12.25　震中距 R 与 $I-I_0$ 以及震级 M 与 I_0 的散点图

I_0 为震中烈度

经过比较，对于四川 4 ~6 级中强地震在点源模型条件下，现场经验烈度衰减模型与仪器烈度的统计结果基本一致，如图 12.26 所示。这说明在不考虑断层尺度的条件下，没有仪器烈度衰减模型时可以使用现场调查的模型来预测中强地震的烈度。

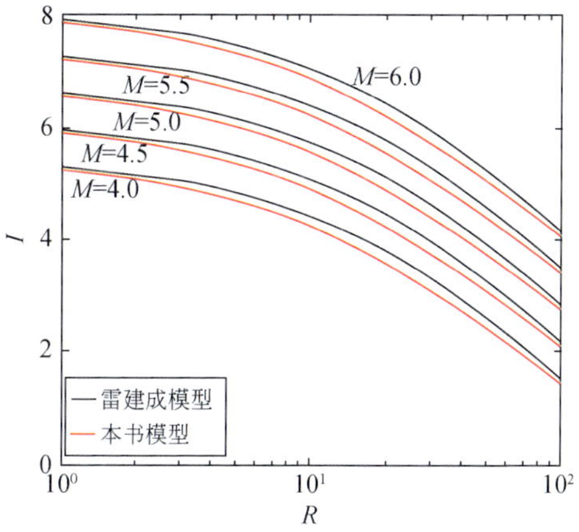

图 12.26 经验衰减关系和仪器烈度衰减关系比较

12.6 大震仪器烈度的衰减模型

根据川滇地区地震烈度经验衰减模型与近期四川现场调查烈度空间分布图的比对，发现其差异也很明显，将前文中 4 次地震的现场调查震中烈度与利用经验公式计算的震中烈度对比（表 12.9），这 4 次地震现场调查震中烈度要比经验公式计算的震中烈度都要小 1 度。这也体现了地震的个性化，体现了每个地震的实际宏观烈度与经验模型会有一定的差别。

表 12.9 震中烈度对比

地震事件	经验公式计算的震中烈度/度	现场调查震中烈度/度
2018 年 10 月 31 日四川凉山州西昌市 *M*5.1	7	6
2018 年 12 月 16 日四川宜宾市兴文县 *M*5.7	8	7
2019 年 1 月 3 日四川宜宾市珙县 *M*5.3	7	6
2019 年 9 月 8 日四川内江市威远县 *M*5.4	7	6

以汶川地震为例，汶川地震的现场调查烈度图是比较可靠的，这是许多调查人员历经一个月调查的结果，按照经验烈度衰减关系做比较，可以发现两者差别较大，如图 12.27 所示。这种明显差别一方面反映群体和个体的差别，另一方面说明大震时，经验烈度衰减模型的衰减有一定问题，主要在于没有考虑断层破裂长度的影响。换句话说，大震烈度衰减关系中，最高烈度的范围要大于或包围断层破裂尺度或接近断层破裂尺度，如汶川地震经验关系中，破裂长度近 250km，但按大震经验衰减将衰减到 6 度，这明显不合理。那么

大震仪器烈度的衰减模型究竟应如何考虑呢?

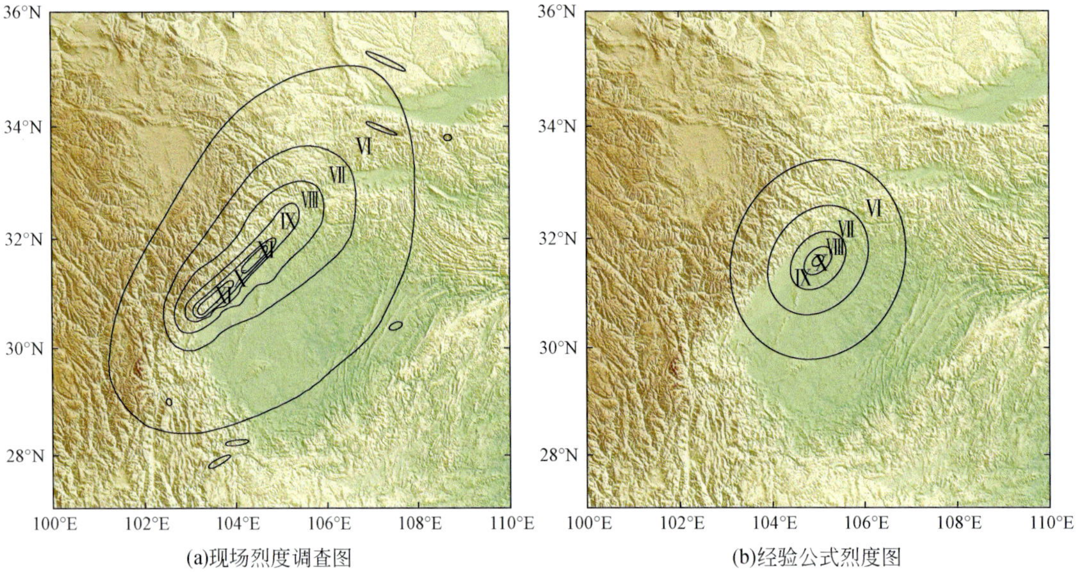

图 12.27　汶川地震现场烈度调查图（a）与经验公式烈度图（b）

12.6.1　大震烈度经验衰减模型的问题

根据地震后大量现场调查资料的分析研究，强震特别是 7 级以上大震，其烈度等值线的形状近似为椭圆。雷建成等（2007）依据西南地区 96 次、四川盆地地区 40 次近代破坏性地震资料得到西南地区和四川盆地地区沿长轴方向的烈度衰减经验统计关系为

$$I_a = e_{a1}M + e_{a2}\lg(\Delta + \Delta_{a1}) + e_{a3} \tag{12.27}$$

沿短轴方向的烈度衰减经验统计关系为

$$I_b = e_{b1}M + e_{b2}\lg(\Delta + \Delta_{b1}) + e_{b3} \tag{12.28}$$

其中，烈度衰减关系中有关系数 e_1、e_2、e_3 和 Δ_1，见表 12.10。根据统计，破裂长度 L 与震级的关系为

$$\lg L = c_1 M + c_2 \tag{12.29}$$

其中，$c_1 = 0.62$，$c_2 = -2.57$。由长度衰减关系，可以得到：

$$\begin{cases} S_1 = (I_a - e_1 M - e_3)/e_2 \\ \Delta_a = 10^{S_1} - \Delta_1 \end{cases} \tag{12.30}$$

$$\begin{cases} S_2 = (I_b - b_1 M - b_3)/b_2 \\ \Delta_b = 10^{S_2} - \Delta_2 \end{cases} \tag{12.31}$$

表 12.10　西南地区和四川盆地地区地震烈度衰减关系系数表

地区	轴向	e_1	e_2	e_3	Δ_1
西南地区	长轴	1.278	−5.066	7.357	24
	短轴	1.278	−3.757	3.950	9
四川盆地地区	长轴	1.300	−3.640	4.029	10
	短轴	1.300	−2.857	2.382	5

据此，可以制作烈度衰减的经验模型，换句话说模型是许多地震现场调查结果的平均统计关系，只要给出震级和长轴方向，其空间烈度就可确定。但是即使震级相同，实际的宏观调查烈度也会有较大的差别，这是由地震的个性化造成的，可能有 1 度左右误差，这是可以接受的，若差别太大就难以接受。表 12.11 是依据西南地区长轴烈度衰减关系，在不同震级时震中烈度、破裂长轴和Ⅵ区长短轴的关系。

表 12.11　统计分析 $2a$、$2b$ 和 L 的关系（西南地区）

M	L/km	I_0	I_a	长轴 $2a$/km	短轴 $2b$/km
4.0	0.8	5.5	5.4（I_0−0.1）	2.2	1.1
4.5	1.7	6.1	6.0（I_0−0.1）	2.2	1.1
5.0	3.4	6.8	6.6（I_0−0.2）	4.6	2.3
5.5	6.9	7.4	7.1（I_0−0.3）	7.0	3.6
6.0	14.1	8.0	7.4（I_0−0.6）	15.1	8.0
6.5	28.8	8.7	7.6（I_0−1.1）	31.1	17.3
7.0	58.9	9.3	7.5（I_0−1.8）	60.8	36.2
7.5	120.2	10.0	7.2（I_0−2.8）	123.4	82.1
8.0	245.5	10.6	6.6（I_0−4.0）	247.7	191.0
8.5	501.2	11.2	5.8（I_0−5.4）	510.1	474.9

12.6.2　确定大震仪器烈度经验衰减模型的思路和技术途径

随着国家地震烈度速报与预警工程的实施，川滇等地区的台网也越来越密集，2021 年完工后，将形成台间距约 12km 的高密度台网，可以得到大量的观测资料，但是其中绝大多数是 4～6 级的中强地震的记录，对于 7 级以上的大震事件，由于其发生的概率较低，要获得足够的资料仍需等待较长的时间。在此情形下，如何根据中强地震的仪器烈度经验衰减关系拓展至 7 级以上大震仪器烈度经验衰减模型就是值得探讨的问题。

1）*大震的烈度衰减形状主要受断层破裂长度所控制*

7 级以上大震时，都有明确的发震断层，能量主要沿断层带释放，其烈度的空间展布主要受断层破裂长度控制，沿断层呈椭圆形展布，断层带上的烈度都是高烈度地区；其烈度并没有衰减，可用震中烈度 I_0 表示。

2）烈度衰减主要与断层距 d 有关

根据目前的研究成果，大震烈度的衰减只与断层距有关，即与观测点到断层的最短距离有关，与震中距无关。换句话说，中强地震是点源模型以震中距为参数的衰减模型，大震是以断层距为参数的衰减模型。

3）技术思路和途径

第一步，首先统计某一地区的中强地震仪器烈度经验衰减关系；

第二步，考虑断层破裂模型，利用经验统计关系由震级换算断层的破裂长度，估计震中烈度；

第三步，明确断层破裂方向，并将中强地震仪器烈度衰减关系中的震源距改为断层距，得到大震仪器烈度经验衰减关系；

第四步，依据大震烈度的经验衰减关系，重新拟合沿长轴（断层方向）和短轴的衰减。

12.6.3 川滇地区大震仪器烈度衰减模型

根据上述技术思路和途径，按下述步骤得到大震仪器烈度衰减模型。

1）统计中强地震仪器烈度衰减模型：

$$I=e_1M+e_2\lg(\Delta+\Delta_0)+e_3 \tag{12.32}$$

即有

$$I=I_0+e_2\lg(\Delta+\Delta_0)-e_2\lg\Delta_0 \tag{12.33}$$

2）M 与破裂长度和 I_0 的关系

根据震级和断层长度的经验关系：

$$\lg L=0.62M-2.57 \tag{12.34}$$

根据烈度衰减关系可得震中烈度 I_0 与震级 M 的关系：

$$I_0=(M+0.20)/0.78 \tag{12.35}$$

3）构造大震断层衰减模型

将宏观震中取为断层的中心，二边各取 $L/2$，断层上的烈度为 I_0，利用中强地震衰减规律，将 Δ 换成 d 后：

$$I=I_0+e_2\lg(d+\Delta_0)-e_2\lg\Delta_0 \tag{12.36}$$

采用该方法得到汶川地震的烈度图，并与汶川地震现场烈度调查图对比，如图 12.28 所示。

通过比较可以发现，在高烈度区域按此思路制作的大震仪器烈度模型与现场调查经验模型更接近。

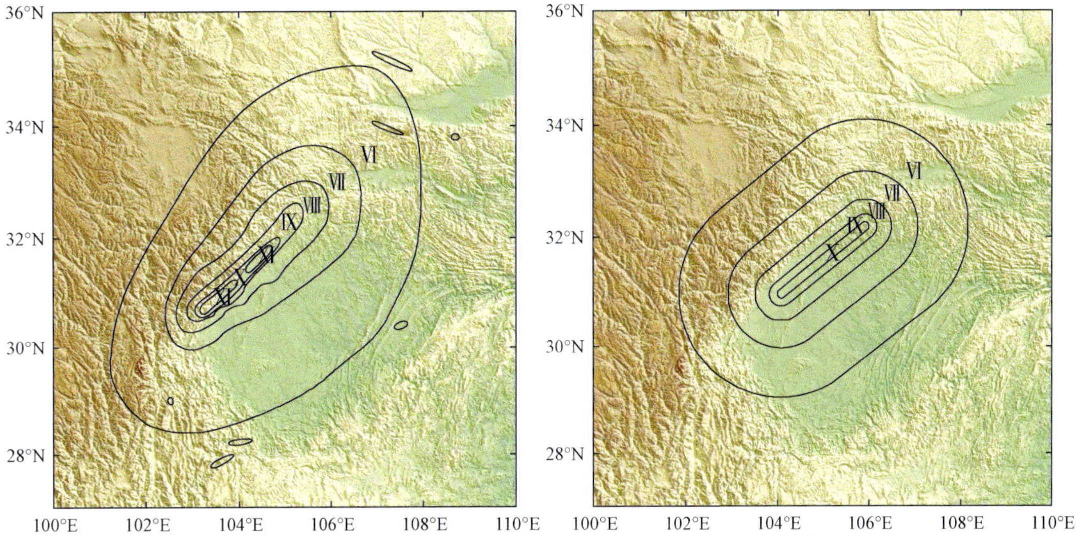

(a)现场烈度调查图　(b)本书烈度图

图 12.28　汶川地震现场烈度调查图（a）与本书烈度图（b）

12.7　本 章 小 结

本章首先介绍了美日两国利用地震仪器测定烈度的技术思路和计算方法以及相应的仪器烈度表，将中美两国的 PGA 和 PGV 转化为与日本相应等效峰值加速度，并以此为指标，比较了美日中（中国用烈度表推荐的 PGA 和 PGV 标准）三国烈度标准的差异和大致对应关系，这为借鉴国外的技术，发展我国的仪器烈度计算方法和标准奠定了基础。在简要总结我国地震仪器烈度研究的成果后，参照美日两国不同的思路，并结合我国国情介绍了当前我国计算仪器烈度的两项技术标准，一个是参考日本思路制订的福建地方标准，另一个是参考美国思路中国地震局制订的《仪器地震烈度计算暂行规程》，并以汶川地震、集集地震等实例，比较了几种算法计算的仪器烈度与现场调查烈度的吻合度，以及两种标准的异同；介绍了与计算烈度有关的场地校正技术和计算仪器烈度实时滤波的递归算法，提高实时计算仪器烈度的效率；分析了仪器烈度和现场调查烈度的异同，并以四川四次地震为实例，对二者评定结果勾画的烈度空间分布图进行了分析，说明了仪器烈度与现场调查烈度的异同。

由于仪器烈度的衰减关系对于地震预警系统来讲十分重要，也是预测地震宏观影响场的重要基础。本章中提出的技术思路，就是利用中小地震观测资料，依仪器烈度标准，统计研究中小地震烈度衰减关系，进而在有限断层模型下，将震中距改为断层距，构造考虑断层破裂尺度影响的大震烈度衰减模型。这要比仅考虑长轴和短轴两个方向的衰减但不考虑破裂长度的影响更合理。

第13章　地震参数的自动速报

地震参数的自动速报（简称自动速报）是指在地震发生后几分钟（目前要求1～2min）内，对地震参数即发震时间、震源位置和震级进行无人工干预的自动发布。自动速报与地震预警无论在地震定位和测定震级上都有较大的不同，其原因在于自动速报可以利用更多的台站参与定位和确定震级，因此对自动速报的科学性、精确性、规范性的要求明显要比地震预警更高。

前面章节讲到，对公众发布地震预警信息，震中烈度和地震震级必须满足双参数发布准则所规定的条件，这对于绝大多数达不到地震预警发布要求的有感地震来讲（目前各地对有感地震的震级下限要求不同，如北京地区要求震级2级，其他地区一般要求震级3级），在自动速报发布之前就存在1～2min的信息空区。为了填补这一空区，提高地震部门的快速反应能力，满足公众对地震信息的需求，可以在地震发生后的30s内发布地震参数自动快报（简称自动快报）。地震自动快报就是采用地震预警的相关技术，对达不到预警级别的有感地震快速产出地震参数。自动快报技术与地震预警技术完全相同，但并不发布城市的预测烈度与预警时间。这已在前几章分别论述过，本章重点讨论1min以上自动速报的相关问题。另外，对于较大的地震（如7级以上），预警震级的精确性是不够的，地震的震级究竟是多大仍然需要自动速报来最终测定。

地震定位是地震学的经典问题，概括来说要获得一个较好的定位结果必须具备如下三个方面的条件。一是要有布局科学、密度合理的地震监测台网。随着经济社会发展特别是“国家地震烈度速报与预警工程”的实施，这一状况将得到极大的改善，可以预计陆域除西藏部分区域以及海域地震以外，我国台网的地震定位精度，特别是震中位置的精度将大大提高至公里级，某些高密度地区甚至有望达到百米级。二是要有一个科学可靠的地球介质速度模型。由于我国幅员辽阔，介质内部构造有较大的差异，如果没有一个可靠的速度模型，将对震源深度的确定有较大影响。换句话说，定震中易，定震源深度难。三是能合理解释更多的震相走时。目前我国还没有作为国家标准的中国地壳介质走时模型，如东南沿海许多省目前采用的华南地壳介质模型是20世纪80年代的研究成果。显然后两个方面的工作与实际需求仍有较大的差距。由于地震定位的技术比较成熟，对网内地震更没有太大的难度。相对于定位问题，速报震级的测定问题较多，本章将作为重点来讨论。

震级是地震释放地震波能量的度量，传统上它一般用两个水平方向S波或面波最大振幅的平均值或矢量值来测定。按照目前国际上的标准，也可用P波最大振幅和宽频带地震计面波最大振幅等测定震级。由于地震波最大振幅既与不同震源深度和震中距发育的优势波组有关，也与测量此优势波组的地震仪的频带有关。加之震级不同，地震释放的地震波能量不同，激发的优势波组也不同，从而导致不同的震级标度和测定方法。可以说不同震级标度是对地震波谱某一频段能量的量度。本章首先阐述震级的规定，其次讨论震级速报的科学基础，进而提出震级速报的思路，最后分析了各震级标度之间的统计关系，探讨了统一震级的问题。在此基础上提出了相关震级速报的方案。

13.1　震级标度的规定

本节首先介绍国家规定的震级标准和台网测定震级的方法。台站的台基对震级测定有一定影响，这主要通过台站校正系数 S 来修正，这对于预警震级来说十分重要，因为参与测定震级的台站数较少，每一个台都应尽可能准确测定震级，但速报震级则不然，参与震级测定的台站数很多，选择性很大，在下面讨论中，暂假定 $S=0$。

13.1.1　地方性震级

国际上里希特（Richeter，1935）提出了里氏震级的定义，即用 Wood-Anderson（简称 W-A，自振周期为 0.8s，阻尼比为 0.8，放大倍数为 2800）地震仪在震中距 100km 处，测定的水平二分量的最大地动位移的平均值为 1μm，定义为零级地震，据此，可以确定测定震级的量规函数。李善邦（1981）提出用 DD-1 式地震计来测定里氏震级。将宽频带速度或加速度记录仿真为 DD-1 地震计（自振周期为 1s，阻尼比为 0.707）位移记录或 W-A 地震计位移记录，则里氏震级定义为

$$M_{\mathrm{L}}=\lg\frac{A_E+A_N}{2}+R(\Delta) \tag{13.1}$$

式中，A_E 和 A_N 为东西和南北水平两分量位移记录的最大幅值；$R(\Delta)$ 为量规函数，震中距 Δ 一般要求小于 1000km。

13.1.2　短周期体波震级

在 DD-1 短周期地震计上，量取 P 波列垂直位移的最大振幅。按式（13.2）计算短周期体波震级 m_{b}：

$$\begin{cases} m_{\mathrm{b}}=\lg\left(\dfrac{U_Z}{T}\right)+Q\ (\Delta,\ h) \\ 5^\circ<\Delta<10^\circ \\ T<3\mathrm{s} \\ 0\mathrm{km}<h<700\mathrm{km} \end{cases} \tag{13.2}$$

式中，U_Z 为 P 波列垂直向位移振幅的最大值；T 为对应最大振幅的周期；$Q(\Delta,\ h)$ 为垂直向 P 波体波震级的量规函数。

13.1.3　宽频带体波震级

在垂直向宽频带速度记录上测定 P 波列速度最大振幅 V_{m}，T 为 V_{m} 对应的周期，则按式（13.3）测定宽频带体波震级 $m_{\mathrm{B(BB)}}$：

$$
\begin{cases}
m_{B(BB)} = \lg\left(\dfrac{V_m}{2\pi}\right) + Q(\Delta, h) \\
5° < \Delta < 100° \\
0.2s < T < 3s \\
0km < h \leqslant 700km
\end{cases}
\tag{13.3}
$$

式中，$Q(\Delta,\ h)$ 为 $m_{B(BB)}$ 的量规函数。

13.1.4　面波震级

将宽频带速度记录仿真为基式（SK）仪（自振周期为 20s，阻尼比为 0.707）中长周期位移记录，U_{Em} 和 U_{Nm} 为水平两方向面波的最大地动位移，T 为对应面波最大位移幅值的周期，按式（13.4）计算面波震级 M_S：

$$
\begin{cases}
M_S = \lg\left(\dfrac{U_m}{T}\right) + 1.66\lg(\Delta) + 3.5 \\
U_m = (U_{Em}^2 + U_{Nm}^2)^{\frac{1}{2}} \\
3s < T < 25s \\
2° < \Delta < 130°
\end{cases}
\tag{13.4}
$$

13.1.5　宽频带面波震级

在垂直向宽频带速度记录上量取面波质点运动速度的最大振幅 V_m，T 为 V_m 对应的周期，则按式（13.5）计算宽频带面波震级 $M_{S(BB)}$：

$$
\begin{cases}
M_{S(BB)} = \lg\left(\dfrac{V_m}{2\pi}\right) + 1.66\lg(\Delta) + 3.3 \\
3s < T < 60s \\
2° < \Delta < 160°
\end{cases}
\tag{13.5}
$$

13.1.6　地震矩震级

地震的地震矩定义为

$$
M_0 = \mu \bar{D} S \tag{13.6}
$$

式中，$\bar{D}$ 为断层平均位错；S 为破裂面积；μ 为剪切模量。M_0 可以通过 P 波或 S 波位移谱的零频高度测定或利用矩张量反演确定，并按式（13.7）计算矩震级：

$$
M_W = \frac{2}{3}\lg M_0 - 10.73 \tag{13.7}
$$

注意到当频率趋于 0 时，地震波长趋于无穷，因此从地震波波长的角度讲，矩震级是最优的选择。离震中足够远且观测质量较高的台站通过矩张量反演的方法就可得到地震矩，进而计算出矩震级。

13.1.7　台网测定震级的规定

设台网参与测定震级的台站数为 N，这些站点应尽量包围震中，在空间上具有一定的均匀性，每个台站测定的震级为 $M_j(j=1, 2, \cdots, N)$。首先初步计算平均震级 μ 和均方差 σ：

$$\begin{cases} \mu = \dfrac{1}{N}\sum_{j=1}^{N} M_j \\ \sigma = \left[\dfrac{1}{N-1}\sum_{j=1}^{N} (M_j - \mu)^2\right]^{1/2} \end{cases} \tag{13.8}$$

可以从中选出震级在一倍均方差内的台站重新参与计算平均震级

$$\bar{M} = \frac{1}{N_c}\sum_{k=1}^{N_c} M_k \tag{13.9}$$

则台网测定的震级 M 就定义为

$$M = \bar{M} \tag{13.10}$$

如果台站震级 M_j 服从正态分布 $N(\mu, \sigma)$，按上述计算地震震级的方法，则约占台站总数 68%（约 2/3）的台站参与平均震级计算。约 32% 震级偏大或偏小的台站不参与计算。这种算法的物理意义在于通过空间分布均匀的多台计算的平均震级，尽量扣除场地效应和震源过程带来的空间峰值分布具有方向性效应的影响。

13.2　震级速报的科学基础

震级作为一种对社会发布的权威技术标准，其测定要科学、规范，并符合地震学的相关原理，不能不切实际地提出一些指标要求，如 1 ~ 2min 就测定出 8 级以上大震的震级。

13.2.1　以点源为基础测定震级

测量震级的公式一般为

$$M = \lg\left(\frac{A_{max}}{T}\right) + R(h, \Delta) \tag{13.11}$$

式中，A_{max} 为位移最大振幅；T 为最大振幅对应的周期；$R(h, \Delta)$ 为量规函数，也称为补偿函数；Δ 为震中距。可以看出，测量震级时假定震源为点源，量规函数就是以此为基础计算的。这种假定对中小地震来讲，没有问题，但 7 级以上地震破裂长度将超过上百公里乃至几百公里，这种假定就意味着要选较远的台站记录来测定震级。如果断层尺度为 L，测定震级的最小震中距为 Δ_{min}，则取

$$\Delta_{min} = 5L \tag{13.12}$$

也就是震中距 $\Delta \geqslant \Delta_{min}$ 时，可将震源近似为点源。

13.2.2 震级测定对周期的要求

许多地震学家已经证明，地震波（体波和面波）谱峰值的周期随地震震级的增大而增大，这也是采用不同周期计算的里氏震级、面波震级等会出现饱和的原因之一。笠原（Kasahara，1957）发现大地震 P 波谱拐角周期 T 与 M 的关系为

$$\lg T=0.51M-2.59 \tag{13.13}$$

除此之外，研究还发现，周期也随震中距的增大而增大（高频衰减快，低频衰减慢）。因此，震级的测定对记录信号的周期有不同的要求。根据式（13.13），8 级地震对应的拐角周期约为 30s。而为了较为完整地记录地震信息，所需要的周期需要大于拐角周期。Molnar 等（1973）根据合理假定的品质因子数值，在对体波频谱做了衰减校正后，发现 P 波和 S 波的拐角频率之比为 1 ~ 3。陈运泰等（1976）通过理论计算表明，对于泊松体，这个数值是 2.28。因此，对于 8 级地震，S 波的拐角频率约为 100s。目前我国宽带地震计的低频截止周期约为 120s，极小部分地震计达到 360s，故对于 8 级以下地震用宽带地震计计算震级基本可以满足要求，可以不考虑测定震级时对波长即周期的要求。

13.2.3 破裂尺度的估计

根据统计关系，断层破裂尺度 L 一般与震级有关：

$$\lg L=0.62M-2.57 \tag{13.14}$$

震级越大，破裂长度越长，测定震级的震中距也必将越远，选取的波长也将越长。

为了对此有更深入的理解，根据震中烈度 I_0 和震级 M 以及震级和破裂尺度的经验关系，得到 I_0，M，L 三者关系，可见表 13.1。

表 13.1 震中烈度、震级与破裂长度的关系

I_0	5	6	7	8	9	10	11	12
M	3.7	4.4	5.2	5.9	6.7	7.5	8.3	9.0
L/km	0.5	1.5	4.7	14	42	127	383	1152

13.2.4 震源过程的影响

震源过程对测定震级的影响体现在两方面，一种是中小地震由于辐射因子的影响，可导致不同方位台站的幅值不一样，这种影响，可通过台网平均震级的计算来尽量消除；另一种是大震破裂过程的影响，根据震源理论，任一台站的地面运动 $U(R,\ t)$，可视为断层上若干子源沿断层面以某种破裂方式破裂，产生的地面运动的线性叠加即：

$$U(R,t)=\sum_{j=1}^{N}U_j(R_j,t-t_j) \tag{13.15}$$

式中，N 为子源个数；U_j 为断层上第 j 个子源产生的地面运动；t_j 为初始破裂点破裂至第 j 个子源以及由第 j 个子源产生的地震波传播至台站的总延迟。受多普勒方向性效应的影响，这种破裂将使前方一定范围内的地面运动峰值增强，周期变短；背离破裂方向一定范围内则幅值减少，周期拉长。这种影响也只有通过平均震级来消除。另外，如果震源破裂不结束，台站记录的地面运动也不会结束，此时计算的震级也可能是不对的。震级越大，破裂尺度越长，破裂时间也由小地震小于1s直到大地震的百秒级。对于8级以上大震，其破裂时间将超过100s，如果再考虑到地震波在地壳中的传播，在1～2min内准确测定大震震级是做不到的。

13.2.5　最大振幅走时与震中距的关系

测定震级时，主要采用P波、S波、面波的最大位移或者速度峰值来测定，因此峰值走时的估计就十分重要，这与自动速报的时效性关系密切。如图13.1～图13.3，我们利用福建台网观测资料研究了福建和台湾地震的P波、S波、面波的峰值走时规律。同理，利用川滇台网观测资料统计分析了地震波峰值的走时规律。对于浅源地震，P波最大振幅走时经统计计算得到：

$$t_{\text{Pm}}=0.16\Delta+1.34\ (\text{福建}) \tag{13.16}$$

$$t_{\text{Pm}}=0.17\Delta+9.81\ (\text{台湾}) \tag{13.17}$$

$$t_{\text{Pm}}=0.17\Delta+3.25\ (\text{川滇}) \tag{13.18}$$

S波最大振幅走时经统计计算得到：

$$t_{\text{Sm}}=0.28\Delta+2.34\ (\text{福建}) \tag{13.19}$$

$$t_{\text{Sm}}=0.30\Delta+7.23\ (\text{台湾}) \tag{13.20}$$

$$t_{\text{Sm}}=0.29\Delta+3.61\ (\text{川滇}) \tag{13.21}$$

面波最大振幅走时经统计计算如下。

勒夫面波：

$$t_{\text{Lm}}=0.31\Delta+16.05\ (\text{台湾}) \tag{13.22}$$

$$t_{\text{Lm}}=0.31\Delta+5.28\ (\text{川滇}) \tag{13.23}$$

瑞利面波：

$$t_{\text{Rm}}=0.34\Delta+20.12\ (\text{台湾}) \tag{13.24}$$

$$t_{\text{Rm}}=0.36\Delta-2.74\ (\text{川滇}) \tag{13.25}$$

P波、S波及面波走时关系具有区域性特点，各地在总体特征上一致，但略有区别，这主要与该地区地壳波速结构有关。由于各波组（如P波组、S波组）的初至走时可由理论介质模型或者实际震相走时统计的经验模型得到，此波组的峰值走时一定在此后面一段时间，因此初至波组震相走时可看成是峰值走时的上界。

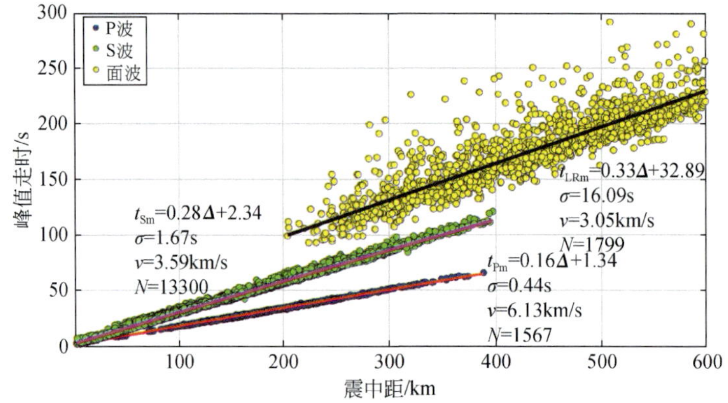

图 13.1　福建 P 波、S 波、面波的峰值走时规律

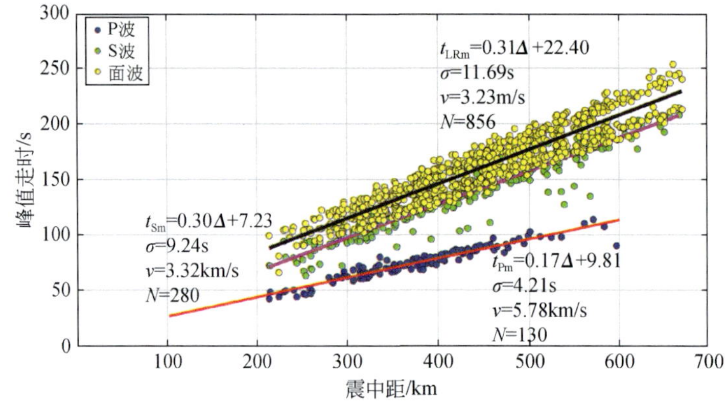

图 13.2　台湾 6.5 级以上地震 P 波、S 波、面波的峰值走时规律

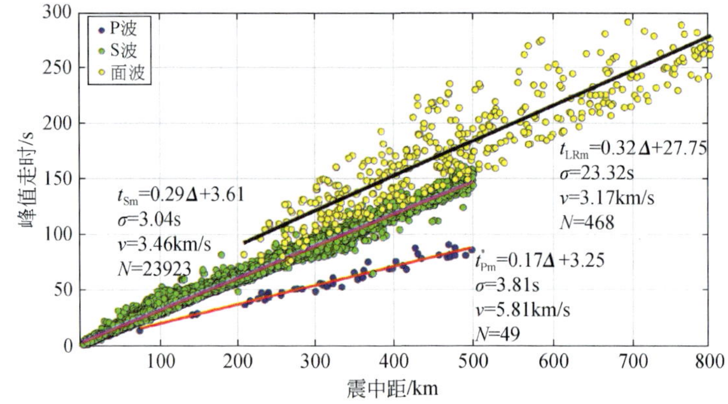

图 13.3　川滇 6.5 级以上地震 P 波、S 波、面波的峰值走时规律

13.2.6　震中烈度和震级关系

地震烈度是地震强弱的另一种度量，对于地壳内发生的浅源地震，其震中烈度和震级必然存在一定的统计关系。从本质上讲，震级是利用每个站点位移或速度峰值，并考虑射线路

径损失能量的补偿来计算震源激发的地震波能量，震中烈度是用各站点的峰值加速度 PGA、峰值速度 PGV 或者等效峰值加速度计算站点烈度值，进而通过地表烈度衰减的补偿计算出的。如果震级特别大，测量震级的时效性要求又高，可采用先测定震中烈度，再换算成震级的方法，来填补信息的时间空区，这也是预警时估算震级的一种算法。震中烈度可采用：

$$I_0 = I + 4.37\lg(\Delta + 15) - 5.14 \tag{13.26}$$

其中，

$$I = 2.71\lg(A_{0.5}) + 2.39 \tag{13.27}$$

式中，Δ 为台站的震中距；$A_{0.5}$ 为观测点等效峰值加速度；I 为观测点仪器烈度。烈度震级可采用观测点仪器烈度计算得到：

$$M = 2.09\lg(A_{0.5}) + 3.36\lg(R_1) - 2.28 \tag{13.28}$$

也可由震中烈度计算得到：

$$M = 0.77I_0 - 0.17 \tag{13.29}$$

13.2.7　台网触发台站数随时间变化的关系

目前有三类台站（基准站、基本站、一般站）参与地震预警和烈度速报，只要时钟准确和信噪比较高，三类站点可以参与地震定位；但参与自动速报震级测定的只能是基准站和基本站。这是因为烈度计站的主要任务是烈度速报，大多建在土层，场地条件影响较大，因此烈度计站点不宜参与自动速报的震级测定。台网测定的平均震级是根据各台站测定的震级计算得到的，在时效性的限定下，台网究竟有多少台站触发并测定出震级呢？下面以福建为例来说明此问题。

目前，福建台站分布情况如图 13.4 所示，将福建地区进行网格化，网格尺度可取

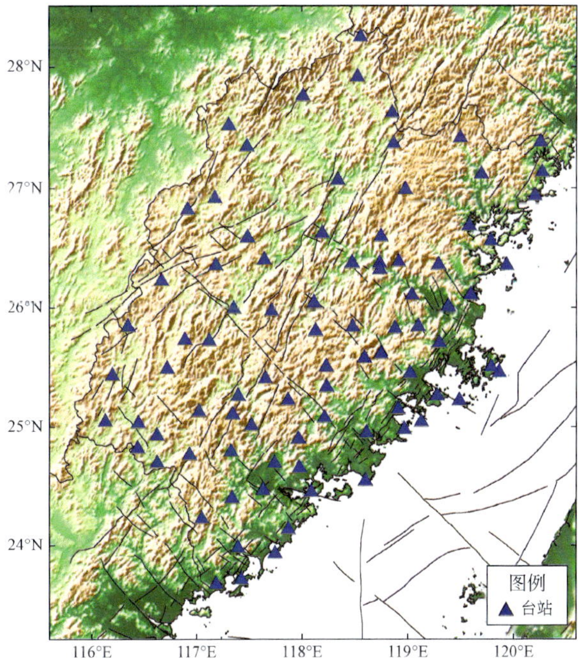

图 13.4　福建地震台网台站分布图

5km 或 10km，假定每个网格发生一次地震，在震后不同时间段，计算 P 波和 S 波最大振幅传播至台站的总数，统计出参与测定震级的台站数以及触发概率随时间的变化，见图 13.5。

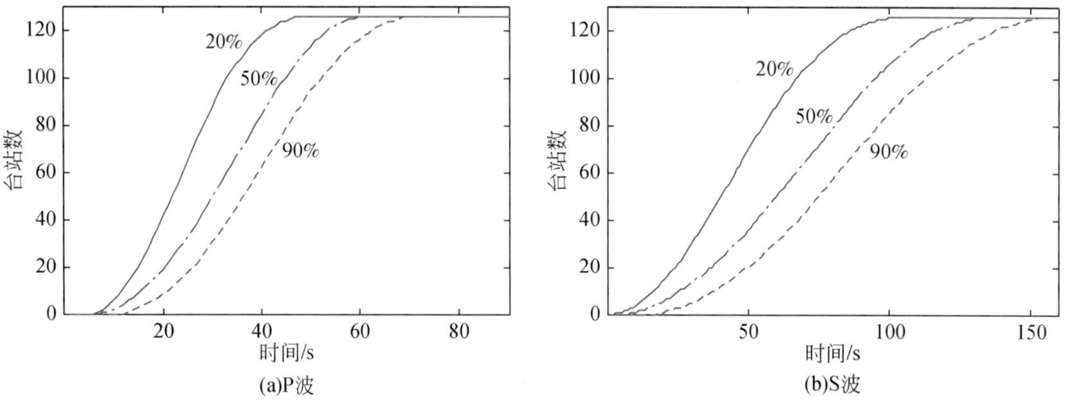

图 13.5　地震发生后 P 波与 S 波最大峰值触发的台站数以及触发概率与时间的变化关系

图中由上至下为地震发生后福建 20%、50%、90% 区域在不同时间所触发的台站数

由于福建地区面积较小，陆地约为 12.04 万 km^2，以基准站为例，震后 70s 时 P 波峰值到达台站的数目达 120 个，面积占总面积的 90%，150s 时 S 波峰值到达的台站数也达到 120 个，面积也占总面积的 90% 以上，基本覆盖整个台网。仅从 1 ~ 2min 计算 M_L 的时效性要求看，用福建台网可以有足够的台站数来计算平均震级。当然福建的地震尽管 P 波峰值已经到达，但并不满足震中距大于 5 度测定 m_B 的要求。另外，对于 6.5 级以上的强震，按照测定震级最小震中距的要求，一定要选用更远的台站参与震级计算，仅靠福建台网则参与震级计算的台站数可能不够，此时一定要有其他地区的台站观测资料参与计算，这也是要建立“虚拟区域台网”的原因。

13.3　速报震级的技术思路

根据时效性和科学、规范测定震级的要求，本节重点讨论如何科学合理地设计速报方案。

13.3.1　最大振幅传播距离估计

根据 13.2 节的统计结果，可分别计算在 3min 内不同时段，P 波、S 波、面波峰值传播距离，如表 13.2 所示。需要说明的是不同地区由于介质特性的差异，相同时间，峰值的传播距离会略有区别，表 13.2 是福建台网计算结果，以供参考。

表 13.2　3min 内 P 波、S 波、勒夫面波最大振幅传播距离

震后时间/s	P 波峰值传播距离/km	S 波峰值传播距离/km	勒夫面波峰值传播距离/km
10	58.8	32.2	
20	118	65.8	

续表

震后时间/s	P 波峰值传播距离/km	S 波峰值传播距离/km	勒夫面波峰值传播距离/km
30	198	99.4	
40	278	132	
50	358	166	
60	438	200	
90	678	300	199
120	918	401	290
150	1158	502	380
180	1398	602	471

13.3.2 震级（破裂尺度）对最小震中距的要求

根据表 13.2 计算结果，60s 时 P 波峰值传播距离为 438km，S 波峰值传播距离为 200km。根据 13.2.3 节的研究成果，利用经验关系可计算得到不同震级地震的破裂长度 L，按照震中距大于 5 倍的破裂长度作为震源近似成点源的依据，确定测量震级 M 的最小震中距 Δ_{min}，只有震中距大于该最小震中距的台站才能参与震级测定。最小震中距计算结果见表 13.3。震级是建立在点源模型基础上的，其补偿函数也是依点源来补偿的，对此一定要有清醒的认识。由于传感器的带宽对于 8 级以下地震都是够用的，以下讨论就不考虑此因素。

表 13.3　测定不同震级时对震中距的要求

M	4.0	4.5	5.0	5.5	6.0	6.5	7.0	7.5	8.0
L/km	0.8	1.6	3.3	6.9	14.1	28.8	58.8	120.2	245.4
Δ_{min}/km	4.0	8.2	16.9	34.5	70.6	144.2	294	601	1227

13.3.3 测定不同震级的速报时间估计

根据最小震中距的要求和 P 波峰值、S 波峰值的传播速度，可以估计出震后要等待多长时间才能开始测定震级，震级与等待时间的关系见图 13.6。

如表 13.4 所示，震级越大，等待时间越长，而且用 P 波峰值还是用 S 波峰值来测定，其等待时间也不相同。例如，测定 6 级地震，震后 21s，S 波峰值可以传到震中距约 70km 处，而 70km 的震中距是测定 6 级地震的最小震中距，也就是 S 波峰值 21s 之后到达的台站满足最小震中距的要求，才能参加震级测定。那么 21s 就是测定 6 级地震的最短等待时间。需要说明的是，最短等待时间只是可以开始测定震级的时间，测准参数需要等待更多台站触发参与测定震级，这还要有一定时间。如果速报时间为 ΔT，ΔT_m 为满足最小震中

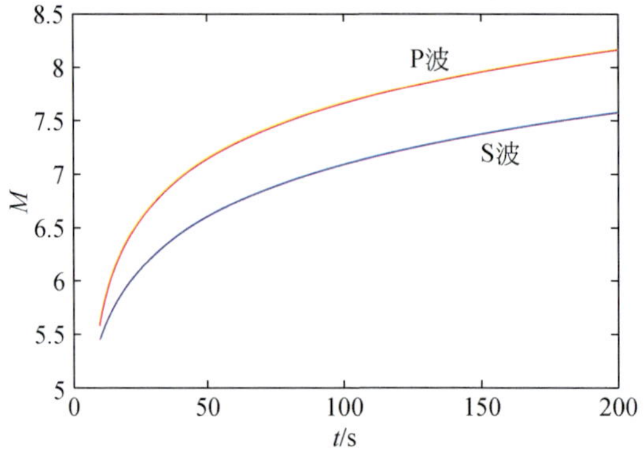

图 13.6　测定不同震级的最短等待时间

距要求的最短等待时间，ΔT_n 为符合测定要求、有足够台站峰值触发、准确测定平均震级的时间，则有

$$\Delta T=\Delta T_m+\Delta T_n \tag{13.30}$$

因此速报时间要在 ΔT_m 基础上加上 ΔT_n 时间。ΔT_n 在台站分布固定时，依据参与震级测定台站数的要求（如 40 个或 50 个台）来估计时间 ΔT_n。例如，福建 1min 内将有近 60 个台的 S 波峰到达，21s 约有 18 个台 S 波峰值触发，故 21～60s 即 $\Delta T_n=39s$ 时，将有 42 个台站可以参加震级的测定。由此看出因最小震中距和波传播规律的限定，越大的地震速报时间越长。

表 13.4　满足最小震中距要求的等待时间

M	等效点源的最小震中距 $\Delta_{min}=5L$/km	等待 P 波峰值到达的等待时间/s	等待 S 波峰值到达的等待时间/s	等待面波峰值到达的等待时间/s
4.0	4.4	3.2	3.7	—
4.5	9.2	4.5	4.9	—
5.0	18.0	5.0	5.5	—
5.5	35.6	9.6	10.8	—
6.0	71.6	14.1	21.5	
6.5	145	23.3	43.4	
7.0	294	42.0	88.2	121
7.5	602	80.4	179	222
8.0	1227	158	200	429

13.3.4　自动速报技术思路

（1）把握震级标准的技术要求。根据测定震级的技术标准，M_L 为利用水平向 S 波最大振幅测定的震级，震中距一般小于 1000km，所用周期较短约为 1s；m_b 和 m_B 分别利用 P 波垂直向位移和速度最大振幅测定震级，震中距必须大于 550km，对测定深震（$0km<h<700km$）有优势，m_b 为周期为 1s 的短周期记录，m_B 为宽带记录，周期较长（峰值对应周期小于 3s）；M_S 和 $M_{S(BB)}$ 分别为利用面波水平位移最大振幅和宽带记录面波质点速度峰值测定震级，震中距要大于 220km，M_S 周期约为 20s，$M_{S(BB)}$ 可长达 35s。

（2）把握速报实效性的要求。地震速报应在准确、科学的基础上，尽可能地快。对于深度 15km 的地震，1min 内台网几乎不会出现面波（即使出现，也不满足震中距大于 220km 的要求），这是由面波的形成机理决定的，一则传播速度慢、用时长，二则与震源深度有关，地震越深出现越晚，震中距越远。1min 内 S 波最大振幅能传播到约 200km，P 波最大振幅能传到约 440km。由于最大振幅走时与震中距大致呈线性关系，这可以帮助我们预估地震后在什么时间段应选择哪一种震级标准才能满足测定震级的技术要求。例如，1min 内，就不能选用体波震级 m_b、m_B 和面波震级 M_S，$M_{S(BB)}$，只能选用 M_L。

（3）把握震级越大震源破裂尺度越长，选用台站的震中距就越远的要求。由于震源是个点源的概念，但真实震源有一定破裂尺度，震级越大，破裂长度越大，为了将震源视为点源，取 $\Delta_{min}=5L$，当 $\Delta>\Delta_{min}$才能视为点源。注意到 Δ_{min}为 M 的函数，M 越大，Δ_{min}越远，由 Δ_{min}与 P 波峰值和 S 波峰值的传播速度计算得到的等待时间就越长，相应的速报时间就越长。因此，大地震时离震源较近的台站是不能准确测定震级的，只能用震中距 $\Delta>\Delta_{min}$的台站参与测定震级，尽管需要等待一定时间，但这样测定的震级才能准确、科学，质量才能过硬。

（4）把握震级越大量度震级所用地震波的周期越长的要求。同样是因为点源的缘故，测定地震的地震波波长要满足 $\lambda_{min}=5L$，P 波、S 波和面波的波速大致恒定，波速越大，对应波长量度的周期要求越短，因此大震时应选用宽频地震计记录，而且 P 波优于 S 波测定震级，即 m_B 优于 M_L 和 m_b（其中 m_b 优于 M_L）；M_S 优于 m_B，$M_{S(BB)}$优于 M_S。所有震级标度中最优的是矩震级，但测定的时间较长。对于 8 级以上的特大地震，可以选用高频 GNSS（GPS）的位移记录来测定矩震级。

（5）把握各种震级标度的上限。由于震级饱和的限制，M_L 和 m_b 的震级上限大约为 6.5 级，m_B 的上限约为 7.5 级，M_S 的上限约为 8.0 级，$M_{S(BB)}$的上限约为 8.0 级，M_W 无上限。要提醒的是地震仪的动态为 140dB，在中强地震时（$M\geqslant6$）离震中较近的测震台站更容易限幅。

13.3.5　自动速报基础性工作

（1）分析台网 1 ~ 5min 内 P 波、S 波、面波峰值触发的台站数及其触发概率。1min 内，P 波最大振幅能传 440km，S 波最大振幅能传 200km。同理可得 2min 和 3min P 波最大振幅、S 波最大振幅、面波最大振幅的传播距离。以震中为圆心，以 P 波、S 波、面波最大振幅传播距离为半径，分别统计最大振幅应到达的台站数，分别记为 N_P，N_S，N_L。并与真实台站相应触发的台站比对，分析偏差原因，必要时要重新统计相应波组峰值与震中距的走时关系。

（2）根据震源定位结果和地壳介质模型，分别计算 1min、2min、3min 内最大振幅到达各台站 P 波组和 S 波组的走时，以及预期 P 波最大振幅、S 波最大振幅、面波最大振幅的走时。以此验证实际各波组最大振幅捡拾结果的可靠性。

（3）根据（1）和（2）可制成标准表格。如果震级较大时（如 5 级以上），还应检测最大振幅是否限幅，若有限幅要有明确标记，并不得参与测定震级。

（4）根据不同震级的标准定义，仿真对应不同震级标准的地震计确定 P 波、S 波、面波的最大振幅和到时、周期。

（5）利用 S 波波组理论走时和 P 波波组理论走时验证所量取的 P 波最大振幅确实属于 P 波列，S 波最大振幅属于 S 波列。同时检测 P 波、S 波、面波的最大振幅是否限幅。

13.4　对社会公众发布的震级

为了方便大众对地震大小、强弱的认知，最好对外只公布一个或者一种震级。但实际情况并非如此。从速报的时效性分类看，1～2min 产生自动速报结果（初报），10min 内产生人工速报（终报）；最后产出编目结果，这三种报告产出的震级不尽相同。从测定震级的标度看，自动速报一般量取 M_L、m_B 震级，人工速报一般只量取 M_L 和 M_S（中国地震台网中心量取 $M_{S(BB)}$）两种震级。从参与测定震级的台站数量上看，人工速报利用的台站数最少仅几个台，准确率与值班人员的经验有关；自动速报利用的台站数较多，在规定的时间内能用的台都能用上，编目使用的台站资料最多最全。由人工利用少数台站观测数据产生的震源参数作为终报并对外发布，显然不尽科学合理。本节以如何对外科学发布震级信息为主线讨论这一问题。

13.4.1　自动速报可以替代人工速报

在相同的时间内，如 10min 内，计算机识别震相和测定震级的能力远远超出人工，而且计算效率也高。与人工相比，自动速报有较大优势，可以利用更多台站的观测数据测定震级，避免了人工速报少数几个台和经验的问题，提高了测定震级的精确性、客观性和规范性。只要震相识别和峰值量取不出问题，那么自动速报测定震级就没问题。为了验证这一事实，以福建台网的观测资料为例，利用福建地区 2009 年 1 月～2020 年 2 月 188 次 M_L 2.0 级以上地震事件 12637 条地震记录进行地方性震级自动量取，自动量取震级与人工量取震级平均偏差为 0.05±0.09 级［图 13.7（a）］，与人工量取震级偏差不大于 0.1 级占比为 90%，不大于 0.2 级占比为 98%［图 13.7（b）］。差别较大的主要是部分台站的信噪比较低、小震太密集引起的。

因此，无论是从国际潮流还是未来发展来看，自动速报必然要替代人工速报。现阶段可以考虑以自动速报为主，人工速报为辅。如果初报和终报都由同一个系统的处理结果来发布，至少避免了人工和自动之间产生的偏差。

13.4.2　M_L 和 M_S 的关系

由于人工速报规定，如果面波发育时要优先量取 M_S 震级，否则量取 M_L 震级。前面

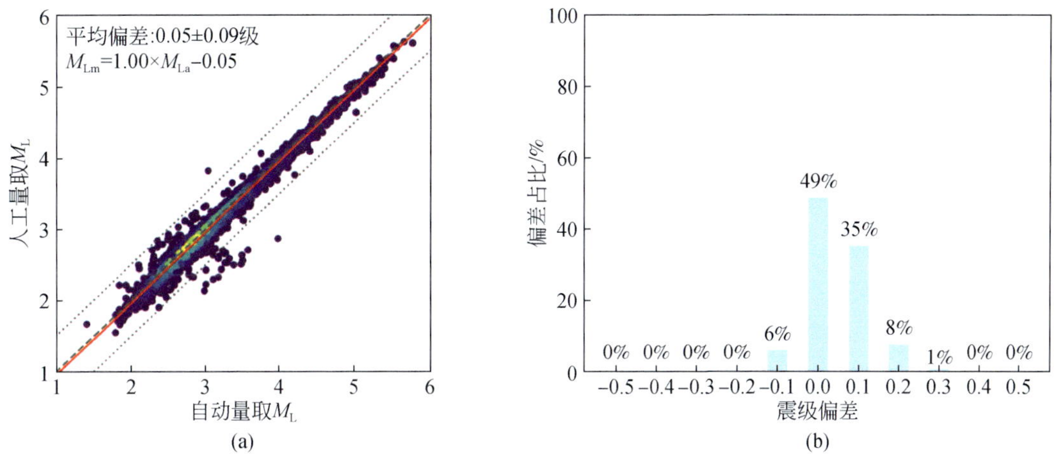

图 13.7 自动测定 M_{La}和编目 M_{Lm}震级的比较

已比较过自动速报和人工编目测定的 M_L 震级，但如果人工量取的是 M_S，二者差异如何？根据国际上对各震级标度的普遍认识，M_L 是测定 $M \leqslant 6.5$ 以下震级的最好标度，一般认为 M_L 和 M_S 在 $M \leqslant 6.5$ 时基本相同，并不需要特别转换。为了进一步验证说明，我们利用中国地震台网中心公布的 M_L 和 M_S 的资料，对人工测定的同一地震的 M_L 和 M_S 进行比对，结果显示 M_L 确实和 M_S 基本一致。刘瑞丰等（2007）利用正交回归方法，拟合两者关系为下式，换算误差为±0.27：

$$M_S = 1.01M_L - 0.07 \quad (13.31)$$

这也表明 M_L 和 M_S 震级基本一致。

13.4.3 m_B 和 M_S 的关系

目前自动速报 1~2min 产出结果的时效性要求限制了系统仅能测定 M_L 和 m_B 震级，由于 M_L 在 6.5 级时出现饱和，面波震级测定又无法在规定的时间内产出结果，由于在 2min 内，P 波峰值可传播至 800km 以上，对于震中距大于 550km 的台站可以测定 m_B，因此作为替代方案自动速报量取 m_B 震级。而人工速报要求 10min 内产出结果，对于较大的地震此时面波已充分发育，人工可以测定面波震级 M_S。这样对于较大的地震，自动速报在 2min 内测定的是 m_B 作为初报产出，与人工速报在 10min 内产出的 M_S 作为终报，两者究竟有何关系？为何两者有时差异较大？为了说明这些问题，利用同一地震自动速报 m_B 和编目 M_S 进行统计分析，二者确实存在一定统计关系。为了使初报和终报的结果相统一，确实有必要将 m_B 转化为 M_S。刘瑞丰等（2007）利用正交回归方法，拟合两者关系为下式，误差为±0.25：

$$M_S = \frac{4}{3}m_B - 2.017 \quad (13.32)$$

13.4.4　对外公布震级的策略

如何客观、科学、准确地测定震级是地震部门和科学家的职责，但如何对外权威发布则不仅仅是科学问题。因为公众对 M_L，m_B，M_S，M_W 等震级标度缺乏深入的了解，对不从事此专业的人来讲也没必要，他们只期盼尽早知道地震究竟有多大震级，而且这种震级只能是一个或者一种震级。这就涉及统一震级的问题。从科学性和世界潮流看，M_W 无疑是最好的，但从时效性和我国习惯上仍然将 M_S 作为统一震级。现阶段要从四方面努力。一是自动速报系统要增加测定面波震级的功能，融合自动测定 M_W 的功能，使自动速报系统具有测定多震级标度的能力，并分析各种标度测定的时效性和相互关系。二是尽量用自动速报替代人工速报，允许自动速报可以产生多报，至少二报（初报和终报）。三是现阶段对外公布震级仍维护以 M_S 为核心的统一震级，待时机成熟再过渡到以 M_W 为统一震级，以保持对外公布震级的稳定性和连续性。四是评估如果用 M_W 作为统一震级，对以往测定的地震震级以及地震活动性究竟有何影响。另外，真正量取 M_W 震级应以矩张量反演方法为主，它只需要少量满足震中距要求的高质量台站即可，以位移谱的零频特性求取地震矩的方法，由于辐射因子取为常数，即被平均化，这意味着需要更多的台站参与测定。从 M_L、m_B 或者其他参数通过统计关系转换为 M_W 并不是真正量取 M_W 的方法。总之，统一震级仅是对外公布震级的一种策略，它不会降低原有各种震级标度的科学性，只是相当于用一把大众能明白的尺子将初报和终报相统一。

13.5　自动速报震级方案

根据上述分析，自动速报测定震级以 M_L、m_B 为骨干，发布震级以 M_S 为主线，中强地震测定的 M_L 就等同于 M_S；强震测定的 m_B 要转化为 M_S。

13.5.1　1min 自动速报规定

（1）选用 M_L 震级。对于大陆浅源地震（一般震源深度小于 40km），根据各类波组最大峰值随时间传播距离的研究和测定震级标度的技术要求，选用 M_L 震级作为 1min 速报震级。

（2）速报起算时间和台站最大震中距规定。速报时间以发震时刻起算（网外地震以首台触发时间为速报起算时间），1min S 波波组最大峰值的传播距离约为 200km。以震中为圆心 200km（网外地震以首台震中距另加 200km）为半径范围内，配置宽带地震计和强震仪、工作状态正常的国家基准站（目前配置短周期地震计的基岩台可以参与 M_L 测定）参与震级自动速报。

（3）实际参与测定震级的台站震中距规定。5 级以下地震破裂尺度小于 3km，考虑到震源深度的影响，一般对震中距不做限定，200km 范围内正常工作的台站均可参与测定震级。考虑到国家标准 M_L 公布的量规函数在 $\Delta<70$km 时准确性不够，建议选用 $70\text{km}<\Delta\leqslant$

200km 的台站参与测定震级（若采用修订的量规函数，则 $\Delta<70$km 也可适用）；对于 5 ~ 6 级的地震，其地震的破裂尺度约为几公里至十几公里，必须选用震中距在 70km $<\Delta\leq$ 200km 范围内的台站，才能参与震级测定。

（4）速报震级即平均震级的计算方法。在满足台站震中距要求、参与震级计算的台站总数中，选用均方差为一倍以内的台站参与平均震级计算。震级偏大或偏小的台站不参与测定平均震级。

（5）速报结果规定。如果按上述规程测定的震级小于 5 级，且参与测定平均震级的实际台数不少于 15 个，上述结果就作为 1min 速报终报结果。否则 1min 速报只能作为重要参考结果，转入 2min 自动速报规程。

13. 5. 2　2min 自动速报规定

（1）如果 1min 速报结果震级大于 5 级，属中强以上地震，可能导致地震灾害，1min 速报结果可作为重要参考，同时转为 2min 自动速报。1min 速报作为第一报是 2min 速报即第二报的重要参考，第二报是对第一报的确认或重要修正。

（2）选定的震级标度为 M_L 和 m_B。2min 时，P 波最大振幅可传播至 900km，S 波最大振幅可传播至 400km，按震级标度的技术规范要求，选定 M_L 和 m_B 作为震级测定标准。

（3）参与测定震级的台站震中距的规定。

M_L 台站震中距规定：

5 ~ 6 级地震破裂尺度一般小于十几公里，可选震中距在 70 ~ 400km 范围内的台站参与 M_L 震级测定；6 ~ 6. 5 级地震最大破裂尺度约为 28km，可选震中距 140 ~ 400km 范围内的台站参与 M_L 震级测定；如果震级大于 6. 5 级，则不再使用 M_L 震级。

m_B 震级台站震中距规定：

由于 m_B 技术规范要求震中距 $\Delta>5°$，当震级小于 7. 5 级时，破裂尺度一般小于 120km，故 6 ~ 7. 5 级地震选用震中距 550 ~ 900km 范围内的地震台参与震级测定。

（4）平均震级计算方法。同时计算 M_L 和 m_B，平均震级测定方法与 1min 速报测定平均震级的方法相同。但实际参与平均震级计算的台站总数要更多。

（5）2min 速报结果规定。

若震级小于 6 级，则 M_L 作为 2min 速报即第二报最终结果（终报）；对于 6 ~ 6. 5 级地震，将 m_B 震级转换为 M_S 震级，取 $M=\max\{M_L, M_S\}$ 作为 2min 速报即第二报的参考震级结果；当震级大于 6. 5 级时，取 M_S 作为 2min 速报即第二报的震级结果供参考，并转入 3min 速报。

13. 5. 3　3min 自动速报规定

（1）如果 2min 速报结果即第二报震级大于 6 级，则可判定为强震，可能导致严重地震灾害，2min 速报结果可作为重要参考，同时转为 3min 自动速报。第二报是第三报的重要参考，第三报是第二报的确认或重要修正。

（2）测定震级标度为 m_B。当3min时，P波最大振幅可传播至1300km，按震级标准的技术要求，选定 m_B 为测定标准。

（3）对参与震级测定的台站震中距的规定。6～7.5级地震，破裂尺度一般小于120km，选用震中距600～1300km范围内的台站参与 m_B 震级测定；7.5～8级地震破裂尺度一般小于200km，可选用震中距1000～1300km范围内的台站参与测定震级。

（4）平均震级计算方法。m_B 震级测定方法与1min速报测定平均震级的方法相同。但实际参与测定平均震级的台站总数应更多。

（5）3min速报结果规定。将 m_B 震级转换为 M_S 震级，若震级小于7级，则 M_S 作为3min速报即第三报的终报。若震级大于7级，则第三报作为重要参考，同时转为第四报。

13.5.4　4min 自动速报规定

（1）如果3min速报结果即第三报震级大于7级时应判定为大震，可能导致较为严重的地震灾害。第三报是第四报的重要参考，第四报是第三报的确认或重要修正。

（2）测定震级标度为 m_B。当4min时，P波最大振幅可传至1800km，按震级标准的技术要求，选定 m_B 为测定标准。

（3）对实际参与震级测定的台站震中距的规定。7～7.5级地震破裂尺度一般小于120km，选用震中距在600～1800km范围内的台站参与 m_B 震级测定；7.5～8级地震破裂尺度一般小于200km，可选用震中距在1000～1800km范围内的台站参与 m_B 震级测定。

（4）平均震级计算方法。m_B 平均震级计算方法与1min速报测定平均震级的方法相同。但实际参与测定平均震级的台站总数会更多。m_B 的震级上限为7.5级，若 $M>7.5$ 则不宜再采用 m_B 震级。

（5）4min速报结果规定。将 m_B 震级转换为 M_S 震级作为发布震级。若震级小于7.5级，则 M_S 作为4min速报结果即第四报的终报。若震级大于7.5级，则第四报作为重要参考，同时转为第五报。

13.5.5　自动速报第五报规定

（1）选用的震级规定。第四报震级大于7.5级时可判定为巨震，可造成极为严重自然灾害。第五报选用的震级为 M_S 和 M_W。

（2）速报时间规定。4～10min面波最大峰值传播距离为600～1700km。巨震级的测定一般采用宽频带波形拟合技术，测定的时间需要5～20min。故第五报的时间规定为5～20min，震级越大，等待时间越长。

（3）参与测定 M_S 震级的台站震中距规定。M_S 震级的技术规范要求 $\Delta>2°$ 即约240km。为精确测定面波震级，取 $\Delta>10L$，L 为断层破裂尺度，综合两方面要求可得到：①$M\leqslant 6.0$，$\Delta>240$km；②$6.0<M\leqslant 7.0$，$\Delta>600$km；③$7.0<M\leqslant 7.5$，$\Delta>1200$km；④$7.5<M<8.0$，$\Delta>2000$km。

（4）参与 M_W 震级测定的台站震中距规定。为精确测定地震矩，取 $\Delta>10L$，L 为断层破裂尺度，可得到：①$M\leqslant6.0$，$\Delta>140$km；②$6.0<M\leqslant7.0$，$\Delta>600$km；③$7.0<M\leqslant7.5$，$\Delta>1200$km；④$7.5<M\leqslant8.0$，$\Delta>2000$km；⑤$8.0<M<8.5$，$\Delta>3000$km。

（5）震级速报规定。若 M_S 测定时间快，且 $M_S\leqslant8.0$，则 M_S 震级为终报；否则 M_W 为终报震级。

13.5.6　终报及震级修改规定

1）终报规定

（1）$M<5.0$ 第一报为终报；

（2）$5.0\leqslant M<6.0$ 第二报为终报；

（3）$6.0\leqslant M<7.0$ 第三报为终报；

（4）$7.0\leqslant M\leqslant7.5$ 第四报为终报；

（5）$M>7.5$ 第五报为终报。

2）震级修订规定

若 30min 内重新测定震级偏差 0.2 级之内则不修改；否则重新修订震级并正式发布修改后的震级。

3）高频 GNSS 参与震级测定

对于 $M>7.5$ 以上的大震，可选用高频 GNSS 参与震级测定。

13.6　本章小结

本章首先介绍了国家制定六种震级标准的定义和台网测定震级的规定；研究探讨了自动速报测定震级的科学基础，阐述了如何规范、准确、科学测定震级的问题。由于震级越大破裂尺度越大，提出了测定震级的最小震中距与震级的关系，进而从测定不同震级对台站最小震中距的要求和各种震相峰值走时的传播规律，设计了自动速报时间的方案，阐述了震级越大速报时间越长的原因，提出了自动速报的思路和把握的原则。在此基础上探讨了如何对外发布震级的策略和统一震级的问题，分析了自动速报、人工速报以及编目在 1 ~2min 时效性的要求下，各自测定震级的标度和优缺点，探讨了自动速报的未来发展趋势，提出了现阶段自动速报的技术方案。

第 14 章　高速铁路的地震预警

我国地震活动频度高、强度大、震源浅、分布广，是一个震灾严重的国家。据统计在西南、西北、华北以及东南沿海的广东、福建以及台湾地区等五个区域分布了 23 条地震带。尽管地震发生概率较小，但危害性很大，对高速铁路而言，当列车运行速度超过 200km/h 后，即使中小地震，对路基、轨道和桥梁的冲击都可能导致危害旅客生命安全的重大事故。尽管我国高速铁路在选线方面已尽可能避开不良地质条件，而且在高速铁路线路、桥梁、隧道等方面进行了不同程度抗震设计，但我国地震基本烈度Ⅵ度以上地区占国土面积总数的 32.5%，高速铁路的建设仍不可避免地存在跨越或临近地震断裂带。截至 2019 年底，我国已投入运营的高速铁路超 3 万 km，年均开通运营里程约 2000km。已建、在建和待建高铁呈网状分布，主要包含“四纵四横”铁路快速客运通道、六个城际快速客运线路及省会城市间的客运专线。“四纵”客运专线包含：北京-上海（京沪高速铁路）、北京-武汉-广州-深圳-香港（京港高速铁路）、北京-沈阳-哈尔滨（大连）、杭州-宁波-福州-深圳（沿海高速铁路）。“四横”客运专线包含：徐州-郑州-兰州、杭州-南昌-长沙-贵阳-昆明（沪昆高速铁路）、青岛-济南-石家庄-太原、上海-南京-武汉-重庆-成都（沪汉蓉高速铁路）。未来还有“八纵八横”的规划，目前我国已成为世界上高速铁路里程最多的国家。当前我国高速铁路依照《中国地震动参数区划图》以及重要工程地震灾害性评价、《高速铁路设计规范》（TB 10621—2014）等开展抗震设计，其中《高速铁路设计规范》中规定，沿线地震动峰值加速度大于 0.1g 的地区应设置地震监控点，地震监测控点应具有 S 波监控功能，有条件时宜具备 P 波预警功能。对照地震区划和路网规划，如图 14.1 所示，保守估计位于Ⅶ度设防区域的高速铁路里程约在 1 万 km 以上，超过运行里程的 1/3。因此，在我国高速铁路覆盖范围大、运行速度快、密度高的情况下，提高高速铁路对地震灾害的预防和应对能力，急需研发具有时效性好、可靠性高、误报率低的新一代高速铁路地震预警系统。

在本章中，着重讨论如下问题。

（1）高铁运行安全的地震风险评估。主要从高铁安全运行的角度考虑，在现有地震安全性评价的框架下，结合高铁安全运行能力模型，在高铁使用寿命内，当影响高铁运行安全的地震动峰值加速度超过设计值时，以概率表示的高铁面临的安全运行地震风险究竟有多大？以福建为例加以说明，以便对高铁不同路段面临的不同地震风险，有针对性地做好预防措施加强防范。

（2）如何做好国家地震预警系统和高铁预警系统的技术对接，发挥各自优势，特别是在遇到强震发生时国家预警系统如何加工定制相关服务产品，尽可能地提供相关服务，更好地保障高铁运行的安全。

（3）利用台湾海峡 6.2 级地震对福建沿海高铁的真实影响，进行模拟仿真研究，发现的问题对下一步改进技术系统设计、优化其功能具有现实意义。

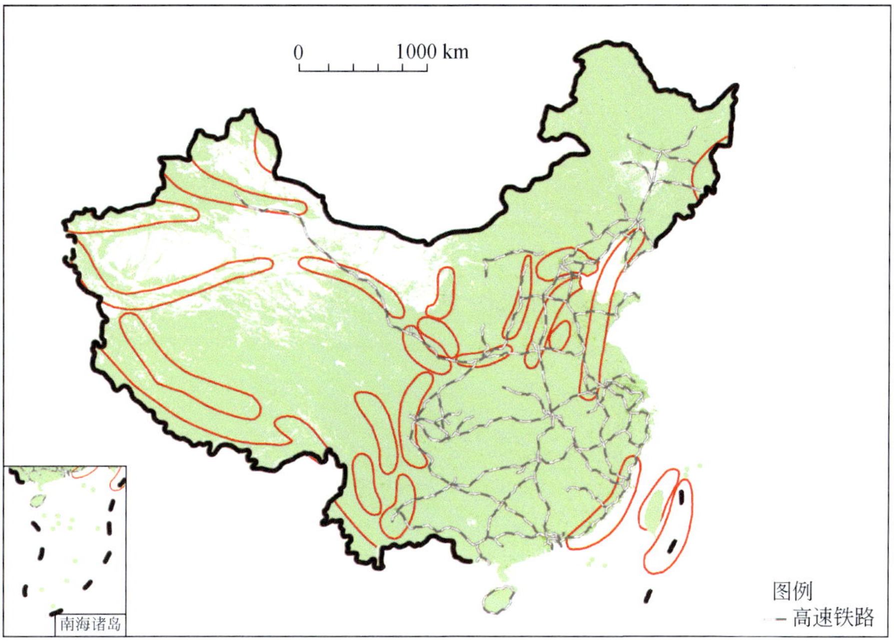

图 14.1　中国高速铁路与地震带分布图

14.1　高铁安全运行的地震风险评估

目前，国内外解决高速铁路地震安全运行问题的有效方式，除了在设计阶段针对高铁基础设施采用严格的抗震设计外，还在建设过程或运营阶段采取了地震紧急处置如地震报警或地震预警的方法，即在高铁沿线或周边地区，根据地震活动性布设地震监测台网和地震紧急处置系统，当检测或预测的地震动达到一定阈值时，对应急处置范围内的高速列车采用减速、停车或断电等紧急处置措施，减小列车脱轨或倾覆的危险，从而有效地防止或减轻地震对高铁的危害。需要进一步指出的是，以往高速铁路紧急处置系统布设监测台网主要是根据高速铁路的重要性和高铁抗震设计标准制定的，这种抗震设计只是针对基础设施，并非针对高铁的运行安全，难以有效分段评估高速铁路沿线运行安全的地震风险高低，进而无法对紧急处置系统中地震监测台网设计和布设、灾前应急管理提供科学辅助。因此依据紧急处置等级，对高铁线路分区段进行地震风险的概率分析评估是十分重要的，它能说明哪些路段的地震风险较高，对列车的运行安全影响较大，以便提前有针对性地做好预防措施。

14.1.1　影响高铁运行安全最小震级区划

当某地发生震级为 M 的地震时，震中距高铁线路最短距离为 Δ，依衰减规律高铁可能遭受的地震动峰值加速度 PGA 可计算为

$$\lg PGA = e_1 M + e_2 \lg(\Delta + \Delta_0) + e_3 \tag{14.1}$$

以福建地区为例，式（14.1）中，$e_1 = 0.4067$；$e_2 = -1.3665$；$e_3 = 1.473$；$\Delta_0 = 15$；Δ 单位为 km；PGA 单位为 cm/s^2。当高铁路段的 PGA 满足

$$PGA \geqslant a_0 \tag{14.2}$$

就会对高铁产生影响，此路段高铁列车运行就面临地震风险，应采取处置措施。式（14.2）中 a_0 为紧急处置等级。据《高速铁路地震预警监测系统技术条件》（Q/CR 633—2018）中对地震预警系统的警报阈值的相关规定，a_0 为 $40cm/s^2$、$80cm/s^2$、$120cm/s^2$ 三个等级。经简单推导，就可得到与式（14.1）和式（14.2）等价，但以震级表达的公式为

$$\begin{cases} M \geqslant M_a \\ M_a = [\lg a_0 - e_2 \lg(\Delta + \Delta_0) - e_3] / e_1 \end{cases} \tag{14.3}$$

应注意 M_a 与安全等级 a_0 有关。如果 $M \geqslant M_a$，则 $PGA \geqslant a_0$。当 $\Delta = 0$ 时，$M_a = M_{\min}$，即

$$M_{\min} = [\lg a_0 - e_2 \lg \Delta_0 - e_3] / e_1 \tag{14.4}$$

如果取 a_0 为 $40cm/s^2$，$M_{\min}$ 等价于在高铁列车下方发生的对高铁有影响的最小震级地震，震级比其小时，对高铁运行安全几乎没有影响。因此，只要知道震中位置以及震中至高铁的最短距离，即可计算出对高铁有影响的震级。如果将高铁所在的区域进行空间网格划分，网格间距可取为 5km（或者 10km），假定每个网格上发生一个地震，根据高铁线路由式（14.4）可计算出每个网格上对高铁有影响的最小地震震级 $M_{ka}(k=1, 2, \cdots, N)$。如果有多条高铁，依此思路可以做出对每条高铁有影响的最小地震。在相应的空间网格上，综合分析对各条高铁的影响，取其中最小的震级作为本网格点对高铁有影响的最小震级。以此思路所绘的图即对应于 $PGA \geqslant a_0$ 等级对高铁有影响地震震级的空间分布图，只要在相同空间位置上发生的地震超过该图所确定的震级，都会影响高铁的运行安全。a_0 取 $40cm/s^2$、$80cm/s^2$、$120cm/s^2$ 时，可得对应三个等级的最小地震震级的空间分布图。换句话说，如果第 K 个空间网格对应于三个安全等级的震级分别为 M_{K1}，M_{K2}，M_{K3}，其含义可表示为：

$PGA \geqslant 40cm/s^2$ 等价于 $M \geqslant M_{K1}$；

$PGA \geqslant 80cm/s^2$ 等价于 $M \geqslant M_{K2}$；

$PGA \geqslant 120cm/s^2$ 等价于 $M \geqslant M_{K3}$。

注意到 $M_{K1} \leqslant M_{K2} \leqslant M_{K3}$。一般取 $40cm/s^2$ 确定的震级作为对高铁地震安全有影响的最小震级。该图是从高铁运行安全角度考虑制作的，并没有考虑真实地震活动性的影响。下一步将考虑地震活动性的影响，对该图进行修正，因为一些网格点不可能发生较大的地震。

14.1.2 网格震级上限及不同安全等级风险区

地震的发生有其自然规律，4 级及以下地震作为一个地区的本底地震，在空间上具有一定的随机性，它与地震活动断层的关系不明显。因此在一个特定的区域内进行空间网格剖分，则每个空间网格都有可能发生 4 级及以下的地震。但是，4 级以上的地震都不可能随意发生，它一般与地震构造和断层活动有关。对其发生地震的上界 M_u，一般按如下原则考虑：

（1）如果没有地震活动和活动构造背景的网格，其震级上限就确定为 4 级；

（2）至今为止，历史上已知发生的最大地震如果其震级超过 4 级，就将其作为震中附近最近网格点上的最大地震震级；

（3）依据抗震设防区划图的编制原则，活动构造潜在震源上的震级上限就作为整个潜在震源区内每个网格点的最大地震震级。

按此原则，可以得到考虑地震活动特点和潜在震源划分后，每个空间网格点上的震级上限 M_u。

综合（1）和（2）两部分工作，就可制作以高铁运行安全等级为目标的地震风险区划图。假定空间上某一网格的潜在震源震级上限为 M_u，对于 40cm/s^2、80cm/s^2、120cm/s^2 的三个安全等级的震级为 M_1，M_2，M_3。根据如下原则确定风险等级：

（1）如果 $M_u \geqslant M_3$，即潜在震源震级上限大于等于紧急处置准则所确定的最高震级，则 PGA≥120cm/s^2，定义此空间网格为高铁运行的极高风险地区；

（2）如果 $M_2 \leqslant M_u < M_3$，即潜在震级上限大于等于 80cm/s^2 所确定的震级，定义此网格为高铁运行的高风险地区；

（3）如果 $M_1 \leqslant M_u < M_2$，即潜在震级上限大于等于 40cm/s^2 所确定的震级，定义此网格为高铁运行的中风险地区；

（4）如果 $M_u < M_1$，即潜在震级上限小于 40cm/s^2 所确定的震级，定义此网格为高铁运行的低风险地区。

由此可编制完成以高铁运行安全 4 个等级为目标的地震风险区划图。如图 14.2 为以第五代参数区划图潜在震源参数进行计算得到的福建高铁运行安全的地震风险区划图，从图中可以看出，对福建高铁运行安全最危险的地区是福建东南沿海部分，主要位于长乐-诏安断裂带和滨海断裂带台湾海峡段之间。这张图的优点是危险区域一目了然，缺点是没有时间和概率的定量评估。

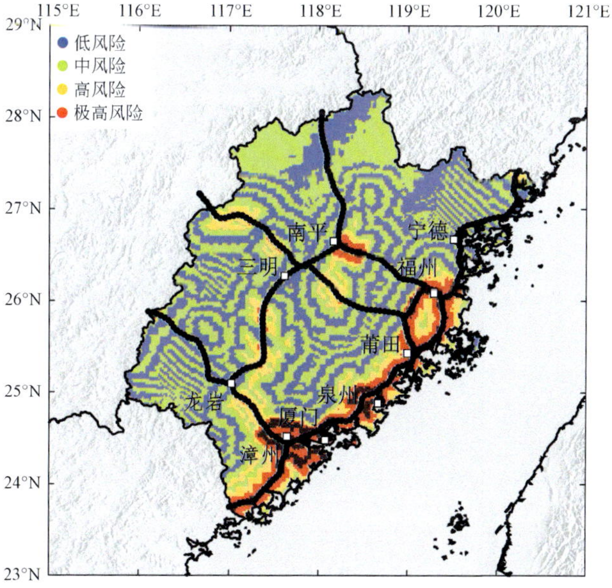

图 14.2　福建高铁运行安全的地震风险区划图

14.1.3　地震发生的概率分析

根据地震学家的研究，某一区域地震发生的规律满足震级-频度关系，如果该地区的最小地震震级为 $M_{\min}$，最大地震震级为 $M_{\max}$，则当 $M_{\min} \leqslant M \leqslant M_{\max}$ 时，累积的地震次数 N 与震级的关系如下

$$\ln N(M)=a-\beta M, \quad M_{\min} \leqslant M \leqslant M_{\max} \tag{14.5}$$

则发生 $M \geqslant M_{\mathrm{d}}$ 的概率 $P(M \geqslant M_{\mathrm{d}})$ 为

$$P(M \geqslant M_{\mathrm{d}})=\frac{1-\mathrm{e}^{-\beta(M_{\max}-M_{\mathrm{d}})}}{1-\mathrm{e}^{-\beta(M_{\max}-M_{\min})}} \tag{14.6}$$

式中，α，β 为统计系数，分别反映地震活动水平和强度的分布特征。

在研究区域 T 年（长时间）内，经统计得的 $M_{\min} \leqslant M \leqslant M_{\max}$ 的总次数为 N_0，则地震年平均发生率为 $V_0=N_0/T$，如果地震目录不全时，也可按下式估计：

$$V_0=\left[\mathrm{e}^{\alpha-\beta M_{\max}}-\mathrm{e}^{\alpha-\beta M_{\min}}\right]/T \tag{14.7}$$

如果地震的发生服从均匀泊松分布，同理 $V'=V_0 P(M \geqslant M_{\mathrm{d}})$，也可作为 $P(M \geqslant M_{\mathrm{d}})$ 的年发生率。V' 也服从均匀泊松过程，则 1 年内至少发生一次 $M \geqslant M_{\mathrm{d}}$ 的概率为

$$\begin{aligned} P^1(M \geqslant M_{\mathrm{d}}) &= 1-\mathrm{e}^{-V_0 P(M \geqslant M_{\mathrm{d}})} \\ &= V_0 P(M \geqslant M_{\mathrm{d}}) \end{aligned} \tag{14.8}$$

t 年（短时间）内至少发生一次 $M \geqslant M_{\mathrm{d}}$ 的地震的概率为

$$P^t(M \geqslant M_{\mathrm{d}})=1-\left[1-P^1(M \geqslant M_{\mathrm{d}})\right]^t \tag{14.9}$$

14.1.4　高铁运行安全的地震风险评估

在 T 年内，总面积为 S 的区域中，地震发生的总次数为 N，则单位面积上 1 年时间内地震发生的平均次数为

$$\bar{v}=\left(\frac{N}{TS}\right) \tag{14.10}$$

如果将面积 S 划分成若干空间网格，第 K 个网格对应的面积为 S_K，则潜在震源 S_K 上的年平均发生率为

$$\begin{cases} v_K=\left(\dfrac{N}{T}\right)\left(\dfrac{S_K}{S}\right)=v_0 \eta_K \\ v_0=\dfrac{N}{T} \\ \eta_K=\dfrac{S_K}{S} \end{cases} \tag{14.11}$$

均匀网格时 S_K 为一常数，η_K 相当于将年平均发生率按面积均匀分配系数，如果考虑地震活动性在空间上的非均匀性，可分别统计每个网格上 T 年内发生的次数为 $N_K(K=1, 2, \cdots, N_{\mathrm{S}})$：

$$N = \sum_{j=1}^{N_S} N_K \tag{14.12}$$

则第 K 个网格的年均发生率为

$$\begin{cases} v_K = \dfrac{N_K}{T} = v_0 \eta_K \\ \eta_K = \dfrac{N_K}{N} \end{cases} \tag{14.13}$$

总之，地震年平均发生率的空间分配方案是十分重要的，它客观反映地震活动性在空间上的不均匀性。如果将每一条高铁线路按 5km（或 10km）进行网格化，共分为 N_c 个场点（$j=1, 2, \cdots, N_c$）；根据 PGA 的衰减关系：

$$\lg \mathrm{PGA} = e_1 M + e_2 \lg(\Delta + \Delta_0) + e_3 \tag{14.14}$$

式中，M 为震级；Δ 为震源至高铁场点的震中距。如果共有 N_P 个潜在震源（网格）满足 $\mathrm{PGA} \geqslant a_0$，假定这 N_P 个空间网格潜在震源是相互独立的，则高铁线路第 j 段的年超越概率 $P_j^1(\mathrm{PGA} \geqslant a_0)$ 为

$$\begin{cases} P_j^1[\mathrm{PGA} \geqslant a_0] = \sum\limits_{K=1}^{N_P} v_K P[M > M_{jK}(a_0)] \\ M_{jK}(a_0) = [\lg a_0 - e_2 \lg(\Delta_{jK} + a_0) + e_3]/e_2 \end{cases} \tag{14.15}$$

式中，Δ_{jK}为第 j 段高铁场点到第 K 个震源的震中距；v_K 为第 K 个网格点上潜在震源的地震年平均发生率。

现在计算第 K 个网格震源对第 j 段高铁场点的贡献，其震级上限为 M_{Ku}，对高铁第 j 段满足 $\mathrm{PGA} \geqslant a_0$ 的概率 $P[M \geqslant M_{jK}(a_0)]$，则有

$$P[M \geqslant M_{jK}(a_0)] - \begin{cases} \dfrac{1 - e^{-\beta[M_{Ku} - M_{jK}(a_0)]}}{1 - e^{-\beta(M_{Ku} - M_{\min})}}, & 若\ M_{Ku} \geqslant M_{jK}(a_0) \\ 0, & 若\ M_{Ku} < M_{jK}(a_0) \end{cases} \tag{14.16}$$

高铁第 j 段 t 年内至少发生一次 $\mathrm{PGA} \geqslant a_0$ 的概率为

$$P_j^\tau(\mathrm{PGA} \geqslant a_0) = 1 - [1 - P_j^1(\mathrm{PGA} \geqslant a_0)]^t \tag{14.17}$$

式中，$P_j^\tau(\mathrm{PGA} \geqslant a_0)$ 为高铁运行时，t 年内发生一次 $\mathrm{PGA} \geqslant a_0$ 的概率。取 a_0 为 $40\mathrm{cm/s^2}$、$80\mathrm{cm/s^2}$、$120\mathrm{cm/s^2}$ 时，可分别得到不同等级的风险概率，如果 $j=1, 2\cdots, N_c$，则可对高铁整条线路进行分段的运行安全地震风险评估。可得到分不同路段以紧急处置等级 $\mathrm{PGA} \geqslant a_0$ 的年超越概率为基础，不同时间尺度的地震风险评估图。对于更详细的计算，如按震级分段加权分配年平均发生率以及不确定参数的概率修正等可参照国家地震安全性评价的技术大纲等规范，在此不再做进一步的讨论。

14.1.5　高速铁路安全运行能力模型

假设地震作用下防脱轨能力的概率密度函数 $f(x)$ 符合以下两种分布模型：脉冲分布和均匀分布。其中脉冲分布概率密度 $f(x)$ 和分布函数 $F(x)$ 如下：

$$f(x)=\begin{cases}+\infty, & x=a\\0, & \text{其他}\end{cases} \tag{14.18}$$

$$F(x)=\begin{cases}1, & x\geqslant a\\0, & x<a\end{cases} \tag{14.19}$$

均匀分布概率密度和分布函数如下：

$$f(x)=\begin{cases}1/(b-a), & a<x<b\\0, & \text{其他}\end{cases} \tag{14.20}$$

$$F(x)=\begin{cases}0, & x<a\\(x-a)/(b-a), & a\leqslant x<b\\1, & b\leqslant x\end{cases} \tag{14.21}$$

式中，b 和 a 均为地震动强度指标，构成了高速铁路脱轨概率分布区间，本书定义为高速铁路安全运行阈值。值得一提的是，如图 14.3 所示，脉冲分布函数本质是阶跃函数，其物理含义是指当超过安全运行阈值 a 时高速铁路 100% 脱轨，不超过安全运行阈值 a 时高速铁路则安全运行，所以该分布仅仅与一个安全运行阈值有关；而均匀分布则是指在区间 [a，b] 之间高速铁路脱轨的可能性是相同的，隐含着高速铁路在达到安全运行阈值 a 才开始有脱轨的风险，超过安全运行阈值 b 时则 100% 脱轨。

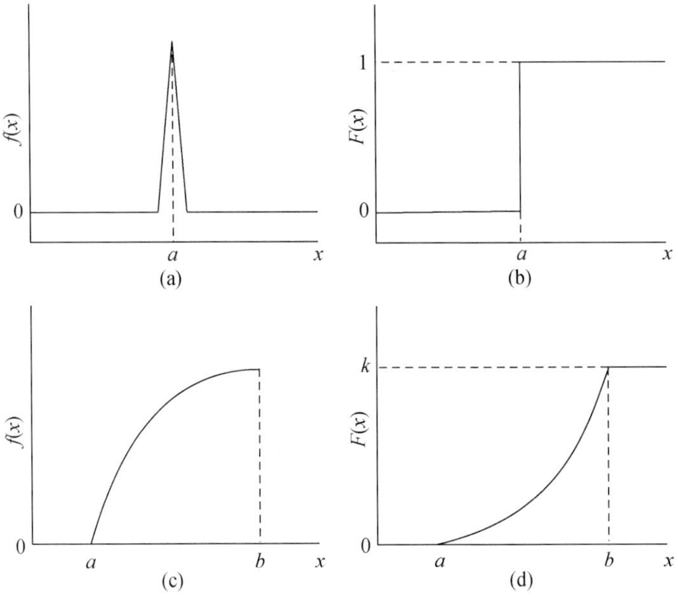

图 14.3　高速铁路安全运行能力模型

（a）、（b）脉冲分布的概率密度和分布函数；（c）、（d）均匀分布的概率密度和分布函数

现以 2015 年版《中国地震动参数区划图》中华南沿海地震统计区、台湾西部地震统计区和长江中游地震统计区的潜在震源区划分方案、地震活动性模型参数和我国东部地区加速度峰值衰减关系以及福建土层地震响应模型（图 14.4 ~ 图 14.6）为基础，假设地震作用下防脱轨能力的概率密度函数符合脉冲分布，可计算福建地区高铁线路 100 年内遭受地震动峰值加速度 PGA 对应 40cm/s²、80cm/s² 和 120cm/s² 下的脱轨的概率风险，如图 14.7 所示。可以看到：①100 年内福建境内的高铁线路遭受 PGA≥40cm/s² 超越概率基

本都超过 10%，超过 40% 的地区除了南龙线福建和江西交界处外大都位于福建东部，换句话说，福建东部地区高铁处于 $40cm/s^2$ 紧急处置等级状态下的地震风险较高；②100 年内 PGA ≥ $80cm/s^2$ 超越概率超过 20% 的地区大部分都位于福建东部沿海上，如果以超越概率 20% 为界，福建地区高铁只有杭深线福州以南部分 $80cm/s^2$ 紧急处置等级状态下的地震风险较高；③假设 100 年内 PGA ≥ $120cm/s^2$ 超越概率以超过 20% 为界，则只有杭深线泉州–漳州部分 $120cm/s^2$ 紧急处置等级状态下的地震风险较高。

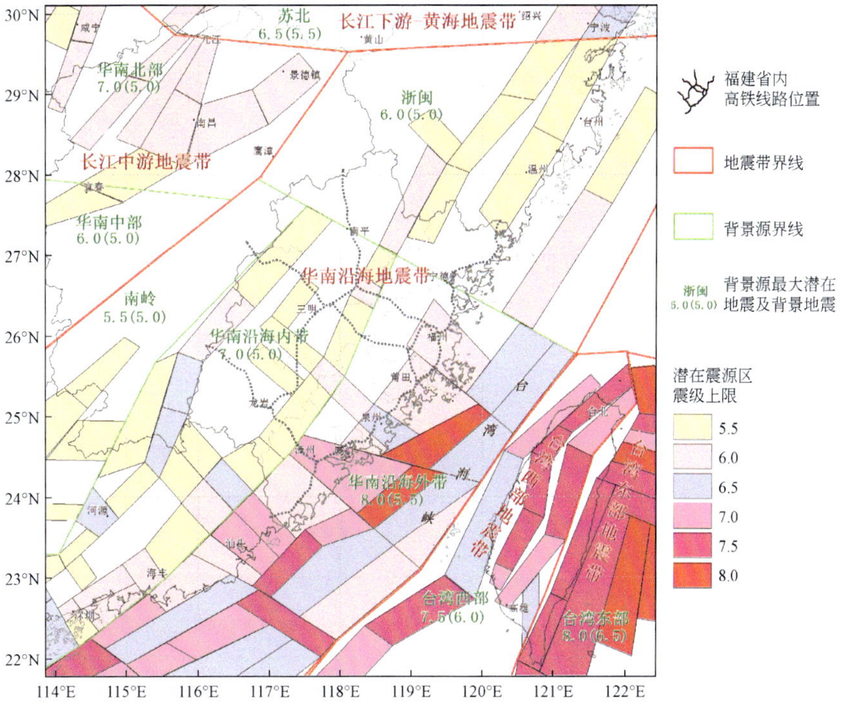

图 14.4　福建高速铁路及周边地区潜在震源区分布

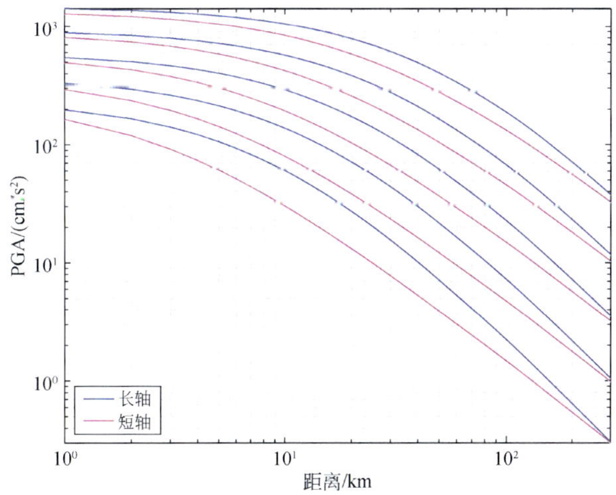

图 14.5　我国东部地区峰值加速度衰减关系

从上到下分别对应 M=4、5、6、7、8

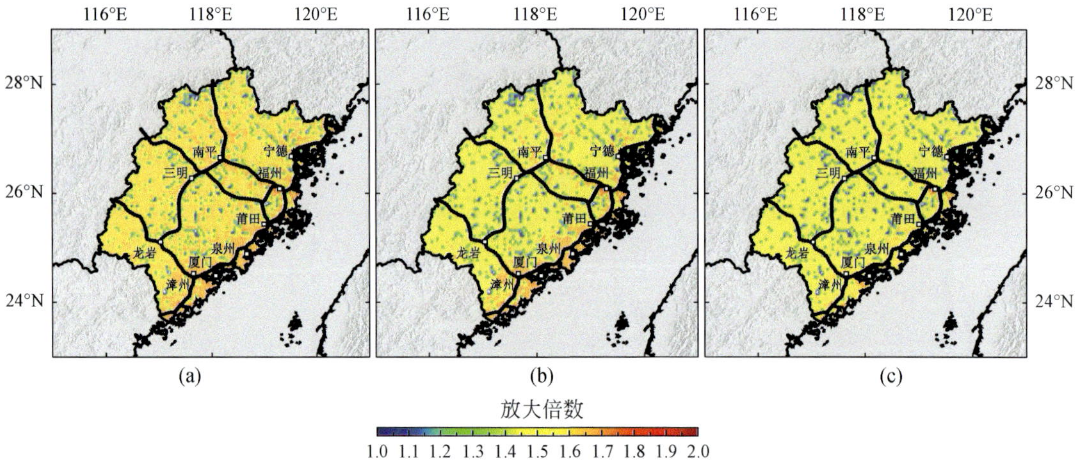

图 14.6　福建土层地震响应模型

（a）$PGA=40cm/s^2$；（b）$PGA=80cm/s^2$；（c）$PGA=120cm/s^2$

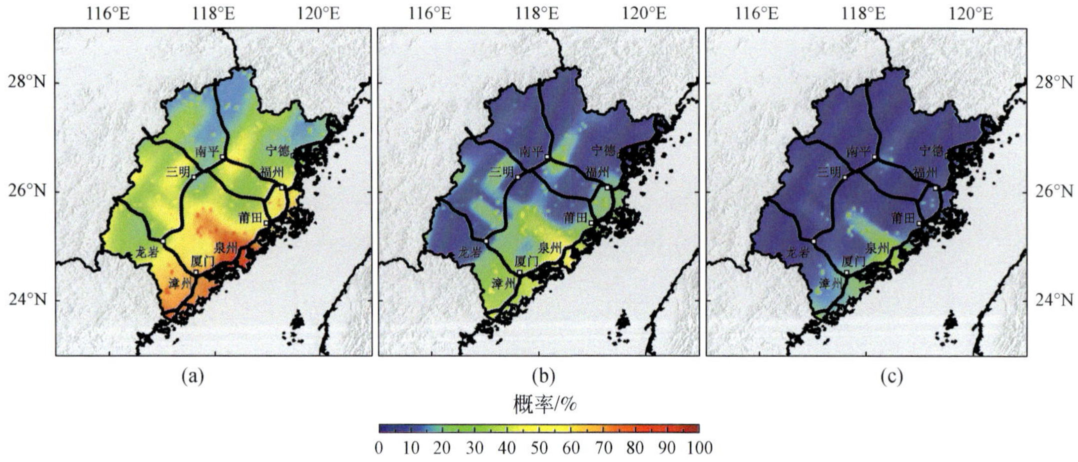

图 14.7　福建高速铁路及周边地区脱轨脉冲模型对应的 100 年脱轨概率分布

（a）$a_0=40cm/s^2$；（b）$a_0=80cm/s^2$；（c）$a_0=120cm/s^2$

若假设地震作用下防脱轨能力的概率密度函数选取均匀分布模型，且区间范围取 40 ~ $120cm/s^2$ 之间，对应的福建高速铁路脱轨风险概率如图 14.8 所示。可以看到：①福建高速铁路运行安全地震灾害高风险地区主要位于东南沿海和闽粤交界处；②若以基准期内必会遭遇一次脱轨的概率为极高风险标志的话，那么基准期为 100 年对应的脱轨概率为 63%，则在均匀模型情况下，杭深线泉州–厦门段均已超过 63%，福州–泉州和厦门–漳州段也位于 50%~63% 之间，这意味着杭深线福建东南沿海福州以南段均处于运行安全地震灾害高风险威胁下，需要采取防治措施以降低风险，保证旅客生命安全。

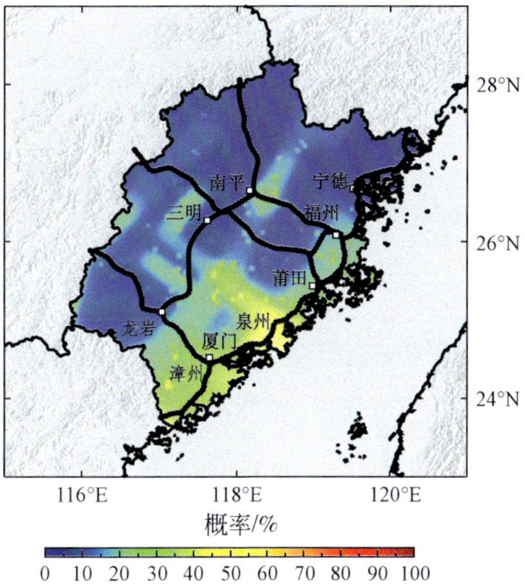

图 14.8　福建高速铁路及周边地区脱轨均匀模型对应的 100 年脱轨概率分布

14.2　国家地震预警与高铁预警系统的衔接

高铁一般在沿铁路每隔 20～30km 建设一个由两台强震仪组成的地震监测台站，以形成对高铁沿线的地震监测能力，另外在高速列车上也安装相应的振动传感器，在振动超过一定数值时自动降低行驶速度。在建设全国地震预警公共服务系统（简称国家预警系统）的同时，随着高铁的快速发展，铁路部门也在抓紧建设高铁地震预警系统。两套系统由于目标任务并不相同，从台网设计、数据处理、信息发布、紧急处理等都有较大差异，也互为补充，因此要充分整合国家地震监测台网和高铁地震监测台网以及其他行业的地震监测台网，共同应对地震灾害，形成反应速度更快、可靠度更高、减灾效果更好的地震预警系统。国家预警系统应为行业部门如高铁提供更多服务产品，为紧急处置赢得更多的预警时间。

14.2.1　增强高铁台网的地震感知能力

国家预警系统的站点分布广，属面状布设，在地震活动活跃和地震带上的站点比较密集，感知地震的能力很强；高铁预警系统的站点分布一般沿铁路呈线性布设，除地震发生在铁路沿线以外，总体感知地震的能力较弱。众所周知，设计规范规定 7 度（Ⅶ）的加速度峰值为 0.1g（98cm/s^2），6 度（Ⅵ）的加速度峰值为 0.05g（48cm/s^2），5 度（Ⅴ）的加速度峰值为 0.025g（24cm/s^2）。从高铁运行安全的角度考虑，当 PGA 分别达到 40cm/s^2、80cm/s^2、120cm/s^2 时，列车将采取不同的紧急处置措施，以确保旅客的安全。因此，当铁路两侧一定范围内发生强震，高铁沿线的地震烈度达到 5～7 度时，都会对铁路运行安全带来严重影响。如果考虑路基的放大作用，甚至Ⅲ、Ⅳ度区也会对高铁运行安全带来影响。因此，尽可能地扩大铁路两侧感知地震的能力对于高铁预警是十分必要的。但扩大两侧纵深距离究竟需要多少呢？现在就分析研究此问题。

可以计算 $\Delta I=I_0-I$ 与 Δ 的关系。其中 I 为场地烈度，M 为震级，Δ 为震中距，I_0 为 $\Delta=0$ 时的震中烈度。烈度衰减关系为

$$I=c_1M+c_2\lg(\Delta+R_0)+c_3 \tag{14.22}$$

式中，R_0 为距离常数，一般取 10 ~ 15km。

根据西南地区烈度衰减规律，可以得到从震中烈度起算，按长轴和短轴分别计算衰减 1 度至 6 度时的距离，及其平均值如表 14.1 所示。

表 14.1　震中烈度衰减 1 度至 6 度时的空间距离的估计

ΔI	1	2	3	4	5	6
长轴 R_a/km	14	36	70	124	209	343
短轴 R_b/km	8	22	48	95	184	347
平均 R/km	10	28	58	109	194	340

根据 PGA 的衰减关系：

$$\lg \text{PGA}=e_1M+e_2\lg(\Delta+R_0)+e_3 \tag{14.23}$$

式中，M、Δ 分别为震级和震中距。可以得到发生不同强度的震级时，40cm/s² 和 80cm/s² 的距离。从表 14.2 可看出，当铁路两侧 12km 处发生 3.9 级地震就会对高铁产生影响，近 200km 处发生 7 级以上地震也会对高铁产生影响。综合上述分析，对两侧有 7 级以上潜在震源时，扩展范围为 200km；有 6 级以上潜在震源时，扩展至 100km。因此应将铁路两侧的 100 ~ 200km 范围内的国家预警系统的观测站点接入高铁站点观测系统，增强高铁线路两侧感知地震能力，扩大防御纵深，提升报警能力，争取更多预警时间。

表 14.2　震级或震中烈度衰减 40cm/s² 和 80cm/s² 的距离

震级	7.5	6.8	6.0	5.2	4.5	3.9
震中烈度/度	10	9	8	7	6	5
40cm/s² 的震中距/km	212	138	79	42	22	12
80cm/s² 的震中距/km	132	85	48	24	12	6

14.2.2　为高铁提供更多服务产品

国家地震预警系统，发生中强以上地震时，可为铁路预警提供如下信息。

（1）地震基本参数：发震时间、震源位置、震中烈度、震级。

（2）为铁路重要站点（县级以上城市）提供 S 波预警时间和预测烈度。

（3）在预测烈度 3 度以上的区域内，依据高铁运行区段，按 5km 或 10km 的采样距离，提供铁路运行区段内 P 波和 S 波预警时间，以及预测 PGA 和预测烈度。

（4）为高铁线路经过的特殊工程如大型桥梁提供远场大震预警服务，提供面波预警时间和预测的基岩面波位移峰值。对长大桥梁等重大工程的专项研究可参考高楼震感的技术思路。

（5）为震后恢复运行，提供高铁沿线的仪器烈度分布和 PGA 分布。

（6）提供 PGA 振动图和 3 ~5s 中长周期反应谱的空间分布图。

14.3　高铁警戒区和处置区等级

高铁两侧发生地震时，有可能威胁列车的运行安全，应按下列步骤进行分析研判。在以下分析中暂不考虑高铁构筑物的放大作用。这种放大作用要做相关研究和实验，并以技术标准进行规范。

14.3.1　快速确定警戒区和紧急处置区

高铁线路两侧发生地震时，都可能对铁路沿线的高速列车的运行安全带来严重影响，地震震级越大，震中烈度越高，影响区域越大，因此地震发生后，可按预测烈度 4 度范围设置警戒区，此区段内的列车有一定的安全风险，要减速慢行。预测烈度 5 度及以上区域设置紧急处置区，此区域的地震安全风险较高，应采取相关措施。根据台湾海峡 6.2 级地震的仿真模拟研究，场地和路基的放大作用是明显的，现阶段也可考虑再降低 1 度。紧急处置区内按 PGA 的预测结果分别设置 $40cm/s^2$、$80cm/s^2$、$120cm/s^2$ 三个等级，分别对应高铁紧急处置系统采取的应急处置措施等级。

根据地震烈度 I 和震级 M 的关系：

$$\begin{cases} I=c_1M+c_2\lg(\Delta+\Delta_0)+c_3 \\ I_0=c_1M+c_2\lg(\Delta_0)+c_3 \end{cases} \tag{14.24}$$

或者

$$I=I_0+c_2\lg\left(1+\frac{\Delta}{\Delta_0}\right) \tag{14.25}$$

在国家烈度计网没有建成之前，建议用 M 来预测震中距为 Δ 的场地烈度 I；烈度计网建成后可用烈度计网测量震中烈度 I_0，进而预测场地烈度 I。当 $I=4$ 度时，可得 4 度区的半径为

$$\begin{cases} \Delta_{g1}=10^{d_1}-\Delta_0 \\ d_2=\dfrac{1}{c_2}(4-c_1M-c_3) \end{cases} \tag{14.26}$$

因此警戒区的范围为以震中为圆心，Δ_{g1} 为半径的区域，在此区域内的列车要进行安全提醒，告知地震信息。同理可得 5 度区的半径 Δ_{g2} 为

$$\begin{cases} \Delta_{g2}=10^{d_2}-\Delta_0 \\ d_2=\dfrac{1}{c_2}(5-c_1M-c_3) \end{cases} \tag{14.27}$$

紧急处置区为以震中为圆心，Δ_{g2} 为半径的区域，在此区域的高速列车应采取紧急处

置措施。如果由 I_0 预测 4 度和 5 度区的半径，也可得到类似计算公式。

警戒区以外的列车总体上是安全的，但高铁列车是沿轨道行进的，任意一列列车的减速或停驶都会带来沿此线路所有列车的运营时刻表的变化，应控制前后列车的安全距离。

14.3.2 快速确定紧急处置等级

高铁列车的处置措施是按 PGA 不同等级确定，大体相当于 5 度以上区域应采取的安全措施。因此，应在紧急处置区域内设三个等级标准，提供紧急处置意见，确保列车运行安全。按照 PGA 和 M 与震中距的衰减关系：

$$\begin{cases} \lg \mathrm{PGA} = e_1 M + e_2 \lg(\Delta + \Delta_0) + e_3 \\ r = \Delta_r = 10^{g_1} - \Delta_0 \\ g_1 = \dfrac{1}{e_2}(\lg \mathrm{PGA} - e_1 M - e_3) \end{cases} \tag{14.28}$$

当 PGA=40cm/s^2，80cm/s^2，120cm/s^2 时，分别得到以震中为圆心对应的三个等级的半径 r_1，r_2，r_3，即 r_1 对应于 40cm/s^2 的 PGA 等值线半径，r_2 对应于 80cm/s^2 的等值线半径，r_3 对应 120cm/s^2 的等值线半径，如图 14.9 所示。

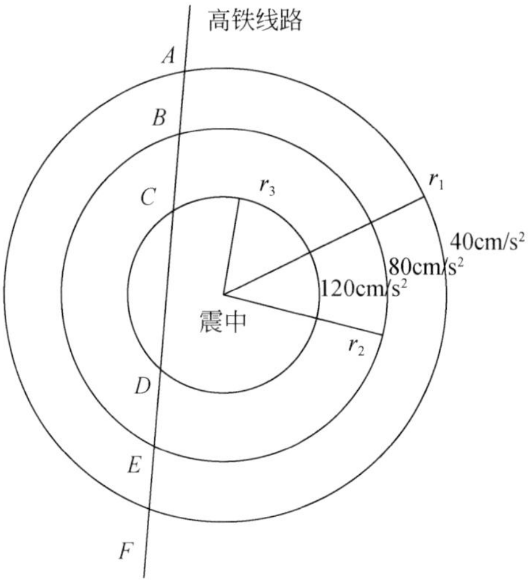

图 14.9　高铁线路按 PGA≥a_0 设置紧急处置区域示意图

AB 和 *EF* 段进入 PGA≥40cm/s^2 等级；*BC* 和 *DE* 段进入 PGA≥80cm/s^2 等级；*ED* 段进入 PGA≥120cm/s^2 等级。按照列车安全行驶的要求，以及面临不同的地震风险，发出紧急警报，告知有关部门应采取的紧急措施，确保列车运行安全。

14.3.3 提供重要站点的公共服务产品

沿高铁的县级以上城市，作为重要的交通枢纽都设立了重要站点，方便旅客上下车，但又是流动人口的高度密集区，应向铁路沿线可能遭受 4 度以上烈度的县级以上城市，推送地震预警时间和预测烈度等重要信息，以便通过车站的信息服务系统向民众发布相关信息，并按照地震应急预案采取措施确保车站稳定，使秩序井然。

14.4　多种预警方式和专用服务产品

高速列车对运行安全要求极高，它宜采用多种混合报警预警模式。

14.4.1　列车自带的振动报警和铁路沿线专用监测站点的报警系统

借鉴日本等国的经验，我国高铁自主研发了用于监控高铁列车在运行过程产生的振动情况，发现振动异常可及时采用措施；铁路部门沿高铁线路以 20～30km 的间隔建设了专用的地震监测台网，每个站点配置双台强震仪，如果双台都触发达到一定阈值，则立即报警。

14.4.2　首台原地报警信息

地震活动并不会沿高铁线路展布，一般会离开高铁一段距离，因此当国家地震监测台网捕获到地震信息后，可产生报警与预警信息。假设地震监测台网中的某一站点触发，实时测定其 PGA，以触发时间起算，当到某一时刻 t_c 时：

$$\mathrm{PGA}(t) \geqslant a_0, \quad t \geqslant t_c \tag{14.29}$$

式中，a_0 取为 $40\mathrm{cm/s^2}$，如果假定首台位置即震中位置，首台从 P 波触发起算，等待 S 波到达的时间为

$$\Delta t_{\text{S-P}} = h\left(\frac{1}{V_{s1}} - \frac{1}{V_p}\right) = \frac{h}{V_\varphi} \tag{14.30}$$

考虑到 h 一般为 10～30km，V_φ 为虚波速度，取 $V_\varphi = 8.3\mathrm{km/s}$，可估计 $\Delta t_{\text{S-P}}$为 1～4s。此时 S 波预警时间为

$$\Delta t_c = \Delta t_{\text{S-P}} - t_c \tag{14.31}$$

当 $t_c < \Delta t_{\text{S-P}}$时，表示 S 波没到，有短暂的预警时间，PGA 的最大值未到达，应继续测量 PGA；$t_c \geqslant \Delta t_{\text{S-P}}$时表示 S 波已到达，没有预警时间。如果震中发生在铁路两侧 20km 以内，由于预警时间太短或没有预警时间，则直接产出第一报报警信息。当首台离开高铁线路一侧距离大于 20km 以上，应考虑将首台作为震中判断由此产生的 PGA 衰减是否对高铁产生影响。按照衰减规律：

$$\lg\mathrm{PGA} = e_1 M + e_2 \lg(\Delta + \Delta_0) + e_3 \tag{14.32}$$

当 $\Delta = 0$ 时，相当于首台位置即震中烈度，由震中的 PGA_0，可以得到：

$$\begin{cases} \mathrm{PGA}(d) = \mathrm{PGA}_0\left(1 + \dfrac{d}{\Delta_0}\right)^{e_2} \\ \mathrm{PGA}_0 = \mathrm{PGA}(t), \quad t \geqslant t_c \end{cases} \tag{14.33}$$

式中，d 为首台到高铁线路列车的距离，即震中距。当首台测定的 $\mathrm{PGA}(t)$ 更新时，同步

预测高铁 PGA(d) 也同步更新。预测地震 P 波和 S 波要到达列车的预警时间为

$$\begin{cases} T_{\mathrm{P}}(d,h)=t_{\mathrm{P}}(d,h)-t_{\mathrm{P1}}-\Delta t-\tau_{\mathrm{c}} \\ T_{\mathrm{S}}(d,h)=t_{\mathrm{S}}(d,h)-t_{\mathrm{P1}}-\Delta t-\tau_{\mathrm{c}} \end{cases} \tag{14.34}$$

$$\begin{cases} t_{\mathrm{P}}(d,h)=\dfrac{\sqrt{d^2+h^2}}{V_{\mathrm{P1}}} \\ t_{\mathrm{S}}(d,h)=\dfrac{\sqrt{d^2+h^2}}{V_{\mathrm{S1}}} \end{cases} \tag{14.35}$$

处理资料的用时 t_{c} 和 t_{P1} 分别为

$$\begin{cases} \Delta t=t_{\mathrm{c}} \\ t_{\mathrm{P1}}=\dfrac{h}{V_{\mathrm{P1}}} \end{cases} \tag{14.36}$$

式中，t_{c} 为台站测定 PGA_0 预测高铁 PGA(d) 超过 a_0 的时间；τ_{c} 为铁路专用网络延迟，一般很小，可忽略。由此可计算出，不同列车的预警时间和预测的 PGA。

14.4.3　处置区段内预测 PGA 和预警时间

首台报警和预警的模式，总体的信息可靠度较低，多适合于向离震中附近一定距离的列车发布警报。当发生强震时，影响区域较为广泛，要采用信息可靠度更高的方式。利用国家预警系统提供的预测信息，可以较准确地知道地震发生的时间 t_0，震源位置（震中位置）、震中烈度 I_0 和震级 M。这些信息将构成预测警戒区和处置区内所有高铁列车预警信息的重要基础。在高铁线路 4 度以上的区段内任选一点 A（代表列车），A 的震中距为 Δ，则依据 PGA 的衰减公式：

$$\lg\mathrm{PGA}=e_1M+e_2\lg(\Delta+\Delta_0)+e_3 \tag{14.37}$$

也可用震中附近的烈度计网，得到震中的 PGA_0：

$$\lg\mathrm{PGA}_0=e_1M+e_2\lg\Delta_0+e_3$$

由 M 和 Δ 预测的 PGA 为

$$\begin{cases} \mathrm{PGA}(\Delta)=10^{G(\Delta)} \\ b_1(\Delta)=e_1M+e_2\lg(\Delta+\Delta_0)+e_3 \end{cases} \tag{14.38}$$

由震中 PGA_0 和 Δ 预测的 PGA 为

$$\begin{cases} \mathrm{PGA}=\mathrm{PGA}_0\,10^{-4}(\Delta) \\ b_2(\Delta)=\left(1+\dfrac{\Delta}{\Delta_0}\right)^{e_2} \end{cases} \tag{14.39}$$

全国烈度计网未建好之前，建议用 M 和 Δ 预测 PGA，建好之后用震中 PGA_0 来预测 PGA。当震级较大时，有可能 P 波也会造成较大的 PGA，故预警时间可按 P 波预警时间和 S 波预警提供。P 波预警时间主要告知列车地震产生的地震动何时到达，S 波预警时间就要告知离最危险的时刻还有多少时间。根据前面的研究，P 波和 S 波的预警时间分别为

$$\begin{cases} T_{\mathrm{P}}(\Delta,h)=t_{\mathrm{P}}(\Delta,h)-(t_{\mathrm{P1}}+\Delta t+\tau_{\mathrm{c}}) \\ T_{\mathrm{S}}(\Delta,h)=t_{\mathrm{S}}(\Delta,h)-(t_{\mathrm{P1}}+\Delta t+\tau_{\mathrm{c}}) \\ t_{\mathrm{P1}}=\dfrac{\sqrt{\Delta_1^2+h^2}}{v_{\mathrm{P1}}} \end{cases} \tag{14.40}$$

式中，Δt 为计算出 PGA 的用时；τ_{c} 为信息发送到相关列车上的总延迟。另外，也可根据路段和列车的对应关系，按路段提供预警服务。将 4 度或 5 度以上的区域所涉及的高铁线路进行离散化，按每个线段的长度为 d_{L}（d_{L} 一般取 5km 或者 10km），共获得 N 个离散点，第 j 个离散点的震中距为 $\Delta_j(j=1, 2, \cdots, N)$。由式（14.38）、式（14.39）可计算出第 j 个离散点的 PGA_j 和 P 波、S 波预警时间 $T_{\mathrm{P}j}$ 和 $T_{\mathrm{S}j}$。将按下列标准在高铁路线上用颜色标注。

（1）$\mathrm{PGA}_j \leqslant 40\mathrm{cm/s^2}$，总体安全信息提醒，白色；

（2）$\mathrm{PGA}_j \geqslant 40\mathrm{cm/s^2}$，应急措施，黄色；

（3）$\mathrm{PGA}_j \geqslant 80\mathrm{cm/s^2}$，紧急措施，红色；

（4）$\mathrm{PGA}_j \geqslant 120\mathrm{cm/s^2}$，最紧急措施，紫色。

14.4.4　长大结构远场大震预警

7 级以上地震，尽管可能离高铁线路较远，但是对坐落于盆地上的路基或大型跨江、跨海大桥等也可能造成重要影响，这是因为：一是远场大震地震波从地壳深部入射到地表，高频地震波衰减较快，地震波以长周期为主；二是遇到特殊的场地条件如大型盆地，会对长周期地震波有放大效应；三是大型桥梁属于长大结构，远场大震会使桥梁产生强烈振动，会威胁行驶在桥梁上的列车安全。另外 7 级大震也会在远场激发强烈的面波，这种面波主要沿地表传播，由于其强度大、衰减慢，也是必须考虑的重要因素。重要工程的远场大震预警可参照第 11 章的思路，针对具体重要工程如桥梁来分析。

14.4.5　高铁烈度速报和 PGA 速报

为了确保列车的运行安全，提高地震发生后高铁运行恢复能力，在地震发生后 3～5min，当 S 波峰值扫过高铁线路时，根据地震监测台网中加速度计和烈度计的观测资料，制作相关的服务产品。对县级以上城市的重要站点，按地震烈度由高到低以列表方式速报省、市、县三级站点地震仪器烈度。

可将高铁沿线按一定的间隔 d 网格化，也可以不同的烈度区按照不同的网格间距（如 8 度区网格为 1km，7 度区网格为 2km，6 度以下地区网格为 5km 等）划分出若干段，提供仪器烈度分布图和高铁路线 PGA 线状分布图。以便根据烈度速报结果和 PGA 的分布情况，组织现场巡查和检测，尽快恢复高铁运行。

另外，地震动的衰减规律要按本地区地震的观测数据拟合的结果，不能采用一般性的衰减规律。对于 7 级以上大震要按沿破裂方向（长轴）和短轴分别考虑。

再依网格点附近台站的观测值依衰减关系进行插值，并做场地修正。PGA 的衰减关系也照此思路由此次地震的衰减规律拟合而得。

14.5　台湾海峡 6.2 级地震对福建沿海高铁的影响

2018 年 11 月 26 日 7 时 56 分，台湾海峡南部发生 6.2 级地震，震中距厦门市约 110km，闽南地区震感强烈，全省高楼普遍有感，同时此次地震也造成沿海高铁停驶，直到中午才恢复通车运行。在本节中重点分析此次地震对高铁的影响。

14.5.1　地震发生时高铁运行状态图

由于 6.2 级地震发生时，地震部门并不确切知道福建高铁的实际运行图，只是事后根据福建高铁运行时刻表公开的信息，估计福建高铁当时的运行图如下：沿海高铁共运行 42 对列车，上行 27 对，下行 15 对。各车次列车的位置如图 14.10 所示。

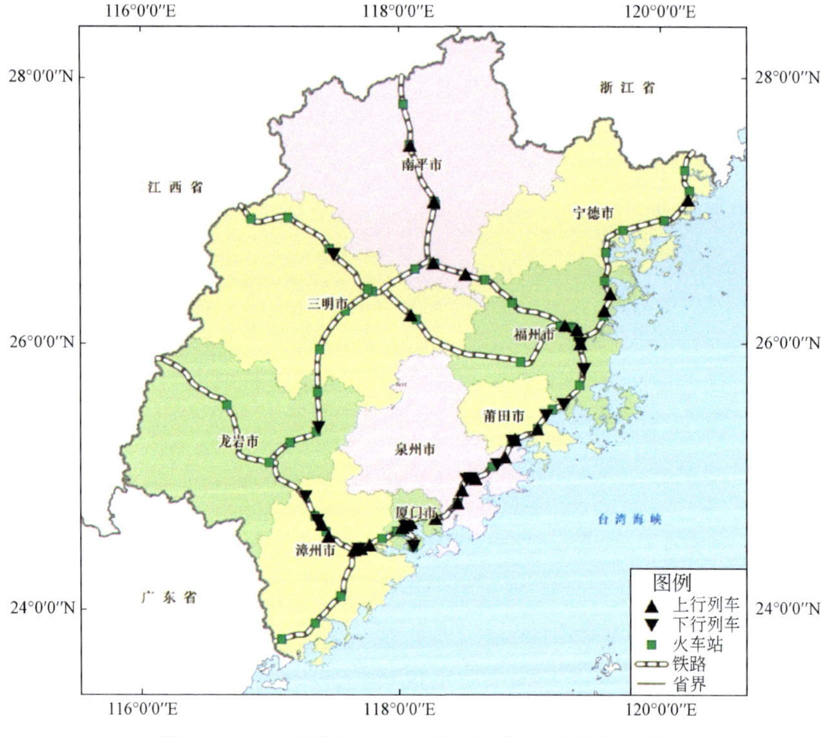

图 14.10　台湾海峡 6.2 级地震时福建高铁运行图

14.5.2　为高铁提供的预警时间和预测烈度

通过实时仿真平台模拟重塑当时地震预警信息情况，根据估计的高铁运行图和列车所在位置发布地震预警第一报时，沿海行进的高铁列车各车次预警时间和预测烈度估计见表 14.3 和图 14.11。

表 14.3　高铁等列车预警时间和预测烈度估计

车次	预警时间/s	预测烈度	车次	预警时间/s	预测烈度
K297/K300	8	4	D6471	25	3
D2315	11	3	D2327	25	3
G242/G243	11	3	D3234	25	3
D3143/D3142	12	3	G2046/G2047	28	3
D2339	12	3	D6207	30	3
D6524	12	3	D6403/D6406	33	3
D6383/D6382	12	3	K1209	33	3
D2382/D2383	12	3	D6405/D6408	40	2
K901	12	3	D2311	44	2
G1680	12	3	G1648/G1649	44	2
K904	12	3	G56	47	2
D2232/D2233	13	3	K666/K667	47	2
Z126/Z127	16	3	D2242/D2243	48	2
D6678	17	3	D3102	51	2
D6201	17	3	D382	54	2
D3333	18	3	D9984	55	2
G5302	18	3	G1756/G1757	57	2
D3167/D3166	19	3	D2297	62	2
K232/K229	20	3	G302	68	2
D6571/D6574	20	3	D3170	75	2
G322	22	3	G1672	79	2

显然，根据地震预警的震级和预测烈度值估计，位于莆田、泉州、厦门、漳州和龙岩的列车均在 3 度区内；厦门岛内的 K297/K300 位于 4 度区。

14.5.3　设置警戒区域和紧急处置区

根据福建地区的烈度衰减模型，可以计算出 3 ~ 5 度的警戒区范围，并根据 PGA 的衰减模型可以分别计算 PGA≥40cm/s^2，PGA≥80cm/s^2 的范围，在 PGA≥40cm/s^2 以上的区域要采取应急处置措施。

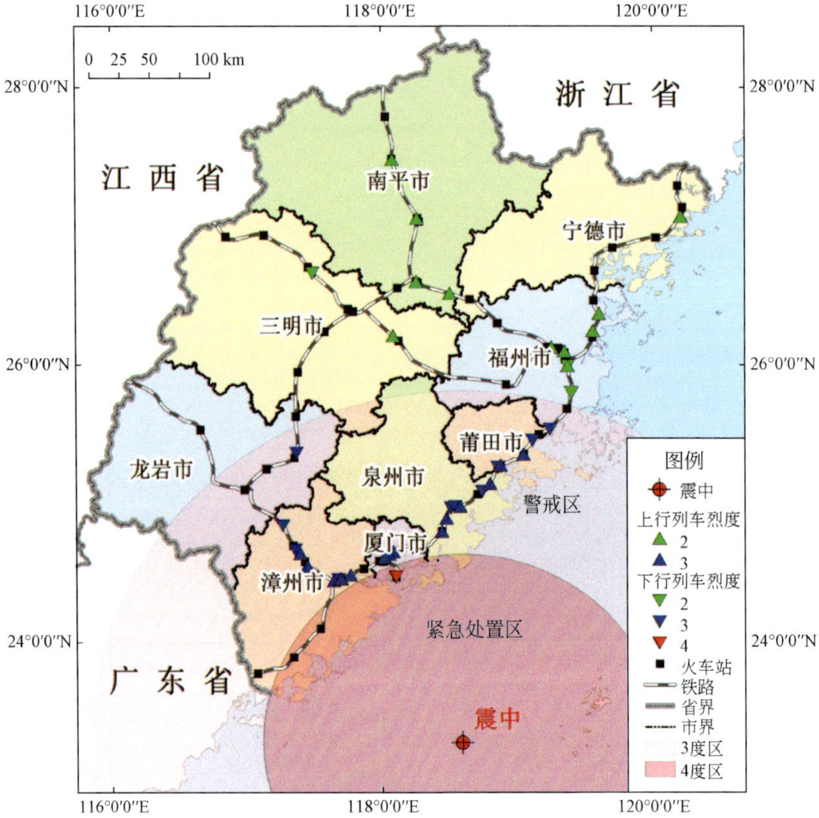

图 14.11　海峡地震列车预测烈度值

根据式（14.41）：

$$\begin{cases}\lg PGA = e_1 M + e_2 \lg(\Delta + \Delta_0) + e_3 \\ e_1 = 0.4067, \quad e_2 = -1.3665 \\ e_3 = 1.473, \quad \Delta_0 = 15\end{cases} \tag{14.41}$$

给定不同震级和不同震中距可获得 PGA 分布图，如图 14.12 所示，紧急处置区范围如表 14.4 所示。

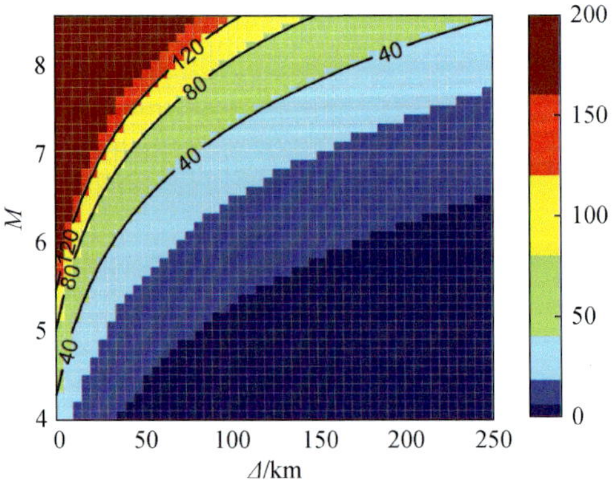

图 14.12　不同震级和震中距的 PGA 等值线图

表 14.4　紧急处置区范围

震级	40cm/s^2 处置区范围/km	80cm/s^2 处置区范围/km
6.0	35	15
6.5	55	27
7.0	82	44
7.5	122	68
8.0	178	101

值得一提的是，上述均未考虑场地、桥梁等放大作用，在实际应用中，紧急处置区范围应比表 14.4 给出的数据更大。

14.5.4　海峡 6.2 级地震烈度速报

截至 2018 年，福建省已建成了由 88 个测震台、94 个强震动台、300 个烈度计台（主要分布在莆田、泉州、厦门和漳州）和 61 个 GNSS 台组成的实时传输地震监测预警台网。地震发生后，正常运行的台站观测设备可计算台站烈度分布，2018 年台湾海峡 6.2 级地震实测的台站烈度分布如图 14.13 所示。漳州多个观测点、泉州和厦门少数观测点实测烈度达到 6 度；厦漳泉沿海地区大多数观测点实测烈度为 5 度。

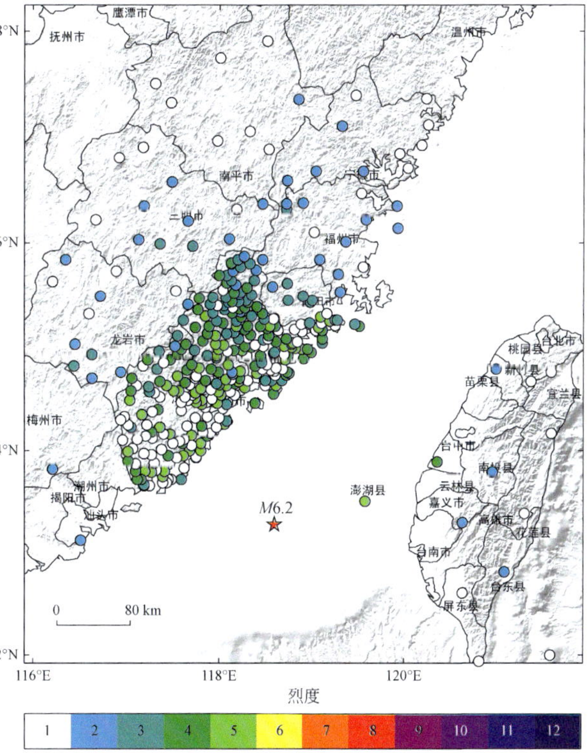

图 14.13　海峡地震台站烈度分布图

图片为系统自动生成，与真实地震动有一定差异，仅供参考

14.5.5　列车预测烈度与实测台站烈度对比

考虑到厦漳泉地区台网密度较大，可将列车所在网格的实测烈度等价为列车的烈度，并与地震预警系统产出行进的列车预测烈度进行对比，见表 14.5。

表 14.5　列车预测烈度与实测台站烈度对比表

车次	预测烈度	实测台站烈度	PGA /(cm/s²)	车次	预测烈度	实测台站烈度	PGA /(cm/s²)
K297/K300	4	3	6.00	D6471	3	4	11.16
D2315	3	5	17.92	D2327	3	5	14.11
G242/G243	3	5	14.08	D3234	3	4	10.75
D3143/D3142	3	5	15.94	G2046/G2047	3	5	15.85
D2339	3	5	15.94	D6207	3	4	11.30
D6524	3	5	15.94	D6403/D6406	3	3	4.58
D6383/D6382	3	5	19.24	K1209	3	3	3.18
D2382/D2383	3	5	19.24	D6405/D6408	2	2	2.58
K901	3	5	19.24	D2311	2	2	2.17
G1680	3	5	19.98	G1648/G1649	2	2	2.17
K904	3	5	23.04	G56	2	2	1.96
D2232/D2233	3	4	11.16	K666/K667	2	2	1.84
Z126/Z127	3	4	9.34	D2242/D2243	2	2	1.56
D6678	3	5	17.44	D3102	2	2	1.80
D6201	3	4	7.80	D382	2	2	1.78
D3333	3	4	7.80	D9984	2	2	2.26
G5302	3	3	5.05	G1756/G1757	2	1	1.45
D3167/D3166	3	5	13.73	D2297	2	1	1.48
K232/K229	3	5	13.73	G302	2	1	1.26
D6571/D6574	3	4	11.32	D3170	2	1	1.16
G322	3	4	12.15	G1672	2	1	1.09

显然，发现二者的差异（预测烈度-实测台站烈度）在-2 ~ 1 之间。二者差异分布如图 14.14 所示。

有 15 个车次（35.7%）的差异值为-2（实测值大）；9 个车次（21.4%）的差异值为-1；12 个车次（28.6%）无差异；6 个车次（14.3%）的差异值达到 1。导致差异的主要原因为地震预警系统产出的预测烈度值并没有考虑实际场地效应的影响。特别是位于漳州盆地内乡镇即受盆地地形影响，实测台站烈度值高于周边其他乡镇 1 度。震后民众反馈的震感也较其他区域强烈。随着震中距增加，实测台站烈度逐渐衰减，民众的震感也随之

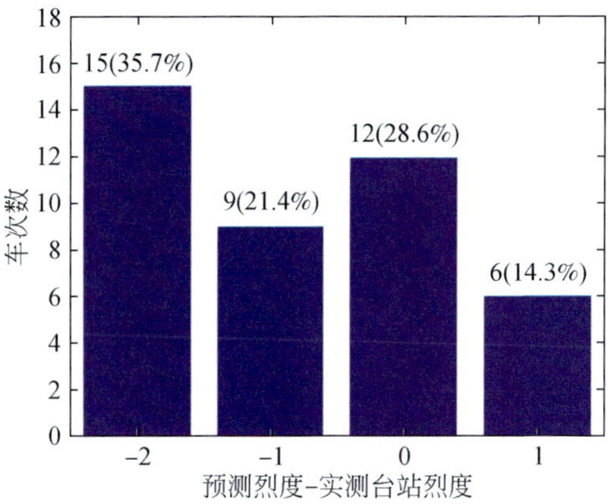

图 14. 14　预测烈度与实测台站烈度差异分布

减弱，但位于 4 度区的乡镇仍有近 100 个，这些乡镇的民众也有明显的震感。总体而言，实测台站烈度分析结果与民众实际震感程度是比较相符的。

14.6　本 章 小 结

本章以高铁为研究对象，探讨了对重要生命线工程如何建设地震预警系统的问题。首先以影响高铁运行安全峰值加速度划分三个等级（即 $40cm/s^2$，$80cm/s^2$，$120cm/s^2$），按照地震安全性评价的综合概率法的技术思路，对高铁线路面临的地震风险进行评估，以 100 年为尺度分析了三种等级标准以及两种高铁脱轨概率模型下，福建高铁各线路运行安全面临的地震风险概率。根据高铁不同路段运行安全面临的地震风险以便有针对性地开展预防措施，提前做好准备。其次对国家预警系统和高铁预警系统的对接方案提出了建议，主要是吸纳高铁两侧国家地震台网的部分台站，扩大高铁台网感知地震的能力，接收国家预警系统的服务产品。为了强化强震来临的应急处置措施，研究提出应按照预测烈度为 4 度的区域设置高铁警戒区，在此区段运行的列车要适当减速，保持安全距离；在预警烈度为 5 度以上的区域设置紧急处置区域，按照预测 PGA 在不同运行区段采取相应级别的应急措施。针对高铁线路长、安全等级高等特点，提出高铁预警系统要采用原地 P 波和 S 波报警，异地 P 波和 S 波预警，远场预警等多种预警方式，为各个区段运行的高铁提供更加精细化的预测烈度、预测 PGA、P 波预警时间、S 波预警时间等服务产品。在震后，为尽快检查高铁损坏的情况，按照不同尺度提供更加精细化烈度速报和 PGA 分布的技术产品，以便更有针对性地开展检查工作，尽早恢复高铁运行。最后以台湾海峡 6. 2 级地震对福建沿海高铁影响为例，进行了仿真模拟研究，发现的一些问题对于改进高铁预警系统提供了有益的借鉴。

第 15 章　技术系统集成与仿真模拟

经过前面章节的介绍，对地震预警和烈度速报的关键技术，有了总体的了解。在设计、建设、试运行过程中，还要考虑技术系统的总体集成。目前技术系统经过几年的建设也即将完成，在正式运行之前要对系统试运行期间从站点观测系统、处理系统、发布系统、通信系统、运维监控系统的运行状态和主要性能指标进行分析评估，特别是对技术系统进行仿真模拟以及试运行期间所处理的地震情况进行综合分析，以确保技术系统在正式上线后数据可靠、运转正常、性能指标符合设计要求，为保障人民群众安全发挥强大的预警功能，为应急救灾提供强大的技术支撑。本章也是第 2 章的深化设计，重点讨论如下问题。

（1）技术系统的集成，主要对站点、处理、发布、通信、运维保障五个分系统的硬件和软件进行进一步的优化设计，理清逻辑关系，实现互联互通，形成系统内外资源共享与高效配置。通过集成使技术系统运行可靠、协调配合、资源共享、产出规范，真正达到一体化设计的目标。

（2）开展技术系统的仿真模拟研究。在相关软件研制完成后，要搭建模拟在线运行环境的仿真平台，将收集到的国内外各种历史地震波形文件，转化为模拟数据流，对软件处理能力进行测试，通过大量的历史事件的模拟仿真测试，一方面可以帮助发现软件存在的问题以便及时改进，另一方面也可帮助我们评估其性能。

（3）对技术系统进行在线测试。在早期验证技术方案试点示范的基础上，随着工程的进展，中国地震局又选择地震多发的川滇等地区开展示范应用，通过这些试点示范中发现的问题，修改和完善技术系统。这种在线测试将在预警工程验收之前逐步推广至全国，一直持续至项目验收为止。

15.1　技术系统的集成

为保证整个技术系统达到设计目标，在分系统功能设计的基础上，优化各系统结构、链路、路由，实现系统间数据流、信息流的高效可靠传输，规范各系统之间接口、协议和职责分工，必须对技术系统进行总体集成。技术系统的集成包括硬件集成和软件集成，特别是软件集成尤为重要，它是技术系统的核心和中枢，只有通过集成才能形成技术系统的“大脑”，通过它指挥各系统协调一致的行动。在此仅讨论与地震预警和烈度速报相关联的软件的集成问题。

15.1.1　技术系统集成架构和层级分类

地震预警与烈度速报系统集成的总体架构主要包括概念架构、逻辑架构、流程架构、数据架构和部署架构五个部分的内容，其中逻辑架构设计是一个“由粗到细、逐步细化、适时回溯”的过程。首先根据系统的数据和应用特征分析，以及在系统架构设计中所处角色的不同，大致可划分为：技术层、数据层、应用服务层，以及业务功能层。系统的逻辑层次结构示意图如图 15.1 所示。

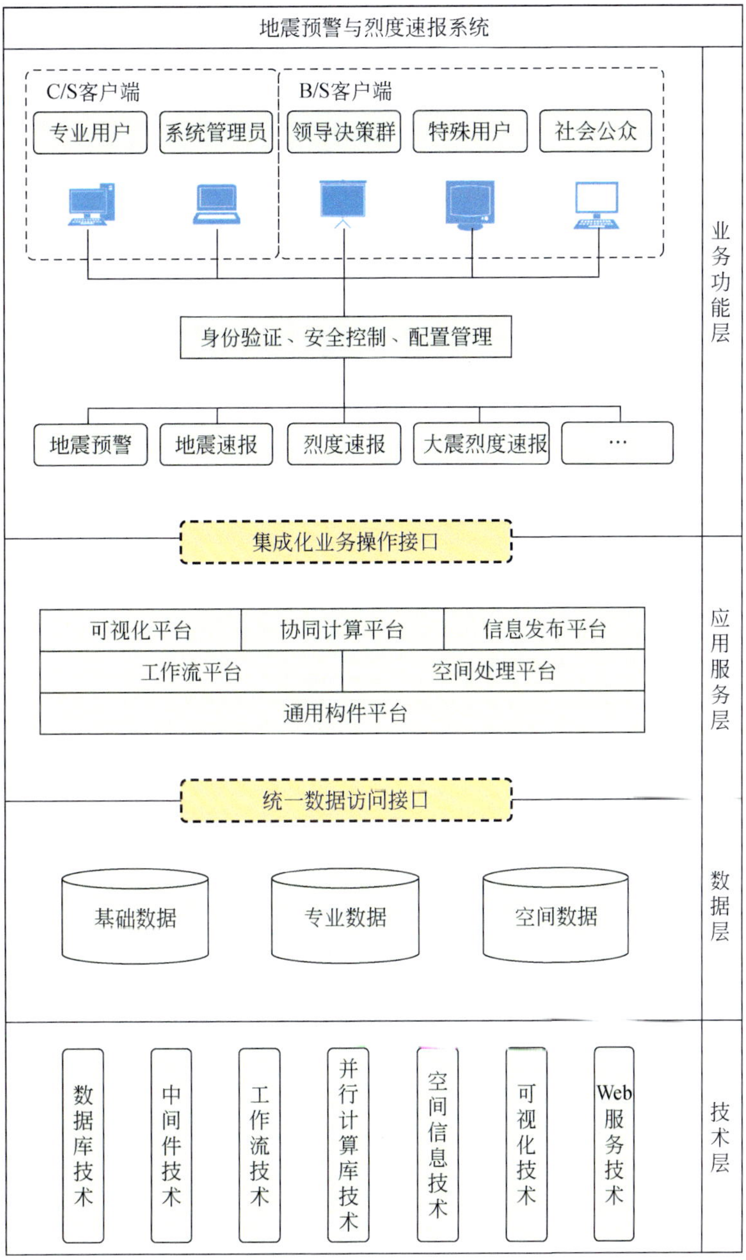

图 15.1　地震预警与烈度速报系统逻辑架构图

1）技术层

技术系统的实现依赖于如下技术的支持，包括数据库技术、中间件技术、工作流技术、空间信息技术、Web 服务技术、可视化技术、并行计算技术等。

2）数据层

数据是软件系统应用的基础。地震预警与烈度速报系统所需的数据可按层次和类型分为基础数据、专业数据、空间数据，而系统将输出图数一体化的预警速报结果数据。通过统一数据访问接口，数据层为应用服务层提供了标准规范的业务数据。

3）应用服务层

应用服务层实质是地震预警与烈度速报通用处理平台的核心部分，包括可视化平台、协同计算平台、信息发布平台、工作流平台、空间处理平台和通用构件平台。通过统一数据访问接口对数据层进行访问，以集成化业务操作接口为业务功能层提供应用。

4）业务功能层

业务功能层是地震预警与烈度速报系统的上层结构，该层通过用户通客户端提供的工作界面实现系统的业务功能调用，分为 C/S 客户端模式、B/S 客户端模式，两种模式统一通过身份验证、安全控制和配置管理来调用业务功能，包括地震预警、地震速报、烈度速报、大震烈度速报等业务功能。

15. 1. 2　构建三大平台加强运维监测资源共享

1）构建测试仿真平台确保软件上线质量

搭建模拟真实运行环境的仿真平台，建立国内外历史地震事件的波形数据库，用于测试地震预警、烈度速报、大震破裂反演分析、地震参数自动速报等软件。通过国内外不同台网布局、不同波形数据、不同地震大小等大批量历史地震波形数据的大规模处理，统计分析软件的性能，对特殊的地震事件进行案例分析，发现问题，及时解决，确保系统软件的上线质量。同时这种模拟测试也可使研发人员对未来系统运行时遇到的各种问题做到心中有数，以便及时采取有针对性的措施。在本章中还会进行进一步的讨论。

2）构建监控报警平台保障运行安全可靠

在进一步整合站点、处理、发布、通信等分系统监管平台的基础上，构造整个系统的监控报警平台，确保系统运行正常、安全可靠。在此，特别要强调的是台网运维监管报警平台。多年的实践经验表明，台网运维监管报警平台要突出做好以下几项功能。第一，台站参数的统一同步配置，如果台站参数配置错误，后果极其严重，震级和烈度都会计算错误，将导致“错报”或“漏报”，这种情况已经发生过，要坚决杜绝。第二，快速识别异常台站及时“报警”，将其及时排除在外，不得参与预警和烈度速报。第三，确保台网和各台站时钟的一致性，特别是烈度计的时钟。在川滇等地区，已经发现部分烈度计的时钟有较大偏差，这种偏差会导致定位错误。第四，监控各台站数据通信的网络延迟，延迟大的台站对预警没有意义，反而会导致定位错误。

3）构建信息共享平台实现相互支撑配合

地震预警、烈度速报、大震破裂分析、自动速报等各种软件及其产出的服务产品，既有各自的独立性，也有一定的内在逻辑关系。例如，台网、台站的监管信息，许多系统软件都要应用。又例如，大震破裂分析软件，既要用到预警软件提供的定位结果和震级信息，其断层分析结果又要反馈回预警系统以便修正烈度预测结果，同时也为后续的大震烈度速报提供震源模型。因此信息资源的共享平台是保障各系统协调配合的重要前提。重点要解决好几个问题，突出主要功能。第一，要建立技术标准和规程，统一接口的协议和数据产品，保障数据互联互通。第二，建立数据服务产品的资源池，保障信息共用互享。各套软件的产出可为资源池提供丰富的产品，也有权利按需从资源池获得各自所要的信息。第三，设置标题专栏，建立信息更新机制。例如，预警系统可以产出台站 P 波识别的到时信息、定位信息以及各台站震级、烈度信息等，后续的烈度速报系统和自动速报系统也会产出相同类别的信息，但内容更广泛，信息更全面。

15.1.3　组建多种虚拟台网加工多种服务产品

按照新一代台网的站点分布和任务分工，可以根据实际需求，组建承担不同任务分工的“虚拟”台网，相关技术系统接收不同的实时波形数据流，加工产出不同的服务产品，形成资源共享的信息流。

1）组建预警台网，产出预警服务产品

将台网基准站、基本站、一般站中的地震计、强震仪、烈度计联合组网，在地震观测数据实时仿真技术的支持下，产出地震预警服务产品，发布系统在预警信息的支持下，进行二次开发加工，定制产出适用于各类用户的服务产品，及时发布强震警报，形成公共和行业服务能力。

2）组建强震（加速度计）台网，产出大震破裂模型和烈度速报产品

对于 6、7 级以上的大震，利用包围震中一定范围的加速度观测数据，可以在震后 20 ~ 60s 内产出大震破裂模型参数，为预警系统修正预测烈度提供重要支撑，也为烈度速报插值计算提供震源模型；3min 内可产出城市和乡镇的仪器烈度和烈度空间分布图，速报城市和高楼震感，未来也为模拟城市遭受强震袭击构建城市地震灾害情景提供强震地面运动时空分布场。

3）组建测震（地震计）台网，加强地震监测产出多种服务产品

将配置于基准站的宽频带地震仪组成虚拟台网，将其仿真为短周期记录，承担近场中小地震、工业生产事件等监测任务，及时产出监测产品；通过组建宽频带地震计台网，利用台站噪声提取面波格林函数的方法，产出对监测地下介质变化的动态监测图像，探索物理预报的新途径；通过宽频带地震计与高频 GNSS 联合组网，加强远场大震监测能力，形成全球 6 级以上地震监测能力，及时产出全球强震目录和震源机制解，同时也可监测滑坡等事件。

15.1.4 核心软件及主要功能

1）地震预警软件及主要功能

它主要承担地震预警发布信息的产出及相关技术产品的加工。它要接收台网以及各台站的波形数据流以及运行状态监控信息，排除异常台站。预警处理软件产出服务产品后，经发布系统二次加工产出定制化产品，推送到相关用户，主要模块有：预警定位模块，预警震级计算模块，烈度计算模块，预警信息可靠性模块，预警时间和预测烈度模块，信息更新模块，图形界面显示模块等。

2）大震破裂测定软件及主要功能

根据预警系统提供的震级和震源位置信息，利用系统接收到的加速度计台网的实时观测波形数据流，实时解算大震破裂过程，测定破裂方向、破裂方式和破裂长度，主要有空间网格剖分模块、网格能量计算模块、地表破裂投影网格概率计算模块、动态椭圆和方位角搜索模块、破裂过程分析模块、图形显示模块等。

3）地震烈度速报软件主要功能

通过接收加速度站点和部分测震站点的实时波形数据，加工服务产品，提供城市和乡镇烈度速报，主要功能模块包括：站点观测烈度计算模块，场地校正模块，震源模型和插值计算模块，烈度空间分布图，PGA、PGV 计算模块，能量时空分布图计算模块等。

4）远场大震预警软件

根据预警系统测定的震级，判断是否启动远场大震预警系统。如果预警震级大于 7 级，启动系统为震中距大于 250km 的大中城市提供面波预警时间和高楼震感预测服务，主要模块包括：面波预警时间计算模块、基岩面波峰值和土层放大模块、高楼震感模块等。

地震基本参数自动速报软件、信息发布软件以及通信、安保等软件也很重要，在此不做详细讨论。

15.2 影响模拟仿真效果的主要因素

本章的后续章节主要研究建立模拟真实环境的仿真平台问题，在此之前要对影响模拟仿真效果的主要因素进行分析评估，以地震预警为例重点加以说明。如图 15.2 所示，根据第 9 章的分析研究，以发震时间 T_0 起算，特定城市和工程场地的预警时间为

$$T_m = t_{Sm}(\Delta, h) - t_{P1}(\Delta_1, h) - \Delta t - \tau \tag{15.1}$$

式中，Δ 为城市和工程的震中距；h 为震源深度；$t_{Sm}(\Delta, h)$ 为 S 波的走时；Δ_1 为首台震中距；t_{P1} 为首台 P 波走时；Δt 为首台触发后技术系统测定地震参数的用时；τ 为信息发布至用户时的通信总延迟。为了进一步分析测试，可将 τ 拆分为三项如下式所示：

$$\tau = \tau_1 + \tau_2 + \tau_3 \tag{15.2}$$

式中，τ_1 为仪器定时打包发送的延迟，它取决于数采的性能指标，选购仪器时对 τ_1 有要求，τ_1 一般为 0.2 ~ 1s，τ_2 为观测数据通过专用通信网络传输至数据处理中心，处理系统

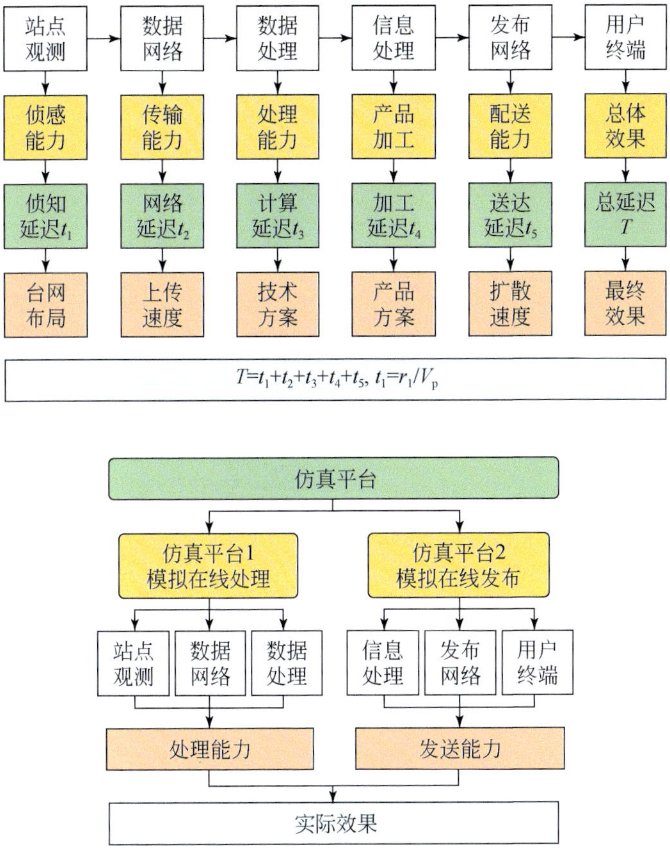

图 15.2　地震预警效果影响因素

开始处理时的时间延迟，要注意各个站点的通信延迟各不相同、有一定差别，福建数据通信延迟平均约为 1s；τ_3 为发布系统通过各种通信网络（一般由省发布中心，同时向市、县发布中心推送，再由市、县发布中心通过专用和公网向用户发送预警信息）将预警信息发送至用户的时间延迟。因此，τ_1 和 τ_2 的数据通信的总延迟，将影响数据中心测定地震参数的时效性，并在震后或首台触发后发布第一报的时间上体现出来。τ_3 可对发布系统进行在线仿真模拟进行测定，对每一种发布渠道和方式，τ_3 都会有差异。

15.2.1　首台 P 波走时的估计

如果已知台网的布局和本地区有观测记录的历史地震，可以通过再现历史地震的方法，通过地壳速度模型或者观测记录 P 波走时，得到 t_{P1}，并对多个地震的 t_{P1} 进行统计分析，可以得到经验统计的 t_{P1} 的均值和方差。由于首台离震中较近，可得到 t_{P1} 的公式为

$$t_{P1}=(\Delta_1^2+h^2)^{1/2}/V_{P1} \tag{15.3}$$

显然 t_{P1} 既与体现在 Δ_1 上的台网布局有关，也与体现在深度上的震源特性有关。因此，对于历史地震观测资料较少的区域，也可使用网格分析方法，即在观测台网监控的范围内

按 5km 或者 10km 的间距打网格，假定每个网格发生一个地震，震源深度可取 10km、15km 或者 20km，统计分析台网首台触发时的走时 t_{P1} 及其均值和方差。震源深度是自然属性，人类无法改变，为了减少 t_{P1}，只有加密地表台网，最理想的状态就是 $\Delta_1=0$，即台站安装在震中位置。当然，这只是理想状态，一般台站密度越高，捕捉地震能力越强，t_{P1} 用时越短。

15.2.2　测定地震参数的用时估计

在正式发布第一报地震预警时，要求测定的地震参数（包括震中位置、震级、震中烈度以及发震时间）尽可能准确、可靠，换句话说，又准又快是地震预警的基本要求。

1）定位用时估计

地震定位准确是测定参数最重要的基础，定位错误将导致测定震级错误和估计发震时间错误，因此定位结果必须可靠。这种定位的可靠性体现在触发的台站数量要足以判定为一个地震事件，至少要有 2 个站触发，而且触发的台站都是关联台站，并且定位的结果要满足定位误差的要求。根据上述原则可计算出地震事件的定位用时为 Δt_L。

2）测定震级的用时估计

根据震级测定可靠度的要求，首台 P 波触发 3s 后（含 3s）测定的震级比较可靠，并以此作为测定震级的最小用时。

3）测定震中烈度的用时

判定地震事件是一个中强地震事件的标准为 $PGA \geqslant 50cm/s^2$ 或者 $I_0 \geqslant 5$ 度，如果测定 $PGA \geqslant 50cm/s^2$ 或者 $I_0 \geqslant 5$ 度的用时为 Δt_I，此时可判定此地震为中强以上的地震事件。

4）测定震源参数的用时估计

如果定位的用时为 Δt_L，测定震级的用时为 Δt_M，判定中强以上地震事件的用时为 Δt_I，则测定震源参数的用时估计为

$$\Delta t=\max\{\Delta t_L,\Delta t_M,\Delta t_I\} \tag{15.4}$$

根据前面的分析可知，测定地震参数的用时一般为 3～5s，对于台站较少或者网外地震 Δt 的用时要适当延长，如台湾地震可能测定地震参数的时间要延长至 10s 以上。

15.2.3　数据包打包和通信延迟时间的统计

τ_1 为地震观测仪器定时打包的时间，一包为 20 个点或 50 个点（即 $\tau_2=0.2s$ 或 0.5s，可以定制），这主要取决于观测设备。τ_2 为台站数据传输至处理中心的网络延迟，这主要取决于所选择的通信网络。在采购数据通信网络运营商时，可对通信网络的延迟提出要求，并对通信网络的时间延迟进行为期 1 个月的延迟测试。例如，对福建测震台网数据通信的测试表明，绝大多数站点通信延迟要小于 1s，个别点不超过 2s。网络延时跟数据包的长度有关，长度一样的数据包延时跟链路的类型、路由及负载有关。图 15.3 为福建测震

台网观测站点通信网络延时情况。

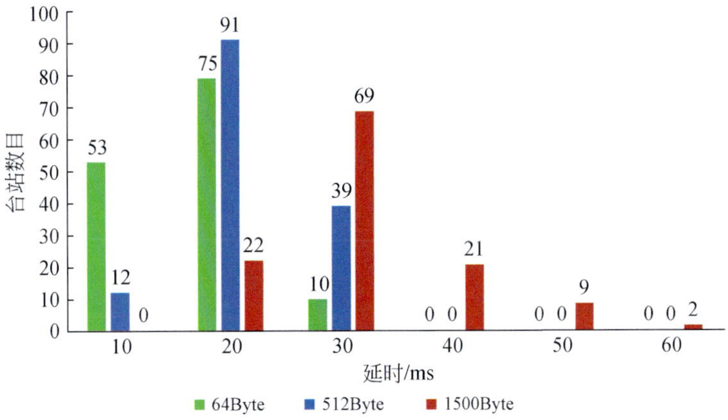

图 15.3　福建测震台网观测站点通信网络延时情况

15.2.4　信息发布通信延迟的估计

如果说数据通信延迟 τ_2 是专用的网络延迟，那么除了少数特殊行业用户以外，τ_3 更多是使用社会公共资源进行对外发布时的网络延迟。图 15.4 为 2019 年 8 月 8 日台湾宜兰海域 6.4 级地震与 2020 年 2 月 15 日台湾花莲 5.4 级地震发布系统通信网络测试结果。

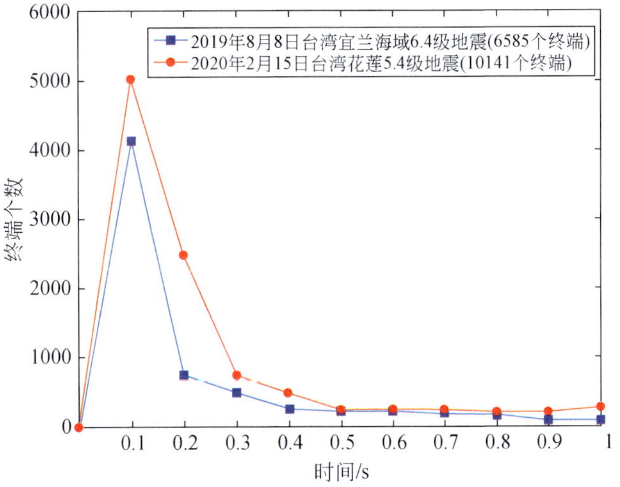

图 15.4　发布系统通信网络测试

不同用户所使用的网络并不相同，要针对每一类用户制作定制化的服务产品，并对所选择的发布通信网络进行测试。例如，对使用智能手机的用户，对于特别大的地震事件要有秒级百万以上并发的通信能力。

15.3 地震事件的仿真模拟测试

在地震预警和烈度速报软件正式上线之前要对其处理地震事件的能力进行测试，评定地震事件的处理用时，评估地震参数的准确性，检测软件是否有漏洞，台网布局与时效性是否协调，性能指标是否符合要求等。

15.3.1 建立格式统一的标准地震事件数据库

为了对软件进行全面、系统的测试，可以在美国、日本、我国台湾等地震多发的国家和地区收集地震事件，由于收集到的地震波形数据格式不一，需将其转化为我国地震台网 Jopens 系统支持的数据流的数据格式。例如，在我们的仿真模拟系统中，收集到日本 KiK-net 台网地震事件、美国加利福尼亚州地震事件、我国台湾等地的地震事件、我国福建和川滇地震事件，以及其他异常事件，需要按统一的标准建立地震观测波形的数据库，以便随时测试地震预警和烈度速报等软件的处理能力，并将新增的地震事件及时导入数据库，扩大对各类地震事件的覆盖面。

15.3.2 模拟在线运行环境的软件测试平台

模拟在线运行环境的软件测试平台是地震预警与烈度速报系统的重要支撑平台之一，主要是为整个系统软件提供模拟在线运行的环境。模拟测试平台的建立需要基于测试数据库，选取不同的震例样本进行组合，提供单个或按时间序列化的震例数据流，保证地震预警与烈度速报系统以与实际环境相一致的方式来访问和处理测试震例，从而为地震预警与烈度速报系统的测试工作提供较为接近真实的测试环境。基于实际研究成果，确定模拟测试平台的技术方案如图 15.5 所示。

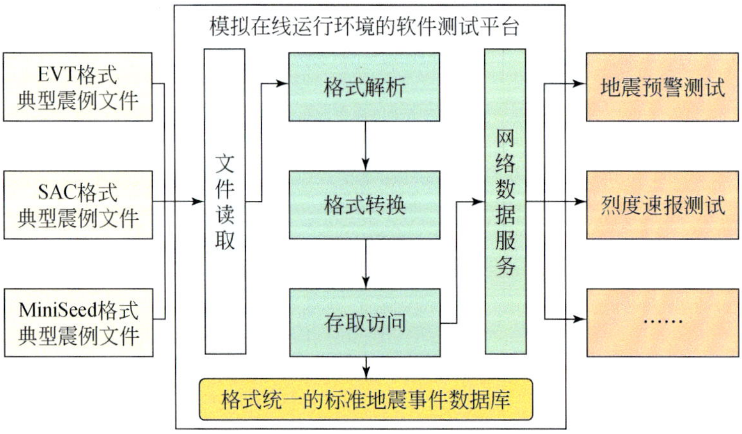

图 15.5　模拟测试平台设计方案

15.3.3　搭建模拟在线环境的仿真处理平台

利用三台服务器，其中一台服务器负责从数据库中调取某一地震事件的台站波形数据，以 0.2s、0.5s 或者 1s 一包的方式形成台站的模拟波形数据流，由数据服务器发送至数据处理服务器；这一环节主要模拟从台站数据打包并传输到数据中心的过程。数据处理服务器按照接收到的台站模拟数据流，交由系统软件进行处理，并按照处理流程和规则完成处理结果，对于达到预警要求的地震事件将预警信息直接发布至信息发布服务器；这一环节主要模拟真实环境下系统软件的在线处理能力，比对处理结果。信息发布服务器接收到地震预警信息后，经过定制化的服务产品加工、封装，按指定的发布通信网络将其推送到指定的客户端。这一过程主要模拟信息产品加工及其对外发送相关信息；通过不断调用地震事件数据库的数据，重复上述过程，可完成大批量地震事件的处理。

15.3.4　处理结果的统计分析

经过大批量的真实地震事件的处理，地震预警和烈度速报系统软件的处理能力已充分展现，要重点关注的问题和指标如下。

1）有无“误报”和“漏报”情况

地震预警信息社会影响力大，绝不允许“误报”，也不应有“漏报”。如果发现此问题，要逐个分析原因，找到根源，加以改进。

2）首台触发的时间

地震发生后，首台触发的时间是一个重要参数，它是衡量台网捕捉地震事件能力的重要指标，从中可以发现台网布局是否合理。当然如果已知震源坐标和台站坐标以及介质模型，首台触发时间是可以计算出来的，并与实际检测到的首台触发时间进行比对。

3）系统测定地震参数的用时

地震预警系统从首台触发到测定地震参数正式发布第一报的用时是一个重要指标，随着后续台站的增加，地震参数也不断修正，会有第二报、第三报直至终报，但第一报的用时是最重要的参数，它决定地震预警系统的性能和处理能力，后续报只能不断提高地震参数的测定精度。

4）地震参数准确性的分析

在地震预警系统中，发震时间、震中位置、震级，以及震中烈度是四个重要的参数，重点分析统计第一报时三个参数的准确性（震中位置、震级、震中烈度），这事关地震预警系统的成效。既要统计首报，同时也要跟踪分析第二报、第三报至终报的地震参数的准确性，一个好的预警系统测定的震级误差不超过 0.5 级，震中烈度误差不超过 1 度。

5）地震盲区的估计

对于特定的地震事件和特定的台网布局，其盲区都是特定的。但是根据对批量地震事件的测试和首台触发时间和地震参数测定用时，以及通信网络时间延迟的综合测试分析，可以统计出某一个台网的预警盲区的范围，一般台站密集的盲区小，站点稀疏的盲区大。

6）分析烈度速报系统的用时

烈度速报一般要求在震后 2 ~ 5min 内，按照城市和乡镇二个层次，以列表的方式，速报市、县、乡的烈度。一般来讲，震级越大，影响的区域就越大，速报的站点数就越多，用时就越长，站点的烈度值主要取决于 S 波峰值的到时，处理进程与 S 波峰值到时同步就行。200km 以内的影响区域大致 2min 内处理完毕；对于 7 级以上大震在 5min 内处理完毕；对于 8 级以上特大地震 2 ~ 3 度的区域已达上千公里，速报时间可以适当延长。

7）制作烈度速报的服务产品

为了抗震救灾的需要，制作仪器烈度、PGA、PGV 空间分布图，能量空间分布图以及不同周期（0.3s、1s、3s 等）的加速度和速度反应谱的空间分布图。

如果台站越密，制作服务产品的精度就越高，反之亦然。对于平均台间距为 10km 的台网，每个网格控制的范围为 5km，其比例尺的精度即 1∶50 万。对于台站比较稀疏的台网，可以通过网格插值和地形校正，制作相应的图件。

按上述仿真模拟的思路，将“3・11”东日本大地震和我国台湾集集地震的波形数据转化为实时波形模拟数据流，我们利用研发的软件对这两个地震进行了地震预警和烈度速报仿真模拟处理如图 15.6 ~ 图 15.9 所示。

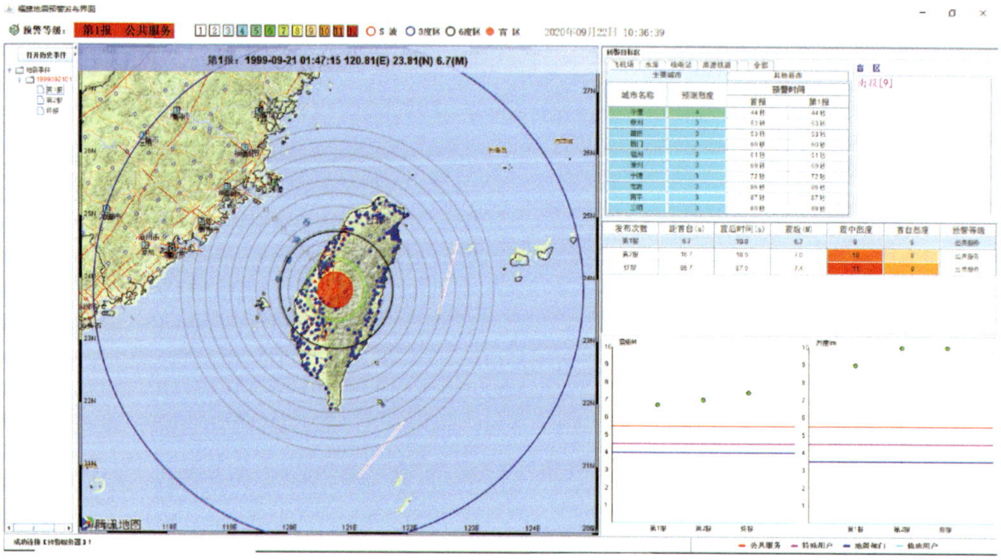

图 15.6　我国台湾集集地震的地震预警仿真模拟

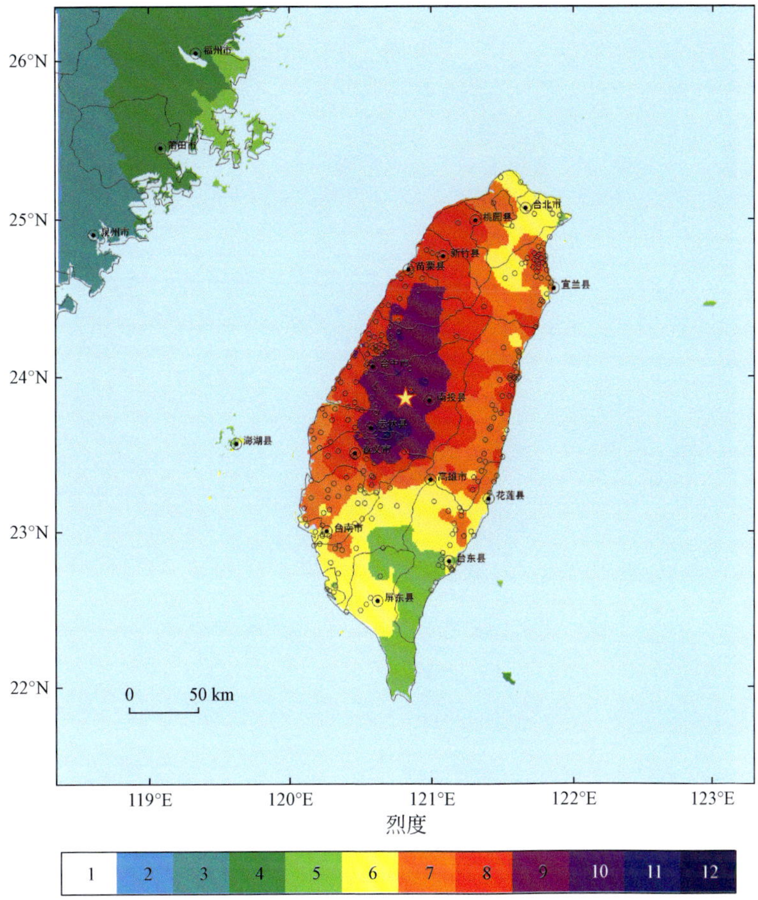

图 15.7　我国台湾集集地震仪器烈度分布

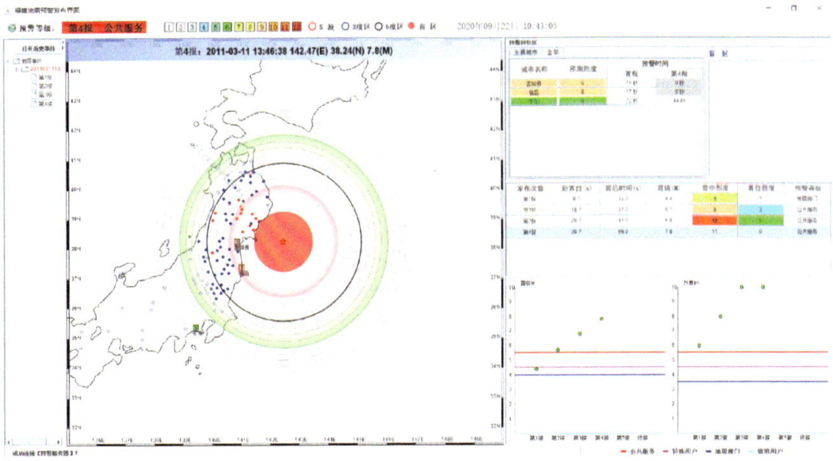

图 15.8　“3 · 11”东日本大地震地震预警仿真模拟

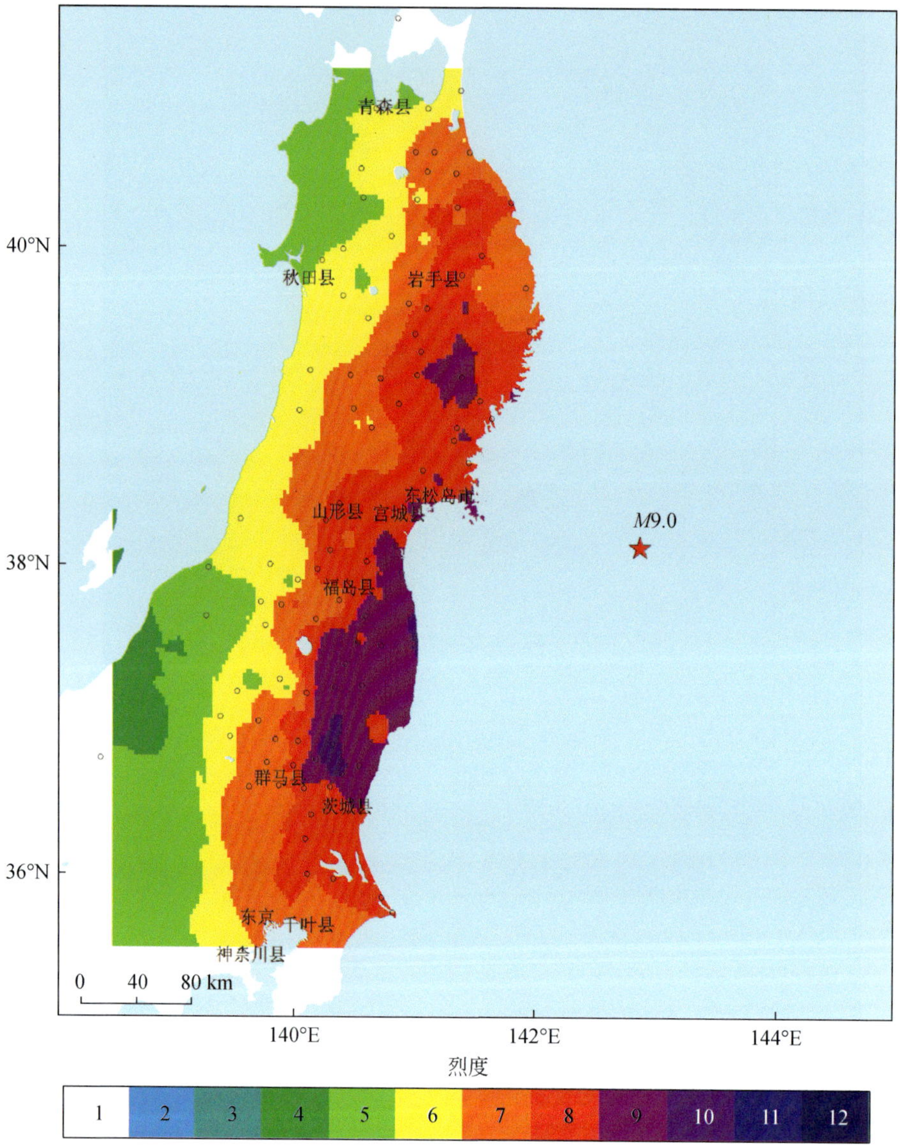

图 15.9 “3 · 11” 东日本大地震烈度分布

15.4 在线运行环境的测试分析

软件研制完成后，除了进行大量的离线仿真模拟以外，还要在一些台网进行在线运行测试。我们研制的软件除了在福建台网、川滇台网等在线测试以外，还专门从中国地震台网中心通过专线，将全国地震台网实时波形数据传至福建省地震局监测中心数据服务器，由处理软件进行实时处理，并将处理结果实时发送至有关部门和人员。

（1）地震预警系统对中小地震有很强的过滤性，不能将中小地震误报为强震。

地震预警系统既要对强震有很强的处理能力，也要对日常遇到的中小地震有很强的过滤性，更不能将小震处理为大震发生误报，造成较大的社会混乱。

（2）地震预警系统要防止漏报强震。

对于满足预警信息发布准则的强震也要注意防止漏报，如将强震处理为小震。特别是对能造成灾难性后果的大震漏报，其影响也是难以估计的，如果台网的运行状态不好，或者网络延迟较大，很容易造成此类现象。

（3）在线测试前四台的网络延迟。

对于单台至多台的连续定位，前四台的网络延迟如果很严重，将可能导致错误的定位结果，因此要在线检测台站通信的网络延迟，并将测试结果通告处理系统，以便在估计下一台等待时间时，考虑网络延迟的影响。

（4）评估在线处理地震参数的准确性。

通过对在线处理地震事件信息第一报测定的地震参数准确性的估计，统计评估所测定地震参数的准确性，以便对软件的处理能力有全面的了解，进行实事求是的评价。

（5）评估地震预警盲区。

满足地震预警发布准则的地震事件，根据 t_{P1}、Δt 和 τ 的测试结果，地震预警盲区半径 Δ_0 为

$$\Delta_0=\{V_S^2[t_S(\Delta,h)-t_{P1}-\Delta t-\tau]^2-h^2\}^{1/2} \tag{15.5}$$

图 15.10 和图 15.11 为福建对台湾强震预警和烈度速报系统在线处理台湾强震的实例。

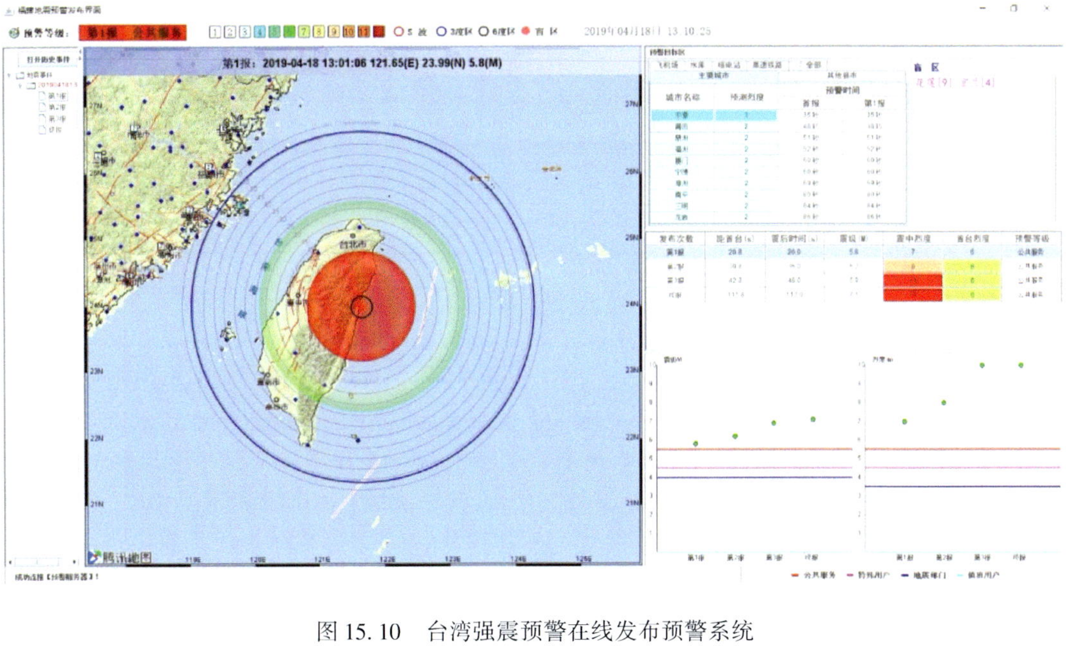

图 15.10　台湾强震预警在线发布预警系统

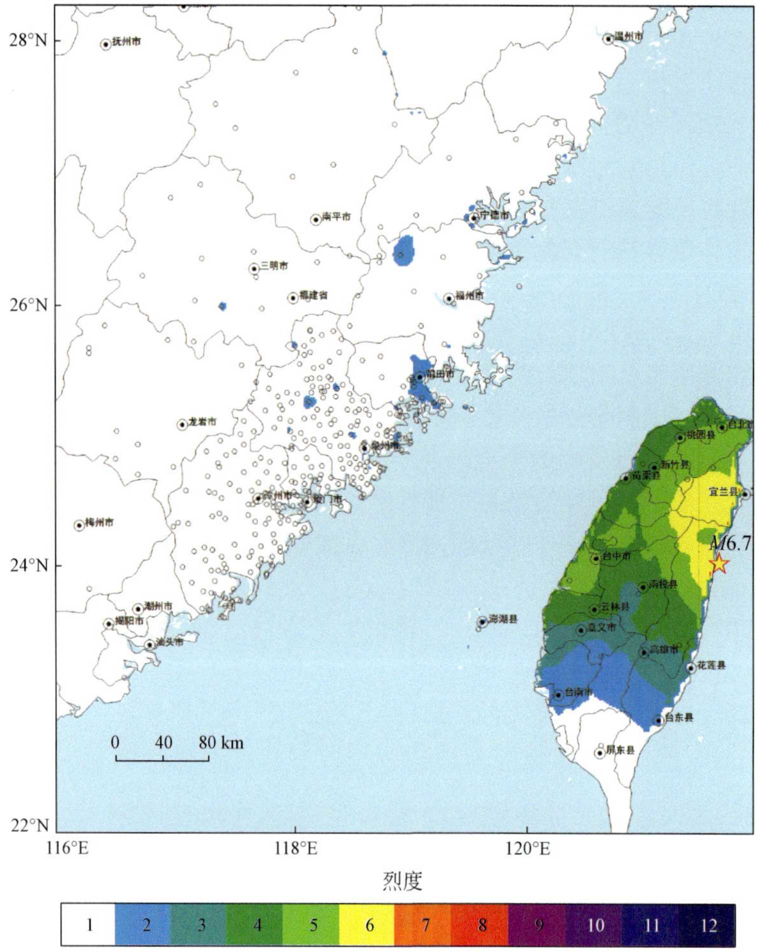

图 15.11 2019 年 4 月 18 日台湾花莲海域 6.7 级地震烈度速报系统（在线）运行结果

图片为系统自动生成，与真实地震动有一定差异，仅供参考

15.5 本章小结

本章重点介绍了系统集成和模拟仿真两个重要问题。系统集成重点解决各分系统和软件的协调运转，充分发挥整体的效能。按照技术系统集成架构，搭建三大平台，构建多种虚拟台网。主要软件和功能模块阐述如何解决系统数据互联互通、资源共用共享、产出高效协调等问题。技术系统的仿真模拟就是通过参数测试和软件的离线模拟处理，重塑现实情境中地震预警、自动速报、烈度速报、大震破裂过程反演等系统软件的真实处理能力，以便发现问题，尽早解决，避免漏报和误报事件的发生，对系统的性能做到心中有数。这种模拟可以针对单个事件仿真模拟，也可以针对一批地震事件。从发震时刻起算，P 波到达首台的时间，系统发布第一报预警信息的时间，网络通信延迟（每个台的数据延迟和发布系统的通信延迟）都可以通过参数测试和软件对波形数据的模拟处理得到，以便评估系

统对真实情况的处理能力。对批量地震事件的处理，是针对台网可能遇到的各种地震事件，模拟其综合处理能力，通过综合统计分析评估系统和软件的性能，从中发现问题，以便有针对性地改进工作。

本章简要分析了影响地震预警能力的主要因素，分析了震源至首台的 P 波走时和数据通信延迟及发布通信延迟的测试方法，并以福建为例介绍了福建台网数据通信和发布通信延迟的测试情况。介绍了将地震波形的数据转化为模拟流，通过技术系统接收模拟流，分析系统软件对地震参数的测定能力和处理用时。阐述了通过建立地震事件波形数据库，搭建模拟在线运行环境的仿真平台，处理结果的统计分析等来实现技术系统仿真模拟效果，并以我国台湾集集地震和“3·11”东日本大地震为例，给出了地震预警软件和烈度速报软件的处理效果。仿真模拟是检测和评估软件最有力的武器，对于不同的软件在相同模拟环境下的测试，可以有效评估其性能，分出优劣。

另外，对日本高密度观测台网得到的强震事件，通过抽取不同平均台间距的观测台网数据（如 20km、30km 等），可以测试不同平均台间距的台网对预警时效性的影响，类似的思路也可用于测试不同台间距对解析近场大震破裂过程的影响。

第 16 章　展　　望

作为重要的国家安全信息，地震预警具有紧迫的时效性和巨大的社会影响力，它主要针对能造成损失的破坏性地震，是应对 7 级以上大震巨灾的有效手段。一旦权威发布预警信息就使社会自动进入应急状态，所以必须有效引导公众有序逃生避险，科学引导高铁等重要生命线行业采取紧急处置措施，避免引发灾难性事故。因此，要充分发挥中国特色社会主义制度的优越性，在党和政府的领导下，各部门协同配合，社会各界积极参与，贯彻落实“依法治国”的理念，通过修改完善法律法规、健全技术标准、规范社会行为、构造完善国家应急救援体系，实现共同应对大震巨灾。目前世界各国地震预警与烈度速报技术系统仍然在不断发展、改进和完善。我国的相关技术系统也在地震预警重点省区正安装调试，即将进入试运行，这需要一段时间积累经验，测试性能，调整参数。我们能否建好、管好、用好新一代技术系统，让它发挥重要的作用，这对经验不足的各省地震部门来讲，是真正的挑战，持续的考验。现从地震预警与烈度速报系统在正式投入运行前所面临的一些主要问题和展望未来发展，谈一谈自己的认识。

16.1　面临的主要问题

16.1.1　强化台网运维状态监控

台网运维监控的主要参数包括台站参数配置及同步、台网与台站时钟、数据通信延迟、台站波形数据异常、重要设备及处理进程监控等。台网运维监控的目标就是要将异常台站及其观测数据阻挡在外，不让其进入处理系统并保障整个系统运行正常。现在研发的监控系统能否实现这一目标尚需要实践来检验。但按以往经验，对于测震台网的监控已经探索出一套较为有效的方法和技术，但是对强震仪和烈度计监控方法与技术的研究还不够，经验也较少，特别是烈度计网问题较多，主要是台站时钟不准、通信延迟较大、数据质量不高、设备故障较多等问题，这在烈度计台网的示范应用中已经出现过。目前烈度计已超过一万个，考虑到未来发展规划，这将是一个庞大的数量，如果不解决好运维监控问题，其后果是灾难性的。目前来看，运维监控软件对烈度计波形质量的监控能力不足，特别是没有人工智能处理能力，因此要下决心专门引入人工智能算法解决好烈度计网的运行监控问题。如果问题解决得好，资源可以得到充分挖掘，这对于改善地震预警的实用效果有重要意义。另外，要加强运维监管的制度建设，理顺监管流程，制订误报错报处理预案，加强技能培训，提高业务骨干的水平，切实落实运维责任。

16.1.2 评估台网地震监测与预警能力

当台站观测系统建设完成，三类传感器观测数据实现实时回传，站点参数完成配置，就可开展台网监测预警能力的评估。通过评估可以准确把握台网的地震监测能力和地震预警能力，为后续评价地震预警性能指标能否达到设计要求以及构建虚拟台网和融合处理系统奠定重要的科学基础。本书提出的监测与预警能力评估方法已在第3章详细论述。预警监测能力和常规监测能力的评估方法并不相同，如对某一相同的空间网格，前者台站震级按震中距排序取前三台或前四台的震级最大值，后者台站震级按由小到大排序取第四台的震级，其最大差别就是时效性的要求。依据本书思路和方法，可对测震台网、强震台网、烈度计网的监测预警能力进行评估，也可将“两网”和“三网”融合后的监测能力和预警时间进行分析评估。

16.1.3 科学确定预警震级发布下限

地震预警通常都是针对有灾害的地震事件，而且震级越大，预警效果越好。因此，地震预警对震级上限没有要求，从科学性来讲越大越好，但对震级下限一般都有要求。目前，在一些地区制订的预警发布规则要求当震级大于3.5级或震中烈度大于等于3度时就发布地震预警信息，这种硬性规定是否科学，值得探讨。众所周知，一个台网建成后，其地震监测能力的下限就随之确定，且这种监测能力在空间上并不完全均匀，而是随着台网站点局部密度的变化和不同传感器监测地震能力的变化而变化。因此，从理论上讲可以利用三类传感器的噪声水平，按照第3章所述监测能力评估方法，分别对三类传感器所组成的测震台网、强震台网和烈度计网分别进行独立评估，初步获得三个台网的监测能力空间分布图。在考虑“三网融合”和预警时效性的要求下，可以得到地震监测预警震级下限的空间分布图。根据评估结果和一定的概率水准（如95%）确定某一区域预警震级的发布下限。换句话说在某一预警区域发生大于该震级下限的地震时，地震预警系统能发布预警信息的概率为95%，不能处理发布的事件为小概率事件。例如，对四川地区烈度计网，根据评估结果，如果预警震级下限确定为3.5级，则覆盖的区域面积占四川总面积的比例为51.2%；若震级下限确定为4.0级，则覆盖的区域占比为90.4%；若震级下限确定为4.5级，则覆盖的区域占比为98.9%。如果震级下限取值定得过小，这时烈度计的监测能力达不到要求，将导致一部分烈度计所获取地震信号的信噪比不够，可能会对中小地震产生大量的误报漏报，造成不良的后果。例如，对四川地区，如果取3.5级作为发布震级下限，则将近一半面积上的烈度计达不到监测能力要求。必须牢记，“三网融合”的前提就在于地震计、强震仪、烈度计三类传感器都能得到信噪比较高的地震波形数据，否则就不能“融合”。换句话说，震级越大，“融合”程度越高，时效性越好；震级越小，“融合”程度越低，时效性越差。因此预警发布震级的下限只能通过科学评估确定，不能硬性规定。另外，3.5~4.5级的地震除了可能会对特殊行业（如高铁）产生影响外，一般对公众不会产生影响，此时没有实质性的预警实效，因此预警震级下限不能定得过低，否则会干扰人们正常的生产生活秩序，造成扰民的后果。

16.1.4　提高预警信息的可靠性

地震预警的时效性是指首台触发后几秒内发布第一报警报，发布的时间越短，地震盲区越小，预警效果越好。但是这种时效性应以可靠性和准确性为前提。特别是在积累经验的试运行期间，不能一味追求时效性，过度追求时效性往往以牺牲可靠性和准确性为代价。在处理三者的关系中，时效性应以可靠性的设计和准确性的要求为基础，震级越大时效性要求越高，震级越小，时效性要求可适当降低，只有这样才能得到好的预警效果。提高预警信息可靠性的途径主要有：一是适当提高触发台站数要求，而且要有高品质的台站如地震计或强震仪站点触发。一般来讲，台网站点密度越大，单位时间触发的台站数就越多。由于数量最多的烈度计网参与预警处理，提高了台站密度，充分保障了时效性的要求。但烈度计的引入也带来数据质量问题，部分烈度计会产生一些异常大脉冲波形，如果触发台站数要求过低（如2～3台），前几台触发是烈度计台的概率较高，这时就可能会产生误报情况。因此台站密度较高的地区，如北京、天津等地，平均台间距达到8～10km，可设置较高的触发台站数（如5～6台），四川、云南地区也可要求触发台站数为4台，这样定位结果会更加准确，也会大大降低偶然因素导致的误报风险。二是适当提高预警震级下限。在科学评估得到某一区域预警震级下限后，为进一步降低误报风险，可适当提高震级下限（如增加0.5～1级），这相当于提高了预警震级的门槛，增加了误触发导致误报的难度。三是充分利用另一独立强度参数即震中烈度的信息。实测震中烈度是我国预警系统中最重要的参数之一，它是表述地震对地表和建筑物的破坏程度，这也是我国烈度计网参与预警带来的突出亮点。科学合理地设置预警信息发布的最低震中烈度值，使震中烈度对应的峰值加速度远大于多数异常加速度脉冲值，这也会降低偶发性误触发事件带来的误报风险。四是首台触发后对测定震级的时间有一定要求，如要求3～5s计算的震级和震中烈度作为首报。这既是可靠性的设计，更是准确性的要求，对于强震来讲，首台触发1～2s计算的震级准确性较差，可靠度较低，这也是目前强震震级一般要求为首台触发3s后计算的结果，而且必须连续测定，可发多报的原因。另外，对于3.5～4.5级中小地震，通过适当延长首报时间，使其测定的地震参数更加准确可靠。按照不同台网首报预警时间的评估，可以清楚看到对于四川地区，如果用地震计单独组网速报中小地震，首报时间为首台触发后10s的概率为60%，15s的概率为84%，首报时间平均为9s。如果考虑测震和强震台网融合速报地震，首报时间为首台触发后5s的概率为60%，10s的概率为93%，首报时间平均为5s。考虑“三网融合”，首报时间为首台触发后3s的概率为74%，5s的概率为93%，首报时间平均可缩短至首台触发后3.4s。由于三类站网对中小地震监测能力下限有较大差异，烈度计网对3.5级地震的监测能力不足，因此对大震和中小地震要求相同的首报时间，是违背科学规律的。总之，在试运行期间，建议对震级大于5.5级且震中烈度大于6度的强震，可设置触发台站数为3台或4台，其他符合发布准则的地震设置较高的触发台站数如5～6台。在正式运行时，根据试运行的评估情况再调整相关参数。

16.1.5 科学构建虚拟台网和融合系统

新一代台网建成后，站点总数将超过1.5万个，其中配置地震计的站点约2000个，强震仪站点约5000万个，烈度计站点约1万个，由于基准站配置双传感器（地震计和强震仪），故地震计和强震仪的站点部分有重合。如何根据大规模台网数据和主要业务需求，及时、高效产出地震预警、自动速报、烈度速报、地震破裂过程等相关信息就是一个挑战性的问题。根据三类传感器的噪声评估结果，地震计的噪声水平最低，其次为强震仪，噪声水平要高于地震计1～1.5个数量级；烈度计最差，噪声要高于地震计约3个数量级。三类传感器对中小地震的监测能力差别较大。有鉴于此，主要处理的技术思路为：①构建三个虚拟台网，各自独立并行处理三类数据，一是组建地震计网，独立处理中小地震，采用预警技术和自动速报技术，产出初步预警参数和自动速报参数，其优点是台基质量和仪器好，异常波形少，对中小地震信噪比较高，参数较准确，并可连续过渡到自动速报结果，缺点是首报时间长，时效性差一些，有可能将网外大震定位为网内小震；二是构建烈度计网，独立处理4级或4.5级（由评估结果确定震级下限）以上地震，也可产出相关的地震参数并速报烈度，其优点是站点密度高，时效性好，对小地震有很好的过滤性，远场大震一般不会触发烈度计网，但缺点是异常波形较多，故障率和误触发的概率较高；三是组建强震台网，其监测能力介于地震计网和烈度计网之间，可处理2.5级或3.0级以上地震，其特点是台基、设备和数据质量较好，异常波形较少，部分站点（基本站）建在土层上，可产出预警信息和烈度速报信息，这三类站网产出的P波和S波到时信息和峰值信息可单独成库。②根据震级大小，考虑融合策略，根据监测预警能力评估结果，如果发生小震，地震计网会触发，可单独产出地震参数结果；如果发生3级以上地震，地震计网和强震台网会触发，可考虑“两网融合”，联合产出地震参数；如果发生4级或4.5以上地震，烈度计网也会触发，可考虑“三网融合”，联合产出预警参数，这种依震级大小或震中烈度高低，采用不同的融合方案比较科学，也符合实际。③单线程处理和多线程并行处理相结合，提高处理效率，一是在三网独立处理的基础上，根据三类站网各自设置的不同台站触发条件判定首台触发时，即以首台为中心，将首台周围100～200km范围内的台站单独组网构建快速处理进程，如果同一时间有几个地震发生，就构建几个并行处理进程；二是对每一个快速处理的进程，都产出地震预警参数；三是对其余没有触发的台站可常规处理，并不进入快速处理进程，这样做的目的就在于通过处理小规模台网的数据提高计算效率，缩短处理时间，节约内在资源。④依先大震后小震的原则，融合综合结果，一是烈度计网触发，就意味着4级或4.5级以上地震发生，则“三网”处理结果可融合综合处理；对于同一时间在空间上发生不同强震，可类似处理；二是对于烈度计网不触发，但地震计触发的地震初步可判断为本地区中小震或远场大震；三是对于烈度计网不触发的地震还要利用首台触发是否是台网边界站点、触发站点烈度、单位时间触发的台站数和地震波周期的长短判定是远场大震还是当地小震。

16. 1. 6　采用本地化地震动参数衰减规律

测定震级的量规函数和台站校正值，是每个台站测准震级的重要参数。在试运行期间应尽量收集地震观测数据，通过拟合提出本地区的量规函数和台站校正值，也就是要将地震动衰减规律地区化本土化，这是由我国幅员辽阔、站点选址千差万别、介质特性差异较大所决定的。由于预警时参与测定震源参数的台站数较少，每个台的数据都很珍贵，而且都是震中附近的台站，每个台站测定的震级要尽量准确，特别是烈度计台密度较高，站点又多放置在土层或者低矮构（建）筑物内，应将量规函数按基岩和土层两种类型“本土化”。特别要重视研究 50km 以内量规函数的变化规律，并计算出每个站点的台站校正值，以尽量减少单台测定震级的误差。类似地，随着观测资料的积累，仪器（观测）烈度以及加速度峰值、速度峰值等衰减关系都要进行“本土化”，以提高预测烈度的准确性。另外地壳波速模型也要“本土化”，如果一个地区有比较科学可靠的地壳介质模型，既可以提高定位精度特别是震源深度的精度，也可以提高预测 S 波预警时间的精度，还可以帮助准确识别出更多的震相和到时。

2018 年以来，四川、云南发生的中强地震事件较多，地震计网和烈度计网也得到了大量的观测数据，据此可统计本地区地震动参数的衰减规律，并随着资料的丰富，不断更新完善。

16. 1. 7　重视仪器烈度空间分布图

新一代技术系统将产出乡镇和城市烈度速报结果，也会产出仪器烈度空间分布图。目前，人们的目光更多聚焦于地震预警，对仪器烈度的空间分布图关注不够。事实上，绘制此图的数据主要来源于烈度计网和强震台网，台站选址即场地条件以及仪器观测数据质量都会对仪器烈度的空间散点分布带来影响。评估仪器烈度空间分布图的质量目前尚无统一标准，但应包括如下内容：一是 6 级以上地震的仪器烈度空间分布图的长轴应与发震断层方向基本一致；二是仪器烈度散点图的空间分布应尽量均匀覆盖 5 度以上区域，没有明显的空区以保证插值后的整体图件没有质量缺陷；三是站点密度较高，站点平均台间距应小于烈度衰减 1 度的距离以保证烈度图的插值精度，实现烈度分界的明显区分；四是相同烈度的空间区域内烈度异常点（高于或低于 1 度以上的点）的占比较少，多数烈度（从数值上可保留小数点后一位）差值在 1 度以内；五是对于高烈度区中的低值异常点和低烈度区的高值异常点应人工确认，不能轻易排除。另外，插值所用的烈度衰减关系应尽量采用本次地震所拟合的衰减关系。经过数年的经验积累和多次地震验证，对于极小部分烈度异常点确实不代表当地乡镇烈度的，可考虑迁址。由于烈度计是按照每乡一台的要求设计的，对于乡镇之间距离较远，远超烈度衰减一度的距离，在未来台网建设中要适当加密，以保障烈度图的精度。随着仪器烈度空间分布图的日趋成熟，特别是仪器烈度图所具有的产出快和客观性的特点，现场烈度调查主要是对仪器烈度图的验证、补充、完善、修改。经过一定时期的经验积累和方法完善后，仪器烈度图最终将代替现场调查烈度图。

16.1.8 实时测定大震破裂过程

7 级以上大震破裂方向和破裂方式决定了断层两侧的烈度分布，通常为椭圆形展布，这种沿断层破裂方向展布的高烈度区域，就决定了救灾的重点区域。事先通过活断层调查和地壳深部探测查明潜在震源展布很有必要，但是 7 级以上潜在震源区断层纵横交错，多条断层的交汇点又容易发生地震，平原丘陵地区断层还经常隐伏于地下，因此要在地震预警系统中根据断层数据库事先判断哪条断层会发震比较困难，即使知道震源位置也难以判断，除非大震前有明确空间线性排列的前兆地震序列。以目前的科技水平，利用震中附近的密集台网，在首台触发的几秒内（或震后 10s 内）难以确定 7 级以上大震的破裂方向和破裂方式，尽管本书中所提出的 20 ~ 60s 测定大震破裂过程的方法和技术，目前来看已经属于较快的算法，但离这一目标的实现，仍有相当的距离。因此发布第一报预警信息时预测城市烈度是根据点圆衰减模型估计的，这将导致预测烈度在有些地区估计过高，在有些地区估计过低。这是目前各国地震预警的“通病”，只能随着科学技术的进步和触发台站数的增多，不断完善和改进测定技术。

目前地震预警对城市烈度的预测主要采用现场调查的经验烈度衰减关系，这是因为在设计仪器烈度标准时，期望仪器烈度要与现场调查烈度基本一致，统计结果也证实了这一点。随着观测资料的积累，可以得到某一地区中强地震仪器烈度的衰减关系，但是由于 7 级以上大震发生的概率较低，要得到足够多的样本统计大震衰减关系比较困难，如何根据大震破裂模型和中强地震仪器烈度衰减关系来构建大震仪器烈度衰减关系值得进一步探索。另外，目前经现场调查统计得到的大震烈度经验衰减关系也存在对大震断层模型考虑不足的问题（如西南地区），需要进一步改进。推而广之，大震地震动参数经验衰减关系也应考虑大震破裂过程的影响。这些问题都应从真实模拟大震沿断层的能量释放过程，利用理论模拟和观测验证从科学上来实现突破。

16.1.9 吸纳先进技术推进行业应用

随着国家经济社会的不断发展，创新能力的不断增强，一些通用的公共服务技术如云平台、大数据、5G 等可以及时吸纳，做好推广使用，但一些技术则要结合地震专业和应用领域做好“二次开发”。在全面掌握人工智能算法的基础上，根据不同领域所面临的问题，进行深入细致有针对性的研究，提出更加适用的在线处理算法。只有达到在线处理水平，应用效果较好，才能达到实用化的程度。目前尽管也采用了一些现代先进的技术，但从与地震部门结合的紧密度、系统性、实用化来看，都有较大的潜力可挖。例如，人工智能在台网运维、异常识别、震相识别、地震预警、烈度速报、大震破裂分析、高楼震感速报、自动速报、自动编目等都应该有用武之地，有些也做了一些探索研究，但真正掌握人工智能的专业人才较少，系统化的研究更少。

各行业对地震预警和烈度速报的需求是很高的，但地震部门服务国家、社会、行业的能力与各行业的期望有落差，如如何与铁路部门合作，进一步提高国家地震预警系统对高铁安全运行的保障能力，就是值得思考的重要问题。如果高铁应用真正取得突破获得实效，就会产生示范带头作用，为核电、水利等行业提供合作经验，促进行业发展，也就能够更好地发挥“国家地震烈度速报与预警工程”的效益。

16.2 未来发展方向

随着“国家地震烈度速报与预警工程”的实施，地震预警和烈度速报作为地震观测领域新一代（第一代）的技术填补国内空白，正以迅猛的发展势头，在地震部门推广使用，也日益受到各行业的广泛关注。从学科发展的角度来讲，它属于实时地震学和实时地震工程学的研究领域，既涉及传统地震学和地震工程学的发展，也受到现代通信、人工智能、大数据、云平台等新兴实时在线处理技术的深刻影响，是多学科交叉融合、多种实时处理平台互相支撑的新兴技术。可以预期，未来地震预警和烈度速报技术在推进防震减灾工作、提高公共服务水平上将会产生巨大的社会效益，并将随着现代科技的不断进步继续发展。

16.2.1 研发新一代技术系统和软件

这里提到的“新一代”是指在目前使用的地震预警与烈度速报技术（可定义为第一代）的基础上，研发的第二代技术。尽管本书对地震预警与烈度速报的相关技术系统和关键技术，尤其是系统集成，做了专门介绍，但是目前整体的集成度还不够高，特别是相关软件由不同部门、不同科技人员研发成型，横向联系还不够紧密，集成度远达不到书中介绍的水平。尤其是地震预警系统和自动速报系统，近场强震预警系统和远场大震预警系统与高铁预警系统，烈度速报系统与高楼震感速报系统等，这些都要在未来结合研发新一代系统进一步修改完善。随着“国家地震烈度速报与预警工程”的完成，在已有的基础上，按照“使用一代、研发一代、设计一代”的思路着力研发新一代技术系统处理软件。新一代技术系统软件既要广泛应用现代化先进技术，又要有效整合相关技术系统软件，具有更加智慧化的处理能力和服务水平，真正进入地震预警与烈度速报技术系统的新时代。

1）研发新一代地震综合预警系统

充分整合近场强震预警、大震破裂分析、远场大震预警和高铁地震预警系统，使地震预警系统具备服务全社会和各行业的能力并具有较高水平的智能化。目前，地震预警系统（近场强震）已到装、远场大震预警已初步研制实验系统，高铁预警系统主要由铁路部门研发，三者是分别独立研制的，并没有充分整合，近场强震和远场大震预警系统主要针对城市地表破坏程度和高楼震感程度来进行预测，对于行业应用主要针对高铁，也没有更多涉及其他行业的应用，在进一步做好公共服务的基础上，应扩大应用领域如城市的重要基础设施和重大工程、重要行业。

2）研发新一代地震灾害速报系统

充分整合烈度速报、高楼震感速报和重要工程设施的烈度速报，进一步提升强震对城市和社会影响的情景模拟分析水平。目前地震部门刚形成仪器烈度速报能力，利用地面实测观测台网资料实现高楼震感速报刚刚起步，所产出的PGA和PGV等技术产品除了专业部门应用以外，政府和公众并不清楚其内涵的科学意义，应将这些产品进行进一步深度加工，以仿真强震对城市和社会影响的情景再现为目标，制作相关技术产品，更好地服务于抗震救灾。

3）研发新一代地震监测速报系统

依据地震波传播规律和国家震级标度，科学、高效、精准、规范产出不同时段的地震参数，以实现1~2min初报，5~10min终报为目标，研究新一代自动速报系统。充分整合台网监控、自动速报、自动编目等系统以及地震预警相关技术，提升地震部门的科技支撑能力，提高工作效率。目前台网监控、地震预警、自动速报、自动编目、断层矩张量反演等技术系统，由于研制单位和技术人员不同，互相独立，没有形成有效的资源整合，科技支撑应急产出和日常产出的能力不足，工作效率有待提高。

4）提供更加丰富的技术产品

未来一定要按照应用领域和服务需求的任务分工，组建多种“虚拟”台网，搭建一体化处理系统，产出更加有针对性、适用性、定制化的技术服务产品，使普通民众能听得清，看得懂，喜闻乐见，也是生动的科普宣传产品，提升地震部门的服务能力。

16.2.2 广泛使用现代最新科技

1）云平台大数据技术的广泛应用

2021年我国将建成世界上最大的地震监测预警和烈度速报台网，感知地震活动和工业生产活动的监测能力大大增加，也为云平台、大数据技术的推广应用搭建了广阔舞台。据不完全统计，随着“国家地震烈度速报与预警工程”、“一带一路”项目、地方政府配套投资项目的实施，我国实时传输的地震观测台网的站点总数将由项目实施前的约2000个站点跃升到建成后的约2万个（包括地方投资）以上，站点总数增加了一个数量级，按台网发展规划，到2030年将达5万个左右，实时感知地球内部活动和人类活动的监测能力极大增强，每天产出的原始数据是庞大的，不可能再用过去的管理技术、思维模式来运行维护新的台网，必须要有突破性的变革，这为利用云平台和大数据技术进行系统管理、运行维护、数据加工提供了新的舞台。

2）技术系统更加智能化

人工智能和5G技术为监测地震预警与烈度速报技术系统的深度发展开辟了广阔的前景，也为行业应用提供了更加智能化的平台。5G具有超带宽、低延时的特点，采用5G技术对数据通信和信息发布都会带来革命性的影响，预警系统经常遇到的数据拥堵和通信延迟问题将会得到彻底解决。同时，以图像识别技术和语音识别技术为代表的人工智能技术，必将在地震监测预警等领域得到应用。通过人工智能技术，可以帮助加强台网运行状态监控，识别异常信号，拾取震波到时，地震定位，测定震级等。同时预警信息服务产品与“智慧城市”“智慧工程”的对接，与更加智能化的接收终端、处置装置相结合，也会带动减灾产业的发展。

16.2.3 促进实时地震科学的蓬勃发展

新技术系统的建立极大推进实时地震学和实时地震工程学的发展，也为我国地震学和地震工程学走向世界，奠定了重要的基础。例如，利用高密集台网制作的大震时空震动图、能量图等实时测定大震破裂过程、确定破裂方向为预警系统更准确地预测城市烈度等打牢科学基础。全国近 2000 个宽带地震计、在四大重点区域达到台间距约 20km 的密集台阵，也为利用噪声提取面波开展对地下介质的近实时动态监测提供了数据基础。利用高密度的台网观测数据所提供的实时强地面运动场，使模拟城市灾害情景等也成为可能，这也会极大地推进实时灾害学的发展。

16.2.4 地震观测数据的广泛应用

我国是一个多地震的国家，世界上最大台网建成后，使用积累的强震观测数据，为建立更加合理可靠的强地震动衰减模型，编制新一代的陆海地震区划图奠定了科学基础，也为开展全国性的地壳透明计划，编制中国地壳上地幔波速模型、查清深大断层带提供了技术支撑和基础数据。

16.2.5 带动与高铁等行业的广泛合作

利用我国新建成的地震观测台网和地震预警与烈度速报系统，可以进一步加强与高铁、核电站、水利、供油、供气、电力等生命线系统的各行业的合作。例如，研发新一代行业预警系统，为各行业产业的发展，提供更加高效优质的服务，为国家经济社会发展提供更加有力的支撑和安全保障。

值得探索的发展方向仍有很多，如利用台网地震目录数据库和观测波形，重新编组形成以台站为主要编目对象，包括震源位置、断层机制解、波形等信息的数据库，按照“相似地震”的原理，在震后首台触发几秒内通过触发台站波形数据快速探索震源位置和断层节面；又如通过大震后在灾区加密台网，利用流动预警系统为现场救援人员提供报警预警信息，以免遭受强余震的损害等，由于篇幅所限，就不再一一赘述。

历史潮流不可阻挡，中国地震科技已进入蓬勃发展的新时代，有志者事竟成，期盼更多的年轻地震工作者，努力攀登，达到光辉的顶点。

参　考　题

第 1 章参考题：

1. 日本和美国的地震预警和烈度速报系统各有何特点？哪些地方值得借鉴？

2. 为何说墨西哥预警系统是远场大震预警系统？

3. 你认为地震预警与烈度速报系统应该由哪些部分（子系统）组成？

第 2 章参考题：

1. 我国“国家地震烈度速报与预警工程”项目为何要进行重点区划分？划分的原则是什么？

2. 地震预警与烈度速报系统由哪些部分组成？它们各自承担什么角色？

3. 地震预警与烈度速报系统与传统的自动速报技术系统有哪些区别？

4. 从与美日两国技术方案的比对分析看，我国地震预警与烈度速报系统的设计思路和原则主要吸取和借鉴了美日两国方案的哪些经验？

第 3 章参考题：

1. 我国新一代观测台网的设计思路是什么？监测预警的台间距是如何确定的？在此台间距下能否测定我国的天然地震震源深度？能否测定爆破深度？为什么？

2. 爆破和天然地震在哪些特征上有明显区别？区别二者的有效方法有哪些？

3. 地震传感器的动态范围是如何定义的？为何在国家基准站上要配置速度型地震计和加速度型传感器？如果台间距为 20km，能够监测到-1 级地震的前提条件是什么？

4. 新一代观测台网的主要能力评价指标有哪些？“三网融合”的优势有哪些？高频 GNSS 台站为何很重要？

5. 与日本相比，中国四个重点区的地震预警系统有哪些优势和特点？为何说烈度速报二者的思路和性能基本一致？

第 5 章参考题：

1. 台站的噪声有哪些实际用处？利用噪声信息如何评价场地类别？

2. 如果台站的噪声及其功率谱发生变化，那么引起这种变化的原因可能是什么？

3. 为何说相同的传感器，所记录的噪声反映了不同台站台基环境的差别？国家标准的环境噪声是如何分类的？

4. 本章中将原有的噪声标准划分为 10 级的优点在哪里？

5. BP 神经网络和卷积神经元网络有何区别？为何卷积神经元网络识别异常的准确率较高？

6. 利用台站噪声提取面波格林函数的原理是什么？利用此技术可以提取面波频散曲

线吗?

7. 为何利用台站噪声可以实现对台站时钟的有效监控?其原理是什么?如果没有此技术,我们在实践中是如何发现钟差的?

第 6 章参考题:

1. 震相识别最重要的特征是哪两个?以射线路径说明为何 Pg,Pn,PmP 的走时不同?

2. 以单层一维模型为例,列出 Pg,Pn,PmP 走时方程,并分析论证为何初至波只能是 Pg 或者 Pn,不可能是 PmP。

3. 震中距 150km 外的同一个台站上能看到 Pn 和 Sg 震相,以单台为例,列出走时方程,并阐述用各台站的这一对震相定位的思路。

4. 阐述 P 波入射时地表位移的偏振特性是如何变化的?S 波入射时其偏振特性又是如何变化的?

5. 人工爆破($h=0$)和天然地震(h 有一定深度如 10km 以上)的 P 波和 S 波偏振有何不同?能否用于识别人工爆破事件?

6. 先构建特征量,然后利用特征量的长短时平均算法识别信号触发,然后利用 AIC 算法来精确识别震相到时,这种算法能确认是何震相吗?

第 7 章参考题:

1. 预警定位与人工或自动速报定位有何区别?

2. 你熟悉多台定位定位方法或程序吗?多台定位的原理是什么,以一种方法加以说明。

3. 在预警定位中,为什么要用到未触发台的信息和等待下一个台站触发的等待时间?这种信息从本质上讲说明什么问题?

4. 预警定位技术中关联台站是如何定义的?如果同一时刻发生两个地震,其首台触发的关联台站各不相同,能否判定这是两个空间位置不相同的地震?理由是什么?

5. 预警定位时将首台选为坐标原点,将首台至第二台的连线作为 x 轴来构建直角坐标系,为什么?如果坐标原点选在震中位置,其定位方程如何变化?比较一下两种思路所列的方程,看看能够得出什么结论?

6. 在考虑台网空间布局时,最优台网的设计应该是测定震中的时间与测定震级的时间相等,如果台间距为 d,首台测定震级的时间要 P 波到达 3s,4 台定位情况下 d 应该为多少千米(假定 $V_P=6\text{km/s}$)?

第 8 章参考题:

1. 日本气象厅计算预警震级的算法与本章计算震级的方法有哪些相同之处?又有哪些不同?

2. M_L 震级中的补偿函数 $R(\Delta)$ 有何意义?如果不考虑震源破裂尺度的影响,从逻辑上讲震中附近台站计算的震级是否应与远台计算的震级相同?

3. 预警震级的计算方法为何要选择 $M_L(t)$ 为 $M_L(t)=a_1(t)\lg U_m+a_2(t)\lg\Delta+a_3(t)$ 的形

式？当 S 波到达时它收敛于单台测定的 M_L 震级吗？证明其收敛的条件是上式中 $a_1(t)$，$a_2(t)$ 和 $a_3(t)$ 及其表达的方程与 $R(\Delta)$ 的关系。

4. 单台测定预警震级时，场地校正系数 S 为何很重要？实践中，有些台测定的震级不是偏大就是偏小，为什么？

5. 烈度计台和基岩台在场地选择上有哪些区别？测定预警震级时要注意哪些问题？

第 9 章参考题：

1. 地震预警发布准则各国不尽相同，但判定的主要思想基本一致，为何？

2. 地震预警信息判定的主要流程有哪些？警戒式预警和灾害性预警有何区别？灾害性预警大致分几级？

3. 地震预警时间是如何估计的？如有某一地区的地壳介质模型，如单层一维模型能否列出计算公式？由此公式如何估计盲区半径？

4. 公共预警为何采用 S 波作为预警时间标准？对于高铁是否可以提供 P 波预警服务？

5. 城市和重要工程的预测烈度是如何计算的？这种预测有何不足？

6. 地震动场的实时解算有何假定？利用此次地震的实时波形数据拟合烈度衰减关系有何意义？

第 10 章参考题：

1. 从地震预警角度说明为何要实时测定地震破裂过程？它与传统地震学的反演方法和思路有什么不同？各有哪些优缺点？

2. 大震破裂过程对近场强地面运动有哪些影响？它的地震动参数的空间分布图像应该是什么形状？

3. 推导以恒定速度破裂的浅源，如果长度为 L，台站观测到的远场位移谱应该是什么形式？

第 11 章参考题：

1. 如何识别勒夫面波和瑞利面波？勒夫面波为何比瑞利面波早到？以弹性半空间覆盖固体层研究一下勒夫面波群速度随周期的变化特征。

2. 利用面波峰值区域性走时关系，如何给出远场大震的预警时间？

3. 为何远场大震时，地面的烈度很小，但高楼的震感比较剧烈？

4. 场地放大因子是如何计算的？不同场地的位移放大因子差别有多大？

5. 为何建立高楼震感模型？划分震感的物理指标是什么？你有无更好的划分方法？

6. 若要建立长大桥梁的远场大震预警系统，你如何设计？

第 12 章参考题：

1. 美国和日本评定地震仪器烈度的指标各是什么？两者的评价指标有无关联？如何进行比较？

2. 引起结构破坏的地震动主要因素有哪些？它们与美日两国的仪器烈度标准哪一种

更密切?

3. 如果你来设计中国的仪器烈度标准，设计思路如何构思?

4. 仪器烈度和现场调查烈度的异同有哪些?对两者勾画的烈度图如何进行分析?

第 13 章参考题:

1. 台网常用的震级标度有哪些?自动速报（初报）和人工速报（终报）有哪些区别?

2. 哪些震级只用到垂直分量?哪些震级用到水平分量?震级的量规函数是什么含义?如何计算台网测定的震级?

3. 测定震级的科学基础有哪些?

4. 对于破裂尺度为 250km 的 8 级地震，假定 P 波峰值的传播速度为 6km/s，S 波峰值的传播速度为 3.2km/s，面波峰值的传播速度为 3km/s，按选取最小台站距离的原则，估计自动速报的时间下限是多少?2min 内能否科学测定该地震的震级?

5. 你认为如何对外发布震级?理由是什么?

第 14 章参考题:

1. 高铁运行的特点是什么?地震来临时，高铁采取的紧急处置等级是如何划分的?它相当于抗震设计规范中的基本烈度为多少度?

2. 高铁线路地震风险评估的技术思路是什么?它与地震安全性评价的思路、技术路径、评价结果有何异同?

3. 地震来临时，高铁为何要设置警戒区和紧急处置区?其判定的原则有何差别?

4. 高铁为何要采用 P 波和 S 波两种预警时间?预警时间是如何计算的?

5. 高铁为何要采用多种预警模式，各自针对什么情况?

6. 为何对高铁提供的烈度速报和 PGA 服务产品要更加精细化?

第 15 章参考题:

1. 技术系统的集成主要解决哪些问题?三大平台和虚拟台网分别解决什么问题?

2. 简要阐述如何搭建系统的仿真平台?这种仿真模拟有何特点?

3. 影响地震预警的主要因素有哪些?它们与预警盲区有何关系?数据通信延迟和网络发布信息的延迟如何进行测试?未来有无改进的空间?

4. 地震预警震后第一报的时间与首台触发第一报的时间有何差别?这种差异主要与什么因素有关?

5. 如果震中位置恰好有台站（首台），震源深度为 12km 和震源深度为 36km 的地震，首台触发后，地震预警系统发布第一报的用时都为 5s，那么这二种深度震后第一报的时间有无差异?各为多少秒（$V_P = 6\text{km/s}$）?

主要参考文献

彼得·鲍曼.2006. 新地震观测实践手册. 中国地震局监测预报司译. 北京：地震出版社.
陈运泰，王妙月，林邦惠，等.1976. 中小地震体波的频谱和纵、横波拐角频率比. 科学通报，9：414-418.
郝敏，谢礼立，徐龙军.2005. 关于地震烈度物理标准研究的若干思考. 地震学报，27（2）：113-117，120.
郝敏，谢礼立.2006. 中国地震烈度表中物理标准取值研究与建议. 哈尔滨工业大学学报，38（7）：1041-1044.
郝敏，谢礼立.2007. 921 台湾集集地震的烈度等震线. 哈尔滨工业大学学报，39（2）：169-172.
胡福.2009. 福建省震动图场地放大因子研究. 福州大学硕士学位论文.
霍俊荣.1989. 近场强地面运动衰减规律的研究. 中国地震局工程力学研究所博士学位论文.
康兰池.2010. 大震烈度速报系统的应用技术研究. 福州大学博士学位论文.
雷建成，高孟潭，俞言祥.2007. 四川及邻区地震动衰减关系. 地震学报，29（5）：500-511.
李军.2006. 福建地区脉动资料的处理与分析. 中国地震局工程力学研究所硕士学位论文.
李军，金星，郭阳.2016. 福建台网测定台湾地震震级偏差研究. 自然灾害学报，25（3）：143-152.
李善邦.1981. 中国地震. 北京：地震出版社.
李勇，周荣军，董顺利，等.2008. 汶川地震的地表破裂与逆冲-走滑作用. 成都理工大学学报（自然科学版），（4）：404-413.
刘恢先.1978. 关于地震烈度及其工程应用问题. 地球物理学报，21（4）：340-351.
刘瑞丰，蔡晋安，彭克银，等.2007. 地震科学数据共享. 工程地震，27（2）：9-16.
王卫民，赵连锋，李娟，等.2005. 1999 年台湾集集地震震源破裂过程. 地球物理学报，48（1）：132-147.
吴逸民.2006. 如何利用地震初达波从事地震预警. 自然科学简讯，18（1）：8-11.
袁一凡.1998. 由地震动三要素确定地震动强度（烈度）的研究. 哈尔滨：中国地震局工程力学研究所.
张红才.2008. 基于地震监测台网资料的震动图及震动烈度研究. 中国地震局工程力学研究所硕士学位论文.
张培震，徐锡伟，闻学泽，等.2008. 2008 年汶川 8.0 级地震发震断裂的滑动速率，复发周期和构造成因. 地球物理学报，（4）：1066-1073.
Aki K，Richards P G. 1980. Quantitative seismology-theory and methods. Freeman（San Francisco），1：116-119.
Akaike H. 1973. Information theory and an extension of the maximum likelihood principle. The 2nd International Symposium on Information Theory.
Allen T I，Wald D. 2007. Topographic slope as a proxy for seismic site-conditions（V_s^{30}）and amplification around the globe. Wisconsin：Center for Integrated Data Analytics Wisconsin Science Center.
Borcherdt R D. 1994. Estimates of site-dependent response spectra for design（methodology and justification）. Earthquake Spectra，10（4）：617-654.
Boore D M，Joyner W B. 1997. Site amplifications for generic rock sites. Bulletin of the Seismological Society of America，87（2）：327-341.

Holzer T L, Padovani A C, Bennett M J, et al. 2005. Mapping NEHRP V_{s30} site classes. Earthquake Spectra, 21 (2): 353-370.

Husid R. 1969. Analisis de Terremoros: Analisis General. https://www. researchgate. net/publication/245370687_Analisis_de_Terremoros_Analisis_General[2021. 8. 26].

Hoshiba M. 2014. Review of the nationwide earthquake early warning in Japan during its first five years// Shroder J F, Wyss M. InEarthquake Hazard, Risk, and Disasters. Salt Lake City: Academic Press.

Hoshiba M, Ozaki T. 2014. Earthquake early warning and tsunami warning of the Japan Meteorological Agency, and their performance in the 2011 off the Pacific coast of Tohoku earthquake (M_w9. 0) // Wenzel F, Zschau J. EarlyWarning for Geological Disasters. Berlin: Springer-Verlag.

Kanamori H, Hauksson E, Heaton T. 1997. Real-time seismology and earthquake hazard mitigation. Nature, 390: 461-464.

Kasahara K. 1957. The nature of seismic origins as inferred from seismological and geodetic observations (1). BERI, 35 (3): 473-532.

Lee C T, Tsai B R. 2008. Mapping V_s^{30} in Taiwan. Terrestrial Atmospheric and Oceanic Sciences, 19 (6): 671-682.

Liu K S, Tsai Y B. 2005. Attenuation Relation of Peak Ground Acceleration and Velocity for Crustal Earthquake in Taiwan. BSSA, 95 (3): 1043-1058.

McNamara D E, Boaz R I. 2005. Seismic noise analysis system using power spectral density probability density functions: a stand-alone software package. Commonwealth of Virginia: United States Geological Survey.

Molnar P, Tucker B E, Brune J N. 1973. Corner frequencies of P and S waves and models of earthquake sources. Bulletin of the Seismological Society of America, 63 (6-1): 2091-2104.

Park S, Elrick S. 1998. Predictions of shear-wave velocities in southern California using surface geology. Bulletin of the Seismological Society of America, 88 (3): 677-685.

Richter C F. 1935. An instrumental earthquake magnitude scale. Bulletin of the Seismological Society of America, 25: 1-32.

Sabra K G, Gerstoft P, Roux P, et al. 2005. Extracting time-domain Green's function estimates from ambient seismic noise. Geophysical Research Letters, 32: L03310.

Wald D J, Allen T I. 2007. Topographic Slope as a Proxy for Seismic Site Conditions and Amplification. Bulletin of the Seismological Society of America, 97 (5): 1379-1395.

Wald D J, Quitoriano V, Heaton T H, et al. 1998. TriNet "ShakeMaps": rapid generation of peak ground motion and intensity maps for earthquakes in Southern California. Earthquake Spectra, 15 (3): 537-555.

Wells D L, Coppersmith K J. 1994. New empirical relationships among magnitude, rupture length, rupture width, rupture area, and surface displacement. BSSA, 84: 974-1002.

Wessel P, Smith W H F. 1995. New version of the Generic Mapping Tools released. EOS Trans, AGU, 76: 329.

Wessel P, Smith W H F. 1998. New improved version of the Generic Mapping Tools released. EOS Trans, AGU, 79: 1-579.

Wills C J, Peterson M D, Bryant WA, et al. 2000. A site-condition map for California based on geology and shear wave velocity. Bulletin of the Seismological Society of America, 90 (6B): 187-208.

Yoshida Y, Ueno H, Muto D, et al. 2011. Source process of the 2011 off the Pacific coast of Tohoku Earthquake with the combination of teleseismic and strong motion data. Earth Planets & Space, 63 (7): 565-569.